水环境品质提升与水生态安全保障丛书

水环境设施功能提升
与水系统调控

Enhancement of
Water Environmental Facility Functions
and Water System Regulation

曾思育 等 著

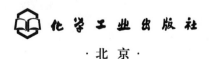

化学工业出版社

·北京·

内 容 简 介

本书以建立城市水系统安全高效运行和水设施精细化智能化管控技术体系为主线，选择印染废水处理厂、城市污水处理厂和城市管网等典型设施，重点论述设施排水的生态安全性评价与监控、印染废水处理厂毒害污染物与毒性控制、城市污水处理厂数字化全流程优化运行与节能降耗、城市排水系统多设施协同调控与高效运行技术、城市污泥处理处置对水环境影响的综合评价、水环境设施效能动态评估等核心技术突破，旨在为我国全面增强城市水设施效能以提升环境品质和保障生态安全提供支撑，为实现水行业运营技术进步和推动监管能力建设提供指导。

本书内容丰富，注重理论与实践结合、技术先进性与实用性结合，可供从事城市污水处理处置、水污染控制与管理等的工程技术人员、科研人员和管理人员参考，也可供高等学校环境科学与工程、市政工程、生态工程及相关专业师生参阅。

图书在版编目（CIP）数据

水环境设施功能提升与水系统调控／曾思育等著．—北京：化学工业出版社，2023.7
（水环境品质提升与水生态安全保障丛书）
ISBN 978-7-122-43138-7

Ⅰ．①水… Ⅱ．①曾… Ⅲ．①城市污水处理—研究
Ⅳ．① X703

中国国家版本馆 CIP 数据核字（2023）第 049947 号

责任编辑：刘兴春　刘　婧　　　　　　　　文字编辑：丁海蓉
责任校对：王　静　　　　　　　　　　　　装帧设计：韩　飞

出版发行：化学工业出版社（北京市东城区青年湖南街13号　邮政编码100011）
印　　装：北京建宏印刷有限公司
787mm×1092mm　1/16　印张30¾　字数761千字　2024年7月北京第1版第1次印刷

购书咨询：010-64518888　　　　　　　　售后服务：010-64518899
网　　址：http://www.cip.com.cn
凡购买本书，如有缺损质量问题，本社销售中心负责调换。

定　　价：268.00元

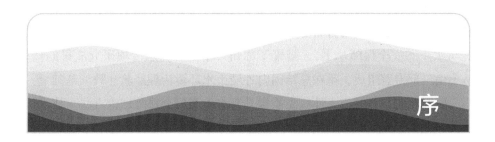

序

改革开放以来，工业化和城市化的不断推进及社会经济的高速发展，使我国面临严峻的水资源短缺、污染加剧和生态系统退化等问题，大自然敲响了生态环境保护的警钟，特别是20世纪90年代以来，我国河流湖泊水质不断恶化，生态和水环境问题积重难返，社会可持续发展及人民群众生产、生活和健康面临重大风险。面对污染治理、环境管理和饮用水安全的严峻挑战，2007年党中央国务院高瞻远瞩，做出了科技先行的英明决策和重大战略部署，启动了水体污染控制与治理科技重大专项（简称"水专项"），开启了新型举国体制科学治污的先河。"水专项"抓住科技创新这个牛鼻子，开展以问题和目标为导向的科技攻关，按照流域系统性与整体性治理理念，分控源减排、减负修复、综合调控三步走战略，重点突破重点行业、农业面源污染、城市污水、生态修复、饮用水安全保障以及监控预警六个领域关键技术，构建流域水污染治理、饮用水安全保障与水环境管理三大技术体系，开展工程示范，在典型流域和重点地区开展综合示范，通过科技创新、理念创新和体制机制创新，政产学研用深度融合，形成可复制可推广科技解决方案，为国家流域水环境综合整治和饮用水安全保障提供技术与经济可行的科技支撑，全面提升我国水生态环境治理体系和治理能力现代化水平。"水专项"实施以来，特别是"十三五"以来，紧密围绕国家战略和地方需求，聚焦水污染治理、饮用水安全保障、水环境管理三个重点领域，形成中央地方协同、政产学研用联合攻关模式和系统解决方案。针对三大重点领域，"水专项"建立了适合我国国情的流域水污染治理、饮用水安全保障和水环境管理技术体系，各有侧重、互为补充、形成合力，推动了复杂水环境问题的整体系统解决，减少了成果的碎片化，经过工程规模化应用和实践检验，已在水环境质量改善和饮用水安全保障中发挥了重要的科技支撑与示范引领作用。

针对我国经济发达地区城市水环境品质提升与水生态安全保障的需求，"十三五"期间水专项设置了"苏州区域水质提升与水生态安全保障技术及综合示范项目"。该项目由清华大学牵头，分别针对水设施功能提升与全系统调控、水源地生态环境安全保障、河道水环境品质提升与水生态健康维系技术开展了系统研究和工程示范。项目首席专家清华大学贾海峰教授组织编写的"水环境品质提升与水生态安全保障丛书"，凝聚了苏州"十三五"水专项研究成果的精华。该丛书由三部专著组成，是在总结国内外城市水环境治理经验和教训基础上，以苏州为研究案例，对城市水环境品质提升与水生态安全保障理论方法、技术体系和实践经验的系统总结及提升。其中，《水环境设施功能提升与水系统调控》以城市水系统安全高效运行和水设施精细化智能化管控技术体系构建为主线，选择印染废水处理厂、城市污水处理厂和城市管网等典型设施，系统介绍了设施排水的生态安全性评价与监控、印染废水处理厂毒害污染物与毒性控制、城市污水处理厂数字化全流程优化运行与节能降耗、城市排水系统多设施协同调控与雨季高效安全运行、城市污泥处理处置对水环境影响的综合评价、水环境设施效能动态评估6项核心技术。《湖湾型水源地水生态健康提升与水质保障》以湖湾型水源地水生态健康提升与水质保障技术体系构建为主线，围绕水源地水生态评价、陆域典型污染源综合防控和湖滨带水生植被优化管理等重点方向，全面介绍了湖湾型水源地水生态健康安全评价体系、特色农业水肥一体化精准施肥、山地生态种植与病虫害绿色防控、集中式污水处理厂优化运行与尾水深度净化、分散型农村生活污水处理设施长效维护管理、湖滨带水生植被群落优化调控和水生植物收割残体资源化7项核心技术。《城市河流水环境品质提升与生态健康维系》以建立城市河流水环境品质提升与生态健康维系技术体系为主线，针对城市构建高品质水环境的需求，整体介绍了城市水体感官愉悦度与生态健康评价、城市径流多维立体控制、城市河网流态联控联调、河流典型污染物快速去除与透明度提升、河流生态修复与健康维系5项核心技术。丛书还全面介绍了各项技术和技术模式在苏州中心城区范围内的验证、工程示范及成效情况。

　　该丛书体系完整，内容丰富，研究方法合理，技术先进实用，实践案例翔实，成效显著，创新性强，代表了当前我国城市水环境与水生态安全领域的最高研究水平，可为环保系统、城市建设、水利水务部门的技术人员和管理者以及相关专业的师生提供参考，相信也会对我国城市水环境管理有所帮助。

中国工程院院士
国家科技重大专项技术总师
中国环境学会　副理事长

2023年2月

前 言

  随着水环境治理工作的不断深入和水环境质量不断改善，我国城市水环境治理逐渐进入转型期，对水环境品质提升与水生态安全保障提出了更高的要求。在转型期城市水环境治理工作面临着"5个转变"：环境质量改善目标从常规污染物达标向构造亲水环境和实现水生态安全转变；污染物控制从COD和氨氮负荷削减向多种污染物协同减排和微量污染物毒性控制转变；工程技术措施从治理设施建设规模扩张向强调设施安全稳定高效运行转变；污染治理模式从粗放治理向精准化靶向治理转变；监管手段从以人工经验半自动为主向智能化转变。

  苏州作为我国率先进入城市水环境治理转型期的代表性城市，具有实现苏州水环境品质持续提升、保障太湖东部区域水生态安全的迫切需求。在此背景下国家水体污染控制与治理科技重大专项于2017~2021年实施了"苏州区域水质提升与水生态安全保障技术及综合示范项目"研究。该项目由清华大学牵头，设置三个课题，分别针对水设施功能提升与全系统调控、水源地生态环境安全保障、河道水环境品质提升与水生态健康维系技术开展了系统研究和工程示范。"水环境品质提升与水生态安全保障丛书"就是本项目三个课题研究成果的系统提炼和总结。

  本书依托"望虞河东岸水设施功能提升与全系统调控技术研究及示范"科研项目成果，结合笔者及其团队多年的经验总结编写而成。水环境设施是支撑城市水环境治理的重要基础，而我国在经历了大规模设施建设之后逐步进入推动设施提质增效运行的阶段。本书面向城市关键水环境设施运行效能提升需求，以"三水三泥系统"（指工业废水-城市污水-雨水、市政污泥-管网淤泥-河道底泥相关的收集处理与资源化利用设施系统）为对象，涉及多项关键技术和成套技术研发，以及在技术研发基础上开展的工程示范与管理实践成果等内容。所建立的城市水设施精细化高效运行和水系统智能化安全管控技术体系，对于进一步提升和全面增强城市水环境基础设施效能具有重要的科技支撑与引领作用，对推动我国城市水污染削减从传统总量控制走向多种污染物和生态毒性协同控制、水系统运行从静态粗放模式走向动态精准模式、水环境治理从常规污染管控走向水生态安全保障具有突出的应用价值。

全书共分为7章，第1章为绪论；第2章~第7章分别介绍了设施排水的生态安全性评价与监控技术、印染废水处理厂毒害污染物与毒性控制技术、城市污水处理厂数字化全流程节能降耗优化运行技术、城市排水系统多设施协同调控与高效运行技术、城市污泥处理对水环境影响的综合评价技术、水环境设施效能动态评估与管理平台一体化建设等内容。

本书是清华大学、同济大学、清华大学深圳研究生院、苏州市环境科学研究所、苏州市供排水管理处、苏州市排水有限公司、苏州科技大学等多家单位的学者专家们共同努力的结果。全书由曾思育等著，具体编写人员及分工如下：第1章由曾思育、吴乾元著；第2章由王文龙、田永静、王纯、杜烨、胡洪营著；第3章由吴乾元、吴光学、赵丹、陈晓娟、顾梦琪著；第4章由刘志刚、戴晓虎、尹海龙、沈昌明、周炜著；第5章由曾思育、徐智伟、姚越、王小婷、盛铭军、姜妮著；第6章由王洪涛、刘建国、陈坦、赵岩、金曦、周可人著；第7章由周炜、尤岚、王伟、沈良、盛铭军、王小婷著。全书由姜妮合稿，最后由曾思育统稿并定稿。在此对所有参加编写的人员表示感谢。书稿编写过程中参阅并引用了国内外许多学者的研究成果，在此向所引用参考文献的作者致以谢意。另外，本书获得了国家水体污染控制与治理科技重大专项"十三五"课题"望虞河东岸水设施功能提升与全系统调控技术研究及示范"的资助，在此一并表示感谢！

限于著者水平及编写时间，书中难免存在不足和疏漏之处，敬请广大读者批评指正。

著者

2023年3月

目 录

第 6 章　城市污泥处理对水环境影响的综合评价技术　　334

第1章

绪　论

1.1　城市水环境设施功能提升的必要性和紧迫性

经过多年持续投入，我国目前已经建成了较为完备的城市水环境基础设施体系。这一体系主要包括生活污水处理系统、雨水处理系统、工业废水处理系统、污泥处理处置系统等。截至2020年，我国679个建制市已建成污水处理厂2618座、排水管网总长80.3万千米，全年处理生活污水557.28亿吨，实现了97.53%城市污水的系统化收集处理。2019年，全国纳入调查的涉水工业企业78447家，废水治理设施共有69200套，全年处理工业废水274.9亿吨。大规模水环境基础设施建设运行带来了显著的水环境效益，水环境质量得到了明显改善。按常规污染物指标考核，2020年我国1937个国家地表水考核断面中，水质优良（Ⅰ~Ⅲ类）断面比例为83.4%，劣Ⅴ类断面占比为0.6%；全国地级及以上城市建成区黑臭水体消除比例达98.2%。

随着城市水环境的不断改善，按照国家生态文明建设和高质量发展的总体要求，我国必将全面步入环境治理转型期。此处所提出的环境治理转型期，具体是指：环境质量改善目标从常规污染物浓度达标向构造亲水环境和实现水生态安全的更高要求转化，污染治理模式从全空间全时段普遍施治向特定范围关键时段靶向治理的精准化转化，污染负荷削减任务从COD（化学需氧量）和氨氮常规污染物总量控制向多种污染物协同减排和微量污染物毒性控制的更严格标准转化，工程技术措施应用的重点从治理设施建设规模扩张向设施安全稳定高效运行的更高效能转化，监督管控手段从人工经验半自动为主向全面推行数字化信息化乃至智能化转化。

步入环境转型期的阶段需求给我国城市的水污染控制和水环境整治工作提出了更明确的方向和任务，而首当其冲的就是建设和完善高标准、高要求、高效能的水设施系统。与此同时，水设施系统在落实完成控源、减负、防污、治污要求时，防范其安全风险和强化安全监控的任务亦变得愈发艰巨。面对持续升级的水安全要求和各种不确定的风险因素，水设施系统的提质增效和安全监控成为重要抓手，相应的支撑技术工具研发应用迫在眉睫。

鉴于此，面向通过增强水设施效能来促进城市提升水环境品质和保障水生态安全的根本需求，针对环境治理转型期的特点，为积极引导和有效支撑城市建立起工业源和生活源并重、点源和面源协同、"三水"（工业废水、生活污水、雨水）和"三泥"（污水处理污泥、管道清理淤泥、河道清淤底泥）统筹、常规污染和特征指标兼顾的全系统精准化治污减排和高标准低风险安全管控的工程技术和管理体系，开展城市水设施功能提升与水系统协调运行的关键技术研发与示范应用意义重大。

1.2 水环境设施功能提升与安全高效运行存在的技术挑战

1.2.1 水环境基础设施排水的生态安全性评价与监控

全力保障水生态环境安全是我国水污染防治行动计划的重要内容。随着我国水环境基础设施体系建设的基本完备，针对各种设施排水开展生态安全监控与风险管理成为我国城市水环境品质提升与生态安全保障的工作新重点，但相关基础研究和实用技术仍是薄弱环节。工业废水处理厂、城市污水厂、雨水管网等水设施排水中含有多种有毒有害化学污染物和营养物质，是城市水环境污染物的重要来源，而且部分水设施地处环境敏感区，其排水对水体生物的影响也不容忽视[1]。然而，各种环境基础设施排水中污染物种类众多、效应复杂，设施排水的生态安全评价指标系统与方法、特征污染物识别与优先监控是构建监测预警系统时面临的首要基础性问题，工业废水排放和再生水利用的安全性亦是我国环境监管面临的重要技术问题。

水环境基础设施出水的生态安全性评价一直以来备受关注。已有研究者针对单一化学污染物的潜在风险，建立了特定有毒有害污染物监测方法，并围绕单一化学污染物的毒理学效应展开大量研究[2]。但相关研究更多的是针对个别类别有毒有害化学污染物开展监测评价，解析特定污染物对模式生物的毒性特征。由于设施排水污染物成分复杂，在安全性评价与监控过程中需要评价污染物的综合效应。近年来，国内外研究者围绕多种污染物复杂体系，初步开展了多种毒害污染物高通量半定量分析方法研究。综合生物毒性，如藻类生长测试、发光细菌急性毒性、大型溞急性毒性和鱼胚胎发育毒性等方法亦逐步应用于污水的毒性评价[3]。与此同时，现有的生物毒性评价方法基于单一的模式生物，模式生物的培养与系统运行维护成本高。设施排水中污染物种类繁多、新兴污染物不断被发现，设施排水毒理作用机制复杂，污水对不同种生物的毒害作用各不相同，仅评价单个标准受试生物的毒害作用不能有效反映污水排放的安全性。要想系统化地评价设施排水的安全性，需引入含有多个生态位的模拟水生态系统，进而建立包含不同生态位受试生物效应在内的设施排水生态安全性评价指标体系与成套方法。

另外，由于毒性检测操作复杂，耗时较长，涉及受试生物培养、暴露和检测等多个环节，现有水生生物毒性预警监控系统的成本高、运行维护操作复杂。面对污水厂生态安全指示与日常监控管理的更高要求，还需要研发具有自主运行能力的生态安全监控设备，并结合毒性因子监测，以实时控制排水的生态安全性。因此，适用于设施排水多生态位综合效应评价的监控方法与设备研发亦是城市水环境设施安全排水面临的重要科技需求与挑战。

1.2.2　工业废水毒害污染物与毒性有效控制

工业废水是城市排水体系的重要组成部分，其有效处理是城市经济发展的重要保障。相对于生活污水，工业废水具有水质水量波动大、污染物种类繁杂、污染物代谢途径复杂、生物毒性强等特征。采用单一工艺处理工业废水，工艺运行稳定性差、污染物去除效率低。随着污染物减排和水安全保障形势的日益严峻，工业废水中有毒有害污染物及其毒性控制标准也在不断提高。在工业废水常规污染物深度协同减排基础上进一步推进有毒有害物质削减和生物毒性控制是我国城市提升环境综合治理水平的重要内容，高效经济的突破性技术和集成化成套技术仍是短板。最后，目前的工业废水处理设施配置一般仅关注其收集和污水处理厂内处理，较少关注工业达标排放尾水的环境影响及其水质提升或保障。由此，面向常量污染物和毒害污染物及其生物毒性协同控制，开发基于全流程的工业废水协同控制技术，是工业废水高标准处理领域的技术难点。

对于不同的工业行业废水，综合考虑水量和水质，印染行业具有典型特征。该行业废水量成一定规模，且现有处理设施出水中的毒性污染物既有原水中未被完全去除的毒害有机物和重金属，还包括生物降解以及工艺环节中转化产生的毒害物质，污染物种类较多、毒性物质覆盖面较高，适合以之为代表开展毒性减控技术研究和示范。印染废水排入水体后，不仅影响感官，而且由于含有某些有毒致癌物质，会对水环境及水生态产生负面影响，进而影响人们的生命安全与健康。印染工业废水毒害污染物组成和来源较为复杂，包括进水中的毒害污染物如偶氮染料、蒽醌染料、烷基酚、苯系物以及纤维催化剂锑等重金属，生物处理过程中的中间代谢产物如偶氮染料的生物降解产物苯胺，物化处理中产生的副产物和残留药剂如可吸附有机卤素、二氧化氯、余氯等[4]。随着人们对污染物环境生物毒性认知的增强，现今工业废水治理不但需要考虑污染物削减，控制典型毒害污染物，也需要控制其毒性效应，如生物毒性，尤其是针对敏感水体区域，更需要综合考虑废水毒害污染物与毒性两方面的同步/协同管控。以往关于印染废水的处理，主要针对色度、有机物和氮等污染物负荷削减，开展基于水解酸化/好氧/混凝/高级氧化等组合技术的研究与开发[5]。相应的，以往印染废水处理技术控制目标多以COD等常规指标为主，初步开展了锑等特征污染物控制研究，但相关研究针对COD的控制目标多为50~80mg/L、锑的控制目标为20~50μg/L，面向印染废水污染物深度减排（COD≤30~40mg/L和锑≤5~20μg/L）的研究较少。另外，现有研究大多止步于工业废水处理过程中毒性的沿程变化分析与评价，少有面向毒性控制目标开展的印染废水处理技术研发工作。与此同时，针对达标排放的印染尾水，进一步实现水质提升的厂外技术也探索不足。如何立足厂内厂外多个处理单元联合，建立起印染废水多污染物和毒性效应协同控制技术，还面临诸多挑战。

以我国某城市为例，全市的印染行业中，众多印染企业分布在环境敏感区。该市印染废水主要水质指标已满足 GB 4287 的排放要求，但由于其水量较大、存在毒害污染物，对下游敏感水体的风险仍不容忽视。因此，如何针对工业废水高标准处理与毒性控制需求，开发高效经济的处理技术，降低纺织印染行业锑重金属等有毒有害污染物排放对水环境的影响、控制污染物毒性风险，是面临的重要技术需求。相应的技术突破与示范应用，既可以为示范区域印染行业废水污染控制提供技术支撑，也将为我国工业废水管控与水质提升提供科学参考。

1.2.3　城市污水处理厂数字化运行与节能降耗

数字化节能降耗优化运行技术是我国城市污水处理厂的迫切需求，也是实现我国节能减排和双碳目标的重要组成部分。目前我国水处理耗电平均约为$0.3kW \cdot h/m^3$[6]，与欧美基本相当，但由于我国污水处理厂进水水质浓度普遍低于欧美发达国家[7]，因此折算为单位污染物的去除能耗实际上还处于偏高的水平，这也表明我国污水处理厂的节能降耗还存在较大的提升空间。

欧美发达国家在完成污水处理厂基本建设后就开始走上优化运行的道路。针对污水处理厂高能耗环节，提出了像活性污泥模型（ASM）、活性污泥基准模型（BSM）等一系列数学模型，用以指导污水处理厂的设计或运行，但这样的模型过于理想化，只能在那些进水水量水质波动较小、运行条件比较稳定的污水处理厂取得较好的效果。针对曝气处理单元，通过模糊数学的方式进行建模等一系列措施来模拟曝气生化反应过程，并且形成了像Aqualogic和Pavilion控制系统等一系列智能控制技术，实现了较好的节能降耗效果，但类似的模糊数学模型只关注表象参数，而不深究其反应机理，因此难以适应我国大部分地区以易受雨季冲击影响而导致污水水量水质波动大、污水水质干扰参数众多等为常态的污水处理厂，使其难以在我国得到有效的应用。

我国污水处理事业在20世纪90年代进入起步阶段，但发展迅速，精确曝气的概念在近几年也逐渐被大家所重视[8]，提出了如溶解氧定量为2mg/L的精确曝气控制策略，也有诸如基于"前馈+模型+反馈"控制逻辑的精确曝气流量控制系统（AVS）等控制手段，这些措施和手段在我国发达城市的污水处理厂已有部分应用。以溶解氧的静态定量控制为例，当进水水量水质波动较小时基本可以实现低能耗稳定运行目的。但当污水处理厂的进出水水量、水质波动范围很大，随之微生物活性和浓度等参数也发生变化时，溶解氧定量控制无法准确拟合动态化污水厂的运行，存在比较明显的滞后现象，实际运行效果不佳，节能效果也非常有限。而当前应用的其他控制模型，也大多数适用于比较稳态的运行条件，而对非稳态条件下的污水处理厂存在控制策略相对被动、适应性差等问题。

我国很多城市污水处理厂已建有中控平台或集中式信息管理中心，并初步实现远程监控和部分自动控制，减少了人工操作。但目前这些设施数字化、智能化程度相对仍然较低，需要人工24小时值守，各类传感器等先进设备并未得到良好维护和高效利用。总体来说，这些自动化控制措施功能还比较单一，也没有从全流程角度考虑，且多数要辅以人工才能完成预期目标，因此在污水处理厂的实际应用效果非常有限。在污水处理厂进水水量、水质比较稳定时，该类系统基本可以以低于全国平均水平的能耗实现出水稳定达标，但在污水厂进水不稳定，尤其当污水处理厂进水受雨季影响水量水质波动范围非常大时，现有设施的调控能力往往大打折扣，甚至完全失去控制能力。以某市排水公司集中式管理平台为例，正常情况下污水单位能耗可以低于$0.3kW \cdot h$，一旦遇到类似雨季或进水浓度突然冲高或降低的特殊情况，基本要靠人工经验来应对，不能解决此条件下节能降耗与稳定运行要求之间的矛盾，也无法形成有效的联动机制指导运行。在应对雨季旱季水量水质波动大这一问题时，管理和运行模式有待进一步优化，急需突破数字化污水处理厂节能降耗优化运行关键技术。

1.2.4　城市"三泥"水环境影响与处理处置技术优化集成

污水处理厂剩余污泥、排水管道淤泥、河道底泥（以下合称"三泥"）的控制与环境无害化处理是城市水环境质量提升和生态安全保障的必然要求和重要内容，亟需提供与经济社会发展水平和环境质量要求相适应的整体解决方案。"三泥"产生于水环境中和水环境治理技术链条的不同环节，亦源亦汇，其中富集了污水中20%~80%的污染物，如不能得到有效控制，其中的污染物必然重新释放到水环境中。以我国南方某城市为例，2016年，该市中心区3座污水处理厂日产污泥250t，其中150t/d与燃煤热电厂协同焚烧，100t/d外运至常熟好氧堆肥，设施的持久稳定运营存在较大风险，与所属省份的《水污染防治工作方案》中"省辖市建成污泥综合利用或永久性处理处置设施"的要求差距较大。城市中心区污水管网总长1800km，其中干管长280km，管道淤泥产生量约100t/d，成分复杂，目前只能填埋处置。城市中心区主要河道178条，虽然在2012~2013年进行了疏浚，但2016年的勘察表明，河道底泥厚度普遍达到20~80cm，局部高达2m。在风力扰动、活水促流情况下和洪水期，河道底泥被冲刷上翻，不仅影响感官，而且释放大量污染物，既恶化水质又造成污泥向下游干河和湖泊的聚集。河道清淤贯通是该市水环境治理的重要内容，周期性疏浚产生大量污泥。根据2016年该市水环境改善总体方案中的估算，一次清淤贯通工程产生的污泥量即接近$1.0×10^6 m^3$，以往采用的堆放和外运至排泥场均属临时处置。我国其他城市普遍使用该市的"三泥"处置方式，这样的处理存在较大的环境隐患。面对高品质水环境需求，河道底泥和管道淤泥问题凸显，对现有的污泥处理技术提出了挑战。

发达国家在市政污泥处理方面已建立了较为完善的技术体系。在治理方面形成了从污泥减量、调质到处理、利用的完整技术链；在研究方面形成了基础研究、技术研发、设备开发到工程应用和产业化推广的完整创新链。欧盟和美国的水处理污泥以生物稳定化后土地利用和焚烧为主，管道淤泥多经预处理后焚烧，河道清淤污泥则以建材化利用和填埋为主。近年来污泥高效厌氧消化、热解产能、磷回收等成为污泥资源化技术研究的热点，在固体废物处理技术及其环境影响评价方面，主要采用生命周期分析、物流分析、能流分析、环境技术评价等方法。我国的市政污泥处理多以填埋和堆放为主，但近十年来也广泛开展了厌氧消化、好氧堆肥、高温焚烧等技术研发，并在经济发达地区得到工程应用。然而，受制于污泥"二高一低"（含水率高、重金属含量高、有机质含量低）的特性，仍缺乏处理技术选择优化和系统综合集成经验，故单项技术有所突破，但整体污泥问题并未得到解决。单项技术的作用明显小于整体集成优化管控。在"三泥"处理科学研究方面，我国已处于国际跟跑位置。近年来在污泥调质、厌氧消化/共消化、好氧堆肥/共堆肥、焚烧/共焚烧、热解制气、烧结建材化等方面的研究出现大幅增长[9,10]。生命周期分析、物质流分析、能流分析等综合分析方法也在国内生活垃圾、电子废物、再生资源等固体废物处理技术评价方面得到了应用，但在污泥综合管控中的应用尚处于初始阶段。"三泥"管控亟需整体上的顶层设计和集成化的技术方案，亟需从处理技术的生态环境影响和综合效益评估出发研究建立相应的决策支撑工具。

1.2.5　城市排水系统多设施协同调控

排水管网、泵站及污水处理厂等重要的城市水环境基础设施，承担了排除城市旱季污水和雨季径流、削减排放污染物、保障城市卫生和水体水质等重要功能。随着在线监测、自动控制、网络通信及计算机技术的发展，城市水环境设施系统的优化控制成为城市水系统管理领域的关注焦点，被认为是提升城市水系统效能的核心手段。城市水环境设施系统雨季运行优化和效能提升则成为精准治污的重要内容。根据系统边界的不同，已有城市水环境设施系统优化控制的研究可分为排水管网控制、污水处理厂控制和系统集成控制。但由于排水管网与污水处理厂输入输出关系紧密，对单一设施系统进行控制难以实现系统整体性能最优，近十年，系统集成控制成为研究与实践领域的热点。现有的城市水环境设施系统集成研究主要以系统排污负荷或受纳水体水质为目标，优化求解雨季条件下系统控制变量的常量设定值。然而，城市水环境设施系统动态过程的非线性强、时间变异性大、扰动随机性显著、控制目标多维，基于常量设定值的最优控制无法应对系统复杂的运行状态以保证系统性能较优。因此，开展动态不确定来水（用户排水、径流输入、地下水入流入渗）条件下城市水环境设施系统鲁棒优化和网站厂多设施协调运行是该领域研究与应用的热点与难点[11]。

以平原河网地区某城市为例，该市水环境整体质量、年均水平较高，但城市河道雨季水质相对较差，目前还存在污水管网入渗入流污染负荷底数不清、污水收集输送和处理系统雨季优化调控技术路线不明等问题。截至2016年，该城市中心区已建成污水管网约1800km，92%的区域已实现雨污分流，所建设运行的3座污水处理厂日处理能力达到 $3.1 \times 10^5 m^3$；其余8%的区域目前正在开展管网改造。以其中一个污水处理厂服务片区2015年的系统运行状况为例，经简单估算，系统全年接纳来水近 $5.7 \times 10^7 m^3$，但由于该市地下水位高、降雨量丰富，污水处理厂进水中城市生活和公共服务业排放的污水占68%，其余32%则为以地下水和雨水入渗入流为主的外来水[12]。与此同时，受管网转输和污水厂处理能力限制，在降雨期存在一定的污水无组织漫溢现象。尽管系统漫溢水量比例并不高，但由于水质较差，相应排放的COD总量及其引起的水环境影响不容忽视，进一步考虑到不断提高的城市发展强度与频发的极端气候条件带来的叠加效应，雨季减排任务艰巨。本质上看，管网和污水厂雨季运行之间的矛盾主要在于：一方面排水管网存在入流入渗现象，导致雨季管网中混合水水量水质波动大，对污水厂稳定运行和节能降耗存在影响；另一方面污水厂雨季运行能力又制约了管网的收集输送能力，在一定程度上加剧了强降雨条件下的漫溢发生。由此可见，在识别清楚城市水环境设施系统外来水时空分布的基础上，通过管网、泵站、污水厂等多设施的协同优化调控降低区域无组织漫溢的风险、减少水环境污染负荷的排放，是落实城市水系统提质增效与精细化管理的关键技术环节。上述问题的解决将为该城市水环境质量的进一步提升提供技术支撑，同时也为我国城市水环境设施系统的优化运行建立示范与标杆。

1.3 本书撰写目的、内容与技术路线

针对我国水生态文明建设的战略需求和当前城市水环境治理转型期的阶段特征，为实现水环境质量持续改善和水生态安全健康，以进一步提升和全面增强城市水环境基础设施效能为首要举措，以建立城市水系统安全高效运行和水设施精细化智能化管控技术体系为

目标，以"十三五"水专项课题技术成果为依托，按照创新驱动、标准引领、效能为本、系统协调、风险可控、管理先进的基本原则，本书对相关研究产出进一步予以集成凝练。本书重点关注工业废水治理设施、城市污水收集管网、城市污水处理厂、雨水收集管网等单设施提标增效与全系统协调优化中的关键环节，论述设施排水的生态安全性评价与监控技术、印染废水处理厂毒害污染物与毒性控制技术、城市污水处理厂数字化全流程节能降耗技术、城市排水系统多设施协同调控技术、城市污泥（污水处理污泥、管道清理淤泥、河道底泥）处理对水环境影响的综合评价技术、水环境设施效能动态评估与一体化管理技术等核心突破，以及围绕各项关键技术在苏州市典型片区开展的示范验证和一体化管理平台建设工作，以期为相关领域的研究与实践提供参考。

全书共分为7章，第1章为绪论，第2章~第7章的主要内容如下。

（1）设施排水的生态安全性评价与监控技术

以监控工业废水、城市生活污水、雨水等设施排水风险，保障城市水生态安全为目标，基于水质安全、生态健康和感官愉悦的理念，综合考虑有毒有害污染物、生物毒性、营养物质等水质安全性，藻类生长潜力、受纳水体生物特征等生态特征和浊度、色度等感官影响，建立水设施排水的生态安全评价指标体系与方法。研究案例区域典型设施排水污染特征，识别相应特征污染物指标，形成工业废水排水生态安全评价与风险监控技术，评价典型纳管工业废水有机物的可处理性，结合生物污泥呼吸抑制等方法，评价纳管工业废水有毒有害污染物对生物处理系统的抑制性和工艺穿透性，为工业废水纳管污水监管提供支撑。研究多生态位水生生物在水-底质介质条件下对工业废水的响应特征，开发达标排放工业废水生态安全监控系统构建技术及配套仿水生态系统。利用所研发的生态安全评价技术，评价达标排放工业废水对受纳水体的影响，评价城市污水厂尾水的生态安全性和增效利用潜力，并对雨水管网排水的水质安全与生态安全性进行评价。

（2）印染废水处理厂毒害污染物与毒性控制技术

以保障受纳工业废水的敏感水体生态安全为目标，面向工业废水特征污染物超低排放和毒性控制需求，研究印染等典型行业废水污染物产排特征和发光细菌急性毒性、大型溞急性毒性、鱼胚胎毒性等生物毒性特征，识别典型工业废水的毒性污染物，并基于毒性污染物风险分析与评价结果提出管控要求，评价毒性污染物解毒潜力并提出其控制技术途径。以毒性污染物（如苯胺、重金属锑）、营养元素等生态风险因子与COD、色度等常规污染物协同去除和生物毒性多屏障控制为原则，开发基于生物与物化深度处理强化的工业废水多元生态风险因子高标准协同去除技术，研究生物过程氧化还原条件与物化过程形态调控组合对毒性污染物与常规污染物协同去除和生物毒性控制效率的提升特性，评价毒性污染物对工艺运行效率的影响，实现工业废水高标准排放。开发工业达标尾水生态再净化与水质提升技术，研究滤料、微生物、湿地植物等对低浓度毒性有机物和常规污染物的协同去除特性，研究低浓度重金属在湿地中的吸附和迁移规律，实现典型工业废水处理尾水水质提升和生物毒性控制的目标，形成基于生物、物化和生态处理技术相结合的工业废水污染物减排与生物毒性控制集成工艺，并依托现有的工业废水或混合污水处理厂进行技术验证，为工业废水生物毒性控制和受纳水体水质保障提供技术支撑。

（3）城市污水处理厂数字化全流程节能降耗优化运行

通过对典型处理工艺的污水处理厂的能耗水平分析和分布诊断，结合AAO工艺中试实验，重点考虑高负荷冲击等特殊来水条件下处理过程的能耗水平和稳定运行之间的关系，在工艺优化中寻找节能降耗的空间，从而建立能耗模型，提出技术优化体系，为未来数字智能化运行提供良好的技术基础。同时，针对污水处理厂曝气、药剂投加等高耗能环节，通过优化在线检测仪表分布等手段实现对进出水水质和水量的预测，并结合微生物种类数量和活性等控制参数，形成一套关键环节智能化节能降耗系统。在上述工作基础上，依托示范工程建设和稳定运行，理清污水处理厂数字化过程中的关键节点、流程、设施设备，并综合考虑其他耗能设施，建立数字化全流程节能降耗优化运行技术体系，实现污水处理厂节能降耗需求和稳定运行要求的统一，提升污水处理厂全流程自动化水平，实现以稳定运行为目标、以高效节能减排为核心的符合时代要求的现代化、信息化污水处理厂，最大限度地提升污水处理厂管理和运行效率。

（4）城市排水系统多设施协同调控

以充分挖潜、全局调控、精细运行为原则，针对我国城市污水管网外来水量高的特征，在分析污水系统水量水质变化特征的基础上，通过构建水环境设施系统集成模型，结合雷达数据降雨反演技术开展地下水、雨水入流入渗时变过程模拟。在此基础上，测算不同来水情况下，污水管网的调蓄能力、污水处理厂的最大处理功效以及最优高负荷进水方式。以充分利用污水管网雨季存储能力来减少漫溢、调控污水处理厂雨天高浓度进水时间从而加大进水负荷、优化污水厂雨季运行参数提高处理效率为手段，通过协调水环境设施系统旱季与雨季、低负荷区与高负荷区的调蓄、处理能力，建立水环境设施系统分层鲁棒优化的实时调控模型。将基于均匀填充的污水管网低水位运行与基于过程模拟的污水处理厂雨季调控相结合，优化不同降雨条件下泵站与污水处理厂的运行参数及其动态调整曲线。选取苏州市姑苏区福星污水处理片区开展水环境设施系统协同调控的综合验证，利用大规模数学试验与典型区域现场测试相结合的方法，检验调控策略的性能。

（5）城市污泥处理对水环境影响的综合评价

以苏州市城市中心区为案例区，针对污水处理污泥、管道淤泥、河道底泥等城市污泥，在"三厂二网"（三个污水处理厂，中心区河网和污水管网）范围内开展其水环境影响与控制研究。对城市污泥产生与处理现状进行详细调研，对其处理利用特性（生物处理、热处理、资源回收、建材化）和污染特性（包括常规污染物和新兴微量有机污染物）进行系统测试分析。通过系列实验、跟踪监测与模型模拟，确定城市污泥对水环境的污染负荷，掌握城市污泥中特征污染物向水环境的释放特性和在其中迁移、分配、转化的规律，评估不同情景下城市污泥对研究域水环境质量的直接影响和长期影响。建立涵盖"减量化、稳定化、资源回收、能源回收、温室气体减排、环境风险控制、技术成熟度、经济可行性、技术可更新性"等关键指标的城市污泥处理环境绩效多维度综合评价方法，对研究区域城市污泥处理进行综合优化、技术集成研究，形成苏州市城市污泥处理与资源化整体解决方案。

（6）水环境设施效能动态评估与管理平台建设

综合考虑全局系统与单个设施、平均性能与极端条件、水量与水质，从水力性能、环境性能、协调性能三个维度出发构建排水管网运行效能评估指标体系。研发分钟或小时尺度的计算方法并利用模型实现单指标评估；构建指标时间平均计算方法和多指标集成方法，实现排水管网运行效能的多尺度整体评估。以苏州市中心区为案例区，评估系统总体性能，识别重点控制区域和关键控制时段等。基于云计算、物联网、大数据、人工智能、GIS（地理信息系统）等技术，开发建设具备设施基础信息管理、监测数据采集展示、系统效能评估、设施联合调控、系统日常维护管理调度与预警等功能的苏州市中心区水环境设施一体化管理平台，为苏州城市中心区污水管网低水位运行的精准化提升、水环境质量的进一步改善提供技术与管理支撑。

本书的研究技术路线如图1-1所示。

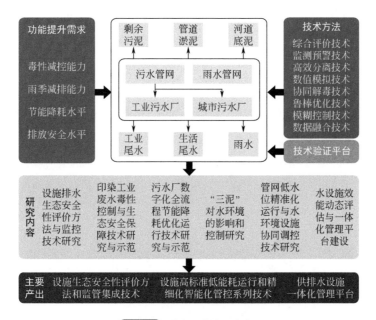

图1-1 本书研究技术路线

参考文献

[1] Qu J H, Wang H C, Wang K J, et al.Municipal wastewater treatment in China: Development history and future perspectives [J].Front Env Sci Eng, 2019, 13(6): 88.

[2] Vermeulen R, Schymanski E L, Barabasi A L, et al.The exposome and health: Where chemistry meets biology [J].Science, 2020, 367(6476): 392-396.

[3] Prasse C, Stalter D, Schulte-Oehlmann U, et al.Spoilt for choice: A critical review on the chemical and biological assessment of current wastewater treatment technologies [J].Water Res, 2015, 87: 237-270.

[4] 奚旦立, 马春燕.印染废水的分类、组成及性质[J].印染,2010,36(14): 51-53.

[5] Cui D Z, Li G F, Zhao D, et al.Microbial community structures in mixed bacterial consortia for azo dye treatment under aerobic and anaerobic conditions [J].J Hazard Mater, 2012, 221: 185-192.

[6] 楚想想, 罗丽, 王晓昌, 等.我国城镇污水处理厂的能耗现状分析[J].中国给水排水,2018,34(7): 70-74.

[7] Jin L Y, Zhang G M, Tian H F.Current state of sewage treatment in China [J].Water Res, 2014, 66: 85-98.

[8] Du X J, Wang J L, Jegatheesan V, et al.Dissolved oxygen control in activated sludge process using a neural network-based adaptive PID algorithm [J].Appl Sci-Basel, 2018, 8(2): 261.

[9] Raheem A, Sikarwar V S, He J, et al.Opportunities and challenges in sustainable treatment and resource reuse of sewage sludge: A review [J].Chem Eng J, 2018, 337: 616-641.

[10] Zhen G Y, Lu X Q, Kato H, et al.Overview of pretreatment strategies for enhancing sewage sludge disintegration and subsequent anaerobic digestion: Current advances, full-scale application and future perspectives [J].Renew Sust Energ Rev, 2017, 69: 559-577.

[11] Creaco E, Campisano A, Fontana N, et al.Real time control of water distribution networks: A state-of-the-art review [J].Water Res, 2019, 161: 517-530.

[12] 徐智伟.基于强化学习的城市排水系统实时控制策略研究 [D].北京: 清华大学, 2021.

第2章

设施排水的生态安全性评价与监控技术

我国设施排水安全评价监管技术现状与不足

2.1.1 设施排水与生态安全问题

生态安全是指生态系统自身具有健康性、完整性和可持续性，并能为人类提供完整的生态服务。我国由于经济社会快速发展、人口压力巨大和生态系统长期开发利用，对生态系统服务功能造成了严重的负面效应，极大地威胁着我国的生态安全。党的十八大以来，我国提出大力推进生态文明建设，构建国家生态安全格局和优化生态安全屏障体系，为全球生态安全做出贡献。生态安全是国家安全的重要支撑和组成部分，同时也是我国生态环境领域的热点和重大科学问题。

人类生产生活排放大量污染物，包括人工合成化学品、天然性激素、人类活动产生的非目标污染物等，这些污染物大部分都排放进入生产废水和生活污水中，此外雨水及其导致的径流也可能包含大量污染物。为去除污染物，尽管世界各国均已建成比较完善的污废水和雨水处理设施，但部分污染物不能被处理设施有效去除，且污染物在处理过程中还可能生成复杂的转化产物。未被完全去除的污染物以及污染物的转化产物，都可能跟随处理设施排水进入受纳水环境。河流、湖泊和水库等水环境是最为重要的环境介质之一，也是水生生物的栖息地和人类的饮用水水源地。在我国，相关受纳水环境中已广泛检测到重金属、多氯联苯、有机氯农药、多溴联苯醚、消毒副产物、内分泌干扰物、药品及个人护理品（pharmaceuticals and personal care products，PPCPs）等各类污染物，这些污染物对受纳水体水生生物可能会造成诸多不利影响，如"三致"效应、遗传毒性、内分泌干扰效应等。受纳水环境中存在的大量毒害污染物表明设施排水对水环境的生态安全具有显著影响。

工业废水处理设施是首先需要关注的排水设施。工业废水包括生产废水、生产污水及冷却水，是指工业生产过程中产生的废水和废液，其中含有随水流失的工业生产用料、中间产物、副产品以及生产过程中产生的污染物[1]。工业废水排水种类繁多，成分复杂，多为含有毒有害有机物、金属离子，高色度、高COD、具有"三致"（致癌、致畸、致突变）毒性的难降解有机废水。例如，电解盐工业废水中含有汞，重金属冶炼工业废水含铅、镉等各种金属，电镀工业废水中含氰化物和铬等各种重金属，石油炼制工业废水中含酚，农药制造工业废水中含各种农药等。大量工业污废水进入水体环境，已经成为威胁我国水环境安全的重要因素之一[2]。由于工业废水中常含有多种有毒物质，污染环境对人类健康有很大危害，因此要开发综合利用，化害为利，并根据废水中污染物成分和浓度，采取相应的净化措施进行处置后才可排放[3]。

污废水需经过专业污水处理厂处理达标后方可排放，我国对此做出了明确规定，并制定了严格的污/废水污染物排放标准，对污废水中的污染物提出限值，如《城镇污水处理厂污染物排放标准》（GB 18918—2002）、《纺织染整工业水污染物排放标准》（GB 4287—2012）、《地表水环境质量标准》（GB 3838—2012）、《电镀污染物排放标准》（GB 21900—2008）等[4-7]，严格控制各类型污废水的环境准入。然而现有标准主要以常规理化指标的监测分析为主，工业废水处理厂、城市污水厂、雨水管网等水设施排水中污染物种类繁多，含有多种有毒有害化学污染物和营养物质，是城市水环境污染物的重要来源，且其中许多化学物质尚且不为人熟知，能够被鉴定出来的有毒有害物质仅占实际存在的少数[8,9]，所以在达标排放的污废水中可能存在低浓度已知污染物及未知复杂污染物。Sun等对厦门的某污水厂进行了为期一年的调查，在污水进水中检出39种药物及个人护理品，而仅有14种污染物的去除率超过50%[10]。传统的污水处理工艺仅能去除污水中的大部分易降解有机物，而不能完全去除其中的低浓度污染物和复杂污染物[11,12]。残留的新兴污染物随处理后的污水排入地表水、地下水等自然水生态环境中[13]，尽管有毒有害污染物在水中浓度甚微，通常以微克或更低级别浓度水平存在，但由于其具有毒性、难降解性和生物积累性特点，能产生"三致"或内分泌干扰效应，对水生生物构成了潜在的威胁，对水生生物及人体健康危害极大[14]。经污水处理厂处理达标后排放的尾水仍可能含有成分复杂的毒性成分，尾水中低浓度及未知复杂污染物长期暴露对受纳水体所产生的综合生态毒性不容忽视[15-17]，关注达标排放污废水对水生生物的慢性生态毒性效应及作用机制的研究还很不充分。

因此，针对设施排水，除了对排放标准中的常规污染物限值指标开展研究外，还应通过先进技术手段对污水处理厂达标排放尾水及受纳水体中有毒有害物质进行深入调查和相关性分析，以掌握设施排水及受纳水体的微量污染物特征，评估达标排放尾水中微量污染物的潜在生态风险。在监测达标排放污废水中已限值及微量污染物的同时，还应重点关注达标排放污废水排放后，受纳水生态系统中水生生物的响应，尤其关注低浓度及未知复杂污染物长期暴露所产生的潜在综合生物毒性。近年来虽然也有采用生物毒性测试方法评价和监测水体安全性的研究[18,19]，但其评价方法多适用于应急情况下的高浓度污染物急性毒性监测，未能在生态系统水生生物群落水平评价排放废水的生态风险，更缺乏对慢性毒性机理的深入探究，所以针对达标排放污废水中低浓度及未知污染物长期排放对水生生物的慢性毒性研究迫在眉睫。

除了对设施排水开展生态安全性评价与毒性评估外，还应加强水环境风险监控研究[20,21]，如生态环境部强调要加强水设施与区域水环境风险监控能力，并规划部署了一系列相关工作：强化废水污染源监测监控，重点园区、重点行业、重点企业逐步安装含特征污染物的自动监测监控系统，达到实时监控、及时预警要求；严格环境风险控制，以排放重金属、持久性有机污染物等的污染源为重点，逐步开展重点风险源环境和健康风险评估；加强水环境中有毒有害物质、持久性污染物、水生生物等的监测预警能力建设[22]。此外，对污水处理厂排水的监控也需要进一步加强，政府应加大监管力度，对污水处理厂的进、出口水质进行采样监测，每天对污水处理厂污水处理设施、污泥处理设施运行情况进行现场监察，确保污水处理厂的正常运行[23]。污水处理厂亟需提升科技监管水平，进一步发挥在线监测平台作用，对污水厂出水变化情况分析预警，提升环保监管的科技水平，对污水处理厂设施运行、污水排放及污泥处置等过程实施全过程监控[24]。

综上，为提升我国水环境质量、保障水环境安全，需要充分、客观认识我国设施排水的生态安全性，并开发设施排水的生态安全评价技术及监控技术为其提供技术支撑。

2.1.2　水质在线监测预警系统的发展

国内工业和生活污水处理厂等设施排水安全监管主要通过人工现场取水样且以水质指标的监管为主，即人工采样后通过采用化学分析及仪器分析方法测定水体中污染物的种类和浓度进行监管。这种人工"采样-化验"的传统式水质信息获取方式采样过程受环境限制大，耗费大量的人力物力，且时效性差。有时候由于监测单位工作人员缺乏对污废水处理工艺及其排放标准的认知与了解，还会导致人工"采样-化验"无法保障监测结果的准确性。在这种背景下，水质自动监测预警系统的发展和建设日趋重要。

水质在线监测预警系统主要基于信息技术和水质模拟技术的发展，结合计算机仿真、地理信息系统、遥感等科技，采集监测点的生态环境、水质状况等信息，以数据的形式存储和传输至数据中心，可满足现场读取监测数据的功能，通过监测和模拟水质变化情况，生成详细的数据报告和结论[25]。远程监控系统也可对水质指标进行实时连续的监控，对监测水体的水质状况进行有效的把控。通过水质变化趋势，提前预知水质污染状况的发生，从而提早准备、提早预防，避免水质污染的进一步扩大。报警系统是水质自动监测技术中比较关键的组成部分，其可以对现场设备的报警信息给予实时、动态接收，并以声音的颜色变化、数值的颜色变化进行报警信息的传递，实现报警功能。在水质监测数据超标、水质分析设备故障，或因现场供电异常导致设备不能正常运行时自动报警。为提高环境监控工作的质量和效率提供可靠的、精确的现场监测信息数据。该系统还具有信息发布和在线查询功能，支持信息互访共享，收集指定的监测数据及各种运行资料，并将其长期存储[26]。水质监测预警系统集监测、模拟、计算、预测等功能于一体，为水质环境的科学决策和管理提供参考，保障水质的安全、可靠[27]。

水质自动监测预警在国外起步较早，现如今许多国家都建立了各种关于水质污染的自动监测技术，自20世纪70年代起，美国、日本、英国、荷兰、德国都先后建立了类似系统[28]。国外的水质检测流程普遍采用污染自动监测系统（WPMS）。它的核心是水质自动分析设备，即将传感技术、测量技术、计算机技术、自控技术通过通信技术结合到一起，实现一整套完整完善的水质监测系统[29]。1959年美国开始对俄亥俄河进行水质自动监测；1960年纽约环保局开始着手对本州的水系建立水质在线自动监测预警系统；1966年安装了第一个水质监测自动电化学监测器；1973年全国水质在线监测预警系统达12个自动监测网，每个自动监测网由4~15个自动监测站组成；1975年在全国各州共有13000个监测站建成水质自动监测网。在这些流域和各州（地区）分布设置的监测网中，由150个站组成联邦水质监测站网即国家水质监测网（NWMS）。日本于1967年开始考虑在公共水域设立水质自动监测器；1971年以后，由环境厅支持，开始在东京、大阪等地设立水质在线自动监测预警系统；到1992年3月，已在34个都道府县和政令厅市设立了169个监测站；除此之外，建设省在全国一级河流的主要水域也设置了130个水质自动监测站。英国泰晤士河是世界上水环境污染史最长的河流，至19世纪末河道鱼虾绝迹。1974年成立泰晤士河水务管理局（TWA），取代了原来200多个管水机构。为了加强水环境监测，1975年建成泰晤士河流域水质在线自动监测预警系统。该水质在线自动监测预警系统由一个数据处理中心（监控中心站）和250个子站组成。虽然国外水质在线监测起步较早，但主要针对的是西方发达国家的优质水体。国外水质在线监测设备曾大范围引入国内，由于国内地域广阔、水系复杂等，效果并不理想，且无法形成有效预警功能体系。

我国在线水质监测技术、移动快速分析等预警预报体系建设方面的起步较晚，但发展较为迅速。近些年来，随着我国经济水平的提高和工业化与城市化的迅速发展，我国对水质监测技术研发的投入大幅增加，在水质监测仪器设计方面取得了一定的进展。1988年在天津设立了第一个水质在线连续自动监测预警系统试点，该水质在线自动监测预警系统包括一个中心站和四个子站。1995年后作为试点，上海、北京等地也先后建立了水质连续自动监测站。李欣等开发出基于Labview的水质监测虚拟仪器，通过系统设置了采样点数、采样频率等，可以同时对氟离子、氯离子、溶解氧、COD或BOD（生化需氧量）进行监测[30]。郭小青等提出一种基于控制器局域网（CAN）总线的水质参数在线监测系统。该水质参数在线监测以个人计算机（PC）为主机，以具有CAN总线控制功能的80C592单片机及外围电路和各类参数监测仪表为分机，以CAN总线通信接口适配卡连接构成系统[31]。结论认为，该系统能够实时监测pH值、氧化还原电势、浊度、电导率、溶解氧、余氯等水质参数。2009年，西安交通大学研制出了国内第一台水质监测样机，通过监测水体中COD、pH值和氨氮三个指标，实现了对生活污水、工业废水、地表水和地下水的自动监控[32,33]。2011年，重庆大学微系统研究中心研制出可以同时对多种水体中COD、氨氮、TP（总磷）和pH值等7个指标进行监测的多参数水质监测仪[34,35]。近些年水质自动监测站有了较快的发展，根据《2018年全国环境统计公报》，全国地表水质监测断面数9636个，近岸海域监测点位1203个，建立了饮用水源地水质监测的城市数1021个。2018年，山东特检科技有限公司在化工园区废水监测领域推出了一款JTTO型物料成分在线分析仪，此设备可以实现对化工园区水质中pH值、碱度、硬度、氯化物、硫化物、磷酸盐的在线检测，该仪器采用了无线通信，并且支持RS485/232通信协议，实现了对现场水域的实时监测，同时可以将测得的数据传输到中控室并制成曲线，方便实验人员根据图像及时做出预警，为实际生产提供科学依据[36]。在国家政策大力扶持与持续科研投入下，诸多类型的水质监测设备已经逐步走向市场，为我国水资源污染治理和建设环境友好型社会提供了巨大的帮助。

国内外当前比较前沿的水质自动在线监测体系有三类仪表[37]：第一类为常规多参数仪表，主要有pH值、电导率、浊度、溶解氧、水温、叶绿素、悬浮物等在线监测仪；第二类为特征污染物仪表，主要有重金属、挥发性有机物（VOCs）、氨氮、总氮、总磷、高锰酸盐指数、总有机碳、余氯等在线监测仪；第三类为在线生物毒性仪，主要有发光细菌类、鱼类、藻类、溞类等在线监测仪。其中，常规多参数和特征污染物主要针对国家水质质量标准中的单个指标，而在线生物毒性是一个综合水质评价指标。在线水质监测设备从测量对象种类上可分为单参数水质监测设备与多参数水质监测设备，目前市场上成熟的产品绝大多数都是单参数水质监测设备。在我国高端水质监测设备市场占有率最高的是美国 HACH 公司生产的水质监测仪器。美国 HACH 公司研制的 NPW-160 水质分析仪是现在市场上比较受欢迎的单参数水质监测设备，采用比色分光光度法的原理进行检测，应用于河水、地下水、市政污水以及化工园区工业废水总磷的自动监测。它具有当时最先进的多波长检测器，能够实现水质中总磷的监测，测量更加准确。同时具备浊度补偿功能。多参数水质监测仪器的技术均没有单参数仪器的技术成熟，较有名的是澳大利亚 GREENSPAN 公司推出的在线自动水质监测站——AquaLab，它能在一个机柜中完成 10 个水质监测项目，氨氮、磷酸盐、硝酸盐、氧化还原电位、氯化物等物理五参数，并可方便地扩展如 TOC（总有机碳）、COD、雨量计及流量计等，专门为野外环境而设计，功耗低、测量精度高[38]。

　　国内外关于远程通信传输技术的研究已日趋成熟，通过远程通信将现场装置检测的数据传输到远程监控中心，实现实时在线监测功能。Rasin 等为了实现水质 pH 值、浊度、温度等实时监控，并考虑到监控系统的低成本、低功耗特点，采用 Zigbee 网络将传感器节点的数据发送至监控基站[39]。赵小强等采用 Zigbee 技术设计了一种水质 pH 值在线监测系统，通过 CC2530 无线射频芯片将仪器采集的数据通过 Zigbee 网络发送至数据汇聚节点，然后把数据汇聚节点采集到的全部数据通过串口发送至数据中心站，实现了水质 pH 值的远程监测。由于 Zigbee 网络具有低功耗、低成本的优点，已应用于很多监控领域，但由于其近距离传输的限制，不能用于远程监控。陆勃等将水质传感器检测的数据利用 GPRS（通用分组无线服务技术）进行远程传输，在远程监测中心即可查看和记录检测数据，掌握水质相关指标的变化趋势，数据传输可靠且运行费用低，发现水质异常时可自动报警，便于及时处理，节省了大量的人力成本[40]。Ionel 等设计了一种可以用手机控制的基于 GPRS 的无线数据传输系统。传感器检测到的数据通过 GPRS 网络发送至 Web 服务器，监控端可以通过电脑 Labview 软件应用平台和手机网页形式进行查看分析，测量结果超出预设值时可以实现报警功能[41]。马锐等为解决水质状况的实时远程监测问题，利用 Zigbee 和 GPRS 无线传输技术实现了远程监测功能，首先将采集的数据通过 Zigbee 网络传输至网络协调器，然后利用 GPRS 网络传输给数据中心站电脑或手机。该系统具有监测范围广、监测数据节点多、数据传输效率高的特点，在水文、气象、电力等检测领域都有较好的应用前景[42]。

2.1.3　设施排水生态安全评价及生物毒性检测技术发展

　　生态安全评价的一般途径为基于"压力 - 状态 - 响应"（pressure-state-response, PSR）框架，在外界影响因素导致的压力下，建立生态系统或关键生态对象状态指征的指标体系，通过指标体系的变化情况评价生态系统的安全性。目前，生态安全评价研究的重点是构建评价指标体系和指标综合方法；核心对象是生态退化和生态系统服务的状态及变化；目标是阐明地区或区域内生态系统的稳定性或者脆弱性，为生态系统管理提供决策建议，减缓生态退化，保障生态系统服务功能。

　　生态安全评价的一般途径并不适用于设施排水生态安全性评价：一是关注目标不同，生态安全评价的一般途径密切关注区域或地区生态稳定性和脆弱性，而设施排水生态安全评价关注排水对受纳水生态的扰动和压力；二是关注对象不同，生态安全评价的一般途径关注生态系统各要素的完整性和联系性，设施排水生态安全评价关注排水中污染物的生态风险性。

为了表征设施排水中毒害污染物对水生生物的影响程度，同时考虑污染物在水生生物体内的生态富集效应，需对设施排水中的毒害污染物进行生态安全性评价。生态安全性评价是运用科学数据对特征污染物对环境的影响予以表征，并将其转化为风险概率，用以阐述污染物对环境生物不利影响的可能性。生态风险评价的目的不是禁止人类在环境中活动，而是为人类活动提供指导，使风险管理者根据风险程度做出合理的环境保护决策。

目前，系统性的生态安全性评价工作主要集中在美国和欧盟。美国环保局（US EPA）早在1992年就颁布了生态风险评价框架，并陆续推出了生态风险评价技术指南。欧盟则在前期指令的基础上，于2003年颁布了现有物质、新物质和生物农药的人体和环境风险评价技术指南。这些毒害污染物的风险评价技术在世界范围内得到广泛应用。而基于生态安全评价所推导出的毒害污染物生态风险阈值也往往是制定水质标准的基础，对相关标准的制定具有重大的指导意义。与之相比，我国尚且缺乏系统完善的水污染物生态安全性评价体系与评价方法，同时欠缺以生态风险为基础的环境质量控制体系。目前大多借鉴国外的研究成果，但在具体的政策实行过程中，由于中外的水环境现状及水质基本特征存在差别，有时可能导致对水生生物及水生态环境的保护不足或保护过度。

针对水污染物导致的水生态安全状态变化，美国和欧盟等国家和地区建立了基于"暴露-风险"的生态风险评价框架。该风险评价框架强调暴露行为和生态风险特征两个部分。但是，目前的生态风险评价存在关注物种单一、毒性和风险终点单一、非化学污染物（色嗅感官、水华潜势）关注度低等局限性。因此，亟需建立适于设施排水生态风险的评价途径，包括：a.在已有科学数据和实验结果的基础上，明确设施排水的关键污染物类别和生态风险范围；b.建立设施排水情境下的暴露时间或暴露周期特征，明确设施排水应该开展的生态风险种类及评价方法；c.定性和定量阐明设施排水的生态风险水平，确定生态风险诱因。

与此同时，设施排水除进行基于数值模拟与模型预测的生态安全性评估外，还需对排水的综合毒性进行综合研判，已有研究表明，污废水综合理化指标的含量与毒性无必然的对应关系[43,44]。各项理化指标均达标的前提下，达标排放废水依旧可能对水生态环境和人类健康造成有害影响，表明仅依靠常规综合指标并不能保证废水排放的安全性[45,46]。工业废水中污染物的毒性机理复杂，污水对不同种生物的毒害作用各不相同，需要引入有效检测污废水毒性的方法。而生物毒性测试法可以综合反映废水中各种污染物的相互作用，判定污染水平与生物效应的直接关系。

废水全毒性测试（whole effluent toxicity，WET）是检测废水毒性的综合性方法。该方法是美国国家环保局（US EPA）于1995年首次提出并于2004年正式发布的，之后得到广泛应用。WET法旨在将污染废水作为一个整体来表征水中所用物质的综合毒性效应，因此通常利用水生生物的毒性检测来识别污水对水生生态系统的整体影响。加拿大于20世纪90年代研究开发了潜在生态毒性效应探针（potential ecotoxic effects probe，PEEP），采用小型生物毒性测试方法，用于排放废水的生物毒性测试和潜在生态风险排序[47]。之后，许多发达国家和组织也相继开发了各自的生物毒性测试方法，将生物毒性研究应用到废水检测系统中。我国水污染物排放标准中排水生物综合毒性指标的应用虽然起步较晚，但利用不同生物针对典型行业的排放废水的综合毒性研究正快速展开。目前常用的工业废水生物毒性分析方法有发光细菌急性毒性测试法、藻类毒性测试法、溞类毒性测试法、鱼类毒性测试法和生物行为检测技术等。

（1）发光细菌急性毒性测试法

20世纪30年代，发光细菌最先用于药物研究，20世纪70年代，Bullich[48]第一次在废水毒性的检测中使用发光细菌法。由于发光细菌对有毒物质的灵敏度高，且检测结果与理化分析指标有较好的相关性，利用发光细菌监测工业废水毒性的方法已相对成熟。该方法根据细菌发光强度与水体毒性之间的相关性，以相对发光度评价受污染水体的综合毒性，或有针对性地对其中的单一污染物组分测定。我国于1995年将发光细菌法列为进行水质急性毒性检测的国家标准方法。国内与国际测试方法的主要区别在于菌种和毒性的表达形式。其中，应用最广的发光细菌包括费氏弧菌 *V. Fisheri*、青海弧菌Q67和明亮发光杆菌T3等，毒性结果的表达形式主要有氯化汞当量、发光率/抑光率和半数效应浓度（EC_{50}）等。

张秀君等用明亮发光杆菌测定了污染源废水样的毒性，发现评价级别的高低与采样点相对于污染源的位置呈现正相关，且金属冶炼业和化纤业排水的毒性要明显高于医药业和食品加工业[49]。近些年，发光细菌毒性检测被运用于各个方面。在农业方面，杨洁利用水质毒性分析仪，以青海弧菌为受试生物，对11种农药进行了毒性研究[50]；在工业方面，主要运用于各行业废水的毒性检测，如杨帆利用明亮发光杆菌T3研究了制药厂废水处理站不同工艺口排出的废水对发光细菌的急性毒性，结果发现废水通过有效的生物处理及化学处理后，出水对明亮发光杆菌T3的毒性影响会逐渐减弱[51]。目前报道的发光细菌急性毒性检测多集中在检测污染物或重金属及多种物质之间的联合毒性方面，如周秀艳等[52]以发光细菌为试验生物对Cd、Pb、As三种金属元素分别进行了单一元素毒性及混合联合毒性试验，并比较预期EC_{50}，评价其联合作用方式，结果表明在三种元素同时作用时对发光细菌的毒性作用表现为相加作用。

发光细菌毒性测试法具有受试生物反应灵敏、仪器操作自动化程度高等优点，可被应用于重污染行业废水毒性常规监测和突发事件安全应急监测等，但该方法同时也存在发光菌菌种成本高、表征指标单一和国内外缺乏统一的毒性等级划分标准等问题。

（2）藻类和溞类毒性测试法

藻类和溞类个体小，在水体中可大量繁殖。当生存环境恶化时，藻类的生长会受到抑制，溞类的生存和繁殖能力也会发生变化，因此，在毒理学研究中通常采用其生长率和繁殖率作为监测评价毒性效应的终点。

藻类是水生生态系统和水生食物链中的初级生产者，对水生生态系统的平衡及稳定起着非常重要的作用，因其个体小、繁殖周期短、易于分离培养、可直接观察细胞水平上的中毒症状、对环境效应敏感，是一种较理想的生物毒性实验材料。在藻类急性毒性试验中，常以藻类的生长抑制作为测试指标。Tigini等[53]利用不同营养级生物测定了纺织废水的急性毒性效应，结果表明不同营养级生物对废水毒性的敏感性差异明显，其中微藻的敏感性最强。张锡龙[54]以4种微藻为受试物种，5种典型行业废水为受试水体，分别以斜生栅藻、蛋白核小球藻、海水小球藻以及等鞭金藻的生长抑制率为测试指标，评价了行业废水对不同微藻的毒性效应并且比较其敏感性差异，研究表明，组分不同的行业废水会对微藻产生不同的毒性效应。杜丽娜等[55]以羊角月牙藻为受试生物，研究制药厂污水处理站不同工艺节点出水的急性毒性效应，根据半数抑制浓度（EC_{50}）得出结论，制药废水对羊角月牙藻的急性毒性随不同处理工艺呈逐级减弱的趋势。张瑛等以微藻的生长抑制率为测试指标，研究了不同行业废水对4种微藻的急性毒性效应，发现不同行业废水对微藻的毒性效应有明显差异，研究结果为化工废水毒性监测与评价中受试生物的选择提供了数据支撑[56]。除了致力于各行业废水对藻类的毒性效应研究外，也有研究者利用藻类考察化学品或重金属的毒性效应。如Ferreira等探讨了养殖业中常用的两种抗生素-土霉素和氟苯尼考对扁藻的影响，发现两种抗生素对扁藻96h半数致死浓度（LC_{50}）分别为11.18mg/L和6.06mg/L[57]。王美仙通过水华微囊藻和蛋白核小球藻，考察对水体颗粒物及抗生素的毒性作用[58]。王丽萍研究了重金属Cu对两种海洋微藻中肋骨条藻和三角褐指藻的生长效应，结果表明，较高浓度的Cu^{2+}对中肋骨条藻和三角褐指藻的生长均有明显的抑制作用[59]。目前，许多国家和国际组织都规定将藻类作为生物毒性试验的必需指标，且分别制定了相关的毒性标准，国内暂且没有标准[60]。

溞（即水蚤）是淡水生物中的一类浮游动物，分布广泛且取材容易，生活周期短且繁殖较快，是目前国际上公认的水体监测对象之一。1928年，美国学者Aimo Viehoever首先把水蚤毒性试验技术应用在药理学研究中[61]。我国于1991年颁布了《水质　物质对蚤类（大型蚤）急性毒性测定方法》(GB /T 13266—1991)。有毒物质会影响水蚤的生长、生殖和发育，致使溞类活动抑制或死亡，因此,目前常用水蚤的活动抑制率或繁殖率作为毒性测试指标。例如陈丽萍等[62]研究了Hg^{2+}、Ni^+、Mn^{2+}三种重金属离子对大型溞的急性毒性效应，结果发现48h后Hg^{2+}、Ni^+、Mn^{2+}三种离子对大型溞的半抑制率分别为0.0211mg/L、2.18mg/L和35.6mg/L，表示均有死亡效应。杨淞霖等[63]探讨了精甲霜灵、咯菌腈、嘧菌酯悬浮种衣剂三种农药对大型溞的急性毒性，结果发现它们对大型溞的毒性等级为高毒。由于大型溞急性毒性试验存在灵敏度不太高及对毒性较低的水样没有毒性响应这类问题，近年来，大型溞的富集与代谢试验逐渐发展起来。如尹倩等[64]将大型溞标志酶用于城市二级出水毒性的评价，通过考察大型溞体内代谢酶活性的变化，筛选对大型溞急性毒性试验最灵敏的酶活性指标，以此为溞类急性毒性试验应用提供了新的方向。

藻类和溞类毒性试验均能通过生物生长状态的变化直观地反映废水的毒性效应，但也存在前期培养工作量大、测定周期长、应急响应不及时等问题，预计未来有关这两类生物毒性效应测试新技术的研究将主要侧重于分子水平。

（3）鱼类毒性测试法

与低等实验生物相比，鱼类是水体中群落级别较高的动物。由于鱼类是水生态食物链中的高级消费者，对生存环境的变化非常敏感，鱼类中毒的反应可能表现为：行为、形态的变化，种群数量、个体组织结构、个别基因的变化。污染物对鱼类的急性毒性是鱼类毒理学研究的基本内容。1946年，鱼类毒性试验首次用于废水毒性的检验，自此鱼类毒性试验方面的研究得到了飞速发展。作为标准毒性测试生物，斑马鱼与人类的基因相似度接近90%，由斑马鱼毒性测试结果可以间接推导出污染物对人类潜在的致毒机制。2006年，李丽君等研究了6家工业废水的鱼类急性毒性效应，并结合理化指标探究了斑马鱼的致死原因[65]。杨京亚等利用斑马鱼研究了腈纶废水好氧-厌氧处理过程中废水的急性毒性变化，结果表明最终出水对斑马鱼表现出轻微的致死作用[66]。石柳进行的AAO处理工艺对焦化废水的效果研究中，同样运用了鱼类急性毒性试验[67]。在国际标准化组织（ISO）、经济合作与发展组织（OECD）和欧盟等组织的相关标准中，主要通过观察成鱼和仔鱼外观、行为的改变，或通过获取 LC_{50} 来判断成鱼的毒性效应，从而确定受试水体的污染程度。目前使用鱼类作为受试生物的废水毒性测定方法已相对成熟，鱼类毒性试验在毒物和废水的生物监测与评价中被广泛应用，包括对行业废水的毒性测试、评价和预警。

（4）生物行为监测技术

经有毒物质或废水暴露，生物的行为会发生一系列可被监测的变化，即可以通过生物行为监测的方法对化学物质乃至实际废水毒性进行评价。行为学监测在计算机和对应软件系统引入后变得更加的简单、快捷、有效，并且可以定量或最高通量地研究行为改变。基于计算机识别技术的生物行为监测是一种分析化学污染物对水生物的毒性效应、评估其环境风险的有效手段。Shin 等通过异常行为监测的方法分析了二嗪农对日本青鳉鱼的毒性，结果表明青鳉的异常行为能够被定量监测[68]。Reyhanian 等将成年的雄性斑马鱼暴露于不同浓度的乙炔雌二醇中14d，通过监测其表面运动及潜泳行为，发现暴露后实验鱼的潜泳时间变长[69]。Robinson 等将成年的斑马鱼暴露于犬尿酸中，发现暴露后斑马鱼上半水槽运动前的潜伏期减短，表层运动时间增加，因此他们认为犬尿酸对斑马鱼可能存在抗焦虑作用[70]。倪芳等研究了五氯酚（PCP）对斑马鱼运动的影响，从运动轨迹、游动速度、浮出水面频率及熵值4个指标来反映：中等浓度（1.0mg/L、2.0mg/L）暴露，游动速度、熵值、浮出水面频率有短暂时间的急剧升高之后降低；暴露于最高浓度4.0mg/L时，所有指标均呈下降趋势。斑马鱼毒性行为响应与PCP浓度密切相关。同种污染物对水生生物行为的作用机制一般是类似的，而作用机理不同的污染物对水生生物行为的影响会有所差异。黄毅等在个体行为和群体行为两个水平上研究了氯化镉和敌敌畏胁迫对斑马鱼的行为差异：氯化镉胁迫下斑马鱼过度活跃，游动深度显著下降；敌敌畏胁迫下，鱼群聚集在水面附近，行为强度直接降低，但基本都符合环境逐级胁迫阈模型，行为过程主要包括刺激、适应、调整甚至再调整，直至在高暴露浓度下产生明显的行为毒性效应。在生物行为调节过程中，环境胁迫阈对生物行为变化可能具有决定性作用。刘亮以斑马鱼为受试生物，探究了神经抑制类药物对毒蕈碱型乙酰胆碱受体（muscarinic acetylcholine receptor, mAChR）和烟碱型乙酰胆碱受体（nicotinic acetylcholine receptor, nAChR）的影响，胆碱受体的抑制作用与农药的暴露浓度和时间呈正相关，活性变化趋势与环境逐级胁迫阈模型类似。两者都在分子水平上探究揭示了水生生物外在行为变化与内在作用机制间的响应。任宗明等研究大型溞暴露在有机磷农药、有机氯农药、拟除虫菊酯类农药和除草剂等污染物下的行为生态学变化，结果发现：在一定的环境压力内，随暴露时间的增长，大型溞的行为变化会逐渐降低；不同作用机理的污染物导致大型溞行为变化的趋势有所差异[71]。司桂云研究两种污染物联合作用对斑马鱼脑和鳃乙酰胆碱酯酶（AChE）的影响，发现脑部AChE相对活性的变化规律和行为趋势更为接近[72]。

生物行为监测也可用于实现水污染的实时监测，对水污染进行原位生物监测，还可以解决传统方法中可能存在的一些问题，具有诸多优点。例如，大型溞和日本青鳉被广泛应用于水质安全在线预警技术中，利用生物行为强度的变化来实现对水质安全的预警。但是生物行为监测技术在实际应用中还存在异常行为判断与预警不够准确的问题，需要进一步研究。

2.1.4 工业废水排放安全监管手段及其发展趋势

随着水环境质量提升需求不断加强，环境标准体系日益完善，排放水质要求逐渐细化，执行污废水综合排放标准的要求越来越高，全国大部分地区已经参照执行《城镇污水处理厂污染物排放标准》（GB 18918—2002）一级A、《地表水环境质量标准》（GB 3838—2002）中更高的排放标准。与此同时，我国持续加大污水资源化利用进程，2021年，经国务院同意，国家发展改革委联合科技部、工业和信息化部、财政部、自然资源部、生态环境部等九部门共同印发了《关于推进污水资源化利用的指导意见》，对全面推进污水资源化利用进行了部署。再生水分级分质梯级利用已经成为明确的风向标，尽管出台了系列政策，也鼓励再生利用举措，但目前受限于污水再生利用的安全监管与风险监控，工业污水综合再生利用率有待提高。

工业废水经达标处理后源源不断地排入受纳水体，常规的指标可以分析单一化学物质污染情况，然而实际废水中往往包含着多种已知或者未知的化学成分，它们共同存在于水体中，相互影响，其毒性效果相互累加、抑制、促进，甚至有可能生成新的污染物质。因此，能够监测复杂污染物对环境的联合效应、直观地反映环境/样品的综合毒性的研究受到了越来越多的关注[73]。除了对设施排水的基本水质指标进行监控外，还应开发设施排水的生态风险监控技术，实时监控达标排放尾水的生态安全[74]。

针对设施排水的生态风险监控需求，我国已初步试行在排水口设置生物指示池，使外排废水达到常见鱼类稳定生存的要求后再排向环境。山东省专门指定相关规定并在全省试行，通过生物指示池对外排废水进行生态监督，并提出了具体的构建方法：在排污口建设生物指示池，池体进、出水口要与排污渠相连通，水流要保证连续流畅地通过生物指示池。生物指示池布局要与周边环境相协调，尺寸由建设单位自行确定，池壁内测粘贴白色瓷砖，外沿四周设置不锈钢栏杆。池内放养鲫鱼、鲤鱼等常见鱼类作为指示生物，通过指示生物的生存状况实时监督外排废水达标情况。由此，有科研人员通过对污水处理厂生物指示池中的水生生物进行检测分析，研究污染物的累积效应和生物毒性，如针对生物指示池中鱼组织样品的分析发现长期暴露于杀菌剂TCC（三氯卡班）水体中的鱼体组织TCC浓度在142.9~586.6ng/g之间，鱼体样品中TCC检出率为100%，由此说明鱼体通过对水体中的TCC进行富集，将会对处于食物链顶端的人类健康造成潜在的环境健康风险[75]。然而，以我国已经实施的排水口处指示池为例，生物指示池多以建造四面光的水泥池为主，无法模拟真实受纳水环境中物质的迁移、累积与转化。且生物指示池中所投放的鲫鱼、鲤鱼等大型鱼类对毒性物质的耐受性较强，毒性效应表征不明显。生物指示池监管法无法实现通过综合生物毒性效应实时预警水质变化的目的。与此同时，生物指示池中生物组成单一，无法真实反映设施排水对受纳水生态系统中水生生物的生态毒性。

工业废水中污染物的种类复杂且排放量相对不稳定，采用生物监测技术可以实现对污染物环境影响的连续监测，并能对污水处理厂各个环节的出水进行综合生物效应分析，但在实现对设施排水的安全预警和实时监管方面，目前依然存在诸多问题。现有的发光细菌、大型溞等受试生物的监控手段仍在室内进行，无法实现实时预警。生物监测对潜在污染因子的识别存在一定困难。目前，主要利用污染物毒性鉴别技术（TIE技术）判断潜在的目标污染物。该技术主要是应用理化方法（有针对性地去除或屏蔽某一类物质）初步鉴别样品中的重金属、NH_3-N、氧化剂等无机污染物，但对有机物质的分析鉴定能力有限。效应引导的污染物识别技术（EDA）可在一定程度上弥补 TIE 方法在有机化合物鉴别方面的不足。EDA 方法通过高通量筛查将样品中的有机污染物进行提取分离，锁定目标污染物，进而对每个组分进行毒性评估，并识别关键污染因子。生物群落鉴定监测的技术方法也不成熟。大部分生物监测技术无法做到精准定量分析，且相较于理化监测，生物监测的结果缺少合适的方法标准和对应的质量评价标准。因此，建议加强生物监测结果与理化监测结果的联合分析，从不同角度对废水进行综合、系统、全面的环境质量状况评价，并建立起适用于设施排水风险评价的方法标准和质量评价标准。

工业废水生物监测作为一种综合性监测技术，已不再仅仅是理化监测的补充，它可以从宏观和微观角度全面深入地审视水环境质量状况，进而对其产生的生物健康效应进行直观评价。因此，在废水监管中开展生物监测是环境监测发展的必然趋势。生物监测是长期的、定期的、定量与定性并存的监测工作，应该逐步实现基于模拟水生态系统的生物长期连续监测的综合监管体系。以仿水生态系统（aquaeco mimetic system, MimeticS）为例，该系统通过人为的方式构建一种包含水生生物与非生物介质，模仿实际水生态系统的系统与装置，可用于评价低浓度复合污染物对仿水生态系统的长期暴露和毒性效应。环境污染过程复杂、结果复杂、负面影响长久，通过系统地、连续地、长期地进行生物监测，才能取得更加真实、全面、具体、有效的监测结果。

综上所述，本书基于我国现状，以典型的平原河网地区城市苏州为例，结合苏州设施排水特点，制定设施排水生态安全综合评价体系与方法，开展设施排水的生态安全性评价与风险监控，为苏州地区水质提升与水生态安全提供重要保障。本章主要论述典型设施排水的生态安全性评价方法与监控技术。

2.2　设施排水的生态安全评价指标体系与方法构建

生活污水和工业废水经污水处理厂处理后排放是削减污染物浓度、保护水环境的主要措施，但达标排放的污水及雨水中可能仍含有毒害污染物和营养物质，是城市水环境污染物的重要来源。为进一步保障城市水生态环境安全，提升城市水环境品质，建立了针对设施排水生态安全的评价指标和方法体系，开发了设施排水生态安全性评价技术。该技术包括评价指标体系构建、评价方法构建以及风险因子削减途径三个部分。

设施排水生态安全性评价技术框架如图 2-1 所示。

2.2.1　评价指标体系

针对工业废水处理厂、城市生活污水处理厂、雨水管网等水设施排水及其受纳水体的生态安全保障需求，在分析污水厂和雨水管网特征、水设施进水特征和受纳水体保护需求的基础上，提出针对设施排水的生态安全评价指标体系。水生态安全内涵丰富，本书重点

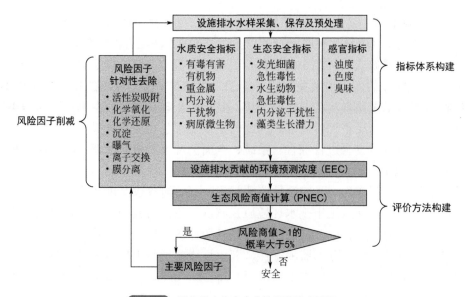

图2-1 设施排水生态安全性评价技术框架

从感官愉悦、水质安全、生态安全的角度予以诠释。为此，相应的评价指标体系除了一些必要的常规指标外，主要包含水质安全指标、生态安全指标和感官愉悦指标。

设施排水生态安全性评价指标的组成按照基本评价指标和选择评价指标两部分设置。基本评价指标在进行设施排水生态安全评价时必须检测，按照表2-1所列指标执行。选择评价指标的具体构成是相对灵活的，由区、县及以上再生水行政主管部门，根据设施接纳工业污染物的类别和受纳水体环境质量要求在表2-2中选择确定。

表2-1 设施排水生态安全性评价基本指标

指标类型	二级指标	指标
常规指标	常规理化指标	pH值、水温、溶解氧、电导率
	有机物指标	生化需氧量、化学需氧量或总有机碳
感官愉悦指标	感官指标	色度、浊度、悬浮物、透明度
水质安全指标	重金属和类金属	锌、锑、镍、锡、总汞、总镉、总铬、六价铬、总砷、总铅
	内分泌干扰物	邻苯二甲酸酯、雌酮、雌二醇、雌三醇
	多环芳烃	苯并[a]芘
	消毒副产物[①]	总有机卤素、三卤甲烷、卤乙酸、亚氯酸盐、溴酸盐
	病原微生物	粪大肠菌群数
	剩余消毒剂	余氯[②]
生态安全指标	富营养化指标	氨氮、总氮、总磷、藻类生长潜力
	生物稳定性[③]	藻密度、细菌总数、可同化有机碳
	生态毒性	发光细菌急性毒性

① 消毒副产物指标应根据消毒工艺确定。采用氯消毒或氯胺消毒时，宜检测总有机卤素、三卤甲烷和卤乙酸；采用二氧化氯消毒时，宜检测总有机卤素和亚氯酸盐；采用臭氧消毒时，宜检测总有机卤素和溴酸盐；采用紫外消毒时无需检测消毒副产物指标。

② 若未采用氯消毒或氯胺消毒工艺，则无需检测余氯。

③ 在长水力停留时间输配、贮存和使用再生水时对再生水的生物稳定性进行评价。

表2-2　设施排水生态安全性评价选择指标

指标类型	二级指标	指标
感官愉悦指标	感官指标	石油类、阴离子表面活性剂
水质安全指标	重金属和类金属	烷基汞、铍、银、铜、锰、硒、铁
	内分泌干扰物	乙炔基雌二醇、双酚 A、壬基酚、辛基酚
	苯系物	苯系物总量、苯、甲苯、邻二甲苯、挥发酚、苯胺
	农药	有机磷农药（马拉硫磷、乐果、对硫磷、甲基对硫磷），有机氯农药（六六六、滴滴涕、毒死蜱），有机氮农药（阿特拉津、敌敌畏）
	药品及个人护理品	红霉素类、氟代喹诺酮类抗生素、三氯生、卡马西平、双氯芬酸、布洛芬、苯并三氮唑、乙炔雌二醇
	无机离子	硫化物、总氰化物
生态安全指标	生态毒性	大型溞急性毒性、鱼胚胎发育毒性、遗传毒性、雌激素活性

当相关研究表明某些水质指标（如有毒有害化学污染物、病原微生物）可由指示指标或替代指标表征时，可选择相应指示指标或替代指标评价设施排水的生态安全性。

排水设施宜在排水口设置生物指示池，池内放养鲤鱼、鲫鱼等常见鱼类作为指示生物，通过指示生物的生存状况实时监督设施排水的毒性效应。生物指示池进、出水口需与排水渠连通，保障水流连续流畅地经过生物指示池。生物指示池建设宜与周边环境相协调，并体现人文关怀，为指示生物创造良好的生存环境。

在生态安全性评价指标体系建立之后，应针对设施排水对受纳水体的潜在影响，提出设施排水的生态安全性评价方法，通过评价对象选择、评价指标与评价频率选择、排水和受纳水体（水和底泥）样品的预处理、特征污染物检测、受纳水体水生生物群落评价、生态风险阈值选取、生态风险计算与毒性因子识别，解析设施排水对受纳水体环境的影响规律，评价设施排水的生态安全性。

2.2.2　生态安全性评价指标监测方法

（1）采样点布设

设施排水采样点可分为出水采样点、管网采样点和用户经常用水点。

设施排水出水采样点宜设在设施总出水处。采用消毒工艺的处理设施出水采样点宜设在消毒后总出水处。

除出水采样点和管网采样点外，可根据生态安全性评价的需要增加其他有代表性的采样点，如排水口上下游。

政府行政主管部门、污水处理厂运营单位及用户对受纳污水处理厂排水的河道、湖泊、景观水体的水质、底泥和周围的土壤、空气等可进行跟踪监测，及时发现污水处理厂排水利用过程中的问题并相应增加采样点，保障设施排水的生态安全。

（2）水样的采集和保存

设施排水水样的采集、保存应符合国家《地表水和污水监测技术规范》（HJ/T 91—2002）的规定。

在设施排水水样的采集过程中，可采用自动采样器采集水样。

水温、溶解氧、浊度、余氯、pH值等指标应尽量现场测定。

（3）水样预处理

设施排水的样品预处理包括分离、富集、净化和衍生化等环节。

对于挥发性、半挥发性有机污染物，多采用静态顶空法、吹扫捕集法、液液萃取法、固相微萃取法等进行分离和富集；对于不易挥发的有机污染物，宜采用液液萃取法和固相萃取法。常见的分离富集方法及其适用的污染物特性如表2-3所列。

表2-3　设施排水样品常见的分离富集方法及其适用的污染物特性

分离富集方法	适用浓度	分析物特性	是否自动化
静态顶空法	µg/L~mg/L	气态 - 挥发性	是
吹扫捕集法	µg/L	挥发 - 半挥发性	是
固相微萃取法	µg/L	挥发 - 半挥发性	是
液液萃取法	µg/L	挥发 - 半挥发性	否
固相萃取法	ng/L	不挥发性	是

对于生物毒性检测，若设施排水中污染物浓度较高或毒性较强，宜采用适宜受试生物生长的介质或培养基对水样进行稀释；若设施排水中污染物浓度较低或毒性较弱，宜采用固相萃取浓缩样品。

（4）生态安全性评价指标监测频率

设施排水出水水质的温度、溶解氧、浊度、总余氯和pH值等指标可采用在线监测仪进行连续监测。

设施排水水质常规指标、富营养化指标、微生物类指标的监测频率，应根据监测的水质指标来确定（见表2-4），以确保设施排水的生态安全性得到有效监管。设施排水管网采样点和用户经常用水点的水质监测频率有最低要求，即每个点每月采样不能少于1次。

表2-4　设施排水生态安全评价指标监测频率

指标类型	指标	采样频率
常规指标	pH 值	1 次 / 日
	水温	1 次 / 日
	溶解氧	1 次 / 日
	化学需氧量	1 次 / 日

续表

指标类型	指标	采样频率
感官愉悦指标	色度	1 次 / 日
	浊度 / 悬浮物 (SS)	1 次 / 日
	石油类	1 次 / 周
	阴离子表面活性剂	1 次 / 周
水质安全指标	总汞	1 次 / 月
	烷基汞	1 次 / 月
	总镉	1 次 / 月
	总铬	1 次 / 月
	六价铬	1 次 / 月
	总砷	1 次 / 月
	总铅	1 次 / 月
	内分泌干扰物	1 次 / 月
	苯并 [a] 芘	1 次 / 月
	粪大肠菌群数	1 次 / 日
	余氯	1 次 / 日（若无氯消毒则无需监测）
生态安全指标	氨氮 (以 N 计)	1 次 / 日
	总氮 (以 N 计)	1 次 / 周
	总磷 (以 P 计)	1 次 / 日
	藻类生长潜力	1 次 / 半年
	鱼胚胎 / 仔鱼毒性	1 次 / 月
	大型溞急性毒性	1 次 / 月
	遗传毒性	1 次 / 月
	雌激素活性	1 次 / 月
	发光细菌急性毒性	1 次 / 月

表2-1中的有毒有害污染物指标、毒性指标及藻类生长潜力指标监测频率为每月1次。表2-2中的选择评价指标监测频率为每半年1次。

（5）评价指标检测方法

设施排水生态安全评价指标的检测方法见表2-5，其余指标的检测方法可参照GB 18918、GB 3838、GB 18921所引用的方法文件。

表2-5　设施排水生态安全评价指标的检测方法

指标类型	指标	分析方法
常规指标	pH 值	玻璃电极法
	化学需氧量	重铬酸盐法、快速消解分光光度法

续表

指标类型	指标	分析方法
感官愉悦指标	色度	稀释倍数法
	浊度	
	悬浮物 (SS)	重量法
	石油类	红外分光光度法、非分散红外光度法
	阴离子表面活性剂	亚甲基蓝分光光度法
水质安全指标	总汞	冷原子吸收分光光度法、冷原子荧光法、原子荧光法
	烷基汞	气相色谱法
	总镉	原子吸收分光光度法、电感耦合等离子发射光谱法（ICP-AES）
	总铬	高锰酸钾氧化 - 二苯碳酰二肼分光光度法、电感耦合等离子发射光谱法（ICP-AES）
	六价铬	二苯碳酰二肼分光光度法
	总砷	二乙基二硫代氨基甲酸银分光光度法、原子荧光法
	内分泌干扰物	固相萃取 - 气相色谱质谱法
	邻苯二甲酸二丁酯、邻苯二甲酸二辛酯	气相色谱法
	总有机卤素	微库仑法
	粪大肠菌群数	多管发酵法
	余氯	N,N- 二乙基 -1,4- 苯二胺分光光度法
生态安全指标	氨氮 (以 N 计)	纳氏试剂分光光度法
	总氮 (以 N 计)	碱性过硫酸钾消解紫外分光光度法
	总磷 (以 P 计)	钼酸铵分光光度法
	藻类生长潜力	藻类增长潜力试验
	鱼胚胎毒性	鱼胚胎毒性实验
	大型溞急性毒性	溞活动抑制实验
	遗传毒性	SOS/umu 遗传毒性实验
	雌激素活性	双杂交酵母法
	发光细菌急性毒性	相对发光度

在对设施排水水质进行应急检测以及运营单位日常管理需要时，可采用水质简易监测方法。

2.2.3 生态风险评价方法

（1）设施排水生态风险评价程序

生态风险评价以暴露表征和效应表征为基础，包括问题提出、风险分析与风险表征 3 个阶段。

① 问题提出阶段是生态风险评价的基础，需明确存在的问题、风险评价目标和评价范围，并且制定数据分析和风险表征的方案。

② 风险分析阶段包括暴露表征和生态效应表征。其中，暴露表征需分析污染物的暴露途径和暴露强度；生态效应表征则要预测污染物可能产生的生态效应。

③ 风险表征通过综合暴露表征和生态效应表征进行风险估计，描述风险大小。

（2）问题提出

① 选择评价终点。根据设施排水受纳水体生态系统的特点，宜选择受纳水体中有代表性的受保护物种以及敏感物种作为评价终点。

② 建立概念模型。在整合有效信息的基础上，对选择的评价终点的潜在胁迫因子、暴露特征和生态效应特征做出假设。根据假设建立概念模型框架，包含图框、箭头以及用来阐述关系的流程图。

（3）风险分析

可根据设施排水的污染物浓度、排水量、受纳水体流量，计算由设施排水贡献的预测环境浓度（PEC），以此评价设施排水引起的生态风险。

根据污染物的无观察效应浓度（NOEC）、半数效应浓度（EC_{50}）和半数致死浓度（LC_{50}）等推导出预测无效应浓度（PNEC）。

（4）风险表征

根据式（2-1）估算排水中的污染物对生物的生态风险商。

$$风险商=PEC/PNEC \qquad\qquad (2\text{-}1)$$

式中　PEC——设施排水贡献的预测环境浓度；

　　　PNEC——污染物的预测无效应浓度。

风险商值<1 时，设施排水中的污染物对受纳水体的生物无明显危害；风险商值=1 时，设施排水中的污染物单独作用对受纳水体的生物无明显危害。"风险商值>1"的概率小于5% 时，设施排水中的污染物对受纳水体的生物存在偶然危害；"风险商值>1"的概率大于5% 时，设施排水中的污染物对受纳水体的生物可能存在危害。风险商值越大，危害越大。

2.2.4　毒性因子识别及毒性削减

（1）全流程工艺评估

当设施排水的生态毒性呈现较大波动时，应首先分析进水水质变化。评估沿程水处理工艺是否稳定运行，或是否由于新增水处理工艺或药剂而毒性增加。

（2）毒性因子识别

设施排水的毒性因子识别可采取如图2-2所示流程。

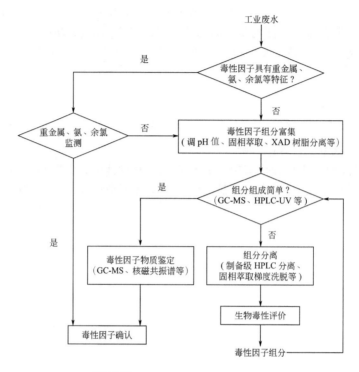

图2-2 设施排水毒性因子识别流程

识别毒性因子时，宜首先检测氨氮、余氯和重金属等无机污染物。若发现毒性因子可能是氨、余氯和重金属，可直接检测相应物质浓度。

若毒性因子为有机物，采用固相萃取梯度洗脱、制备型液相色谱分离等分离分级技术将经富集的物质组分进一步细分，并通过生物毒性试验识别出毒性组分。然后，利用色谱（气相色谱，GC；高效液相色谱，HPLC）、质谱（MS）、核磁共振波谱等手段，结合对工业生产流程和污水处理工艺的分析，识别出组分中的毒性因子。

（3）毒性因子削减

在识别设施排水毒性因子及其来源的基础上，应根据毒性因子类别及其特性，选择适宜的毒性因子削减技术，如表2-6所列。

表2-6 设施排水的毒性因子类别及典型削减技术

毒性因子类别	典型毒性因子削减技术
有机物	活性炭吸附、化学氧化
金属阳离子	沉淀（碳酸盐等）、共沉淀、离子交换、电解回收、膜分离、蒸发回收
无机阴离子	沉淀、共沉淀、吸附、离子交换、化学还原
氧化剂	化学还原、曝气

2.3 工业废水排水生态安全评价与风险监控技术研究

2.3.1 纳管工业废水的生物可处理特性

生物处理技术是污水处理中应用最为广泛的技术。废水生物处理特性则是指利用生物方法能够将污染物从水中去除的潜力。因此，系统掌握和评价污水的生物处理特性，是选择和优化污水处理工艺的重要依据。考虑到污水处理厂的废水处理池为露天水池，而生物降解过程是长期动态过程，很难在原位对废水中有机物的降解过程进行瞬时测定。因此，设计了一种在实验室内对废水中有机物降解的难易程度进行准确、快速、半自动化测定的装置系统，通过对有机物降解难易程度、降解过程的起始时间、结合传统BOD_5/COD值（B/C值）的评价方法，对废水的生物处理特性进行评价，并指导生物处理过程运行条件优化、废水处理工艺中前处理方法和后处理方法的选择，具体评价流程如图2-3所示。

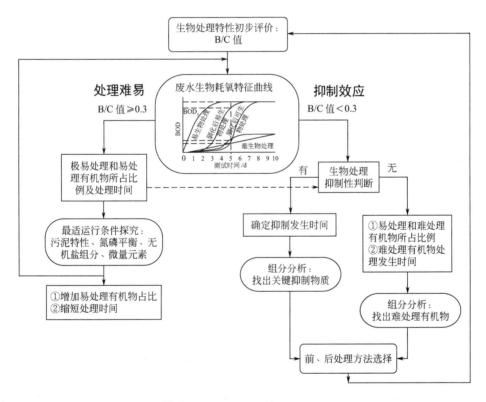

图2-3 生物处理特性评价流程

选择苏州市四吴江区南霄污水处理厂、吴江区镇东污水处理厂、相城区澄阳污水处理厂的印染废水进水原水及其经过混凝沉淀处理后的印染废水，开展生物处理特性评价实验，得到不同种类工业废水生物处理过程的耗氧速率和累积耗氧量，结果如图2-4所示，并且得到有机物降解难易程度的分布，如表2-7所列。

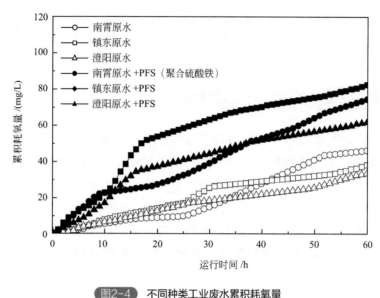

图2-4　不同种类工业废水累积耗氧量

表2-7　不同污水厂工业废水中有机物（以COD计）降解难易程度分布　　单位：mg/L

有机物类型	生物快速处理	易生物处理	可生物处理	不可生物处理
南霄原水	4	4	38	219
镇东原水	3	10	24	281
澄阳原水	4	8	21	267
南霄原水 +PFS	22	30	23	87
镇东原水 +PFS	53	16	14	88
澄阳原水 +PFS	36	15	11	91

　　由表2-7可知，三种印染废水中可被生物降解有机物的总含量为33~46mg/L，占废水中总COD含量的11.00%~17.36%，说明三种印染废水的生物处理特性均较差。其中，三种印染废水中生物快速处理有机物含量均较低，为3~4mg/L，占可被生物降解有机物总量的8.11%~12.12%；镇东污水处理厂的印染废水中易生物处理有机物含量最高，为10mg/L，占可被生物降解有机物总量的27.03%，分别比南霄污水处理厂、澄阳污水处理厂的印染废水中可生物处理有机物含量高210.81%、11.49%；南霄污水处理厂的印染废水中可生物处理有机物含量最高，为38mg/L，占可被生物降解有机物总量的82.61%，分别比镇东污水处理厂、澄阳污水处理厂的印染废水中可生物处理有机物含量高27.36%、29.81%。

　　经过混凝沉淀处理后，三种印染废水中可被生物降解有机物总含量均显著增加，由33~46mg/L增加到62~83mg/L，增幅达到166.71%~317.16%；镇东污水处理厂的印染废水中可被生物降解有机物总含量最高，为83mg/L，占废水中总COD含量的48.54%，分别比南霄污水处理厂、澄阳污水处理厂的印染废水中可被生物降解有机物总含量高10.67%、33.87%。此外，经过混凝沉淀处理后，三种印染废水中的生物快速处理有机物的含量由3~4mg/L增加到22~53mg/L，增幅达到10倍左右，镇东污水处理厂的印染废水中生物快速处理有机物含量最高，为53mg/L，占可被生物降解有机物总量的63.86%，分别比南霄污水处理厂、澄阳污水处理厂的印染废水中可被生物降解有机物总含量高140.91%、47.22%。三种印染废水中的易生物处理有机物的含量由4~10mg/L增加到15~30mg/L，增幅达到3倍左右，南霄污水处理厂的印染废水中易生物处理有机物含量最高，为30mg/L，占可被生物降解有机物总量的40.00%，分别比镇东污水处理厂、澄阳污水处理厂的印染废水中易生物处理有机物含量高87.50%、100.00%。

2.3.2　达标排放工业废水的污染物及风险

针对达标排放工业废水对水环境的潜在风险，监测澄阳污水处理厂、南霄污水处理厂等典型印染工作污水处理厂的排水污染物，检测达标排放印染废水中重金属、有毒有害有机污染物等污染物浓度分布。在检测特征污染物浓度后，运用生态风险商值法，评价达标排放工业废水有毒有害化学污染物的生态风险，识别达标排放工业废水中的特征有毒有害化学污染物。

对苏州市5个典型印染废水处理厂进水/出水中的重金属进行检测，并评价其生态风险商，识别达标排放废水中特征风险重金属污染物。研究结果发现，主要的重金属污染物包括锌、锑、镍、锡、砷、汞等。工业废水处理厂对锑、镍有一定处理效果，去除率约80%，但对锌、锡、砷、汞的去除效率较差，出水中的锌浓度约300μg/L，锑浓度约30μg/L，如图2-5所示。

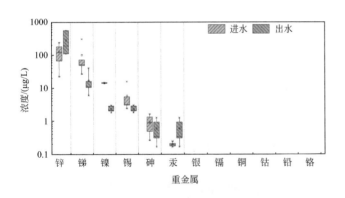

图2-5　印染废水处理厂进出水中重金属浓度分布

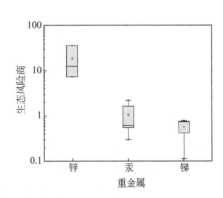

图2-6　印染废水中重金属生态风险商（n=5）

达标排放废水中，锑、汞、锌的生态风险商（RQ）较高，是应当优先控制的重金属，如图2-6所示。其中，苏州市阳澄湖地区对锑排放予以严格限制，浓度控制低于5~20μg/L，所以印染废水中锑的生态风险尤其值得关注。

进水/出水中的有机污染物浓度检测结果如图2-7所示，主要有机污染物包括阴离子表面活性剂、石油类（烃类）、邻苯二甲酸酯类。其中邻苯二甲酸二（2-乙基己基）酯（DEHP）是主要酞酸酯类污染物（表2-8），超地表水饮用水源地限值（8μg/L）1~2.4倍。工业废水处理厂对阴离子表面活性剂和石油类有一定去除效果。

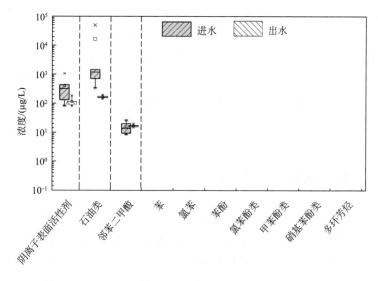

图2-7 印染废水处理厂进出水中特征污染物浓度分布（$n=5$）

表2-8 典型工业废水及其达标尾水中邻苯二甲酸酯类污染物浓度特征（$n=5$）

邻苯二甲酸酯类污染物	浓度 / （μg/L）
邻苯二甲酸二（2-乙基己基）酯	8.3~19.1
邻苯二甲酸二甲酯	N.D.
邻苯二甲酸二乙酯	N.D.
邻苯二甲酸二正丁酯	N.D.
邻苯二甲酸丁基苄基酯	N.D.
邻苯二甲酸二正辛脂	N.D.

注：N.D.表示未检测出。

上述工业废水处理厂对DEHP的去除有限，其生态风险值得关注。已有研究表明，DEHP可能引发不同的生态风险选取典型生态风险终点，包括生物致死、生长、无脊椎动物繁殖、生物分子损伤、鱼类繁殖等。

基于5个纺织印染废水处理厂进水/出水中有机污染物浓度，评价其生态风险商。评价结果表明，苏州市印染废水处理厂达标排放废水中含有的DEHP水平会导致不容忽视的水生生物损伤和繁殖风险，无脊椎动物繁殖、鱼类繁殖、生物分子损伤风险高（RQ>1），尤其会干扰鱼类繁殖功能（RQ>70），如图2-8所示。

2.3.3 污水处理工艺对特征污染物的去除特性

（1）苯胺去除特性

印染废水处理过程中苯胺类物质变化如图2-9所示。进水中苯胺类物质为0.86mg/L，水

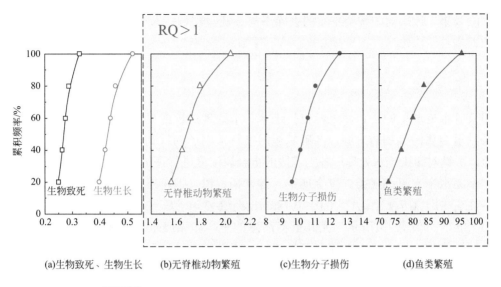

图2-8　基于不同风险评价终点的DEHP生态风险商分布特征

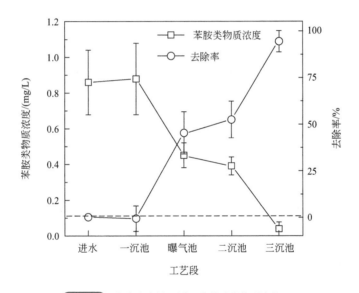

图2-9　印染废水处理过程中苯胺类物质变化

解池和调节池处理后印染废水中苯胺类物质略有上升，变为0.88mg/L。微生物生化反应对印染废水中苯胺类物质具有一定的去除效果。曝气生物处理段对苯胺类物质的去除率约50%，但其出水中仍含有较高的苯胺类物质，约0.4mg/L。混凝沉淀是高标准去除苯胺类物质的必要处理过程，次氯酸钠和聚合氯化铝对印染废水中苯胺类物质的去除效果明显，混凝沉淀对苯胺类物质的去除率达到40%，出水中苯胺类物质浓度降低至0.04mg/L，综合去除率达到95%以上，出水中苯胺类物质含量略超出 GB 4287—2012 标准。

苯胺类物质是印染废水中常见并存在较高潜在风险的污染物，在大型印染废水处理厂中均检测到不同含量的苯胺类物质，并且污水厂生化处理对苯胺类物质的去除率仅为60%~85%。苏州市某印染废水处理厂对苯胺类物质的去除效果优于多数污水厂对苯胺类物质的去除效果。该厂对苯胺类物质的去除率与芬顿-混凝法对印染废水中的苯胺类物质的去除率相近。

（2）重金属去除特性

印染废水处理厂的重金属来源包括进水、水处理过程中投加的混凝剂等化学药剂。为明确各种重金属污染物的来源，准确掌握污染特征因子的控制环节，减少重金属带来的生态风险，需针对印染废水处理厂各工艺段的重金属浓度进行评价。

印染废水中常见的（类）重金属铜、砷、镉、铅、镍、铬、锑等，进水浓度范围分别为0.6~11.9μg/L、0.7~6.1μg/L、0.01~0.18μg/L、0.1~3.4μg/L、2.7~33.6μg/L、2.8~23.2μg/L、75~203.2μg/L，如图2-10所示。尤其值得注意的是，印染废水中进水锑浓度较高，是重要的重金属污染物。经二级处理和深度处理后，印染废水处理厂排水中的各种重金属浓度显著下降，铬、铜、砷、镉的浓度范围分别为1.33~4.71μg/L、1.92~12.5μg/L、0.34~3.5μg/L和0.01~0.05μg/L。值得注意的是，虽然出水中锑浓度低于50μg/L，但由于苏州市印染厂密集，且水系发达，对部分污水厂出水中锑浓度提出了低于20μg/L的严格要求。

为控制出水总磷和总锑的浓度，该印染废水处理厂在曝气池末端投加聚合硫酸铁。但工业混凝剂的成分比较复杂，含有多种杂质。大量投加混凝药剂可能会带来新的二次污染。

该印染废水处理厂的进水中Zn浓度在0.2mg/L以下，但在二沉池段Zn浓度迅速增高至0.4~1.2mg/L（图2-11）。在整个处理流程中，外加物质只有曝气池末端投入的聚合硫酸铁混凝剂和三沉池投加的NaClO。因此，二沉池的锌浓度升高很可能来自投加的混凝剂。《纺织染整工业水污染物排放标准》没有对Zn的排放浓度进行限定，《地表水环境质量标准》规定Ⅳ类水中的Zn含量不得超过2mg/L。目前，该印染废水处理厂出水锌浓度低于地表Ⅳ类水标准。但如果该印染废水处理厂想利用增大混凝剂投加量的方式提高总锑的去除率，很可能造成Zn浓度的超标。

该印染废水处理厂的Ni浓度在各工艺段的水平变化与Zn浓度的变化趋势相似，即浓度在二沉池后反而上升了。进水Ni浓度在0~60μg/L之间，波动幅度很大，出水浓度在5~45μg/L之间波动（图2-12）。

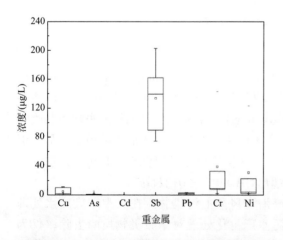

图2-10　案例印染废水处理厂出水中的重金属浓度

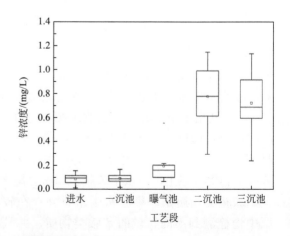

图2-11　案例印染废水处理厂各工艺段出水Zn浓度

铁盐混凝剂虽然具有对重金属的去除效率高、絮体沉降性能好等多个优点，但铁盐投加量过大则会带来色度问题，因此需要对出厂 Fe 浓度进行控制。印染废水处理厂进水中 Fe 浓度范围为 3~8mg/L，出水中铁浓度为 0.039~0.355mg/L（图 2-13）。地表水环境质量标准中的《集中式生活饮用水地表水源地特定项目标准限值》对 Fe 的限值为 0.3mg/L，该印染废水处理厂出水中 Fe 浓度高于地表Ⅳ类水标准。

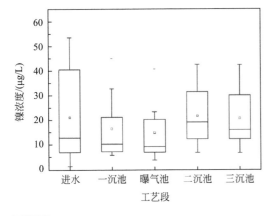

图2-12　案例印染废水处理厂各工艺段中 Ni 浓度分布

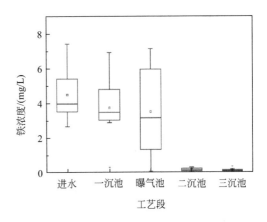

图2-13　案例印染废水处理厂各工艺段出水中 Fe 浓度

2.3.4　达标排放工业尾水毒性诊断与毒性去除特征

（1）生物毒性的沿程变化

定期检测印染废水处理过程中的急性毒性，检测结果如图 2-14 所示。印染废水处理厂进水的急性毒性约为 90μg HgCl₂/L，污水厂 A/O 工艺处理可以有效降低印染废水急性毒性，使得曝气池出水急性毒性达到最低，约为 50μg HgCl₂/L，毒性去除率达到 48%。然而，氯氧化工艺会提高印染废水急性毒性及最低无效应稀释度：废水处理厂出水发光细菌急性毒性超过 200μg HgCl₂/L，出水急性毒性与处理工艺过程中的最低值相比上升了 150%；最低无效应稀释度约为 105 倍，增加了 350%。

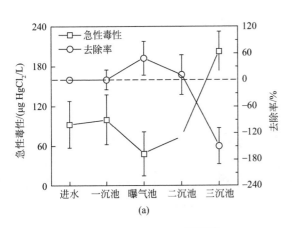

(a)

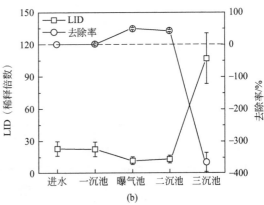

(b)

图2-14　印染废水处理过程中急性毒性变化

（2）生物毒性的沿程变化

A/O工艺可以有效降低印染废水急性毒性。为进一步探究A/O工艺对印染废水的解毒原理，将A/O工艺进水与曝气池出水进行组分分离，并对比A/O工艺进水和A/O工艺曝气池出水中溶解性有机物和无机离子的毒性变化，结果如图2-15所示。印染废水经过A/O工艺处理后，最低无效应稀释度下降1.3稀释倍数。对应到印染废水组分中，溶解性有机物最低无效应稀释度下降1.3稀释倍数，无机离子最低无效应稀释度不变。结果表明印染废水A/O工艺主要通过去除印染废水中的溶解性有机物毒性以实现对印染废水的解毒，其本质为依靠微生物降解印染废水中有毒有机物，从而降低印染废水毒性。

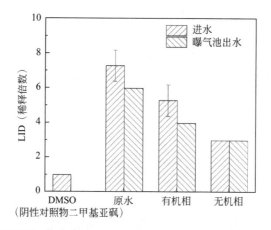

图2-15　A/O工艺对印染废水各组分急性毒性的去除效果

研究发现苏州某印染废水处理厂氯氧化工艺会提高印染废水的急性毒性，因此进一步探究氯氧化工艺对印染废水的致毒原理。分别采集某印染废水处理厂进水（原水）、氯氧化出水样品。检测到氯氧化出水中余氯含量约为4.8mg/L，以Na_2SO_3与余氯1.1∶1的比例对氯氧化出水进行脱氯。将原水、氯氧化出水、脱氯出水分别进行组分分离。

三个样品中各组分急性毒性变化如图2-16所示。印染废水经过氯氧化工艺处理后，最低无效应稀释度显著上升至128倍。对应到印染废水组分中，溶解性有机物最低无效应稀释度上升69.4倍，无机离子最低无效应稀释度上升34.3倍。结果表明印染废水氯氧化工艺会

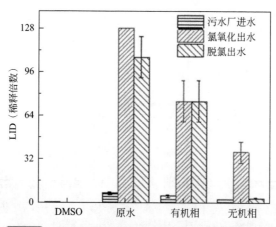

图2-16　氯氧化对印染废水中各组分急性毒性的增加效果

提高印染废水中溶解性有机物和无机离子的毒性，从而致使印染废水毒性显著增加。氯氧化出水经过脱氯处理，可显著降低无机离子急性毒性，表明余氯的存在会导致印染废水无机离子毒性显著上升。该厂氯氧化印染废水致使其急性毒性明显上升的原因为氯氧化印染废水中溶解性有机物会产生消毒副产物，增加印染废水急性毒性，氯氧化出水中残留的余氯会进一步提高印染废水的急性毒性。

进一步解析印染废水处理厂排水中的毒性因子，对出水进行组分分离和毒性评价，结果如图2-17所示。废水处理厂出水100%浓度原水、溶解性有机物、无机离子对发光细菌的抑制率均约为100%；稀释8倍后，各组分对发光细菌的抑制率分别降低至95%、66%、57%。稀释过程中，无机离子毒性下降最快，废水处理厂出水毒性下降速度最慢，溶解性有机物和无机离子混合液的毒性与废水处理厂出水的毒性相当，表明组分分离保留了废水中的绝大部分有机组分和无机组分，证明了该评价方法的可靠性。

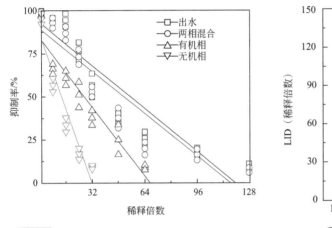

図2-17　废水处理厂出水中各组分剂量效应曲线

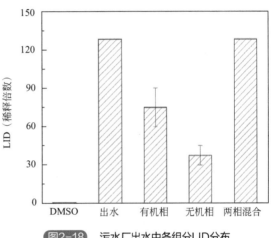

図2-18　污水厂出水中各组分LID分布

检测污水厂出水中不同组分最低无效应稀释度，结果如图2-18所示。试验阴性对照为含量0.5%的DMSO溶液。污水厂出水溶解性有机物LID为74倍，无机离子LID为37倍。二者混合后LID为128倍，恢复到原水LID为128倍的毒性水平。综合检测结果，污水厂出水中毒性因子为溶解性有机物和无机离子。其中溶解性有机物的急性毒性明显高于无机离子的急性毒性。结合前期研究结果，污水厂出水的主要急性毒性组分为有机组分，且无机组分具有较强的急性毒性。

2.3.5　达标排放工业废水的生态安全风险监控系统设计

（1）仿水生态系统设计与构建

仿水生态系统（aquaeco mimetic system，MimeticS）即模拟水生态系统，是通过人为的方式构建一种包含水生生物与非生物介质，模仿实际水生态系统的系统与装置。构建该系统的目的是用于污水排放的生态风险评估与生态安全监控。

仿水生态系统通过模仿工业废水在水-底质介质条件下的迁移和转化过程并识别其规律，评价低浓度复合污染物对工业废水的暴露和毒性效应，并实现水生生物毒性的在线预警，实时监控工业设施排水的生态安全性，如图2-19所示。本书对仿水生态系统缸体及底泥构建方法、水生生物种类及优选原则、急性/慢性毒性监测模块的选择、系统设备的运行和管理等核心环节开展了优化与规范化工作。本书提出了仿水生态系统，其基本组成要素如图2-20所示。

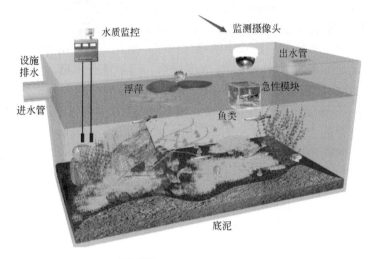

图2-19 仿水生态系统效果

图2-20 仿水生态系统基本组成要素

（2）仿水生态系统缸体及底泥构建

仿水生态系统设备缸体，可根据监测位点的空间和位置等实际情况，构建不同造型和封闭或开放式缸体。为方便移动和可视化观察与监控记录，建议使用玻璃/有机玻璃建造。考虑到沉水植物的生长，建议缸体高度不宜超过1m，长度及宽度可根据实际情况调整。

仿水生态系统底泥应选择待监测场地周边受纳水体（河流或湖泊）实际河泥/湖泥。使用彼得森采泥器挖取深度5~10cm的河泥/湖泥，经过晒干、粉碎，去除大块杂质，混匀，平铺于缸体底部，厚度控制在2~3cm。另外，为保持水体清澈，避免鱼类搅动底泥造成监控系统失效，需将部分河泥重新煅烧成1~4mm的底泥颗粒，平铺于粉末底泥上层，厚度为1~2cm。

与此同时，为了防止仿水生态系统实际运行时水生生物的残饵粪便等影响图像监控视野的清晰度，可在仿水生态系统设备上安装简易水处理系统，对悬浮物予以物理过滤。

（3）仿水生态系统水生生物优选

仿水生态系统水生生物优选工作包括水生植物的优选、水生动物的优选及水生微生物的自然形成。

仿水生态系统水生植物应包含沉水/挺水植物和漂浮植物。对于仿水生态系统中水生植物的优选种植，应综合考虑以下几方面因素：

① 充分考虑待监测场所周边受纳水体的水生植物类型；

② 通用种与本地种水生植物的选择相结合，合理搭配；

③ 入侵物种及生长过度旺盛的植物类型不宜采用。

基于以上考量，针对苏州案例区，本书优选的水生植物类型如表2-9所列。

表2-9　仿水生态系统沉水/挺水植物优选

物种名称	拉丁名	分类地位	选择依据
苦草	*Vallisneria natans*	水鳖科苦草属	微宇宙系统常用
菹草	*Potamogeton crispus*	眼子菜科眼子菜属	微宇宙系统常用
金鱼藻	*Ceratophyllum demersum*	金鱼藻科金鱼藻属	微宇宙系统常用
轮叶黑藻	*Hydrilla verticillata*	水鳖科黑藻属	微宇宙系统常用
伊乐藻	*Elodea nuttallii*	水鳖科伊乐藻属	微宇宙系统常用
宫廷草	*Rotala rotundifoliavar.gontin*	千屈菜科节节菜属	微宇宙系统常用

仿水生态系统在运行中会接收到阳光照射。为了给水生动物提供遮阳，需在仿水生态系统设备中投放一定量的漂浮植物，主要可选择小型漂浮植物（如浮萍或槐叶萍）如表2-10所列。

表2-10　仿水生态系统漂浮植物优选

序号	物种名称	拉丁名	分类地位	种植条件
1	槐叶萍	*Salvinia natans*	槐叶萍科槐叶萍属	先放浅水，逐渐加深
2	浮萍	*Lemna minor*	浮萍科浮萍属	先放浅水，逐渐加深

仿水生态系统水生动物的选择同样应参照待监测场所周边实际受纳水体的水生生态系统特征，且应包含鱼类、虾、贝类、螺等物种。其中，鱼类作为污染物毒性监测的指示生物，是仿水生态系统的重要组成部分，在仿水生态系统鱼类选择方面，可综合考虑待监测场所周边受纳水体中鱼的种类进行配置，如在我国大部分地区水体中普遍存在的鲫鱼等。在急性毒性监测部分，可根据现有的污染物急性毒性监测相关国家标准，筛选对毒性污染物质相对敏感的受试鱼类，如斑马鱼、青鳉鱼、稀有鮈鲫等小型鱼类，如表2-11所列。同时，大型溞也可作为急性毒性监测模块的标准受试生物。

表2-11　仿水生态系统水生动物优选

物种名称	拉丁名	分类地位	使用情况	毒性实验标准
斑马鱼	*Danio rerio*	鲤科鱼丹属	国际通用	GB/T 13267
日本青鳉	*Oryzias latipes*	异鳉科青鳉属	国际通用	GB/T 29764
稀有鮈鲫	*Gobiocypris rarus*	鲤科鮈鲫属	本土种	GB/T 29763
鲤鱼	*Cyprinus carpio*	鲤科鲤属	本土种	参照淡水鱼
鲫鱼	*Carassius auratus*	鲤科鲫属	本土种	参照淡水鱼
草鱼	*Ctenopharyngodon idellus*	鲤科草鱼属	本土种	参照淡水鱼
鲢鱼	*Hypophthalmichthys molitrix*	鲤科鲢属	本土种	参照淡水鱼
鳙鱼	*Aristichthys nobilis*	鲤科鳙属	本土种	参照淡水鱼

仿水生态系统中水生微生物群落由待监测废水、水生动植物、底泥等介质中的微生物经过长期相互作用自然形成，无需刻意添加特定微生物菌群。至此，水生动植物和微生物共同构成了一个含多生态位水生生物的仿水生态系统生物体系。

2.3.6　基于仿水生态系统的工业尾水生态安全监测系统研发

（1）软件系统

基于急性和慢性毒性监控的需求，本书开发了基于计算机视觉识别的鱼类行为监控软件系统，软件部分主要由图像采集、预处理图像识别、数据处理、预警通信、远程传输和结果显示模块组成，结构框图见图2-21。

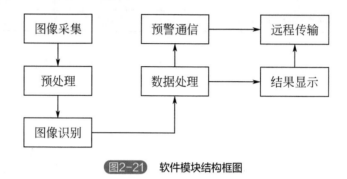

图2-21　软件模块结构框图

具体模块功能介绍如下。

① 图像采集：通过工业相机在应急模块范围内采集图像，相机通过采集数据线和计算机主机连接，程序模块对采集到的原始图像进行预处理，为后续处理打下基础。

② 图像识别：主要包括两个功能，一是针对鱼类的运动轨迹进行识别，二是对某些特定行为参数进行识别。

③ 数据处理：将上述识别结果进行数据处理，并自动显示在计算机主机上。

④ 预警通信：根据预先设定的标准，针对某些特殊行为进行实时预警处理。

⑤ 远程传输：根据远程平台控制要求，实时传输监控摄像机获取的视频；同时，当发出预警信号的时候，将相关信息进行远程传输。

（2）系统软件界面

系统软件界面主要由三个动态实时图像框体和下部测试数据及控制按键组成，如图2-22所示。

对所监测鱼类的各种特殊状态，如碰壁、翻白、死亡等予以自动判断，并将情况进行预警通信，通知远程控制平台。异常状态和行为的具体类型和判断依据如下。

① 死亡状态。根据不同种类的鱼对不同污染物的反应情况，如鱼游动静止5~10min，且计算机视觉识别鱼体肚子向上翻白，定义为死亡。

② 翻白行为异常。记录鱼类翻白肚子的情况，计算5min内鱼翻白肚子次数。根据不同种类的鱼对不同污染物的反应情况，设定门槛值。高于门槛值则视为游动异常。

③ 碰壁行为异常。记录鱼类撞壁行为，计算30s内鱼撞壁次数。根据不同种类的鱼对不同污染物的反应情况，设定门槛值。高于门槛值则视为游动异常。

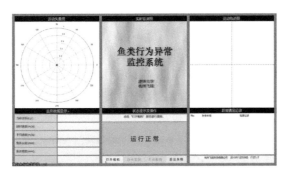

图2-22 软件操作界面

可以通过现场界面提醒用户相关异常情况的出现，也可以通过远程传输模块进行远程预警提示。目前本系统设备急性毒性模块可以实现受试斑马鱼对重金属 Cu^{2+}（10mg/L）的毒性响应，响应时间在1h内（斑马鱼个体差异，存在反应时间差异），并可实现预警功能。

相较于传统的生物指示池和微宇宙观测系统，本技术的增量与创新在于：首次实现多个急性毒性终点的在线监控和实时预警，真实反映水生态系统中复合污染物低浓度长期暴露导致的慢性生态毒性，且急性毒性响应时间大幅降低到1h以内。

（3）系统模拟运行

在实践过程中，开展了基于重金属铜模拟典型重金属污染情况下的毒性实验。在小鱼缸内配制重金属铜溶液，整个过程中，系统按照上述主要原理进行全程监控和影像录制，并进行实时处理及可视化显示，在主要关键节点进行了判断预警，如图2-23所示。

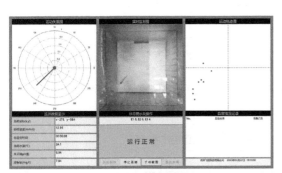

(a) 正常状态实时监控结果

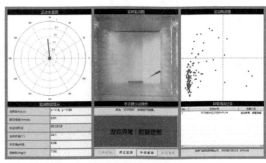

(b) 碰壁状态实时监控结果

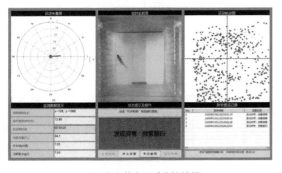

(c) 翻白状态实时监控结果

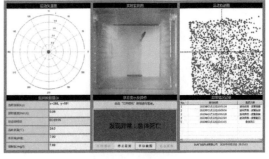

(d) 死亡状态实时监控结果

图2-23 仿水生态系统中鱼的正常、碰壁、翻白、死亡状态实时监控结果

（4）系统实际运行

目前该技术已经应用于苏州市吴江地区印染工业污水处理厂排水的生态安全监测，远程在线监控和实时预警稳定运行180d以上，保障苏州市典型工业废水处理设施排水的生态安全，如图2-24所示。截取部分时段运行结果予以展示，如图2-25所示。

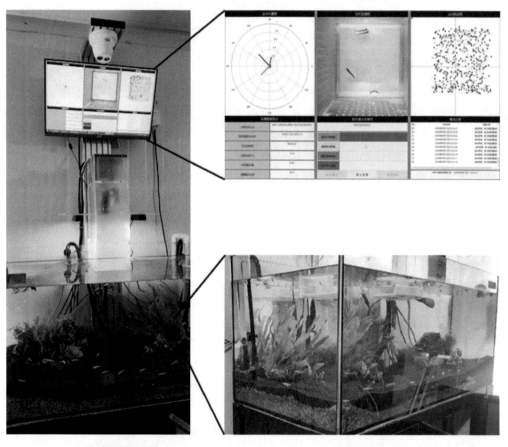

图2-24 基于仿水生态系统的工业排水生态安全性监控技术运行

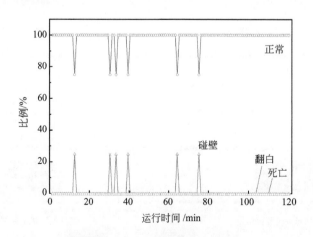

图2-25 仿水生态系统监测信号解析

2.3.7　工业尾水低浓度复合污染物长期暴露风险评价

污染物的生态毒性评价方法多样，应用模拟水生态系统或水生微宇宙开展污染物迁移转化规律及毒性研究已有较多报道。本书针对达标排放印染尾水中含有低浓度已知及未知复杂污染物的现状，探究该复合污染物长期暴露的慢性生态毒理效应。为此开展了基于模式生物斑马鱼的慢性毒理研究。实验所用野生型（TU 品系）成年雄性斑马鱼（danio rerio）购自国家斑马鱼资源中心（China Zebrafish Resource Center），斑马鱼购置后先放入简易循环水养殖系统中暂养两周，暂养期间保持 9:00、15:00 两次表观饱食投喂新鲜孵化丰年虫。养殖系统水温保持在（28±1.5）℃，pH 值在 7.2~7.5 之间，光照条件为模拟自然光照，光照周期为 14L：10D[即 14h 光照（8:30~22:30），10h 黑暗（22:30~次日 8:30）]。

正式实验前，所有实验鱼停饲 24h 并麻醉称重（MS-222，2mg/L），随机挑选健康活泼、规格一致的野生型成年雄性斑马鱼 60 尾，分配到 2 个实验用仿水生态系统中，每个系统分配 30 尾，实验设计印染尾水处理组、曝气自来水对照组两个实验组。为满足慢性毒性实验需求，本实验周期持续 4 个月。实验期间，斑马鱼投喂、系统水温、pH 值、光照条件、溶解氧等基本操作与暂养阶段保持一致。

2.3.7.1　印染尾水长期暴露对斑马鱼死亡率的影响

印染尾水长期暴露实验中，斑马鱼的生长表现是评价印染废水处理设施排水慢性生态毒性的重要指标。经过 120d 的养殖实验，成年雄性斑马鱼的存活及生长情况如图 2-26 和表 2-12 所示。相比较于对照组，印染尾水处理组斑马鱼的死亡率有显著升高，显示印染尾水存在一定的慢性致死效应。

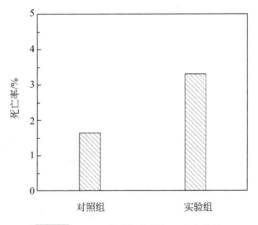

图2-26　不同实验组斑马鱼死亡率统计

表2-12　不同处理组成年雄性斑马鱼生长情况

项目	体重 /g	体长 /cm	肥满度 /%	肝体比 /%
对照组	0.35±0.03	3.44±0.12	0.86±0.06	1.18±0.15
实验组	0.32±0.03**	3.20±0.18**	0.98±0.12**	1.07±0.20*

注：* 指 P（显著程度）<0.05；** 指 P<0.01。

在生长表现方面，对照组及印染尾水组斑马鱼的末均体重分别为（0.35±0.03）g、（0.32±0.03）g，末均体长分别为（3.44±0.12）cm、（3.20±0.18）cm，统计分析显示印染尾水处理组末均体重及体长均较对照组显著降低（$P<0.01$）。对斑马鱼的肥满度及肝体比进行计算，发现印染尾水养殖斑马鱼肥满度显著升高，而肝体比则显著降低，此结果表明印染尾水长期暴露会导致斑马鱼肥胖，且肝脏发育异常。这些研究结果表明印染尾水中低浓度污染物长期暴露对斑马鱼有一定生物毒性。然而其造成斑马鱼死亡率升高、肥满度增加、肝体比降低等毒害效果机理尚不明细，需要深入探究。

2.3.7.2 印染尾水长期暴露对斑马鱼生理免疫的影响

分别在第30天（1个月）和第120天（4个月）对实验斑马鱼肌肉组织中的抗氧化及免疫指标水平进行了检测分析，具体结果如图2-27所示。在经过30d和120d的实验处理后，斑马鱼肌肉谷胱甘肽（GSH）、谷胱甘肽-过氧化物酶（GSH-Px）、总超氧化物歧化酶（t-SOD）、总抗氧化力（t-AOC）、过氧化氢酶（CAT）、丙二醛（MDA）活性未出现极大的显著差异。

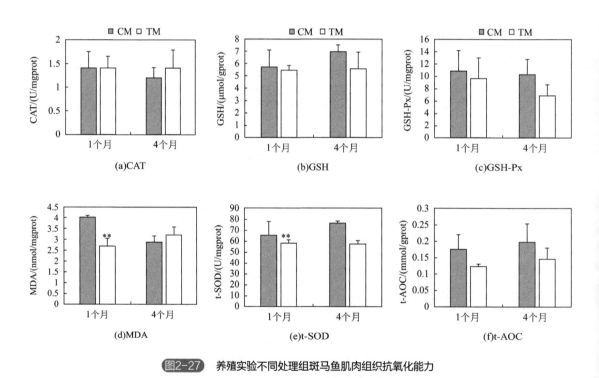

图2-27 养殖实验不同处理组斑马鱼肌肉组织抗氧化能力

（CM表示对照组肌肉样品；TM表示处理组肌肉样品；**表示$P<0.01$）

不同实验处理组成年雄性斑马鱼肠道抗氧化及免疫指标分析发现，与对照组相比，印染尾水处理组的过氧化氢酶、谷胱甘肽、谷胱甘肽-过氧化物酶、总抗氧化力、总超氧化物歧化酶水平有一定下降，丙二醛水平基本稳定（图2-28）。

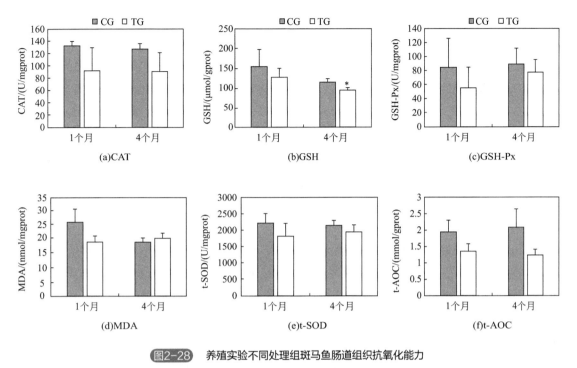

图2-28　养殖实验不同处理组斑马鱼肠道组织抗氧化能力

（CG表示对照组肠道样品；TG表示处理组肠道样品；*表示$P<0.05$）

　　水生生物机体防御体系抗氧化能力的强弱与其健康程度存在着密切联系，动物细胞能在正常的生理条件下产生活性氧簇（ROS），然而动物体会启动多种抗氧化防御机制去清除活性氧自由基。在产生和清除活性氧的过程中如果出现失衡即会带来氧化应激（Shen et al，2010）。鱼类作为终生生活在水环境中的生物，当面临水环境改变及毒性物质威胁时便会受到刺激而产生氧化应激。在氧化应激过程中，鱼体的第一套抗氧化系统包含几种重要的抗氧化酶，如总超氧化物歧化酶（t-SOD）、谷胱甘肽-过氧化物酶（GSH-Px）及过氧化氢酶（CAT），在清除ROS的过程中发挥重要作用。因此，检测鱼类中抗氧化酶的活性可反映鱼体的抗氧化状态，即作为鱼类氧化应激的生物标志物。

　　总超氧化物歧化酶（t-SOD）能够将高度活性氧（$O_2^-\cdot$）催化歧化成氧气（O_2）或者过氧化氢（H_2O_2），当机体氧化应激时，在主要抗氧化防御通路中发挥重要作用（Castex et al，2010），是抗氧化防御系统的重要组成部分，能清除超氧阴离子自由基，保护细胞免受损伤。羟基自由基（·OH·）中的氧是化学性质最活泼的活性氧，它几乎与细胞内的每一类有机物如糖、氨基酸、磷脂、核苷酸和有机酸等都能反应，并且有非常高的速度常数，因此它的破坏性极强，但它可以被过氧化氢酶（CAT）分解，因而测定过氧化氢酶活性高低具有重要意义。在实验中，无论第30天还是第120天，斑马鱼肌肉和肠道中t-SOD及CAT的水平均不同程度降低。而谷胱甘肽-过氧化物酶（GSH-Px）是机体内广泛存在的一种重要的催化过氧化氢分解的酶。它特异的催化还原型谷胱甘肽（GSH）对过氧化氢的还原反应，可以起到保护细胞膜结构和功能完整的作用，而实验结果显示印染尾水处理斑马鱼肌肉和肠道组织中抗氧化能力受到削弱。

丙二醛（MDA）是谷胱甘肽-过氧化物酶（GSH-Px）和总超氧化物歧化酶（t-SOD）的重要辅因子，通过结合到谷胱甘肽过氧化物酶的活性位点而在抗氧化过程中发挥重要功能，过量MDA的形成会导致脂质过氧化，从而引起蛋白和核酸分子的交联反应，形成细胞毒性。MDA的量常常可反映机体内脂质过氧化的程度，间接地反映出细胞损伤的程度。MDA的测定常常与SOD的测定相互配合，SOD活力的高低间接反映了机体清除氧自由基的能力，而MDA的高低又间接反映了机体细胞受自由基攻击的严重程度。在本实验中，MDA水平的微弱升高及t-SOD和CAT水平的降低证实印染尾水处理降低斑马鱼抗氧化酶活性的同时，增加斑马鱼氧化应激过程中细胞损害的风险。

2.3.7.3 印染尾水长期暴露对斑马鱼肠道微生物的影响

本实验基于细菌16S rRNA基因的高通量测序对不同实验处理条件下斑马鱼肠道中微生物菌群进行分析，探究印染尾水中低浓度污染物长期暴露对斑马鱼肠道微生物菌群的影响，主要从肠道微生物菌群结构、菌群多样性、菌群代谢等多个角度来探讨。

（1）α 多样性分析

每个样品进行不少于25000条reads的深度测序，且随着测序深度的增加，测序样品的OTU覆盖度（Good's coverage）均已达到平台期，平均覆盖度达到（98.3±0.3）%，结果显示所有样本测序量均已足够，可以测到绝大多数微生物菌群，如图2-29所示。每个样品质控后的有效序列数据如表2-13所列。

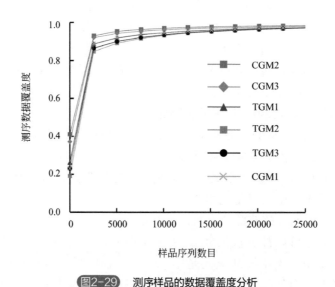

图2-29　测序样品的数据覆盖度分析

α多样性是基于OTU的结果对单个样品中物种多样性进行分析。α多样性包含多个多样性指数，主要有Chao1指数（Chao1 index）、香农指数（Shannon index）、辛普森指数（Simpson index）、谱系多样性（Phylogenetic diversity）等，共同表征样品的生物多样性。

　　其中，Chao1指数是根据所测得的序列片段和OTU的数量以及相对比例来预测样品中微生物的种类，是基于已知结果所得相对值。香农指数是一个综合OTU丰度和OTU均匀度两方面因素的多样性指数。香农指数、物种数目、谱系多样性指数越大，则表示该样品中的物种越丰富。本实验中斑马鱼不同个体肠道微生物的α多样性展示于表2-14中，针对香农指数的统计分析发现，印染尾水处理组斑马鱼肠道微生物菌群香农指数和Chao1指数显著高于对照组，辛普森指数及谱系多样性略有升高，但无显著差异。

表2-13　肠道微生物测序序列数目统计信息

样品标号	合并序列	干净序列	有效序列
CGM1	37552	36688	30184
CGM2	30284	29670	25179
CGM3	33103	32370	27309
TGM1	39908	39188	31996
TGM2	42732	41886	34618
TGM3	37357	36755	29399

注：CGM代表曝气自来水对照组，TGM代表印染尾水处理组，1、2、3为不同个体。

表2-14　肠道微生物测序样品多样性分析

多样性指数	曝气自来水对照组	印染尾水处理组
Chao 1	1723.96 ± 320.16	2386.05 ± 87.03*
Shannon	5.837 ± 0.436	7.103 ± 0.460*
Simpson	0.947 ± 0.012	0.963 ± 0.011
Phylogenetic diversity	70.58 ± 21.35	100.64 ± 12.82

注：*表示$P < 0.05$。

（2）微生物群落结构

　　实验中共检测到隶属于50个门的微生物，其中优势菌门（至少在一个样品中的相对丰度高于1%）的信息如图2-30所示。对照组斑马鱼肠道中的优势菌门为厚壁菌门[Firmicutes，（35.97±3.64）%]、拟杆菌门[Bacteroidetes，（34.97±3.49）%]、变形菌门[Proteobacteria，（14.70±3.79）%]、疣微菌门[Verrucomicrobia，（10.52±1.59）%]和放线菌门[Actinobacteria，（1.21±0.69）%]。相似的，印染尾水处理组斑马鱼肠道优势菌门为厚壁菌门[Firmicutes，（38.06±2.32）%]、拟杆菌门[Bacteroidetes，（35.48±2.81）%]、变形菌门[Proteobacteria，（10.76±1.30）%]、软壁菌门[Tenericutes，（6.49±8.62）%]、放线菌门[Actinobacteria，（2.79±2.45）%]、绿弯菌门[Chloroflexi，（1.18±0.77）%]和泉古菌门[Crenarchaeota，（1.10±0.51）%]。在各实验组中，厚壁菌、拟杆菌和变形菌的比例占到84.29%~85.64%，是绝对的优势菌门。

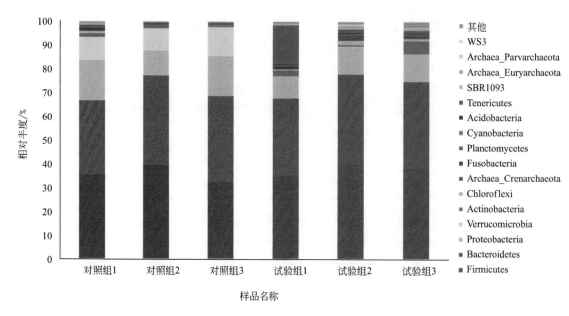

图2-30 肠道内容物微生物群落结构门水平相对丰度

优势菌属则包括（见图2-31）拟杆菌目属（*Bacteroidales*）、乳杆菌属（*Lactobacillu*）、阿克曼菌属（*Akkermansia*）、梭菌属（*Clostridiales*）、普氏菌属（*Prevotella*）、拟杆菌属（*Bacteroides*）、萨特氏菌属（*Sutterella*）、埃希氏杆菌属（*Escherichia*）、*Allobaculum*、芽孢杆菌属（*Bacillus*）、瘤胃球菌属（*Ruminococcus*）等。优势菌属的种类组成相似，但相对丰度存在差异。

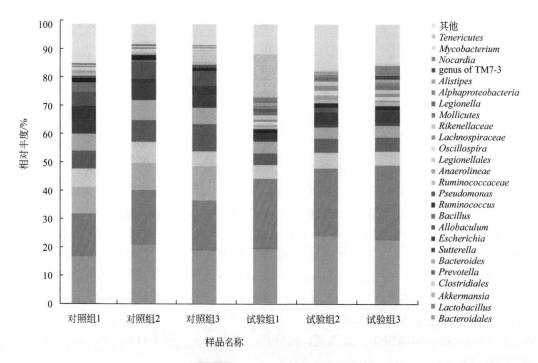

图2-31 肠道内容物微生物优势菌属

Heatmap图（热图）是通过颜色变化来反映二维矩阵或表格中的数据信息，可直观地将数据值的大小以定义的颜色深浅表示出来，如图2-32所示。将数据进行物种和样本间丰度相似性聚类，将聚类后数据表示在Heatmap图上，将高丰度和低丰度的物种分块聚集，通过颜色梯度及相似程度来反映各样本在各分类水平上群落组成的相似性和差异性。本研究中，将各样品中相对丰度最高的前26个属（至少在一个样品中的相对丰度高于1%）进行聚类和Heatmap图展示，结果如图2-33所示。研究发现印染尾水处理组的斑马鱼肠道内微生物群落结构与对照组可明显区分开，印染尾水显著改变了成年雄性斑马鱼肠道内微生物菌群结构。

为了展现各组样品在各进化枝上的分布差异，使用LEfSe软件基于各样品优势属（至少在一个样品中的相对丰度高于1%）对各样品进行了LEfSe分析（如图2-33、图2-34所示）。分析结果显示，对照组斑马鱼肠道中的有益菌群丰度显著高于印染尾水处理组，如阿克曼菌属（*Akkermansia*），研究发现该菌具有维持肠道黏膜的完整性、增强免疫等作用（Cani et al，2017）。芽孢杆菌属（*Bacillus*）及乳酸菌属（*Lactobacillus*）细菌多为益生菌，不仅广泛参与物质代谢，还参与机体免疫调节，形成抗菌生物屏障，而该类菌属在印染尾水处理组的斑马鱼肠道中被大量检出。针对机会致病菌的分析发现，印染尾水暴露并未引起斑马鱼肠道中机会致病菌的增加（如梭菌属），未引起肠道微生态紊乱。

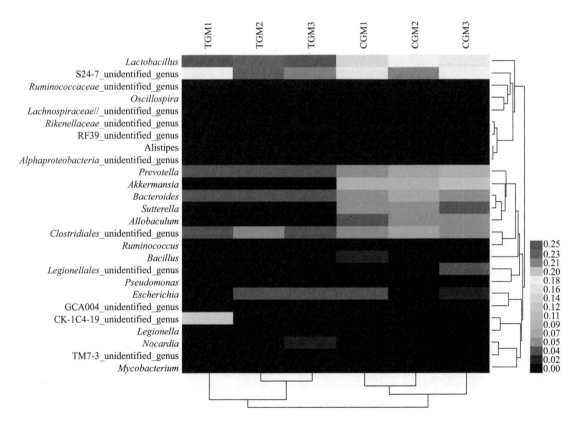

图2-32 肠道内微生物优势菌属相对丰度Heatmap图

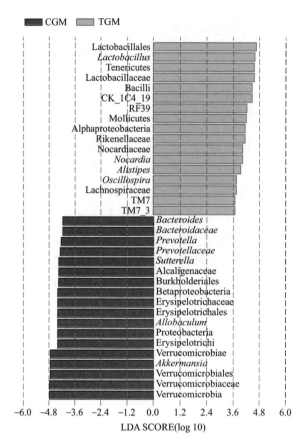

图2-33 基于LEfSe分析的不同处理组差异显著优势菌属解析

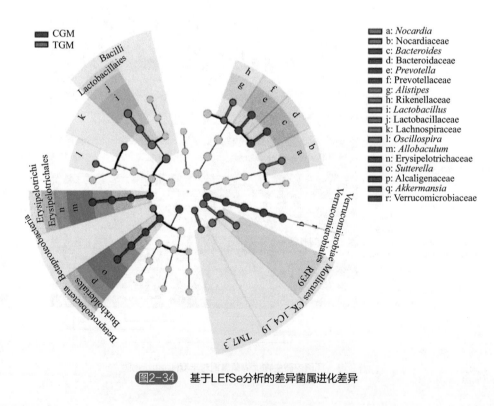

图2-34 基于LEfSe分析的差异菌属进化差异

（3）β 多样性分析

β 多样性（Beta diversity）分析用来比较样品间物种多样性的差异大小。样品之间微生物群落的差异通常采用距离矩阵进行衡量，再使用图形化方式展示结果。UniFrac 距离因考虑了微生物群落中各物种之间的进化关系而越来越多地被接受，并作为微生物群落距离的重要衡量指标来表征微生物群落之间的差异，该指数越大表示样品间的差异越大。通常根据计算 UniFrac 距离时是否考虑微生物群落中各物种的丰度情况，将 UniFrac 距离分为 Weighted UniFrac 距离（只考虑各样品中的物种组成差异）和 Unweighted UniFrac 距离（同时考虑样品之间物种组成差异以及各物种丰度的差异）。为了全面反映印染尾水暴露对成年斑马鱼肠道内微生物群落结构的整体影响，对基于上述两种情形下的 Unifrac 距离矩阵分别进行了热图分析（分别见图 2-35 和图 2-36）。基于权重或非权重的微生物群落 UniFrac 距离矩阵分析结果表明，印染尾水处理组与对照组斑马鱼肠道内微生物菌群组间差异显著，微生物群落结构显著不同，但组内个体间相似性较高，印染尾水处理显著改变了斑马鱼肠道内微生物群落结构。

PCA 分析（principal component analysis），即主成分分析，是一种分析和简化数据集的技术，常用于减少数据集的维数，同时保持数据集中对方差贡献最大的数据。通过分析不同样品 OTU（97%相似性）组成以反映样品的差异和距离，PCA 运用方差分解，将多组数据的差异反映在二维坐标图上。如果两个样品距离越近，则表示这两个样品的组成越相似，样品间的分散和聚集即可判断样品组成是否具有相似性。

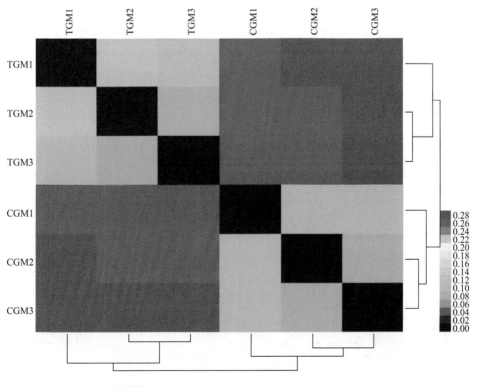

图2-35　测序样品Weighted UniFrac距离矩阵热图

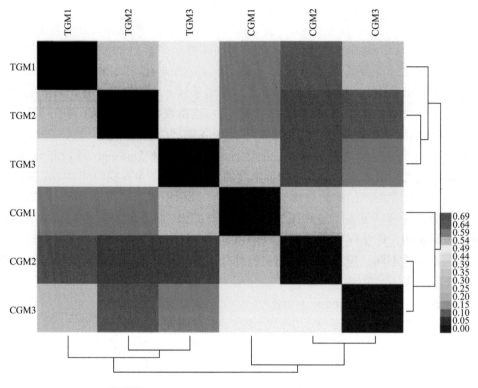

图2-36 测序样品Unweighted UniFrac距离矩阵热图

本研究中我们根据计算得到的UniFrac距离对所分析的微生物群落进行了PCoA排序分析与UPGMA聚类分析，并选取解释度最大的主成分组合进行作图展示（见图2-37和图2-38）。分析结果显示，各实验组斑马鱼个体肠道内微生物菌群结构按照实验处理的不同而被明显分开，印染尾水长期暴露对鱼类肠道内微生物菌群生态产生了影响。UPGMA聚类同样揭示了相似的结果。

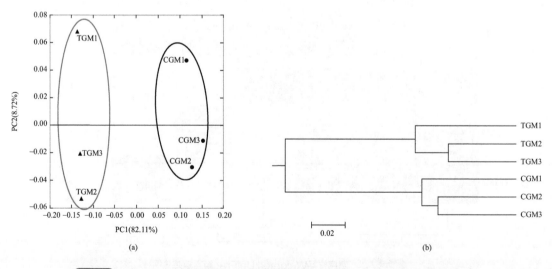

图2-37 基于Weighted UniFrac距离矩阵的PCoA排序（a）及UPGMA聚类（b）

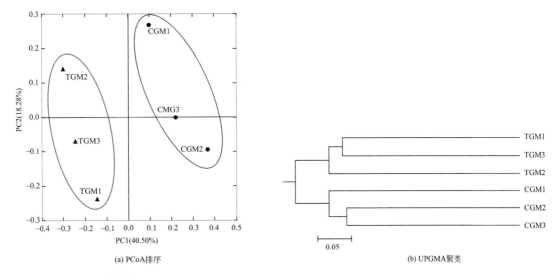

(a) PCoA排序　　　　　　　　　　(b) UPGMA聚类

图2-38　基于Unweighted UniFrac距离矩阵的PCoA排序及UPGMA聚类

2.4　城市污水处理厂尾水增效利用与生态安全评价

　　以苏州市姑苏区、工业园区、高新区、相城区、吴中区等地的城市污水处理厂为研究对象，监测城市污水处理厂尾水中氮磷营养盐、内分泌干扰物、药物和个人护理品、重金属污染物浓度，评价城市污水厂尾水的富营养化生态风险和生态毒性风险，综合颗粒物浓度和感官色度，评价城市污水厂尾水的增效利用潜力。

　　围绕福星污水处理厂、城东污水处理厂等典型城市污水厂，解析典型城市污水厂尾水中氮磷营养盐、有毒有害化学污染物、重金属以及内分泌干扰物等新兴污染物分布特征，评价污水厂尾水中有毒有害化学污染物的生态风险，识别污水厂尾水中的特征有毒有害化学污染物。

2.4.1　城市污水处理厂尾水中的氮磷营养盐及风险

（1）氮磷营养盐浓度

　　苏州市 22 座城市污水处理厂尾水中氮营养盐（TN）的浓度分布如图2-39所示。苏州城市污水处理厂尾水的 TN 浓度较低，平均浓度为9.3mg/L，中位数浓度为8.9mg/L，约98%情况下 TN 浓度低于15mg/L，满足一级 A 排放标准限值；约65%情况下 TN 浓度低于10mg/L，满足当地特别排放标准；甚至约10%情况下 TN 浓度低于5mg/L。

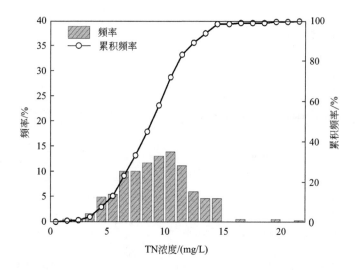

图2-39　苏州市城市中心区城市污水厂尾水中氮营养盐分布特征

　　苏州市22座城市污水处理厂尾水中磷营养盐（TP）的浓度分布如图2-40所示。苏州城市污水处理厂尾水的TP浓度较低，平均浓度为0.14mg/L，中位数浓度为0.12mg/L，约100%情况下TP浓度低于0.5mg/L，满足一级A排放标准限值；约96%情况下TP浓度低于0.3mg/L，满足当地特别排放标准；甚至约41%情况下TP浓度小于0.1mg/L。

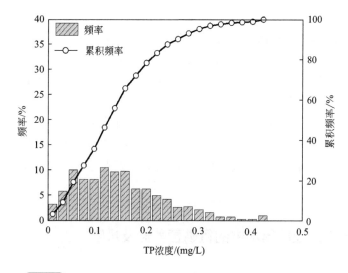

图2-40　苏州市城市中心区城市污水厂尾水中磷营养盐分布特征

　　苏州城区22座城市污水厂尾水在2017~2018年的TN和TP浓度分布规律如图2-41和图2-42所示。城市污水厂尾水TN浓度多介于6.0~13.0mg/L之间，TP浓度多介于0.1~0.3mg/L之间，均稳定满足一级A排放标准。城区地表河流水质监测显示，TN和TP浓度分别低于5mg/L和0.1mg/L。与地表水相比，污水厂尾水中氮磷营养元素浓度仍显著高于受纳水体，可能有引发受纳水体水华的风险。

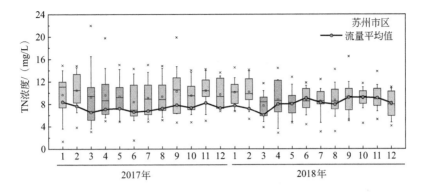

图2-41　苏州市城区城市污水厂尾水中TN浓度分布和时间变化规律

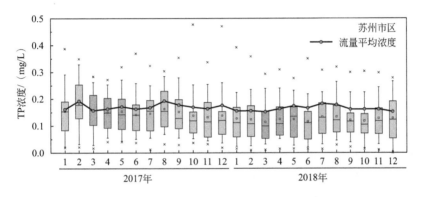

图2-42　苏州市城区城市污水厂尾水中TP浓度分布和时间变化规律

分析城市污水厂尾水中 TN 和 TP 的形态,以溶解态为主。TN 和 TP 中溶解态的浓度比例分别为 >84% 和 36%~99%,如图 2-43 所示。较高的溶解态 TN 和 TP 表明营养盐较难被混凝沉淀深度处理和地表水体自然沉降等过程去除。当城市尾水进入地表水中后,氮磷等营养元素较容易被水生植物和微藻等利用,导致水华风险等。

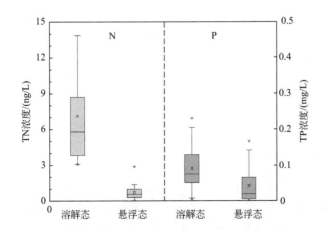

图2-43　苏州城区城市污水厂尾水中TN、TP溶解态和悬浮态分布

不同城区的城市污水厂尾水中TN和TP浓度存在差异，如图2-44所示。相城区城市污水厂尾水中TN浓度较高，2017~2018年间的平均浓度为10.3mg/L；工业园区、吴中区、姑苏区、高新区的城市污水厂尾水TN浓度平均值依次降低，分别为10.0mg/L、9.1mg/L、8.8mg/L、8.2mg/L。与TN浓度的区域差异规律不同，工业园区和高新区城市污水厂尾水中TP浓度较高，2017~2018年间的平均浓度均为0.20 mg/L，姑苏区、吴中区、相城区城市污水厂尾水的TP浓度相对较低，平均值分别为0.13mg/L、0.13mg/L、0.12mg/L。

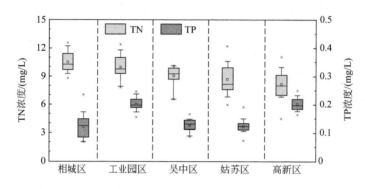

图2-44　苏州各城区城市污水厂尾水中TN、TP的流量平均浓度分布规律

计算单位城区面积的城市污水厂尾水中TN和TP年负荷，如图2-45所示。姑苏区是TN负荷和TP负荷最高的区域，分别达到8.5t/（km²·a）和0.12t/（km²·a）；工业园区次之，TN负荷和TP负荷分别为4.1t/（km²·a）和0.08t/（km²·a）；吴中区的TN和TP负荷较低，分别为0.65t/（km²·a）和0.009t/（km²·a）。姑苏区和工业园区的高氮磷负荷与该地区稠密的人口和较高的污水厂尾水排放量有关，虽然污水厂尾水氮磷浓度达标，但其水量排放大、受纳水体的稀释程度有限，富营养化风险不容忽视。

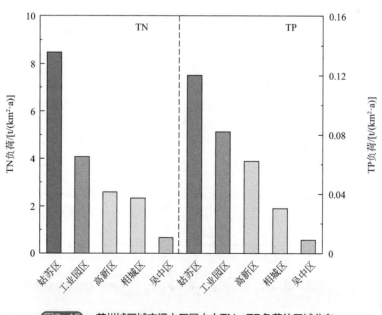

图2-45　苏州城区城市污水厂尾水中TN、TP负荷的区域分布

（2）氮磷营养盐的水华风险

在氮营养盐限制或磷营养盐限制条件下，评价城市污水处理厂尾水的水华微藻的生长潜力。选用栅藻、绿藻、硅甲藻等典型水华微藻的混合藻用于生长潜力评价。根据单一营养盐限制条件下混合水华藻稳定期干重与水样中初始 TN 或 TP 浓度的数据，利用 Monod 模型拟合可分别得到氮限制与磷限制的关联模型。式（2-2）描述水样中 TN 浓度为 0.10mg/L 时混合水华藻干重与初始 TN 浓度的关系，式（2-3）则描述水样中 TP 浓度为 14.01mg/L 时混合水华藻干重与初始 TP 浓度的关系。混合水华藻单营养盐 Monod 模型拟合曲线如图 2-46 所示。

$$W = 441 \times \frac{C_N}{7.59 + C_N}, \; R^2 = 0.964 \tag{2-2}$$

$$W = 615 \times \frac{C_P}{0.125 + C_P}, \; R^2 = 0.935 \tag{2-3}$$

式中　W——混合水华藻稳定期干重，mg/L；

　　　C_N——水样中 TN 的初始浓度，mg/L；

　　　C_P——水样中 TP 的初始浓度，mg/L。

研究发现，氮磷浓度较高的尾水中微藻干重较高。微藻限制因子评价发现，相比于氮污染物，磷污染物对微藻生长的限制作用更显著。将混合微藻生长的叶绿素 a 也用于微藻生长潜力评价，发现叶绿素 a 的变化规律与微藻干重变化规律一致。综合微藻生长潜力评价结果发现，氮磷营养元素显著影响水华微藻的生长潜力，其中磷元素的限制作用更为明显。

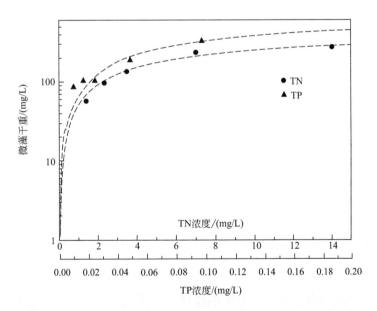

图2-46　城市污水厂尾水中氮磷营养盐氮磷单一限制条件下水华微藻生长潜力

营养盐单一限制条件下的模型只适用于水样中初始 TP 浓度或 TN 浓度为给定值的条件下。可利用水样中不同初始营养盐水平下混合水华藻稳定期的干重数据，拟合得到氮、磷同时限制的Monod模型，如式（2-4）所列，该模型模拟结果如图2-47所示。该模型可用于计算不同水华微藻生物量控制目标时的氮、磷浓度限值。不同营养盐水平下混合水华藻干重如图2-48所示。

$$W = 682 \times \frac{C_N}{5.3 + C_N} \times \frac{C_P}{0.082 + C_P}, \ R^2 = 0.879 \qquad (2\text{-}4)$$

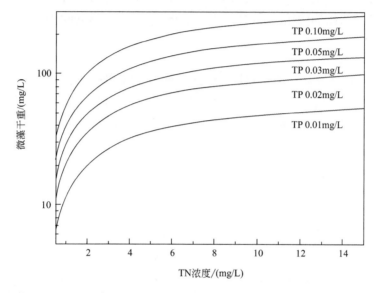

图2-47　城市污水厂尾水中氮磷营养盐同步限制条件下水华微藻生长潜力及模型

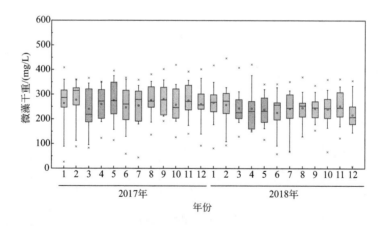

图2-48　苏州市城市中心区城市污水厂尾水中微藻生长潜势（干重）的时间变化特征

基于氮磷同步限制条件下混合水华微藻的生长潜势预测模型，计算2017年初至2018年底期间苏州城区22座城市污水厂尾水中的微藻生长潜势（微藻生长干重）随时间的变化，如图2-48所示。

微藻生长干重平均浓度多介于220~310mg/L之间，随年份和季节性波动变化较小，显著高于100mg/L的水华预警生长潜势水平。与地表水相比，尾水的微藻生长潜势约为地表水的1.2~3倍，显著高于受纳水体。污水厂尾水的排入会给受纳水体带来一定的水华风险。

2.4.2　城市污水处理厂尾水中的其他污染物及风险

（1）内分泌干扰物种类及分析方法

全球登记的化学物质已多达1.18亿种，其中约35万种有机物被广泛用于化工生产和日常生活。这些化学物质不可避免地会进入水中，导致环境污染。通常浓度在ng/L至μg/L水平的有机污染物被称为微量有机污染物。由于检测方法的复杂性，选取生物风险、检出频率和受关注度较大的内分泌干扰性物质和药品及个人护理品作为评价对象。

内分泌干扰物中以雌激素类物质最受关注。美国化学文摘登记的化合物中约有70种环境污染物被研究证实具有类雌激素作用，1997年世界自然基金会列出了68种，2000年日本环境厅列出了70种，并预测大概还有100种。此外，还有许多雌激素类物质仍未被发现，其数量在以后的调查研究中仍会不断增加。主要分为天然雌激素、用作药物使用的合成雌激素、源于食物中的植物雌激素、谷物中的真菌性雌激素、工业化学品和农药。选取风险因子较高的天然来源雌激素（雌酮、雌二醇、雌三醇）、人工合成雌激素（乙炔基雌二醇）、工业化学品（双酚A、4-壬基苯酚）评价苏州城市中心区城市污水处理厂尾水中内分泌干扰物及风险。

富集浓缩前处理方法：量取1L水样，经0.45μm玻璃纤维滤膜过滤，滤膜使用前应依次用10mL甲醇和10mL纯水清洗；加入50μL净化内标（氘代物质），上下颠倒混合均匀，滤液经C18柱富集净化，上样速度为5mL/min；C18柱使用前依次经5mL正己烷、5mL二氯甲烷、5mL甲醇净化，抽干柱子后，用5mL甲醇、10mL超纯水平衡，流速为1mL/min；上样完成后，用10mL 20%的甲醇/水溶液清洗萃取柱；真空抽干C18柱1h，尽可能地除去水分；用6mL正己烷清洗柱子，抽干；分别用3mL甲醇、5mL二氯己烷/正己烷（1:4）洗脱，洗脱液收集于10mL玻璃离心管中，流速为1mL/min；洗脱液氮吹干后，加入1mL甲醇，50μg/L进样内标加标，涡旋混匀后过0.22μm膜，冷藏待测。

（2）内分泌干扰物浓度

苏州城区城市污水厂尾水中检出较高浓度的雌激素类内分泌干扰物，如图2-49所示。

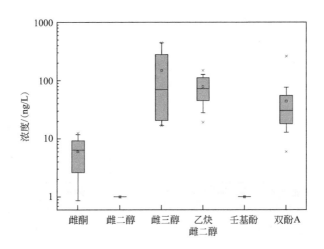

图2-49　苏州城区城市污水厂尾水中内分泌干扰物浓度分布

乙炔雌二醇和双酚A是检出频率和检出浓度较高的内分泌干扰物，检出频率分别为60.1%和100%，浓度分别为27.4~147ng/L和8.9~256ng/L。雌酮和雌三醇的检出频率较低，分别为21.7%和17.4%，检出浓度分别为2.6~23.4ng/L和16.6~435ng/L。雌二醇和壬基酚未在城市污水厂尾水中检出。

内分泌干扰效应一般可以描述为由环境内分泌干扰物质引起的对生态系统内生物体内分泌或与其相关的系统的干扰损害作用，主要包括对生物体的生殖与生长发育的干扰影响，致突变或致癌性影响，内分泌系统紊乱或正常免疫功能改变影响，神经系统失调影响等现象。参考欧盟关于生态风险的安全系数设定（European Commission, 1996），将引起内分泌干扰效应的标准定为1ng/L，即雌二醇当量大于1ng/L的物质被认为具有内分泌干扰效应，会对受纳水体中的水生生物以及更高营养级的生物产生内分泌干扰效应。

进一步考察各典型雌激素物质在城市污水处理厂的可处理特性，如图2-50所示。城市污水处理厂进水中含有较高的雌酮浓度，达到40~80ng/L。但雌酮可被污水厂二级生物处理较显著地去除，使得尾水中含有较低的雌酮浓度，但被氯消毒的去除率较低。污水处理厂进水中含有的雌三醇浓度达到200~300ng/L。雌三醇可部分被二级生物处理，并被氯消毒

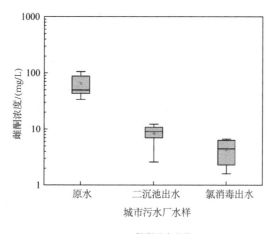

(a)雌酮浓度变化

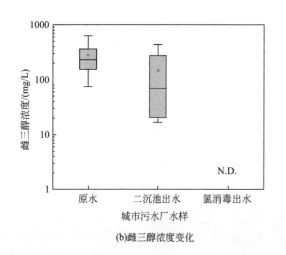

(b)雌三醇浓度变化

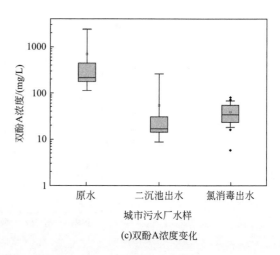

(c)双酚A浓度变化

图2-50 苏州城市中心区城市污水厂二级处理和氯消毒对典型内分泌干扰物的去除特性

显著去除，氯消毒出水中雌三醇的浓度低于检测线。值得注意的是，城市污水处理厂进水中含有人工合成的双酚 A 浓度高达约 200ng/L，经二级生物处理后尾水中仍含有 13~25ng/L，且难以被后续氯消毒进一步去除。

综合分析苏州城市中心区城市污水处理厂尾水中典型的雌激素类污染物浓度水平，即乙炔雌二醇和双酚 A，并将其与国内外其他地区城市尾水或再生水中雌激素类污染物浓度水平比较，如图 2-51 和图 2-52 所示。苏州城市中心区城市尾水中乙炔雌二醇和双酚 A 浓度较高，其浓度水平分别高于 80% 和 75% 的地区。

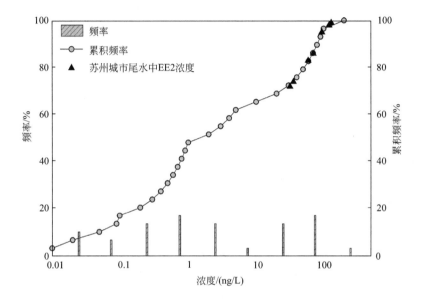

图2-51　苏州市城市中心区城市污水厂尾水中乙炔雌二醇（EE2）浓度分布

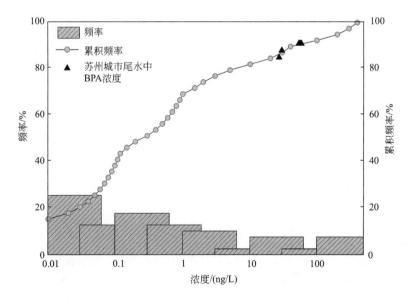

图2-52　苏州市城市中心区城市污水厂尾水中双酚A（BPA）浓度分布

已发表文献表明，全球范围内城市污水处理厂尾水中的乙炔雌二醇类污染物的浓度相对较低，浓度范围在0~200ng/L，85%的检出浓度低于10ng/L。欧盟将引起内分泌干扰效应的限值确定为1ng/L（European Commission, 1996），根据统计分析的数据显示，超过这一干扰效应限值的概率超过45%。而苏州城市中心区尾水中的乙炔雌二醇浓度超过了80%的地区，甚至高于10ng/L。分析结果表明，城市污水处理厂尾水中广泛存在类固醇物质污染，且苏州城市中心区的这一问题较为突出，潜在风险不容忽视。

酚类物质主要用于合成工业化学品，使用广泛，普遍存在于环境当中。双酚A是典型的雌激素活性污染物，已有研究中发现全球范围内尾水中双酚A的浓度主要分布在0~10μg/L，其中90%情况下BPA检出浓度低于2μg/L，但最高检出浓度可达370μg/L。研究表明双酚A的生殖性和非生殖性慢性毒性限值分别为460ng/L和4.90μg/L（The derivation of water quality criteria for bisphenol A for the protection of marine species in China）。双酚A可持久地存在于水环境中，因此进入水环境后严重威胁受纳水体的水质安全。苏州城市中心区尾水中的双酚A浓度超过了75%的地区，甚至高于100ng/L，但高于460ng/L的概率较小。评价结果表明，苏州城市中心区城市污水处理厂尾水中双酚A浓度较高，虽然内分泌干扰性风险较低，但其潜在危害仍不容忽视。

典型污染物质的雌激素活性效应通常以雌二醇当量（estradiol equivalency, EEQ）表示，由各物质雌二醇当量因子（estradiol equivalency factors, EEF）和实测环境浓度（measured environmental concentration, MEC）计算，如式（2-5）所列。

$$EEQ = EEF \times MEC \tag{2-5}$$

EEF以相关文献报道数据为基础进行总结分析，参考欧盟关于风险评价的导则，对各物质体外法测试所得的EEF进行统计分析，各物质的雌二醇当量因子如图2-53所示。选取各典型内分泌干扰物EEQ的中位值计算苏州城区城市污水处理厂尾水的内分泌干扰风险。雌酮、雌三醇、乙炔雌二醇和双酚A的EEQ中位值分别为0.1、0.08、1.2、5.0×10⁻⁵。

雌激素活性物质体外测试所得的EEF值范围较广，考虑可比性，保护水生生物的水质安全及生存环境，采用分析结果的95分位数（95th）进行雌二醇当量计算。雌酮、雌三醇、乙炔雌二醇、双酚A的EEF分别为0.69、0.32、5.11、0.001。

比较苏州城市中心区城市污水厂尾水中乙炔雌二醇和双酚A的雌激素浓度当量，并与研究发现的全球各地尾水中乙炔雌二醇和双酚A导致的雌激素活性值进行比较，如图2-54

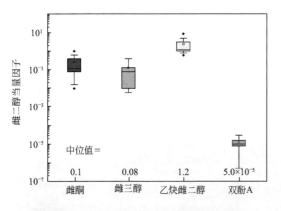

图2-53　典型内分泌干扰物的雌激素当量因子　　图2-54　典型雌激素活性物质的雌二醇当量因子分布图

所示。双酚 A 的雌激素当量浓度较低，仅为 0.03~0.059ng EEQ/L，且与国内外其他地区中双酚 A 当量水平相比，位于 35%~48% 范围内。但是，苏州城市中心区乙炔雌二醇的雌激素当量浓度较高，为 304~656ng/L，高于 95% 国内外其他地区的乙炔雌二醇当量。该结果表明，苏州城市中心区的雌激素类内分泌干扰性风险较高，且主要由乙炔雌二醇类污染物引起。

（3）药品及个人护理品

药品及个人护理品（pharmaceuticals and personal care products, PPCPs）种类繁杂，选取抗生素类（氟代喹诺酮类、磺胺类、四环素类、大环内酯类）、抗癫痫/惊厥类药品、抗高血压药、消炎止痛药、调血脂药等 43 种，评价苏州城市中心区城市污水处理厂尾水的微量有机污染物生物风险。

苏州城市中心区污水处理厂尾水中的药品及个人护理品检出频率如图2-55所示。在筛查的 43 种 PPCPs 中，20 种 PPCPs 的检测频次大于 2，其中检出频率最高的 PPCPs 为避蚊胺、β阻滞剂美托洛尔，检出率为 100%；其他检出频率大于 70% 的 PPCPs 污染物包括罗红霉素（95%）、克拉霉素（95%）、磺胺甲噁唑（90%）、克林霉素（90%）、双氯芬酸（85%）、林可霉素（80%）、氧氟沙星（70%）等。此外，布洛芬、红霉素、诺氟沙星、卡马西平、萘啶酸和对乙酰氨基酚等常见药物，检出频率均大于 40%。

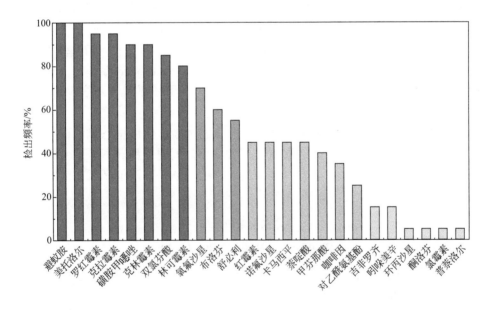

图2-55 苏州城市中心区城市污水厂尾水中药物和个人护理品（PPCPs）检出频率

苏州城市中心区污水处理厂尾水中 PPCPs 的检出浓度如图2-56所示。检出浓度较高的 PPCPs 包括美托洛尔、避蚊胺、罗红霉素、对乙酰氨基酚、克拉霉素、林可霉素、咖啡因、红霉素、布洛芬等，其平均浓度大于 100ng/L。美托洛尔是检出浓度最高的 PPCPs，范围为 307~1318ng/L，平均浓度为 712.5ng/L；避蚊胺检出浓度次之，范围为 30.8~2880ng/L，平均浓度为 708.0ng/L。

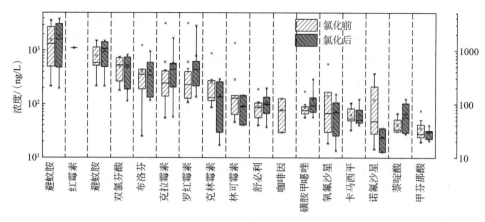

图2-56 苏州市城区城市污水处理厂尾水中药物及个人护理品（PPCPs）在氯消毒前和
氯消毒后的检出浓度分布箱式图（9座城市污水处理厂）

苏州市城区9座城市污水处理厂尾水均使用氯消毒控制病原微生物，分析城市污水处理厂氯消毒前后的PPCPs浓度，如图2-56所示。氯消毒前，各PPCPs的检出浓度为几纳克每升至几百纳克每升。检出浓度最高的PPCP污染物为美托洛尔，平均浓度为1558.0ng/L，其他检出浓度较高的PPCPs包括克拉霉素（598.7ng/L）、罗红霉素（598.3ng/L）、林可霉素（286.5ng/L）、克林霉素（249.1ng/L）、布洛芬（400.0ng/L）、避蚊胺（780.4ng/L）、双氯芬酸（490.5ng/L）等。浓度较高污染物种类和检测频率较高污染物种类基本重合度高。

氯消毒对典型PPCPs浓度的影响较小。氯消毒后，检出浓度较高的PPCPs基本不变，如美托洛尔（1821.1mg/L）、克拉霉素（567.1mg/L）、罗红霉素（753.7mg/L）、克林霉素（164.9mg/L）、布洛芬（407.9mg/L）、避蚊胺（917.1mg/L）。但氯消毒可在一定程度上降低林可霉素（去除率50.9%）、诺氟沙星（去除率53.2%）、甲芬那酸（去除率16.1%）等少部分PPCPs类污染物的浓度。

为评价检出的典型PPCPs对水中典型生物的生态风险，使用生态风险商计算方法，如式（2-6）、式（2-7）所示。其中，选用藻类、大型溞、鱼类三种典型水生生物作为生态风险评价物种，分别代表水生植物、非脊椎动物、脊椎动物。苏州地区城市污水处理厂尾水中PPCPs具有一定的生态风险，如图2-57所示。

$$RQ=C_{PPCP}/PNEC \tag{2-6}$$

$$PNEC=LC_{50}/1000 \text{ 或 } EC_{50}/1000 \tag{2-7}$$

式中　　RQ——生态风险商；

C_{PPCP}——典型PPCP浓度；

PNEC——预测无影响浓度；

LC_{50}或EC_{50}——半致死/效应浓度。

其中，LC_{50}或EC_{50}由美国环保署（US EPA）的化学物质生物效应预测软件ECOSAR预测。

传统的毒性效应研究，一般根据急性、慢性试验的毒理学终点数据来表示外源性物质对水生生物的影响，如LC_{50}、EC_{50}和无观察效应浓度（NOEC）等。这些信息只能反映物质在环境中产生效应的可能性。理论上，预测无影响浓度（predicted no effect concentration，PNEC）可以通过毒理学试验获得，且应建立在大量慢性毒性数据基础上，但是实际可获得的慢性毒性数据较为缺乏，因此需要引入评价因子来实现不同毒性数据到PNEC的转化，评价因子见表2-15。

表2-15 用于计算预测无影响浓度的评价因子

毒性数据类型	毒性实验类型和数据量	评价因子
I	存在针对至少3个营养级类别生物的最大无观察效应浓度数据（通常为鱼、水蚤或其他咸水代表生物以及藻类）	10
II	存在针对2个营养级类别生物的最大无观察效应浓度数据（通常为鱼、水蚤或其他咸水代表生物以及藻类）	50
III	存在针对1个营养级类别生物的最大无观察效应浓度数据（鱼、水蚤或其他咸水代表生物）	100
IV	存在至少1个营养级类别的半数有效浓度数据	1000

　　基于ECOSAR软件和评价因子，计算苏州城市中心区城市污水处理厂尾水中检出频率大、检出浓度较高的PPCP的PNEC，见式（2-8）。其中，选用藻类、大型溞、鱼类三种典型水生生物作为生态风险评价物种，分别代表水生植物、非脊椎动物、脊椎动物。

$$PNEC=LC_{50}/1000 \text{ 或 } EC_{50}/1000 \tag{2-8}$$

式中　PNEC——预测无影响浓度；

　　LC$_{50}$或EC$_{50}$——半致死/效应浓度。

　　其中，LC$_{50}$或EC$_{50}$由美国环保署的化学物质生物效应预测软件ECOSAR预测获得。

　　尾水中PPCPs对藻类、大型溞、鱼类的生态毒性评价结果如图2-57所示。

　　藻类风险评价结果表明，咖啡因、克拉霉素、双氯芬酸、罗红霉素具有较高的生态风险商，风险商平均值分别为7.7、4.8、0.31、0.20，其他PPCPs的生态风险商较低，风险商平均值小于0.1。

　　大型溞风险评价结果表明，风险商平均值较高的PPCPs包括克林霉素（0.57）、克拉霉素（0.24）、对乙酰氨基酚（0.38）、林可霉素（0.19）、罗红霉素（0.12），其他PPCPs的风

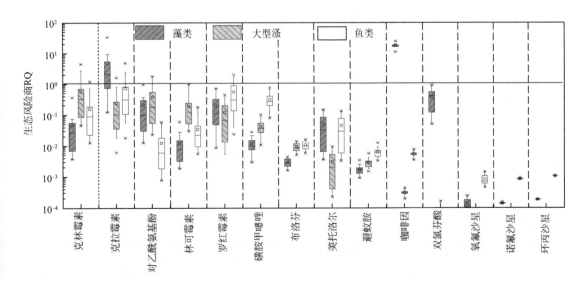

图2-57　苏州市城区污水处理厂尾水中药物及个人护理品（PPCPs）对藻类、大型溞、鱼类等水生生物的生态风险商分布箱式图（9座城市污水处理厂）

险商平均值低于0.1。

鱼类风险评价结果表明，风险商平均值较高的PPCPs包括克拉霉素（0.72）、罗红霉素（0.56）、克林霉素（0.15），其他PPCPs的风险商平均值低于0.1。

（4）重金属污染物

苏州市城区9座典型城市污水处理厂尾水中重金属浓度分布如图2-58所示。锌是检出浓度最高的重金属，平均值为31.5μg/L；其他浓度较高的重金属还包括镍（8.6μg/L）、铜（2.7μg/L）、钼（3.6μg/L）、铬（1.0μg/L）等；其他重金属如汞、砷、锡、镉、银、钴、铅、铬（六价）的浓度较低，低于检测限或1μg/L。其中，城市污水处理厂尾水中未检出六价铬，检出的铬以三价铬为主。

各典型重金属的最低无影响浓度如表2-16所列。根据风险商计算方法，苏州城区主要城市污水处理厂尾水中重金属的风险水平如图2-59所示。评价结果表明，城市污水厂尾水中风险较高的重金属为镍，大多数情况下其生态风险商为0.8~2.0。虽然尾水中锌、铜和钼的浓度较高，但其风险商水平较低，风险商<1。此外，虽然铬和铅等重金属的风险因子较高，但其在苏州城区污水厂尾水中的浓度较低，潜在的生态风险较小，<0.1。

表2-16　典型重金属的PNEC值

重金属	PNEC/（μg/L）
锌	75.5
镍	5.4
铜	5.2
钼	1800
铬（Ⅲ）	6.5
钴	5.2
铅	18.6

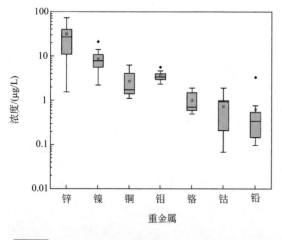

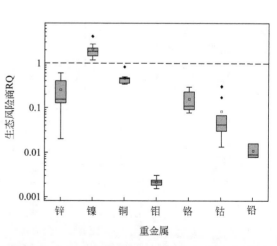

图2-58　苏州城区污水厂尾水中重金属浓度分布（9座城市污水处理厂）

图2-59　苏州城区污水厂尾水中重金属生态风险商分布（9座城市污水处理厂）

2.4.3 城市污水处理厂尾水增效利用潜力分析与安全性评价

针对污水处理厂尾水河道景观利用保障需求，以受纳福星污水处理厂等典型污水处理厂尾水的景观水体为对象，评价污水处理厂尾水有机物、营养物质等对河道水质的影响，研究污水处理厂尾水颗粒物和色度对河道透明度等感官性状的影响，评价污水处理厂尾水景观利用的生态安全性和增效利用潜力。

（1）城市污水处理厂尾水的感官风险

城市污水处理厂尾水增效利用过程中，其浊度、色度、透明度等感官指标对再生利用起到至关重要的作用。悬浮颗粒物是指示出水浊度的重要指标。苏州地区城市污水处理厂尾水中的悬浮颗粒物浓度基本低于10mg/L，平均值约为6.2mg/L，且随时间和季度的变化不大，如图2-60所示。

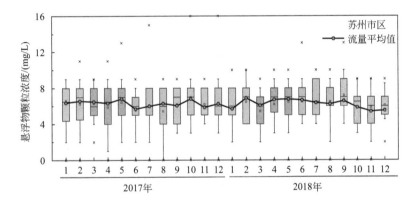

图2-60 苏州城区城市污水处理厂尾水中悬浮物浓度分布和时间变化规律

苏州城区城市污水处理厂尾水的色度较好，基本小于10倍，色度平均值约为6倍，具有较好的应用潜力，如图2-61所示。分析城市污水处理厂尾水的透明度，均大于1.5m，与地表水质标准中的Ⅲ类水体相当。值得注意的是，分析城市污水处理厂尾水补充的地表河流表明，其透明度较低，小于0.5m，结果如图2-62所示。

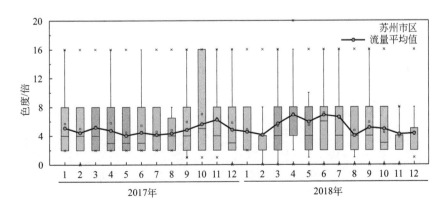

图2-61 苏州城区城市污水处理厂尾水中色度分布和时间变化规律

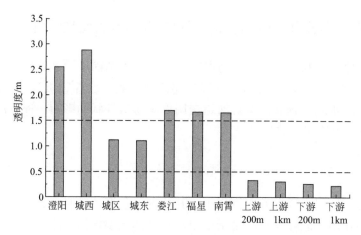

图2-62 苏州城区城市污水处理厂尾水中透明度及地表水透明度

综合分析城市污水处理厂尾水的悬浮物、色度、透明度等感官指标，并与受纳尾水的地表水感官特性比较发现，城市污水处理厂尾水具有较好的感官特性，虽然悬浮颗粒物浓度较高，但其色度和透明度均与地表水相当，甚至更优。即以感官特性评价表明，城市污水处理厂尾水具有较高的补充地表水应用的潜力。

（2）富营养化风险

苏州城区典型城市污水处理厂尾水满足排放标准，但仍含有较高的氮磷浓度，富营养化风险不容忽视。基于氮磷营养盐同步限制因子模型计算发现，混合微藻在苏州城区城市污水厂尾水中的生长潜力高达220~320mg/L。进一步分析不同城区污水厂尾水的混合微藻生产潜势，如图2-63所示。工业园区的微藻生长潜力最高，平均值为301.8mg/L；高新区微藻生长潜势平均值为291.8mg/L；相城区、吴中区、姑苏区的城市污水处理厂尾水中微藻生长潜势平均值分别为258.3mg/L、251.5mg/L、244.4mg/L。

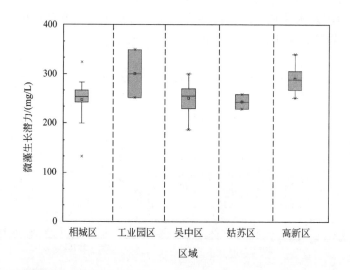

图2-63 苏州城区城市污水处理厂尾水中微藻生产潜力的区域比较

进一步明确各城区城市污水厂尾水的微藻生长潜力热点分布，分析姑苏区（城东厂、福星厂）、工业园区（娄江厂、清源华衍厂）、高新区（白荡厂、浒东厂、第二污水厂、新区污水厂、镇湖厂）、相城区（漕湖厂、城区厂、城西厂、澄阳厂、东桥厂、黄埭厂、黄桥厂、灵峰厂、太平厂、望亭厂、渭塘厂、渭西厂、庄基厂）、吴中区（城南厂、城区厂、金庭厂、科福厂、甪直新区厂、木渎厂、胥口厂、甪直厂）等污水厂于2017~2018年营养盐条件下的微藻生长潜力。结果表明，苏州城区中心部的微藻生长潜力较高，如工业园区、吴中区北部、相城区南部、高新区东部等，微藻生长潜力在300mg/L以上。

（3）生物毒性

使用发光细菌和大型溞评价苏州城区城市污水处理厂尾水的急性毒性，结果如图2-64所示。城市污水处理厂尾水具有较强的发光细菌急性毒性，对发光抑制率达100%，且稀释64倍后，发光抑制率仍约为50%。其可能的原因是，城市污水处理厂尾水中含有氯消毒的余氯及其生成的消毒副产物。对污水厂尾水进行脱氯处理后，对发光细菌的发光抑制率仍为100%，且经64倍稀释后，发光抑制率为50%。该评价结果表明，污水厂尾水中含有除余氯以外的其他物质导致急性毒性，如总有机卤化物等。

苏州城区城市污水处理厂尾水对大型溞的急性毒性评价结果如图2-65所示。该尾水具有显著的大型溞急性致死毒性，半致死的稀释倍数为32倍；经脱氯处理后，污水厂尾水对大型溞的急性致死毒性迅速降低。研究结果表明，由于城市污水处理厂尾水通常需要氯消毒去除病原（指示）微生物，但也可能显著增加急性生物毒性，如大型溞致死毒性。该急性毒性的主要原因为尾水中含有余氯，因此对城市污水处理厂尾水进行回用时，应当增加脱氯处理措施。

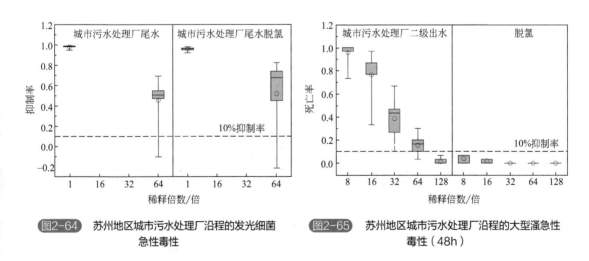

图2-64　苏州地区城市污水处理厂沿程的发光细菌急性毒性

图2-65　苏州地区城市污水处理厂沿程的大型溞急性毒性（48h）

（4）综合生态风险水平

城市污水处理厂尾水用于补充地表水或景观用水时的潜在安全特征包括病原微生物风险、色嗅感官风险、有机污染物生物毒性等。基于城市污水处理厂尾水中各典型污染物的检出水平、风险因子或地表水环境质量标准，计算城市污水处理厂尾水的风险水平，如图2-66所示。

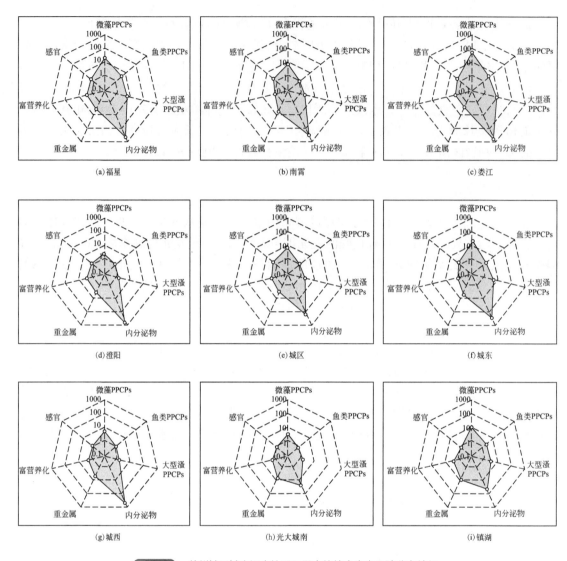

图2-66 苏州城区城市污水处理厂尾水的综合生态风险分布特征

各城市污水处理厂尾水的色度、透明度和悬浮物等感官指标均较好，甚至优于地表水环境质量标准（Ⅳ类水）或受纳水体的感官指标。用苏州城区城市污水处理厂尾水补充地表水或景观水体时，可显著改善河道黑臭、缺水等问题，提升城市水环境的感官愉悦性。

但苏州城区城市污水处理厂尾水中仍存在较高浓度的无机营养盐和重金属污染物。各水厂尾水均具有较高的富营养化风险水平（微藻生长潜势/100），当用于补充城市水环境时，可能引发水华、次生感官风险（嗅味、颜色）等问题。各水厂还存在较为明显的重金属风险问题，其中镍导致的风险水平较高。

尤其值得关注的是，苏州城区城市污水厂尾水中含有种类较多的PPCPs和内分泌干扰物。这些微量有机污染物的浓度水平较低，但导致了较高的生态风险，例如，PPCPs对水生微藻、鱼类、大型溞的生态风险商为2~20。因此，用污水厂尾水补充城市水环境时，PPCPs低浓度复合污染物导致的长期暴露和慢性生物风险尤其值得关注。另外，所有污水厂尾水中的内分泌干扰物是风险商最高的污染物，风险商范围为16~642，其中乙炔雌二醇是导致风险商较高的主要物质。因此，城市污水处理厂尾水用于补充城市水环境时雌激素等导致的内分泌干扰性风险不容忽视。

2.5　城市雨水管网排水的水环境影响与生态安全性评价

近年来，大规模水环境基础设施建设运行为城市带来了显著的水环境效益，水污染态势已得到遏制，地表水环境质量稳步提升，正在逐步趋近良性水循环和健康水生态的拐点，开始步入环境治理转型期。

在环境治理转型期，城市雨水径流污染控制成为水环境改善的重要内容。国内外城市雨水径流监测结果表明，不断加快的城市化进程改变了天然地表格局，大量透水地表被建筑物、道路、停车场等不透水地表所取代，形成了新的下垫面类型，使得城市地表径流量增加、峰值提高、洪峰提前等一系列水文过程发生改变。与此同时，人类的各种活动加速了城市地表污染物的累积过程，为城市地表径流污染提供了物质基础，降雨径流中污染物种类繁多、成分复杂，城市降雨径流带来的非点源污染逐步成为城市水环境恶化、制约水质改善的主要因素。

针对城市雨水管网排水的潜在污染和生态安全风险，本书以苏州城区为案例区域开展相关调查监测与评估。首先，为明确苏州城区径流面源污染特性，以苏州城区典型用地类型，即商业区、历史文化保护区、住宅区、文教区的雨水管网排水为监测对象，在获得大量基础监测数据的基础上，系统分析了典型用地类型下城市雨水管网排水的COD、N、P等污染物浓度水平及其形态分布（颗粒态、溶解态）。在此基础上，评价了潜在的水质影响和感官风险，解析了城市雨水管网排水的多环芳烃（PAHs）、药品及个人护理品（PPCPs）、重金属等有毒有害化学污染物的潜在生态风险，得出的相关结论可用于支撑苏州市雨水径流污染控制和生态安全保障。具体结论如下。

① 明确了苏州城区雨水径流污染特征污染物。苏州城区雨水径流中主要污染物为营养物、有机物和颗粒物，其中TN的污染权重最大；雨水径流中主要毒性物质为重金属Cu、Zn和Pb，尽管与《地表水环境质量标准》（GB 3838—2002）中的标准值相比，Zn、Cu满足Ⅱ类水质标准，Pb的含量均低于Ⅴ类水质标准，但Zn和Pb的有效生态风险达到中、高等级，表明严重低估了重金属的生态风险。

② 明确了苏州城区雨水径流初期效应强度。苏州城区的降雨径流初期冲刷效应不强，无初期效应的频次较高，存在初期效应的场次也均处于中、弱等级强度；COD、NH_3-N、TN、TP、SS的b参数平均值分别为1.138、1.376、0.989、0.996、1.088，依据$b>1$为无初期效应的判定标准，苏州城区的雨水径流基本不存在初期效应。

③ 明确了苏州城区雨水径流污染与受纳水体藻类生长潜力的相关性。雨水径流对苏州城区河道优势藻种的生长潜力实验表明，雨水对苏州当地常见藻类的生长有促进作用，间接表明雨水对水体富营养化有较为明显的正相关作用。

④ 明确提出苏州城区的雨水径流污染控制应以"滞""截""净""管"为主，慎用"渗""蓄"的技术原则。目前大部分的雨水污染控制方案是截留初期雨水、建设雨水调蓄池，看似简单有效，但苏州市有其特有的地域特点，初期效应不明显，水系发达、排水管

道路径短、地下水位高，"截留+下渗+调蓄"从规模、功能和经济、环境效益等方面还需要更加优化的方案，因此，"滞"峰、"截"颗粒物、绿色"净"化污染物、"管"控排水系统沉积物是雨水污染控制的首要技术选择。

⑤ 明确提出苏州市的海绵城市建设LID设施布局原则。各项"海绵"设施应按照"多点分散-网络串联-蓝网绿廊"的方式，依据不同建设要素特点合理布局，通过过滤、滞流、缓释、吸收、净化等综合作用，控制雨水径流污染。

2.5.1 案例城市降雨水文特征

苏州市雨量充沛，常年平均降雨量达1100mm。如图2-67显示，2000~2019年平均年降水量为1191mm，平均年降水日128.5d。一年中以6月份降水量及降水日为最多，12月份月降水量最少。2001~2002年，苏州市区年均降水pH>5.6，其余年份降水pH值均低于5.6，2009年酸雨发生率高达82.89%，近年来，酸雨发生率逐年下降，2018年降至25.1%。

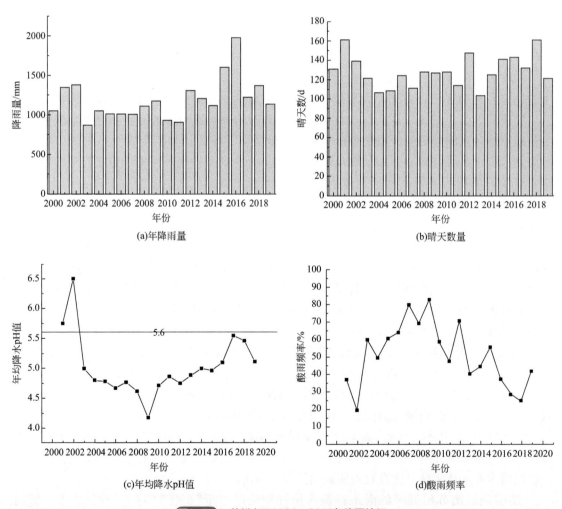

(a)年降雨量

(b)晴天数量

(c)年均降水pH值

(d)酸雨频率

图2-67 苏州市区2000~2019年降雨特征

（数据来源：苏州市环境状况公报、苏州市水资源公报）

监测期间的雨量监测站统计数据显示（图2-68），降雨量介于0.2~10mm的概率在74%以上；采样期间的降雨间隔以0天的频率最高，前期晴天数<3d的总频率高达70%；降雨强度则以0.1~1.0mm/h的降雨比例高达65%，即监测期间的降雨类型以连续小雨为主。

参考美国环保署对于有效降雨事件的规定（降雨间隔≥3d、降雨量≥2.5mm），本监测期间的有效降雨次数发生的比例较小。但由于小型连续降雨是苏州地区的主要气候特征，为尽可能多地采集雨水径流样品，真实反映苏州市降雨水文特征下的雨水径流污染物输出规律，本研究采样过程中不严格遵循美国环保署对有效降雨事件的规定，忽略前期晴天数的影响。

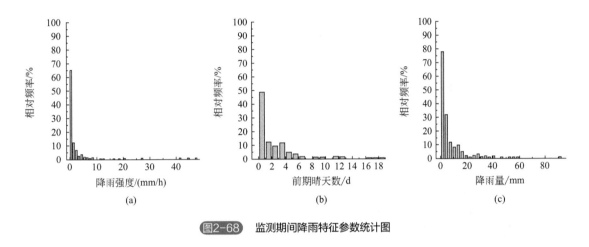

图2-68 监测期间降雨特征参数统计图

2.5.2 雨水管网排水的特征污染物分析

（1）降雨径流污染物统计分析方法

本研究采纳美国国家城市径流计划（NURP）的建议，用事件平均浓度（event mean concentration，EMC）来表征降雨径流水质结果。EMC是指在一次独立的降雨事件中，整个降雨径流过程中每一瞬时污染物浓度的流量加权平均值，即降雨事件总污染物负荷与总径流体积的比值，按式（2-9）计算。在流量累积和污染物累积加权的基础上，获得$M(V)$曲线[式（2-10）、式（2-11）]，按式（2-12）用幂函数进行拟合求得幂值（b），通过b值分析降雨径流过程中污染物迁移规律，判断是否存在强（$0<b\leqslant0.185$）、中（$0.185<b\leqslant0.862$）、弱（$0.862<b\leqslant1.000$）、无（$1.000<b<5.395$）初期效应。由于径流排污的随机性，由一场降雨所导致的次降雨污染负荷的代表性较差，所以采用式（2-13）估算年降雨径流污染负荷。

$$\text{EMC}=\frac{M}{V}=\frac{\int_0^t C_t Q_t \,\mathrm{d}t}{\int_0^t Q_t \,\mathrm{d}t}\approx\frac{\sum\limits_{i=1}^{n}Q_i C_i}{\sum\limits_{i=1}^{n}Q_i} \tag{2-9}$$

$$M(t)=\frac{m_t}{M}=\frac{\sum\limits_{i=1}^{J}C_i Q_i \Delta t_i}{\sum\limits_{i=1}^{n}C_i Q_i \Delta t_i} \tag{2-10}$$

$$V(t) = \frac{v_t}{V} = \frac{\sum_{i=1}^{J} Q_i \Delta t_i}{\sum_{i=1}^{n} Q_i \Delta t_i} \qquad (2\text{-}11)$$

$$F(x) = X^b \qquad (2\text{-}12)$$

$$L = 0.01\alpha\psi PCA \qquad (2\text{-}13)$$

式中　EMC——事件平均浓度，mg/L；

M——整个降雨事件某种污染物的总质量，mg；

V——整个降雨事件累积径流体积，L；

t——径流形成时间，min；

C_t——降雨事件过程中t时刻径流中的污染物含量，mg/L；

Q_t——降雨事件过程中t时刻的径流量，L/s；

C_i——降雨事件过程中第i次取样时对应的径流污染物含量，mg/L；

Q_i——降雨事件过程中第i次取样时对应的径流量，L/s；

$M(t)$——径流污染物累积质量分数；

$V(t)$——径流累积体积分数；

m_t——径流开始至t时的某污染物排放量，mg；

v_t——径流开始至t时的径流体积，L；

n——样本总数；

J——1到N的整数；

$F(x)$——无量纲的污染物累计程度，%，$F(0)=0$，$F(1)=1$；

X——无量纲的径流累积程度，%，$X\in[0,1]$；

b——初期冲刷系数；

L——给定面积排水区域的年污染负荷，kg/a；

0.01——单位换算系数；

α——径流修正系数，典型值一般取0.9；

ψ——排水区域综合径流系数；

P——年降雨量，mm/a，此处取苏州市年平均降水量1100mm/a；

C——径流污染物事件平均浓度，mg/L，取EMC中值；

A——排水区域面积，ha。

通过对4种典型用地类型的52场次的降雨径流水质EMCs统计特征分析，如图2-69所示，雨水管网排水输出的COD、$NH_3\text{-}N$、TN、TP、SS以及重金属的对数概率均分布在95%置信区间内，呈现出较好的线性分布，表明径流污染物EMCs浓度具有较好的对数正态分布特性，可以用EMC中值或平均值表征污染特征，后续数据分析均采用EMCs中值或平均值描述水质调查分析结果。

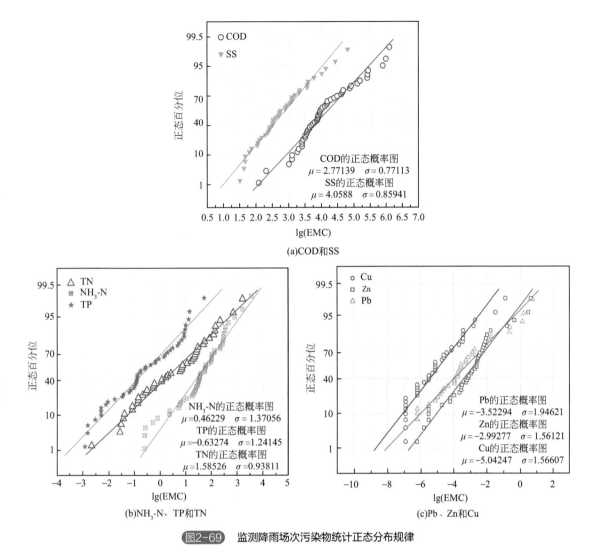

图2-69　监测降雨场次污染物统计正态分布规律

（2）降雨径流污染物浓度输出水平（EMCs）

图2-70显示了苏州城区降雨径流污染物EMCs区间分布规律。结果表明COD、NH₃-N、TN和TP的EMC浓度分别是《地表水环境质量标准》（GB 3838—2002）中Ⅴ类水体限值的

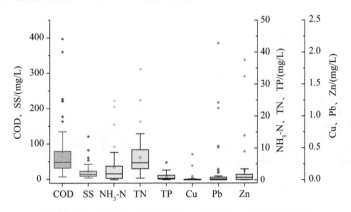

图2-70　苏州城区监测降雨场次污染物EMCs分布区间

0.2~11.1倍、0.035~12.5倍、0.27~17.4倍和0.14~13.9倍。Cu的含量普遍较低，基本满足 I 类（96%）、 II 类（4%）水质标准；Zn的含量较集中于 I 类（60%）、 II 类（36%）水质；仅文教区的Pb含量满足 V 类，其他功能区Pb含量均不满足 V 类水质标准。

从上述污染物的浓度区间分析，对比地表水质环境质量标准，有机物、氮磷营养物、重金属铅是苏州市雨水径流输出的主要污染物。由此可见，非点源污染是引起苏州城区地表水环境质量恶化的重要因素之一。

（3）降雨径流污染物赋存形态特征

图2-71显示了各用地功能区收集的瞬时样品中主要污染物的赋存形态分布特征。综合

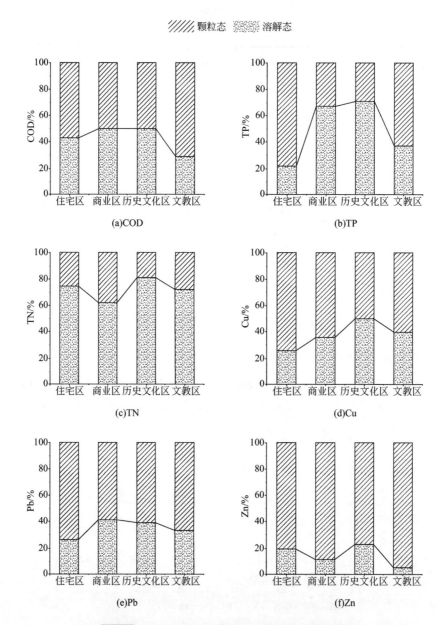

图2-71 苏州城区雨水管网排水污染物赋存形态分布

来看，重金属污染物主要以颗粒态为主，其中Zn颗粒态含量在各区均高达80%以上，Pb次之达到60%以上，Cu的赋存形态在各功能区不尽相同，历史文化区颗粒态含量仅50%，住宅区颗粒态含量最高，达到74%。在文教区COD颗粒态含量达到71%，而其他各区颗粒态含量仅50%左右；TN则以溶解态为主要形态，各区溶解态含量达到60%以上；TP赋存形态在商业区和历史文化区以溶解态为主，达到70%左右，在住宅区和文教区则以颗粒态为主，达到60%以上。总体来看，污染物的赋存形态还是以颗粒态为主，TN和COD溶解态占比较高，TP的赋存形态则与区域用地类型有关。

（4）降雨径流过程污染物迁移特征

采用径流污染物累积质量分数与径流累积体积分数作图得到的$M(V)$曲线，可以准确反映污染物在降雨径流过程中的迁移规律，并由线性分布判断是否存在初期效应。如图2-72所示，曲线①和②表征污染物累积主要发生在降雨径流初期，具有强烈的初期冲刷效应，对应的b值区间分别介于(0，0.185]和(0.185，0.862]；曲线③代表初期效应并不明显，对应的b值区间为(0.862，1.0]；曲线④~⑥则表明不存在初期效应，对应的b值均大于1.0。初期效应存在与否，涉及调蓄池等城市非点源污染控制设施的规模与投资，因此具有重要的研究意义。

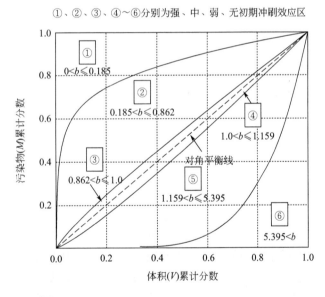

图2-72　降雨径流污染物迁移$M(V)$曲线与对应b值关系

图2-73和图2-74绘出了苏州城区雨水管网排水不同污染物及其在不同用地类型的b值分布规律。结果表明，颗粒物、有机物、营养物的平均b值介于0.831~1.347，住宅区的污染物有11%、37%位于"中""弱"区，52%则位于"无"区；商业区位于"中""弱""无"区的比例分别为14%、16%、70%；历史文化保护区与住宅区相似，"中""弱"区比例为13%和35%，其余52%位于"无"区，文教区亦有48%为无初期效应区。综合来讲，苏州城区的降雨径流基本分布在弱初期效应和无初期效应两个等级，污染物的迁移过程曲线主要为曲线③~⑤。

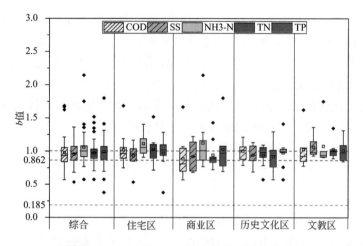

图2-73 苏州城区雨水管网排水污染物b值分布区间

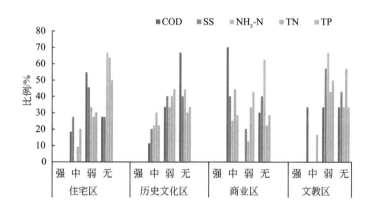

图2-74 苏州城区不同用地功能区雨水管网排水污染物初期效应分布规律

（5）颗粒物粒径与沉降特征

悬浮物在水体中分布广泛，是重要的水环境因子。雨水径流中携带的颗粒物不仅影响到水体的表观污染效应，还会影响水的主要污染形态。本节由径流污染物的赋存形态特征（图2-71）发现，雨水中的SS与COD、TP、重金属等污染物有极高的相关性，颗粒物携带的污染物贡献较大，因此研究径流雨水中颗粒物粒径分布、沉降性能，对于径流雨水中颗粒物截留以及水质提升改善都至关重要。

如图2-75所示，苏州城区雨水管网排水颗粒物粒径范围 D_{10} 为1.125~1260.50μm，D_{50} 范围介于5.21~1848.69μm，D_{90} 位于31.10~3080.54μm区间，三者的平均值分别为103.59μm、483.38μm和1397.05μm。总体来看，粒径<75μm和粒径>250μm的颗粒物所占比例较高，分别达到37%和39%。现行国内设计规范及手册中，沉砂池以去除200μm、相对密度约为2.65的砂粒为目标，因此城市雨水管道末端设置旋流沉砂器，可达到削减径流量、控制径流污染的目的，但对于粒径<75μm的颗粒物需要采取其他控制措施。

不同时刻、不同沉速区间颗粒物去除率比例如图2-76所示。在自由沉降初期，颗粒物

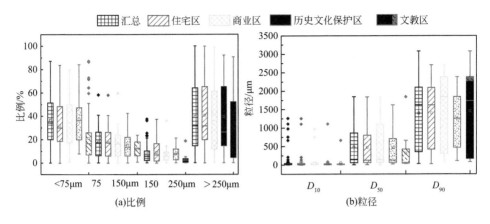

图2-75　苏州城区雨水管网排水不同用地功能区径流颗粒物粒径分布

沉降较快，沉降速度可达4.3~4.7mm/s，之后的自由沉降速度迅速下降，各用地类型对应颗粒物沉降速度小于2mm/s的颗粒物占比约为80%。沉速为0~0.5mm/s的颗粒物去除率可达56.8%~61.3%，沉速3~5mm/s的颗粒物去除率仅为10%左右。因此，当采用沉降原理去除雨水径流中的污染物时，在颗粒物去除率相同的条件下应控制更小沉速的颗粒物，并考虑通过增加相应调蓄设施规模，增加颗粒物沉降时间。

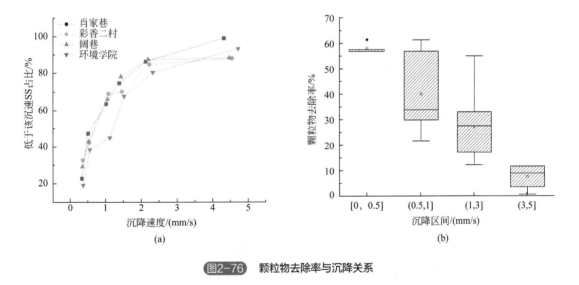

图2-76　颗粒物去除率与沉降关系

（6）径流污染物空间分布特性

图2-77和表2-17显示示不同用地功能区的污染物输出水平具有一定的差异性，住宅区、商业区和历史文化保护区的污染负荷都较高，尤其是历史文化保护区的N、P负荷，分别是其他功能区的1.6~2.2倍和3.8~6.2倍；文教区的污染负荷则相对较低。COD输出负荷排序为住宅区≈历史文化保护区>商业区>文教区，NH_3-N为商业区>住宅区>历史文化保护区>文教区，TN和TP为历史文化保护区>住宅区≈商业区>文教区。造成这种差异的主要原因与综合径流系数、污水混接入雨水排水设施有关。

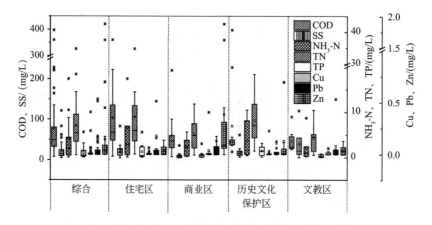

图2-77 2018~2020年苏州城区不同用地类型雨水管网排水污染物EMC区间

表2-17 苏州城区不同用地功能区雨水管网排水年污染负荷 单位：kg/（ha·a）

功能区	综合径流系数	COD	SS	NH₃-N	TN	TP
住宅区	0.62	417.38	109.87	17.71	36.15	2.46
商业区	0.82	381.55	71.19	21.15	39.45	3.37
历史文化保护区	0.92	400.75	139.35	13.94	64.80	12.89
文教区	0.64	201.39	139.39	6.78	29.02	2.09
综合	0.75	363.83	111.75	14.44	40.17	3.42

注：各功能区的综合径流系数为各区内监测点的径流系数均值；综合为所有监测点均值。

按综合径流系数0.75计算，苏州市区单位面积的年COD、SS、NH_3-N、TN、TP污染负荷分别为363.83kg、111.75kg、14.44kg、40.17kg和3.42kg，给水环境带来巨大压力，径流污染控制与治理迫在眉睫。

（7）径流污染阶段演化特征

根据研究团队对2006~2020年期间的苏州城区降雨径流污染特性调查分析的研究结果，如图2-78所示，十几年间雨水排水设施的径流污染物浓度明显降低，COD、SS、NH_3-N、TN、TP的EMC平均值分别由219mg/L、209mg/L、9.11mg/L、17.46mg/L、1.86mg/L下降至86mg/L、22mg/L、3.54mg/L、7.02mg/L、1.02mg/L，降幅分别达到60.6%、89.4%、61.1%、59.8%和45.0%，SS的降幅最大。这与近年来的大气质量提升和路面机械化清洁作业有关。

此外，b值的时序变化特征（图2-79）显示各项污染物的b值均趋近于1，各项污染物的平均b值由十几年前的0.947升至近期的0.980，污染物随径流过程的迁移向$M（V）$曲线对角线的下方趋近，但总体变化趋势不明显，说明污染物水平的时序变化对b值的影响不大，初期效应微弱。这一方面归因于排水系统的改造与完善、大气质量的提升、道路环境质量改善；另一方面是由苏州市的雨量充沛、连绵细雨的降雨特点决定的。

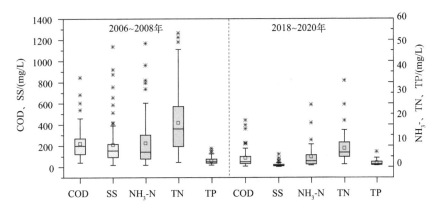

图2-78　苏州城区雨水排水管网常规污染物输出水平时序变化区间

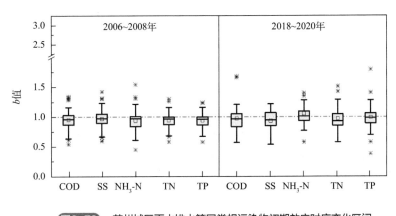

图2-79　苏州城区雨水排水管网常规污染物初期效应时序变化区间

2.5.3　雨水管网排水对水环境质量的影响评价

本节从污染物对地表水的水质影响、感官愉悦度影响角度阐明城市雨水管网排水特征。

（1）水质影响评价

水质评价方法较多，常见的有指数法、模糊数学法、层次分析法和集对分析法，不同的方法都有各自的优缺点及局限性。上述评价方法在不同水体的质量评价中均有不同程度的应用，但针对雨水的水质评价尚没有系统的研究和结论。

集对分析法是在一定的问题背景下，通过建立所论两个集合的联系数（U），对集合的确定性与不确定性以及确定性与不确定性的相互作用所进行的一种系统和数学分析。集对分析法包容了随机、模糊、灰色等常见的不确定现象，其中的联系数与不确定系数是该理论的基石，这与降雨径流的随机性、不确定性高度契合。鉴于此，本书采用集对分析法，基于《地表水环境质量标准》（GB 3838—2002）的五类水体标准构建如式（2-14）所列的五元联系方程，评价苏州市城市雨水管网排水的水质影响。

$$U = \frac{S}{N} + \frac{F_1}{N}i + \frac{F_2}{N}j + \frac{F_3}{N}k + \frac{P}{N}e \qquad (2\text{-}14)$$

式中　i，j，k——差异不确定度标记；

　　　　e——对立度标记；

　　　　S——优于Ⅰ类水的指标个数；

　　　　F_1——优于Ⅱ类水而差于Ⅰ类水的指标个数；

　　　　F_2——优于Ⅲ类水而差于Ⅱ类水的指标个数；

　　　　F_3——优于Ⅳ类水而差于Ⅲ类水的指标个数。

　　　　P——劣Ⅴ类水指标个数；

　　　　N——评价指标个数。

当某指标浓度正好为限值时，一律计入后一类水质。

设 $a = S/N$，$b = F_1/N$，$c = F_2/N$，$d = F_3/N$，$f = P/N$，$a+b+c+d+f=1$。式（2-14）可以简写为：

$$U = a+bi+cj+dk+fe \qquad (2\text{-}15)$$

式中　a，b，c，d，f——对应趋向于Ⅰ、Ⅱ、Ⅲ、Ⅳ、Ⅴ类水质，根据各系统的大小关系即可定性分析雨水水质级别情况。

由于不同地区的雨水水质即使处于同一级别，也会因评价指标数值的差异而使雨水水质有所不同。因此，相对于分级标准可以继续做同一、差异、对立的集对分析，按式（2-16）进一步分析评价指标的数值与评价雨水水质分级标准之间的数量关系。

$$U_{mk} = \begin{cases} 1+0i+0j+0k+0e & x \subset [0, S_1] \\[2mm] \dfrac{S_2-x}{S_2-S_1} + \dfrac{x-S_1}{S_2-S_1}i+0j+0k+0e & x \subset [S_1, S_2] \\[2mm] 0+\dfrac{S_3-x}{S_3-S_2}i + \dfrac{x-S_2}{S_3-S_2}j+0k+0e & x \subset [S_2, S_3] \\[2mm] 0+0i+\dfrac{S_4-x}{S_4-S_3}j + \dfrac{x-S_3}{S_4-S_3}k+0e & x \subset [S_3, S_4] \\[2mm] 0+0i+0j+0k+1e & x \subset [S_4, +\infty] \end{cases} \qquad (2\text{-}16)$$

式中　S_1，S_2，S_3，S_4——Ⅰ、Ⅱ、Ⅲ、Ⅳ四类水质评价指标的门限值，将作为集对分析联系度表达式中的同一度、差异度、对立度的取值依据；

　　　　x——各评价指标水质状况的实际值；

　　　　m——第 m 个待评价地表水水质样本；

　　　　U_{mk}——第 m 评价对象第 k 个评价因子与评价标准之间的联系数，评价因子的联系数分别记为 U_{m1}，U_{m2}，$\cdots$，U_{mk}，即评价对象各指标与各级标准限值的联系程度。

由于不同的水质指标对水质影响的程度不同，因此，在评价过程中引入权重方法，使评价结果更加准确。权重计算方法见式（2-17）。根据分析所选雨水水质评价指标，可知评价指标都为成本型指标，即值越小越优型。

$$
w'_k = \begin{cases} \dfrac{\dfrac{1}{M}\displaystyle\sum_{l=1}^{M} x_{kl}}{x_{ki}} & \text{（当评价指标为正向时）} \\[4mm] \dfrac{x_{ki}}{\dfrac{1}{M}\displaystyle\sum_{l=1}^{M} x_{kl}} & \text{（当评价指标为逆向时）} \end{cases} \tag{2-17}
$$

式中　M——指标标准分级；

　　　x_{kl}——每个指标分级的限值；

　　　x_{ki}——第 k 个评价因子的第 i 个实测值。

在已知各指标的联系度和权重基础上，通过综合联系数对径流雨水水质进行评价，按式（2-18）计算。

$$
\begin{aligned}
U_{综} &= \sum_{k=1}^{N} U_k w_k \\
&= U_{COD} W_{COD} + \cdots + U_{Pb} + W_{Pb}
\end{aligned} \tag{2-18}
$$

选取 COD、氨氮、TP、TN、Cu、Zn、Pb 作为评价指标，以《地表水环境质量标准》（GB 3838—2002）的 Ⅰ~Ⅴ 标准值分别建立集对，经权重加权后确定其对应的关联系数 a、b、c、d、e（分别对应 Ⅰ~Ⅴ 类水质，$a+b+c+d+e=1$）。根据最大隶属度原则确定水质影响，a 越接近 1 则水质越接近 Ⅰ 类水质，同理，b、c、d、e 越接近 1 时，水质越接近 Ⅱ 类、Ⅲ 类、Ⅳ 类、Ⅴ 类水质。

图 2-80 结果表明，所有降雨事件的 e 值都远远大于 a、b、c、d 值，说明苏州城区的径流雨水水质均表现为 Ⅴ 类水体，污染情况较为严重。从污染权重的角度来看，如图 2-81 所示，TN 的污染权重最大，COD 次之，重金属的权重最小，其中 Cu、Zn 的权重趋于 0，说明苏州城区雨水管网排水的水质影响主要为营养物和有机物污染，这与苏州市地表水水质以 TN 污染为主的结果相一致，是区域水环境质量提升改善的一个重要制约因素。

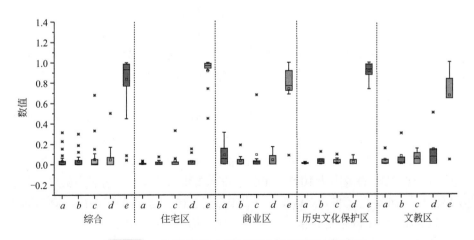

图2-80　苏州城市雨水排水管网水质影响集对分析结果

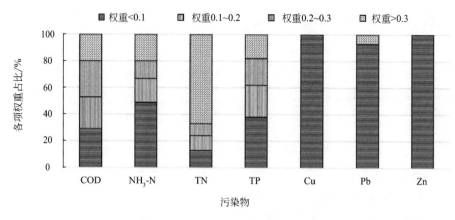

图2-81 城市雨水排水管网水质影响权重

（2）感官风险评价

风险商（risk quotient，RQ）法是表征生态风险程度最常用的方法。本书参考1996年美国EPA在《生态风险评价建议指南》(Proposed Guide- lines for Ecological Risk Assessment, EPA/630/R-95/002B)中公布的商数法（quotient），按式（2-19）计算风险商。

水的感官愉悦性应包含透明度、色度、浊度、悬浮物等多个指标，相比于单因子评价法，综合感官指标评价方法可更全面地评价雨水管网排水的感官风险水平或安全性，其计算方法为基于《城市杂用水水质标准》《城镇污水处理厂污染物排放标准》及《景观娱乐用水水质标准》，计算透明度、浊度、悬浮物的单因子风险值，并将其叠加，如式（2-20）所列：

$$RQ_i = PEC/PNEC = C_i/C_s \qquad (2\text{-}19)$$

$$RQ = \sum RQ_i \qquad (2\text{-}20)$$

式中　C_i——第 i 项因子实测值；

　　　C_s——相应因子的标准限值。

RQ<1时，径流雨水中污染物对受纳水体的感官性状无明显影响。

RQ=1时，径流雨水中污染物单独作用对受纳水体的生物无明显危害。

RQ>1的概率小于5%时，径流雨水中污染物对受纳水体的感官性状存在偶然影响。

RQ>1的概率大于5%时，径流雨水中污染物对受纳水体的感官性状可能存在影响。风险商值越大，危害越大。

图2-82描述了不同用地功能区感官风险情况，所有降雨事件均会对地表水带来感官风险，RQ平均值达到12.52，其中，文教区、住宅区、历史文化保护区、商业区的RQ平均值分别为19.75、12.94、11.33、8.03。从单项指标来看，苏州雨水管网排水对浊度的影响风险最大，发生高浊度风险的概率为100%，RQ值介于2.38~47.34，平均值为9.22；雨水管网排水对透明度的影响风险全部亦为高风险，平均RQ值2.19；对SS的影响中，高风险比例分别为67.4%和32.6%，总体以中等风险为主，平均RQ达到1.11。由此可见，雨水管网排水对受纳水体的感官性状具有重要影响，风险等级为高风险，对浊度的风险影响贡献最大，透明度次之。

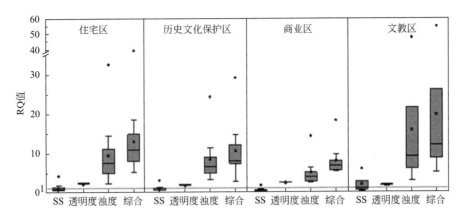

图2-82　苏州市城市雨水排水管网水质感官评价风险商分布区间

2.5.4　雨水管网排水对水生态安全的影响评价

雨水管网主要承接屋面、地表径流，并有可能混有生活污水等外源污染物，考虑屋面材料、汽车尾气和人类使用药品等残余物，可能会随雨水冲刷作用造成潜在生态毒性风险。此外，雨水管网排水中含有较高浓度的氮、磷营养物，存在刺激藻类生长形成藻华的风险。针对苏州城区雨水管网排水的生态毒性影响、藻类增长潜力影响，选取重金属（Cu、Pb、Zn）、多环芳烃（PAHs）、药品及个人护理品（PPCPs）作为生态毒性风险评价因子，选取铜绿微囊藻、小球藻、小环藻开展藻类生长潜力（AGP）评价。

（1）多环芳烃（PAHs）

本研究中86%的雨水径流检测样本中的PAHs低于检出下限（表2-18），其余样本则检测到了萘、苊、芴三种PAHs，浓度介于0.057~0.391μg/L之间。根据李斌等对8种PAHs的 HC_5（5%累积概率的污染物浓度）值及相应的PNEC值研究结果（表2-19），萘、苊、芴对全部物种的风险商（RQ）值分别为0.027、0.079、0.088，表明苏州城区雨水管网排水的PAHs为低风险因子。

表2-18　监测点位窨井和受纳水体底泥中PAHs浓度

地点	多环芳烃 /(μg/L)		
	萘	苊	芴
住宅区（彩）	N.D.	N.D.	N.D.
文教区（环）	0.057	N.D.	N.D.
商业区（邵）	N.D.	N.D.	N.D.
历史文化保护区（肖）	N.D.	N.D.	N.D.
住宅区（尚）	0.172	0.131	0.391
商业区（阔）	N.D.	N.D.	N.D.
平江河	N.D.	N.D.	N.D.

注："N.D."表示未检出。

表2-19 8种PAHs对淡水生物的HC₅和PNEC值（AF=5）

化合物	HC₅/(μg/L)			PNEC/(μg/L)		
	全部物种	脊椎动物	无脊椎动物	全部物种	脊椎动物	无脊椎动物
萘	21.29	42.55	13.85	4.258	8.51	2.77
苊	8.27	383.23	9.91	1.654	76.646	1.982
芴	22.2		18.59	4.44	0	3.718
菲	3.75	4.84	4.41	0.75	0.968	0.882
蒽	1.73	2.55	2.43	0.346	0.51	0.486
荧蒽	1.85	2.8	1.09	0.37	0.56	0.218
芘	3.89	27.84	2.8	0.778	5.568	0.56
苯并[a]芘	0.18	0.58	0.02	0.036	0.116	0.004

注：AF（风险评价因子）取5。

（2）药品及个人护理品（PPCPs）

苏州城区雨水管网排水中共检测出PPCPs类污染物24种，检出频次和检出浓度如图2-83和图2-84所示，其中消炎止痛药、杀菌消毒剂和咖啡因的检出率达100%；住宅区雨水管中检测出13种、路面径流水样中检测出12种，商业区雨水管中检测出21种，文教区雨水管中检测出9种、路面径流8种。由于雨水管网中的PPCPs种类大于路面径流，推断雨水排水系统中存在污水混接现象。24种PPCPs中对乙酰氨基酚、避蚊胺、咖啡因处于较高的浓度水平，对乙酰氨基酚最高浓度为1555.00ng/L，出现在商业区的阔巷，是同为商业区的邵磨针巷的59倍。相关研究表明，对乙酰氨基酚多出现在生活污水及工业废水中，说明阔巷雨污合流现象较为严重。避蚊胺多出现在住宅区和文教区，最高浓度为彩香二村的路面径流927.50ng/L，作为昆虫趋避剂的有效成分，出现在老旧小区也属正常现象，路面径流中携带的避蚊胺浓度多高于雨水管道内。咖啡因是一种中枢神经兴奋剂，含有咖啡因成分的咖

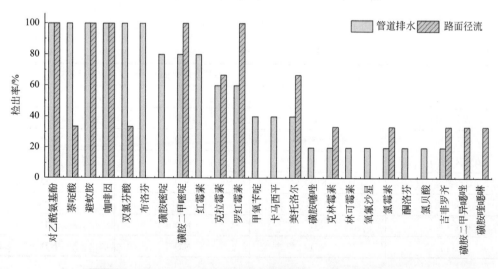

图2-83 苏州城区雨水管网及路面径流检测样本中PPCPs的检出频率

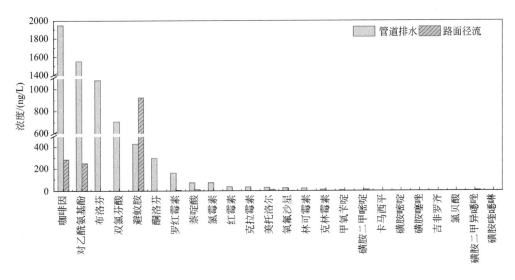

图2-84 苏州城区雨水管网及路面径流检测样本中PPCPs最大检出浓度

啡、茶、饮料及能量饮料也十分畅销，同时人们对其的随意丢弃也不以为然，此成分在路面径流中和雨水井中均被检测出，且排水系统出流浓度高于路面径流，也在一定程度上说明雨污合流现象。

根据ECOSAR软件预测的PPCPs的LC$_{50}$结果（表2-20），并按照欧盟建议PNEC=LC$_{50}$/1000，以实测值/PNEC的风险商值（RQ）法判断。RQ <0.1为低生态风险；RQ在0.1~1.0为中度生态风险；RQ ≥ 1.0为高生态风险。结果见图2-85。

表2-20 根据ECOSAR软件预测的PPCPs对藻、鱼、水蚤的LC$_{50}$浓度 单位：mg/L

化合物	藻	鱼	水蚤
磺胺嘧啶	10.254	1516.102	1.884
磺胺噻唑	5.875	285.826	1.878
磺胺二甲异噁唑	5.172	180.221	1.952
磺胺喹噁啉	6.459	275.952	2.203
磺胺二甲嘧啶	7.899	260.045	466.385
红霉素	6.369	46.882	8.617
克拉霉素	0.046	0.928	0.31
罗红霉素	1.649	2.62	0.601
克林霉素	2.636	0.216	0.792
对乙酰氨基酚	1.817	1	30.1
林可霉素	20.176	1.26	6.879
萘啶酸	142.477	398.925	219.173
甲氧苄啶	6.63	317.91	2.134
卡马西平	0.256	41.33	14.902
避蚊胺	1.243	37.371	36.537

续表

化合物	藻	鱼	水蚤
美托洛尔	7.3	116	8
咖啡因	0.015	805	46
氧氟沙星	675	2159	114.4
氯霉素	0.401	38.821	72.084
双氯芬酸	0.1	532	5057
酮洛芬	179.455	264.08	164.452
氯贝酸	194.336	307.974	189.039
吉非罗齐	10.568	6.728	4.933
布洛芬	15.574	4.939	4.305

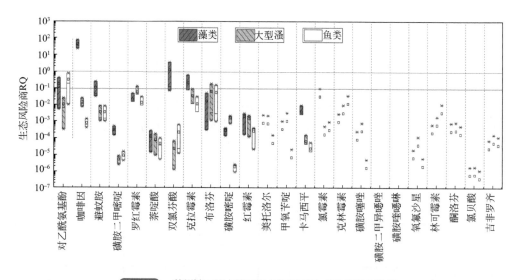

图2-85 苏州城区雨水管网排水的PPCPs生态毒性风险商

如图2-85所示，咖啡因及双氯芬酸为高生态风险，克拉霉素、罗红霉素、对乙酰氨基酚、避蚊胺及布洛芬为中度生态风险，其余70.83%的PPCPs类污染物为低生态风险。因此，苏州市降雨径流中的咖啡因、双氯芬酸、克拉霉素、罗红霉素、对乙酰氨基酚、避蚊胺及布洛芬属于需要关注的PPCPs类毒性污染物。但由于管网系统相对于路面径流中的PPCPs种类更多，造成PPCPs中、高风险的主要原因在于污水混接。

（3）重金属

重金属的生物毒性和生态效应与其赋存形态密切相关，水溶态和弱酸提取态迁移性强，可以直接被生物利用，常用于生态风险评价。由于苏州市雨水径流水质中重金属赋存形态大多为颗粒态，考虑到颗粒态的重金属性质较稳定，可能会在一定程度上削弱其生态风险。因此，有必要对颗粒态重金属的生态有效性风险做进一步评价。

风险评价码（risk assessment code，RAC）是常用的沉积物中重金属的风险表征手段，根据水溶态和弱酸提取态占总量的质量分数高低来评价其重金属的生态风险，水溶态和弱酸提取态所占比例 < 1%为对环境无风险，1%~10%为低风险，11%~30%为中等风险，31%~50%为高风险， > 50%为极高风险。

基于RAC法的风险商评价可获得生态有效风险商，具有更高的准确性和应用价值。按式（2-21）估算生态有效风险商（RQ_E），以此评价雨水管网排水的重金属生态毒性风险。RQ_E < 0.1为低生态风险，RQ_E 在0.1~1.0为中度生态风险，$RQ_E \geqslant 1.0$为高生态风险。

$$RQ_E = [RAC \times EMC] / PNEC \tag{2-21}$$

式中　　RAC——水溶态和弱酸提取态占总量的质量分数，%；

　　　　EMC——实测重金属EMC总浓度，mg/L；

　　　　PNEC——污染物对环境中的生物无影响的浓度阈值。

本节参考刘昔等研究结果，取AF = 2，Cu、Zn、Pb的PNEC分别为1.045μg/L、60.295μg/L、15.81μg/L。

综上，本节苏州市雨水管网排水重金属生态风险评价主要是在总结分析降雨径流中三种重金属的污染水平的基础上，采用物种敏感性分布法（SSD）的HC_5和风险评价因子（AF）预测PNEC，采集路面沉积物分析重金属提取形态，采用Tessier于1945年提出的化学试剂分部提取法对路面颗粒物进行预处理，测定水溶态、弱酸提取态、可还原态、可氧化态和残渣态五种形态的重金属，以水溶态+弱酸提取态为生物有效重金属，以生态有效风险商（RQ_E）进行风险表征。

由各用地类型典型监测点路面沉积物中重金属的形态分布结果（图2-86）可知：Cu主要赋存形态为残渣态（34%~90%）和可氧化态（8%~53%）；Zn以弱酸提取态（12%~24%）、可还原态（22%~46%）、可氧化态（14%~22%）和残渣态（33%~51%）四种形态赋存，且分布较均匀；而Pb在各功能区之间赋存形态差异性较大，住宅区可还原态（40%）占比最大，商业区、文教区、历史文化保护区的残渣态（58%~89%）占比最大。

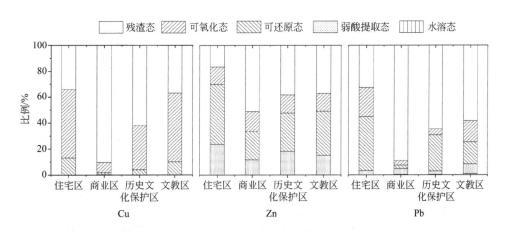

图2-86　苏州城区典型用地类型颗粒物中重金属赋存形态占比

图2-87和图2-88显示了RQ_E值在不同用地类型的分布状况，根据各功能区重金属的EMC统计平均值计算的生态有效风险商列于表2-21。

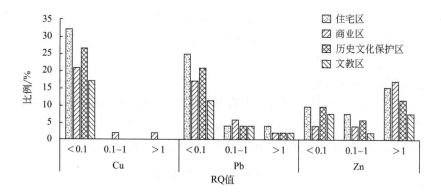

图2-87 苏州城区典型用地类型雨水管网排水重金属生态风险比例

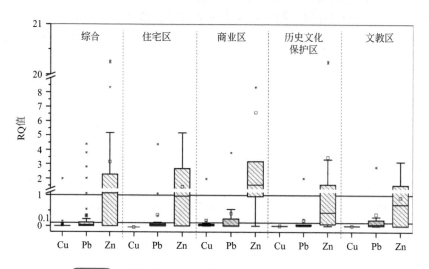

图2-88 苏州城区雨水管网排水重金属生态风险商分布区间

表2-21 苏州城区典型用地类型重金属生态有效风险商评价（RQ_E）结果

指标	用地类型	RAC/%	EMC 平均值 /(mg/L)	RQ_E	风险等级
Cu	住宅区	0.00	0.010	0.000	无
	商业区	0.51	0.041	0.200	中
	历史文化保护区	0.00	0.023	0.000	无
	文教区	0.00	0.013	0.000	无
Zn	住宅区	23.60	0.038	0.567	中
	商业区	11.68	0.386	2.852	高
	历史文化保护区	18.25	0.130	1.501	高
	文教区	15.29	0.043	0.416	中
Pb	住宅区	3.25	0.056	0.030	低
	商业区	4.95	0.131	0.108	中
	历史文化保护区	2.83	0.109	0.051	低
	文教区	8.31	0.082	0.113	中

上述结果显示苏州城区雨水管网排水中重金属的生态有效风险排序为Zn>Pb>Cu。Cu仅在商业区表现出中风险，占全部监测结果的1.9%，其他功能区均无生态风险；Zn在商业区与历史文化保护区表现为高风险，出现高风险的比例分别为17%和11%，尤其是在商业区的风险值高达2.852；Pb在各用地类型中均存在生态风险，其中商业区和文教区为中风险的比例为6%和4%，住宅区和历史文化保护区为低风险，分别占比25%和11%。

尽管Zn、Cu满足Ⅱ类水质标准，Pb的含量均低于Ⅴ类水质标准，但Zn和Pb的有效生态风险达到中、高等级。

（4）富营养化生态风险评价

富营养化是一种氮、磷等植物营养物质含量过多所引起的水质污染现象，藻类以及其他浮游生物大量繁殖，水体的氧气溶解量不断下降，水质恶化，鱼类或其他水生生物死亡。苏州城区雨水管网排水中含有高浓度氮、磷营养物，需要从是否构成受纳水体富营养化视角评价降雨径流的生态风险。藻类生长潜力试验（alage growth potential test，AGP试验）是专门针对水体富营养化的一种生物测试方法，一般采用藻细胞数、叶绿素a含量、藻干重等指标利用Logistic模型进行分析，该模型表达如式（2-22）~式（2-24）所列，适用于描述资源环境有限下种群的生长规律。

$$N_t = \frac{K}{1 + e^{A-rT}} \tag{2-22}$$

$$\frac{dN}{dt} = rN\frac{K-N}{K} \tag{2-23}$$

$$r = \frac{\ln X_2 - \ln X_1}{t_2 - t_1} \tag{2-24}$$

式中　N_t——t时刻的种群密度，个/mL；

　　　T——培养时间，d；

　　　K——最大种群密度，个/mL；

　　　A——模型参数；

　dN/dt——种群密度的增长率，个/（mL·d）；

　　　r——种群内禀增长速率，d^{-1}；

　　　N——种群密度，个/mL；

　　　X_2——某一时间间隔终结时的藻类现存量（浓度、数量等）；

　　　X_1——某一时间间隔开始时的藻类现存量（浓度、数量等）；

$t_2 - t_1$——某一时间间隔的天数，d。

同一组中各瓶中的最大r值的平均值为$\bar{r}_{max}$（d^{-1}）。藻类的生长曲线呈"S"形，种群密度为最大种群密度1/2时种群增长速率最大，其值为$R_{max} = rK/4$[个/（mL·d）]。

依据苏州地区地表水中优势藻种鉴定结果（蓝藻门41.5%、绿藻门8.2%和硅藻门46.8%），选取中国科学院水生生物研究所淡水藻种库提供的铜绿微囊藻（*Microcystis aeruginosa*，编号 FACHB-930）、普通小球藻（*Chlorella vulgaris*，编号 FACHB-8）、小环藻（*Cyclotella*，FACHB-1638），以雨水管网排水为生长基质，在灭菌和未灭菌条件下分别进行藻类生长潜力（AGP）实验，实验结果见表2-22和图2-89。

表2-22 苏州城区降雨径流微藻生长潜力统计结果

培养条件	Logistic 参数	铜绿微囊藻	普通小球藻	小环藻
未灭菌	最大藻密度 K/(10^5 个 /mL)	0.82*~12.1	1.69~32.10	0.79*~23.46
	最大特定增长率 r/d^{-1}	− 0.56~1.81	0.25~1.03	0.20~0.73
	种群最大增长率 R_{max}/[10^5 个 /(mL·d)]	− 0.51~2.63	0.10~8.30	0.07~4.28
灭菌	最大藻密度 K/(10^5 个 /mL)	0.82*~24.79	1.49~23.50	1.77~15.00
	最大特定增长率 r/d^{-1}	− 1.80~1.81	0.29~0.94	0.27~0.53
	种群最大增长率 R_{max}/[10^5 个 /(mL·d)]	− 0.40~10.93	0.11~5.48	0.10~2.59

注：1.实验初始藻密度约为 $1×10^5$ 个 /mL。

2."*"表示该藻接种后即出现衰亡，最大藻密度为接种初始密度。

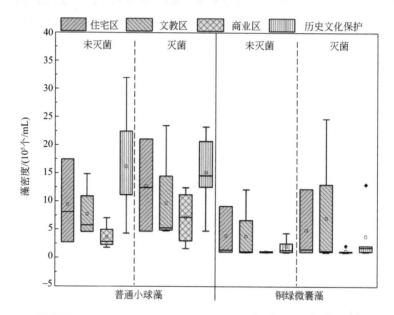

图2-89 苏州市雨水排水管网不同用地功能区AGP实验K值分布区间

不同用地功能区的AGP差异较大，且在灭菌与未灭菌条件下的生长差异明显。如图2-90所示，铜绿微囊藻均在灭菌条件下生长情况较好，而在未灭菌条件下极易死亡，在菌藻共生体系中，以雨水径流为基质的铜绿微囊藻明显处于生长劣势，推测自然条件下的雨水径流对铜绿微囊藻有明显抑制作用。普通小球藻在商业区生长情况较差，在历史文化保护区与住宅区未灭菌条件下生长较好。小环藻在文教区与历史文化保护区生长情况良好，且在历史文化保护区未灭菌条件下最大藻密度较高为 $23.46×10^5$ 个 /mL，其他功能区小环藻均在灭菌条件下的生长优于未灭菌条件。从用地类型来看，商业区仅适于小球菌生长，但生长潜力明显弱于其他功能区，这可能与商业区的重金属毒性风险相关，也间接证明小球藻对恶劣环境的适应能力较强。住宅区、历史文化保护区存在一定的富营养化风险，前者适合小球藻生长，后者适合小环藻生长。造成上述现象的原因是菌藻共生系统的影响及不同用地功能区的污染物水平差异。

采用直接商值法，以藻干重100mg/L为具富营养化潜势的分界线，用未灭菌条件下的

AGP实验生长稳定期的生物净增长量计算富营养化生态风险商，结果如图2-90所示，表明降雨径流对藻华风险不具有促进作用。

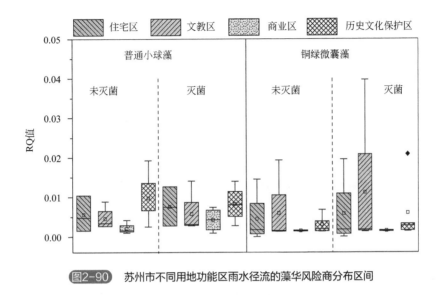

图2-90　苏州市不同用地功能区雨水径流的藻华风险商分布区间

2.5.5　雨水管网排水生态安全综合评价

（1）综合风险评价

针对苏州城区4种用地类型降雨径流中感官风险、多环芳烃风险、PPCPs藻类风险、PPCPs鱼类风险、PPCPs大型溞风险、重金属风险、铜绿微囊藻及小球藻富营养化风险等物质的风险进行综合评估（图2-91），研究发现感官风险、PPCPs鱼类风险、重金属风险为高等生态风险，有可能危及受纳水生态环境的生态安全。

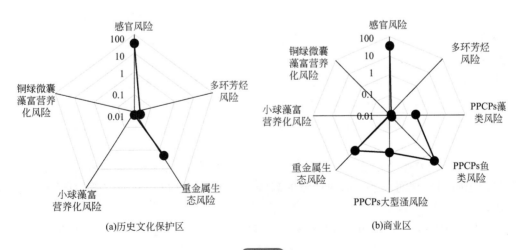

图2-91

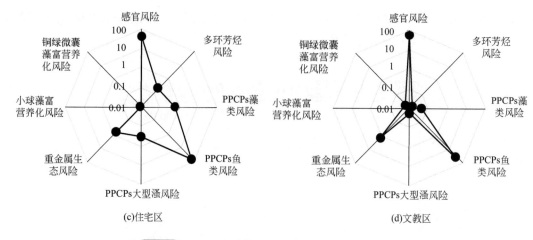

图2-91 不同用地类型降雨径流中污染物的生态风险商

（2）城市雨水径流污染控制建议

苏州城区的雨水径流污染控制是"海绵城市"建设中的重要一环，保护苏州市山、水、林、田、湖等天然海绵体要素，丰富江南水乡特色；改善城市水体质量，消除城市黑臭水体；维持水系多样化的生态空间，改善和提升城市生态环境质量；源头控制和水系调蓄相结合，保障城市排水安全；协调改造建设与历史文化保护区保护的关系，提升水文化品质，建成"蓝绿交融、城水共生"的海绵水乡。然而，"海绵城市"的建设不能千篇一律，本研究认为苏州市雨水径流管理在管控策略、防治重点、技术选择、设施布局、建设要素特点等方面，应立足于苏州城区雨水径流污染特征，因地制宜，推进苏州城区非点源污染控制工作。

1）管控策略

典型的雨水径流污染控制措施主要通过源头控制技术、过程控制技术和汇控制技术三种途径来对径流中的污染物进行控制和削减。由于苏州的雨水径流污染初期效应不明显，因此末端控制技术不具备技术和经济优势，应主要强化源头控制和转输过程控制。苏州城区径流雨水水质状况较差，表观质量参差不齐，存在较高的重金属生态风险。同时，雨水径流携带大量的营养盐入河，对水体中微藻的生长存在一定的促进作用。因此，苏州城区雨水径流污染控制重点是控制营养盐和重金属水平。

2）技术选择

针对苏州市降雨丰富、地势低平、水系发达、土壤渗透性差、地下水位高等特点，以及雨水径流污染突出、水环境承载力不足等重要问题，特别是特征污染物（Pb、Zn、P）主要以颗粒态赋存的特点，建议苏州城区的雨水径流污染控制应主要强调"滞""截""净""管"。

①"滞"的主要作用是延缓短时间内形成的雨水径流量。通过微地形调节，让雨水慢慢地汇集，用时间换空间，延缓形成径流的高峰，减缓水流速度，从而有效降低颗粒物的输移总量。

②"截"主要是对颗粒物的输移阻断。在路面径流的汇流过程中，多以旱溪、植草沟、雨水花园的形式，在起到"滞"的作用的同时过滤截留颗粒物；在路面雨水口设置截污挂篮，采用生态窖井过滤颗粒污染物质。

③"净"主要针对溶解态污染物，通过绿色屋顶、雨水花园、生态浮床净化吸收营养物。

④"管"主要针对海绵设施的维护、管道混接预防与纠正、管道沉积物清理等。

3）"海绵"设施布局。

大型的"海绵"设施对于用地面积、地势坡度、地貌特征、施工技术、维护管理等要求更高，而小型的则更加灵活、简便、高效。由于苏州城区的土地资源有限，随形就势、因地制宜布置多个分散的小型"海绵"设施更为有利。但孤立分枝状的"小海绵"设施仅能有效应对小降雨事件，它们之间必须网络串联，以应对更大的降雨事件和土壤下渗状况不良的场地条件，通过地形坡度的引导和连接，使各个设施之间形成多级串联结构，逐级过滤、下渗、净化雨水，实现互补与海绵的弹性功能。苏州城区水网河系发达，构建以蓝（水体）为网，以绿（绿地措施）为廊的海绵格局，易于形成健康的水-陆交错生物群落，以各"小海绵"斑块为节点，点、线、面相结合，形成富有江南水乡传统特色的"蓝网绿廊"海绵城市格局，最大限度地实现雨水的积存、渗透和净化，促进雨水资源的利用和生态环境保护，助力修复城市水生态、改善城市水环境、提高城市水安全格局。

参考文献

[1] 苏宏伟, 吕娣.浅谈工业废水综合治理[J].科技资讯,2007,35.

[2] 李风铃, 江艳华, 姚琳, 等.水生生态系统中POPs的免疫毒理学研究进展[J].生物学杂志, 2014(6):71-74.

[3] 马庆骥.给水排水设计手册.第6册.工业排水[M].北京:中国建筑工业出版社, 2002.

[4] GB 18918—2002.

[5] GB 4287—2012.

[6] GB 3838—2012.

[7] GB 21900—2008.

[8] Grung M, Lichtenthaler R, Ahel M, et al.Effects-directed analysis of organic toxicants in wastewater eff-luent from Zagreb, Croatia[J].Chemosphere, 2007, 67(1):108-120.

[9] 郭雅妮, 郁翠华, 姜山, 等.纺织品中有毒有害物质检测技术的研究现状[J].环境科学与管理, 2009, 34(10):163-165.

[10] Sun Q, Lv M, Hu A, et al.Seasonal variation in the occurrence and removal of pharmaceuticals and personal care products in a wastewater treatment plant in Xiamen, China[J].Journal of Hazardous Materials, 2014, 277:69-75.

[11] Tixier C, Singer H P, Oellers S, et al.Occurrence and fate of carbamazepine, clofibric acid, diclofenac, ibuprofen, ketoprofen, and naproxen in surface waters[J].Environmental science & technology, 2003, 37(6):1061-1068.

[12] Ben W W, Zhu B, Yuan X, et al.Occurrence, removal and risk of organic micropollutants in wastewater treatment plants across China:Comparison of wastewater treatment processes[J].Water Research, 2018,130:38-46.

[13] Behera S K, Kim H W, Oh J, et al.Occurrence and removal of anti-biotics, hormones and several other pharmaceuticals in wastewater treatment plants of the largest industrial city of Korea[J].Science of The Total Environment, 2011, 409(20):4351-4360.

[14] Lindholm-lehto P C, Knuutinen J S, Ahkola H S, et al.Refractory organic pollutants and toxicity in pulp

and paper mill wastewaters[J].Environmental Science and Pollution Research, 2015, 22(9):6473-6499.

[15] 孙曙光.基于土著生物的慢性毒性快速诊断方法的建立及应用[D].南京：南京大学, 2012.

[16] 查金苗.鱼类实验动物建立与环境内分泌干扰物长期慢性毒性机理的研究[D].北京：中国科学院生态环境研究中心, 2005.

[17] Gavrilescu M, Demnerová K, Aamand J, et al.Emerging pollutants in the environment:present and future challenges in biomonitoring, ecological risks and bioremediation[J].New Biotechnology, 2015, 32(1):147-156.

[18] 吴晓亭.成组生物毒性检测的污水及再生水水质安全评价[D].西安：西安建筑科技大学, 2016.

[19] 徐建英, 赵春桃, 魏东斌.生物毒性检测在水质安全评价中的应用[J].环境科学, 2014, 1(10):3991-3997.

[20] 薛银刚, 徐东炯, 曹志俊, 等.利用生物毒性在线监测系统监控和评价排水综合毒性[J].环境科技, 2017, 30(3):23-27.

[21] 张艳军, 秦延文, 张云怀, 等.三峡库区水环境风险评估与预警平台总体设计与应用[J].环境科学研究, 2016, 29(3):391-396.

[22] 宋超.基于PLC的污水处理厂自动控制系统分析[J].大众标准化, 2021(20):224-226.

[23] 周思宁, 陈雷, 王铁龙.浅谈污水处理厂水质监测质量管理工作[J].冶金管理, 2021 (17):159-160.

[24] 韩咏梅, 杨超.污水处理厂自控系统改造工程实践与探索[J].科学技术创新, 2021 (17):192-194.

[25] 陈泳艺.水质自动监测技术及其应用[J].广州化工, 2020, 48(23):12-13, 16.

[26] 赵娜.水质自动监测技术在水环境保护中的应用[J].环境与发展, 2021, 33(1):143-146.

[27] 汪念.水质监测预警系统在饮用水监测中的应用[J].中国资源综合利用, 2021, 39(9):65-68.

[28] 李一君.水质在线监测系统的研究与设计[D].南昌：南昌大学, 2012:21-25.

[29] Zhang S Q, Li L H, Zhao H J, et al.Aportableminiature UV-LED-based photoelectrochemicalsystemfor-determinationofchemicaloxygendemandin wastewater [J].Sensorsand Actuators B:Chenical, 2009,141:635-639.

[30] 李欣, 齐晶瑶.多参量水质检测虚拟仪器系统的构建与应用[J].工业水处理, 2002, 22(11):5-7.

[31] 郭小青, 项新建.基于CAN总线的水质参数在线监测系统[J].杭州应用工程技术学院学报, 2001, 13(2):15-18.

[32] 王欣, 周丽华, 曹放, 等.一种新型多参数水质在线监测仪的研制[J].铀矿冶, 2015,34(1):56-60.

[33] 张喆, 庞丽娟.生态环境水质监测的质量控制与措施研究[J].资源节约与环保, 2021(10):60-62.

[34] 郭建.多参数水质检测仪测控系统设计与实验[D].重庆：重庆大学, 2012.

[35] 徐熠刚.地下水水质多参数在线监测仪研究与设计[D].杭州：中国计量大学, 2018.

[36] 黄元凤, 王秋瑾, 王震, 等.基于多参数电化学传感器的溴素生产自动化控制系统[J].化工自动化及仪表, 2018,45(12):909-912.

[37] 王颖, 廖阊彧, 欧阳莎莉, 等.发光细菌在线监测水体污染研究进展[J].净水技术, 2020, 39(9):10-16.

[38] 李孟威, 陈秀生, 黄元凤, 等.水质监测设备的研究现状与发展趋势[J].化工自动化及仪表, 2021, 48(3):203-205,211.

[39] Rasin Z, Abdullah M R.Water quality monitoring system using zigbee based wireless sensor network[J].International Journal of Engineering & Technology, 2014, 3(2):51-57.

[40] 陆勃, 董显玲, 孙晓杰.基于GPRS的水质自动在线监测系统[J].山东水利, 2011 (9):16-17.

[41] Ionel R, V Asiu G , Mischie S.GPRS based data acquisition and analysis system with mobile phone control[J].Measurement, 2012, 45(6):1462-1470.

[42] 马锐, 陈光建, 贾金玲, 等.基于Zigbee和GPRS的多参数水质监测系统设计[J].自动化与仪表, 2014, 29(10):33-36.

[43] Escher B I, Baumgartner R, Koller M, et al.Environmental toxicology and risk assessment of pharmaceuticals from hospital wastewater[J].Water Research, 2011, 45(1): 75-92.

[44] Ma D H, Liu C, Zhu X B, et al.Acute toxicity and chemical evaluation of coking wastewater under bio-

logical and advanced physicochemical treatment processes[J].Environmental Science and Pollution Research, 2016, 23(18): 18343-18352.

[45] Monarca S, Feretti D, Collivignarelli C, et al.The influence of different disinfectants on mutagenicity and toxicity of urban wastewater[J].Water Research, 2000, 34(17): 4261-4269.

[46] Wang L S, Wei D B, Wei J, et al.Screening and estimating of toxicity formation with photobacterium bioassay during chlorine disinfection of wastewater[J].Journal of Hazardous Materials, 2007, 141(1): 289-294.

[47] 曹宇.农药工业废水的生物毒性评价研究[D].西安：长安大学, 2015.

[48] Bulich A A, Isenberg D L.Use of the luminescent bacterial system for the rapid assessment of aquatic toxicity[J].ISA transactions, 1981, 20(1): 29-33.

[49] 张秀君, 韩桂春.发光细菌法监测废水综合毒性研究[J].中国环境监测, 1999(4): 39-41.

[50] 杨洁, 张金萍, 徐亚同, 等.11种农药对淡水发光细菌青海弧菌Q67的毒性研究[J].环境污染与防治, 2011, 33(4): 20-24.

[51] 杨帆.某制药厂废水的生物毒性评价研究[D].西安：长安大学, 2013.

[52] 周秀艳, 王恩德, 韩桂春.Cd,Pb和As对发光菌的急性毒性效应研究[J].东北大学学报(自然科学版), 2008(11): 1645-1647.

[53] Tigini V, Giansanti P, Mangiavillano A, et al.Evaluation of toxicity, genotoxicity and environmental risk of simulated textile and tannery wastewaters with a battery of biotests[J].Ecotoxicology and Environmental Safety, 2011, 74(4): 866-873.

[54] 张锡龙.典型行业废水对四种微藻的急性毒性效应研究[D].大连：大连理工大学, 2013.

[55] 杜丽娜, 曹宇, 穆玉峰, 等.羊角月牙藻在制药废水毒性评价中的应用[J].环境科学研究, 2014, 27(12): 1525-1531.

[56] 张瑛, 王斯扬, 张锡龙, 等.不同微藻对典型行业废水急性毒性响应的敏感性研究[J].生态毒理学报, 2016, 11(3): 92-100.

[57] Ferreira C S G, Nunes B A, De Melo Henriques-almeida J M, et al.Acute toxicity of oxytetracycline and florfenicol to the microalgae Tetraselmis chuii and to the crustacean Artemia parthenogenetica[J].Ecotoxicology and Environmental Safety, 2007, 67(3): 452-458.

[58] 王美仙.淡水微藻对水体颗粒物与抗生素及其复合污染胁迫的响应研究[D].厦门：华侨大学, 2017.

[59] 王丽平, 郑丙辉, 孟伟.重金属Cu对两种海洋微藻的毒性效应[J].海洋环境科学, 2007(1): 6-9.

[60] 余若祯, 穆玉峰, 王海燕, 等.排水综合评价中的生物毒性测试技术[J].环境科学研究, 2014, 27(4): 390-397.

[61] 修瑞琴.大型水蚤生物测试技术研究进展[J].国外医学(卫生学分册), 1990(6): 335-338.

[62] 陈丽萍, 吴长兴, 苍涛, 等.3种重金属离子对大型溞的急性毒性效应[J].浙江农业科学, 2018, 59(1): 46-48,50.

[63] 杨淞霖, 尹晶, 王会利, 等.3种农药对大型溞的急性毒性比较[J].生态毒理学报, 2017, 12(2): 238-242.

[64] 尹倩, 张薛, 陆韻, 等.大型溞标志酶用于城市二级出水毒性的评价[J].环境工程学报, 2014, 8(4): 1692-1698.

[65] 李丽君, 刘振乾, 徐国栋, 等.工业废水的鱼类急性毒性效应研究[J].生态科学, 2006(1): 43-47.

[66] 杨京亚, 赵璐璐, 张洲, 等.利用大型溞和斑马鱼评价腈纶废水好氧-厌氧处理过程的急性毒性和遗传毒性变化[J].生态毒理学报, 2016, 11(1): 225-230.

[67] 石柳.A/A/O工艺对焦化废水的处理效果研究[J].资源节约与环保, 2017(11): 48-49.

[68] Shin S W, Chung N I, Kim J S, et al.Effect of diazinon on behavior of Japanese medaka (Oryzias latipes) and gene expression of tyrosine hydroxylase as a biomarker[J].Journal of Environmental Science and Health Part B-Pesticides Food Contaminants and Agricultural Wastes, 2001, 36(6): 783-795.

[69] Reyhanian N, Volkova K, Hallgren S, et al.17 alpha-Ethinyl estradiol affects anxiety and shoaling behavior in adult male zebra fish (Danio rerio)[J].Aquatic Toxicology, 2011, 105(1-2): 41-48.

[70] Robinson K S L, Stewart A M, Cachat J, et al.Psychopharmacological effects of acute exposure to kynu-

renic acid (KYNA) in zebrafish[J].Pharmacology Biochemistry and Behavior, 2013, 108: 54-60.

[71] 任宗明，赵瑞彬，樊玉琪，等.水体突发污染事件的在线生物监测技术研究进展[J].生态毒理学报，2019，14(2)：29-41.

[72] 司桂云.基于鳃和脑部AChE分析的环境胁迫下斑马鱼行为响应机制研究[D].济南：山东师范大学，2016.

[73] 周斯芸.利用鱼类等水生生物进行毒性评价研究[D].大连：大连理工大学，2014.

[74] 王圣瑞，张蕊，过龙根，等.洞庭湖水生态风险防控技术体系研究[J].中国环境科学，2017，37(5)：1896-1905.

[75] 易春良.三氯卡班在水生生态系统中的迁移与分布研究[D].济南：济南大学，2013.

第3章

印染废水处理厂毒害污染物与毒性控制技术

3.1 印染等典型工业废水毒性及其对处理工艺影响解析

3.1.1 印染等典型工业废水的生态毒性危害

我国是世界上最大的纺织品生产、加工基地，纤维加工总量约占全球纤维总量的50%[1]。据《中国环境统计年鉴》显示，2015年全国纺织业废水排放总量合计超过全工业行业污水排放量的10%，达到18.4亿吨；化学需氧量（COD）处理总量超过全工业行业污水化学需氧量处理总量的8.1%，达到20.6万吨[2]。尽管最新的环境统计年鉴中不再涉及相应工业废水排放内容，但根据2018年《中华人民共和国年鉴》，全国规模以上纺织企业工业呈现增长状态，2017年增长4.8%，2018年增长率为2.9%，说明纺织企业规模呈扩张状态。纺织行业废水主要为印染废水[3]，印染废水已成为环保监控的重点之一。

印染废水中污染物具有种类丰富、结构复杂的特性[4]。目前，纺织品的染色环节常见的染料主要有偶氮染料、阳离子染料、直接染料、分散染料、活性染料、酸性染料、中性染料（1：2金属络合染料）、还原染料[5]。偶氮结构和蒽醌结构为染料的主要化学结构，其中超过60%的染料具有偶氮结构[6]。在纺织品印染过程中，有10%~20%的染料不能黏附在纤维上而直接进入印染废水中[7]。此外，洗涤、煮炼、漂白、染色、印花、整理等生产环节还会使用络合剂、润湿剂、抑菌剂、表面活性剂等多种印染助剂，人造纤维类产品的生产过程中，还需要额外添加聚酰胺、聚酯等化学物质[8]。在纺织品印染过程中，大量印染助剂和化学添加剂进入印染废水中，导致印染废水中含有超过8000种化学结构，主要成分为酸、染色剂、次氯酸钠、过氧化氢、过氧乙酸、染料、漂白剂、浆剂和重金属盐等物质[9]。印染废水中可检测到大量长链烷烃、芳香胺、偶氮苯、酰胺、羧酸、脂肪酸、醇、酮、酚等物质[10]。

印染废水具有污染性强的特性。印染废水中普遍含有锑、铅、镉、汞、铬以及砷等无机污染物，对环境危害大[10,11]。印染废水中COD含量极高，经印染厂预处理后COD可降低至1000mg/L以下[8]，但仅依靠污水厂微生物处理印染废水，难以将COD降低到60mg/L以下[12]。

常用的染料、印染助剂大多具有生物毒性。检测超过3000种染料的鱼胚胎急性毒性，发现2%的染料鱼胚胎急性毒性EC_{50}低于1mg/L，96%的染料鱼胚胎急性毒性EC_{50}高于10mg/L，其余2%的染料鱼胚胎急性毒性EC_{50}介于1~10mg/L[13]。活性染料具有较强的急性毒性，隐杆线虫72h半致死稀释度为5.1~6.9倍[14]。偶氮染料同样具有较强的急性毒性，以典型偶氮染料结晶紫和活性黑-5为例：大型溞接触结晶紫染料24h，结晶紫对大型溞的抑制率为100%[15]；活性黑-5的发光细菌急性毒性EC_{50}=（3.86±0.32）mg/L[16]。染整环节最常使用的洗涤剂的发光细菌急性毒性EC_{50}=20mg/L[17]。

目前，印染废水中锑的来源尚不清楚，认可度最高的说法是源于涤纶生产过程中的催化剂。涤纶是由对苯二甲酸和乙二醇缩聚而成的聚酯，在缩聚反应过程中需要用乙二醇锑、醋酸锑或三氧化二锑等催化剂进行催化。由于乙二醇锑在有机物中分散效果最好，因此乙二醇锑已成为近年来市场占有率最高的聚酯催化剂[18]。乙二醇锑等化合物本身在水中难以溶出，但锑(Ⅲ)在pH值较高的条件下，如印染前处理的煮炼、碱减量等环节，很容易转化为溶解度更高的锑(Ⅴ)溶入水中[19]。导致印染废水中含有大量的重金属锑。锑(Ⅴ)的形式是一种稳定性极高的状态，很难被还原为锑(Ⅲ)。且印染废水从进入污水厂纳水管道到离开污水处理厂，都处于较强的氧化还原电位状态，可以判断印染废水中的锑主要为锑(Ⅴ)。

经过污染治理，工业废水处理厂排水已优于国家纺织行业废水排放标准（锑≤100μg/L），但对下游水环境的潜在风险仍不容忽视。因此，如何针对工业废水高标准处理与毒性控制需求，开发高效经济的处理技术，降低纺织印染行业锑重金属等有毒有害污染物排放对水环境的影响、控制污染物毒性风险，是面临的重要技术需求。

3.1.2 印染废水生态毒性因子解析

对印染废水厂9个进水口入厂印染废水进行急性毒性监测，检测结果如图3-1所示。某印染废水处理厂各进水口入厂印染废水发光细菌急性毒性主要集中在100μg HgCl$_2$/L附近，其中HE、JZ进水口入厂水急性毒性略低，约为75μg HgCl$_2$/L；HY、CZ进水口入厂水急性毒性较高，约为200μg HgCl$_2$/L。此外，DL、JZ进水口入厂水波动较为明显，DL入场水急性毒性峰值可达到210μg HgCl$_2$/L，最低值仅为50μg HgCl$_2$/L；JZ入场水急性毒性峰值可达到180μg HgCl$_2$/L，最低值仅为30μg HgCl$_2$/L。某印染废水处理厂入厂印染废水急性毒性与多数印染废水处理厂进水急性毒性大致相当，急性毒性介于50~300μg HgCl$_2$/L之间。

印染废水厂9个进水口入厂印染废水最低无效应稀释度检测结果如图3-2所示。入厂印染废水最低无效应稀释度集中在16~32倍之间。其中HE入场水最低无效应稀释度较低，约为12倍；HY入场水最低无效应稀释度较高，可达到96倍。此外，HY、DL入场水最低无效应稀释度波动较大，HY入场水峰值可达到128倍，最低为64倍，DL入场水峰值可达到64倍。

依据某印染废水处理厂服务企业生产规模大小，选取生产规模最大的HF印染公司入厂印染废水为研究对象，对其急性毒性因子进行识别。

对入场印染废水不同组分毒性进行线性拟合，急性毒性剂量效应曲线截距越大，表明其100%浓度下发光细菌抑制率越高。拟合直线斜率绝对值越大，表明在稀释过程中，其毒性越容易降低。HF进水口入厂印染废水组分剂量效应曲线如图3-3所示，各个组分100%浓度下发光细菌抑制率在50%~60%之间，相差不大。通过稀释发现溶解性有机物和无机离子的急性毒性迅速下降。

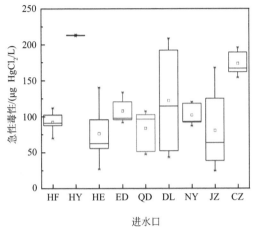

图3-1 入厂印染废水急性毒性分布

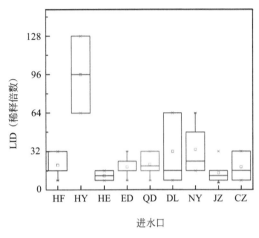

图3-2 入厂印染废水最低无效应稀释度分布

检测HF进水口入厂印染废水不同组分最低无效应稀释度，结果如图3-4所示。试验阴性对照为含量0.5%的DMSO溶液。HF进水口入厂印染废水溶解性有机物LID为4倍，无机离子LID为4.7倍，二者混合后LID为9.3倍，基本恢复到原水LID为10.7倍的毒性水平。综合图3-3和图3-4的检测结果，HF进水口入厂印染废水的毒性因子为溶解性有机物和无机离子。其中无机离子的急性毒性略高于溶解性有机物。

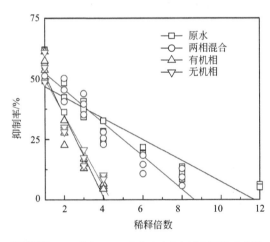

图3-3 HF进水口入厂印染废水各组分剂量效应曲线

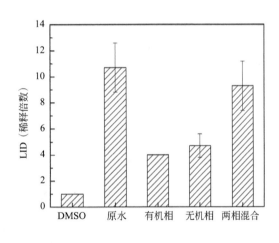

图3-4 HF进水口入厂印染废水各组分LID变化

进一步对HF进水口入厂印染废水无机离子进行毒性分析。选用乙二胺四乙酸（EDTA）在pH=7的条件下对金属离子进行络合，并检测上清液发光细菌急性毒性，检测结果如图3-5所示。在不同pH值下EDTA络合金属离子后，无机离子急性毒性均出现一定程度的下降，表明印染废水中的金属离子是毒性因子。

通过ICP-MS检测HF入厂印染废水中金属离子种类与含量。检测到HF入厂印染废水中主要金属离子分别为Cd、Sb、Pb、Cr、Fe（Ⅲ）。将5种金属离子急性毒性进行加和计算，总急性毒性为12.34μg HgCl₂/L。急性毒性计算值略低于EDTA络合金属离子试验下降的毒性值，分析其原因可能如下：a.多种金属离子综合急性毒性不能依靠各组分毒性加和计算结果进行衡量；b.EDTA试验对印染废水中其他离子包括未检出的痕量金属离子的急性毒性具有掩蔽作用，进而改变了印染废水中无机离子的急性毒性。

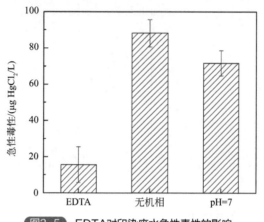

图3-5　EDTA对印染废水急性毒性的影响

对入厂印染废水中不同组分的毒性进行线性拟合。NY进水口入厂印染废水中组分剂量效应曲线如图3-6所示，各个组分100%浓度下发光细菌抑制率在25%~50%之间。其中NY入厂印染废水原水抑制率最高，约为50%；溶解性有机物抑制率较低，约为40%；无机离子抑制率最低，约为25%。通过稀释发现无机离子的急性毒性迅速下降，溶解性有机物的急性毒性下降速度较慢，原水的急性毒性下降速度最慢。此现象表明可以通过稀释的方法快速降低印染废水中溶解性有机物和无机离子的急性毒性。印染废水中溶解性有机物和无机离子的急性毒性相互作用，导致使用稀释的方法对印染废水急性毒性降低的效果不明显。

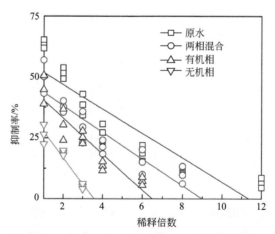

图3-6　NY进水口入厂印染废水中各组分剂量效应曲线

检测NY进水口入厂印染废水中不同组分最低无效应稀释度，结果如图3-7所示。NY进水口入厂印染废水中溶解性有机物LID为6倍，无机离子LID为3倍，二者混合后LID为9.3倍，略低于原水LID为12倍的毒性水平。综合图3-6和图3-7的检测结果，NY进水口入厂印染废水中的毒性因子为溶解性有机物和无机离子。其中溶解性有机物的急性毒性明显高于无机离子的急性毒性。

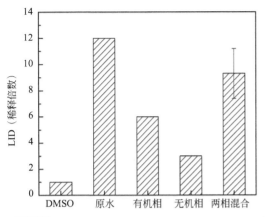

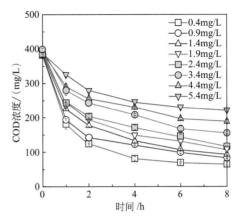

图3-7　NY进水口入厂印染废水中各组分LID分布　图3-8　不同进水苯胺浓度下活性污泥出水COD随时间变化曲线

综合某印染废水处理厂HF和NY进水口入厂印染废水中毒性因子识别结果，发现溶解性有机物和金属离子是印染废水中的主要毒性因子。研究表明印染废水溶解性有机物中包含大量残留染料以及印染纺织助剂，这些物质具有很高的发光细菌急性毒性。

3.1.3　印染废水毒害污染物对活性污泥的抑制特性

（1）苯胺对废水生物处理的影响

向印染废水中投加不同浓度的苯胺，好氧段不同进水苯胺浓度条件下活性污泥对COD去除率的影响如图3-8所示。COD的去除主要发生在曝气反应的前4h内，表明易被生物利用的有机物主要在该过程中被去除。当进水中仅含有本底浓度的苯胺（0.4mg/L）时，活性污泥对COD的去除效率较高。反应前4h内COD浓度由382mg/L降低至82mg/L，去除率为79%。继续曝气至8h，COD浓度进一步降低至62mg/L，去除率为84%。随着苯胺的投加，COD的去除被抑制，且进水苯胺浓度越高，COD去除的抑制越显著。投加5mg/L苯胺（实际苯胺浓度5.4mg/L）时，曝气反应8h后，出水COD浓度为222mg/L，去除率仅为42%，远低于未投加苯胺水样的COD去除率。高浓度的苯胺可能会影响污泥微生物群落结构，一方面污泥活性降低，会降低COD去除效率；另一方面，细菌死亡后可能溶解到废水中，这也会进一步增加COD的数值[20]。此外，1mg苯胺相当于2.41mg COD。试验中苯胺浓度最高为5.4mg/L，溶液中苯胺的COD浓度约为13mg/L，而进水COD浓度高达382mg/L。因此苯胺对COD的贡献很小，高浓度苯胺条件下COD去除率较低不是因为苯胺本身浓度的影响，而是因为苯胺抑制了活性污泥的活性，进而抑制了COD的去除率。上述结果表明苯胺对活性污泥具有毒性，显著抑制了污泥活性对COD的降解。

采用一级动力学方程对COD随时间变化的曲线进行拟合，以研究COD降解速率与进水苯胺浓度的关系。一级动力学方程如式（3-1）所示：

$$C = C_0 e^{-kt} \tag{3-1}$$

式中　C_0——污染物初始浓度，mg/L；

　　　t——反应时间，h；

　　　C——t反应时刻对应的污染物浓度，mg/L；

　　　k——一阶动力学模型的反应速率常数，h^{-1}。

通过一级反应动力学拟合得到的速率常数 k 如图3-9所示。由图3-9可知，反应速率常数 k 随着苯胺浓度的增加而减小。当进水中苯胺浓度为0.4mg/L时，COD降解速率为0.22h^{-1}。当苯胺浓度增加至5.4mg/L时COD降解速率大幅下降至0.07h^{-1}，仅为初始降解速率的1/3。这也表明苯胺对活性污泥具有毒性，抑制了COD的去除效果。

好氧段不同进水苯胺浓度条件下活性污泥对氨氮去除率的影响如图3-10所示。与COD类似，氨氮的去除也主要发生在曝气反应的前4h内。当进水中仅含有本底浓度的苯胺（0.4mg/L）时，活性污泥对氨氮的去除效率较高。反应前4h内，氨氮浓度由7.1mg/L降低至2.2mg/L，去除率为70%。继续曝气至8h，氨氮浓度进一步降低至1.8mg/L，去除率为74%。随着苯胺的投加，氨氮的去除被抑制，且进水苯胺浓度越高，氨氮去除的抑制越显著。投加5mg/L苯胺（实际苯胺浓度5.4mg/L）时，曝气反应8h后，出水氨氮浓度为6.0mg/L，去除率仅为17%，远低于未投加苯胺水样的氨氮去除率。这表明苯胺对硝化细菌活性具有极强的抑制效应。有研究表明，苯胺可通过与硝化菌酶活性位点反应从而抑制氨氧化过程[21]。

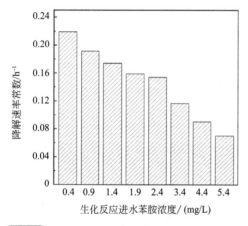

图3-9　不同进水苯胺浓度下活性污泥对COD的降解速率常数

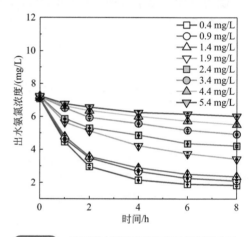

图3-10　不同进水苯胺浓度下活性污泥出水氨氮随时间变化曲线

上述基于COD去除和氨氮去除的结果均表明苯胺对活性污泥具有毒性。好氧段进水苯胺浓度过高，会使得COD和氨氮的去除效果变差，增加后续处理以及达标排放难度。在实际工程应用中，应将生化段进水苯胺浓度控制在一定范围内，以减轻后续处理工艺负荷，保障水质达标。

（2）苯胺对活性污泥的穿透率

为掌握活性污泥对苯胺的去除特性，测定了生化反应出水中剩余的苯胺浓度。同时结合生化反应进水苯胺浓度，计算了苯胺对活性污泥的穿透率。穿透率计算如式（3-2）所示：

$$\varphi = C_{\Delta} / C \times 100\%$$
（3-2）

式中　C_{Δ}——生化反应出水苯胺浓度；

　　　C——生化反应进水苯胺浓度；

　　　φ——苯胺对活性污泥的穿透率。

图3-11表明活性污泥对苯胺有一定的去除效果。活性污泥对苯胺的去除可能通过生物降解及吸附过程实现[22]。当好氧段进水苯胺浓度为0.4mg/L时，出水苯胺浓度为0.34mg/L，苯胺对

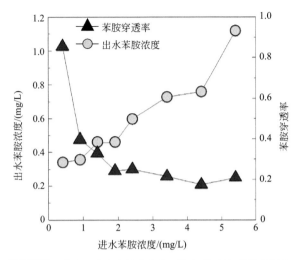

图3-11　生化反应出水苯胺浓度及苯胺对活性污泥的穿透率

活性污泥的穿透率为85%。随着进水苯胺浓度增加，苯胺对活性污泥的穿透率逐渐降低，即苯胺的去除率得到提升。当苯胺浓度超过1.9mg/L时，苯胺对活性污泥的穿透率稳定在20%左右。

但是，随着进水苯胺浓度的增加，出水苯胺浓度逐渐升高。进水苯胺浓度在4.4mg/L以下时出水苯胺浓度在1mg/L以下，满足《纺织染整工业水污染物排放标准（GB 4287—2012）》。若进水苯胺浓度继续增加至5.4mg/L，出水苯胺浓度则升高至1.1mg/L，无法满足排放标准。

（3）苯胺对混凝去除特性的影响

该印染废水处理厂生化段之后采用混凝工艺深度去除污染物。因此进一步研究了不同苯胺投加量的生化段出水在经过混凝深度处理后各水质指标的变化，以得到可满足出水排放标准的进水苯胺浓度限值。

选取进水苯胺浓度分别为0.4mg/L、1.9mg/L和5.4mg/L的生化出水进行混凝试验，结果如图3-12所示。混凝工艺可进一步去除COD，且随着$FeCl_3$投加量的增加，COD的去除率也得到提升[图3-12(a)]。进水苯胺浓度为0.4mg/L和1.9mg/L的生化段出水COD浓度分别为64mg/L和105mg/L，尚未达到排放标准。投加100mg/L的$FeCl_3$后，上述样品混凝出水的

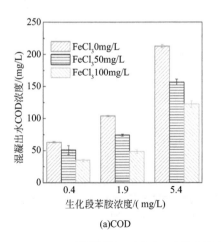

(a)COD

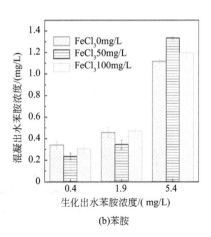

(b)苯胺

图3-12　生化段不同进水苯胺浓度条件下混凝出水的污染物浓度

COD浓度分别降低至35mg/L和49mg/L，可满足排放标准。但是，若进水苯胺浓度为5.4mg/L，由于苯胺对污泥活性的抑制，生化段出水COD浓度为213mg/L。在这一条件下即使投加100mg/L FeCl₃，混凝出水的COD浓度也高达123mg/L，无法满足一级B标准。因此，为保障出水达标需严格控制进水苯胺浓度。

值得注意的是，混凝对苯胺的去除率十分有限[图3-12(b)]。即使投加100mg/L FeCl₃，苯胺也未得到有效去除。进水苯胺浓度为5.4mg/L时，生化出水苯胺浓度无法达标，经过混凝后出水苯胺浓度仍然无法满足1mg/L的排放标准。上述结果表明，一方面，苯胺进水浓度过高会抑制污泥活性，影响出水COD和氨氮达标；另一方面，出水苯胺浓度也无法达标，较高浓度苯胺排放到水环境中会造成潜在生态风险和健康风险[23]。对于高苯胺浓度印染废水，仅靠二级生化处理可能难以保障COD等水质指标达标，应在生化处理后利用混凝等深度处理工艺进一步去除COD和氨氮。

3.2 印染废水生物强化处理技术

3.2.1 水解酸化-缺氧好氧工艺研究

针对印染废水处理过程中高色度和低脱氮效率的问题，水解酸化-缺氧好氧(AO)工艺可以用于印染废水生物处理并达到色度去除与脱氮的目的，而对水解酸化-AO工艺运行性能的关键影响因素需要进一步研究。

利用水解酸化-AO组合工艺处理含有偶氮染料RR2的自配废水，重点考察水解酸化-AO组合工艺的运行性能，结合高通量测序方法检测水解酸化-AO组合工艺中水解酸化过程和AO过程两个阶段的菌群结构，以解析在偶氮染料降解和AO工艺脱氮过程中功能菌群的结构与作用。

（1）水解酸化-AO工艺运行性能分析

水解酸化-AO工艺经长期驯化至稳定运行过程中进出水色度、COD浓度和NH₃-N浓度变化如图3-13和图3-14所示。驯化过程中，偶氮染料RR2的浓度根据实际印染废水处理厂

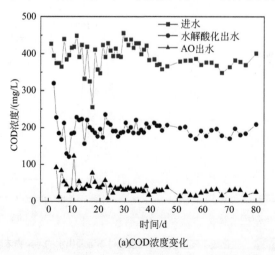

(a)COD浓度变化

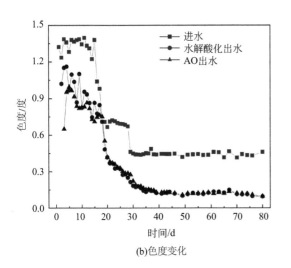

(b)色度变化

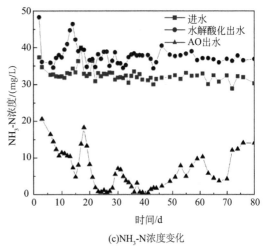

(c)NH$_3$-N浓度变化

图3-13　水解酸化-AO工艺长期运行性能

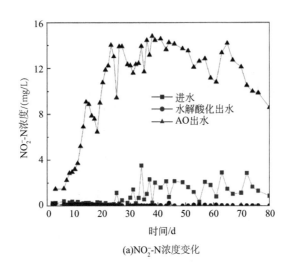

(a)NO$_2^-$-N浓度变化

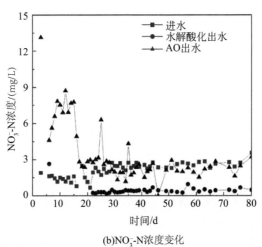

(b)NO$_3^-$-N浓度变化

图3-14　水解酸化-AO工艺长期运行性能

色度进行调整。在水解酸化-AO工艺稳定运行的条件下，进水、水解酸化阶段出水和AO阶段出水的水质关键参数见表3-1。

表3-1　水解酸化-AO工艺稳定状态运行性能

项目	进水	水解酸化出水	AO 出水	去除率 /%
COD/(mg/L)	389.5±29.9	195.8±16.6	30.4±12.4	92.2
色度 / 度	0.445±0.014	0.123±0.036	0.129±0.043	71.0
NH_3-N/(mg/L)	31.74±1.11	37.42±1.39	5.23±4.29	83.5
NO_2^--N/(mg/L)	1.54±0.84	0.03±0.04	11.03±3.96	—
NO_3^--N/(mg/L)	2.72±0.49	0.48±0.19	4.39±5.72	—

　　水解酸化-AO工艺进水COD浓度为（389.5±29.9）mg/L，水解酸化阶段出水COD浓度为（195.8±16.6）mg/L，而AO阶段出水COD浓度为（30.4±12.4）mg/L，该组合工艺COD总去除率为92.2%，其中水解酸化阶段COD去除率为49.7%。在其他相关研究中也得到在利用厌氧工艺处理印染废水时，厌氧过程中COD去除率一般为50%，甚至由于染料本身对厌氧过程的抑制作用导致COD去除率低于50%的结论[24-27]。图3-15（a）表明在水解酸化运行周期中COD浓度变化不明显，这说明水解酸化过程不是该组合工艺中通过微生物作用去除COD的主要过程。AO阶段出水的COD浓度仅为30.4mg/L，在AO过程中去除的COD占总COD去除的50.6%，这可能是由于在AO反应阶段中存在硝化反硝化过程，反硝化和好氧过程均需要消耗碳源以实现氮去除和微生物的生长代谢，因此AO过程是组合生物处理工艺中去除COD的主要阶段。利用厌氧-好氧工艺处理实际印染废水，厌氧阶段的COD去除率仅为11%~14%，总COD去除率为59%~75%，好氧阶段去除的COD占总去除COD的81%，同样说明COD主要是在好氧反应过程中去除的[28]。在印染废水的厌氧-好氧处理工艺中，好氧反应不仅能够降解厌氧阶段难以降解的有机物或大分子有机物在厌氧反应过程中生成的挥发性有机酸（VFAs），还可以有效降解典型的染料代谢中间产物芳香胺类物质[29]。因此，厌氧-好氧工艺处理印染废水时，COD去除主要发生在好氧阶段，而厌氧阶段主要将难降解

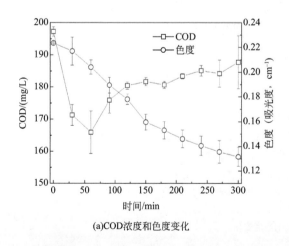

(a)COD浓度和色度变化

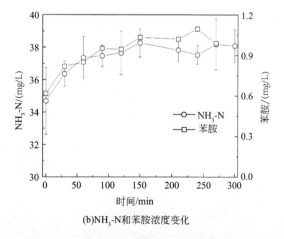

(b)NH₃-N和苯胺浓度变化

图3-15　水解酸化周期中COD浓度和色度（512nm处吸光度）变化以及水解酸化周期中NH₃-N和苯胺浓度变化

的大分子有机物降解成小分子VFAs等易降解有机物并实现染料的降解，且在厌氧反应阶段中难降解的有机物和芳香胺类染料代谢产物等物质均可以进一步在好氧反应中去除。

水解酸化-AO工艺的染料进水浓度为30mg/L，吸光度为0.445，而出水吸光度为0.129，因此水解酸化-AO工艺的色度总去除率为71.0%。由表3-1可知水解酸化阶段色度去除率为72.3%，而AO阶段出水色度升高5%，这表明水解酸化反应过程是偶氮染料RR2降解的主要过程。在水解酸化过程中，染料RR2降解速率约为2.55mg/(L·h)，其降解反应过程符合一级反应动力学拟合图3-15（a）。研究发现当试验温度为37℃，水力停留时间（HRT）为3d，染料初始浓度为100~2000mg/L时，色度去除率可达到98%以上，并指出厌氧反应是染料降解的主要过程[30]。有研究者则发现在COD浓度为2000mg/L，HRT为24h，染料初始浓度从10mg/L提高至300mg/L时，色度去除率从70%提高并保持在85%以上[31]。在本研究中水解酸化过程的色度去除率仅为72.3%，明显低于文献报道的85%以上[31]，可能是由于本研究中水解酸化阶段的温度为25℃，HRT为12h，染料初始浓度为30 mg/L，COD浓度为400mg/L，均明显低于其他研究。这也表明高温、较长的HRT和较高的COD浓度对染料降解和色度去除更有利。

进水中氨氮浓度为31.74mg/L，AO阶段出水中氨氮、亚硝氮和硝氮浓度分别为5.23mg/L、11.03mg/L和4.39mg/L，总无机氮（TIN）的浓度为20.65mg/L，其中亚硝氮占53.4%，亚硝化率为73.8%。这说明在AO反应过程中出现了明显的亚硝氮积累现象。由图3-16中AO阶段亚硝氮和硝氮的浓度变化可知，缺氧阶段刚开始20min，反硝化过程已经全部完成，而缺氧段剩余的90min中氮的浓度没有出现变化，因此在反硝化过程中，亚硝氮的降解速率为12.23mg N/(L·h)。由于亚硝氮出现了明显的积累，表明在AO的硝化过程中可能存在抑制亚硝酸盐氧化菌（NOB）活性但对氨氧化菌（AOB）活性没有影响的物质。从图3-15（b）中可以发现，在水解酸化反应过程中，苯胺的浓度随染料的降解而增加。苯胺作为一种典型的有毒性的染料降解中间产物，可能对NOB的活性有抑制作用，导致亚硝氮的积累和TIN去除率偏低的结果。

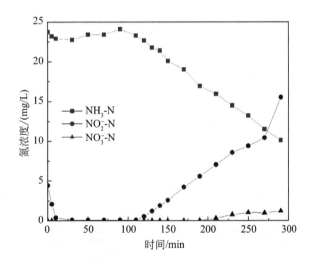

图3-16　AO周期中氮浓度变化

在本研究中水解酸化反应过程的色度去除率仅为72.3%，根据偶氮染料完全降解的理论计算，RR2在降解72.3%的条件下可以生成3.28mg/L苯胺[32]。而在染料的实际降解过程中，RR2不能完全降解成苯胺，还会生成多种其他中间产物。在本试验中实际检测到的苯胺浓度仅为1mg/L。研究苯胺浓度对硝化活性的影响中发现，苯胺初始浓度超过3mg/L时，活性污泥的硝化活性被完全抑制，但是这种抑制作用是可以恢复的[33]；当降低苯胺初始浓度至0.5mg/L以下时，氨氮的去除可以恢复至正常状态，说明苯胺的存在对AOB活性有影响。但是这个研究中只考虑了氨氮的去除，并没有考虑TIN的去除，不能说明苯胺对NOB活性是否有影响。在本研究中，好氧过程可以去除苯胺。苯胺浓度降低后可以恢复活性污泥的硝化活性，但NOB的活性仍表现出抑制，并且在3h的好氧反应过程中没有恢复，因此染料及其中间产物苯胺可能对NOB的抑制作用强于对AOB的抑制。

（2）菌群结构分析

水解酸化和AO反应器中主要的门级菌群结构见图3-17，其中包括拟杆菌门Bacteroidetes（相对丰度为50.98%）、SR1（相对丰度为15.27%）、OP11（相对丰度为10.78%）和厚壁菌门Firmicutes（相对丰度为5.57%）。厌氧处理印染废水工艺的研究中，Bacteroidetes和Firmicutes等碳源降解菌多为工艺中的优势菌群。其中，Bacteroidetes具有降解复杂有机物的功能[34-36]，且在35~42℃温度条件下是厌氧反应过程中的优势菌种。Bacteroidetes门中的*Paludibacter*是一种碳水化合物发酵菌[35]，且具有利用糖类物质生成VFAs的功能，可能是厌氧过程中碳源代谢的主要功能菌。在本研究中同样发现*Paludibacter*是水解酸化和AO反应器中相对丰度最高（39.18%）的菌种（图3-18），且进水碳源中包含淀粉这一类大分子糖类物质，这说明*Paludibacter*可能是水解酸化和AO反应器中参与到淀粉代谢途径中最重要的功能菌种。Firmicutes门的*Bacillus*已经在多个研究中被证明具有偶氮染料降解的能力[37]，但在本研究中*Bacillus*不是水解酸化过程中的主要菌种。*Clostridia*可以利用乙酸、乙醇和丁酸等小分子有机物生成氢气，是污泥发酵产酸过程中重要的功能菌，其丰度可能随着温度的升高而提高[38]。本研究中*Clostridia*在水解酸化和AO反应器中相对丰度为3.75%，也是水解酸化过程中丰度较高的重要功能菌。相对丰度第二高（15.27%）的

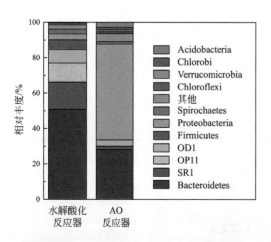

图3-17 水解酸化和AO反应器中门级菌群结构

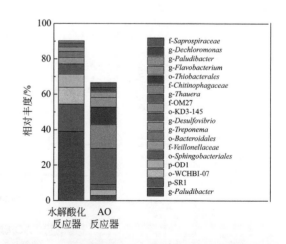

图3-18 水解酸化和AO反应器中相对丰度前十的菌群结构

*SR*1 和相对丰度第三高（9.53%）的 *OP*11 在数据库中没有注释，将这两种菌群的碱基序列与 National Center for Biotechnology Infromation (NCBI) 数据库进行匹配发现，*SR*1 的碱基序列与 *Prosthecobacter algae strain* EBTL04 和 *Prosthecobacter dejongeii strain* FC1 两种菌属的相似度高达 97%，而 *OP*11 的碱基序列与 *Victivallis vadensis strain* Cello 的相似度仅达到 87%，说明 *SR*1 和 *OP*11 两种菌的功能可能与这些高相似度的菌种相同。但目前这几种菌群的作用尚未报道，这些菌群在水解酸化和 AO 反应器中可以被富集，可能是复杂碳源代谢途径中的重要功能菌群。研究表明，Proteobacteria 门中 *Desulfovibrio* 菌被检测到含有偶氮还原酶，偶氮还原酶是细菌中偶氮染料降解的主要功能酶，因此 *Desulfovibrio* 应该具有降解偶氮染料的能力。在水解酸化反应器中 *Desulfovibrio* 的相对丰度为 2.23%，而其他丰度较高的菌种在以往的研究中都没有直接证据证明具有降解偶氮染料的能力，因此 *Desulfovibrio* 可能是水解酸化和 AO 反应器中最主要的降解偶氮染料的功能菌。

AO 反应器中主要的门级菌群为相对丰度 54.0% 的 Proteobacteria、相对丰度 28.4% 的 Bacteroidetes 以及相对丰度范围 1%~3.5% 的 OD1、Acidobacteria、SR1、Spirochaetes、Chlorobi、Chloroflexi 和 Verrucomicrobia（图 3-17）。其中，相对丰度为 13.35% 的 Rhodocyclaceae 门中的 *Thauera* 是 AO 反应器中相对丰度第二高的菌群（图 3-18），也是本研究中最重要的反硝化菌。*Thauera* 不仅是典型的反硝化菌，还可以有效降解难降解有机物或芳香胺类物质，这表明 *Thauera* 可能是在 AO 反应过程中降解偶氮染料中间产物的重要菌群[39,40]。对短程硝化反硝化的菌群结构的研究结果表明，在短程硝化反硝化的驯化过程中，*Thauera* 可能成为反硝化过程中的优势菌种[41]。该研究的结论与本研究中出现的亚硝氮积累现象以及 *Thauera* 是 AO 反应器中最主要的反硝化菌结果一致。同样属于 Rhodocyclaceae 的 *Dechloromonas* 也是一种高效的反硝化菌[42]，在 AO 反应器中的相对丰度为 2.73%，仅次于 *Thauera*。*Nitrospira* 和 *Nitrosomonadaceae* 是本研究 AO 反应器中最主要的硝化菌，其相对丰度分别为 0.28% 和 0.25%。在 AO 反应器中反硝化菌的相对丰度超过 15%，而主要的硝化菌丰度只有不到 0.6%，且硝化菌菌群结构非常单一，*Nitrospira* 和 *Nitrosomonadaceae* 是 AO 反应中主要的 AOB，也是实际污水处理厂中常见的 AOB[43-45]。在短程硝化反硝化功能菌群的研究中，随着温度的降低（35~15℃），*Nitrospira* 在 AOB 中的丰度提高[46]，说明在短程硝化反硝化过程中 *Nitrospira* 可能是最主要的 AOB。而在 AO 反应器中相对丰度较高的 OD1，经过与 NCBI 数据库比对后发现，其碱基序列与 *Lactobacillus paracollinoides* strain DSM 15502 和 *Lactobacillus collinoides* strain JCM1123 有 95% 的相似度。因此 OD1 可能具有与乳酸菌 *Lactobacillus* 的发酵功能类似的作用[47]，可以降解碳源并用于反硝化过程中。

3.2.2　水解酸化-多级AO工艺研究

本节主要研究水解酸化-多级 AO 组合工艺对含有偶氮染料 RR2 废水的处理性能，重点考察水解酸化阶段色度去除率的关键影响因素及优化条件，并结合四极杆-飞行时间串联质谱仪（QTOF）检测技术对偶氮染料 RR2 在水解酸化-多级 AO 工艺中的代谢途径进行解析，探究多级 AO 工艺实现亚硝氮积累及其脱氮性能提高的关键影响因素，并通过高通量测序与宏基因组分析方法解析水解酸化-多级 AO 工艺中的功能菌群结构与碳氮元素代谢途径。

（1）水解酸化-多级AO工艺运行性能分析

水解酸化-多级AO工艺长期驯化过程进出水污染物指标变化如图3-19和图3-20所示。长期驯化过程中，COD在水解酸化和多级AO阶段均有去除，色度的去除主要在水解酸化阶段发生，进水中主要为氨氮，而多级AO出水中主要是硝氮。由表3-2可知，组合工艺稳定运行时，进水中COD浓度为381.5mg/L，出水COD浓度为19.5mg/L，COD总去除率为94.9%，其中水解酸化阶段出水COD浓度为178.1mg/L，去除率为53.5%，其他研究中COD在水解酸化阶段或厌氧阶段的去除率均为50%左右[25,27]。而进水中染料浓度为30mg/L，吸光度为0.442，出水吸光度则为0.047，色度去除率为89.4%。进水氨氮浓度为22.53mg/L，水解酸化出水中氨氮浓度为29.23mg/L，氨氮、亚硝氮和硝氮出水浓度分别为0.53mg/L、0.02mg/L和13.75mg/L，去除率为94.9%。

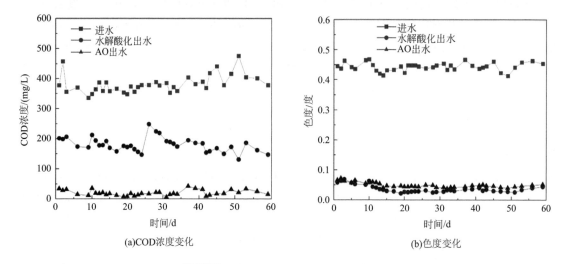

(a)COD浓度变化 (b)色度变化

图3-19　水解酸化-多级AO工艺驯化过程

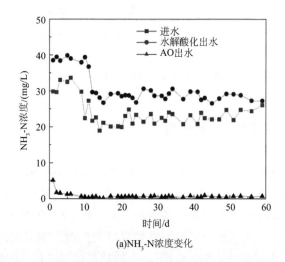

(a)NH₃-N浓度变化

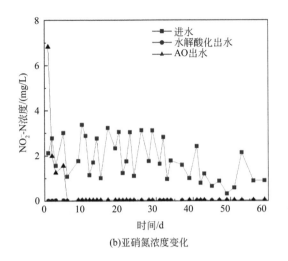

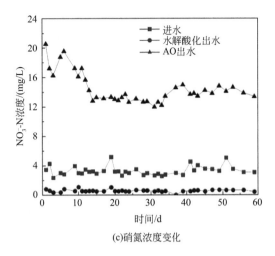

(b)亚硝氮浓度变化　　　　　　　　　　　(c)硝氮浓度变化

图3-20　水解酸化-多级AO工艺驯化过程

表3-2　稳定状态下水解酸化-多级AO工艺运行性能

指标	进水	水解酸化出水	多级 AO 出水	去除率 /%
COD/(mg/L)	381.5±27.7	178.1±24.6	19.5±9.0	94.9
色度 / 度	0.442±0.014	0.033±0.008	0.047±0.005	89.4
氨氮 /(mg/L)	22.53±1.87	29.23±2.58	0.53±0.18	97.64
亚硝氮 /(mg/L)	1.79±0.94	0.01±0.00	0.02±0.01	98.89
硝氮 /(mg/L)	3.47±1.20	0.56±0.18	13.75±1.14	—
挥发性悬浮物 (VSS)/(g/L)	—	5.17±0.33	2.110.28	—

　　从图3-21（a）中可以看出，COD浓度在水解酸化过程中没有明显的变化，而多级AO阶段COD去除率为89.1%，去除的COD占总去除COD的41.6%，最终出水COD浓度为19.5mg/L。多级AO过程中存在硝化反硝化过程，需要碳源作为电子供体进行反硝化反应，

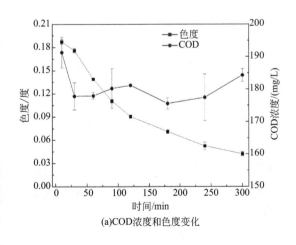

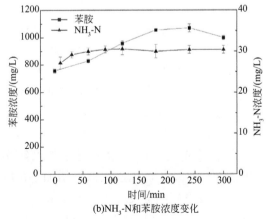

(a)COD浓度和色度变化　　　　　　　　　(b)NH₃-N和苯胺浓度变化

图3-21　水解酸化周期中COD浓度和色度变化以及水解酸化周期中NH₃-N和苯胺浓度变化

这说明多级AO阶段是实现COD去除的主要过程。有研究利用上升式厌氧污泥床（UASB）和曝气生物滤池（BAF）组合工艺处理印染废水时，进水中溶解性COD（SCOD）浓度为（720±68）mg/L，最终出水中SCOD浓度可以降到100mg/L以下，去除率约为86.1%，且UASB反应器中SCOD在HRT为6~8h才出现明显的下降，在0~6h之间没有出现明显的变化，表明厌氧过程中COD的降解与HRT的长短直接相关[48]。有研究则分析了折流式厌氧反应器（ABR）和好氧固定化活性污泥反应器（FAS）组合工艺处理含偶氮染料RR2的废水，以葡萄糖作为碳源，进水中COD浓度为4g/L，厌氧过程中COD去除率为54.5%，而最终出水COD去除率超过80%[49]。这些研究均说明较长的HRT有利于厌氧过程中COD的去除，且厌氧/好氧组合工艺更有利于COD去除，去除率可以达到90%以上。

水解酸化-多级AO工艺总脱色率为89.4%，其中水解酸化阶段脱色率可达93.2%，说明水解酸化阶段是偶氮染料RR2降解的主要过程，而多级AO阶段不仅不能降解染料，还出现了色度的提高。有研究者利用ABR和FAS组合工艺处理含100mg/L偶氮染料RR2的废水时脱色率为89.5%[49]，其中厌氧阶段脱色率为87%，在好氧段也有2%的脱色率，这与本研究的结论不一致。已有文献研究指出好氧阶段不能实现脱色的原因可能是氧气比染料竞争电子的能力更强[50]，因此好氧过程中氧气会优先于染料成为电子受体。有研究者利用高效液相色谱（HPLC）检测确认有结构不明确的偶氮染料降解产物在好氧阶段被降解[51]，且这些中间产物在好氧阶段的降解可能是一种可逆反应，重新生成有色中间产物。在多级AO阶段色度上升，这也可能是由于染料降解的中间产物中存在的某些有色降解产物在好氧条件下发生了可逆反应，从而提高多级AO出水的色度。偶氮染料降解过程中色度去除主要是靠断裂偶氮键实现的，因此偶氮染料代谢过程中可能存在含有偶氮键的有色代谢产物。偶氮染料的降解需要将偶氮键完全断裂，生成无色产物。

根据QTOF检测筛选出的染料代谢中间产物并推测出偶氮染料RR2的降解途径如图3-22所示。有研究认为偶氮键断裂需要4个电子，分两个阶段完成，每个阶段转移2个电子[52]。推断染料RR2断裂偶氮双键首先生成产物$C_{19}H_{12}O_7N_6S_2Cl_2Na_2$，该物质结构与染料RR2结构相似，只吸收2个电子断裂1个—N=N—形成—N—N—，是一种无色产物。但是这种物质的结构可能不稳定，因此出现了3种取代产物，—OH基团分别取代C—N双键环状结构上的—Cl基团。在—N—N—键进一步吸收2个电子断裂后，再生成产物$C_{13}H_7O_7N_5S_2Cl_2Na_2$，同样检测到了这种物质的取代产物。染料RR2在降解过程中还会生成一种含有偶氮双键结构的产物$C_{16}H_{11}O_7N_3S_2Na_2$，这种物质是一种有色产物，此物质在多级AO的好氧段响应值增加，表明好氧阶段会生成这种物质，因此这种物质的存在可能是好氧阶段出水中色度增加的主要原因。苯胺是染料RR2降解的一种有毒中间产物，从图3-22中可以看出，苯胺在水解酸化阶段生成，在好氧阶段降解，这说明苯胺可以在好氧条件下得到有效去除，减少其对硝化菌活性的影响。推测途径中的三种最终产物有两种没有直接检测出，这可能是由于检测方法中使用的是固相萃取进行富集，而这两种物质的结构导致其不易吸附在固相萃取柱上，因此需要改进富集方法，进一步对偶氮染料代谢途径进行解析。

在水解酸化过程中由于蛋白胨水解生成氨氮，因此多级AO进水中的氨氮浓度为（29.23±2.58）mg/L，比进水浓度增加了6.7mg/L。在多级AO的周期变化中（图3-23），A1段氨氮浓度没有明显变化，亚硝氮和硝氮在20min左右浓度降为0。O1段氨氮浓度下降至0.5mg/L左右，氨氧化速率约为15.5mg/(L·h)，硝氮浓度升至13mg/L左右，硝氮生成速率为13mg/(L·h)，第100min时出现了亚硝氮浓度的最大值1mg/L，但是出水中亚硝氮仍然为

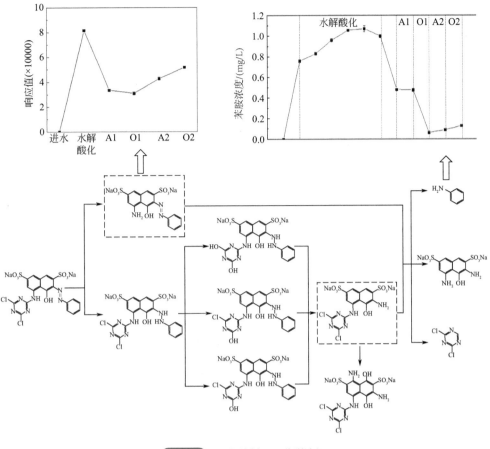

图3-22　偶氮染料RR2代谢途径

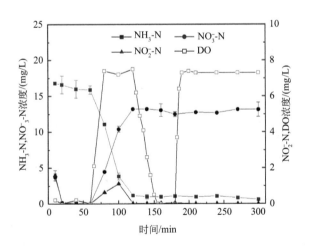

图3-23　多级AO周期中氮和溶解氧（DO）浓度变化

0。A2和O2段氨氮、亚硝氮和硝氮浓度都没有明显变化。这可能是由于多级AO反应过程中DO浓度在7mg/L以上，A2段DO浓度较高，抑制了反硝化过程。在O1段中氨氮已经全部氧化为硝氮，因此整个过程中，达到硝化反硝化脱氮目的的过程只有A1段和O1段，氨氮去除率为97.64%，TIN去除率约为48.5%，出水TIN约为14.3mg/L，其中主要为硝氮。

（2）溶解氧对多级AO强化脱氮性能的影响研究

在多级AO反应器中改变溶解氧浓度分别为1mg/L、2mg/L、3mg/L和7mg/L，TIN去除率分别为82.3%、79.9%、81.4%和48.5%，出水中硝氮浓度分别为4.72mg/L、5.48mg/L、5.01mg/L和13.13mg/L。从图3-24中可以看出，DO浓度为1mg/L和2mg/L时，O1和A2段出现了明显的亚硝氮积累，而DO浓度为3mg/L和7mg/L时没有出现亚硝氮积累现象，出水中硝氮浓度也随着DO浓度的降低而降低，说明DO浓度降低，不仅有利于亚硝氮积累，降低出水中硝氮浓度，且有助于提高TIN去除率。这可能是由于低DO浓度和间歇曝气模式有助于抑制NOB活性，促进亚硝氮积累，并通过短程硝化反硝化在低基质条件下提高脱氮效率[53]。研究中同样发现间歇式曝气模式有助于抑制NOB活性，促进亚硝氮的积累。

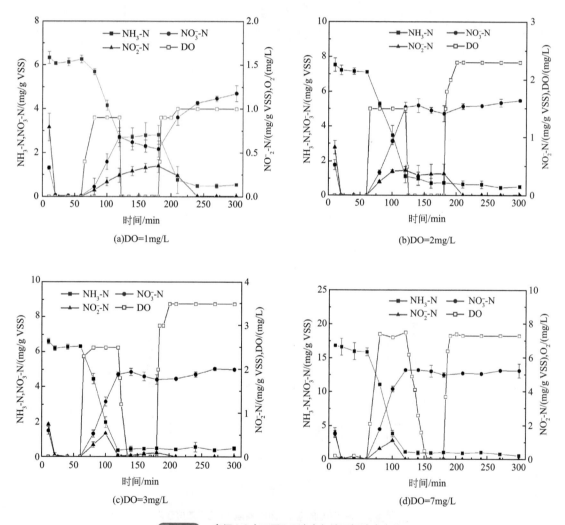

(a)DO=1mg/L

(b)DO=2mg/L

(c)DO=3mg/L

(d)DO=7mg/L

图3-24　多级AO中不同DO浓度条件下氮浓度变化

多级AO过程中好氧段DO浓度分别为1mg/L、2mg/L、3mg/L和7mg/L时，O1段氨氮氧化速率分别为3.28mg N/(g VSS·h)、6.01mg N/(g VSS·h)、5.96mg N/(g VSS·h)和14.74mg N/(g VSS·h)，A2段硝氮反硝化速率分别为0.55mg N/(g VSS·h)、0.36mg N/(g VSS·h)、0.29mg

N/(g VSS·h)和0.72mg N/(g VSS·h)，说明提高DO浓度，O1段氨氮氧化速率加快，但由于DO的积累，反应器中DO浓度下降为0需要的时间变长，DO浓度从1mg/L提高至7mg/L时，DO浓度下降至对反硝化过程没有影响需要的时间从5min延长至35min，A2段实际用于反硝化的时间仅有25min，因此反硝化效果很差，且TIN去除率低。因此，维持低DO浓度不仅有利于实现亚硝氮的积累，通过短程硝化反硝化过程提高TIN的去除率，也会减少序批式活性污泥法（SBR）反应器中反硝化过程中DO浓度降低所需的时间，提高反硝化过程的效率，从而提高TIN的去除率。

3.2.3　Fe$_3$O$_4$强化染料降解研究

本节主要研究水解酸化过程中投加典型氧化还原介导体Fe$_3$O$_4$对色度去除的影响。在水解酸化过程中，分别投加0g/L、5g/L、10g/L和15g/L Fe$_3$O$_4$，4个反应器分别表示为SF$_0$、SF$_5$、SF$_{10}$和SF$_{15}$。重点讨论不同浓度Fe$_3$O$_4$对色度去除的影响及Fe$_3$O$_4$对色度去除的强化机理，结合Fe$_3$O$_4$对大分子物质结构和电子传递体系活性的影响，通过高通量测序宏基因分析的方法解析投加氧化还原介导体Fe$_3$O$_4$对功能菌群结构及功能基因分布的影响。

（1）短期投加Fe$_3$O$_4$对染料降解的影响

从图3-25（a）中可知，短期投加Fe$_3$O$_4$对色度去除没有明显的影响。通过动力学方程拟合表3-3发现，偶氮染料RR2的降解过程均符合一级反应动力学方程，偶氮染料RR2的降解速率没有因为投加Fe$_3$O$_4$浓度的变化而变化，当Fe$_3$O$_4$浓度为10g/L时，偶氮染料RR2的降解速率最慢，COD去除率也最低。在投加氧化还原介导体的长期试验中，投加蒽醌-2,6-二磺酸钠（AQDS）、Fe$_3$O$_4$和蒽醌-2-磺酸钠（AQS）等物质均可以强化偶氮染料的降解[27,54,55]。短期试验中没有出现明显的效果可能是由于短期投加试验过程中活性污泥对Fe$_3$O$_4$需要适应期，也可能与接种污泥的菌群结构有关。

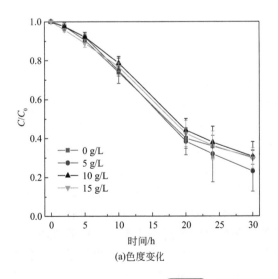

(a)色度变化

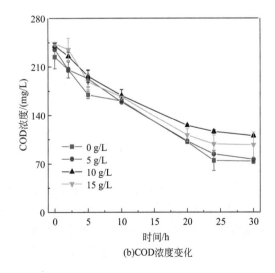

(b)COD浓度变化

图3-25　短期投加Fe$_3$O$_4$对偶氮染料降解的影响

表3-3　短期投加Fe₃O₄偶氮染料降解动力学参数

Fe₃O₄ 投加量 /(g/L)	一级反应动力学方程	R^2	染料降解速率 /[mg/(g VSS·h)]	COD 去除率 /%
0	$y = e^{-0.041x}$	0.9766	3.21	67.40
5	$y = e^{-0.047x}$	0.9714	3.68	67.67
10	$y = e^{-0.039x}$	0.9726	3.05	54.25
15	$y = e^{-0.041x}$	0.9795	3.21	60.30

COD浓度在短期投加试验过程中出现明显下降的趋势 [图3-25（b）]，说明在偶氮染料降解的同时大分子碳源物质转化成小分子物质并得到去除。反应过程中只检测到乙酸和丙酸。从乙酸浓度的变化趋势 [图3-26（a）] 中可以发现，短期投加Fe₃O₄试验中，乙酸的降解随Fe₃O₄浓度的增加而减小，这说明短期投加Fe₃O₄不能提高乙酸的降解速率。丙酸的浓度变化趋势与乙酸一致 [图3-26（b）]，投加0g/L和5g/L Fe₃O₄的试验中丙酸在第10小时降为0，而10g/L和15g/L的试验中则在第20小时降为0。

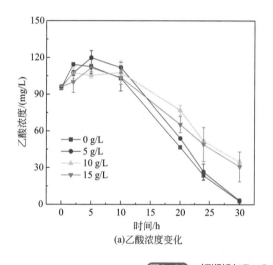
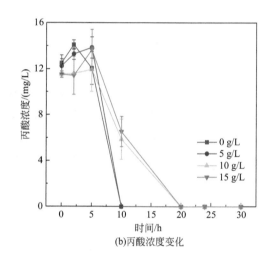

图3-26　短期投加Fe₃O₄对偶氮染料降解的影响试验

短期投加Fe₃O₄两组平行试验完成后，对试验污泥和接种污泥分别提取了微生物溶解性产物（SMP）和胞外多聚物（EPS）测定大分子物质结构（图3-27和图3-28）。接种污泥中蛋白质多糖腐殖酸在紧密型EPS（T-EPS）中含量最高，总量接近300mg/L。不投加Fe₃O₄的空白组中松散型EPS（L-EPS）和T-EPS中的大分子物质浓度均降低，投加Fe₃O₄的试验组中L-EPS的大分子物质浓度随Fe₃O₄浓度的增加而降低，而T-EPS的物质结构没有明显的变化，说明偶氮染料降解和投加Fe₃O₄主要影响了L-EPS的物质结构，腐殖酸是EPS中最主要的物质结构，多糖是含量最低的大分子物质。EPS在活性污泥系统中的主要作用是强化悬浮固体和微生物细胞之间的聚集[56]，碳源种类、氮源种类和微生物菌群结构都对EPS的合成有影响[56,57]。研究指出EPS的水解是微生物衰亡的主要来源，而EPS的合成与微生物的生长和底物利用直接相关。其中腐殖酸主要由有机物的水解形成。在偶氮染料降解的试验中，色度

去除主要在水解酸化过程中实现，因此腐殖酸的浓度可能高于多糖和蛋白质。在 SMP 结构中，Fe_3O_4 浓度提高时，多糖的浓度明显下降。多糖的合成与代谢主要与碳源代谢过程有关，说明投加 Fe_3O_4 可能会影响碳源代谢的过程。

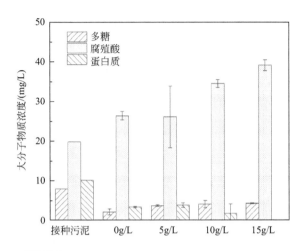

图3-27　短期投加Fe_3O_4试验SMP中大分子物质结构

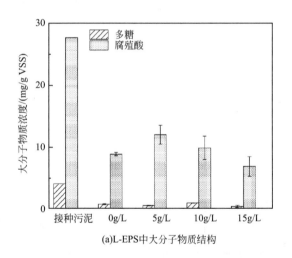

(a)L-EPS中大分子物质结构

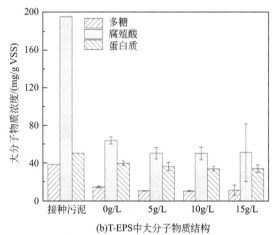

(b)T-EPS中大分子物质结构

图3-28　短期投加Fe_3O_4试验

（2）投加Fe_3O_4染料降解的运行性能

投加不同浓度Fe_3O_4的反应器共驯化75d，从图3-29（a）中可以看出4个反应器的色度去除率呈现出随Fe_3O_4浓度的增加而提高的趋势，当Fe_3O_4浓度为10g/L和15g/L时，色度去除率没有明显的提高，因此10g/L Fe_3O_4是提高色度去除率的最佳浓度。图3-29（b）中当Fe_3O_4浓度为5g/L时，COD去除率与空白组的去除率基本一致。当Fe_3O_4浓度提高到10g/L和15g/L时，COD去除率明显提高且随着Fe_3O_4浓度的增加而提高（表3-4）。

表3-4 水解酸化稳定状态下运行性能

指标	进水	SF$_0$	SF$_5$	SF$_{10}$	SF$_{15}$
色度/度	0.445±0.028	0.205±0.016	0.198±0.038	0.135±0.024	0.105±0.026
色度去除率/%	—	54.03	55.52	69.65	76.44
COD/(mg/L)	419.2±46.1	110.8±28.3	131.6±19.7	99.9±19.7	66.5±27.4
COD 去除率/%	—	73.58	68.60	76.17	84.13
SS/(g/L)	—	0.98±0.15	1.42±0.58	2.82±0.89	4.92±1.32
VSS/(g/L)	—	0.83±0.28	1.15±0.20	1.95±0.15	2.54±0.50

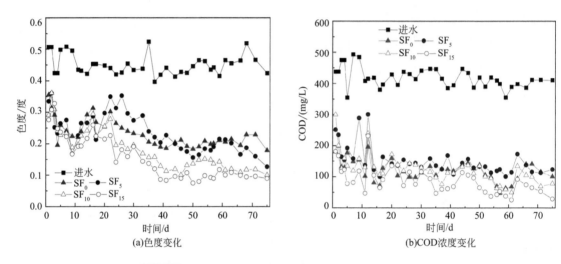

(a)色度变化　　　　(b)COD浓度变化

图3-29　水解酸化反应器长期运行色度变化及COD浓度变化

周期试验中，在不同Fe$_3$O$_4$浓度条件下偶氮染料RR2降解速率分别为12.8mg RR2/(L·h)、17.1mg RR2/(L·h)、12.8mg RR2/(L·h)和17.1mg RR2/(L·h)[图3-30（a）]。染料降解速率与Fe$_3$O$_4$浓度之间没有显著的线性关系，这说明投加Fe$_3$O$_4$没有提高偶氮染料的降解速率，可能是通过污泥附着在Fe$_3$O$_4$上提高污泥浓度从而提高色度去除率。研究发现用AQDS和Fe$_3$O$_4$纳米颗粒均可以明显提高染料的降解速率，Fe$_3$O$_4$纳米颗粒可以通过促进胞外电子传递来提高染料降解速率[55]。有研究发现加入三价铁可以促进偶氮染料的降解[58]。但本研究中投加Fe$_3$O$_4$对偶氮染料的降解没有明显的促进效果，说明Fe$_3$O$_4$在偶氮染料降解中的作用可能与其他因素如菌群结构和碳源代谢等有关。图3-30（b）中投加5g/L Fe$_3$O$_4$的反应器中COD去除率最低，这说明投加Fe$_3$O$_4$不一定能够促进COD的去除，可能是因为本研究中COD浓度较低，在水解酸化过程中不能得到有效的去除，且投加Fe$_3$O$_4$也没有提高COD的降解速率。投加不同浓度Fe$_3$O$_4$时乙酸浓度均呈现先积累再消耗的趋势，投加5g/L Fe$_3$O$_4$的反应器中乙酸浓度几乎没有变化[图3-30（c）]，说明投加Fe$_3$O$_4$不利于提高乙酸的降解速率。但是提高Fe$_3$O$_4$的浓度可以提高丙酸的降解速率[图3-30（d）]，因此Fe$_3$O$_4$对碳源代谢的影响还需要进一步的研究。

从4个反应器中大分子物质的结构可以发现，在SMP中主要的大分子物质是腐殖酸类物质[图3-31（a）]，而EPS中主要的物质为蛋白质[图3-31（b）]。投加5 g/L Fe$_3$O$_4$时，

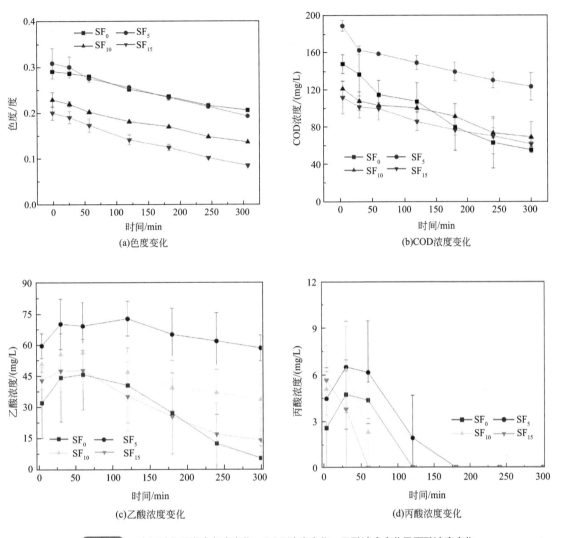

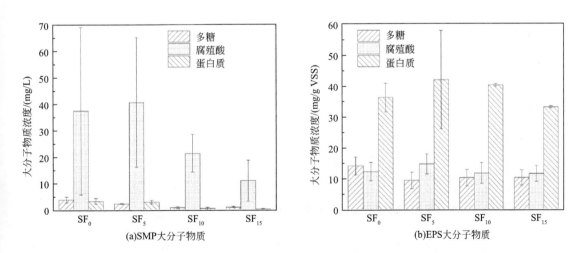

图3-30 水解酸化周期中色度变化、COD浓度变化、乙酸浓度变化及丙酸浓度变化

图3-31 水解酸化反应器中SMP大分子物质和EPS大分子物质

SMP中大分子物质总浓度最高，提高Fe_3O_4的投加量，SMP中大分子物质的浓度随之降低，腐殖酸占SMP中物质总量的90%以上。腐殖酸的浓度与有机物水解相关[56]，SMP中腐殖酸浓度的降低可能与水解酸化过程中有机物的降解有关，提高Fe_3O_4浓度可以促进有机物的降解。

从三维荧光的分布（图3-32）中可以发现，SMP中Ⅰ区的比例随Fe_3O_4浓度的提高而提高，投加10g/L Fe_3O_4时Ⅰ区的比例最低，Ⅰ区主要物质是芳香类蛋白。Ⅳ区代表含苯环的蛋白质和溶解性微生物代谢产物，Ⅴ区则主要为类腐殖酸类物质[59]。Fe_3O_4浓度为10g/L时Ⅴ区比例最高，这说明10g/L Fe_3O_4可能更有利于合成代谢腐殖酸类物质，这也与大分子物质检测结果一致。EPS组分可以用于吸附外界的营养元素，并吸收外源性大分子物质作为营养元素用于微生物的生长和抵抗外界环境的扰动[60]，因此EPS中大分子物质浓度的提高更有利于微生物的生长和代谢。EPS中多糖、蛋白质和腐殖酸的浓度均随Fe_3O_4浓度的增加而提高，当Fe_3O_4浓度提高至15g/L时EPS中大分子物质浓度开始降低，这说明在一定范围内投加Fe_3O_4有利于促进反应过程中碳源物质的降解和EPS中大分子物质的生成，10g/L可能是最适宜的浓度。

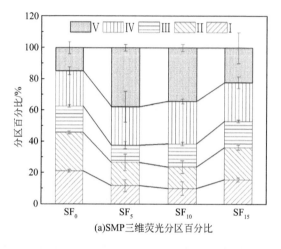

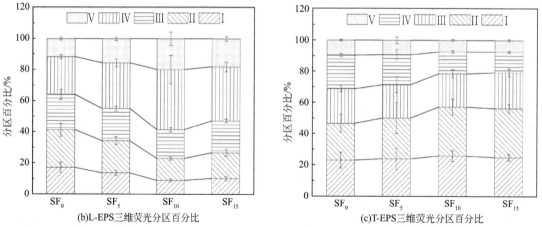

图3-32 SMP三维荧光分区百分比、L-EPS三维荧光分区百分比和T-EPS三维荧光分区百分比

Ⅰ—酪氨酸类蛋白质；Ⅱ—色氨酸类蛋白质；Ⅲ—富里酸类腐殖质；Ⅳ—含苯环蛋白质和溶解性微生物代谢产物；Ⅴ—腐殖酸类腐殖质

对4个反应器反应过程中的氧化还原反应进行研究。根据循环伏安曲线特征可知，投加 Fe_3O_4 可以提高水解酸化反应过程中的氧化还原性能。投加 10g/L Fe_3O_4 的反应器中在反应时间为3h时出现最大的氧化还原峰，投加 15g/L Fe_3O_4 的反应器在反应时间为4h时出现最大的氧化还原峰，而投加 5g/L Fe_3O_4 的反应器中没有出现明显的氧化还原峰，这说明投加 10g/L 和 15g/L Fe_3O_4 可以提高反应器中氧化还原反应的速率，而 10g/L Fe_3O_4 是最适宜的浓度。

对反应器运行周期中的ETS活性（图3-33）进行研究发现，反应第0小时时INT（碘硝基四氮唑）-ETS（电子传递体系）活性随着 Fe_3O_4 浓度的提高而增强，当反应进行到第1小时时，Fe_3O_4 浓度为 15g/L 的反应器中 INT-ETS 活性明显下降，当反应进行到第2小时时，投加 10g/L Fe_3O_4 的条件下 INT-ETS 活性最强，表明电子传递速率最快。水解酸化反应整个周期中，10g/L Fe_3O_4 反应器中 INT-ETS 活性最强，提高 Fe_3O_4 浓度至 15g/L 时活性反而减弱，这也说明 10g/L Fe_3O_4 是最适宜的提高反应器运行性能的浓度。

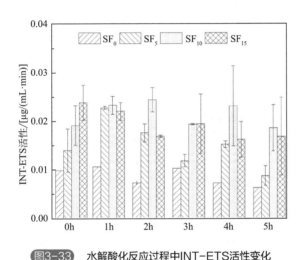

图3-33　水解酸化反应过程中INT-ETS活性变化

（3）菌群分析

不投加 Fe_3O_4 的水解酸化反应器中，主要菌群包括Firmicutes门中的未知菌属、*Paludibacter*、Rikenellaceae科中的未知菌属、*Sedimentibacter*、*Tolumonas*、*Bacteroides* 和 Lentimicrobiaceae科中的未知菌属（图3-34），对应的相对丰度分别为16.99%、15.05%、9.00%、7.76%、5.77%、4.31% 和 3.81%。投加不同浓度 Fe_3O_4 之后，这些主要菌群的相对丰度出现了不同的变化。Fe_3O_4 浓度为 5g/L 时，*Paludibacter* 的相对丰度提高至 23.7%；当 Fe_3O_4 浓度提高到 10g/L 和 15g/L 时，*Paludibacter* 的相对丰度仅为 5.00% 和 9.11%。*Paludibacter* 是一种可以利用糖类物质代谢生成VFAs的发酵菌，可能是SBR中淀粉代谢的主要功能菌[61]。投加 10g/L Fe_3O_4 降低了 *Paludibacter* 的相对丰度，可能对淀粉的代谢过程有不利的影响。Firmicutes门中的未知菌属、Rikenellaceae科中的未知菌属、*Sedimentibacter*、*Tolumonas* 和 *Bacteroides* 的相对丰度均随着 Fe_3O_4 浓度的升高而降低，说明 Fe_3O_4 的投加会抑制这些菌种的生长代谢。在厌氧处理印染废水的工艺中，*Bacteroidetes* 和Firmicutes多为主要的优势菌群。*Bacteroidetes* 通常具有降解复杂有机物的功能[34,35]，而Firmicutes门中的 *Bacillus* 已经在多个研究中被证明具有降解偶氮染料的能力[37]。虽然本研究中Firmicutes门中的菌种

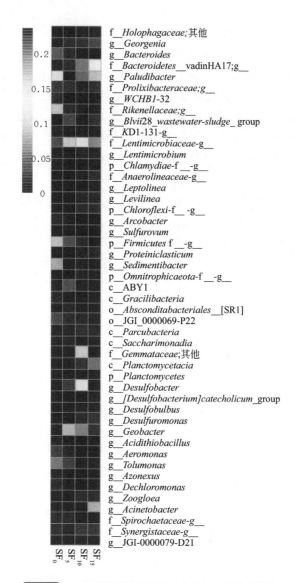

图3-34 水解酸化反应器中相对丰度大1%的菌群结构

未被注释，不一定是偶氮染料降解菌，但是这些厌氧处理印染废水过程中的优势菌在投加Fe₃O₄的条件下丰度降低，说明偶氮染料降解相关的菌群会受Fe₃O₄投加的影响发生改变。Lentimicrobiaceae科中的未知菌属的相对丰度随Fe₃O₄浓度的提高从3.81%分别提高至9.97%、13.93%和6.30%，其中Fe₃O₄浓度为10g/L时其相对丰度最高，说明10g/L投加量最有利于这种菌的生长。Lentimicrobiaceae是一种在以淀粉为碳源驯化的产甲烷颗粒污泥中被富集的严格厌氧菌科，可以降解葡萄糖生成乙酸、丙酸、甲酸和氢气[62]，可以在淀粉的代谢过程中发挥重要作用。因此，在Fe₃O₄浓度为10g/L时，由于Lentimicrobiaceae科相对丰度的提高可以促进淀粉的代谢。

当Fe₃O₄浓度为5g/L和10g/L时，*Geobacter*的相对丰度从0.923%分别提高至17.4%和6.37%，当Fe₃O₄浓度提高到15g/L时，*Geobacter*的相对丰度下降为1.91%。*Geobacter*在三价铁的还原过程中有重要作用，也是直接种间电子传递（DIET）过程中重要的功能菌[63,64]。*Geobacter*可以利用菌毛或者细胞色素c进行DIET作用[64,65]通过敲除菌毛聚合基因*PilB*发现

没有菌毛作用的 *Geobacter* 仍然可以通过 Gmet_2896 细胞色素进行 DIET 作用，说明菌毛不是实现 DIET 的必要条件，只有细胞色素作用也可以进行 DIET 作用。氧化还原介导体可以取代菌毛或细胞色素 c 的作用进行 DIET 过程。*Geobacter metallireducens* 可以利用氢气或者乙酸作为电子供体实现三价铁的还原，而 *Geobacter sulfurreducens* 则只能利用氢气作为电子供体还原三价铁，以乙酸为电子供体时也不能还原硝氮或硫酸盐等[66]，表明 *Geobacter* 可以利用乙酸，但不同种 *Geobacter* 的功能可能不一致。*Geobacter* 在水解酸化过程和偶氮染料降解过程中的功能需要进一步解析。

宏基因组的检测结果表明水解酸化反应器中含有偶氮还原酶的菌群结构与 Fe_3O_4 的投加有关（图3-35）。在没有投加 Fe_3O_4 的反应器中，含有偶氮还原酶的主要菌群为 *Bacillus*、*Tolumonas*、*Azoarcus*、*Aeromonas* 和 *Methylosarcina*，它们的相对丰度分别为0.000582%、0.000465%、0.000364%、0.000273% 和 0.000255%。其中 *Bacillus* 已经被证明具有偶氮染料降解的能力[36,66]，但其相对丰度随着 Fe_3O_4 浓度的提高而降低。*Azoarcus* 和 *Aeromonas* 都是已知的反硝化菌[44,67]，其相对丰度也随着 Fe_3O_4 浓度的提高而降低。当 Fe_3O_4 浓度为5g/L时，偶氮染

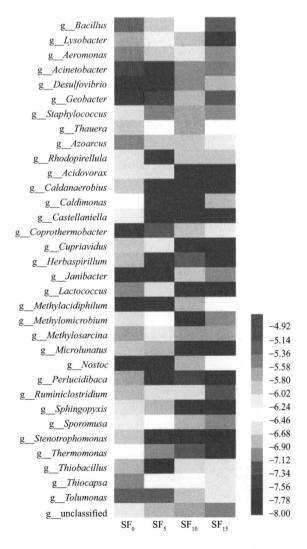

图3-35　水解酸化反应器中含有偶氮还原酶的菌群结构

料降解的功能菌主要为*Geobacter*（相对丰度为0.004726%）、*Tolumonas*（0.000511%）、*Staphylococcus*（0.000315%）、*Azoarcus*（0.000143%）、*Aeromonas*（0.000109%）和*Bacillus*（0.000102%）；当Fe_3O_4浓度为10g/L时，偶氮染料降解的功能菌主要为*Staphylococcus*（0.000258%）、*Methylosarcina*（0.000255%）、*Thauera*（0.000181%）、*Rhodopirellula*（0.000133%）、*Janibacter*（0.000117%）、*Coprothermobacter*（0.000111%）、*Tolumonas*（0.000111%）和*Azoarcus*（0.000108%）；当Fe_3O_4浓度为15g/L时，偶氮染料降解的功能菌主要为*Acinetobacter*（0.000327%）、*Methylosarcina*（0.000204%）和*Rhodopirellula*（0.000148%）。因此，投加5g/L Fe_3O_4时含有偶氮还原酶的菌群丰度最高，而投加10g/L Fe_3O_4时含有偶氮还原酶的菌群结构最复杂。Fe_3O_4的浓度会显著影响偶氮染料降解功能菌的丰度和结构。4个反应器中共检测到5种证明具有偶氮染料降解能力的菌群，分别为*Bacillus*、*Lysobacter*、*Aeromonas*、*Acinetobacter*和*Desulfovibrio*[43,55,68-70]。提高Fe_3O_4浓度时，已证明具有偶氮染料降解能力的菌群结构从*Bacillus*、*Lysobacter*和*Aeromonas*转变为*Acinetobacter*和*Desulfovibrio*，检测到含有偶氮还原酶的*Geobacter*在4个反应器中的相对丰度分别为0.00000207%、0.004726%、0.0000148%和0.00000687%，说明投加Fe_3O_4可以促进*Geobacter*的富集，但Fe_3O_4浓度超过5g/L时，*Geobacter*丰度会降低。因此，*Geobacter*不仅可以参与到碳源代谢途径和DIET作用中，还可以参与到偶氮染料降解的过程中。

（4）宏基因组解析

根据宏基因组检测结果的主成分分析（PCA）发现，4个反应器中SF_{10}和SF_{15}的结构更接近，SF_0、SF_5与SF_{10}和SF_{15}结构的差异性很大（图3-36），这说明投加Fe_3O_4对水解酸化反应器中功能基因的结构有显著影响，但当Fe_3O_4浓度为10g/L和15g/L时，对功能基因结构的影响不明显。这也表明投加低浓度Fe_3O_4可以显著改变功能基因结构及其分布，对工艺运行性能有显著的影响，但继续提高Fe_3O_4浓度对功能基因结构与工艺运行性能可能没有显著影响。

从碳源代谢途径在4个反应器中检测到的相对丰度图[图3-37（a）]中可以发现，糖酵解途径（ko00010）、氨基酸和核糖苷酸代谢（ko00520）和丙酮酸代谢（ko00620）在不同Fe_3O_4浓度条件下均为主要的碳源代谢途径，相对丰度在0.8%以上。丙酸盐代谢（ko00640）和丁

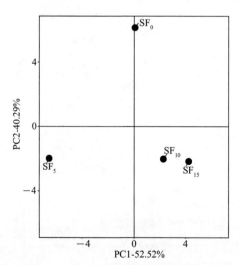

图3-36　4个水解酸化反应器宏基因组PCA分析

酸盐代谢（ko00650）在不同浓度Fe_3O_4条件下相对丰度均为0.4%~0.5%。提高Fe_3O_4浓度可以提高淀粉和蔗糖代谢途径（ko00050）及TCA循环（ko00020）的相对丰度，淀粉和蔗糖代谢途径的相对丰度从0.5209%分别提高至0.5532%、0.6495%和0.6618%，而TCA循环的相对丰度从0.6203%分别提高至0.6253%、0.6522%和0.6586%。因此投加Fe_3O_4可能促进淀粉和蔗糖代谢途径和TCA循环，从而促进碳源降解，但对碳源代谢其他途径的相对丰度影响不明显，说明投加Fe_3O_4对糖类物质代谢途径的影响最为显著。从氨基酸代谢途径[图3-37（b）]的相对

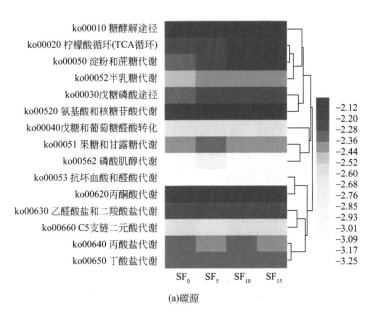

(a)碳源

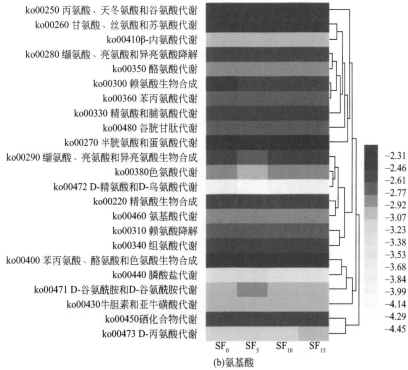

(b)氨基酸

图3-37　水解酸化反应器中物质代谢途径相对丰度

丰度中可以发现，投加Fe_3O_4对大部分氨基酸的合成代谢途径没有明显的影响，说明投加Fe_3O_4对蛋白质类碳源代谢的过程没有显著影响。提高Fe_3O_4浓度会降低赖氨酸生物合成途径（ko00300）和膦酸盐代谢途径（ko00440）的相对丰度，同时提高D-丙氨酸代谢途径（ko00473）的相对丰度。投加Fe_3O_4对蛋白质类物质的降解过程没有显著影响，但对糖类物质代谢过程有明显的影响，这表明在染料降解过程中投加Fe_3O_4，糖类物质可能是主要影响的碳源。

偶氮染料的降解需要利用碳源代谢过程中生成的电子，在本研究中检测到的偶氮还原酶AzoR是一种依靠黄素单核苷酸（FMN）作为电子传递介体的偶氮还原酶[71]。FMN和黄素蛋白在氧化磷酸化途径中可以从烟酰胺腺嘌呤二核苷酸（NADH）/带正电的烟酰胺腺嘌呤二核苷酸（NAD^+）和琥珀酸/延胡索酸的转化中获得电子用于偶氮染料的降解。NADH/NAD^+转化需要的关键酶为EC 1.6.5.3和EC 1.6.99.3，而琥珀酸/延胡索酸转化所需的关键酶为EC 1.3.5.1。NADH脱氢过程相关基因主要是nuo和ndh，其中nuo主要用于编码复合体I的蛋白[72]，ndh基因主要用于编码NADH脱氢酶。NADH脱氢酶主要检测到NdhC、NdhE、NdhF和NdhJ，含有NADH脱氢酶功能基因的菌群结构如图3-38所示。其中只有*Staphylococcus*同样检测到含有偶氮还原酶，说明*Staphylococcus*可能直接利用NADH脱氢过程中生成的电子通过FMN传递给偶氮还原酶，实现偶氮染料的降解，且这种菌的相对丰度随Fe_3O_4投加而提高，说明投加5g/L和10g/L Fe_3O_4更有利于富集*Staphylococcus*实现偶氮染料的降解。而琥珀酸/延胡索酸转化中相关酶的相对丰度及其检测到含有这些酶的菌群结构如图3-39所示。检测结果表明，含有琥珀酸脱氢酶的主要菌群中*Geobacter*的相对丰度较高，琥珀酸脱氢过程可以将电子传递至醌池，再通过细胞色素c传递至胞外被其他微生物利用，并可能用于偶氮染料的降解，说明含有琥珀酸脱氢酶的菌群可能是电子传递过程中

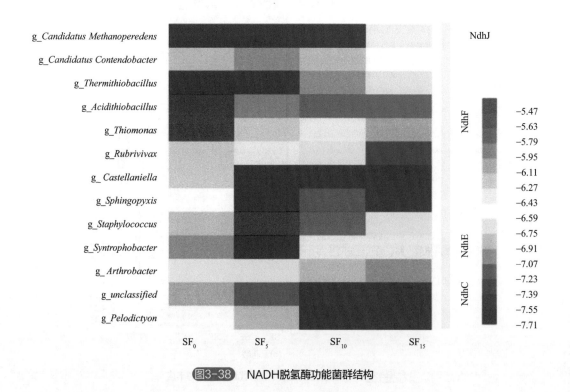

图3-38　NADH脱氢酶功能菌群结构

重要的菌种。*Geobacter*在碳源代谢过程中和电子传递过程中均有重要的作用,在菌群分析中也发现*Geobacter*同时含有编码偶氮还原酶的基因,可能具有偶氮染料降解的能力。与此同时,*Geobacter*还是DIET过程中重要的功能菌,不仅可以实现碳源的代谢,还可以通过菌毛和细胞色素c进行DIET[64]。投加5g/L和10g/L Fe$_3$O$_4$时*Geobacter*的相对丰度最高,因此*Geobacter*在水解酸化过程中和偶氮染料的降解过程中可能是最重要的菌群结构,且投加Fe$_3$O$_4$更有利于*Geobacter*在碳源和偶氮染料降解的过程中富集。

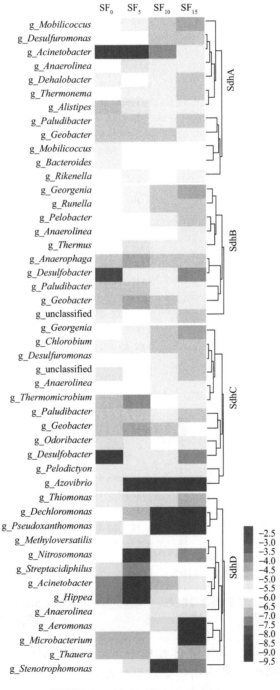

图3-39 琥珀酸脱氢酶功能菌群结构

投加Fe₃O₄在偶氮还原酶、NADH脱氢酶和琥珀酸脱氢酶中能够显著提高*Geobacter*和*Staphylococcus*的相对丰度，对这两种菌群在淀粉代谢和糖酵解途径中含有的相关酶和基因及其相对丰度进行统计（图3-40和图3-41）。*Geobacter*的相对丰度明显高于*Staphylococcus*，且两种菌在5g/L和10 g/L Fe₃O₄反应器中相对丰度最高，提高Fe₃O₄浓度至15g/L，其相对丰度反而下降。*Geobacter*主要含有淀粉代谢和糖酵解途径中的酶为EC 2.7.1.11、EC 1.2.1.12、EC 5.4.2.12、EC 1.2.7.11和EC 1.1.1.1。其中EC 1.2.1.12主要利用NAD⁺将D-甘油醛-3-磷酸转化为3-磷酸-D-甘油磷酸和NADH；EC 1.2.7.11可以将氧化态的铁氧化蛋白和2-氧基甲酸辅酶A转化为还原态的铁氧化蛋白和酰基辅酶A；EC 1.1.1.1的反应也可以生成NADH。因此*Geobacter*可以在淀粉和糖类物质代谢过程中生成NADH用于提供电子，主要作用的酶为EC 1.2.1.12和EC 1.1.1.1。

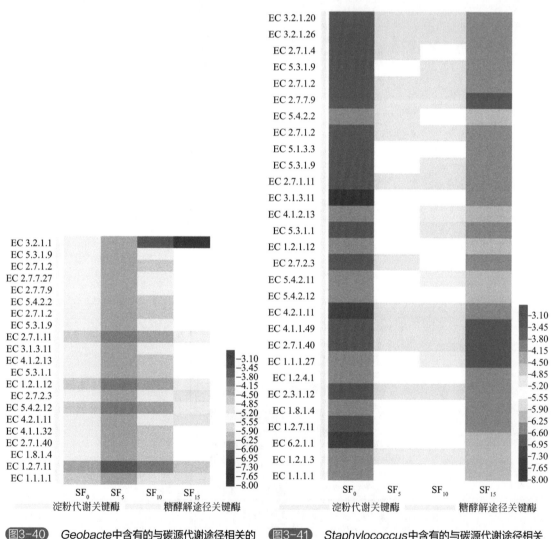

图3-40　*Geobacte*中含有的与碳源代谢途径相关的酶及其相对丰度

图3-41　*Staphylococcus*中含有的与碳源代谢途径相关的酶及其相对丰度

在水解酸化反应器中，碳源降解过程中可以生成NADH，通过NAD⁺/NADH的转化过程将电子传递给FMN再传递给偶氮还原酶AzoR，从而实现偶氮染料的降解。其中*Geobacter*和*Staphylococcus*既可以参与到碳源降解生成NADH的过程中，也含有偶氮还原酶的编码基因，具有降解偶氮染料的潜力，投加Fe_3O_4浓度为5g/L和10g/L时不仅可以促进淀粉和蔗糖代谢途径和TCA循环相对丰度的提高，更有利于*Geobacter*在碳源和偶氮染料降解的过程中富集，从而促进碳源的降解和偶氮染料的降解。

（5）Fe_3O_4强化偶氮染料降解机理解析

基于以上功能基因以及菌群结构的分析，推测投加Fe_3O_4对碳源代谢途径和偶氮染料降解过程影响的机理，如图3-42和图3-43所示。

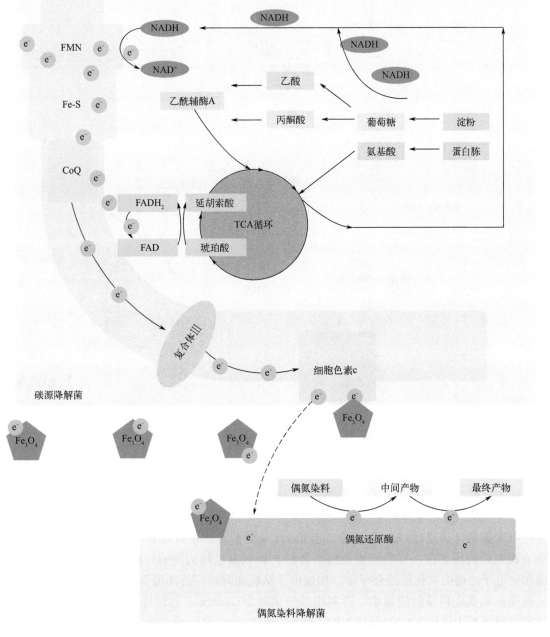

图3-42 碳源降解菌和偶氮染料降解菌协同作用推测机理

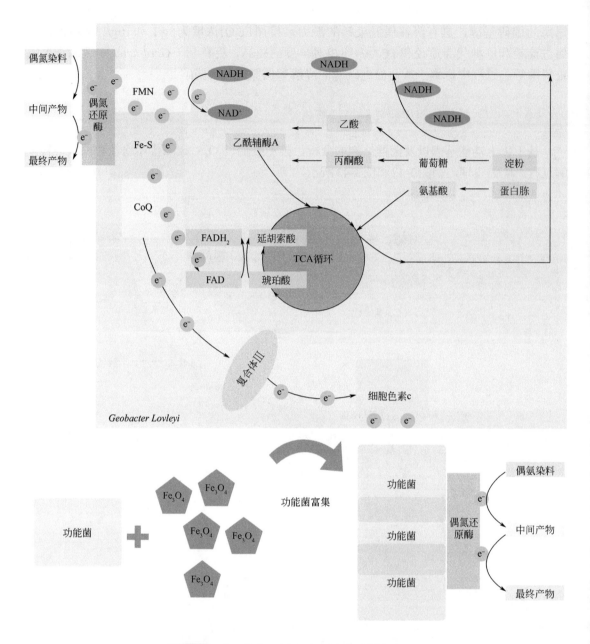

图3-43 单一菌种同时降解碳源和偶氮染料推测机理

碳源降解菌和偶氮染料降解菌同时存在时，碳源降解菌降解淀粉生成葡萄糖再转化成小分子有机酸，蛋白胨降解生成氨基酸。碳源降解过程中生成NADH，NAD$^+$/NADH的转化过程中生成的电子通过FMN传递给细胞色素c或者游离的核黄素等物质，通过胞外电子传递给偶氮染料降解菌，与偶氮还原酶结合后实现偶氮染料的降解。投加Fe$_3$O$_4$后，Fe$_3$O$_4$可以作为电子传递的氧化还原介导体，加快电子从碳源降解菌传递至偶氮染料降解菌的速率，从而提高偶氮染料降解的速率。而利用单一菌种如Geobacter同时降解碳源和偶氮染料时，碳源降解过程中通过NAD$^+$/NADH生成的电子通过FMN可以直接传递给偶氮还原酶进行偶氮染料的降解，投加Fe$_3$O$_4$后可以通过富集这种功能菌提高功能菌的相对丰度，从而促进偶氮染料的降解，也说明当碳源降解菌和偶氮染料降解菌的丰度达到一定阈值时反应速率足够快，投加 Fe_3O_4 对偶氮染料的降解可能没有明显的促进作用。

3.3　印染废水混凝絮体优化再利用脱毒技术

3.3.1　聚合硫酸铁混凝去除锑(Ⅴ)的特性研究

（1）不同混凝剂对锑(Ⅴ)的去除特性

很多针对饮用水或微污染水体的文献报道表明，铁盐对锑(Ⅴ)的去除效果远好于铝盐。因此，本研究筛选混凝剂时重点考察含铁的混凝剂对锑(Ⅴ)的去除效果。考虑到过量投加铁盐可能会导致出水 pH 值、色度超标，本研究还考察了铁铝复配混凝剂对锑(Ⅴ)的去除效果。图3-44的结果表明，纯铁盐硫酸铁和聚合硫酸铁对锑(Ⅴ)的去除效果最好，去除率高达88%。纯铝盐氯化铝对锑(Ⅴ)的去除率只有8.8%，远低于铁盐对锑(Ⅴ)的去除率。铁铝的复合混凝剂对锑(Ⅴ)的去除率为35%~59%，与铁盐对锑(Ⅴ)的去除率差距较大。因此，用复配混凝剂代替铁盐混凝剂的可行性并不大。考虑到聚合硫酸铁的沉淀性能更好，因此本研究选择聚合硫酸铁（PFS）作为去除锑(Ⅴ)的研究对象。

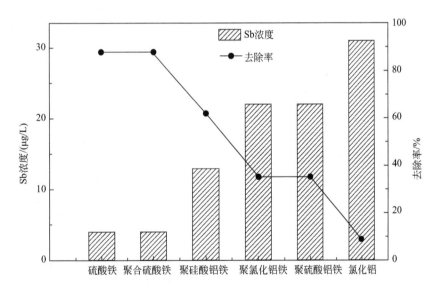

图3-44　不同混凝剂去除锑(Ⅴ)的效果[锑(Ⅴ)初始浓度156μg/L，混凝剂投加量400mg/L]

（2）水解度对聚合硫酸铁的水解聚合物组成的影响

本研究对锑的去除机理及去除特性的研究都针对锑(Ⅴ)进行。目前，大多数利用混凝去除锑(Ⅴ)的研究，都假设混凝体系中起作用的物质对锑(Ⅴ)的去除特性相同，或直接研究混凝体系中某一含量较高的聚合物对锑(Ⅴ)的吸附特性。但针对铁的水解反应的研究表明，铁的聚合物聚合度不同，化学性质会有很大差异，发生化学反应的活性也不同。以Ferron试剂为例，Fe(a)化学活性最高，加入显色体系后能与Ferron试剂立即发生显色反应。Fe(b)的化学活性略低于Fe(a)，能与Ferron试剂进行缓慢的络合反应，反应在2h左右达到平衡，是一个伪一级反应[73]。Fe(c)的化学活性最差，不能与Ferron试剂发生反应。类比Ferron络合实验，可以猜测PFS与锑(Ⅴ)的反应可能也与铁盐的水解聚合物形态有关。因此，本研究评价了不同水解度条件下PFS的水解聚合物形态。

在铁盐混凝反应的过程中，体系中铁的聚合物组成是一个动态变化过程，且这个动态变化对PFS与锑(Ⅴ)的反应的影响不能忽略。但当体系中锑与铁的物质的量之比小于0.01时，锑的浓度不会对铁的水解进程造成影响。因此，在研究PFS的水解过程时可以忽略体系中锑浓度变化对PFS水解造成的影响。

随着水解度的增大，铁盐混凝体系中pH值的增速在逐渐放缓（图3-45）。铁盐水解聚合有两种途径。当水解度较低小于1时，铁盐聚合的主反应为生成由羟桥连接的聚合物的聚合反应，可以视为加羟基反应。羟桥连接的聚合物并不稳定，在体系中发生脱质子反应，形成氧桥连接的聚合物。水解度较低时，脱质子反应的速率远低于加羟基反应。因此，体系pH值随着OH⁻投量的增大上升较快。当水解度大于1时，由于体系中羟基聚合物和OH⁻的浓度都有所增大，脱质子反应的速率提高，会消耗较多的OH⁻，因此体系的pH值较小。氧桥聚合物聚合度更高，且更加稳定，大部分可以归为Fe(b)形态。因此，水解度越大，体系中Fe(b)的浓度越高。此外，在混凝实验中还有一个更加直观的现象也能证明这一观点。铁盐的聚合物，聚合度越高，颜色越深，因此随着水解度的增加，体系中的絮体由淡黄色变为了红褐色。根据水解度为0和水解度为2条件下的絮体形态可知，水解度越低，混凝体系中的铁盐絮体聚合度也越低。

为进一步定量确定不同水解度条件下PFS的水解聚合物组成，运用Ferron逐时络合比色法评价不同水解度条件下，Fe(a)、Fe(b)、Fe(c)的浓度分布。新鲜配制的PFS储备液主要以Fe(a)的形态存在，由于PFS储备液pH值较低，因此能稳定存储很长时间。

PFS加入反应体系后立即开始发生水解，图3-46为混凝快速搅拌1min时测得的铁盐水解形态分布情况。混凝反应开始1min内，体系中铁盐聚合物由Fe(a)和Fe(b)两种形态构成，未见Fe(c)形态的水解产物。随着水解度的增大，Fe(a)的浓度迅速降低，Fe(b)的浓度迅速

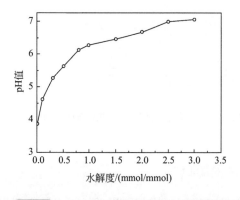

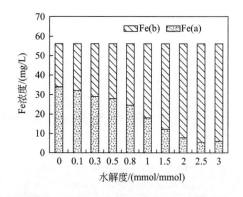

图3-45　水解度对铁盐混凝体系pH值的影响　　图3-46　快速混凝1min时体系内铁的水解形态

升高。当水解度大于2时，随着水解度的增大，Fe(a)浓度的下降速率开始放缓，此时体系中Fe(a)的浓度很低，不到水解度为0时浓度的1/5。由于Fe(b)类的水解聚合物包含的聚合度比较广，聚合度较小的Fe(b)进一步聚合后生成聚合度较大的Fe(b)也会消耗OH^-，因此即使Fe(a)浓度消耗放缓，体系的pH值依然能在某一水解度范围内保持稳定。

（3）Fe(a)的衰减动力学

在水解度相同的条件下，混凝体系中铁的聚合度会随着时间的推移缓慢升高，Fe(a)浓度逐渐衰减。Fe(a)的初始浓度越大，衰减速率越快。在水解度（B）为0的条件下，反应1min时Fe(a)的浓度为37.4mg/L，反应11min时，体系内的Fe(a)浓度为27.5mg/L，减少了26%（图3-47）。当水解度较高时，体系中Fe(a)初始浓度较低，整个混凝过程Fe(a)浓度水平变化不大，几乎可以看成稳态。表3-5列出了混凝反应不同时刻体系内Fe(a)和Fe(b)的浓度之和，结果表明混凝过程中Fe(a)和Fe(b)两种水解聚合物的总量稳定，几乎等于整个体系的总含铁量，说明在混凝反应期间，Fe(c)的生成量很小。因此，在混凝过程中发生的铁盐的水解反应，可以简化为Fe(a)聚合生成Fe(b)的反应。

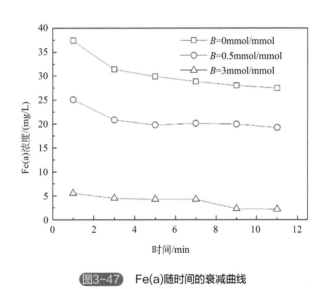

图3-47 Fe(a)随时间的衰减曲线

表3-5 混凝反应不同时刻体系内Fe(a)和Fe(b)的浓度之和 单位：mg/L

水解度	时间					
	1min	3min	5min	7min	9min	11min
0	63.5	62.7	61.5	62.5	59.8	60.9
0.5	70.0	70.0	68.4	68.3	66.8	68.0
3	63.6	64.0	64.7	65.7	65.5	64.0

用伪一级动力学方程和伪二级动力学方程拟合Fe(a)浓度衰减速率与时间的关系，发现

两种模型都能描述这个反应过程，但是相关系数并不高，R^2在0.5~0.8范围内（图3-48和图3-49）。原因可能是Fe(a)聚合生成Fe(b)的反应物有多种，可能是Fe(a)与Fe(a)聚合生成Fe(b)，也可能是Fe(a)与Fe(b)反应生成聚合度更高的Fe(b)。Fe(a)也可直接内部脱水形成针铁矿等属于Fe(c)的沉淀，但这部分量很少，远低于Fe(a)和Fe(b)的浓度。

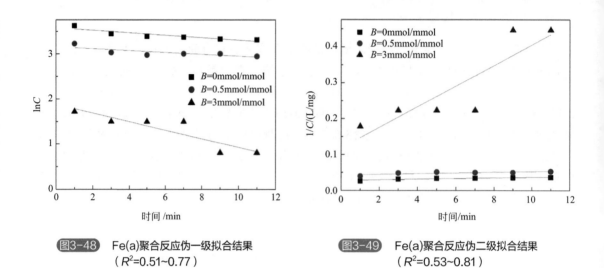

图3-48　Fe(a)聚合反应伪一级拟合结果（R^2=0.51~0.77）

图3-49　Fe(a)聚合反应伪二级拟合结果（R^2=0.53~0.81）

在混凝过程中，Fe(a)的浓度都在不断衰减，且衰减速率随着体系中Fe(a)浓度的降低不断下降，达到平衡的时间视Fe(a)的初始浓度而定，Fe(a)的初始浓度越高，达到平衡所需的时间越长。一般在混凝反应进行到3min后，体系中Fe(a)的浓度变化幅度就已经比较小了。此时，体系中Fe(a)浓度与锑（Ⅴ）浓度的乘积是一个定值。

（4）不同水解度对聚合硫酸铁去除锑（Ⅴ）的效果的影响

很多针对饮用水、地表水或实验室自配水的实验，都报道过在酸性条件下铁盐混凝剂对锑（Ⅴ）的去除效率远高于中性或碱性条件[74]。本研究中，针对印染废水污水厂的二级出水进行实验也得出相同结论。水解度为0时，混凝体系的pH值在4左右，PFS对锑（Ⅴ）的去除率比水解度为3时（pH值在7左右）的去除率高20%左右。当水解度小于0.5时，体系pH值在5.5左右，混凝后体系中的锑（Ⅴ）浓度低于20μg/L（图3-50、图3-51）。在水解度为0~2的范围内时，出水锑（Ⅴ）浓度变化幅度很大，可能是随着水解度的变化铁盐的水解产物组成发生变化引起的。部分印染废水污水处理厂总锑的排放标准被设为20μg/L，若依靠加大混凝剂投量；在水解度为3的条件下，将锑（Ⅴ）浓度由50μg/L降至20μg/L以下，需要至少多投加30mg Fe/L的PFS。因此，在酸性条件下进行混凝，能够节约大量混凝剂，在工程上具有重要应用价值。

为探究在整个混凝过程中，PFS与锑（Ⅴ）的反应处于平衡态还是非平衡态，本研究进行

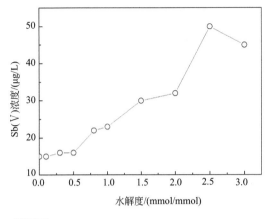

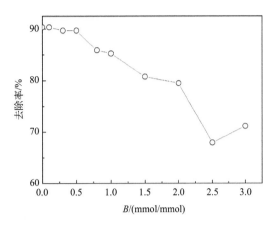

图3-50　不同水解度条件下体系中剩余锑(V)浓度[锑(V)的初始浓度为156μg/L，PFS投加量为56mg/L]

图3-51　不同水解度条件下PFS对锑(V)的去除率[锑(V)的初始浓度为156μg/L，PFS投加量为56mg/L]

了 PFS 对锑(V)的混凝动力学实验。PFS 与锑(V)的反应十分迅速，能够在1min 以内达到反应平衡，之后如无外加 OH^- 进入反应体系，锑(V)的浓度基本保持不变（图3-52）。

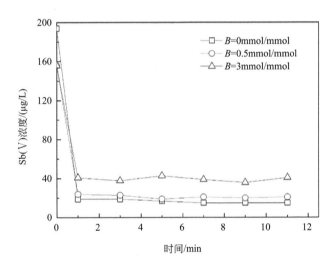

图3-52　PFS对锑(V)的混凝动力学曲线[在水解度B=0mmol/mmol、0.5mmol/mmol和3mmol/mmol对应的体系中，锑(V)的初始浓度分别为156μg/L、156μg/L和194μg/L，三个体系PFS投加量均为56mg Fe/L]

3.3.2　基于进水锑前馈的混凝精确加药系统

研究了聚合硫酸铁混凝剂投加量对锑去除特性的影响，结果如图3-53所示。研究发现，随着聚合硫酸铁混凝剂投加量的增加，出水锑浓度逐步降低。当混凝剂浓度高于80mg Fe/L时锑的去除趋于平缓。

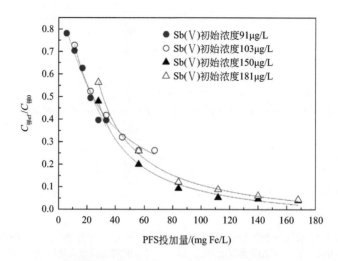

图3-53 聚合硫酸铁投加量对锑残留率的影响

根据投加量与出水锑浓度的关系曲线，建立聚合硫酸铁（PFS）除锑投加模型，数学表达如式（3-3）所示，拟合结果如图3-54所示。该实验结果拟合得 $k_1 = 0.0267$ L/mg，$k_2 = -0.128$。

$$\frac{C_{锑ef}}{C_{锑0}} = \frac{1}{1 + k_1 C_{PFS}} - k_2 \qquad (3-3)$$

式中　$C_{锑ef}$，$C_{锑0}$——处理后和初始锑(V)浓度，μg/L；

$\quad\quad C_{PFS}$——PFS投加量，mg Fe/L；

$\quad\quad k_1$——经验常数，L/mg；

$\quad\quad k_2$——无量纲参数。

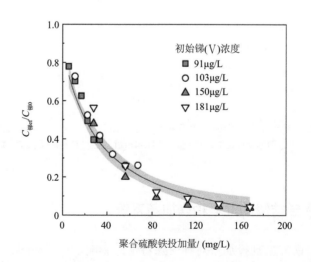

图3-54 不同初始锑浓度下出水锑残留比与聚合硫酸铁投加量的相关性

不同锑初始浓度的混凝剂量-去除效果曲线表明，该模型可较好地描述PFS与出水锑浓度的关系，显著性检验 $P<0.05$。该比例模型拟合结果可分为计量反应区（<40mg/L）、过渡区（40~90mg/L）和平衡反应区（>90mg/L）。计量反应区内提升PFS投加量可线性提升除锑效率；过渡区内随着PFS投加量升高，除锑效率增速下降；平衡反应区内增加PFS投加量对除锑效率的提升效果不显著。

当出水锑浓度固定时，聚合硫酸铁投加量计算公式如式（3-4）所示：

$$C_{PFS} = \frac{C_0}{k_1(C_t - k_2 C_0)} - \frac{1}{k_1} \qquad (3-4)$$

实际运行时，考虑到聚合硫酸铁的有效铁含量、水量、工程放大系数等因子，混凝剂投加量计算公式见式（3-5）。

$$混凝剂投加量 = \frac{1}{10_6} \times \frac{1}{\xi} \times \alpha Q \left[\frac{C_0}{0.027 \times (C_t + 0.128 C_0)} - k_3 \right] \quad (m^3/h) \qquad (3-5)$$

式中　ξ——有效铁含量，%；

　　　α——工程放大因子；

　　　Q——处理水量，m^3/h；

　$1/10^6$——单位换算系数；

C_t，C_0——处理后和处理前的锑浓度，$\mu g/L$；

　　　k_3——无量纲参数。

根据该模型，建立了基于进水锑前馈的混凝剂投加量控制技术。精确加药除锑控制系统如图3-55所示，根据进水锑浓度、工业废水流量，调节混凝剂投加量，实现出水锑高标准控制。

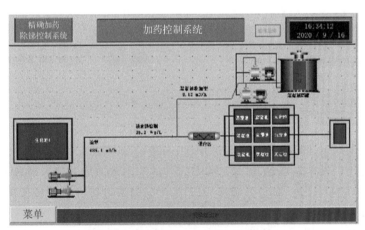

图3-55　混凝剂加药控制系统

3.3.3　絮体回流对锑的去除效果的研究

铁盐混凝过程中，锑（Ⅴ）的浓度远低于体系中的Fe(a)浓度，因此锑（Ⅴ）与Fe(a)反应消耗的Fe(a)可忽略不计。体系中消耗Fe(a)的反应主要是Fe(a)自身的水解聚合反应和脱质子缩合反应。Fe(a)在混凝体系中的衰减符合二级动力学，所以其衰减速率与出水浓度有关。当水解度为3时，Fe(a)的初始浓度不高，因此衰减速率也很慢，所以Fe(a)的浓度在整个混凝过程中可以看作一个常量。若将混凝反应生成的新鲜絮体回流，体系中的Fe(a)对高浓度锑(Ⅴ)可能还有一定的去除效果。当然，混凝絮体中还存在锑(Ⅴ)与Fe(a)生成的外轨型离子化合物，因此絮体回流也伴有解吸问题。

（1）絮体对锑(Ⅴ)的吸附

混凝絮体对锑(Ⅴ)的吸附特性如图3-56所示。新鲜生成的絮体对锑(Ⅴ)仍有一定的去除效果，去除效率在30%左右。因此，混凝絮体回流是有意义的。反应在1min内达到平衡，说明体系中去除锑(Ⅴ)的主要成分还是Fe(a)。吸附平衡时的浓度远高于同等条件混凝体系中的锑(Ⅴ)浓度，可能是由于絮体中还含有大量锑(Ⅴ)与Fe(a)形成的外轨型化合物，这些外轨型化合物没能完全转化为内轨型化合物，因此依然能够参与锑(Ⅴ)与Fe(a)的反应。因此，在反应平衡常数一定的条件下，絮体再利用时，对锑(Ⅴ)的去除效果略低于混凝时的去除效率。1min后，絮体与锑(Ⅴ)还能进行缓慢的反应，但去除效果不明显。

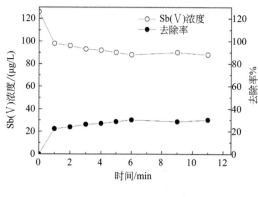

图3-56　混凝絮体对锑(Ⅴ)的吸附特性

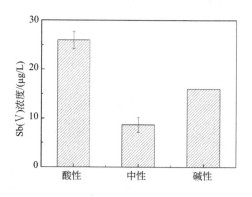

图3-57　不同pH条件下含锑絮体的解吸特性

（2）絮体的解吸特性

实验中，酸性、中性和碱性条件对应的pH值分别为2.7、7.4和10.5。图3-57的结果发现在中性条件下，锑的解吸浓度与混凝实验最终的出水浓度相同，说明体系中发生了锑(Ⅴ)与Fe(a)生成的离子化合物的分解反应，由于Fe(a)浓度远高于产物浓度和锑(Ⅴ)浓度，因此可以将解吸体系中Fe(a)浓度视作与混凝体系中的相同，因此，最终平衡时的锑(Ⅴ)浓度也相同。酸性条件下锑(Ⅴ)浓度反而升高，可能是在强酸的作用下内轨型化合物分解，导致体系内锑(Ⅴ)浓度升高。碱性条件下锑(Ⅴ)浓度也高于中性条件，原因可能是，大量的OH^-消耗了体系中的Fe(a)，因此平衡后的锑(Ⅴ)浓度高于中性条件下的结果。

用颗粒内部扩散模型拟合絮体动力学吸附，结果如图3-58所示。发现颗粒扩散模型直线未通过原点，说明颗粒扩散不是影响絮体吸附的主要原因。前文提到，能够与锑(Ⅴ)反应或对锑(Ⅴ)起主要吸附作用的是粒径很小的铁水解产物，这些物质或者呈溶解态，或者为粒径很小比表面积很大的颗粒，因此颗粒的内部吸附起的作用不大。因而PFS混凝或絮体吸附对锑(Ⅴ)的去除与颗粒内部扩散的关系也就不大。

絮体吸附的Elovich模型拟合结果如图3-59所示。拟合结果表明，絮体对锑(Ⅴ)的吸附

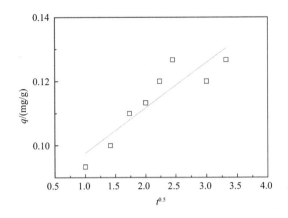

图3-58　颗粒内部扩散模型（R^2=0.793，P<0.05，K_{id}=0.014，C_i=0.083mg/g）

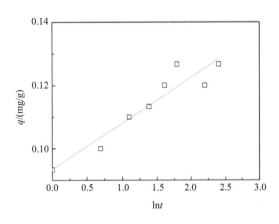

图3-59　Elovich模型[R^2=0.880，P<0.05，α=8.98mg/(g·min)，β=68.78g/mg]

系数 α 远大于解吸常数 β，说明体系中絮体对锑（Ⅴ）的吸附速率远高于解吸速率。因此，混凝除锑（Ⅴ）生成的絮体回流后对高浓度的锑（Ⅴ）仍具有去除效果。

总的来说，新鲜絮体去除锑（Ⅴ）的过程还是一个溶解态的铁盐水解产物与锑（Ⅴ）反应及粒径小的铁盐水解产物对锑（Ⅴ）的表面吸附过程。

3.4　催化氧化 - 生物活性炭深度脱毒技术

3.4.1　强化臭氧氧化对印染废水有机物及毒性的去除特性

（1）强化臭氧氧化对印染废水典型有机污染物的去除特性

控制再生炭投加量为2g/L。臭氧投加量控制为4mg/（L·min），研究臭氧在1min、3min、5min的接触时间下，对某印染废水处理厂印染废水二级出水中典型有机污染物的去除效果。

以再生炭吸附去除印染废水中COD为空白对照（吸附时间与臭氧接触时间相等），检测强化臭氧以及臭氧对印染废水中COD的去除效果，结果如图3-60所示。再生炭接触印染废水时间为5min，在此时间内再生炭几乎不能依靠吸附作用去除印染废水中COD。臭氧和强化臭氧对印染废水中COD的去除效果良好，随着臭氧投加量的增加，出水中COD随之下降。臭氧投加20mg/L，臭氧氧化印染废水出水中COD为43mg/L，强化臭氧氧化印染废水中出水中COD为39mg/L。再生炭臭氧强化剂将臭氧对印染废水中COD的去除率提高了7%。

活性炭强化剂在臭氧投加量为10mg O_3/mg COD_0 的条件下，可将结晶紫染料COD去除率提高16%[75]。柱状炭可在臭氧对印染废水二级出水中COD去除率为14%的基础上将COD去除率提高至21.8%[76]。如进一步提高活性炭强化剂投加量，则臭氧在活性炭床中对印染废水中COD的去除率可达到70%以上。

本研究在臭氧投加量20mg/L的条件下再生炭强化臭氧氧化即可使COD去除率达到21%，出水COD低于40mg/L，其主要原因为：a.再生炭发达的孔隙结构对印染废水中有机物以及臭氧具有良好的吸附能力，提高了臭氧与有机物的接触速率，进而提高了臭氧氧化降解有机物的效率[77,78]；b.检测到再生炭表面具有Lewis（路易斯）碱性位点，促使臭氧分解产生·OH[77]。此外，活性炭天然的碳原子sp²轨道杂化形成的石墨烯层具有π电子富集区，π电子富集区可以作为Lewis碱性位点水合形成电子供-受复合体并产生羟基离子，羟基离子可以促使臭氧发生链式反应产生H_2O_2和·OH[77]，从而大大提高氧化分解有机物的效率。

以再生炭吸附去除印染废水中苯胺类物质为空白对照（吸附时间与臭氧接触时间相等），检测强化臭氧以及臭氧对印染废水中苯胺类物质的去除效果，结果如图3-61所示。再生炭接触印染废水最长为5min，在此时间内再生炭几乎不能依靠吸附作用去除印染废水中苯胺类物质。臭氧和强化臭氧对印染废水中苯胺类物质的去除效果良好，随着臭氧投加量的增加，出水中苯胺类物质随之下降，当臭氧投加量达到20mg/L时出水基本不可检测到苯胺类物质。值得注意的是强化臭氧氧化可有效提高苯胺类物质的去除速率，臭氧投加量约12mg/L时苯胺类物质的去除率已经接近100%，苯胺类物质基本被完全去除。

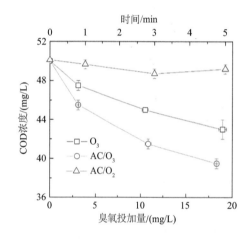

图3-60　强化臭氧氧化对印染废水中COD的去除效果

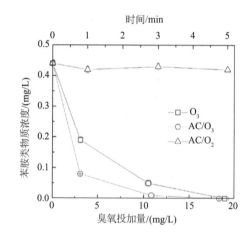

图3-61　强化臭氧氧化对印染废水中苯胺类物质的去除效果

本研究在臭氧投加量20mg/L的条件下对苯胺类的去除率即可达到100%，在臭氧投加量12mg/L的条件下强化臭氧氧化对苯胺类的去除率接近100%，其主要原因为臭氧对苯胺类物质的氨基结构和苯环结构具有极强的破坏能力，可以快速降解苯胺类物质[79]。在再生炭的作用下，臭氧分解产生氧化能力更强的·OH，可以进一步加速苯胺类物质的降解速度[77]。

以再生炭吸附去除印染废水色度为空白对照（吸附时间与臭氧接触时间相等），检测强化臭氧以及臭氧对印染废水色度的去除效果，结果如图3-62所示。再生炭接触印染废水最长为5min，在此时间内再生炭几乎不能依靠吸附作用去除印染废水色度。臭氧和强化臭氧对印染废水色度的去除效果良好，随着臭氧投加量的增加，出水色度随之下降。臭氧投加量为20mg/L，臭氧氧化印染废水出水色度为19倍，强化臭氧氧化印染废水出水色度为13倍。再生炭作为强化剂可提高臭氧对印染废水色度的去除能力，将色度去除率提高到20%。

臭氧可以使印染废水快速脱色[6,8]，但臭氧脱色能力会随着印染废水色度的降低而降低[80]。在中试规模中臭氧投加量50mg/L时对印染废水色度的去除率仅为40%[81]。加入活性炭作为强化剂可有效提高臭氧对印染废水色度的去除效果，活性炭强化臭氧氧化印染废水，色度去除率最高可达到89%[77]。

本研究在臭氧投加量20mg/L的条件下再生炭强化臭氧氧化对印染废水色度的去除率可达到56%，其主要原因为印染废水色度主要来源于水中残留染料及印染助剂等有色物质[12]，再生炭依靠其发达的孔隙结构、表面具有大量Lewis活性位点等特性，可以有效强化臭氧对印染废水中有色物质的去除能力，从而快速去除印染废水色度。

（2）再生炭臭氧强化剂材料特性

选取吸附某印染废水处理厂二级出水饱和的柱状炭，对柱状炭进行高温处理，制备试验所用再生炭臭氧强化剂。对再生炭进行方程比表面积（BET）分析，结果如表3-6所列。再生炭臭氧强化剂具有比表面积大、孔隙发达的特点。

表3-6　再生炭孔径参数

氮气单层饱和吸附量 /[cm³(STP)/g]	239.63
比表面积 /(m²/g)	1043
吸附常数 C	353.48
总孔径体积 (p/p_0=0.352)/(cm³/g)	0.4515
平均孔径 /nm	1.7316

将制备好的再生炭进行傅里叶变换红外吸收光谱（FTIR）分析，结果如图3-63所示。再生炭傅里叶变换红外吸收光谱在波数为3431cm⁻¹、1835cm⁻¹、1580cm⁻¹、1124cm⁻¹处出现吸收峰，分别对应"—OH（缔合）"基团伸缩振动、"C≕O"基团伸缩振动、"C≕C（芳环）"伸缩振动和"C—O"基团伸缩振动而形成的红外吸收峰[82-86]。

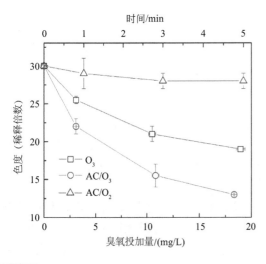

图3-62　强化臭氧氧化对印染废水色度的去除效果

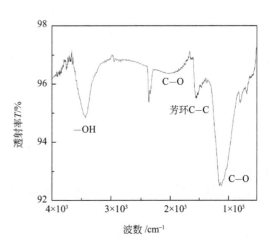

图3-63　再生炭FTIR谱图

将制备好的再生炭进行X射线电子能谱（XPS）分析，结果如图3-64所示。再生炭中碳元素含量为87.54%，氧元素含量为9.87%，杂质元素（杂质元素主要为硅元素和铝元素）含量为2.59%。高温热处理再生炭可以有效去除活性炭表面吸附的有机物。

对再生炭的氧元素结合能区域进行XPS扫描，O1s区域在532.7eV结合能处光电子和俄歇电子计量数最大。其中羰基（C＝O）结构典型O1s结合能为531.5eV，羟基（C—OH）结构典型O1s结合能为532~533eV，其中醚键（C—O—C）结构典型O1s结合能为533.3eV[87,88]。以此为基础对XPS扫描结果进行分峰拟合，结果如图3-65所示。再生炭在湿润的环境下经过高温处理后，其表面碳氧主要以"C＝O""C—O—C""C—OH"的结构存在。

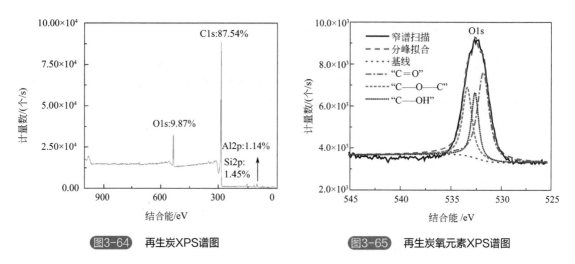

图3-64　再生炭XPS谱图　　　　图3-65　再生炭氧元素XPS谱图

再生炭XPS能谱分析结果与FTIR光谱分析结果相互呼应，再生炭经过高温处理后，表面产生具有羟基结构的官能团、具有"C＝O"结构的官能团以及含有芳香结构的官能团。研究表明，活性炭在潮湿氮气气氛下高温加热，高温会进一步增加活性炭中孔和微孔结构，使得活性炭孔隙结构更加发达。此外，高温水蒸气会与活性炭表面部分官能团相互作用，产生具有"C＝O"和"C—OH"结构的官能团。高温环境对活性炭表面的化学结构有一定的影响[89,90]。

对再生炭的吸附能力以及表面微观结构的检测结果表明：再生炭孔隙发达，可为印染废水中的有机污染物和臭氧提供充足的吸附位点，提高臭氧直接氧化有机污染物的速率。此外，再生炭表面具有丰富的羟基结构以及含氧官能团，这些官能团可作为Lewis位点促使臭氧发生链式反应分解产生·OH，强化臭氧对印染废水的氧化效果。

（3）羟基自由基(·OH)对印染废水典型有机污染物去除效果的影响

叔丁醇对溶液中的·OH具有良好的猝灭能力[91]，此外活性炭对叔丁醇的吸附能力差[92]，因此叔丁醇可以作为再生炭强化臭氧氧化印染废水的·OH猝灭剂，以研究强化臭氧氧化过程中·OH的作用。

向强化臭氧氧化体系中投加200mmol/L叔丁醇以充分猝灭强化臭氧氧化过程中产生的·OH，检测·OH对印染废水中苯胺类物质去除效果的影响，结果如图3-66所示。印染废水二级出水中苯胺类物质浓度约为0.45mg/L，在强化臭氧氧化下苯胺类物质可以完全去除。猝灭强化臭氧氧化过程中产生的·OH，强化臭氧氧化对苯胺类的去除率下降到80%，出水中苯胺类物质的含量约为0.1mg/L。猝灭强化臭氧氧化过程中产生·OH后，苯胺类物质去除率低于臭氧氧化对印染废水中二级出水中苯胺类物质的去除率。

　　检测·OH对印染废水色度去除效果的影响，结果如图3-67所示。印染废水二级出水色度约为30倍，在强化臭氧氧化下，出水色度为13倍，色度去除率达到57%。猝灭强化臭氧氧化过程中的·OH，强化臭氧氧化对印染废水色度的去除率下降到23%，出水色度约为23倍。猝灭强化臭氧氧化过程中产生·OH后，色度去除率低于臭氧氧化对印染废水二级出水色度的去除率。

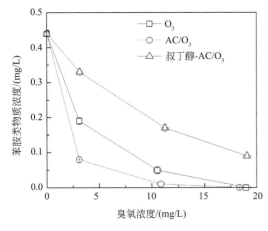
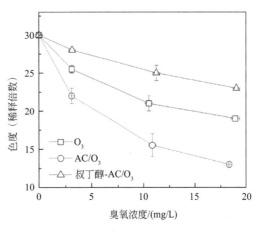

图3-66　羟基自由基对苯胺类物质去除效果的影响　　图3-67　羟基自由基对色度去除效果的影响

　　采用Na_2CO_3猝灭强化臭氧氧化甲基橙过程中产生的·OH，可将印染废水中的甲基橙染料去除率从99%降低至65%[76]。采用叔丁醇猝灭活性炭强化臭氧氧化邻苯二甲酸二酯过程中产生的·OH，邻苯二甲酸二酯的去除率可从90%下降至32%[93]。本研究采用叔丁醇充分猝灭强化臭氧氧化印染废水过程中产生的·OH，印染废水苯胺类物质去除率下降20%，色度的去除率下降34%。由此可以得到在强化臭氧氧化印染废水过程中，再生炭可有效促进臭氧分解产生·OH，提高印染废水中污染物的去除率。

　　综合强化臭氧氧化去除印染废水中COD、苯胺类物质、色度的试验结果，以及强化臭氧氧化过程中产生的·OH对印染废水中苯胺类物质、色度去除效果的影响试验结果，发现臭氧可以直接与印染废水中的有机物发生反应，也可以通过分解产生自由基与水中有机物反应[94]。再生炭臭氧强化剂利用其自身强大的吸附能力以及表面大量的Lewis活性位点，可以有效提高臭氧对印染废水中污染物的去除效果[95,96]。其中，再生炭强化臭氧发生链式反应分解产生大量·OH，对提高印染废水中污染物去除率作用重大[97]，当用叔丁醇猝灭强化臭氧氧化印染废水过程中产生·OH后印染废水中典型有机污染物去除率均有一定程度的下降。

（4）再生炭投加量对印染废水中典型有机污染物去除效果的影响

　　控制再生炭的投加剂量分别为1g/L、2g/L、5g/L，比较3组投加量对印染废水中COD去除效果的影响，结果如图3-68所示。固定臭氧投加量为（19±0.5）mg/L，再生炭的投加量由0逐步提升至5g/L，在此过程中印染废水中COD的去除率由14%逐步提升至30%。其中当再生炭投加量由0提升至2g/L时，印染废水COD去除率提高了14%，出水COD为36mg/L；当再生炭投加量由2g/L提升至5g/L时，印染废水中COD去除率提高2%，出水COD为35mg/L。

　　控制再生炭的投加量分别为1g/L、2g/L、5g/L，比较3组投加量对印染废水中苯胺类物

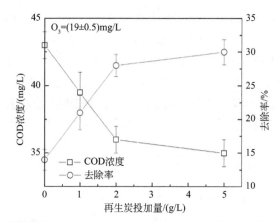

图3-68 再生炭投加量对印染废水中COD去除效果的影响

质去除效果的影响，结果如图3-69所示。固定臭氧投加量为（3.5±0.2）mg/L，再生炭的投加量由0逐步提升至5g/L，在此过程中印染废水中苯胺类物质的去除率由57%逐步提升至89%。其中当再生炭投加量由0提升至2g/L时，印染废水中苯胺类物质去除率提高了30%，出水中苯胺类物质含量为0.06mg/L；当再生炭投加量由2g/L提升至5g/L时，印染废水中苯胺类物质去除率提高2.5%，出水中苯胺类物质含量为0.05mg/L。

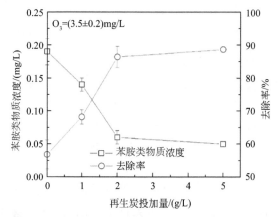

图3-69 再生炭投加量对印染废水中苯胺类物质去除效果的影响

比较不同再生炭投加量对印染废水色度去除效果的影响，结果如图3-70所示。

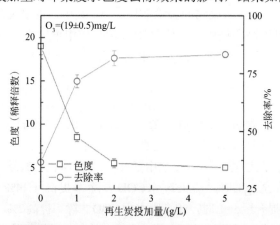

图3-70 再生炭投加量对印染废水色度去除效果的影响

固定臭氧投加量为（19±0.5）mg/L，随着再生炭投加量的增加，印染废水色度去除率逐渐增加。其中当再生炭投加量由0提升至2g/L时，印染废水色度去除率提高了45%，出水色度为5.5倍；当再生炭投加量由2g/L提升至5g/L时，印染废水色度去除率提高1.5%，出水色度为5倍。

文献研究表明，活性炭投加量会影响臭氧对印染废水中污染物的去除效果，其中负载氧化铁的活性炭投加量为1~2.5g/L，对臭氧去除结晶紫染料强化效果最佳，当投加量超过4g/L后结晶紫去除率略有提高但不明显[75]。活性炭负载铁-锰氧化物处理印染废水，投加量从1g/L上升至3g/L，印染废水中COD去除率仅升高1%[76]。

本研究中，当再生炭投加量介于0~2g/L时，再生炭投加量越高强化臭氧氧化效果越好，而在再生炭投加量达到2g/L以上后再生炭的增加对强化臭氧氧化效果提升效果较差。其原因为：再生炭投加量低于2g/L时，再生炭为印染废水中污染物及臭氧提供的吸附位点和Lewis活性位点数量有限，限制了再生炭强化臭氧氧化能力，增加再生炭投加量，可以提供充足的再生炭吸附位点和Lewis活性位点，促进臭氧分解产生·OH，提高臭氧对印染废水中污染物的去除能力；当投加量超过2g/L时，臭氧反应装置为再生炭提供的升力不足，致使部分再生炭在臭氧反应器中不能保持悬浮状态而产生沉降，沉积在反应器底部的再生炭与臭氧以及印染废水中污染物不能充分接触，致使其不能完全发挥出强化臭氧氧化的能力。

（5）强化臭氧氧化对印染废水中分子量分布的影响

强化臭氧氧化对印染废水二级出水中分子量分布的影响如图3-71所示。印染废水二级出水在表观分子量为700~900和100~200处出现荧光信号（Flu），经过强化臭氧氧化处理后，

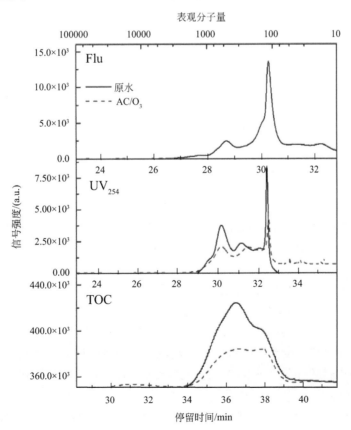

图3-71　强化臭氧对印染废水中分子量分布的影响

荧光信号消失。印染废水二级出水在表观分子量为700~900、400~500、100~200处出现紫外信号（UV_{254}），经过强化臭氧氧化处理后，信号强度明显下降，信号峰向低分子量的方向移动。印染废水二级出水在表观分子量介于100~1000范围内均有TOC信号，强化臭氧氧化处理后，信号强度明显下降，信号峰向低分子量方向移动。

臭氧可将印染废水中大分子有机物降解为小分子有机物[98]。其中可将印染助剂萘磺酸分子量由10000~30000降解到集中分布在3000以下[99]。零价铁强化臭氧氧化印染废水二级出水，可有效去除印染废水中蛋白质类物质及多糖类物质，并有效去除极性大分子有机物[100]。本研究利用再生炭强化臭氧氧化印染废水二级出水，可将大分子有机物分解为小分子物质。

（6）强化臭氧氧化对印染废水可生化性的影响

本研究以$BDOC_5/DOC$值代替BOD_5/COD值来表征印染废水的可生化性。其中强化臭氧氧化对印染废水DOC的去除效果如图3-72所示。印染废水二级出水中DOC_0约为12.5mg/L，臭氧投加量1.5mg O_3/mg DOC_0，印染废水中DOC去除率约为25%，出水DOC约为9.5mg/L。臭氧对印染废水中DOC的去除率有限，对有机物的矿化能力较弱[98]。

强化臭氧氧化对印染废水中$BDOC_5$的影响如图3-73所示。臭氧氧化和强化臭氧氧化可

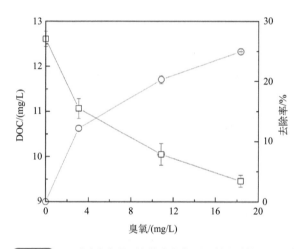

图3-72　强化臭氧氧化对印染废水中DOC的去除效果

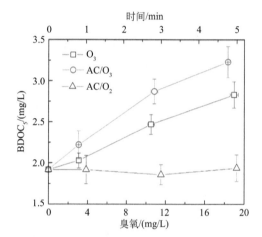

图3-73　臭氧/强化臭氧氧化对印染废水中$BDOC_5$的影响

以有效提高印染废水中$BDOC_5$。其中，印染废水二级出水初始$BDOC_5$约为1.92mg/L，经过臭氧处理后，$BDOC_5$上升至2.83mg/L，提高了47%；经过强化臭氧氧化处理后，$BDOC_5$上升至3.23mg/L，提高了68%。强化臭氧氧化印染废水二级出水中$BDOC_5$提高量是单纯臭氧氧化提高量的1.45倍。

强化臭氧氧化对印染废水$BDOC_5/DOC$值的影响如图3-74所示。在臭氧投加量0~20mg/L的范围内，随着臭氧投加量的上升，$BDOC_5/DOC$值也持续上升。臭氧投加量20mg/L（1.5mg O_3/mg DOC_0），印染废水$BDOC_5/DOC$值达到0.34，此时印染废水可生化性最好。

臭氧可氧化分解印染废水中的难降解有机物，从而提高印染废水可生化性[99]。其中臭氧可将含有多种染料的印染废水的BOD_5/COD值从0.18提高至0.34，将含有多种印染助剂的印染废水的BOD_5/COD值从0.01提高到0.53[101]。此外，强化臭氧氧化印染废水，进一步提高印染废水可生化性[100]。本研究臭氧投加量20mg/L（1.5mg O_3/mg DOC_0），印染废水$BDOC_5/DOC$值提高了124%，可以显著提高印染废水二级出水的可生化性。

（7）再生炭使用寿命

再生炭的使用寿命决定了强化臭氧氧化的经济效益。本研究采用连续流臭氧反应装置进行强化臭氧氧化试验。再生炭在反应器内共连续运行20d，在此期间每天检测印染废水COD和UV_{254}的变化，结果如图3-75所示。运行初期COD的去除率约为28%，运行20d后，COD去除率保持在25%附近；运行初期UV_{254}的去除率约为48%，运行20d后，UV_{254}去除率约为46%。研究结果显示再生炭使用寿命较长，其主要原因在于再生炭悬浮在反应器中，降低再生炭之间的摩擦与碰撞及再生炭与搅拌器之间的摩擦与碰撞，使得其不易破损。

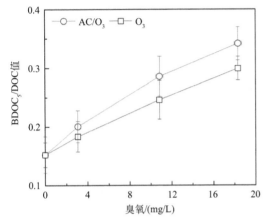

图3-74　强化臭氧氧化对印染废水$BDOC_5$/DOC值的影响

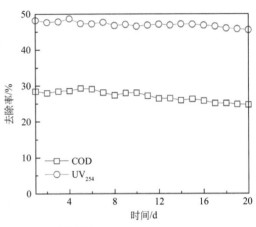

图3-75　再生炭使用寿命试验

（8）再生炭负载铁氧化物对再生炭强化臭氧氧化性能的提升

为进一步提升再生炭强化臭氧氧化去除印染废水中典型有机污染物的能力，探究负载了铁氧化物的再生炭对臭氧氧化印染废水的强化作用。采用高温负载的方式将铁氧化物负载于再生炭表面。铁元素的理论最大负载质量为负载铁氧化物的再生炭总质量的5%（以铁计）。以负载铁氧化物的再生炭对印染废水的吸附为对照，比较负载铁氧化物的再生炭与再生炭强化剂对印染废水中典型有机污染物的去除效果。

不同强化剂对印染废水COD去除效果的影响如图3-76所示。负载铁氧化物的再生炭对

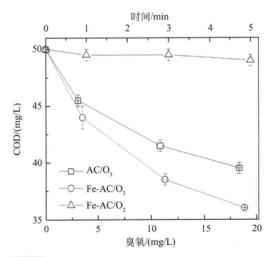

图3-76　不同强化剂对印染废水COD去除效果的影响

印染废水COD的去除效果要优于再生炭对COD的去除效果。负载铁氧化物的再生炭强化臭氧氧化印染废水，出水COD约为36mg/L，去除率达到36%，相对再生炭强化臭氧氧化印染废水，COD的去除率提高了7%。

活性炭负载铁-锰金属氧化物对印染废水COD的去除率可达到25.4%[76]。活性炭负载过渡金属氧化物可将印染废水COD去除率从29%提高至46%[102]。本研究负载铁氧化物的再生炭对印染废水二级出水COD去除效果良好。分析其原因主要为在再生炭原有的羟基结构和π电子云等Lewis活性位点的基础上，负载的铁氧化物主要为FeOOH，FeOOH表面含有丰富的羟基[103]，在中性和酸性环境下FeOOH表面的羟基会形成Me-OH（中性形态）和Me-OH$_2^+$（正电荷形态）结构，这两种结构均可强化臭氧分解产生·OH[104]。在再生炭表面负载铁氧化物，掺杂的金属氧化物可以提高再生炭表面的Lewis活性位点和羟基的数量，并增强界面电子的转移能力，强化臭氧分解产生·OH[105]。

不同强化剂对印染废水色度去除效果的影响如图3-77所示。负载铁氧化物的再生炭对印染废水色度的去除效果要优于再生炭对色度的去除效果。负载铁氧化物的再生炭强化臭氧氧化印染废水，出水色度约为5.5倍，去除率达到82%，相对再生炭强化臭氧氧化印染废水，色度的去除率提高了25%。

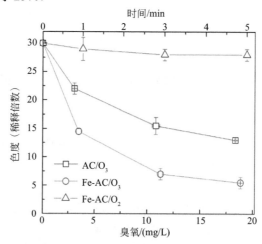

图3-77 不同强化剂对印染废水色度去除效果的影响

活性炭负载铁氧化物可有效提高臭氧对印染废水色度的去除效果[102]。印染废水色度主要来源于水中残留染料等具有发色基团的有机物[12]，活性炭负载铁氧化物可有效增加再生炭表面的羟基结构和Lewis活性位点，促进臭氧分解产生·OH，提高臭氧对印染废水发色基团的去除效果。

对负载铁氧化物的再生炭进行BET分析，结果如表3-7所列。铁氧化物吸附在强化剂孔隙表面，导致负载铁氧化物的再生炭的比表面积和吸附常数相对再生炭均有一定程度的下降。其原因为铁氧化物堵塞再生炭中孔和微孔，导致再生炭比表面积下降[92]。

表3-7 再生炭臭氧强化剂复合孔径参数

氮气单层饱和吸附量 /[cm³(STP)/g]	218.63
比表面积 /(m²/g)	951.59
吸附常数 C	195.43
总孔径体积 (p/p_0=0.352)/(cm³/g)	0.4282
平均孔径 /nm	1.7999

将负载铁氧化物的再生炭清洗烘干后进行傅里叶变换红外吸收光谱分析，结果如图3-78所示。负载铁氧化物的再生炭的傅里叶变换红外吸收光谱在波数分别为3433cm^{-1}、1979cm^{-1}、1569cm^{-1}、1083cm^{-1}处出现吸收峰，分别对应"—OH（缔合）"基团伸缩振动、"C=O"基团伸缩振动、"C=C（芳环）"伸缩振动和"C—O"基团伸缩振动产生的红外吸收峰[82-85]。此外，在波数为500~700cm^{-1}处出现吸收峰，此处为Fe和活性炭形成的"Fe—C"基团伸缩振动产生的吸收峰[106]。

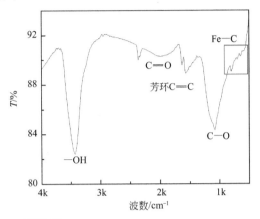

图3-78　负载铁氧化物的再生炭的FTIR谱图

对负载铁氧化物的再生炭表面进行XPS全谱扫描，扫描结果如图3-79所示。结果显示负载铁氧化物的再生炭含有的杂质成分为硅元素和铝元素，杂质成分所占比例低于3%。负载到再生炭表面的铁元素质量为总质量的3.12%，达到理论最大负载量的60%以上。

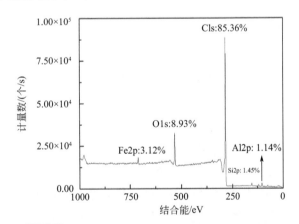

图3-79　负载铁氧化物的再生炭的XPS全谱扫描结果

对负载铁氧化物的再生炭的铁元素进行XPS扫描，Fe2p区域在725.7eV和711.5eV结合能处光电子和俄歇电子计量数出现吸收峰。其中Fe$_2$O$_3$结构典型Fe2p结合能为724.5eV，FeOOH结构典型Fe2p结合能为711.5eV[107]。以此为基础对XPS扫描结果进行分峰拟合，结果如图3-80所示。再生炭表面负载的铁氧化物的主要存在结构为FeOOH和Fe$_2$O$_3$，并以FeOOH结构为主。

对再生炭负载铁氧化物的吸附能力以及表面微观结构的检测结果表明：再生炭负载铁氧化物后，其比表面积略有降低。再生炭负载铁氧化物后，其表面的铁氧化物主要为FeOOH，其表面具有丰富的羟基结构，增加了再生炭臭氧强化剂表面的活性位点数量。此外，铁氧化物可提高强化剂与臭氧以及有机物之间的电子转移速率，提高臭氧对污染物的氧化能力。因此，再生炭负载铁氧化物可有效提高再生炭促进臭氧分解产生·OH的能力，提高臭氧对印染废水中污染物的去除效果。

比较不同强化剂对印染废水BDOC$_5$的影响，结果如图3-81所示。负载铁氧化物的再生炭和再生炭强化臭氧氧化可以有效提高印染废水BDOC$_5$。其中，印染废水二级出水初始BDOC$_5$约为1.92mg/L，经过再生炭强化臭氧氧化处理后，BDOC$_5$上升至3.23mg/L，提高了68%；经过负载铁氧化物的再生炭强化臭氧氧化处理后，BDOC$_5$上升至3.57mg/L，提高了86%。负载铁氧化物的再生炭对印染废水BDOC$_5$的提升幅度更高，主要是因为负载铁氧化物的再生炭强化了臭氧对印染废水难降解污染物的去除能力，将难降解有机物降解为可生物降解的有机物，从而进一步提高印染废水二级出水的可生化性。

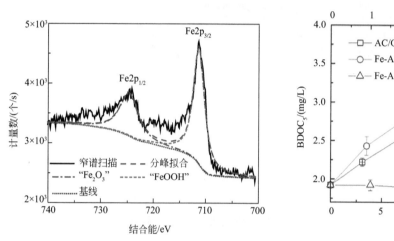

图3-80 负载铁氧化物的再生炭的XPS窄谱扫描结果　　图3-81 不同强化剂对印染废水BDOC$_5$的影响

3.4.2 强化臭氧-生物活性炭对印染废水有机物及毒性的去除特性

（1）强化臭氧-生物活性炭对印染废水中有机物的去除特性

采用强化臭氧-生物活性炭组合工艺处理某印染废水处理厂二级出水，控制尾水COD达到地表Ⅳ类水水质要求（低于30mg/L），苯胺类物质不得检出，色度低于20倍。

为控制强化臭氧-生物活性炭运行成本，固定臭氧投加量为20mg/L，优化再生炭投加剂量为2g/L。生物活性炭空床接触时间越短，水力负荷越大，出水水质越差，但运行成本越低，在出水达标的前提下降低空床接触时间可有效节约组合工艺运行成本。优化强化臭氧-生物活性炭组合工艺生物活性炭空床接触时间为25min。臭氧出水溶解氧含量较高，可达到8mg/L以上，以臭氧出水为生物活性炭进水，降低生物活性炭气水比至3∶1即可满足生物活性炭中微生物对溶解氧的需求，生物活性炭出水溶解氧可以达到6.5mg/L以上。最终确定强化臭氧-生物活性炭运行参数为：臭氧投加20mg/L，再生炭臭氧强化剂投加2g/L，空床接触时间（EBCT）25min，气水比3∶1。

强化臭氧-生物活性炭以上述优化后的参数于2017年7月1日开始运行，在7月17日至8月15日期间强化臭氧-生物活性炭以某印染废水处理厂印染废水二级出水为进水，强化臭氧氧化出水在储水桶内停留2~4h后进入生物活性炭中。

强化臭氧-生物活性炭对印染废水二级出水中COD的去除效果如图3-82所示。在此期间正值夏季，某印染废水处理厂微生物活性高，对印染废水处理能力强，此外降雨对印染废水二级出水具有一定的稀释作用，导致进水COD在45mg/L附近波动。强化臭氧出水COD可降至30~35mg/L，经过生物活性炭（BAC）进一步处理，出水COD维持在20~25mg/L之间，达到地表Ⅳ类水水质要求。

在臭氧投加量0.25mg O_3/mg COD_0的条件下，臭氧-生物活性炭对印染废水中COD的去除率达到72.4%~82.9%[108]。臭氧-生物活性炭处理印染废水二级出水，COD去除率最高可以达到42%。臭氧-生物活性炭可以通过去除印染废水中弱疏水物质和亲水性有机物，以高水平降低印染废水COD。本研究中强化臭氧-生物活性炭对印染废水二级出水中COD的去除率稳定在46%附近，出水COD低于25mg/L，对COD去除效果良好。

强化臭氧-生物活性炭对印染废水二级出水中苯胺类物质的去除效果如图3-83所示。进水中苯胺类物质含量约为0.45mg/L，经过强化臭氧氧化处理后，苯胺类物质基本得以去除，生物活性炭处理后，苯胺类物质不再被检出。臭氧对苯胺类物质具有良好的去除能力[79]，强化臭氧-生物活性炭组合工艺对印染废水中苯胺类物质的去除率达到100%。

强化臭氧-生物活性炭对印染废水二级出水色度的去除效果如图3-84所示。进水色度约为19

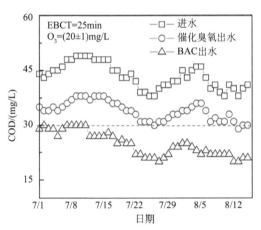

图3-82　强化臭氧-生物活性炭去除印染废水中COD的效果

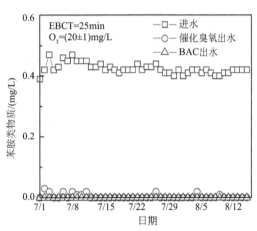

图3-83　强化臭氧-生物活性炭去除印染废水中苯胺类物质的效果

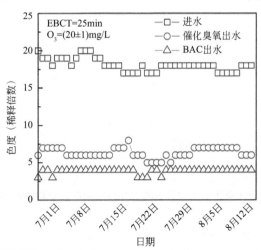

图3-84　强化臭氧-生物活性炭去除印染废水色度的效果

倍，强化臭氧出水色度可降至7倍，经过生物活性炭进一步处理，出水色度维持在3~4倍之间。

臭氧-生物活性炭处理印染废水，可将印染废水色度由58~76倍降低至5~6倍[108]。强化臭氧-生物活性炭处理印染废水，可将其色度由109倍降低至25倍[109]。本研究强化臭氧-生物活性炭对印染废水二级出水色度的去除率稳定在78%附近，出水色度稳定在3~4倍之间，对印染废水色度去除效果良好。

强化臭氧-生物活性炭对印染废水二级出水中荧光物质的去除效果如图3-85所示。进水荧光物质主要集中于Ⅰ区、Ⅱ区和Ⅳ区，对荧光强度进行积分，三个区域的荧光强度占比分别为26%、47%和21%，表明进水中主要荧光物质为酪氨酸类蛋白质、色氨酸类蛋白质和溶解性微生物代谢产物。进水经过强化臭氧氧化处理后，仅可在Ⅰ区和Ⅳ区检测到极弱的荧光信号，总荧光强度仅为进水总荧光强度的9%。生物活性炭进一步处理臭氧出水，Ⅰ区、Ⅱ区和Ⅳ区的荧光强度略有上升，总荧光强度占比分别为23%、51%、19%，总荧光强度是进水荧光强度的34.5%。

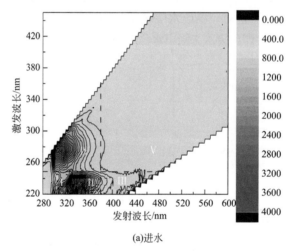

(a)进水

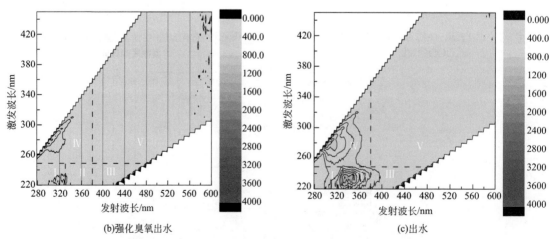

(b)强化臭氧出水　　　　　　　　(c)出水

图3-85　强化臭氧-生物活性炭对印染废水中荧光物质的去除效果

臭氧对印染废水二级出水中的荧光物质均有良好的分解能力，可有效降解芳香族蛋白质、类黄腐酸物质、溶解性微生物代谢产物、腐殖酸物质，生物活性炭深度处理印染废水可进一步降低印染废水中残留的荧光物质[109]。本研究，强化臭氧氧化对印染废水二级出水中荧光物质的去除率接近90%，强化臭氧氧化出水中仅残留少量的酪氨酸类蛋白质、色氨酸类蛋白质、溶解性微生物代谢产物。生物活性炭进一步处理强化臭氧氧化出水，由于生物活性炭中微生物代谢产物溶解到出水中，增加了出水中酪氨酸类蛋白质、色氨酸类蛋白质、溶解性微生物代谢产物含量，荧光强度相对强化臭氧氧化出水略有上升。

（2）强化臭氧-生物活性炭对印染废水中分子量分布的影响

强化臭氧-生物活性炭对印染废水中分子量分布的影响如图3-86所示。进水中有机物的表观分子量主要集中在100~1000范围内。其中有机物在分子量700~900和100~300处出现荧光信号，经过强化臭氧氧化处理后荧光信号消失，再经过生物活性炭处理出水在100~300处再次出现荧光信号，此现象主要是因为臭氧对荧光物质具有良好的去除特性，可以有效去除印染废水中的荧光物质。生物活性炭中的微生物在新陈代谢过程中产生的溶解性微生物代谢产物具有一定的荧光能力，从而导致出水出现少量荧光信号。

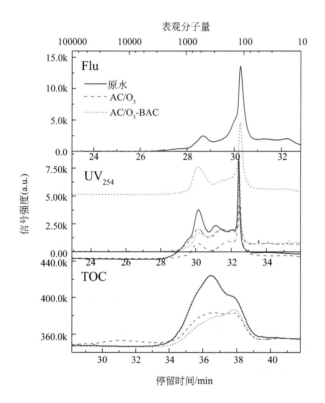

图3-86　工艺对印染废水中分子量分布的影响

进水在表观分子量为700~900、400~500、100~200处出现紫外信号，经过强化臭氧氧化处理后，信号强度明显下降，信号峰向低分子量的方向移动。生物活性炭进一步处理，出水紫外信号强度进一步下降，并向低分子量方向移动。

进水在表观分子量介于100~1000范围内均有TOC信号，强化臭氧氧化处理后，信号强度明显下降，信号峰向低分子量方向移动。生物活性炭进一步处理，出水TOC信号强度进一步下降，并向低分子量方向移动。

强化臭氧-生物活性炭对印染废水二级出水中的染料、印染助剂降解产物，溶解性微生物代谢产物具有良好的去除能力，可将印染废水中的大分子有机物降解为小分子物质[101]。其中臭氧处理印染废水，可将印染废水分子量从10000~30000降低至3000以下[99]。生物活性炭处理臭氧氧化出水，可进一步降解臭氧氧化中间产物，降低印染废水污染物的分子量[110]。

（3）强化臭氧−生物活性炭炭层对印染废水中有机物的去除特性

检测生物活性炭柱进水口进水、15cm处出水、30cm处出水和出水（生物活性炭炭层有效高度50cm），比较生物活性炭不同炭层对印染废水中COD的去除效果，结果见图3-87。活性炭层0~15cm对印染废水中COD的去除效果最佳，COD去除量为5.91mg/L，占比达到生物活性炭COD总去除量的60.4%。随着炭层高度的增加，印染废水中COD的去除率降低。

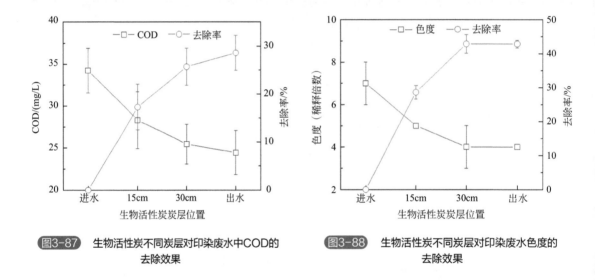

图3-87　生物活性炭不同炭层对印染废水中COD的去除效果　　图3-88　生物活性炭不同炭层对印染废水色度的去除效果

比较生物活性炭不同炭层对印染废水色度的去除效果，结果如图3-88所示。活性炭层0~15cm对印染废水色度的去除效果最佳，色度去除量为2倍，占比达到生物活性炭色度总去除量的66.7%。随着炭层高度的增加，其对印染废水色度的去除率降低。活性炭15~30cm对印染废水色度的去除效果较好，随着炭层高度的增加，其对印染废水色度的去除率降低。30~50cm处炭层对印染废水色度的去除效果差。

本研究生物活性炭采用底部进水，水流向上通过活性炭层。生物活性炭底部炭层污染负荷较高，微生物碳源较充足，从而使生物活性炭底部炭层中的微生物数量庞大，种类丰富[111]。随着生物活性炭层的升高，微生物数量减少，对印染废水中污染物的去除能力下降[110]。本研究生物活性炭在0~15cm段微生物活性最高。分析其原因主要为本研究所用生物活性炭采用升流式进水方式并在底部曝气，导致底层生物活性炭溶解氧充足、有机负荷高，在此环境中，微生物可以大量增殖并保持较高代谢活性，从而表现出对印染废水中典型有机污染物较高的去除能力。随着活性炭层的升高，污染负荷和溶解氧浓度逐渐降低，从而使得活性炭层对印染废水中典型有机污染物的去除能力逐渐下降。

（4）强化臭氧-生物活性炭对印染废水急性毒性的去除特性

检测生物活性炭在 7 月 1 日至 8 月 15 日期间的进水、出水急性毒性，如图 3-89 所示。进水发光细菌急性毒性为 100~120μg $HgCl_2$/L，经过强化臭氧处理后，急性毒性上升至 150μg $HgCl_2$/L 附近，强化臭氧氧化出水经过生物活性炭处理，出水急性毒性降低至 25μg $HgCl_2$/L 附近。强化臭氧-生物活性炭对印染废水急性毒性的去除率达到 75%~79%。

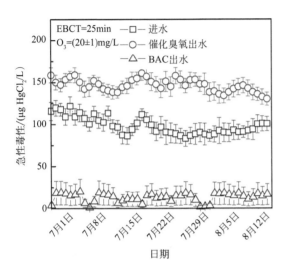 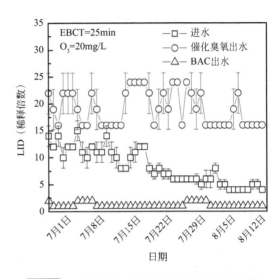

图3-89　强化臭氧-生物活性炭对印染废水急性毒性的影响 图3-90　强化臭氧-生物活性炭去除印染废水最低无效应稀释度

强化臭氧-生物活性炭对印染废水最低无效应稀释度的影响如图 3-90 所示。进水最低无效应稀释度为 7~15 倍；经过强化臭氧处理后，最低无效应稀释度上升至 15~25 倍；强化臭氧氧化出水经过生物活性炭处理，出水最低无效应稀释度降低至 3 倍以下。强化臭氧-生物活性炭对印染废水最低无效应稀释度的去除率达到 57%~80%。

强化臭氧处理印染废水二级出水，会导致出水急性毒性一定程度的上升，其主要原因为在强化臭氧氧化处理印染废水过程中会产生具有毒性的芳香胺类中间产物，从而增加了出水急性毒性[5]。生物活性炭可以通过去除印染废水中溶解性有毒物质从而降低印染废水急性毒性[112]。强化臭氧-生物活性炭处理印染废水二级出水，出水急性毒性会上升 25%~50%；经过生物活性炭处理后，急性毒性明显下降，组合工艺对印染废水二级出水急性毒性的去除率达到 75%~79%。生物活性炭对印染废水急性毒性去除能力强，可有效降低印染废水急性毒性，强化臭氧-生物活性炭组合工艺可深度削减印染废水急性毒性。

比较生物活性炭不同炭层对印染废水急性毒性的去除效果，结果如图 3-91 所示。活性炭层 0~15cm 对印染废水急性毒性去除效果最佳，急性毒性去除量约为 110μg $HgCl_2$/L，占比达到生物活性炭急性毒性总去除量的 90%。随着炭层高度的增加，其对印染废水急性毒性的去除率降低，生物活性炭层 30~50cm 处对印染废水急性毒性的去除能力较弱，急性毒性降低 6μg $HgCl_2$/L。

生物活性炭层对印染废水最低无效应稀释度去除效果的影响如图 3-92 所示。活性炭层 0~15cm 对印染废水最低无效应稀释度的去除效果最佳，最低无效应稀释度去除量约为 14

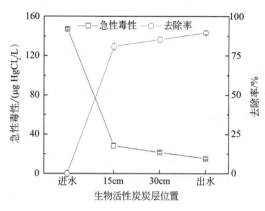

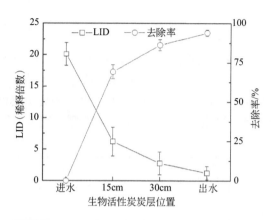

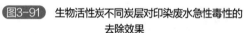

图3-91 生物活性炭不同炭层对印染废水急性毒性的去除效果

图3-92 生物活性炭不同炭层对印染废水最低无效应稀释度的去除效果

倍，占比达到生物活性炭最低无效应稀释度总去除量的73.5%。随着炭层高度的增加，其对印染废水最低无效应稀释度的去除率降低，生物活性炭层30~50cm处仍保持对印染废水急性毒性一定的去除能力，最低无效应稀释倍数降低1.5倍。

本研究表明生物活性炭去除印染废水急性毒性主要在活性炭层0~15cm处完成。生物活性炭凭借其微生物对溶解性污染物良好的去除能力，可以有效去除印染废水中有毒物质[113]。活性炭在0~15cm段微生物活性最高，对印染废水急性毒性去除效果更好。

3.5 工业达标尾水生态再净化与水质提升技术

面向印染集聚区污水厂控制需求，针对南霄污水厂等典型印染污水厂，研究潜流人工湿地填料、水生植物及其组合对印染达标尾水中低浓度重金属锑的控制效果，研究低浓度重金属锑在人工湿地填料中的吸附与迁移规律，研究达标尾水中毒性有机物在人工湿地生态处理当中的削减特性，提出面向印染达标尾水中毒害污染物及其毒性与常规污染物协同控制的人工湿地生态处理技术。

3.5.1 适合修复印染尾水锑污染的植物筛选

湿地植物和填料是人工湿地处理技术的主体，筛选高效的湿地植物和填料能大大提高人工湿地对污染物质的去除能力。因此，水生植物的筛选是本次实验研究的第一步，通过筛选适宜的人工湿地水生植物能够达到更好的处理效果，对本实验的研究起到极其重要的作用。根据植物对污染物质去除效果、毒害症状、鲜重增加量等数据的分析，可以多方面了解植物对印染达标尾水中污染物的去除效果，同时根据植物筛选的原则，考虑实验室所在地的环境条件和常见植物类型，最后选择滴水观音、绿萝、菖蒲、芦苇、香蒲、美人蕉、鸢尾7种湿地备选植物进行筛选。

将植物经过一周的培养液培养后，每种植物挑选6株长势较好、形态和鲜重差别不大的个体，用纯水洗净，擦干。记录其实验前的鲜重（精确至0.01g）。实验反应器为容积2L的黑色塑料瓶。实验时，每个反应器内放入一株植物，分别加入经过配比的印染尾水（通过污水厂某日印染尾水配比一定量污水厂进水适当提高污染物指标）1750mL进行培养，实验水质如表3-8所列。通过人为固定植物高度，保证植物的根系完全浸没在实验水体之下，如图3-93及图3-94所示。实验分别设置一组只加入实验水体不加入植物的空白组（用来检验其他不确定因素对实验水体水质指标的影响），每个实验组和空白组设置2个重复，每隔5天测定反应器内Sb、COD、TP、TN剩余浓度，计算其去除率。由于7种植物鲜重差别较大，实验结果需比较植物鲜重相对增加量。

表3-8　实验水样水质

指标	锑/(μg/L)	COD/(mg/L)	TN/(mg/L)	TP/(mg/L)
浓度	98.4	84.8	22.4	2.4

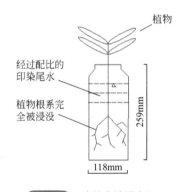

图3-93　水培实验反应器

图3-94　植物筛选过程

由图3-95可以看出，经过25天的植物处理后，各反应器内锑的剩余量有较大的差异，

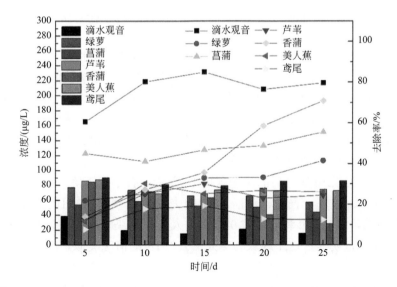

图3-95　不同植物对锑的去除效果（初始浓度为98.2μg/L，柱状图表示浓度，折线图表示去除率）

具体来看，滴水观音对废水中锑有较好的去除效果，整个过程可分为快速吸收、缓慢吸收、释放和慢速吸收，前5d对锑的平均去除率达60.5%，25d对锑的去除率为79.63%。绿萝、菖蒲、芦苇、美人蕉、鸢尾对锑去除主要集中在前5d，之后对锑的吸收均存在一个释放和缓慢吸收的过程。鸢尾对锑的去除效果较差，去除率稳定在5%~20%内。香蒲对锑的去除率随着时间有明显的上升，25d香蒲对锑的去除率为70.85%左右。植物25d对锑的去除率从大到小排序分别为滴水观音79.63% > 香蒲70.85% > 菖蒲55.5% > 绿萝41.54% > 美人蕉26.04% > 芦苇24.46% > 鸢尾12.4%。

由图3-96可以看出，香蒲对废水中COD的去除能力明显优于另外6种水生植物，美人蕉的COD去除率维持在一个较低的水平，另外5种水生植物对COD的去除能力相差不大，25d的去除率均处在15%~30%之间，总体来看，植物对废水中COD的去除能力大小排序为香蒲(37.38%) > 芦苇(26.84%) > 菖蒲(24.74%) > 鸢尾(18.82%) > 滴水观音(17.15%) > 绿萝(16.36%) > 美人蕉（5.98%）。

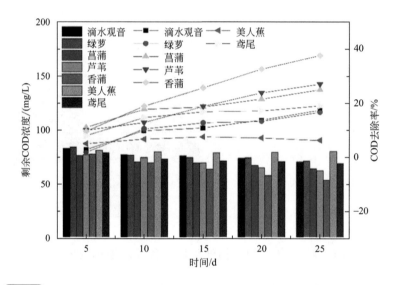

图3-96　不同植物对COD的去除效果（柱状图表示剩余浓度；折线图表示去除率）

由图3-97可以看出，除美人蕉外，植物都有较好的TN去除能力，且对TN的去除主要集中在前面10d，25d的去除率达到60%以上。美人蕉对TN去除率较低，美人蕉10d左右去除率开始下降，这与培养时美人蕉对污染水体产生毒害表现的时间一致，推测是由于美人蕉对水体的毒害反应，美人蕉去除率较低甚至出现释放过程。总体来看，植物对TN去除能力的大小排序为滴水观音（68.17%）> 菖蒲（63.46%）> 绿萝（61.38%）> 香蒲（60.42%）> 芦苇（60.36%）> 鸢尾（50.35%）> 美人蕉（42.13%）。

图3-98显示，经过25d处理后的反应器内TP含量均有不同下降，植物对磷的去除主要集中在前5d，芦苇、绿萝、香蒲、菖蒲对TP的去除效果较好，25d的TP去除率均达75%以上，尤其是芦苇，25d去除率达到97.08%。美人蕉在污染水体中表现出了严重的毒害反应，10d后去除率降低明显，这个现象与美人蕉去除TN的情况类似。由于植物种类的不同，

在水体中对磷的需求和受干扰能力亦有所差异，总结来说，TP去除率按大小排序为芦苇（97.08%）＞绿萝（89.17%）＞香蒲（85.42%）＞菖蒲（77.92%）＞鸢尾（71.7%）＞美人蕉（41.25%）＞滴水观音（40.83%）。

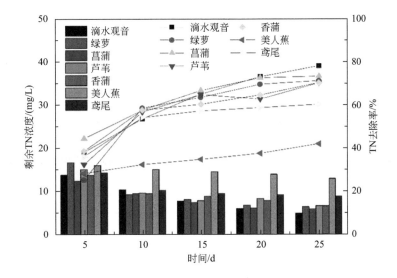

图3-97　不同植物对TN的去除效果（柱状图表示剩余浓度；折线图表示去除率）

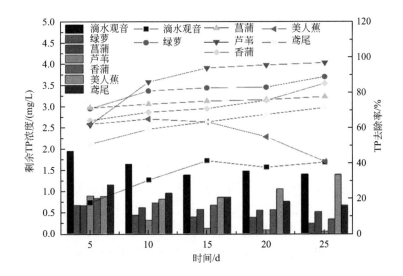

图3-98　不同植物对TP的去除效果（柱状图表示剩余浓度；折线图表示去除率）

综合上述实验结果，植物对污染物的去除能力按等级划分的结果如表3-9所列。从表3-9中可知，按去除污染物的能力划分为4个等级：++++表示去除率高于75%；+++表示去除率介于50%~75%之间；++表示去除率25%~50%；+表示去除率低于25%。

表3-9 植物对污染物的修复能力等级

植物	COD	TN	TP	锑	苯胺类
滴水观音	+	+++	++	++++	++++
绿萝	+	+++	++++	++	++++
菖蒲	+	+++	++++	+++	++++
芦苇	++	+++	++++	+	++++
香蒲	++	+++	++++	+++	++++
美人蕉	+	++	++	++	+++
鸢尾	+	++	+++	+	++++

对7种水生植物处理废水25d后的鲜重相对增加量进行比较，结果如表3-10所列。

表3-10 植物处理废水25d后的鲜重相对增加量

序号	植物	初始鲜重/g	结束鲜重/g	鲜重相对增加量
1	滴水观音	44.91	47.4	0.06±0.02
2	绿萝	8.61	9.02	0.05±0.03
3	菖蒲	156.5	160.8	0.03±0.01
4	芦苇	32.66	36.85	0.12±0.05
5	香蒲	130.8	154.83	0.18±0.01
6	美人蕉	58.62	死亡	—
7	鸢尾	57.1	58.72	0.05±0.01

由于7种植物的原始鲜重相差明显，故本次实验采取了计算鲜重相对增加量的方法从另一个角度描述植物的生长状况。植物鲜重的相对增加量和去除单位锑对应鲜重增加量可以间接反映出植物对污染水体中营养元素的利用率。如图3-99所示，去除单位锑对应鲜重增加量的计算方式为植物在水培过程中所去除水中锑含量比上结束时鲜重增加量。该指标可以间接反映出植物对污染水体中锑的利用率及生长抑制率。由于美人蕉对实验水体产生了严重的毒害反应，故未纳入讨论。整理来看，反应器内的植物在处理废水25d后的鲜重都较空白组实验有所增长，说明这些植物能够吸收转化印染尾水中的污染物质，从去除单位锑对应鲜重增加量来看，香蒲明显高于其他植物，说明香蒲能较好地吸收转化印染尾水中的污染物质。

基于上面的实验研究，综合比较所选7种植物的鲜重增加量、对污染物质的去除效果、毒害症状等指标，表明滴水观音和香蒲可作为人工湿地对印染达标尾水生态修复的优先考虑植物。

3.5.2 适合修复印染达标尾水锑污染的填料筛选

在人工湿地中，填料是去除废水中重金属的主要基质之一，填料能够通过吸附、沉淀、

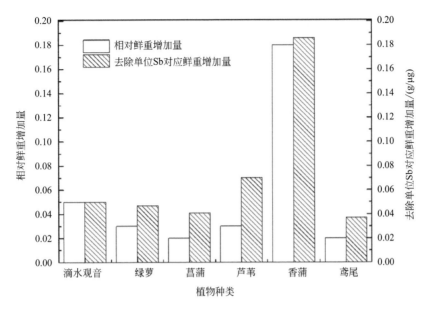

图3-99　植物相对鲜重增加量及去除废水中单位锑对应鲜重增加量

过滤等物理化学作用去除水体污染物，还可以通过为微生物附着和植物生长提供适宜条件来达到生物除氮、磷的目的。本研究选取磁铁矿、沸石、钢渣、火山石、无烟煤、蛭石、建筑砖块7种填料，通过等温吸附试验考察不同填料组合方式对锑、氮、磷等污染物的去除效果。然后根据试验结果选取对锑及营养元素具有稳定去除效果的填料组合。

恒温条件下固体表面发生的吸附现象，用Langmuir吸附模型进行拟合，经过24h振荡试验后，各填料对锑的吸附等温曲线见图3-100，结果见表3-11。Langmuir模型能很好地描述各填料的吸附特征，可见建筑砖块与钢渣对磷的吸附量较大。

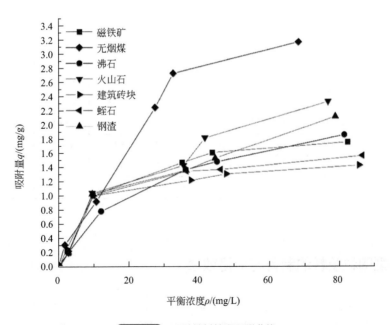

图3-100　**7种填料等温吸附曲线**

表3-11 Langmuir等温吸附模型及其相关参数

溶质	Langmuir 参数	填料						
		磁铁矿	沸石	钢渣	火山石	无烟煤	蛭石	建筑砖块
锑	Q_m/(mg/g)	1.665	2.479	2.426	2.973	4.911	1.746	1.537
	K	0.013	0.035	0.049	0.037	0.0301	0.095	0.1307
	R	0.993	0.998	0.960	0.969	0.983	0.978	0.983
TP	Q_m/(mg/g)	0.274	0.328	1.294	0.758	0.873	0.233	1.145
	K	0.040	0.041	0.124	0.335	0.476	0.008	0.854
	R	0.942	0.917	0.798	0.939	0.889	0.945	0.987
氨氮	Q_m/(mg/g)	0.315	1.858	0.201	0.378	0.573	0.846	0.968
	K	0.026	0.247	0.010	0.007	0.014	0.008	0.146
	R	0.925	0.928	0.928	0.923	0.919	0.939	0.914

根据单种填料的等温吸附结果，综合考虑各项指标，进行填料组合的优化配比，不同填料组合方式对实际废水中COD、锑、TP、氨氮经过48h的吸附平衡后浓度见表3-12。由表3-12可知，无烟煤（A）与沸石（Z）的AZ组合对废水中COD和锑的去除效果明显优于其他组合，无烟煤、火山石（V）、沸石的AVZ组合对COD的去除仅次于AZ组合，VZS（S为钢渣）组合对COD的去除效果最差，说明无烟煤的增加对废水中COD的去除有明显作用；AZS组合和VZS组合对TP的去除效果好于另外的组合，说明钢渣的增加有利于废水中磷的去除。各组合对氨氮的去除效果相差不大。综合考虑各项指标，无烟煤和沸石的AZ21组合在各指标方面均有较好的去除效果，故本次动态试验选用AZ21组合作为湿地填料。

表3-12 填料组合48h对污染物的吸附效果　　　　　　　　单位：mg/L

编号	COD	锑	TP	氨氮	编号	COD	锑	TP	氨氮
AVZ111	67.4	0.0589	0.44	4.92	AZS111	67.2	0.0632	0.45	5.22
AVZ211	66.3	0.0665	0.40	5.05	AZS211	66.3	0.0603	0.58	5.32
AVZ212	63.9	0.0636	0.43	4.82	AZS212	66.5	0.0611	0.48	5.47
AVZ112	68.9	0.078	0.67	4.78	AZS221	64.3	0.0524	0.72	4.98
AZ11	60.2	0.0554	0.62	4.25	VZS111	68.9	0.0623	0.71	5.35
AZ21	55.3	0.0435	0.43	4.26	VZS211	67.2	0.0582	0.48	5.66
AZ12	58.8	0.0649	0.56	4.18	VZS212	72.4	0.0613	0.52	5.89
AZ31	57.5	0.0426	0.43	5.02	VZS221	73.2	0.060	0.62	4.99

3.5.3 新型陶粒填料的制备与应用效果

陶粒是一种粒径在5~25mm的陶质或釉质颗粒物，一般是经高温煅烧发泡生产的轻骨料，随着技术发展也有一些免烧陶粒的研究值得关注。陶粒的外形一般是球形，表面光滑，内部呈蜂窝状，主要特点是在质量轻、密度小的同时具有很大的比表面积和很高的结构强度。

以自来水厂的污泥为主要原料和基础骨架原料，加以一定量的添加剂、黏合剂、发泡剂等。对污泥陶粒的其他添加剂、黏合剂、发泡剂的组成成分及污泥陶粒的烧制过程进行研究。通过添加不同添加剂和与给水污泥的不同配比进行烧制陶粒的正交实验，确定污泥陶粒的最佳配比并煅烧适宜的污泥陶粒。考察烧制过程中可能会对陶粒成型、比表面积、堆积密度、颗粒密度造成影响的因素，如干燥程度、预热温度和时间、煅烧温度和时间等，确定以污泥作为骨料的轻质多孔陶粒的最佳生产工艺条件。对得到的最适宜的污泥陶粒进行物理性质的检测和化学性质的分析，观察微观结构特征、元素组成并考察其对重金属锑的吸附效果。

选用以下5种不同类型的原材料和不同投加配比制备五种不同的陶粒，原料配比见表3-13，并比较它们的理化性质。综合考量多种因素，最终选择最适用于人工湿地基质的轻质污泥陶粒填料。

表3-13　污泥陶粒原材料配比

陶粒类别	自来水厂污泥 /%	凹凸棒石 /%	水玻璃 /%	碳酸钙 /%	类水滑石 /%	针铁矿 /%
实施例 1	55	15	5	15	5	5
实施例 2	60（酸性）	15	5	5	5	10
实施例 3	60（酸性）	15	5	5	5	10
实施例 4	55	15	5	15	5	5
实施例 5	70	15	5	10	0	0

污泥陶粒的主要煅烧工艺过程包括原材料的预处理过程、塑化成球过程、材料干燥过程、升温预热过程、高温煅烧过程和冷却过程6个阶段。

① 预处理过程。自来水厂污泥含水率很高，必须先进行自然风干或者放入烘箱中烘干以去除其中的水分。本实验过程中为了提高效率，选择将污泥样品摊开自然风干。原材料的粒径越小，黏性越大，可塑性越好。因此，将风干后的污泥碾磨成粉末状，过100目的标准分子筛进行筛分。其他人工制备的原材料也同样研磨后过筛。

② 塑化成球过程。本实验中要求陶粒粒径统一为5mm左右，采用的是手动成球和模具成球相结合的成球方式。按上文实验方法的材料和配比，将各研磨好的原料分别称量好，依次混合于不同烧杯中，搅拌均匀后，加入适量水，再次搅拌直到呈黏稠状，使掺入的各原材料混合均匀，有利于煅烧出质地均匀、稳定性强的陶粒。成球浆料的含水率一般控制在20%~40%，然后手工搓成料球或者倒入模具自然成型。

③ 材料干燥过程。为了防止高温煅烧过程中尚未稳定的料球裂开，制备好的料球要预先进行干燥，可以选择自然风干或放入烘箱中干燥（一般设置温度为105℃）一定时间，以充分脱去料球中的水分。

④ 升温预热过程。为了防止马弗炉骤然升温导致料球炸裂，也为了保护实验仪器，料球进入马弗炉后，要先进行预热处理。在较低温预热一段时间，同时可以降低烧胀前料球中含碳量，产生气体并排除，使料球内部逐渐烧胀，料球表层逐渐软化。

⑤ 高温煅烧过程。高温煅烧是烧结陶粒过程中关键的一步。煅烧温度和煅烧时间或可直接影响陶粒成品的物化性能。马弗炉炉腔内逐渐升温直到达到实验要求的最高煅烧温度，然后恒温保持一定时间，使料球烧结膨胀。

⑥ 冷却过程。在马弗炉中到达煅烧陶粒所需的煅烧温度并煅烧足够时长后，立即关闭马弗炉的电源，等待马弗炉内温度自然下降后再打开炉门，继续使其自然冷却至室温，拿出后即得到成品污泥陶粒。

选用不同原材料所制备的陶粒性质见表3-14。

表3-14　实施例对比

不同比例的实施例	堆积密度 /(kg/m³)	比表面积 /(m²/g)	筒压强度 /MPa	1h 吸水率 /%	锑去除率 /%
实施例 1	710~750	35.08	6.47	53	56
实施例 2	690~730	34.62	7.08	43	64
实施例 3	710~730	34.73	6.25	45	59
实施例 4	510~620	36.82	3.33	48	69
实施例 5	710~750	34.54	5.52	49	23

（1）陶粒不同烧制温度对锑吸附效果的影响

当制备污泥陶粒的添加成分和比例不变，只改变煅烧温度时，由于陶粒是轻质骨架材料，同样会在很大程度上改变污泥陶粒的性质，从而影响陶粒对污染物的吸附性能。在 25℃、150r/min、环境 pH 值为 7.0、陶粒投加量为 0.2g/L、锑初始浓度为 50μg/L、吸附时间为 5h 的条件下进行试验，实验结果如图3-101 所示。

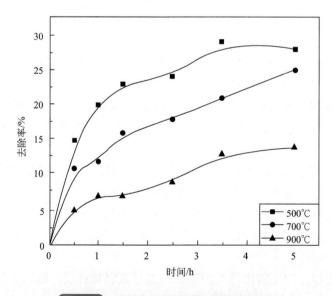

图3-101　陶粒烧制温度对锑吸附效果的影响

由图3-101可知，不同烧制温度的陶粒对锑的去除率差别很大。当烧制温度为500℃时，污泥陶粒对锑的去除率较大，5h可达到25%以上，但是一般情况下煅烧温度在500℃以下时所制备的陶粒内部结构比较疏松，其硬度很小，在运输和使用过程中受到振荡容易破碎，不适合于大规模应用。而700℃下烧制的陶粒对锑的去除率虽比500℃下烧制的陶粒略小，但陶粒硬度很大，气孔率高，振荡后不碎，5h内对锑的去除率也可达到20%以上。900℃下烧制的陶粒，内部已达到熔融状态，样品黏结成团，因而900℃下烧制的陶粒吸附率较低。故选取700℃作为陶粒的最佳烧制温度。

（2）陶粒投加量对锑吸附效果的影响

在25℃、150r/min、环境pH值为7.0、陶粒烧制温度为700℃、锑初始浓度为50μg/L、吸附时间为24h的条件下考察陶粒投加量（0.2~1.0g/L）对锑吸附效果的影响，实验结果如图3-102所示。

由图3-102可知，当陶粒投加量为0.2~0.8g/L时，去除率从61.63%显著增大到93.12%；当陶粒投加量为0.8~1.0g/L时，锑的去除率变化则不大。通常情况下，污染物的去除率会随着吸附材料投加量的增加而增大，这是因为对于恒定浓度的污染物，在同一环境中的吸附剂投加量越多，那么体系中可供污染物进行吸附的反应活性位点就越多，容纳污染物的能力就会增强，因此会导致污染物去除率的提升。但考虑吸附效果和成本，最终确定污泥陶粒的投加量为0.2g/L。

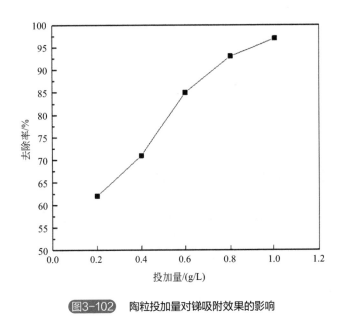

图3-102　陶粒投加量对锑吸附效果的影响

（3）pH值对锑吸附效果的影响

在25℃、150r/min、陶粒烧制温度为700℃、锑初始浓度为50μg/L、陶粒投加量为0.2g/L、吸附时间为24h的条件下，用0.05mol/L HCl溶液和0.05mol/L NaOH溶液调节反应溶液初始

pH值，考察pH值范围在5~11时对污泥陶粒吸附锑的影响，实验结果如图3-103所示。

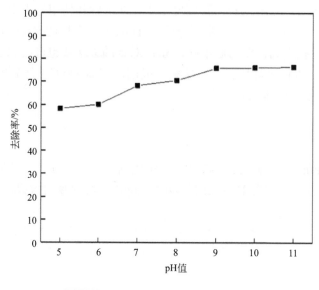

图3-103 不同pH值对锑吸附效果的影响

由图3-103可知，随着溶液初始pH值的升高，陶粒对锑的去除率不断增大，pH值从5升高到11时锑的去除率由58.25%上升至76.43%。当溶液初始pH值为5~7时，陶粒对溶液中锑的吸附效果一般，这是由于H^+能够优先被陶粒吸附，H^+过多地占据了陶粒表面锑的吸附位，使陶粒表面锑降低；当溶液初始pH值为8~11时，H^+浓度减少，H^+的竞争作用减弱，更多的结合位点释放出来，陶粒表面锑的吸附位逐渐被占据，去除率增大；当溶液初始pH为7.0时，去除率达到68.32%，与最高去除率仅相差8%左右，且污水厂出厂尾水的pH一般在中性附近，因此将pH值确定为7，即自然条件下的pH值对实际使用更有参考价值与意义。

3.5.4 两种流态湿地对污染物的去除特性

反应器设计：采用聚氯乙烯板搭建的水箱床体来模拟人工湿地系统。

3.5.4.1 一号水平潜流人工湿地

（1）床体

模型尺寸700mm×400mm×400mm（体积为0.112m³），为保证布水均匀，进水板和出水板孔间距50mm，均匀分布在床体两侧，水在植物床的表面下流动，水由进口至出口平行流过床体，水面低于床表层50~100mm，系统维持饱和状态。取样口设置在正前方，分为4个水龙头，每隔200mm设取样口，另在出水端底部设一出水管排水（图3-104）。

图3-104　水平潜流人工湿地运行现场

　　填料粒径从下到上逐渐减小，最下层为50mm厚、粒径约20mm的火山石；中间层为200mm厚、粒径约5mm的陶粒及粒径约2mm的煤渣；最上层为200mm厚、粒径0~1mm的砂土。

（2）植物

　　湿地植物选择美人蕉和黄菖蒲各两捧，每捧2株，苗种间距100~200mm，植物埋进砂土内层100~200mm。在移植入系统前均进行了根部土壤的清洗。

（3）布水系统

　　用100L配水桶进行配水，配水桶底部高出人工湿地底部500mm，以保证人工湿地中的水量和水质分布一致。达标印染废水从进水口由计量泵泵入床体，在停水槽分布均匀后流入填料，处理后的水均匀流出。

（4）运行方式

　　水平潜流人工湿地采用连续流运行方式，控制水力负荷为1L/d，水力停留时间1~4d，设置4个取样口，取样口间隔200mm，取水样测试COD、TP、TN、锑、苯胺等指标。
　　水平潜流人工湿地模型见图3-105。

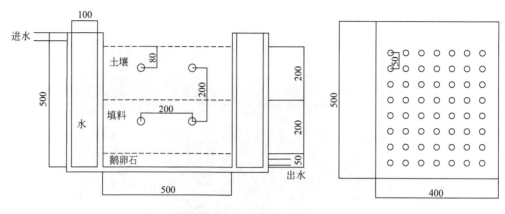

图3-105 水平潜流人工湿地模型

3.5.4.2 二号垂直潜流人工湿地

（1）床体

模型尺寸400mm×400mm×700mm（体积为0.112m³），为保证布水均匀，在湿地装置的上端配置污水管，配水管从湿地表面向填料床底部纵向流动，污水通过湿地填料层呈不饱和状态（图3-106）。

图3-106 垂直潜流人工湿地运行现场

填料层中，基质粒径呈递减趋势，最下层为100mm厚、粒径约10mm的火山石；中间层为400mm厚、粒径约5mm的陶粒及粒径约2mm的煤渣；最上层为150mm厚、粒径0~1mm的砂土。

（2）植物

湿地植物选择美人蕉和黄菖蒲各2株，苗种间距100~200mm，植物埋进砂土内层100~200mm。

（3）布水系统

用100L塑料大桶从高处进行配水，配水桶底部高出床底500mm，以保证人工湿地中的水量和水质分布一致。达标印染废水由一根长约500mm的塑料软管从人工湿地进水端通过计量泵进入，并对湿地进行均衡配水。

（4）运行方式

垂直流人工湿地采用间歇式进水方式，控制水力负荷为1L/d，水力停留时间7d，设置6个取样口，取样口间隔100mm，取水样测试COD、TP、TN、锑、苯胺类化合物等指标。

垂直潜流人工湿地模型见图3-107。实验水体水质标准及去除率见表3-15。

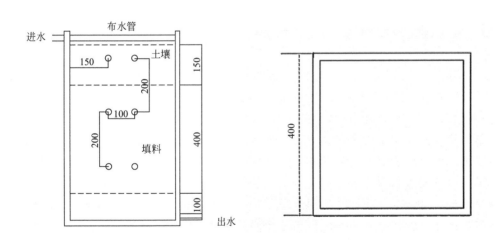

图3-107　垂直潜流人工湿地模型

表3-15　实验水体水质标准及去除率

指标	锑	COD	氨氮	TP	苯胺类化合物
浓度 /(mg/L)	0.05	82.5	26.8	2.33	0.2
水平潜流人工湿地去除率 /%	86	49.5	81.9	85.4	56.8
垂直潜流人工湿地去除率 /%	73.7	45.2	77.3	68.6	44.3

人工湿地底层的火山岩滤料质轻多孔，孔隙率极大，是良好的过水填料。火山石经过选矿之后，大块机械破碎，然后进行筛分，逐渐加工成颗粒粒径为10~20mm的小块滤料。它的主要成分为硅、铝、锰、铁等几十种矿物质和微量元素，外表呈现红黑色或者褐色，质硬坚固，能在水中长期稳定存在。

人工湿地中间的填料选用人工制备的污泥陶粒和普通煤渣混合而成，人工制备的新型轻质污泥陶粒对污染物具有良好的吸附效果。

人工湿地上层土壤选用农田表层的黄土，干净无菌，无污染，无添加剂，适宜植物生长且不影响湿地的整体水质和运行效果。

湿地植物选择黄菖蒲和美人蕉两种落叶绿植，生长旺盛，对达标印染废水适应性强，对污染物吸附效果好。

运行期间两种不同流态的湿地系统对污水的净化效果都比较稳定，两种模拟人工湿地对重金属锑的去除率达70%以上，对COD的去除率达45%以上，对TP的去除率达68%以上，对氨氮的去除率达77%以上，对苯胺类化合物的去除率达40%以上。其中水平流人工湿地处理效果更显著。

人工湿地夏秋季节比冬季净化效果好。运行半年后对用于湿地填料的污泥陶粒所积累的有机物进行分析。运行半年后，水平潜流人工湿地共积累了3.61kg/m^{2}有机物质，垂直潜流人工湿地共积累了2.19kg/m^{2}有机物质。

3.5.5 人工湿地系统削减印染达标尾水锑性能评价

在前文的研究基础上，考察连续运行条件下，潜流人工湿地处理印染达标尾水的处理效果，以期为除锑人工湿地的实际应用及研究提供有益探索。

根据筛选结果，分别构建1号湿地系统（种植滴水观音的表面流与种植香蒲的水平潜流组合湿地系统；表流湿地种植滴水观音旨在降低潜流湿地负荷，增长运行寿命）、2号湿地系统（未种植物的潜流湿地系统）、3号湿地系统（种植香蒲的水平潜流湿地系统），实验装置模拟表面流和水平潜流湿地，材料为PP（聚丙烯）板，表面流湿地单个尺寸为500mm×250mm×300mm，水平潜流湿地单个尺寸为1200mm×500mm×600mm，底部为8cm厚的砾石层。反应装置如图3-108所示。3个潜流湿地填料均为AZ21，植物种植密度为20株/m^2。进水采用吴江以印染废水为主的某污水厂二沉池出水。

运行稳定后的3个月里，1号湿地系统对锑的去除率为32%~68.4%，平均53.9%；2号湿地系统对锑的去除率为23.5%~62.4%，平均41.9%；3号湿地系统对锑的去除率为20.5%~71.2%，平均43.5%（图3-109）。可以看出，3号湿地系统对锑的去除效果略微好于2号湿地系统，说明选择合适的植物可以增加废水中锑的去除效果。1号湿地系统较3号湿地系统前面增设了种植香蒲的表面流湿地系统，在运行期间，1号湿地系统对锑的去除效果明显优于其他两个湿地系统，因此选择合适的湿地系统组合可以提高湿地系统对锑的去除效果。

表3-16为各湿地系统在运行期间进出水中其他监测指标的平均浓度及去除率。不同湿地系统对于各污染物的去除效果存在差异。1号湿地系统对废水中的COD、氨氮、TP的去除效果要优于2号湿地系统和3号湿地系统。未种植物的2号湿地系统对锑、COD、氨氮、

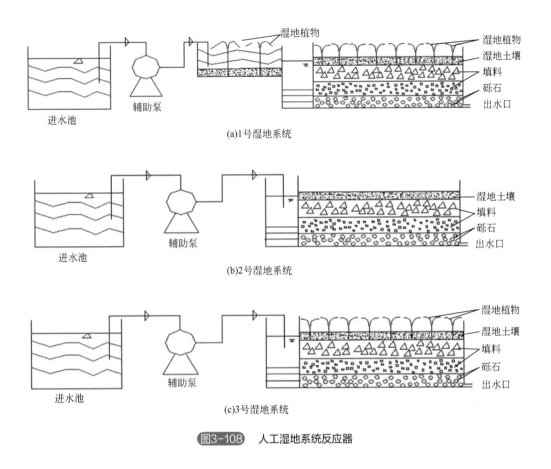

图3-108　人工湿地系统反应器

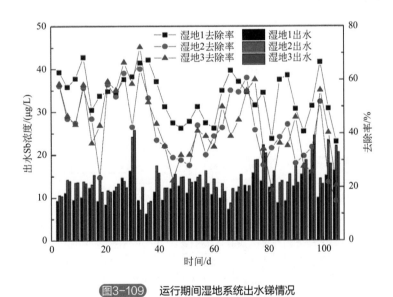

图3-109　运行期间湿地系统出水锑情况

TP的去除效率明显低于另外两个湿地系统。说明种植滴水观音的表面流与种植香蒲的水平潜流组合人工湿地是一种适用于印染达标尾水中低浓度锑的削减及水质再提升的人工湿地系统。

表3-16　各反应器中污染物去除效果

指标	进水 / (mg/L)	湿地系统	出水 / (mg/L)	去除率 / %
COD	76.2±8.8	1	38.4±6.2	49.6
		2	44.2±6.4	42
		3	43.4±5.6	43
硝氮	13.85±1.9	1	8.15±2.65	41.2
		2	7.38±1.24	46.7
		3	8.31±2.29	40
氨氮	10.42±2.3	1	0.43±0.18	85.9
		2	1.47±0.83	80.9
		3	1.42±0.62	81.4
TP	0.3±0.18	1	0.05±0.01	83.3
		2	0.09±0.05	70.7
		3	0.07±0.02	76.7

3.6　印染等废水毒害污染物削减与毒性控制技术验证工程示范

印染等废水毒害污染物削减与毒性控制技术验证工程位于某市某流域。该流域对污水处理厂出水毒害污染物和毒性具有高标准的水质控制要求。该工程应用了本研究所研发的印染废水毒害污染物与毒性多屏障控制组合技术。该技术验证工程的处理能力为$4.5 \times 10^4 m^3/d$。

改造后污水厂工艺流程如图3-110所示。

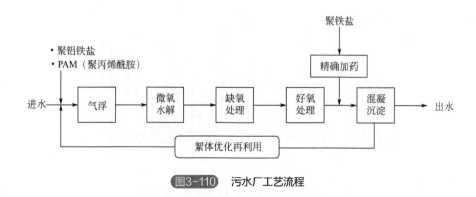

图3-110　污水厂工艺流程

示范工程开展了为期6个月的日常运行监测（锑每个月4次，毒性每个月1次）、第三方监测（锑每个月4次，毒性每个月1次）。第三方监测结果表明，示范工程运行后出水锑浓度达20μg/L以下（均值12.5μg/L，见图3-111），出水发光细菌急性毒性降低至1倍以下（图3-112）。

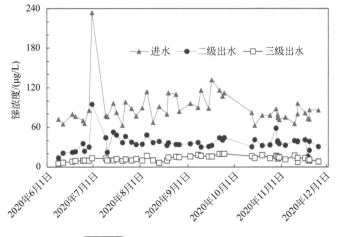

图3-111 工程示范对锑的去除特性

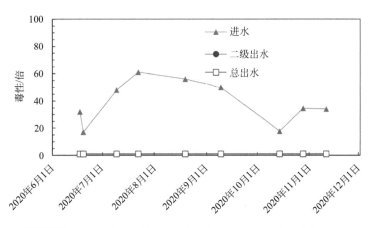

图3-112 工程示范对毒性的去除特性（二级出水与总出水曲线重叠）

　　示范工程在实现出水锑和毒性控制的同时，还实现了药剂量和用电量的节约。图3-113为改造前后的吨水药剂量和用电量差异。吨水药剂量由 $0.0023t/m^3$ 降低至 $0.0017t/m^3$，降低了 26%。吨水用电量由 $0.78kW·h/m^3$ 降低至 $0.61kW·h/m^3$，降低了 22%。

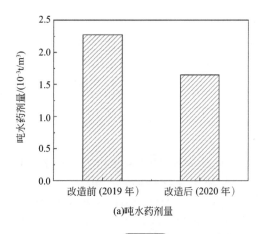

(a)吨水药剂量

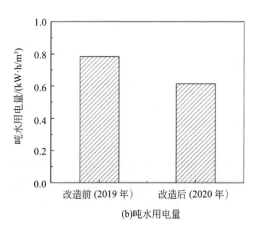

(b)吨水用电量

图3-113 工程示范改造前后吨水药耗和用电量变化（6~11月）

图3-114为改造前后的吨水药剂费和电费差异。吨水药剂成本（混凝剂和絮凝剂）由0.6783元/m³降低至0.5664元/m³，降低了16.4%。吨水电费由0.5160元/m³降低至0.4045元/m³，降低了21.6%。药剂费和电费成本由示范前1.194元/m³降低至示范后0.971元/m³。因此，该技术在实现污染物控制的同时，也可降低药剂费和电费成本。

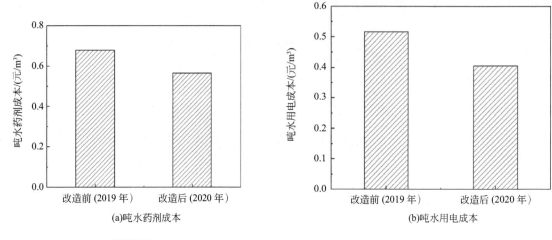

图3-114　工程示范改造前后吨水药剂成本和用电成本变化（6~11月）

参考文献

[1] 中国纺织工业联合会, 孙淮滨. 2014/2015中国纺织工业发展报告:中国纺织工业发展报告[M]. 北京：中国纺织出版社, 2015.

[2] 国家统计局, 环境保护部. 中国环境统计年鉴: China statistical yearbook on environment. 2015[M]. 北京：中国统计出版社, 2016.

[3] 国家统计局. 中国环境年鉴: 水环境管理2018[M]. 北京：中国环境年鉴社, 2018.

[4] Zhu X, Ni J, Wei J, et al. Destination of organic pollutants during electrochemical oxidation of biologically-pretreated dye wastewater using boron-doped diamond anode[J]. Journal of Hazardous Materials, 2011, 189(1-2):127-133.

[5] 奚旦立, 马春燕. 印染废水的分类、组成及性质[J]. 印染, 2010, 36(14):51-53.

[6] Tabrizi M T F, Glasser D, Hildebrandt D. Wastewater treatment of reactive dyestuffs by ozonation in a semi-batch reactor[J]. Chemical Engineering Journal, 2011, 166(2):662-668.

[7] Selcuk H. Decolorization and detoxification of textile wastewater by ozonation and coagulation processes[J]. Dyes & Pigments, 2005, 64(3):217-222.

[8] Tabrizi M T F, Glasser D, Hildebrandt D. Wastewater treatment of reactive dyestuffs by ozonation in a semi-batch reactor[J]. Chemical Engineering Journal, 2011, 166(2):662-668.

[9] Khan S, Malik A. Toxicity evaluation of textile effluents and role of native soil bacterium in biodegradation of a textile dye[J]. Environmental Science & Pollution Research, 2018, 25(5):1-13.

[10] Akhtar M F, Ashraf M, Javeed A, et al. Toxicity appraisal of untreated dyeing industry wastewater based on chemical characterization and short term bioassays[J]. Bulletin of Environmental Contamination & Toxicology, 2016, 96(4):502-507.

[11] Ledakowicz S, Solecka M, Zylla R. Biodegradation, decolourisation and detoxification of textile waste-water enhanced by advanced oxidation processes[J]. Journal of Biotechnology, 2001, 89(2):175-184.

[12] O'Neill C, Hawkes F R, Hawkes D L, et al. Colour in textile effluents - sources, measurement, discharge consents and simulation: a review[J]. Journal of Chemical Technology & Biotechnology, 2015, 74(11):1009-1018.

[13] Hitchcock D R, Law S E, Wu J, et al. Determining toxicity trends in the ozonation of synthetic dye wastewaters using the nematode Caenorhabditis elegans[J]. Archives of Environmental Contamination & Toxicology, 1998, 34(3):259-264.

[14] Wu J, Gao H, Yao S, et al. Degradation of crystal violet by catalytic ozonation using Fe/activated carbon catalyst[J]. Separation and Purification Technology, 2015, 147: 179-185.

[15] Bili ń ska L, Gmurek M, Ledakowicz S. Comparison between industrial and simulated textile wastewater treatment by AOPs - biodegradability, toxicity and cost assessment[J]. Chemical Engineering Journal, 2016, 306:550-559.

[16] Ledakowicz S, Solecka M, Zylla R. Biodegradation, decolourisation and detoxification of textile waste-water enhanced by advanced oxidation processes[J]. Journal of Biotechnology, 2001, 89(2):175-184.

[17] 杨水庚, 卓俊谦. 聚酯用3种锑系催化剂性能评价[J].聚酯工业,2005,18(4):18-19.

[18] Leuz A K, Johnson C A. Oxidation of Sb(Ⅲ) to Sb(Ⅴ) by O_2, and H_2O_2, in aqueous solutions[J]. Geochimica Et Cosmochimica Acta, 2005, 69(5):1165-1172.

[19] 董焕成. 苯胺类染化废水对活性污泥中微生物群落结构的影响[J]. 云南化工, 2020,47(3):55-57.

[20] Zepeda A, Texier A C, Razo-Flores E, et al. Kinetic and metabolic study of benzene, toluene and m-xylene in nitrifying batch cultures[J]. Water research, 2006, 40(8): 1643-1649.

[21] 陈恺, 任龙飞, 蔡浩东, 等. 新型生物强化 A^2/O 系统在苯胺废水处理中的应用[J]. 环境工程学报, 2020, 14(7): 1808-1816.

[22] Mohanta V L, Brijesh Kumar Mishra. Integration of cancer and non-cancer human health risk assessment for Aniline enriched groundwater: a fuzzy inference system-based approach[J]. Environmental Geochemistry and Health, 2020.

[23] Cui D, Li G, Zhao D, et al. Microbial community structures in mixed bacterial consortia for azo dye treatment under aerobic and anaerobic conditions[J]. Journal of Hazardous Materials, 2012, 221-222: 185-192.

[24] Cui D, Li G, Zhao M, et al. Decolourization of azo dyes by a newly isolated Klebsiella sp. strain Y3, and effects of various factors on biodegradation[J]. Biotechnology Biotechnological Equipment, 2014, 28: 478-486.

[25] Cui M, Cui D, Gao L, et al. Azo dye decolorization in an up-flow bioelectrochemical reactor with domestic wastewater as a cost-effective yet highly efficient electron donor source[J]. Water Research, 2016, 105: 520-526.

[26] Rajasimman M, Venkatesh B S, Rajamohan N. Biodegradation of textile dyeing industry wastewater using modified anaerobic sequential batch reactor - Start-up, parameter optimization and performance analysis[J]. Journal of the Taiwan Institute of Chemical Engineers, 2017, 72: 171-181.

[27] Dai R B, Chen X G, Luo Y, et al. Inhibitory effect and mechanism of azo dyes on anaerobic methanogenic wastewater treatment: Can redox mediator remediate the inhibition[J]. Water Research, 2016, 104: 408-417.

[28] Tomei M C, Mosca A D, Daugulis A J. Sequential anaerobic-aerobic decolourization of a real textile wastewater in a two-phase partitioning bioreactor[J]. Science of the Total Environment, 2016, 573: 585-593.

[29] Ba ê ta B E L, Lima D R S, Silva S Q, et al. Evaluation of soluble microbial products and aromatic amines

accumulation during a combined anaerobic/aerobic treatment of a model azo dye[J]. Chemical Engineering Journal, 2015, 259: 936−944.

[30] Jonstrup M, Kumar N, Murto M, et al. Sequential anaerobic‐aerobic treatment of azo dyes: decolourisation and amine degradability[J]. Desalination, 2011, 280(1): 339−346.

[31] Wijetunga S, Li X−F, Jian C. Effect of organic load on decolourization of textile wastewater containing acid dyes in upflow anaerobic sludge blanket reactor[J]. Journal of Hazardous Materials, 2010, 177: 792−798.

[32] Singh R L, Singh P K, Singh R P. Enzymatic decolorization and degradation of azo dyes‐A review[J]. International Biodeterioration & Biodegradation, 2015,104: 21−31.

[33] 晋玉亮, 王旭, 杨冲, 等. 苯胺对氨氮硝化反应抑制作用的实证研究[J]. 中国给水排水, 2016, 32(23): 85−87.

[34] Xie L, Ping J, Zhang Q, et al. Illumina MiSeq Sequencing reveals microbial community in HA process for dyeing wastewater treatment fed with different cosubstrates[J]. Chemosphere, 2018, 201: 578−585.

[35] 岳秀, 唐嘉丽, 于广平, 等. 双氧水协同生化法强化处理印染废水[J]. 环境科学, 2017, 38(9): 3769−3780.

[36] Xie X, Liu N, Yang B, et al. Comparison of microbial community in hydrolysis acidification reactor depending on different structure dyes by Illumina Miseq sequencing[J]. International Biodeterioration & Biodegradation, 2016, 111: 14−21.

[37] Mahmood S, Khalid A, Arshad M, et al. Detoxification of azo dyes by bacterial oxidoreductase enzymes[J]. Critical Reviews in Biotechnology, 2016, 36(4): 639−651.

[38] Arreola−Vargas J, Celis L B, Buitrón G, et al. Hydrogen production from acid and enzymatic oat straw hydrolysates in an anaerobic sequencing batch reactor: Performance and microbial population analysis[J]. International Journal of Hydrogen Energy, 2013, 38(32): 13884−13894.

[39] Zhou J, Wang J J, Baudon A, et al. Improved fluorescence excitation−emission matrix regional integration to quantify spectra for fluorescent dissolved organic matter[J]. Journal of Environmental Quality, 2013, 42(3): 925−930.

[40] Zhou J, Li H, Chen X, et al. Cometabolic degradation of low−strength coking wastewater and the bacterial community revealed by high−throughput sequencing[J]. Bioresource Technology, 2017, 245: 379−385.

[41] Cao S, Du R, Li B, et al. High−throughput profiling of microbial community structures in an anammox−UASB reactor treating high−strength wastewater[J]. Applied Microbiology & Biotechnology, 2016, 100(14): 6457−6467.

[42] Zhang Y, Jr Frankenberger W T. Supplementing *bacillus* sp. RS1 with *Dechloromonas* sp. HZ for enhancing selenate reduction in agricultural drainage water[J]. Science of the Total Environment, 2007, 372: 397−405.

[43] Zhang M M, Chen W M, Chen B Y, et al. Comparative study on characteristics of azo dye decolorization by indigenous decolorizers[J]. Bioresource Technology, 2010, 101: 2651−2656.

[44] Zhang R C, Xu X J, Chen C, et al. Interactions of functional bacteria and their contributions to the performance in integrated autotrophic and heterotrophic denitrification[J]. Water Research, 2018, 143: 355−366.

[45] Pan K L, Gao J F, Li H Y, et al. Ammonia−oxidizing bacteria dominate ammonia oxidation in a full−scale wastewater treatment plant revealed by DNA−based stable isotope probing[J]. Bioresource Technology, 2018, 256: 152−159.

[46] Jia W, Chen Y, Zhang J, et al. Response of greenhouse gas emissions and microbial community dynamics to temperature variation during partial nitrification[J]. Bioresource Technology, 2018, 261: 19−27.

[47] Quijada N M, De Filippis F, Sanz J J, et al. Different *lactobacillus* populations dominate in "chorizo de león" manufacturing performed in different production plants[J]. Food Microbiology, 2018, 70: 94−102.

[48] Bae W, Han D, Kim E, et al. Enhanced bioremoval of refractory compounds from dyeing wastewater using optimized sequential anaerobic/aerobic process[J]. International Journal of Environmental Science and Technology, 2016, 13(7): 1675-1684.

[49] Naimabadi A, Attar H M, Shahsavani A. Decolorization and biological degradation of azo dye reactive red2 by anaerobic/aerobic sequential process[J]. Iranian Journal of Environmental Health Science & Engineering, 2009, 6(2): 67-72.

[50] Assadi A, Naderi M, Mehrasbi M R. Anaerobic-aerobic sequencing batch reactor treating azo dye containing wastewater: effect of high nitrate ions and salt[J]. Journal of Water Reuse & Desalination, 2018, 8(2): 251-261.

[51] Franca R D, Vieira A, Mata A M, et al. Effect of an azo dye on the performance of an aerobic granular sludge sequencing batch reactor treating a simulated textile wastewater[J]. Water Research, 2015, 85: 327-336.

[52] Victral D M, Dias H R A, Silva S Q, et al. Enhancement of anaerobic degradation of azo dye with riboflavin and nicotinamide adenine dinucleotide harvested by osmotic lysis of wasted fermentation yeasts[J]. Environmental Technology, 2017, 38(4): 483-494.

[53] Sun Y, Guan Y, Pan M, et al. Enhanced biological nitrogen removal and N_2O emission characteristics of the intermittent aeration activated sludge process[J]. Reviews in Environmental Science and Bio/Technology, 2017, 16(4): 761-780.

[54] Da Silva M E, Firmino P I, Dos Santos A B. Impact of the redox mediator sodium anthraquinone-2,6-disulphonate (AQDS) on the reductive decolourisation of the azo dye Reactive Red 2 (RR2) in one- and two-stage anaerobic systems[J]. Bioresource Technology, 2012, 121: 1-7.

[55] Sharma S C D, Sun Q, Li J, et al. Decolorization of azo dye methyl red by suspended and co-immobilized bacterial cells with mediators anthraquinone-2,6-disulfonate and Fe_3O_4 nanoparticles[J]. International Biodeterioration & Biodegradation, 2016, 112: 88-97.

[56] Nouha K, Kumar R S, Balasubramanian S, et al. Critical review of EPS production, synthesis and composition for sludge flocculation[J]. Journal of Environmental Sciences, 2018, 66: 225-245.

[57] Simon S, Pairo B, Villain M, et al. Evaluation of size exclusion chromatography (SEC) for the characterization of extracellular polymeric substances (EPS) in anaerobic granular sludges[J]. Bioresource Technology, 2009, 100: 6258-6268.

[58] Albuquerque M G E, Lopes A T, Serralheiro M L, et al. Biological sulphate reduction and redox mediator effects on azo dye decolourisation in anaerobicaerobic sequencing batch reactors[J]. Enzyme and Microbial Technology, 2005, 36(5-6): 790-799.

[59] Chen W, Westerhoff P, Leenheer J A, et al. Fluorescence excitation-emission matrix regional integration to quantify spectra for dissolved organic matter[J]. Environmental Science & Technology, 2003, 37(24): 5701-5710.

[60] Laspidou C S, Rittmann B E. A unified theory for extracellular polymeric substances, soluble microbial products, and active and inert biomass[J]. Water Research, 2002, 36: 2711-2720.

[61] Chen H, Chang S. Impact of temperatures on microbial community structures of sewage sludge biological hydrolysis[J]. Bioresource Technology, 2017, 245: 502-510.

[62] Sun L, Toyonaga M, Ohashi A, et al. *Lentimicrobium saccharophilum* gen. nov., sp. Nov., a strictly anaerobic bacterium representing a new family in the phylum bacteroidetes, and proposal of *Lentimicrobiaceae* fam. nov. [J]. International Journal of Systematic and Evolutionary Microbiology, 2016, 66: 2635-2642.

[63] Coates J D, Phillips E J, Lonergan D J, et al. Isolation of *Geobacter* species from diverse sedimentary environments[J]. Applied & Environmental Microbiology, 1996, 62(5): 1531-1536.

[64] Rotaru A-E, Shrestha P M, Liu F H, et al. Direct interspecies electron transfer between *Geobacter Metallireducens* and *Methanosarcina Barkeri*[J]. Applied & Environmental Microbiology, 2014, 80: 4599-4605.

[65] Liu X, Zhuo S, Rensing C, et al. Syntrophic growth with direct interspecies electron transfer between pili-free *Geobacter* species[J]. The ISME Journal, 2018, 12: 2142-2151.

[66] Jr Caccavo F, Lonergan D J, Lovley D R, et al. *Geobacter sulfurreducens* sp. nov., a hydrogen- and acetate-oxidizing dissimilatory metal-reducing microorganism[J]. Applied & Environmental Microbiology, 1994, 60(10): 3752-3759.

[67] Fu G, Yu T, Huangshen L, et al. The influence of complex fermentation broth on denitrification of saline sewage in constructed wetlands by heterotrophic nitrifying/aerobic denitrifying bacterial communities[J]. Bioresource Technology, 2018, 250: 290-298.

[68] Stolz A. Basic and applied aspects in the microbial degradation of azo dyes[J]. Applied Microbiology & Biotechnology, 2001, 56: 69-80.

[69] Kim S Y, An J Y, Kim B W. Improvement of the decolorization of azo dye by anaerobic sludge bioaugmented with Desulfovibrio desulfuricans[J]. Biotechnology & Bioprocess Engineering, 2007, 12: 222-227.

[70] Barakat K M I. Decolorization of two azo dyes using marine *Lysobacter* sp. T312D9[J]. Malaysian Journal of Microbiology, 2013, 9: 93-102.

[71] Feng J, Han T, Zhang M, et al. Application of 2D fluorescence correlation method to investigate the dilution-induced heterogeneous distribution of the bound FMN in azoreductase[J]. Chinese chemical express: English Edition, 2015, 26(2): 210-214.

[72] Erhardt H, Steimle S, Muders V, et al. Disruption of individual *nuo*-genes leads to the formation of partially assembled NADH:ubiquinone oxidoreductase (complex I) in *Escherichia coli*[J]. Biochimica et Biophysica Acta (BBA) - Bioenergetics, 2012, 1817(6): 863-871.

[73] 曾凯，许先国，韦鹏，等. 聚合磷硫酸铁与聚合硫酸铁的动力学及水解形态[J]. 湿法冶金, 2007,26(2):96-98.

[74] Wu Z J, He Z, et al. Removal of antimony (Ⅲ) and antimony (V) from drinking water by ferric chloride coagulation: Competing ion effect and the mechanism analysis[J]. Separation & Purification Technology, 2010,76(2):184-190.

[75] Wu J, Gao H, Yao S, et al. Degradation of crystal violet by catalytic ozonation using Fe/activated carbon catalyst[J]. Separation and Purification Technology, 2015, 147: 179-185.

[76] Tang S, Yuan D, Zhang Q, et al. Fe-Mn bi-metallic oxides loaded on granular activated carbon to enhance dye removal by catalytic ozonation[J]. Environmental Science and Pollution Research, 2016, 23(18): 18800-18808.

[77] Rivera-Utrilla J, Sánchez-Polo M. Ozonation of 1,3,6-naphthalenetrisulphonic acid catalysed by activated carbon in aqueous phase[J]. Applied Catalysis B: Environmental, 2002, 39(4):319-329.

[78] Liu Z Q, Ma J, Cui Y H, et al. Effect of ozonation pretreatment on the surface properties and catalytic activity of multi-walled carbon nanotube[J]. Applied Catalysis B: Environmental, 2009, 92(3-4):301-306.

[79] Holkar C R, Jadhav A J, Pinjari D V, et al. A critical review on textile wastewater treatments: Possible approaches[J]. Journal of Environmental Management, 2016, 182:351-366.

[80] Konsowa A H. Decolorization of wastewater containing direct dye by ozonation in a batch bubble column reactor[J]. Desalination, 2003, 158(1):233-240.

[81] Somensi C A, Simionatto E L, Bertoli S L, et al. Use of ozone in a pilot-scale plant for textile wastewater

pre-treatment: physico-chemical efficiency, degradation byproducts identification and environmental toxicity of treated wastewater[J]. Journal of Hazardous Materials, 2010, 175(1-3):235-240.

[82] Fanning P E, Vannice M A. A DRIFTS study of the formation of surface groups on carbon by oxidation[J]. Carbon, 1993, 31(5):721-730.

[83] Biniak S, Pakuła M, Szymański G S, et al. Effect of activated carbon surface oxygen-and/or nitrogen-containing groups on adsorption of copper (Ⅱ) ions from aqueous solution[J]. Langmuir, 1999, 15(18): 6117-6122.

[84] Mangun C L, Benak K R, Economy J, et al. Surface chemistry, pore sizes and adsorption properties of activated carbon fibers and precursors treated with ammonia[J]. Carbon, 2001, 39(12):1809-1820.

[85] López-Garzón F J, Domingo-García M, Pérez-Mendoza M, et al. Textural and chemical surface modifications produced by some oxidation treatments of a glassy carbon[J]. Langmuir, 2003, 19(7): 2838-2844.

[86] 朱明华, 胡坪. 仪器分析[M]. 北京: 高等教育出版社, 2008.

[87] Tu N D K, Choi J, Park C R, et al. Remarkable conversion between n-and p-type reduced graphene oxide on varying the thermal annealing temperature[J]. Chemistry of Materials, 2015, 27(21): 7362-7369.

[88] Wang Y, Xie Y, Sun H, et al. Efficient catalytic ozonation over reduced graphene oxide for p-hydroxylbenzoic acid (PHBA) destruction: Active site and mechanism[J]. Acs Applied Materials & Interfaces, 2016, 8(15): 9710-9720.

[89] 苏金钰. 活性炭负载TiO₂强化臭氧氧化去除水中的酚[D]. 湘潭: 湘潭大学, 2005.

[90] 饶义飞. 负载型活性炭强化臭氧氧化有机物研究[D]. 广州: 华南理工大学, 2010.

[91] Buxton G V, Greenstock C L, Helman W P, et al. Critical review of rate constants for reactions of hydrated electrons, hydrogen atoms and hydroxyl radicals (·OH/·O⁻in aqueous solution[J]. Journal of Physical and Chemical Reference Data, 1988, 17(2): 513-886.

[92] Guzman-Perez C A, Soltan J, Robertson J. Kinetics of catalytic ozonation of atrazine in the presence of activated carbon[J]. Separation and Purification Technology, 2011, 79(1): 8-14.

[93] Huang Y, Cui C, Zhang D, et al. Heterogeneous catalytic ozonation of dibutyl phthalate in aqueous solution in the presence of iron-loaded activated carbon[J]. Chemosphere, 2015, 119: 295-301.

[94] Detty M R, Friedman A E. Oxidation of telluropyrylium dyes with ozone, chlorine, and bromine. Differing regiochemical and kinetic behavior with respect to oxidations of oxygen-, sulfur-, and selenium-containing dyes[J]. Organometallics, 1994, 13(2): 533-540.

[95] Lopez A, Benbelkacem H, Pic J S, et al. Oxidation pathways for ozonation of azo dyes in a semi-batch reactor: A kinetic parameters approach[J]. Environmental Technology Letters, 2004, 25(3):311-321.

[96] Muñoz F, Sonntag C V. Determination of fast ozone reactions in aqueous solution by competition kinetics[J]. Journal of the Chemical Society Perkin Transactions, 2000, 4(4):661-664.

[97] Beltrán F J, Rivas J, Álvarez P, et al. Kinetics of heterogeneous catalytic ozone decomposition in water on an activated carbon[J]. Ozone: Science & Engineering, 2002, 24(4): 227-237.

[98] Punzi M, Nilsson F, Anbalagan A, et al. Combined anaerobic‐ozonation process for treatment of textile wastewater: Removal of acute toxicity and mutagenicity[J]. Journal of Hazardous Materials, 2015, 292(5):52-60.

[99] Babuna F G, Camur S, Alaton I A, et al. The application of ozonation for the detoxification and biodegradability improvement of a textile auxiliary: Naphtalene sulphonic acid[J]. Desalination, 2009, 249(2): 682-686.

[100] Jin W, Ma L, Chen Y, et al. Catalytic ozonation of organic pollutants from biotreated dyeing and finis-

hing wastewater using recycled waste iron shavings as a catalyst: Removal and pathways[J]. Water Research, 2016, 92(1):140−148.

[101] Arslanalaton I, Alaton I. Degradation of xenobiotics originating from the textile preparation, dyeing, and finishing industry using ozonation and advanced oxidation[J]. Ecotoxicol Environ Saf, 2007, 68(1): 98−107.

[102] Hu E, Wu X, Shang S, et al. Catalytic ozonation of simulated textile dyeing wastewater using mesoporous carbon aerogel supported copper oxide catalyst[J]. Journal of Cleaner Production, 2016, 112: 4710−4718.

[103] Zhang T, Li C, Ma J, et al. Surface hydroxyl groups of synthetic α−FeOOH in promoting, OH generation from aqueous ozone: property and activity relationship[J]. Applied Catalysis B: Environmental, 2008, 82(1−2):131−137.

[104] Sui M, Sheng L, Lu K, et al. FeOOH catalytic ozonation of oxalic acid and the effect of phosphate binding on its catalytic activity[J]. Applied Catalysis B: Environmental, 2010, 96(1−2):94−100.

[105] Lv A, Hu C, Nie Y, et al. Catalytic ozonation of toxic pollutants over magnetic cobalt and manganese co-doped γ−Fe$_2$O$_3$[J]. Applied Catalysis B: Environmental, 2010, 100(1−2): 62−67.

[106] Xuan S, Hao L, Jiang W, et al. Preparation of water−soluble magnetite nanocrystals through hydrothermal approach[J]. Journal of Magnetism and Magnetic Materials, 2007, 308(2): 210−213.

[107] Abdel−Samad H, Watson P R. An XPS study of the adsorption of chromate on goethite (α−FeOOH)[J]. Applied Surface Science, 1997, 108(3): 371−377.

[108] Zou X L. Combination of ozonation, activated carbon, and biological aerated filter for advanced treatment of dyeing wastewater for reuse[J]. Environmental Science & Pollution Research, 2015, 22(11):1−8.

[109] Nguyen S T, Roddick F A. Effects of ozonation and biological activated carbon filtration on membrane fouling in ultrafiltration of an activated sludge effluent[J]. Journal of Membrane Science, 2010, 363(1−2):271−277.

[110] 陈妍清. 臭氧生物活性炭工艺去除污染物的特性研究[D]. 南京：东南大学, 2006.

[111] 田晴, 肖玉男, 陈季华. 生物活性炭法深度处理纺织废水二级出水中生物活性的研究[J]. 环境工程学报, 2006, 7(3):108−111.

[112] Reungoat J, Escher B I, Macova M, et al. Biofiltration of wastewater treatment plant effluent: Effective removal of pharmaceuticals and personal care products and reduction of toxicity[J]. Water Research, 2011, 45(9):2751−2762.

[113] Stalter D, Magdeburg A, Weil M, et al. Toxication or detoxication? In vivo toxicity assessment of ozonation as advanced wastewater treatment with the rainbow trout[J]. Water Research, 2010, 44(2): 439−448.

第4章

城市污水处理厂数字化全流程节能降耗优化运行技术

4.1 城镇污水处理厂提标改造与节能降耗的双重目标

4.1.1 提标改造与节能降耗的客观需求

根据《中国城镇水务行业发展报告（2020）》统计数据，截至2019年底，我国城镇污水处理厂共4140座，日处理能力达到21450.17万立方米，对COD、BOD_5、TN和TP等主要污染物的年削减量分别达到$1536.85×10^4t$、$675.11×10^4t$、$158.82×10^4t$和$23.52×10^4t$，为改善我国的水体环境发挥了不可替代的作用。基于此，相关主管部门非常重视污水处理厂的建设和运行工作，并对污水处理厂的运行管理提出了更高的要求，不仅要求污水处理厂稳定达标，还要求污水处理厂能在最优化控制条件下运行，实现节能减排。受益于蓬勃发展的云计算和物联网技术，结合国内外污水厂的效能提升经验，数字化系统作为"智慧水务"的重要组成部分，是能够同时实现污水厂稳定达标和节能减排的有效手段，也顺应了国家"十四五"规划，是我国高质量发展阶段污水处理厂效能提升的发展趋势。

我国大部分城镇污水处理厂（按照《中国城镇水务年鉴（2020）》统计，执行一级A及以上标准的数量达到77.0%，而按照处理规模计算则达到87.6%）出水执行《城镇污水处理厂污染物排放标准》（GB 18918—2002）中的一级A排放标准，且越来越多的省市制定了更高的地方排放标准，如北京、天津、江苏等，这些地方排放标准基本为"准Ⅳ类标准"，个别地区甚至接近"Ⅲ类标准"。而随着国家对生态环境要求的提高和水资源的短缺，尤其是《水污染防治行动计划》（"水十条"）中规定的主要指标要求，即到2030年，全国七大重点流域水质优良比例总体达到75%以上，城市建成区黑臭水体总体得到消除，城市集中式饮用水水源水质达到或优于Ⅲ类比例总体为95%左右，因此我国多数地区将逐步提高污水处理厂排放标准作为实现"水十条"目标的重要举措。另外，《中华人民共和国国民经济和社会发展第十四个五年规划和2035年远景目标纲要》中也明确提出"化学需氧量和氨氮排放总量分别下降8%，基本消除劣Ⅴ类国控断面和城市黑臭水体"，同时要求"能源资源配置更加合理、利用效率大幅提高"，明确"坚持节能优先方针"，这也意味着城市污水处理厂在提标的前提下，同时要实现节能降耗，因此提标改造与节能降耗成为污水处理厂运营管理部门的客观需求。

4.1.2　污水处理厂提标改造与节能降耗的一般方法

一般来说，污水处理厂出水排放标准越高，同样水量和水质的情况下，所需的水力停留时间和工艺流程越长，因此提高排放标准通常意味着能耗提高，如执行一级 A 及以上排放标准的城镇污水处理厂平均电耗为 $0.4047kW \cdot h/m^3$，较执行一级 A 以下排放标准高出 $0.0293kW \cdot h/m^3$（《中国城镇水务行业发展报告（2020）》数据）。可以说，污水处理厂提标和节能降耗是一对矛盾，如何在这两者之间寻找一个平衡点显得非常重要。

污水处理厂的提标改造实施方法可以概括为"优、改、增"三种，而这三种方法都要基于对污水处理厂的现状分析。"优"就是针对待提标改造的污水处理厂现存问题进行工艺、运行控制等方面的优化，主要是在不改变现有污水处理厂主要设施的前提下挖掘其潜力，从而提高污水处理厂去除污染物的效率。优化的内容包括工艺参数的调整、曝气系统的控制、内 / 外回流量的优化、厌 / 缺氧池内的混合以及加药系统优化等[1-4]，该方法一般可以有效提高污水处理厂的处理能力，或降低出水水质浓度，且投资一般较少，是污水处理厂提标改造首选的方法。"改"主要是针对待提标改造的污水处理厂现有处理设施进行相关的改造、更换等，如将原仅有除碳功能的传统活性污泥法改造为具有脱氮除磷的 AAO（厌氧-缺氧-好氧）工艺[5]、通过投加填料将活性污泥法改为 MBBR（移动床生物膜反应器）工艺[6]使其效率更高，或在好氧池内直接放置膜装置[7]提高污泥浓度及泥水分离效率等。改造一般在不额外增加污水处理系统水力停留时间的前提下，通过工艺调整、增加系统生物量减小污泥负荷等措施强化污水处理厂去除污染物的能力和效率，投资要高于优化方法，是污水处理厂提标改造的主要方法。"增"就是在基本不改变待提标改造的污水处理厂已有系统的前提下增加处理设施和单元，如增加混凝沉淀和过滤[8]等设施提高 TP 和 SS 的去除能力、新建生物池减小原系统容积负荷[9]、增加反硝化滤池系统[10]提高 TN 去除率等。新增设施和处理单元会直接实现提标的目的，但通常投资较大、运行费用增加，且需要额外的占地，因此只有在"优"和"改"不能满足提标改造要求的污水处理厂才会考虑实施。

实现污水处理厂节能降耗的方法也较多，但可将节能降耗方法概括为系统优化和节能设备的利用两大类，二者之间是相辅相成的关系。需要注意的是，节能降耗的实施一定要在确保污水处理厂稳定达标的前提下进行。系统优化和节能设备的利用包括预处理单元、生物处理单元、污泥处理系统、深度处理系统等方面。预处理单元包括格栅、沉砂、污水提升等设施及栅渣压缩、输送等附属设施，其能耗一般占整个污水处理系统能耗的 20% 左右，其中污水提升是预处理单元最主要的能耗设施，因此也是节能降耗实施的重点。污水提升节能降耗优化措施包括依据进水流量和所需扬程选择效率高的节能提升泵、尽量减少输送管路的阻力损失、根据液位变化采用定变频并联协调控制等。其他预处理单元优化包括根据前后液位差控制格栅运行时间，根据栅渣量、砂量等控制输送机械及清洗装置的运行等。生物处理单元（包含沉淀池等混合液泥水分离装置）是目前城镇污水处理厂最核心的工艺，其能耗占污水处理厂总能耗的 60% 左右，其中曝气系统是生物处理单元能耗最多的设施，其次是各种混合机械、回流设施等。另外，因脱氮除磷要求的提高，生物处理单元碳源的投加也成为很多污水处理厂药耗主源之一。曝气系统节能降耗措施主要包括风机选型、风机组合、管道布置、曝气器选择及安装等，这些方法一般仅适用于新建的污水处理厂，而对于已运行的污水处理厂的曝气系统的优化，通常采用更换节能风机、增加变频控制系统使其可以根据生物处理工况实现按需供氧等方式进行。混合搅拌和回流设施在采用节能设施的前提下，前者的优化一般利用水力模型等对已有的设备进行位置、叶轮角度等调整，而后者则通常采用按需变频控制回流量等方式进行。而对于需要投加碳源的污水处理厂节药措施则是首先充分利用污水中自身的碳源，其次强化污泥中碳源的再利用等。对于仅有污泥脱水处理的污水处理厂，其能耗一般占总能耗的10%左右，节能措施一般是加强污泥脱水药剂优选以及脱水设施工况的调整等。受污水处理厂出水排放标准提高的影响，深度处理成为我国很多污水处理厂必要的设施，其能耗一般占总能耗的10%左右，节能措施需要根据深度处理工艺不同而有所不同，以常用的"高效混凝+过滤"为例，通常采用按需自控投药、确保混合和絮凝段速度梯度最优、反冲洗智能控制等方式进行。需要注意的是，对较大规模的污水处理厂，如果对所产剩余污泥采用厌氧消化处理，则可以有效地回收其中的能源，从而明显降低污水处理厂的外源电能。综上所述，污水处理厂的节能降耗首先要选择节能设备，其次就是确保各设施在最优工况下运行，并根据实际需要减少设备的运行时间和输出功率；在节药方面则从提高生物处理单元效率、挖掘污水中内碳源以及按需投药等方面实施。

结合污水处理厂提标改造和节能降耗的各种方法，污水处理厂的优化运行可以同时起到提标和节能功效。但污水处理作为一个受生物、化学和物理因素交叉影响的复杂的非线性、大滞后系统，污水处理厂如要确保各设施能在最优工况下运行，单靠人工操作难以实施，而基于人工智能的数字化控制技术成为目前污水处理厂提标改造和节能降耗的选择。

4.2　城镇污水处理工艺全过程评估内容和方法

如上所述，城镇污水处理厂要进行提标改造和节能降耗，首先需要掌握污水处理厂的运行现状，即对污水处理厂的进水水量水质特征、处理工艺、设施设备、运营管理模式、环境因子等多方面进行综合评估，为污水处理厂提标改造和节能降耗的实施奠定基础。对污水处理厂进行评估主要用于以下几个方面：

① 用于污水处理厂"体检"，对污水处理厂的"身体"特征和运行状况进行评估，发现自身的特点以及可能存在的风险。

② 用于污水处理厂"诊断"，对污水处理厂运行过程中发现的问题进行测试，确定问题出现的环节以及出现的原因。

③ 用于污水处理厂"治疗"，针对污水处理厂自身的特点和运行过程中出现的问题给出一般性的建议和改进措施。

早期对污水处理厂的评估主要集中于某一单元或者某一方面，如针对曝气控制模式和运行的评估、混凝沉淀单元的评估以及经济效益或环境影响的评估等。作为一个综合的系统，污水处理厂的各处理单元是相互关联、相互影响的，因此现在人们更注重全过程系统的评估，如 Xavier 等[11]从技术、经济和可行性等维度中选择了12个评价指标，从而比较全面地对目标污水处理厂开展评估。魏丽将层次分析法、模糊数学和灰色系统等结合而形成模糊灰色耦合模型对污水处理厂相关的技术、环境、经济和管理众多因素进行分析[12]。住房和城乡建设部2014年发布的《城镇污水处理厂运营质量评价标准》，更是从设施设备利用率、设施设备完好率、环境效益和能耗物耗4个方面展开。由此可见，全过程评估成为掌握污水处理厂运行现状的主要手段和方法。

对污水处理厂进行全面的评估，可以从污水处理厂基本情况、进出水水量水质特性、运行过程及效果、运行能（电）耗和药耗、运行管理水平5个方面进行分析。

（1）污水处理厂基本情况

污水处理厂的基本情况主要是指污水处理厂基本信息，包括设计的污水水量和水质、排放所要达到的标准、污水处理和污泥处理所采用的工艺及各单元设计参数情况、实际运行进水水量水质、出水水质、去除效率等。

（2）进出水水量水质特征

对进出水特征的评估主要包括进出水水量的变化、进出水污染物浓度的变化、进水可生化性的变化、进出水污染物的组成及比例等。

（3）运行过程及效果

对污水处理厂运行过程及效果的评估主要是针对污水处理各关键过程进行，包括预处理、生物处理、深度处理、污泥处理等单元存在的问题和运行效果，各工艺参数控制的水平，主要构筑物的流态变化，活性污泥性状和效能分析等。该方面是污水处理厂全过程的评估核心和关键，其评估内容也最多，且需要根据不同污水处理厂工艺和特点制定不同的评估内容和方法。

（4）运行电耗和药耗

污水处理厂的运行能耗主要包括电能的消耗和药剂的消耗，其中对电能的评估主要包括电耗水平分析、电耗分布分析、节能降耗措施分析与可能实现途径等，对药耗的评估主要包括药耗环节分析、药耗水平分析、药耗削减措施分析与可能实现途径等。

（5）运行管理水平

污水处理厂的稳定达标和能耗水平与污水处理厂的运行管理水平密切相关，对污水处理厂运行管理水平的评估可以围绕公司制度、组织与流程建设、生产管理与技术团队、信息化与自动控制水平、实验与化验分析能力，以及应急机制、应急预算、应急措施等风险处理能力等方面展开。

4.2.1　污水处理厂基本情况

污水处理厂的基本情况主要是对待评估污水处理厂一些信息的整理，主要内容包括基本信息、设计信息、实际运行情况等。

① 基本信息。污水处理厂的服务范围、服务人口，处理的污水来源、出口去向，建设时间、运营时间等信息。

② 设计信息。污水处理厂的处理工艺和设计进出水水量和水质；各处理单元的设计参数，如生物池的水力停留时间、容积负荷、污泥负荷、污泥浓度等，沉砂池、沉淀池、滤池等的水力负荷；各处理单元的规格尺寸、安装的设备数量、性能参数及备/用情况；设备的装机容量及使用功率等说明。

③ 实际运行情况。污水处理厂运行以来的工艺调整说明、设备更换等信息整理，实际处理水量和水质情况，各处理单元实际运行的工况和参数等。

本部分内容尽管相对较少，但这是其他方面评估的基础，是全过程评估不可缺少的内容，因此需要尽可能地将上述相关信息整理汇总全面。

4.2.2　进出水水量水质特征

在污水处理厂实际运行的过程中，水量水质时刻在发生着变化。而进水水量与水质特征以及出水要求直接影响着污水处理系统，如进水水量的变化会引起污水处理过程中水力停留时间的变化，从而引起生物反应池活性污泥浓度的变化，同时也影响活性污泥的处理负荷，进水中碳、氮、磷浓度及其比例变化则直接影响活性污泥浓度、组成和活性，因此分析污水处理厂的进出水水量和水质特征是实施全过程评估的重要内容之一。对进出水水量水质特征的评估应包括以下内容。

（1）进水水量和水质负荷

一般来说，污水处理厂的进水中污染物成分复杂，尤其是进水中含有工业废水的污水处理厂，种类和浓度一直在发生着变化。考虑到污水处理厂具有一定的耐冲击性，水量水质短时变化并不影响其正常运行，因此一般情况下没有必要太着重于进水水量和水质的瞬时变化情况，而应该重点考虑日均水量水质及污染物负荷值，然后分别与设计值进行对比，以明确污水处理厂实际处理能力和潜力。同时也可以掌握该污水处理厂进水水量水质的月变化、季度变化以及旱/雨季的变化等。

（2）进水水质特征

按照污染物主要成分分类，污染物一般可分为碳组分、氮组分和磷组分等。污染物去除相关的碳氧化、脱氮和除磷过程大部分都是由活性污泥来完成，而活性污泥的生活和生长所需要的营养物质呈现一定的比例关系。另外，进水中的无机组分以及各污染物之间的关系是影响活性污泥的产率和活性的关键因素。基于这些分析，对于进水水质特性，重点应从 BOD_5/COD 值、BOD_5/TN 值、BOD_5/TP 值和 SS/BOD_5 值等方面进行分析。其中 $BOD_5/$

COD值是表示污水可生物降解性的重要指标。一般情况下，BOD_5/COD值越大，说明污水可生物处理性越好。通常当BOD_5/COD值>0.3时，认为污水宜采用生物法处理。BOD_5/TN值是鉴别能否采用生物脱氮的重要指标，理论上BOD_5/TN值>2.86即可以满足生物脱氮要求，但是在污水处理实际运行中，由于存在溶解氧与硝酸盐竞争电子供体等影响，一般需要碳氮比大于3，最好大于5才能满足脱氮要求[13]。BOD_5/TP值是鉴别能否采用生物除磷的重要指标，一般来说理论比值>17可以满足生物除磷要求，但实际上受硝酸盐等影响，一般要求>20以上才能有效实现生物除磷[13]。SS/BOD_5是污水中无机组分与可生物降解有机组分的比值，SS/BOD_5值过高会增加污泥产率，降低污泥活性。在实际分析过程中，由于BOD_5值测定存在滞后性，因此可以考虑实测一定时期的进水COD或者TOC及BOD_5值，从而确定COD或者TOC与BOD_5之间的关联性，进而以COD或者TOC作为替代指标。

另外，国际水协会（IWA）推出的活性污泥模型（ASMs模型）将进水污染物划分为溶解性和非溶解性、易生物降解和惰性物质等类别（表4-1），而通过测定这些不同类别物质的含量可以明确进水碳、氮、磷污染物可被生物利用、降解或吸附去除的比例，有利于后续的生物段优化和控制。

表4-1　活性污泥模型组分

组分序号	组分符号	定义
1	S_I	溶解性不可生物降解有机物　　[M(COD)/L]
2	S_S	溶解性快速可生物降解有机物　　[M(COD)/L]
3	X_I	颗粒性不可生物降解有机物　　[M(COD)/L]
4	X_S	慢速可生物降解有机物　　[M(COD)/L]
5	$X_{B,H}$	活性异养菌生物固体　　[M(COD)/L]
6	$X_{B,A}$	活性自养菌生物固体　　[M(COD)/L]
7	X_P	生物固体衰减产生的惰性物质　　[M(COD)/L]
8	S_O	溶解氧（负COD）　　[M(-COD)/L]
9	S_{NO}	NO_3^--N 和 NO_2^--N　　[M(N)/L]
10	S_{NH}	NH_4^+-N 和 NH_3-N　　[M(N)/L]
11	S_{ND}	溶解性可生物降解有机氮　　[M(N)/L]
12	X_{ND}	颗粒性可生物降解有机氮　　[M(N)/L]
13	S_{ALK}	碱度（mol）
14	S_{PO4}	溶解性磷酸盐　　[M(P)/L]
15	X_{MeP}	金属磷酸盐　　[M(P)/L]

注：M表示质量。

（3）出水水量水质特性

分析出水水量与进水水量之间的差值可以与后续的污泥处理量等对比，作为水量平衡的重要依据。统计分析出水主要控制指标（COD、TN、TP、SS等）的平均浓度、不同浓度范围的频率、不同指标主要成分组成等，作为出水水质稳定程度的判断依据和去除手段的选择基础。以 TN 为例，如果 TN 出水以硝酸盐氮为主，则意味着通过加强回流和补充碳源，TN 有望进一步降低；而如果以氨氮为主，则意味着需要强化好氧硝化的作用。

4.2.3　运行过程及效果

污水处理厂的运行过程及效果评估需要从工艺流程的角度分别对各个处理单元和设施进行分析和检测。

4.2.3.1　预处理单元

预处理单元一般包括粗格栅、提升泵、细格栅、沉砂池以及初沉池等。在掌握各处理单元的现有运行模式、机械设施开启控制方式的前提下，确定单位水量产渣、砂及泥量等作为优化其控制模式的基础；通过检测明确沉砂池、初沉池前后的处理效果及进出水水质成分的变化，判断各处理设施实际运行效果是否满足后续处理设施的进水要求；对提升泵进行性能测试作为判断是否更换主体还是调整转速、切削叶轮、调节叶片角度或采用闸阀截流等方式的重要依据，以确保提升泵一直处于最佳效率工况点运行。此外，还可以对已有的提升泵组合方式、管路损失等情况进行评估。

4.2.3.2　生物处理单元

生物处理单元（含二沉池）是执行《城镇污水处理厂污染物排放标准》（GB 18918—2002）二级及以上标准的污水处理厂不可或缺的单元，污水中碳、氮、磷等污染物的去除大部分发生在该单元，是去除污水中污染物的最主要设施，也是污水处理厂最复杂的控制单元。关于生物处理单元的运行过程和效果评估主要包括以下几个方面。

（1）生物池内及二沉池的流态分析

作为生物处理系统，池内混合程度直接影响系统对污染物的去除能力，因为只有混合均匀了，才能实现泥水（即微生物与污染物）的充分接触，从而保证污染物的去除。一般来说，好氧系统因曝气的存在，混合程度通常较好，不是影响生物处理效率的因素，而厌氧池和缺氧池的混合程度则是影响这两个系统处理效率的关键因素。此外，二沉池内的流态分布是否均匀也直接影响沉淀效果。对厌氧池、缺氧池和二沉池内的混合程度分析可以通过现场检测的方式判断池内不同位置的参数是否一致，也可以通过计算流体力学（computational fluid dynamics，CFD）类仿真软件对其流场进行模拟[14]。

现场检测即根据实际池型选择不同水平和深度位置进行布点取样，对这些点可以利用流速仪测定其流速，直接判断其流场状态是否均匀，也可以通过测定各取样点的水质指标或污泥浓度等来判断各处理单元内是否混合均匀（厌氧池、缺氧池等）或者是否符合理论值（二沉池）。利用现场检测方法可以直观地确定各池的混匀程度，但当单池规格较大或者池顶加盖后，难以有效布点取样，直接影响其在实际中的应用。

计算流体力学（CFD）作为一项重要的模拟仿真方法与技术，以描述物理或化学现象的理论方程为基础，采用计算机并运用一定的数学方法加以离散与求解，最终得到一系列对工程实践具有指导意义的规律性的研究结果，进而可以分析、评估在给定条件下的工程设计的合理性，并确定修正措施，主要模拟软件包括ANSYS Fluent、cfx、STAR-CCM、comsol等，这些软件具有各自的使用领域和特点。CFD的基本理论基础依据的是流体力学、热力学、传热传质等平衡或守恒定律，质量守恒方程、动量守恒方程和能量守恒方程是CFD理论的基石和核心[15]，由其可分别导出连续性方程、动量方程（N-S方程）和能量方程。为了简化流体运动规律，更好地描述两相流流动情况，CFD以非直接数值模拟方法为基础，通过求解基本控制方程和扩展控制方程等来预测流体流动、生化反应、传热传质等现象。CFD软件的数学模型以N-S（Navier-Stokes）方程组为主体，针对流体流动特性，选择合适的模型对N-S方程进行简化，得到一组封闭的偏微分方程组，结合边界条件，对实际问题进行建模。一般完整的CFD计算分析流程中主要有三大因素，即前处理、求解器、后处理。常见的求解流程如图4-1所示。

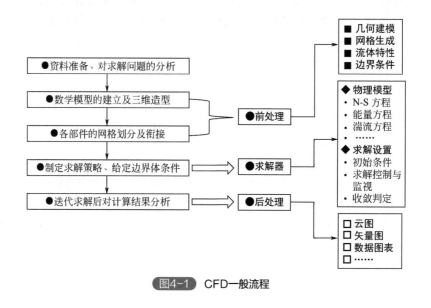

图4-1 CFD一般流程

（2）各处理单元效能分析

通过对各个处理单元进出水及沿程取样检测，对主要水质指标COD、SCOD、TN、TP、BOD_5、氨氮、硝氮、正磷等，重要的工况参数MLSS（混合液悬浮固体浓度）、MLVSS（混合液挥发性悬浮固体浓度）、SVI（污泥体积指数）、DO、ORP（氧化还原电位）、pH值、水温、回流量等，以及表征污泥活性和特性的指标耗氧速率、硝化/反硝化速率、释磷/吸磷速率、异养菌产率系数（Y_H）、异养菌衰减系数（b_H）、自养菌最大比增长速率（μ_A）等进行检测分析，以确定不同功能区（如厌氧区、缺氧区、好氧区、预缺氧区、沉淀区等）对不同污染物的去除效率和能力，结合运行的工况参数沿程变化和污泥特性指标分析各功能区的运行工况及存在的问题，判断各处理单元是否处于最佳运行状态，为后续进一步提标和效能提升提供依据。

要全面掌握各处理单元的能效，关键在于确定取样点位置和需要检测的指标，此两项都需要针对污水处理厂的工艺流程、功能区和池型特点等进行。以常用的AAO工艺为例，其取样点应包括进水、厌氧池进口（进水与回流混合后）、厌氧池内、厌氧出口、缺氧池内、缺氧出口、好氧池内、好氧出口、内回流、外回流、剩余污泥等，测定指标则按功能区分类进行选择，如厌氧池以磷污染物为主，缺氧池以氮污染物为主，好氧池则以氨氮、硝氮变化等为主。

（3）碳、氮、磷物料平衡分析

物料平衡分析可以从污染物去除机理的角度进一步反映各关键污染物的流向，是评价污水处理厂运行状况的有效方法，对提高生物池能量的有效利用，特别是对提高低碳源的生活污水的处理效率具有指导意义。污水处理厂的物料平衡分析一般分为碳平衡分析、氮平衡分析和磷平衡分析，且需要根据不同工艺流程进行分析。

以常用AAO工艺为例，进水中污染物的流向如图4-2所示。进水中的碳组分主要以4种途径离开生物处理系统：a.在厌氧池或缺氧池作为碳源进行反硝化作用时转化为气体离开；b.在好氧段被活性污泥微生物氧化分解为气体离开；c.仍然存在于污水中随出水离开；d.转化入活性污泥，成为活性污泥的一部分，随剩余污泥的排放而离开。同污水中碳组分的流向相似，进水中的氮组分离开生物处理系统的方式也有进入气体、存留于出水和进入剩余污泥三种。进水中的磷组分不存在转化为气体进入外界空气中的途径，进入生物处理系统的磷，最终随出水排出或者转化入活性污泥中经排泥过程离开。

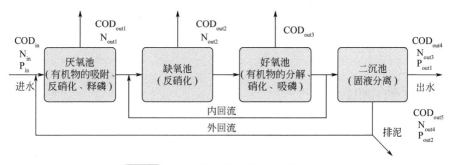

图4-2　生物处理过程中碳、氮、磷的流向

通过现场采样检测、实验和运行工况等得到的数据，可以根据如下关系计算进水中碳、氮、磷组分的流向，从而确定系统物料平衡关系。

1）碳组分的流向

① 进入活性污泥系统的COD总量：

$$COD_{in}=Q_{in}\times COD_{inc}$$

式中　Q_{in}——进水水量；

　　COD_{inc}——进水COD浓度。

② 厌氧段反硝化消耗的COD的量：

$$COD_{out1}=Q_{in}\times(1+R)\times\Delta NO_3^- \text{-}N_{厌}\times2.86\times(1-Y_H)$$

式中　R——外回流比；

$\Delta NO_3^- \text{-}N_{厌}$——在厌氧池内硝酸盐的削减量；

　　2.86——理论上将1g硝酸盐还原为氮气需要的有机物的量。

③ 缺氧段反硝化消耗的COD的量：

$$\text{COD}_{\text{out2}}=Q_{\text{in}}\times(1+R+r)\times\Delta\text{NO}_3^-\text{-N}_缺\times2.86\times(1-Y_{\text{H}})$$

式中　　　r——内回流比；

$\Delta\text{NO}_3^-\text{-N}_缺$——在缺氧池内硝酸盐的削减量。

④ 好氧段氧化分解消耗的COD的量：

$$\text{COD}_{\text{out3}}=Q_{\text{in}}\times(1+R+r)\times\Delta\text{COD}_好+\Delta\text{NO}_3^-\text{-N}_泥\times2.86\times(1-Y_{\text{H}})$$

式中　　$\Delta\text{COD}_好$——好氧池进出水COD浓度的变化量；

$\Delta\text{NO}_3^-\text{-N}_泥$——缺氧池污泥和好氧池污泥分别作为碳源进行反硝化实验时所削减的硝酸根量的差值。

⑤ 随出水排出的COD：

$$\text{COD}_{\text{out4}}=(Q_{\text{in}}-Q_{\text{s}})\times\text{COD}_{\text{outc}}$$

式中　　COD_{outc}——出水COD浓度。

⑥ 随剩余污泥排出的COD：

$$\text{COD}_{\text{out5}}=Q_{\text{s}}\times\text{MLVSS}\times f_1$$

式中　　MLVSS——剩余污泥中挥发性固体含量；

　　　　f_1——转换系数，mg COD/mg MLVSS，一般取0.48mg COD/mg MLVSS。

2）氮组分的流向。

① 进入系统的氮的总量：

$$N_{\text{in}}=Q_{\text{in}}\times N_{\text{inc}}$$

式中　　N_{inc}——进水TN浓度。

② 在厌氧段反硝化消耗的氮：

$$N_{\text{out1}}=Q_{\text{in}}\times(1+R)\times\Delta\text{NO}_3^-\text{-N}_厌。$$

③ 在缺氧段反硝化消耗的氮：

$$N_{\text{out2}}=Q_{\text{in}}\times(1+R+r)\times\Delta\text{NO}_3^-\text{-N}_缺。$$

④ 随出水排出的氮：

$$N_{\text{out3}}=(Q_{\text{in}}-Q_{\text{s}})\times N_{\text{outc}}$$

式中　　N_{outc}——出水TN浓度。

⑤ 随剩余污泥排出的氮：

$$N_{\text{out4}}=Q_{\text{s}}\times\text{MLVSS}\times f_2$$

式中　　f_2——转换系数，mg N/mg MLSS。

3）磷组分的流向。

① 进入系统的磷的总量：

$$P_{\text{in}}=Q_{\text{in}}\times P_{\text{inc}}$$

式中　　P_{inc}——进水TP浓度。

② 随出水排出的磷：

$$P_{out1}=(Q_{in}-Q_s)\times P_{outc}$$

式中　P_{outc}——出水TP浓度。

③ 随剩余污泥排出的磷：

$$P_{out2}=Q_s\times MLVSS\times f_3$$

式中　f_3——转换系数，mg P/mg MLSS。

（4）曝气系统评估

曝气是好氧生物处理过程中不可或缺的。曝气系统的好坏直接影响污水生物处理的效果，同时曝气也是污水处理过程中耗能占比最大的环节。对曝气系统进行评估，及时发现曝气系统中出现的问题并进行优化，有助于提升污水生物处理的效果，也有助于污水处理厂的节能降耗。污水处理厂的曝气系统一般由曝气设备和与之相关的曝气控制系统两个部分组成（图4-3）。以常见的鼓风曝气为例，曝气设备主要包括风压产生装置、空气输送装置、空气扩散装置和配备的仪表等，鼓风机吸入空气产生气压，推动空气经过供风管道，由曝气器形成气泡扩散入混合液中，使空气与曝气池内的液体充分接触，在气泡上升的过程中，完成氧气向混合液中的转移。与曝气相关的控制系统又可分为溶解氧浓度的确定和溶解氧浓度的调控两个方面，以保证混合液内的溶解氧浓度维持在合理的范围内。

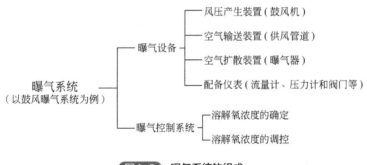

图4-3　曝气系统的组成

鼓风机、微孔曝气器等新产品的应用使得曝气设备有了更好的曝气性能，但是在使用的过程中，设备的老化会使其性能大大降低。在污水处理厂运行过程中，及时地测量和评价曝气设备的性能，才能够及早发现曝气设备存在的问题，从而进行针对性的维护或更换。评价曝气设备技术性能的指标主要有氧总传质系数（K_{La}，h^{-1}）、氧利用率（OTE，%）、比标准氧转移效率（SSOTE，%/m）、氧转移速率（SOTR，kg/h）和动力效率[SAE，kg/(kW·h)]等。

污水处理系统具有时变性、时滞性、大惯性、不确定性和非线性等诸多特征，这为曝气系统的控制带来了许多挑战。随着时代的发展，对曝气系统的控制，已经由人为设定鼓风机流量并保持恒定送风的风量恒定控制，到设定鼓风机流量与进水流量或者污染物浓度的倍率，按倍率调节鼓风机流量的曝气倍率控制，逐渐过渡到根据溶解氧的偏差来调整鼓风机流量的溶解氧控制。对溶解氧的控制主要体现在两个方面：一是合理的溶解氧浓度的确定，即如何实现按需供氧；二是精准的溶解氧浓度的控制，即如何把溶解氧浓度控制在一定的范围内，实现想要的溶解氧浓度。因此，对污水处理厂曝气控制模式的评估也可以从这两方面展开：首先通过现场实验等方法对曝气设备的运行现状进行评估，之后根据历史运行数据，如在线记录的好氧池的溶解氧浓度、曝气设备的耗电量等，对该厂的曝气控制模式和控制效果进行评估，从而全面了解曝气系统的现状。

1）曝气设备的评估

奥地利早在1978年就制定了对污水处理厂中曝气设备评价的方法，之后美国、德国、欧盟等也相继制定了曝气设备性能的检测标准[16-18]。目前我国使用的测定方法为2015年住房和城乡建设部制定的行业标准《微孔曝气器清水氧转移性能测定》，主要用于曝气器在清水中充氧性能的检测。

德国制定的检测标准《活性污泥法污水处理系统中曝气设备清水与污水充氧性能检测方法》[18]，给出了吸收实验、解吸实验和废气检测实验等多种方法（图4-4），可以在清水或活性污泥中等多种条件下对曝气设备的性能进行评估。

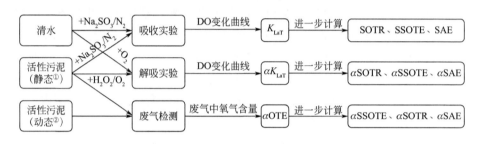

图4-4 曝气设备充氧性能的检测方法

①—无进水、无回流时；②—污水生物处理过程正常运行时

当在清水中进行吸收实验时，首先通过添加一定量的亚硫酸钠或者充入氮气等方式降低清水中的溶解氧浓度，之后开始曝气，随着空气中的氧气溶于水，溶解氧浓度的变化曲线如图4-5所示，溶解氧浓度的上升遵循式（4-1）所示的指数函数。测定温度下的氧总传质系数 K_{LaT} 可由测得的溶解氧浓度变化曲线的指数确定，并可由式（4-2）~式（4-4）进一步求得曝气设备的SOTR、SAE、SSOTE等。

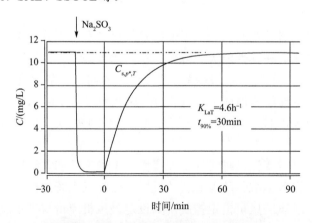

图4-5 清水吸收实验时溶解氧浓度的变化曲线

$$C_t = C_s - \left(C_s - C_0\right) e^{-K_{LaT}t} \tag{4-1}$$

$$\text{SOTR} = \frac{VK_{\text{La}20}C_{\text{s},20}}{1000} \tag{4-2}$$

$$\text{SAE} = \frac{\text{SOTR}}{P} \tag{4-3}$$

$$\text{SSOTE} = \frac{100\text{SOTR}}{h_{\text{D}}\left(Q_{\text{L}} \times 0.299\right)} \tag{4-4}$$

式中　C_t——t时刻的溶解氧浓度，mg/L；

　　　C_{s}——饱和溶解氧浓度，mg/L；

　　　C_0——开始曝气时的溶解氧浓度，mg/L；

　　$C_{\text{s},20}$——标准条件下溶解氧浓度测定值，mg/L；

　　　V——清水池清水体积，m^3；

　　　P——曝气装备的功率消耗，kW；

　　　h_{D}——扩散器淹没深度，m；

　　　Q_{L}——标准条件下的空气体积，m^3。

当在活性污泥中进行吸收实验时关闭曝气系统，由于活性污泥的呼吸作用，混合液中的溶解氧浓度会逐渐下降至零，也可以同在清水中一样通过添加一定量的亚硫酸钠或者充入氮气来降低混合液的溶解氧浓度。之后开始曝气，混合液中的溶解氧浓度逐渐上升，可以得到溶解氧浓度随时间变化的曲线，如图4-6所示。溶解氧浓度的上升遵循式（4-5）所列的指数函数。

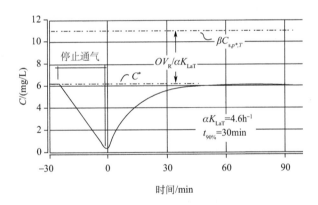

图4-6　活性污泥吸收实验时溶解氧浓度的变化曲线

$$C_t = C^* - \left(C^* - C_0\right)\text{e}^{-K_{\text{La}T}t} \tag{4-5}$$

式中　C^*——活性污泥中的实际饱和溶解氧浓度，mg/L；

　　$K_{\text{La}T}$——测定温度T时氧总传质系数，1/h。

当在清水或者活性污泥中进行解吸实验时，首先通过添加一定量的过氧化氢或者充入纯氧的方式提高清水或活性污泥中的溶解氧浓度使其处于过饱和状态，之后开始曝气，记录溶解氧浓度的下降过程曲线。在理想情况下，清水和活性污泥中的溶解氧变化曲线如图4-7和图4-8所示，溶解氧浓度的下降趋势同样符合式（4-1）和式（4-5），可用式（4-1）和式（4-5）分别求得清水和活性污泥中的$K_{\text{La}T}$。

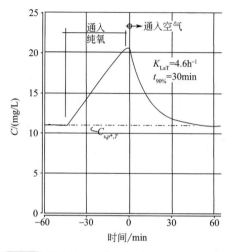

图4-7 清水解吸实验时溶解氧浓度的变化曲线

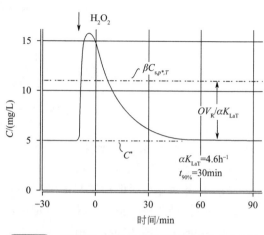

图4-8 活性污泥解吸实验时溶解氧浓度的变化曲线

在正常运行的污水处理厂中，鼓风机产生的气体经位于曝气池底部的曝气器扩散出大量的气泡，由于气泡密度低于混合液而不断上升，在上升的过程中气泡中的氧气不断向混合液内转移，这就形成了氧的传递，最终气泡在液面上方破裂，在混合液中溶解氧浓度升高的同时产生了氧气含量减少的废气。当进行废气检测实验时需要做出以下假定：空气中的惰性气体含量不因为通入混合液而发生变化；在收集废气的区域内没有发生反硝化过程；在实验期间充入曝气池内的空气的量是不变的；认为在实验期间大气压是一定的；在曝气池内混合液液面发生的氧传输作用忽略不计；检测得到的废气温度与混合液温度对应的饱和温度相一致。

在进行废气检测实验时，通过对正常运行的污水处理厂曝气前的空气和曝气后的废气做检测，对比两者之间氧气的含量，利用气相传质守恒来分析曝气系统的运行效果。曝气过程中氧气的利用率可以根据进气与废气中氧气与惰性气体的物质的量之比进行计算，如式（4-6）所示：

$$\alpha OTE = \frac{MV_i - MV_e}{MV_i} \times 100 \tag{4-6}$$

$$MV_i = \frac{X_i}{1 - X_i - X_{i,CO_2}} \tag{4-7}$$

$$MV_e = \frac{X_e}{1 - X_e - X_{e,CO_2}} \tag{4-8}$$

式中　αOTE——污水中氧利用率，%；

MV_i——进气中的氧气与惰性气体的物质的量之比，可由式（4-7）计算得出；

MV_e——废气中的氧气与惰性气体的物质的量之比，可由式（4-8）计算得出；

X_i——进气中氧气的含量，%；

X_{i,CO_2}——进气中CO_2的含量，%；

X_e——废气中氧气的含量，%；

X_{e,CO_2}——废气中CO_2的含量，%。

如果在实验期间同时检测记录了有关混合液和曝气池的相关指标，则可以通过式（4-9）计算得出标准条件下的比标准氧转移效率：

$$\alpha SSOTE = \left(1 - \frac{MV_e}{MV_i}\right) \times \frac{100}{h_D} \times \frac{\beta C^*}{\beta C^* - C} \times \frac{C_{s,St,20}}{C_{s,St,T}} \times \theta^{(20-T)} \tag{4-9}$$

式中　$\alpha SSOTE$——污水中比标准氧转移效率，%/m；

　　　C——实验时混合液的溶解氧浓度，mg/L；

　　　$C_{s,St,20}$——标准大气压下20℃时的饱和溶解氧浓度，mg/L；

　　　$C_{s,St,T}$——标准大气压下T℃时的饱和溶解氧浓度，mg/L；

　　　θ——温度修正系数，一般取1.024；

　　　T——混合液的温度，℃；

　　　h_D——扩散器淹没深度，m；

　　　β——水质影响氧饱和度系数。

根据在废气检测实验期间测得的有关曝气池、活性污泥、曝气量、鼓风机耗电量等相关参数，根据式（4-10）~式（4-12）可进一步计算获得曝气设备的$\alpha SOTR$、αSAE以及K_{La}等。

$$\alpha SOTR = \frac{V \alpha K_{La20} \beta C_{s,20}}{1000} \tag{4-10}$$

$$\alpha SAE = \frac{\alpha SOTR}{W} \tag{4-11}$$

$$\alpha SSOTE = \frac{100\alpha SOTR}{h_D(Q_L \times 0.299)} \tag{4-12}$$

2）曝气控制模式

曝气控制模式的优劣体现在对溶解氧浓度的控制上。溶解氧浓度的平均值可以用来表示曝气控制的合理性，体现出在污水处理厂实际运行的过程中溶解氧浓度控制得是否合理，即溶解氧浓度是否偏小或者偏大，是否实现了按需供氧。溶解氧浓度的标准偏差和相对标准偏差可以用来表示曝气控制的精确度，体现出在污水处理厂实际运行的过程中溶解氧浓度的波动程度，即实际溶解氧浓度是否处于平均溶解氧浓度的附近。

4.2.3.3　深度处理单元

根据生物出水水质和出水水质标准以及现场条件，深度处理单元采用的技术也有所不同，如高效混凝沉淀池、砂滤池、反硝化滤池、膜过滤等，因此在评估时应根据不同技术进行。常规内容应该包括掌握各处理单元负荷情况、处理效果和进出水水质成分变化、运行模式和实际运行参数的合理性、污泥产量情况、设备运行状态等。

4.2.3.4　污泥处理单元

污泥处理包括污泥输送、浓缩、脱水、消化、堆肥、干化等技术，因此与深度处理单元一样，在评估时也要根据不同技术选择不同的评估内容，这些内容也应该包括各处理单元的负荷情况、处理效果、进出口泥质指标变化、运行模式和实际运行参数的合理性、设备运行状态、产出物的去向和数量、产物基本性质的变化等。

4.2.3.5 其他处理单元

除臭、加药等设施都是随国家对减小污水处理厂的周边环境影响和提高排放标准等要求而设置的。除臭包括臭气收集、输送、处理等单元，加药包括碳源投加、深度处理除磷药剂投加、污泥处理药剂投加、除臭药剂投加等。对于除臭系统的评估着重分析收集系统的效率和臭气外逸率、输送过程密封程度、处理效果以及处理单元的运行模式和实际运行参数的合理性等。加药单元则重点分析其运行模式、控制手段和加药点位等，并与加药实际需求进行对比或实验。

需要说明的是，上述评估重点在于对污水处理厂处理效果、设施状况等进行，从而掌握污水处理厂存在的问题和提标改造及节能降耗的潜力，而没有包括噪声、臭气等对环境和劳动保护等的影响，此方面内容应根据评估目的进行选择。

4.2.4 运行电耗和药耗

通过历史数据统计分析污水处理厂吨水电耗情况和单位耗氧污染物（以 BOD_5 和氨氮表示）电耗情况，并结合工艺、处理规模与国内外相同工艺的污水处理厂进行横向对比，判断待评估污水处理厂的电耗水平。分析电耗在预处理单元、生物处理单元、污泥处理单元、深度处理以及曝气系统的电耗分布，确定能耗最大的设施。分析电耗年度、季度的变化情况，厘清水量和水质对电耗的影响情况。根据调研，我国大部分水厂对各设施电耗的计量不完善，功率较大的设施如鼓风机、提升泵等一般会有单独的计量设施，因此这部分设施的电耗可以直接获得，而其他混合搅拌、回流等没有电耗计量则建议按照设备功率、运行时间及功率因数或通过测定电流来进行计算。

药耗评估一般结合历史数据分析和实验进行。通过污水处理厂运行的历史数据和用药量统计分析吨水药耗和单位污染物药耗，并结合工艺、药剂种类、投加位置等与国内外污水处理厂进行对比，判断待评估污水处理厂的药耗水平。利用现场污水进行试验，获得去除效果、投药量、投加条件、药剂种类等试验数据并与实际进行对比，为后续优化药剂投加系统提供技术支撑。

4.2.5 运行管理水平

根据《城镇污水处理厂运行、维护及安全技术规程》（CJJ 60—2011）和《城镇污水处理厂运行监督管理技术规范》（HJ 2038—2014）及当地主管部门发布的相关规范，从污水处理厂人员配备、日常运行记录、交接班记录、运行总结、计划制订及实施、台账管理、公司制度、信息化管理情况、档案管理、自控水平以及应急管理等情况进行分析评估，重点查看污水处理设备、仪表的维修保养、校准记录和效果，备品备件的库存合理性，异常情况应对措施和效果的经验总结，技术改进措施和效果等与污水处理厂运行处理效果水平有直接关系的资料，作为后续提标改造和节能降耗实施的依据。

4.3　全流程数字化关键技术开发与验证

随着我国污水处理排放标准的提高和节能降耗的内在需求，污水处理工艺流程和操作管理也变得越来越复杂，传统的人工管理模式已难以满足需求，而随着人工智能、大数据、云计算、物联网和5G等新技术不断融入水务行业的各个环节，数字化和智慧水务已逐渐成为传统水务领域转型升级的重要方向，成为当前水务行业的重要关注点。

4.3.1　全流程数字化系统组成

污水处理厂在构建全流程数字化系统时，首先应充分考虑进水特征、工艺特点和排放要求，保证污水厂出水稳定达标；其次考虑高质量发展需求，通过优化运行控制节约污水厂的能耗和药耗，降低运行成本，减少碳排放；最后应考虑日常运营工作效率的提升和应急状态下的快速响应。在此基础上，需要利用BIM（建筑信息模型）或GIS（地理信息系统）等结合其构筑物建/构筑图、平面布置图、高程布置图、管路布置图、设备布置图、设备三视图等电子文件、测量文件等资料实施，当然也可以采用三维激光扫描技术，但该技术需要地面三维激光扫描仪及其配套的软件和电脑。

（1）数字化系统数据仓库构建

构建数据仓库时应重点考虑数据类型、数据采集、数据传输、数据存储和数据清理等。

① 数据类型。根据污水处理厂数据管理性质不同，数据类型包括从设计文件、设备台账、仪表台账等资料中获取的设备数据，进出水水量、水质、沿程水质及排放标准的水量水质数据，运行工况参数、设备启停信息、视频信息、操作信息等生产运行管理数据，以及包括财务数据、成本数据、流程数据、库存数据、人员信息、考核数据、规章制度等的生产经营数据。此外，如果污水处理厂有单独的污泥处理和臭气处理设施，还应包括污泥和臭气相关数据。

② 数据采集。可采用人工手动采集、传感器采集、射频识别（RFID）等方式进行，其中传感器采集是数字化系统的主要数据采集方式，其数据的准确性直接影响系统的真实性，因此在使用过程中应确保传感器安装位置和方式正确，同时应注意传感器的维护和校准。RFID方式是数据采集的重要方式，利用射频方式进行非接触双向通信，达到识别目的并交换数据。手动采集输入主要包括报表填写、通过上位机触摸屏输入、移动客户端输入、仪表显示屏输入等方式，是数字化系统数据采集的重要补充方式。

③ 数据传输。污水处理厂应根据生产需求、设备类型和传输质量要求选择合适的数据传输方式，通常可采用光纤专线传输、GPRS（通用分组无线服务技术）无线传输、虚拟专用网络（VPN）传输、窄带物联网（NB-IoT）传输等。污水处理厂可租用运营商的专用数据通道或者铺设内部光纤电缆，提供点对点、点对多点的数据专用线路。GPRS无线传输设备是一种基于全球移动通信系统（GSM）的无线分组交换技术，支持特定的点对点和点对多点服务，以"分组的形式传送数据"，满足分布式数据传输。VPN数据传输即虚拟专用网络，采用私有的隧道技术在因特网上虚拟一条点到点的数据专线，从而达到在公网上安全

传输私有数据的目的。NB-IoT是针对感知层设备多数量、短连接、低功耗特点的一种新物联网传输技术，支持低功耗设备在广域网的蜂窝数据连接。

④ 数据存储。污水处理厂应根据生产和管理需要选择云平台存储和自建数据库存储。云存储是一种网上在线存储的模式，即把数据存放在通常由第三方托管的多台虚拟服务器，而非专属的服务器上。数据中心营运商根据客户的需求，在后端准备存储虚拟化的资源，并将其以存储资源池的方式提供，客户便可自行使用此存储资源池来存放文件或对象，这些资源可能被分布在众多的服务器主机上。自建数据库存储是将数据上传到污水厂数据库服务器中，在服务器中对数据进行储存，可以与污水厂多个用户共享，也可以对存储的数据进行新增、查询、更新、删除等操作。

⑤ 数据清理。数据清理是保证数据有效性的重要措施，包括污水厂历史数据清理、监测或测量时的噪声数据清理。历史数据清理通常在存储系统设置数据存储期限和时间节点，或者在数据传输终端手动删除。噪声数据清理可以在服务器上编译阈值判断程序，通过云平台将被判定数据与已知的正常值比较，将差异程度大于某个阈值的模式输出到一个表中，然后人工审核表中的模式，识别出孤立点，筛选出后自动删除。

（2）BIM及GIS数字化系统构建

采用BIM及GIS系统构建数字化系统时，主要的步骤如下。

① 构建污水处理厂建/构筑物和设备三维图。根据污水处理厂竣工图、设备档案等资料，结合现场建/构筑物及设备的实际情况，构建出各自的三维图形。

② 整合三维模型，链接进污水处理厂平面布置图。根据平面图上建/构筑物、设备位置将绘制好的建/构筑物、设备三维图分别链接进待构建的项目，并各自置于对应位置。

③ 绘制管路图。在新建revit项目文件中首先根据污水厂管道种类设置对应的管道系统，然后再链接进管路布置图，并根据图上管路信息绘制三维管路图。

④ 优化模型。将新建revit项目文件模型导入navisworks中进行漫游和碰撞检查，检查模型中不合理之处，并在revit中进行优化模型。

⑤ 渲染模型。将模型导入渲染软件进行渲染，提高模型展示效果。

（3）三维激光扫描数字化系统构建

当污水处理厂采用三维激光扫描技术构建数字化系统时，主要的步骤如下。

① 根据现场地形、地势合理规划扫描站点位；在扫描站点上架设仪器，并检查仪器参数，仪器根据设置参数完成点云数据采集。

② 导入原始点云数据并保存。根据定位物体进行扫描站点拼接直至满足制作要求，同时对点云赋彩色，并手动删除不需要的点云数据。

③ 将采集数据导入三维激光扫描仪配套的建模软件中，软件可根据点云三维坐标信息自动将二维线图转化为三维模型。

④ 将模型导入渲染软件进行渲染，提高模型展示效果。

4.3.2　全流程数字化系统的功能要求

污水处理厂数字化系统应包含信息展示、监控预警、生产管理、办公管理等核心功能，同时也可以包括水流方向的水力模型与各工艺构筑物流体力学三维模型（CFD 模型）以及活性污泥的机理模型（如 ASM 模型）等。数字化系统的主要功能如下。

（1）信息展示及监控预警

能够仿真展示污水厂各个单元的分布情况和各设备属性，集成展示污水处理厂设计参数、实际运行数据、设备启/停状态及运行参数、主要设备和池面实时图像等信息，汇总展示污水处理厂排放标准水平，对总体达标率进行统计，调用在线仪表采集并存储在后台数据仓库相关水量、水质的实时数据，通过数据交互处理形成对水量水质的统计曲线、各项指标的达标情况统计分析图表并予以展示，能够对进出水水量与水质异常、工艺控制参数、设备运行异常、维护工作通知、库存信息报警等异常情况进行预警提示，以便管理人员迅速响应。通过这些展示和预警保证污水处理厂管理和操作人员可以远程实时掌握污水处理厂的运行状况，及时做出应对措施，提高管理效率。

（2）生产管理

污水处理厂数字化系统可以调用数据仓库中电耗、药耗、产泥量等关键成本进行统计，根据不同层级、不同岗位人员的定位，全部或部分展示关键成本信息统计，以便管理团队开展对污水厂生产环节的成本控制工作。对关键设备的运行能耗水平和运行效率关系进行统计，便于提高设备的管理水平。通过 BIM 工艺模型直观显示工艺段实时运行状态，利用 CFD 模型、ASM 模型或其他各类机器自学习模型，使控制系统能够根据进出水水量、水质及环境条件等及时调整工艺运行参数，或提出工艺人工调控建议，为管理人员进行现场工艺调控提供数据支撑，并据此规划动态巡检路线，仿真展示局部隐蔽工程，提升污水厂日常维护工作效率。对以往实施的创新技术、管理经验、应急措施效果等进行总结，提高污水处理厂的管理水平和效率。通过手动输入水质化验数据，自动生成化验报告和图形，并与在线数据对比，及时发现在线仪表的异常波动。可以映射真实的现场环境，能够对操作人员进行仿真模拟化培训，提高培训演练的真实性和有效性。可以进行应急管理，通过模拟预测事故发展态势，提高信息获取效率、应急救援的准确性和有效性。

（3）办公管理

能够自动根据制定的考核标准及目标对各部门人员进行评分考核，并可以形成相对应的考核报告，减少企业管理人员的工作量，提高企业管理综合水平。对各类数据进行分类、汇总、导出等操作，减少数据重复填写，提高数据共享程度，并形成规范的数据统计分析报表，提高工作效率。污水处理厂日常工作文件的申请、审批、执行或公示实现网络化，提高工作处理效率，并节药办公经费。

4.3.3　机理模型和数据驱动模型的开发与联用

就目前来看，数字化系统中的信息展示、预警、办公管理以及生产管理中的统计分析等功能比较容易实现，但如何让系统根据进出水水量、水质及环境条件等及时调整工艺运行参数，如实现按需供氧、按需投药、按需回流等，以同时满足达标与节能降耗两个目标，仍存在较多困难。其主要原因是污水处理作为一个大时变、大滞后的复杂处理过程，受到包括化学、物理和生物处理的影响以及高度瞬态和多变量方面的影响[19-21]。基于这些客观现实，研究人员尝试利用数学模型来预测和优化污染物的去除，并为污水处理厂的运行提供操作策略和管理建议。当前最为常用的模型包括以碳、氮和磷去除为内核的机理模型和以人工智能技术(artificial intelligence，AI)为主的数据驱动模型两大类。

（1）机理模型

国际水协（International Water Association，IWA）于1987年推出了3套活性污泥核心模型系列ASM1、ASM2、ASM3，为污水处理厂活性污泥系统仿真提供了重要的理论基础[22]。机理模型广泛应用于许多欧洲国家，在我国活性污泥模型的应用与国际上还存在较大差距，主要体现在理论与实际生产应用相结合方面。

国内外的污水处理过程模拟软件多以活性污泥法、生物反应动力学和水力学模型为基础[23]，较成熟的模型有GPS-X、WEST（污水处理厂高级动态建模与模拟工具）和Biowin。GPS-X可实现模拟活性污泥法及其多种改进工艺[推流式、CSTR（连续搅拌反应器系统）、多点进水等]、SBR以及Hybrid系统等[24]；WEST通过多种活性污泥模型（ASM1、ASM2、ASM2d和ASM3）、沉淀池模型以及各种单元的组合叠加就可以实现AO、A²O、UASB等工艺[25]；Biowin模型能够描述多种微生物相互反应的复杂过程[26]。目前在应用研究方面，研究者大多通过校正参数实现对特定污水处理厂的模拟工作。Elawwad等借助Biowin扩展ASM3的反应动力学，校正异养菌最大比增长速率μ_H、异养菌比衰减速率b_H和异养菌产率系数Y_H，然后模拟10个月的污水处理厂出水，为干旱地区工业废水和生活污水混合进入污水处理厂的运行管理提供依据[27]；杨杰借助GPS-X，模拟污水处理厂厌氧-好氧工艺，测定了异养菌最大比增长速率、异养菌产率系数和自养菌最大比增长速率等参数，发现模拟结果与实际出水吻合[28]。

目前应用ASM模型机理进行研究在丹麦、荷兰等国应用广泛。受限于商业软件价格高昂、对使用人员专业素养要求高和对数据质量要求高等因素，我国的许多污水处理厂都很难推行机理模型指导运行生产，这主要是因为如此复杂的化学计量学参数和动力学参数导致了当前现有机理模型中的许多不确定性[29]。主要体现在以下几个方面：

① 污水进水流量和污染物浓度波动较大，难以预测；

② 污水处理过程中的出水水质和节能降耗是两个相矛盾的优化指标；

③ 污水处理过程的控制是一个典型的强耦合、模型未知的非线性系统控制问题，难以达到在线平稳控制；

④ 机理模型中涉及的动力学参数和化学计量参数较多，而多数参数值难以在线测定，且受水质、环境条件影响而变化，难以直接应用到控制模型中。

（2）数据驱动模型

面对机理模型的难题，研究人员试图利用人工智能技术解决污水处理问题，尤其是吸收和分析大量的复杂数据用于预测和决策。随着人工智能技术的不断发展，应用其进行污水处理厂研究的数量在近年来大幅上升[30]，具体来说，数据驱动模型结合了统计方法和机器学习方法，利用数据之间的相关性快速生成仿真结果。其中最主要的人工神经网络(artificial neural network，ANN)因其优点在于运行速度快，对非线性问题拟合效果好，是污水处理厂出水水质预测中应用最广泛的方法[31]。ANN是一种参考人脑神经系统的工作方式构造的数学模型，具有非常强的非线性适应性信息处理能力，极大程度上解决了传统人工智能方法在语音识别等非结构化信息处理方面的缺陷，近年来在污水处理领域得到充分的应用，涵盖了技术、经济、管理和污水回用等方面[32]。绝大多数人工智能技术通过实验数据来模拟和预测污水处理过程中的污染物去除。Moral 等于 2008 年研究了 Iskenderun 污水处理厂的活性污泥工艺（ASP），使用神经网络模型，以 0.632 的 R^2 预测出水 COD[21]。Hamedi 等使用 ANN 进行好氧曝气实验的 BOD_5 出水预测，R^2 可以达到 0.81[33]。

除了上述提到的典型的单一ANN技术外，混合模型的使用也越来越受到关注。例如，遗传算法（genetic algorithm, GA）是一种进化算法，基于达尔文理论来建立模型模拟自然进化过程，以实现最小或最大目标函数[34]。ANN-GA通过组合方法可以提供更高的精度和更低的误差[35]。Man 等于 2019 年在好氧曝气实验研究中分别采用 BP（反向传播）-ANN 以及 GA-BP-ANN，后者的均方根误差（RMSE）与前者相比较低[36]。

此外，降维算法结合神经网络以提高模型的预测性能的研究尝试也屡见不鲜。Asadi 等通过主成分分析法（principal component analysis，PCA)将高度相关的变量降维，然后分别通过全连接神经网络和自组织模糊神经网络来实现对寒冷地区城市污水厌氧消化的沼气产量的预测[37]。

尽管人工智能技术在降低污水处理建模和数据分析的复杂性方面表现出了巨大的潜力，但在当前的污水处理厂出水水质预测研究中，仍存在一些需完善的方面。首先，大多数人工智能技术都是使用实验室生成的分析数据，而不是在线监测数据，来模拟、预测和优化污水处理过程中的污染物去除。然而，测量数据通常是在24h内基于复合样本的平均数据，从在线控制的角度来看，这些数据的规模较小，以及其混合性质将大大限制人工智能模型的实际应用。预计人工智能可以支持大量的在线数据，变得更加人性化，在污水处理的实际应用中表现得更加准确。其次，实际的污水处理过程受许多控制变量和工艺参数的影响。将所有这些变量和参数作为ANN的输入参数将在计算上代价高昂，并将导致预测的更大不确定性。

（3）机理模型和人工智能模型的耦合

基于机理模型和人工智能模型的优缺点，有必要尝试将两者有机结合，在通过大量数据训练寻找进出水水质指标和过程参数之间相互联系的同时，基于活性污泥机理模型补充考虑超标进水等极端工况对整个污水处理系统的影响，从而获得可应用的智能控制模型。模型开发可以采用如下步骤进行。

① 建立基于反馈神经网络的污水处理预测出水水质模型。采用Python语言，利用人工智能学习框架建立人工神经网络模型，将污水处理过程的进水水质、过程监测指标和控制

参数作为模型的输入变量，将污水处理厂出水作为模型训练标签进行训练，分别获得出水COD、出水氨氮、出水总氮和出水总磷四项常规监测水质指标的预测模型。将前一时刻的出水水质同样作为模型输入变量输入，以提高模型的预测精度，为后续的模型优化提供研究基础。

② 结合主成分分析算法和人工智能技术建立联合模型。将污水处理厂所有过程监测指标和控制参数通过主成分分析降维处理，再同进出水水质指标输入模型训练，以减轻模型的体量，并使结合主成分分析算法的神经网络模型比基础的神经网络模型具有更为优异的预测性能，从而提高主要指标COD、氨氮和总氮等模型的R^2。

③ 耦合遗传算法、主成分分析算法和人工智能技术进一步优化模型架构。利用遗传算法的优化特性，将神经网络内部的几个参数（第一隐含层和第二隐含层的节点个数以及激励函数种类）作为遗传算法的待优化变量，将主要出水指标对应的网络预测得到的平均相对误差（MRE）作为算子优化网络结构，得到最优的网络结构进行出水水质预测，使得平均相对误差进一步减小，从而进一步提升模型预测效能。

④ 形成联合模型并预测出水。机理模型充分考虑了污水处理过程特征，通过编程完成自动化的计算；神经网络模型将污水处理过程看作一个整体，也是一个黑箱，在输入和输出中间完全依靠历史数据间的数据相关性进行计算。两者各有利弊，将两者结合到一起，以完成污水处理过程出水的预测和模拟。通过权重系数$w_{机理}$和$w_{网络}$将两个模型的预测出水有机结合，可以得到联合模型的出水水质（图4-9）。

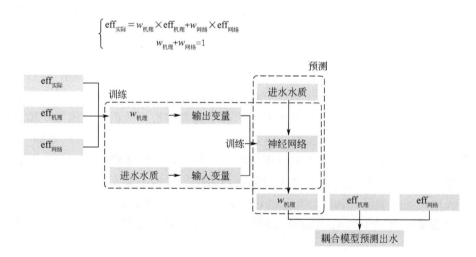

$$\begin{cases} \text{eff}_{实际} = w_{机理} \times \text{eff}_{机理} + w_{网络} \times \text{eff}_{网络} \\ w_{机理} + w_{网络} = 1 \end{cases}$$

图4-9 机理模型与神经网络模型耦合技术路线

4.3.4 生物系统和加药单元的智能控制

在污水处理厂的运行过程中，人为地设置溶解氧等指标是长期普遍通行的控制方式，然而由于进水水质的波动性，过高的溶解氧浓度造成大量的能耗和资源的浪费。故可以采用一种基于数值模型预测出水水质的智能模型预测控制方式，辅助污水处理厂运行决策。

4.3.4.1　模型预测控制

具有最优性能指标和精确系统的现代控制理论开始发展并且日益成熟起来，但在应用于工业过程控制时，现代控制理论却没有达到较为理想的预期效果，主要原因是绝大多数的工业过程一般都有较高的非线性和较强的耦合性。水处理过程就具有这样的特点，控制效果较差。在此背景下，模型预测控制（model predictive control）算法迅速发展起来并在工业中得到了非常成功的应用。模型预测控制是以被控物体模型为基础的优化控制策略，与具体被控物体模型相关的是模型预测控制的实现而非其本质上的概念，且其对预测模型的精度要求并不高，能克服系统的非线性，还包含了多次在线滚动优化以及实时反馈校正的过程，原理框图如图4-10所示。

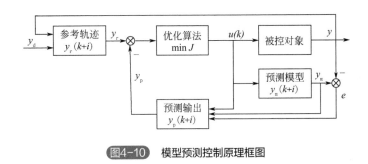

图4-10　模型预测控制原理框图

模型预测控制一般由预测模型、滚动优化和反馈校正三部分组成，各个模块的基本原理和含义如下。

（1）预测模型

预测模型是用来描述整个系统动态行为并具有预测功能的模型。在系统仿真时，给出任意的系统未来时刻的控制策略，通过预测模型模拟，得到在不同的控制策略下被控系统的输出结果变化，进而为分析对比系统所采用的这些控制策略提供了重要基础。在污水处理系统中，预测模型通常是指污水处理的出水水质预测模型。预测控制对所预测的被控系统模型并没有较高的要求，系统模型并不一定非要是具有较高精度的数学模型，如脉冲响应模型、模糊模型等。

（2）滚动优化

滚动优化也称为在线优化。滚动式的优化过程就是要对系统的目标函数反复进行在线优化求解。所涉及的优化性能指标指的是在每个采样周期内从该目标时刻开始到系统未来的一段有限时间，随着系统采样周期的推移，这个优化有效时段会同时向前滚动而不是始终一成不变的，从而使目标出水水质更有效地跟踪参考轨迹，且跟踪偏差较小。滚动优化可以很好地消除系统的不确定性。

（3）反馈校正

反馈校正又称为误差校正。在一些实际情况中，控制系统存在的非线性及模型失配等不确定性原因会引起模型预测的结果与实际不相符的现象。这时需要计算被控系统输出的测量值和模型的预估值，由此得出模型的预测误差，然后再利用系统的反馈校正环节来修正模型的初始预测值。

与其他的一些轨迹跟踪控制算法相比，模型预测控制有以下几条显著的优点：a.模型建立十分方便，且不要求控制系统的模型具有较高精度；b.采用滚动式优化的控制策略，具有较好的动态控制效果；c.可以有效地弥补模型受外界干扰等因素带来的系统不确定性，动态响应性能好；d.可以有效地处理系统因多变量、非线性及有约束等复杂问题带来的影响，增强控制的鲁棒性。

4.3.4.2　非线性模型预测控制

污水处理过程中涉及数十种微生物及组分、数十种反应过程，非线性程度高，宜采用非线性模型进行预测控制。非线性模型的实现依靠神经网络中的激励函数实现。在神经网络每一层神经元做完线性变换以后，加上一个非线性激励函数对线性变换的结果进行转换，输出非线性函数，如图4-11所示。拓展到多层神经网络的情况，加上非线性激励函数之后，输出成了一个复杂的非线性函数，如图4-12所示。

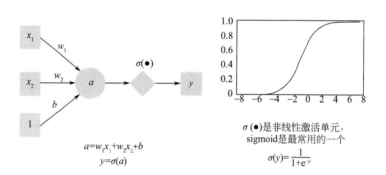

图4-11　带激励函数的单层神经网络及平面划分

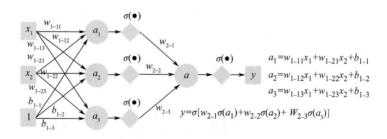

图4-12　多层神经网络及平面划分

加入非线性激励函数后，神经网络就有可能学习到平滑的曲线来分割平面，而不是用复杂的线性组合逼近平滑曲线来分割平面，使神经网络的表示能力更强，能够更好地拟合目标函数。

在通过神经网络模型完成预测后，通过与出水标准的对比，结合机理模型优化溶解氧控制，传输到污水厂控制端，再利用已形成的根据目标溶解氧设定进行的系统控制完成对污水处理过程的全流程控制（图4-13）。

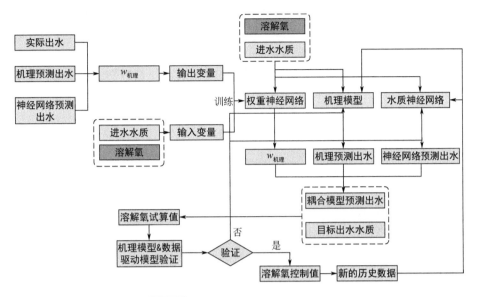

图4-13　神经网络和机理模型耦合控制

4.3.4.3　AAO生物系统智能控制

基于污水处理机理模型预测，以AAO系统为例，在其稳定运行的基础上，对系统内不同区域的主要影响参数如污泥回流比、内回流比、DO浓度等进行优化，建立对应控制策略的智能算法。

将AAO工艺系统每个组成部分定义为一个动态因素，正方向不同动态因素之间所传递的信息（浓度）由参数1决定，作为静态本体；反方向所传递的浓度信息（回流浓度）由参数2（内回流比）、参数3（污泥回流比）、参数4（DO）等决定，作为动态本体。以参数1~4为控制变量，出水水质和能耗为目标函数，实现AAO工艺的优化控制。具体如图4-14所示。

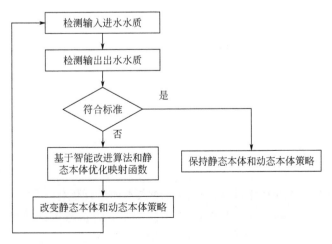

图4-14　AAO系统优化过程的程序流程

从静态本体的角度实现整体污水处理过程的第一步优化（图4-15），根据某一时刻（k）的实时进-出水水质向量X和静态本体的控制变量U，得到下一时刻（$k+1$）的状态转移函数，并结合整体的目标函数及仿真基准模型（BSM）对智能学习算法进行针对性改进，得到相应的评价网络，进而得到每个状态下的评价函数Q，随着反应时序的进行，自动实现对Q函数的迭代，进而得到相应反应时序任意时刻的下一时刻下的控制变量，最终实现整体污水处理过程的优化控制。

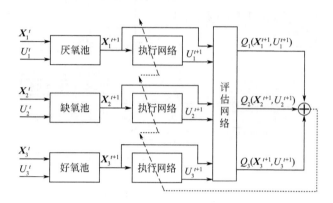

图4-15 基于多代理模型系统的AAO工艺的静态本体化优化控制逻辑关系

根据上述步骤的优化方法，针对静态本体优化过程的Q函数的迭代过程，如式（4-13）所列：

$$Q\left(\vec{S},t_i\right) = r\left(\vec{S_i},t_i\right) + \max Q\left(\overrightarrow{S_{i+1}},t_{i+1}\right) \tag{4-13}$$

s, t初始化$\hat{Q}(s, t)$为0；
观察当前状态s；
While
目标函数$|V^\pi(s)|>$某一目标；
for循环次数为整体处理工艺时间；
{
do
选择下一时刻某一状态s并执行；　　t_{i+1}
得到状态转移函数r；
观察可能的新状态s'；
更新$\hat{Q}(s, t)$函数如下；
$\hat{Q}(s, t) \leftarrow r + \max \hat{Q}(s',t')$
$s \leftarrow s'$；　　　　　t'
}

根据上述对静态本体的优化过程，进而对动态本体进行优化。结合任意时刻的向量X和动态本体的控制变量U，得到相应目标函数动态本体下的状态转移函数r和评价函数Q，进而通过对函数Q的迭代，得到动态本体下任意时刻的最优化控制策略。最后根据对静态本体和动态本体的优化，实现以整体出水水质为核心，以节能降耗为目标的AAO系统任意时刻的最优化智能控制策略，该策略包括曝气控制（DO）、内回流智能控制及污泥回流智能控制，从而实现能耗与出水水质综合的智能调控。

4.3.4.4 智能加药控制技术

针对当前人工控制水厂除磷药剂投加而导致投药量大的问题，根据进水（即生物系统出水）水质变化情况适时准确地确定除磷剂的投加量，建立一种新型的自动投药系统控制模型。即以进水水质指标为输入参数，以除磷剂的投加量作为输出参数，运用数学模型，结合神经网络预测和铁离子浓度校核控制除磷投药过程。

除磷投药方案的论证及投药过程建模过程如下：详细分析现有投药控制对象特性，在此基础上提出控制方案（图4-16），并利用现场采集的原水水质指标和出水水质指标以及投药量，对投药过程进行模型辨识，建立用于仿真的系统对象模型，并利用数据对模型进行训练，建立预测控制的预测模型。

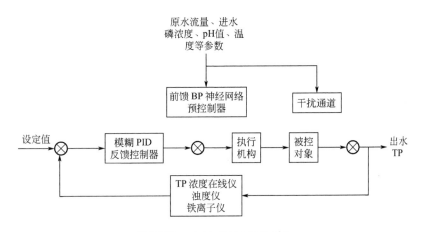

图4-16 除磷投药控制结构方案

根据建立的预测控制模型，选择控制算法，编写程序对系统进行闭环控制的仿真试验，并对仿真结果加以分析。根据现场控制要求，采用现场总线控制技术，设计以neuron芯片为核心的智能控制节点，包括模块电路、数据采集A/D转换电路、输出D/A转换电路的设计。并利用计算机语言编写相应程序，完成数据采集，实现控制算法等功能，具体见图4-17。

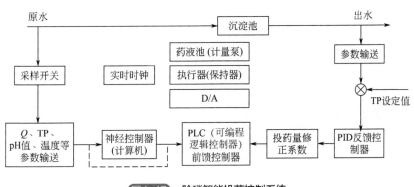

图4-17 除磷智能投药控制系统

4.3.5 基于耗氧速率和生化动力学的优化控制技术

污水厂运行的重要目标是在稳定达标的基础上节能降耗，为实现这一目标必须对污水处理过程进行有效控制，使水、气、泥达到合理平衡，其中硝化过程控制是核心，在此基础上考虑反硝化过程和厌氧释磷过程控制。

本研究的提出基于耗氧速率和生化动力学的优化控制技术，主要包括以下3个技术支撑点。

4.3.5.1 基于耗氧速率的活性污泥性状和反应过程的表征

耗氧速率（oxygen uptake rate，OUR）为单位体积活性污泥在单位时间内所消耗氧气的量，单位一般为 mg O_2/（L·h）。OUR对活性污泥性状和反应过程的表征体现在进水污染物负荷波动表征、活性污泥耗氧污染物去除能力表征、污染物降解程度表征3个方面。

4.3.5.2 ASMs简化模型

ASMs是目前描述污水处理过程最系统的机理模型，受限于污水厂数据采集能力，模型直接用于控制存在一定困难。为此，结合现场可靠的流量、水质和状态参数，对ASMs模型予以简化，关键公式见式（4-14）。

$$\text{fn} = \mu_{AUT} \frac{S_{O_2}}{K_{O_2} + S_{O_2}} \times \frac{S_{NH_3}}{K_{NH_3} + S_{NH_3}} \times \frac{S_{PO_4}}{K_{PO_4} + S_{PO_4}} \times \frac{S_{ALK}}{K_{ALK} + S_{ALK}} X_{AUT} \quad （4\text{-}14）$$

式中　μ_{AUT}——X_{AUT}的最大生长速率，d^{-1}；

　　S_{O_2}——溶解氧浓度，g O_2/m^3；

　　K_{O_2}——氧的饱和/抑制系数，g O_2/m^3；

　　S_{NH_3}——氨氮浓度，g N/m^3；

　　K_{NH_3}——氨氮(营养物)的饱和系数，g N/m^3；

　　S_{PO_4}——磷酸盐浓度，g P/m^3；

　　K_{PO_4}——磷(营养物)的饱和系数，g P/m^3；

　　S_{ALK}——重碳酸盐碱度，mol HCO_3^-/m^3；

　　K_{ALK}——碱度（HCO_3^-）的饱和系数，mol HCO_3^-/m^3；

　　X_{AUT}——自养菌，硝化生物量，g COD/m^3。

特别地，在深度厌氧环境下存在有别于传统聚磷菌释磷的过程[38]，不仅能够实现碳源的梯度利用，而且能够显著提升生物除磷的效率和稳定性（图4-18）。

4.3.5.3 控制措施

为实现污水处理过程的优化控制，污水厂主要通过曝气、回流、加药和排泥等操作环节来实现。

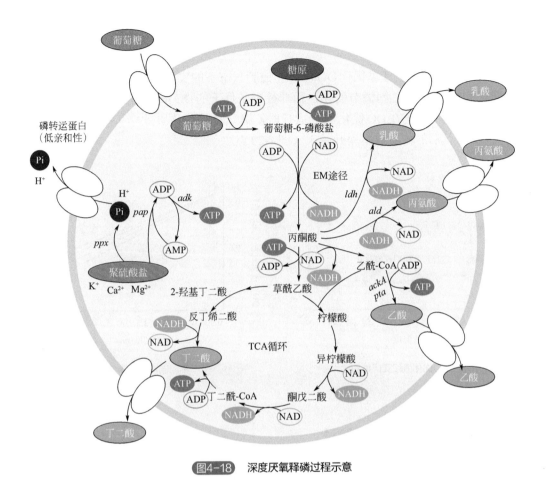

图4-18　深度厌氧释磷过程示意

（1）曝气控制

在好氧污染物优化控制的基础上，计算理论需氧量；根据进水特征、设施设备效能、处理要求、活性污泥呼吸速率和特殊工艺过程控制要求，动态计算反应区最佳溶解氧浓度范围；实时计算曝气区各段的供风量和风压控制值；调节风机运行参数和供风管道阀门，实现各曝气分区按需供氧。

（2）回流控制

根据进水碳源水平确定系统脱氮除磷模式，再根据脱氮除磷模式确定污泥和硝化液回流控制策略。具体模式和策略包括：a.碳源充裕，强化耗氧污染物去除模式，应将污泥回流与硝化液回流控制在高水平；b.碳源不足，脱氮除磷兼顾模式，将污泥回流控制在低水平，硝化液回流根据进水 TN 浓度实时计算；c.碳源缺乏，强化生物脱氮模式，此时应将污泥回流量加大，硝化液回流根据进水 TN 浓度实时计算，必要时投加碳源。

（3）加药量控制

充分利用生物处理阶段厌氧释磷、好氧吸磷，减少生物池出水的磷含量，建立根据生物池出水TP为前反馈，污水厂出水TP为后反馈的药剂投加模式，同时考虑浊度对TP的影响。

通过对过程控制模型计算优化DO值和非控制状态下的实际DO值之间的比较可知，优化值主要在1.0~1.5mg/L之间调节变化，而非控制条件下的DO浓度在2.5~3.5mg/L之间随机波动（图4-19）。当系统在DO优化值下运行时，曝气系统的传质效率可提升20%左右，且温度越高DO优化后的传质效率提升越大（图4-20）。

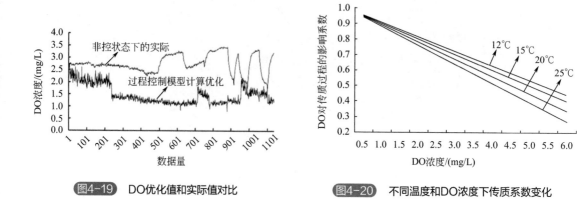

图4-19　DO优化值和实际值对比　　　　图4-20　不同温度和DO浓度下传质系数变化

4.3.6　AAO工艺中试试验验证

AAO工艺试验验证装置设计平均处理能力为100m³/d，主体采用A3钢加工制作。设计的具体规格、数量（表4-2）及平面布置、流程见图4-21及图4-22。

表4-2　AAO工艺验证装置设计规格及主要设备

编号	设备名称	分类名称	规格（$L \times W \times H$）	数量
1	污水处理生化反应器	厌氧池（配搅拌机）	1m×1m×4.3m	2
		缺氧池（配搅拌机）	1m×1m×4.3m	5
		好氧池1	1m×1m×4.3m	1
		好氧池2	3m×1m×4.3m	1
		好氧池3	4m×1m×4.3m	1
		二次沉淀池	2m×2m×4.3m	1
		储水池	2m×1m×4.3m	1
2	污水提升设备	提升泵（变频）	Q=8m³/h	2
		阀门、流量计、管道等	DN50	若干
3	好氧段曝气装备	微孔曝气器	KBD192	32
		变频风机	Q=24m³/h	3
		电控阀门、流量计、压力计等	DN65	若干

续表

编号	设备名称	分类名称	规格（$L \times W \times H$）	数量
4	混合液回流设备	混合液回流泵（可变频）	$Q=15m^3/h$	2
		阀门、管道、流量计等	DN80	若干
5	污泥回流及污泥排放设备	污泥泵（可变频）	$Q=8m^3/h$	2
		流量计、管道阀门等	DN40	若干
6	搅拌设备	用于厌氧、缺氧池	$N=0.55kW$，轴长 3m	7
7	加药设备	计量泵	$N=0.18kW$	2
		储药罐、搅拌机等	$N=0.37kW$	1
8	在线仪表	DO 仪、pH 计、COD 仪、氨氮 / 硝酸盐仪、MLSS 仪、电导率仪、液位计等	在线测定	13

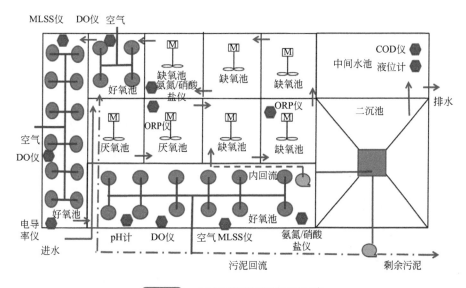

图4-21　AAO工艺验证装置平面示意

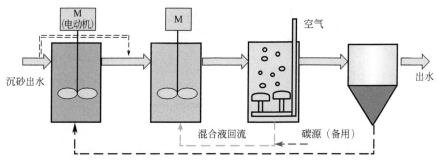

(a)装置流程示意

图4-22

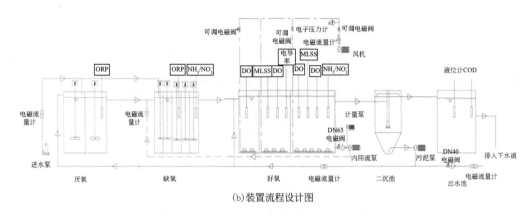

(b)装置流程设计图

图4-22　AAO工艺验证装置流程示意和设计图

AAO工艺验证装置的主要设备如进水泵、风机、污泥回流泵、混合液回流泵等配有变频器，可根据试验要求进行选择，配电设置有手动操作和自动操作两套系统。工艺方面设置了单点进水和两点进水（部分进入厌氧池，部分进入缺氧池前端）以及污泥回流可回流至厌氧池和好氧池等方式，以满足调试或试验需要。此外，现场设置有护栏、防雨篷等（图4-23）。

(a)装置现场

(b)控制系统内部

图4-23　中试试验验证装置现场和控制系统内部

对于AAO工艺的优化控制，利用中试系统进行了三种操作方式的验证，分别为手动操作、两点进水手动操作（70%进水进入厌氧池，剩余进入缺氧池）和自动运行模式。三种操作方式参数设置见表4-3。

表4-3　AAO工艺验证装置三种操作模式参数设置

操作方式	进水流量 /(m³/h)	污泥回流量 /(m³/h)	混合液回流量 /(m³/h)	MLSS[①] /(mg/L)	DO[①] /(mg/L)	备注
手动操作	3.8	2.5	8.4	3600	—	固定频率
两点进水手动操作	3.8	2.5	8.4	3600	—	固定频率
自动运行	3.8	2.5	8.4	3600	2.8	变频控制

　　①在手动操作和两点进水手动操作两种运行模式下，其MLSS按照在线仪表数据进行及时排泥控制。其他进水流量、污泥回流量和混合液回流量则尽量保持在设置值。自动运行模式则利用模型通过调整进水泵、污泥泵、混合液回流泵以及风机的频率使系统在运行过程中尽量控制在设置值附近。

　　在试验过程中，三种操作模式的运行结果如图4-24～图4-27所示。从图中可以看出，三种操作模式对COD、BOD_5、TN、氨氮和TP都有较好的处理效果，其对碳污染物的去除率达到90%以上，对TN和TP的去除率分别在75%左右和75%以上。不考虑进水影响，常规运行（手动操作）模式的出水COD和BOD_5都较高，而出水TN则是采用两点进水手动操作模式的情况下最低，这与进水入缺氧池提供足够反硝化碳源有关。但非常明显，两点进水手动操作模式出水TP明显高于其他两种方式，同样是因为进水只有部分入厌氧池而使得厌氧释磷碳源要少于其他两种方式。总体来说，自动运行模式出水效果比较稳定，且单位耗氧污染物能耗比手动进水模式降低了10.6%。需要说明的是，在试验装置验证过程中，其单位耗氧污染物能耗达到3.8kW·h/kg（BOD_5+3.5NH_3-N）以上，远高于现有污水处理厂运行能耗，其主要原因在于为了减少堵塞等现象，试验装置中所采用的搅拌机以及泵等设备功率均偏大。

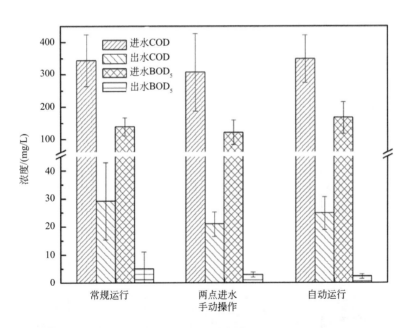

图4-24　AAO工艺中试验证装置三种运行模式对COD和BOD_5处理效果的对比

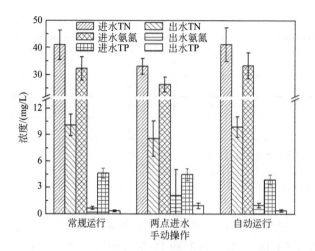

图4-25 AAO工艺中试验证装置三种运行模式对N和P处理效果的对比

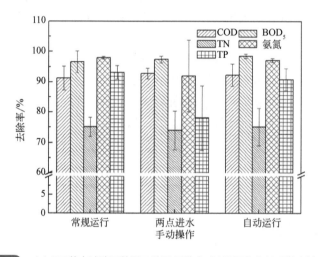

图4-26 AAO工艺中试验证装置三种运行模式对主要污染物处理效率的对比

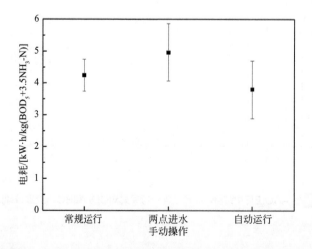

图4-27 AAO工艺中试验证装置三种运行模式单位耗氧污染物能耗的对比

4.4　污水厂数字化运行和节能降耗技术工程实践

为进一步推动技术应用，以江苏省某污水处理厂为对象，分别对其进行全流程评估，并对优化控制实施效果予以验证。该污水厂涉及两套处理工艺，其中部分污水采用AAO工艺处理。根据《中国城镇水务年鉴（2020）》统计和相关研究，中国污水处理规模50000m³/d以上的污水处理厂采用AAO工艺的占到50%左右[39]。因此，该部分内容针对AAO工艺过程进行评估和优化实施。同时，由于该污水处理厂预处理、污泥处理等为共用设施，本部分也仅对AAO处理单元及加药处理单元进行评估和优化。

4.4.1　工程全流程评估过程和结果

4.4.1.1　污水处理厂基本情况

选取江苏省苏州市某污水处理厂作为案例分析，该污水处理厂总占地面积约54亩（3.6hm²），设计处理水量1.8×10⁵m³/d，主要用于处理生活污水和部分垃圾渗滤液。目前污水处理厂主要由一期AAO生物处理、二期交替式生物处理、三期深度处理等部分构成。污水进入处理厂后进行预处理，之后分别进入AAO生物池（设计处理水量60000m³/d）和交替式生物池（设计处理水量1.2×10⁵m³/d），生物处理出水再汇入集水井，经提升后进行深度处理（见图4-28），污水排放执行《城镇污水处理厂污染物排放标准》（GB 18918—2002）一级A标准。需要说明的是，根据江苏省地方的统一要求，该污水处理厂在2020年开始的排放标准要求达到当地排放标准限值（表4-4）。

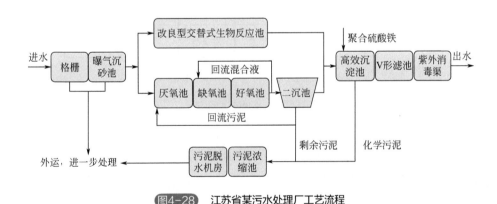

图4-28　江苏省某污水处理厂工艺流程

表4-4　江苏省某污水处理厂设计进出水情况

名称	设计进水水质	原设计出水水质	GB 18918—2002 一级 A	特别排放限值
COD/（mg/L）	360	50	50	30
BOD₅/（mg/L）	180	10	10	—

续表

名称	设计进水水质	原设计出水水质	GB 18918—2002 一级 A	特别排放限值
SS/（mg/L）	250	10	10	—
NH$_3$-N/（mg/L）	35	5（8）	5（8）[①]	1.5（3.0）[①]
TN/（mg/L）	50	20	15	10
TP/（mg/L）	4	0.5	0.5	0.3

① 括号内为温度低于12℃的情况。

该污水处理厂AAO生物反应池共设两组，每组设相同大小的生物反应池15格，其中厌氧池、缺氧池和好氧池分别为2格、5格和8格，并在部分反应池设置了缺氧和好氧的切换，每格生物反应池的有效容积为1512m³。来自曝气沉砂池的污水与来自二沉池的回流污泥一并进入生物反应池，并在生物反应池内停留18.19h，经生物处理后流入二沉池进行沉降，生物处理过后的污水再做进一步的处理，剩余污泥做脱水稳定处理。AAO生物反应池如图4-29所示，其工艺设计参数和涉及的主要设备分别如表4-5和表4-6所列。

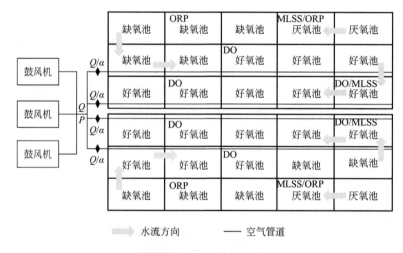

图4-29 生物反应池设计

表4-5 AAO处理工艺设计参数

序号	名称	单位	数值
1	设计平均流量	10^{4}m³/d	6
2	设计峰值流量	m³/h	3250
3	设计停留时间	h	18.19
4	MLSS	mg/L	3200
5	污泥负荷	kg BOD$_5$/（kg MLSS·d）	0.067
6	污泥产率	kg MLSS/kg BOD$_5$	0.9
7	剩余污泥量	kg/d	8748

序号	名称	单位	数值
8	总污泥龄	d	14.9
9	平均需氧量	kg O$_2$/h	785
10	最大供气量	m^3/min	270
11	气水比	—	6.5：1
12	氧利用率	%	25
13	最大内回流比	%	300
14	最大外回流比	%	150
15	好氧区泥龄	d	7.9~10.0

表4-6　AAO处理单元主要设备

序号	设备名称	数量	说明
1	污泥外回流泵	5 台	潜水轴流泵，变频控制，4 用 1 库备，单台 Q=938m^3/h，H=5m，N=37kW
2	内回流泵	6 台	潜水轴流泵，单台 Q=1250m^3/h，H=3.5m，N=30kW
3	剩余污泥泵	3 台	2 用 1 备，单台 Q=120m^3/h，H=9.0m，N=7.5kW
4	微孔曝气器	—	盘式，DN260，总通气量 270m^3/min，阻力损失 ≤ 0.5mH$_2$O
5	潜水搅拌器	14/2	功率分别为 10kW/2.2kW
6	磁浮风机	3 台	变频控制，单台 Q=135m^3/min，H=9.0m，N=240kW

注：Q 为流量；H 为扬程；N 为功率。

在 AAO 处理工艺设计建造的过程中，供气管道的布置采用枝状管路，并把曝气池划分成若干个曝气区域，在每一个曝气区域内设置一根供气支管为该区域单独供气，且在每根支管上安装一个阀门，可以对每个区域的曝气量进行手动和远程在线双调节。在通风管道的总管以及各个好氧廊道的支管上安装了探针热导式流量计，以记录总曝气量和通往各个好氧廊道的气体流量。在每组生物反应池的厌氧段安装有 1 套 ORP 测量仪和 1 套 MLSS 测量仪；在缺氧段安装有 1 套 ORP 测量仪；在好氧段安装有 1 套 MLSS 测量仪和 3 套 DO 测量仪，DO 测量仪分别位于好氧池的前段、中段和末段。

该污水处理厂建有中控中心，运行人员可以在中控中心平台上远程观察污水处理厂的运行状况，包括进水水量水质、生物处理过程混合液相关数据、出水水质数据、设备运行信息等，并可以在平台上对部分设备进行调节。

4.4.1.2　进出水水量水质特征

（1）进水水量和水质特点

图 4-30 为该厂 2019 年 AAO 处理工艺的进水水量情况。由于厂前集水池的设置和进水提升泵的调节，该厂的瞬时流量，除每日 5~8 点进水量有所减少外，在其他时间段变化不大。2019 年该污水处理厂的日进水水量在 $(4.59~8.99) \times 10^4$ m^3/d 之间波动，平均为 6.96×10^4 m^3/d。

进水水量随旱季、雨季的到来而发生变化，冬春季时的进水水量偏小，而在夏季时稍有增大。实际处理水量与设计处理水量的比值在76.5%~149.8%之间，平均负荷率达到116.0%，全年超过设计进水水量的天数占比81.4%，该厂AAO生物处理工艺一直在超负荷运行。

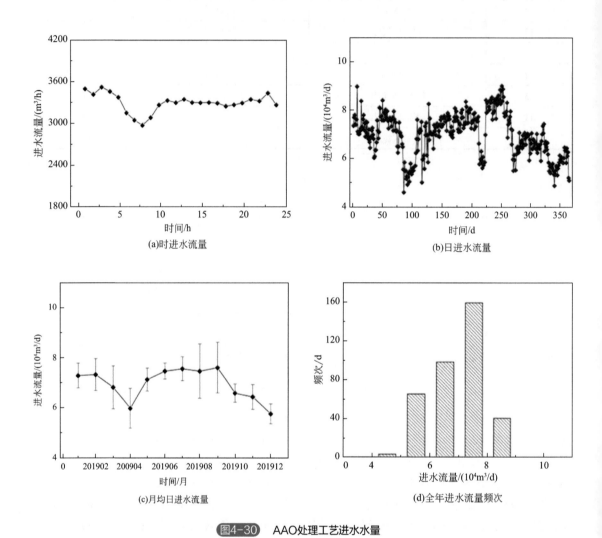

(a)时进水流量

(b)日进水流量

(c)月均日进水流量

(d)全年进水流量频次

图4-30　AAO处理工艺进水水量

该污水处理厂2019年进水中污染物浓度的变化如图4-31所示。其年均进水COD浓度为343.8mg/L，并在250~450mg/L之间呈现一定的波动，在春季时进水COD浓度高于夏季、秋季；同为碳组分表示形式的BOD_5，浓度变化趋势与COD相似，平均浓度为162.1mg/L，在100~250mg/L之间呈现一定的波动；年均进水NH_3-N浓度为32.7mg/L，春末夏初时明显高于其他时间，在6月时最高，达到38.5mg/L；进水TN浓度在45mg/L左右，进水NH_3-N约占进水TN的70%，其中在夏末秋初进水的TN浓度最低；年均进水TP浓度为4.21mg/L，在春季时进水TP浓度偏高，全年较为稳定，基本在3.0~5.0mg/L之间；进水SS的平均浓度为142.7mg/L，大多在100~200mg/L之间。

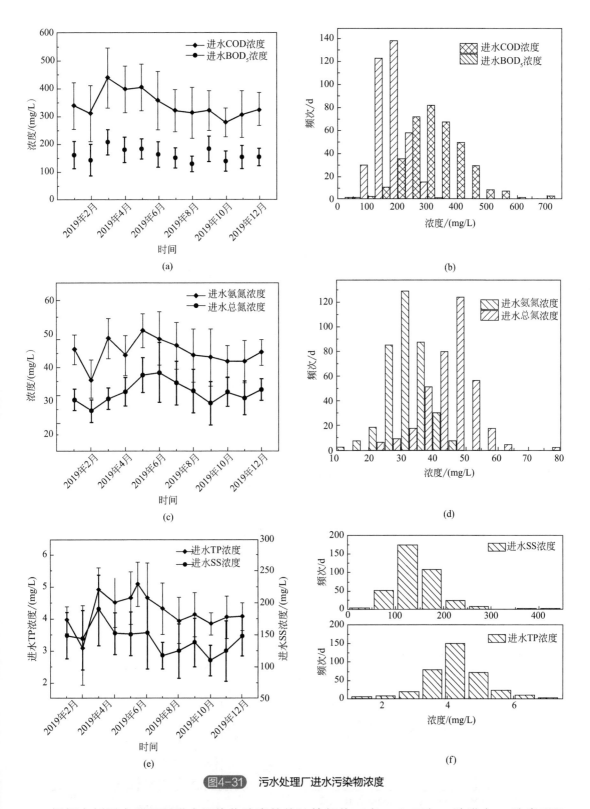

图4-31　污水处理厂进水污染物浓度

　　根据案例污水处理厂进水污染物浓度的统计特征值（表4-7）可知，除进水SS浓度明显小于设计值外，其他污染物的浓度均在设计进水值的±15%以内，与设计进水水质接近。进水中各类污染物的变异系数均<35%，这说明进水污染物的浓度变化较为稳定。

表4-7　进水污染物浓度的统计特征

项目	COD	BOD$_5$	SS	NH$_3$-N	TN	TP
设计值 /（mg/L）	360	180	250	35	50	4
平均值 /（mg/L）	343.80	162.74	142.70	32.77	44.81	4.21
平均值 / 设计值 /%	95.50%	90.41%	57.08%	93.63%	89.62%	105.29%
标准差 /（mg/L）	94.36	46.38	44.71	6.06	7.30	0.86
变异系数 /%	27.4	28.5	31.3	18.5	16.3	20.4

注：变异系数＝标准差/平均值×100%。

通过对该污水处理厂2019年进水污染物的浓度进行分析，得到该厂进水中污染物浓度的比例关系变化如图4-32所示。2019年，该厂进水的BOD$_5$/COD值、BOD$_5$/TN值、BOD$_5$/TP值和SS/BOD$_5$值呈现一定的波动，但整体变化在一定的范围内。进水BOD$_5$/COD值稳定在0.45~0.6之间，BOD$_5$/COD值>0.3的天数达330d，占全年的90.4%，这说明该厂进水具备较好的可生化性。进水BOD$_5$/TN值在8月份时达到最低值3.06，全年平均值为3.63，BOD$_5$/TN值>3的天数为250d，占全年的68.5%，这说明进水中易降解有机物基本上能够满足生物脱氮的需求，但是需要警惕进水碳源不足的情况发生。进水BOD$_5$/TP的平均值为

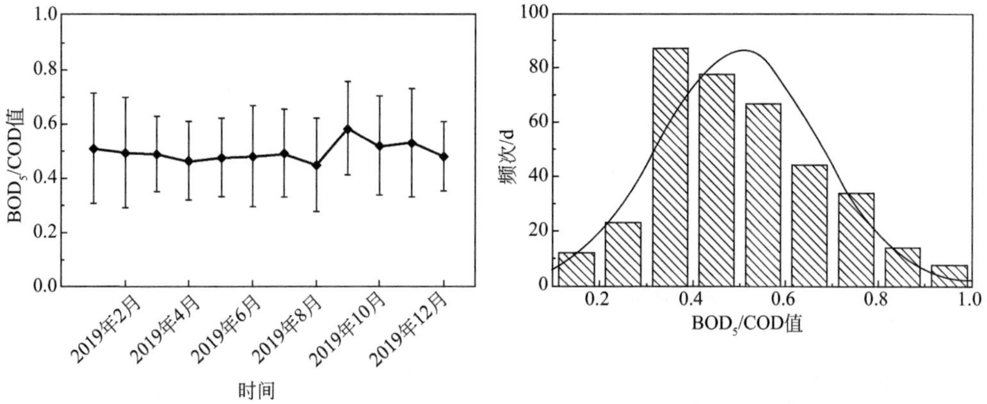

(a)

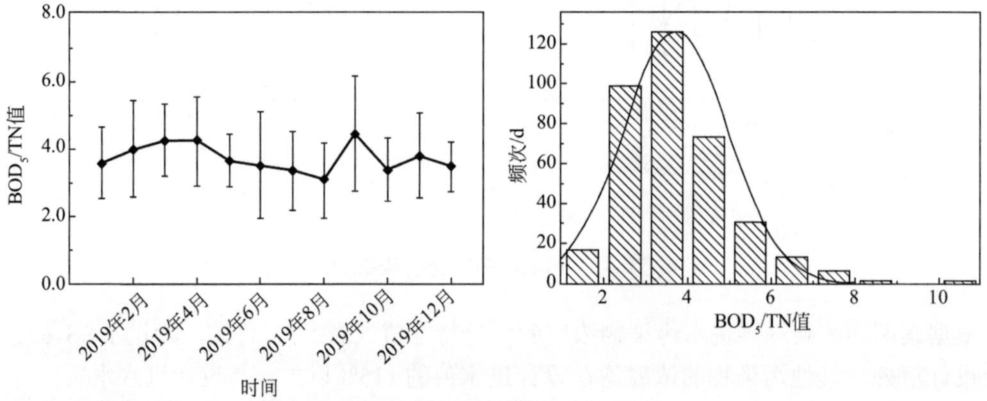

(b)

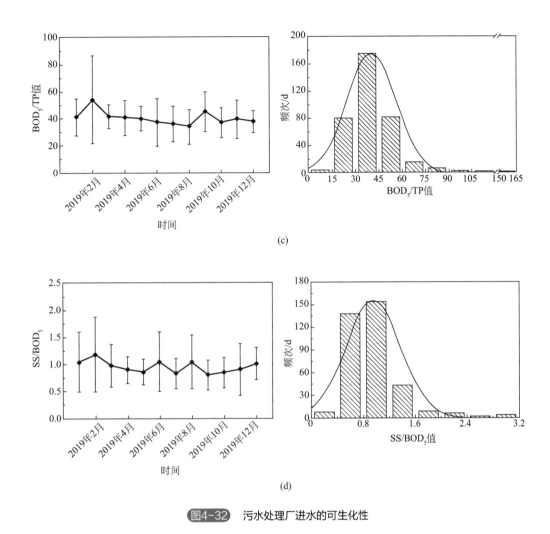

图4-32　污水处理厂进水的可生化性

38.66，在 8 月份时达到最低值34.0，BOD_5/TP值 >20 的天数为 352d，占全年的96.4%，这说明进水中的碳源能够满足生物除磷的要求。2019 年该污水处理厂月均进水 SS/BOD_5 值平均值为0.88，全年 SS/BOD_5 值 <1.1 的天数为 272d，占全年的74.5%，这说明该厂的进水中悬浮固体含量处于较低的水平[40]。

　　采用间歇呼吸计量法测定进水中的有机物组分，结果如图4-33所示。在反应开始时，活性污泥的耗氧速率最大，但是随着进水 SS 浓度的降低，活性污泥的耗氧速率迅速下降。大约在30min后，耗氧速率的下降趋势有所减缓，此时主要是颗粒性慢速可生物降解基质（X_s）的分解，120min后，耗氧速率趋于稳定。对该污水处理厂的进水进行了数次分析，得到该厂进水有机物中各个组分的含量和所占的比例，如图4-34所示。

　　有机物各个组分的浓度随着进水 COD 浓度的变化而变化，但是各个组分所占的比例稳定在一定的范围内，S_s、S_I、X_s 和 X_I 分别约占总有机物浓度的21.2%、14.1%、44.2%和20.5%，S_s 的含量高于国外典型值18%，而 X_s 的含量较国外典型值53%偏低[41]，溶解性与颗粒性的有机物分别占总有机物的35.3%和64.7%，可生物降解有机物和不可降解有机物的比例分别占总有机物的65.4%和34.6%。

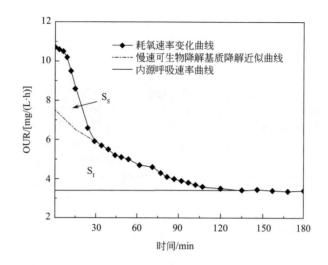

图4-33 间歇呼吸计量法测定进水中有机物组分的耗氧速率变化

（S_S代表可溶性易生物降解基质；S_I代表可溶性惰性有机基质）

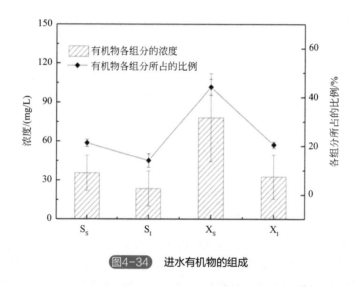

图4-34 进水有机物的组成

（X_S代表颗粒性慢速可生物降解基质；X_I代表颗粒性惰性有机基质）

有机物各个组分的浓度随着进水COD浓度的变化而变化，但是各个组分所占的比例稳定在一定的范围内，S_S、S_I、X_S和X_I分别约占总有机物浓度的21.2%、14.1%、44.2%和20.5%，S_S的含量高于国外典型值18%，而X_S的含量较国外典型值53%偏低[41]溶解性与颗粒性的有机物分别占总有机物的35.3%和64.7%，可生物降解有机物和不可降解有机物的比例分别占总有机物的65.4%和34.6%。

（2）出水水质特征

2019年该污水处理厂出水水质特点见图4-35，需要说明的是，该出水水质为该厂总出水，而不是AAO工艺单元的出水。由图4-35可以看出，COD浓度冬春偏高，夏秋偏低，但

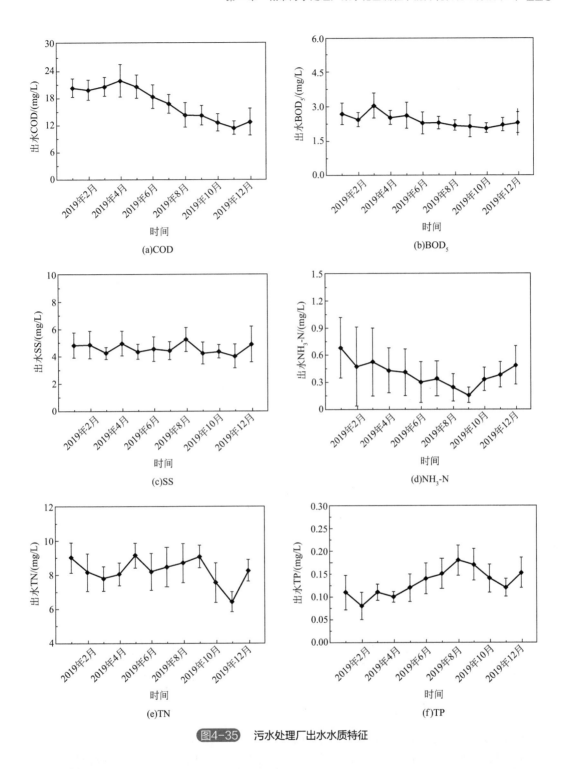

图4-35　污水处理厂出水水质特征

总体上一直 < 30mg/L；出水 BOD$_5$ 浓度变化趋势与 COD 相似，在1.22~4.33mg/L之间波动；出水 SS 的平均浓度为4.6mg/L，大多在2.0~8.0mg/L之间波动；出水 NH$_3$-N 的浓度冬季时明显高于其他时间，在1月时最高，达到0.68mg/L；出水 TN 浓度总是在6.0mg/L以上，偶尔会超过10mg/L；出水 TP 浓度一直维持在较低的水平，小于0.3mg/L。

出水指标 COD、BOD$_5$、SS、NH$_3$-N、TN 和 TP 的现行考核指标《城镇污水处理厂污染物排放标准》（GB 18918—2002）一级 A 达标率均为100%，但是对于苏州市特别排放限值，COD、NH₃-N 和 TN 存在偶有超标的现象，出水水质有进一步提升的空间。出水 TN 浓度随季节变化不明显，平均为8.23mg/L。值得注意的是，出水 TN 浓度有95d 在 9~10mg/L，且有12d 在 10~11mg/L，接近或偶尔超过苏州市特别排放限值，在进行污水处理优化过程中，要特别注重 TN 浓度的变化。

4.4.1.3 运行过程分析

（1）活性污泥特性分析

1）活性污泥的物化特征。

通过对该污水处理厂好氧池内活性污泥的跟踪监测，活性污泥的物化特征指标如表4-8所列。该污水处理厂生物反应池内的活性污泥呈土黄色的絮状结构体，有淡淡的土腥味。MLSS 在 3080~4920mg/L 之间，平均为4086mg/L；MLVSS 在 1920~3120mg/L 之间，平均为2588mg/L；MLVSS/MLSS 约为0.63，活性污泥浓度和其含有的微生物均处于正常水平。污泥沉降比为22.1%，小于30%；污泥体积指数为53.5mL/g，位于50~150mL/g 之间，活性污泥具备良好的沉降性能。若以 $C_{60}H_{87}N_{12}O_{23}P$ 表示活性污泥微生物，其中 C、N、P 所占的百分数分别为52.4%、12.2%、2.3%。实验测得该污水处理厂的活性污泥中 TN 含量约为130.4mg TN/g MLVSS，约占13.04%，较活性污泥微生物中的氮含量略高，TP 含量约为33.6mg TP/g MLVSS，约占3.36%，较微生物组成的比例2.3%提升了46.09%，这说明在生物处理段确实有过量吸磷过程发生。

表4-8 活性污泥的物化特征指标

物化指标	参数	平均值	标准差	最大值	最小值
污泥浓度	MLSS/（mg/L）	4086	412	4920	3080
沉降性能	MLVSS/（mg/L）	2588	317	3120	1920
	SV₃₀/%	22.1	1.1	25	21
	SVI/（mL/g）	53.5	4.7	63.2	45.8
组成	有机物 /%	63.34	2.35	69.62	61.08
	TN/（mg TN/g MLSS）	82.6	22.0	122.0	42.8
	TP/（mg TP/g MLSS）	21.8	5.1	26.2	16.9

2）活性污泥的生物特性。

对 AAO 处理工艺好氧池末端的污泥采用英国产 ASP-CON 设备在线监测其生物活性，监测结果如图4-36所示。该活性污泥的耗氧速率（OUR）大部分集中在 10~30mg/（L·h）之间，平均值为18.59mg/（L·h），比耗氧速率约为7.2mg/（g·h），低于常见的比耗氧速率的变化范围8.0~20mg/（g·h），这说明好氧池末端的有机物和 NH₃-N 等污染物均已基本被去除，活性污泥的负荷较低，生物活性较低。

取好氧池末端活性污泥实验室分别测定其异养菌产率系数 Y_H、衰减系数 b_H 和自养菌最大比增长速率 μ_A，其结果分别见图4-37~图4-39。通过对数据分析和处理，得到 Y_H 为0.61g

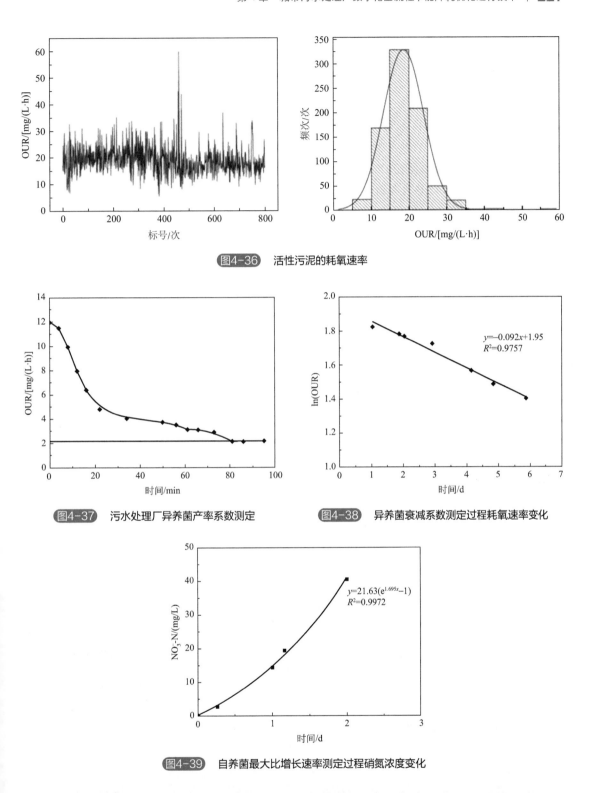

图4-36　活性污泥的耗氧速率

图4-37　污水处理厂异养菌产率系数测定

图4-38　异养菌衰减系数测定过程耗氧速率变化

$y=-0.092x+1.95$
$R^2=0.9757$

$y=21.63(e^{1.695x}-1)$
$R^2=0.9972$

图4-39　自养菌最大比增长速率测定过程硝氮浓度变化

COD（生物体）/g COD（利用），与国际水协会（IWA）推荐的活性污泥在20℃时的异养菌产率系数0.67相近；b_H为0.24g/（g·d），小于IWA推荐的活性污泥在20℃时的异养菌衰减系数0.62g/（g·d），这可能与该厂的污泥龄偏小有关；μ_A为0.81g/（g·d），与IWA推荐的活性污泥在20℃时的自养菌最大比增长速率0.80g/（g·d）相近。

3）活性污泥脱氮除磷能力分析。

利用该污水处理厂AAO生物反应池的混合液和进水，分别测定其对TN和TP的去除能力，结果见图4-40~图4-43。随着反应的进行，由于活性污泥的反硝化作用，混合液内的$NO_3^- $-N浓度均不断下降，由于进水有机物浓度的不同，下降程度有所不同（图4-40）。在实验期间$NO_3^- $-N浓度的下降趋势有所减缓，但是由于实验内采样密度的原因，$NO_3^- $-N浓度的下降趋势并未像文献中提到的那样呈3个明显的变化阶段[42]。不同进水有机物浓度时，实验进行6h削减的$NO_3^- $-N浓度在15.9~48.8mg/L之间，反硝化速率在2.65~8.13mg/（L·h）之间，这略低于文献中进行同类型实验得到的反硝化速率，但仍属于正常水平。

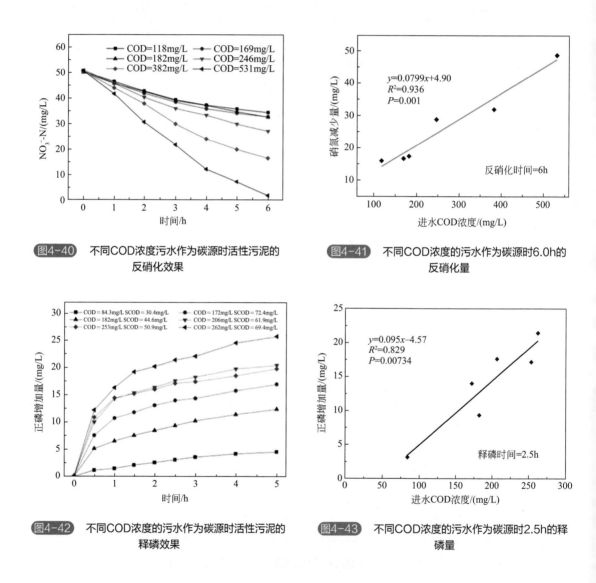

图4-40　不同COD浓度污水作为碳源时活性污泥的反硝化效果

图4-41　不同COD浓度的污水作为碳源时6.0h的反硝化量

图4-42　不同COD浓度的污水作为碳源时活性污泥的释磷效果

图4-43　不同COD浓度的污水作为碳源时2.5h的释磷量

以活性污泥反硝化6h的$NO_3^- $-N的减少量和进水COD浓度进行线性模拟可得到公式$y=0.080x+4.90$（y为$NO_3^- $-N减少量，mg/L；$x$为进水COD浓度，mg/L；$R^2=0.936$；$P=0.001$；图4-41）。$NO_3^- $-N的减少量与进水COD浓度呈显著正相关，随着进水COD浓度的增大，由于反硝化作用减少的$NO_3^- $-N的量也随之增大。在一定的浓度范围内，进水COD浓度每增大12.5mg/L，反硝化的量可以增加1.0mg/L，当进水COD浓度为343.8mg/L（该污水处理厂2019年年均进水COD浓度）时，进水COD作为碳源能够反硝化的量为32.4mg/L，这低于2019年年均进水TN浓度44.81mg/L。在污水处理厂实际运行的过程中，可以通过利用污泥内碳源、延长反应时间以利用慢速降解有机物、提高氮组分进入污泥中的比例等措施，减少氮去除过程对进水碳源的依赖。若以每反硝化1.0mg/L的NO_3^--N需要消耗$2.86/(1-Y_H)$的碳源计，则进水中可以作为反硝化碳源的有机物占总有机物的69.3%。

在不同COD浓度的污水作为碳源时，活性污泥释磷的变化趋势基本相同（图4-42），即在反应开始时最快，之后逐渐减慢，经过5.0h后，释磷仍在缓慢继续，这与污水中含有慢速降解有机物有关。在碳源相对充足的前0.5h，释磷速率基本随着COD浓度的增大而增大，如污水COD浓度为262mg/L时，最大释磷速率为12.01mg P/(g VSS·h)，之后随着易降解碳源浓度的降低，释磷速率也降低，在活性污泥厌氧释磷2.5h后，上清液正磷浓度增加了3.11~21.45mg/L，前2.5h释磷量占5.0h释磷量的67.7%~86.4%，活性污泥的释磷能力良好，基本可以满足污水处理磷去除的需要，但需要警惕连续低进水COD浓度的情况出现。

以活性污泥2.5h释磷量和污水COD浓度进行线性模拟可得到公式$y=0.095x-4.57$（y为释磷量，mg/L；x为进水COD浓度，mg/L；$R^2=0.829$；$P=0.00734$；图4-43），释磷量与进水COD浓度呈显著正相关，随着进水COD浓度的增大，活性污泥的释磷量逐渐增多，在一定的浓度范围内，进水COD浓度每增大10.5mg/L，活性污泥释磷量可以增加1.0mg/L，为根据进水COD浓度判断生物除磷碳源是否足够提供了参考。就目前该厂的进水COD/TP值和BOD/TP值平均分别为81.66和38.66而言，进水有机物作为碳源时的厌氧释磷量远远超出生物除磷过程的需要。

（2）效能分析及物料平衡

1）各处理单元效能分析

案例污水处理厂AAO生物处理过程，污水依次经过生物反应池的厌氧段、缺氧段和好氧段。通过现场采样和反硝化试验对AAO运行过程进行效能评估分析，各阶段pH值、温度、ORP等参数见图4-44和图4-45，污染物的浓度、剩余污泥的组成和运行工况及反硝化实验的结果如表4-9~表4-11所列。

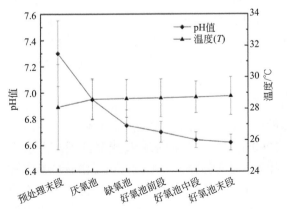

图4-44　AAO各处理单元pH值和温度（T）沿程变化

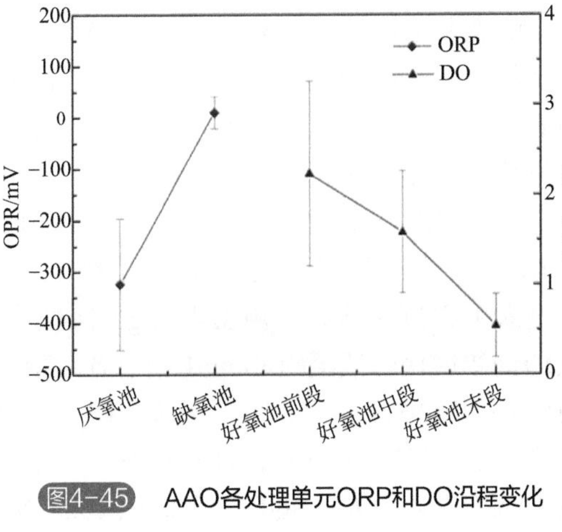

图4-45　AAO各处理单元ORP和DO沿程变化

表4-9 污水中碳氮磷污染物的浓度

指标/(mg/L)	生物反应池进水	厌氧池出水	缺氧池出水	好氧池出水	二沉池出水
COD	323.95±117.72	41.44±14.17	29.24±5.41	28.10±6.18	23.51±8.56
NH_3-N	27.13±7.89	13.2±3.71	5.88±2.00	0.37±0.13	0.38±0.09
NO_3^--N	0.76±0.29	1.09±1.47	1.24±0.58	6.78±1.74	6.78±1.18
TN	35.96±10.25	18.55±4.03	9.00±1.78	8.27±1.78	7.14±1.63
PO_4^{3-}-P	2.09±0.92	10.62±4.12	4.05±1.49	0.05±0.04	0.08±0.04
TP	3.71±1.04	12.15±5.26	5.26±4.4	0.29±0.07	0.38±0.45

表4-10 剩余污泥的组成

指标	MLSS/(g/L)	MLVSS/(g/L)	TN/(g N/g MLSS)	TP/(g P/g MLSS)
剩余污泥	7.70±0.78	4.21±0.57	8.26%±2.20%	2.18%±0.51%

表4-11 运行工况参数及反硝化实验记录

指标	Q_{in}（进水水量）/$(10^4 m^3/d)$	Q_s（剩余污泥排放量）/$(10^4 m^3/d)$	R（内回流比）	r（外回流比）	ΔNO_3^--$N_{泥}$/(mg/L)
数值	6.24±0.43	0.12±0.016	200%	60%	9.2±3.4

由图4-44和图4-45可知，进水温度在28.1℃左右，经过生物处理过程，污水的温度提高了约0.7℃。进水pH值在7.35左右，而随着生物处理的进行，污水的pH值有所减小，减小了约0.7个单位。厌氧池的ORP虽然变动较大，但是基本处于−250mV以下，能够满足厌氧菌与兼性厌氧菌对于氧化还原电位的要求，这也与前文提到的该厂生物处理过程中厌氧释磷效果良好的状况相符合。缺氧池的ORP在0mV附近，平均约为9.4mV，而一般的污水处理厂缺氧池的ORP要求在−100mV以下，对于缺氧段设计停留时间长达6h的污水处理厂而言，使缺氧池的ORP保证得更低，是提高反硝化效果的方法之一。可通过将部分预处理过的污水直接引入缺氧池、适当调整内回流比等方式来保证缺氧池的缺氧环境。好氧池前段、中段和末段的溶解氧浓度逐渐降低，好氧前段和中段的溶解氧浓度呈现一定的波动，但是基本在1.5mg/L以上，而好氧池末段的溶解氧浓度在0.24~1.25mg/L之间，结合前文提到的生物处理过程中的硝化效果和好氧吸磷效果来看，好氧池内的溶解氧浓度可以满足生物脱氮除磷的需要。

污水依次经过生物反应池的厌氧段、缺氧段和好氧段，COD浓度的沿程变化情况如图4-46所示。在生物处理过程中，污水中COD的浓度经过了两次大幅度的降低：一是污水刚进入生物反应池时，由324.0mg/L降低为约200mg/L；二是污水经过厌氧池后，污水中COD的浓度已降低至约40mg/L。前者是由于回流污泥的稀释，而后者是由于溶解性易降解的COD已经被活性污泥用于厌氧释磷、颗粒性的有机物被活性污泥所吸附。污水再依次经过缺氧池和好氧池，COD的浓度进一步降低，经过完整的生物处理过程后，二沉池出水的COD浓度仅约为23.5mg/L，已优于国标一级A标准，COD的去除率达到92.7%。

2）碳、氮、磷物料平衡分析

根据进水中碳组分的流向进一步分析污水中有机物的去除过程，每天通过各种途径去除的有机物的量和其所占的比例如表4-12所列。进水有机物转化入活性污泥体内的比例最多，占到36.64%；其次是作为反硝化的碳源，占比31.51%，进水有机物中有接近1/3用于反硝化过程，通过反硝化过程减少的碳源不容忽视；在好氧池分解的有机物占比仅为17.79%，这明显小于通常认为的好氧池分解的有机物的量在35%这一估计值，一方面可能是因为在厌氧段和缺氧段分解的有机物较多，另一方面可能是由于在反硝化实验测定污泥中的有机物时，部分有机物能够在好氧段被氧化分解而不能作为碳源用于反硝化过程；随出水排出的COD仅占总进水COD的7.12%，生物处理阶段对污水中有机物的去除效果良好。总体来看，通过分解为气体和转化入污泥这两种方式去除的有机物占比分别为49.30%和36.64%。

表4-12　进水碳组分流向分析表

项目	COD_{in}	COD_{out1}	COD_{out2}	COD_{out3}	COD_{out4}	COD_{out5}	其他
总量/(kg/d)	20201.78	1411.54	4953.20	3594.28	1438.18	7401.75	1402.82
占比	100.00%	6.99%	24.52%	17.79%	7.12%	36.64%	6.94%

注：COD_{in}为进水中COD总量；COD_{out1}为厌氧段消耗的COD量；COD_{out2}为缺氧段反硝化消耗的COD量；COD_{out3}为好氧池内降解的COD量；COD_{out4}为出水中含有的COD量；COD_{out5}为剩余污泥中含有的COD量。

通过碳组分的流向分析，得到进水有机物的平衡比（测得的离开生物处理系统的有机物总量/测得的进入生物处理系统的有机物总量）为93.06%，除测量误差外，可能还与部分有机物分解为小分子气体挥发出生物处理系统有关。

污水依次经过生物反应池的厌氧段、缺氧段和好氧段，NH_3-N、NO_3^--N和TN浓度的沿程变化如图4-47所示。污水中的NH_3-N浓度随着回流的稀释和反应的进行而逐渐变低，好氧池进水中NH_3-N浓度在1.52~7.46mg/L之间，平均为5.88mg/L，经过硝化过程，好氧池出水NH_3-N浓度在0.11~0.52mg/L之间，平均值为0.27mg/L，污水经过好氧段的处理后，NH_3-N浓度显著降低，已明显优于国标一级A标准的排放要求，该污水处理厂的硝化过程良好。厌氧池进水的NO_3^--N浓度约为0.76mg/L，由于内外回流的影响沿程有所增加。缺氧池

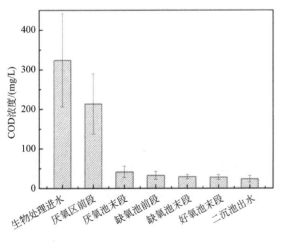

图4-46　AAO不同处理单元对有机物的去除

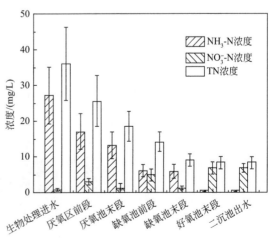

图4-47　不同处理单元对氮的去除

进水中 NO_3^--N 浓度在 2.61~7.20mg/L 之间，平均为 5.10mg/L，经过反硝化过程，缺氧池出水中 NO_3^--N 浓度在 0.24~1.77mg/L 之间，平均为 1.24mg/L，污水经过缺氧段的处理，NO_3^--N 浓度出现了不同程度的降低，但是反硝化过程并不彻底，经过约 6h 的反硝化过程后 NO_3^--N 的浓度常常超过 1mg/L，反硝化过程有待加强。污水中 TN 的浓度也随着回流的稀释和反应的进行而逐渐降低，经生物处理后，二沉池出水的 TN 浓度约为 7.16mg/L，也已低于国标一级 A 标准，生物处理过程对 TN 的去除率为 80.14%。

根据进水中氮组分的流向进一步分析污水中 TN 的去除过程，每天通过各种途径去除的 TN 的量和其所占的比例如表 4-13 所列。进水氮组分的平衡比（测得的离开生物处理系统的总氮量/测得的进入生物处理系统的总氮量）为 91.88%。进水中的氮元素通过反硝化过程转化为氮气进入空气中的占比最多，达到 38.72%；其次是进入活性污泥中的比例，约为 33.69%；而约有 19.47% 的氮元素经过生物处理后仍然存留于污水中随出水排出。约有 1/3 的氮组分进入活性污泥中，减少了氮去除过程中对碳源的需求，这也是该厂进水 BOD_5/TN 值为 3.63，在几乎不外加碳源的情况下，出水 TN 仍稳定达标的原因之一。

表4-13　进水氮组分流向分析表

项目	N_{in}	N_{out1}	N_{out2}	N_{out3}	N_{out4}	其他
总量 /(kg/d)	2242.64	192.57	675.74	436.57	755.55	182.21
百分比	100.00%	8.59%	30.13%	19.47%	33.69%	8.12%

注：N_{in} 为进水中氮总量；N_{out1} 为厌氧段去除的氮总量；N_{out2} 为缺氧段去除的氮总量；N_{out3} 为出水中含有的氮总量；N_{out4} 为剩余污泥中含有的氮总量。

污水依次经过生物反应池的厌氧段、缺氧段和好氧段，PO_4^{3-}-P 和 TP 浓度的沿程变化如图 4-48 所示。厌氧池进水中 PO_4^{3-}-P 浓度在 0.56~1.99mg/L 之间，平均值为 1.31mg/L，经过厌氧段的处理后，厌氧池出水 PO_4^{3-}-P 浓度在 5.27~17.4mg/L 之间，平均值为 10.62mg/L。污水经过厌氧段的处理，PO_4^{3-}-P 浓度明显升高，以一般认为的好氧吸磷量约为厌氧释磷量的

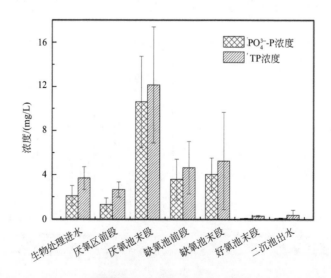

图4-48　活性污泥对磷的去除

2倍计算，该厂厌氧段的释磷量可以满足后续好氧段吸磷需要，释磷效果良好。好氧池进水 PO_4^{3-}-P 浓度在 1.67~6.60mg/L 之间，平均值为 4.05mg/L，经过好氧吸磷过程，好氧池出水 PO_4^{3-}-P 浓度在 0.024~0.133mg/L 之间，平均值为 0.05mg/L。污水经过好氧段的处理，PO_4^{3-}-P 浓度明显降低，最大仅为 0.133mg/L，好氧吸磷过程效果良好。TP 浓度的变化趋势与 PO_4^{3-}-P 浓度的变化趋势一致，生物处理进水中，PO_4^{3-}-P 和 TP 浓度分别约为 2.09mg/L 和 3.71mg/L，PO_4^{3-}-P 浓度约为 TP 浓度的 56.3%，而厌氧池出水中，PO_4^{3-}-P 和 TP 浓度分为约为 10.62 mg/L 和 12.15 mg/L，PO_4^{3-}-P 浓度约为 TP 浓度的 87.4%，污水经厌氧池后，TP 浓度的增长是由于 PO_4^{3-}-P 浓度的增长。二沉池出水的 TP 浓度约为 0.38mg/L，生物处理过程对磷的去除率达到 89.7%，生物除磷的效果良好。

根据进水中磷组分的流向进一步分析污水中 TP 的去除过程，每天通过各种途径去除的 TP 的量和其所占的比例如表4-14所列，进水磷组分的平衡比（测得的离开生物处理系统的总磷量/测得的进入生物处理系统的总磷量）为 96.26%。进水中的磷元素约有 9.97% 随出水排出，进入活性污泥中的磷含量约为 86.29%。

表4-14 进水污染物流向分析表

项目	P_{in}	P_{out1}	P_{out2}	其他
总量 / (kg/d)	231.08	23.04	199.41	8.63
百分比	100.00%	9.97%	86.29%	3.74%

注：P_{in} 为进水中磷总量；P_{out1} 为出水中含有的磷总量；P_{out2} 为剩余污泥中含有的磷总量。

（3）曝气系统分析

将该污水处理厂 AAO 生物反应池的 8 个好氧池分别看作完全混合池，并在第 1、3、5、7 格分别进行废气检测，分别代表好氧前段、好氧中前段、好氧中后段和好氧末段。每次检测时间在 30min 以上，以确保检测的气体处于稳定的状态。

在废气检测实验期间，溶解氧浓度随着反应的进程而逐渐降低（图4-49），在好氧前

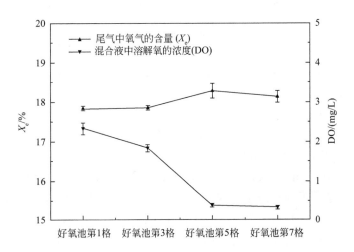

图4-49 实验期间溶解氧浓度和废气中氧气含量的变化

段的溶解氧浓度最高，平均为2.33mg/L，在好氧的中后段溶解氧浓度降低至小于0.5mg/L，该污水处理厂溶解氧浓度沿程变化与常见污水处理厂溶解氧浓度变化存在差异，与该厂对好氧池的不同区域进行了曝气量的调控有关。废气中氧气含量的变化没有明显的规律，在17.84%~18.28%之间，均较空气中的氧气含量20.95%有了明显的降低。

通过实验测得该污水处理厂好氧池的氧利用率在14.61%~16.85%之间（图4-50），平均为16.37%，这明显小于同类型的管式薄膜常见的氧利用率18%~30%，这可能是因为曝气器在使用过程中微生物会在其表面附着，固体颗粒也会沉积在曝气器的微孔内，造成了曝气器的堵塞[43,44]。在众多的研究中也有相似的结果，张景炳等[45]通过对上海市竹园第二污水处理厂好氧池的废气进行检测，得到该厂的氧利用率在15.22%~19.05%之间，平均约为17.20%；清华大学的施汉昌团队通过对无锡芦村污水处理厂的好氧池废气进行测定，得到该厂的氧利用率随着污水处理的推进呈不规则变化，且变化范围较大，最低为6.9%，而最大达到17.3%，平均值为11.61%[46]；北京小红门污水处理厂在实验装置内通过吸收实验检测了新、旧微孔曝气器，发现旧的微孔曝气器氧利用率波动较大，最小为8.9%，最大为14.1%，平均较新的微孔曝气器的氧利用率降低了58%[47]。这些研究都表明长时间的使用使得曝气器的充氧性能有所下降。

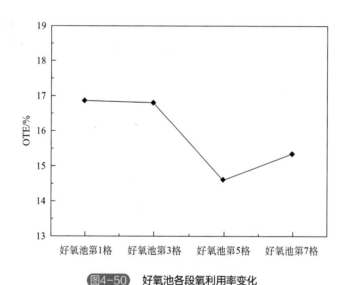

图4-50 好氧池各段氧利用率变化

比标准氧转移速率为标准状态下每米水深溶入氧气的百分数，该污水处理厂AAO生物反应池好氧段的比标准氧转移速率在2.04~2.06%/m之间（图4-51），整体上处于平稳的状态，而由于好氧池沿程曝气量的不同，氧转移速率有了很大的变化。好氧池前段氧转移速率达到81.49kg/h，而在好氧池末段，由于曝气量的减小，氧转移速率仅为8.79kg/h。

2019年，该污水处理厂AAO生物处理工艺的单位体积污水曝气量，即气水比在2.10~3.56m³（标）空气/m³污水之间（图4-52），平均值为（2.99±0.42）m³（标）空气/m³污水，这和AAO工艺常见的气水比3~4m³（标）空气/m³污水相接近。考虑到进水中污染物的浓度，单位耗氧污染物曝气量在9.02~14.40m³（标）空气/kg耗氧污染物之间，平均值为（10.99±1.42）m³（标）空气/kg耗氧污染物。

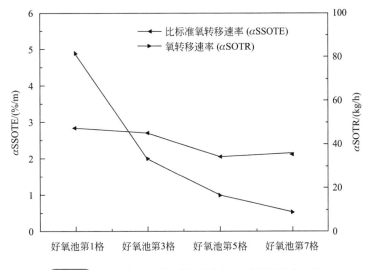

图4-51　好氧池各段比标准氧转移速率和氧转移速率变化

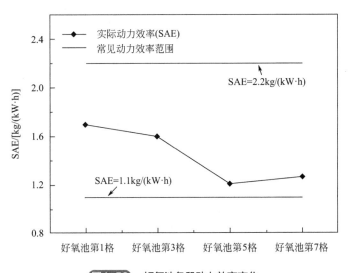

图4-52　好氧池各段动力效率变化

通过对AAO处理工艺配备的鼓风机进行跟踪记录，鼓风机每消耗1kW·h的电量可以输送约26.44m³的标准空气，以每立方米空气中含有0.299kg的氧气计算，鼓风机每消耗1kW·h输送的空气质量为7.91kg。就整个曝气设备而言，鼓风机每消耗1kW·h的电量产生的气体中有1.21~1.69kg的氧气被混合液利用，即曝气设备的动力效率为1.21~1.69kg/（kW·h），这与常见的鼓风曝气设备的动力效率在1.1~2.2kg/（kW·h）之间相符合。

工程优化前，该污水处理厂的目标溶解氧浓度仍为人工经验设定。在被告知目标溶解氧浓度后，运行人员将监测得到的好氧池的溶解氧浓度与目标溶解氧浓度做比较。当实际溶解氧浓度低于设定值时，根据经验加大鼓风机频率或者增加鼓风机运行台数；当实际溶解氧浓度高于设定值时，根据经验减小鼓风机频率或者减少鼓风机运行台数。对于好氧池前后段溶解氧浓度的调节，通过人工改变供风管道上各个阀门的开度来完成。

根据该污水处理厂的历史运行数据，对该厂AAO处理工艺的曝气控制效果进行了评估，其中溶解氧浓度为在线仪表（分别安装于好氧池的前段、中段和末段）监测记录的数据，数据每小时记录一次；生物处理的曝气总量和曝气所消耗的电量数据来自于在线仪表的监测和人工抄录，分别为每日记录一次和每月记录一次；水量水质数据来自于生产运行中的每日监测数据。2019年污水处理厂AAO处理工艺好氧池的溶解氧浓度变化如图4-53所示。

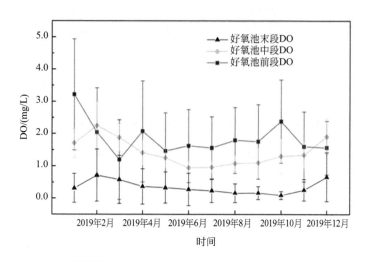

图4-53 AAO处理工艺好氧池溶解氧浓度变化

由图4-53可知，好氧池混合液内的溶解氧浓度随着污水处理进程的推进而逐渐降低，这与常见的好氧池前段因为污染物浓度大，需要的氧气量多，溶解氧浓度难以升高而普遍偏低，而好氧池末段因为已经接近处理结束而稍微曝气溶解氧浓度就会升高的情况不同，这是由于该污水处理厂对好氧段的溶解氧浓度采取了分区域控制措施。由于污染物负荷由前往后逐渐降低，所需要的氧气量也逐渐减少，因此在好氧池的前段一直大量曝气，而主要调控好氧池中段的溶解氧浓度，并保持好氧池末段的溶解氧浓度始终处于较低的水平。另外，由于夏季时混合液温度高，活性污泥处理污染物的能力较强，在夏季时适当调低了混合液内溶解氧浓度的设定值。不同的溶解氧浓度的设定值在实际的混合液溶解氧浓度的变化中也得到了体现，好氧池的溶解氧浓度前段>中段>末段，年平均值分别为1.86mg/L、1.43mg/L和0.34mg/L，同时好氧池夏季时的平均溶解氧浓度1.00mg/L低于冬季时的1.94mg/L（表4-15）。

表4-15 好氧池溶解氧浓度变化统计分析表

位置	平均值 / (mg/L)	标准偏差 / (mg/L)	相对标准偏差	最大值 / (mg/L)	最小值 / (mg/L)
好氧池前段	1.84	1.21	65.16%	8.49	0
好氧池中段	1.43	0.41	28.81%	5.43	0.41
好氧池末段	0.35	0.47	134.29%	5.86	0.03

由于好氧池前段的污染物浓度受进水污染物浓度变化的影响大，一直大量曝气造成好氧池前段的溶解氧浓度不稳定，好氧池前段的溶解氧浓度的标准偏差为1.21mg/L，相对标

准偏差也达到 65.16%。好氧池中段的溶解氧浓度虽为人工经验调控，但标准偏差和相对标准偏差均处于较好的水平，分别为 0.41mg/L 和 28.81%。由于好氧池末段的溶解氧浓度控制得较低，为 0.35mg/L，微小的曝气量就会引起溶解氧浓度较大的变动，好氧池末段溶解氧浓度的标准偏差为 0.47mg/L，相对标准偏差为 134.29%。整体而言，溶解氧浓度的控制水平有更进一步的提升空间，与文献中通过精确曝气控制能够达到的设定值上下浮动 0.5mg/L 以内，甚至是 0.2mg/L 以内相比浮动偏大，因此曝气系统的控制仍需进一步优化提升。

（4）CFD 模拟分析

依据 CFD 一般流程，对该污水处理厂 AAO 工艺进行模拟。首先建立模型并划分网格（图 4-54），设置网格参数（表 4-16），设置模型为 k-epsilon 紊流模型，入口类型为 velocity-inlet，入口流速为 0.5m/s，出口类型为 outflow。模拟结果见图 4-55~图 4-59。从图中可以看出，水流由右边 3 个进水口进入后依次流过各个池体，速度大致分布于 0.3m/s 左右，在靠近壁面处速度增大至 0.5m/s 以上，尤其是部分池体拐角处速度变化明显。这是因为在壁面处水流流动方向被强制改变，且改变幅度较大，在重力和离心力作用下使得外部流速大于内部流速。

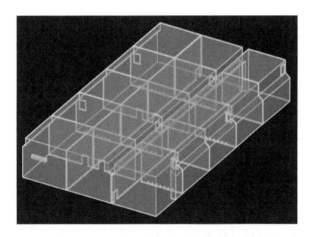

(a)模拟模型

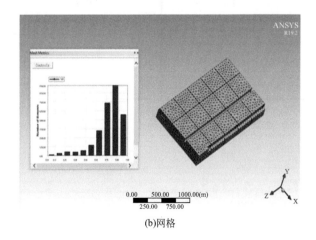

(b)网格

图4-54　AAO工艺CFD模拟模型和网格

表4-16　网格参数设置

Object Name	*Mesh*	Quality	
State	Solved	Check Mesh Quality	Yes，Errors
Display		Target Skewness	Default（0.900000）
		Smoothing	Medium
Display Style	Use Geometry Setting	Mesh Metric	Element Quality
Defaults		Min	3.3654e-002
Physics Preference	CFD	Max	0.99931
		Average	0.77942
Solver Preference	Fluent	Standard Deviation	0.15562
Element Order	Linear	Inflation	
Element Size	Default（109.1m）	Use Automatic Inflation	None
Export Format	Standard	Inflation Option	Smooth Transition
		Transition Ratio	0.272
Export Preview Surface Mesh	No	Maximum Layers	5
Sizing		Growth Rate	1.2
Use Adaptive Sizing	No	Inflation Algorithm	Pre
		View Advanced Options	No
Growth Rate	Default（1.2）	Assembly Meshing	
Max Size	Default（218.2m）	Method	None
Mesh Defeaturing	Yes	Advanced	
Defeature Size	Default（0.54551m）	Number of CPUs for Parallel Part Meshing	Program Controlled
Capture Curvature	Yes	Straight Sided Elements	
Curvature Min Size	Default（1.091m）	Rigid Body Behavior	Dimensionally Reduced
		Triangle Surface Mesher	Program Controlled
Curvature Normal Angle	Default（18.0°）	Topology Checking	Yes
Capture Proximity	No	Pinch Tolerance	Default (0.98192 m)
Bounding BOx Diagonal	2182.0m	Generate Pinch on Refresh	No
Average Surface Area	27910m^2	Statistics	
Minimum Edge Length	6.35m	Nodes	7154
		Elements	29453

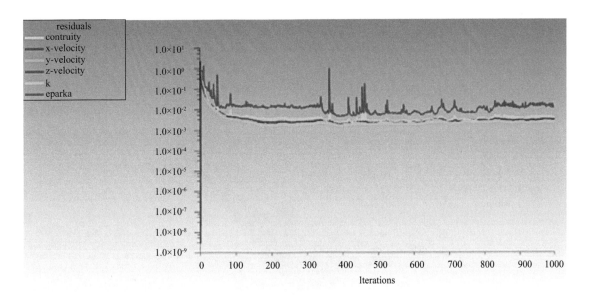

图4-55　计算残差图

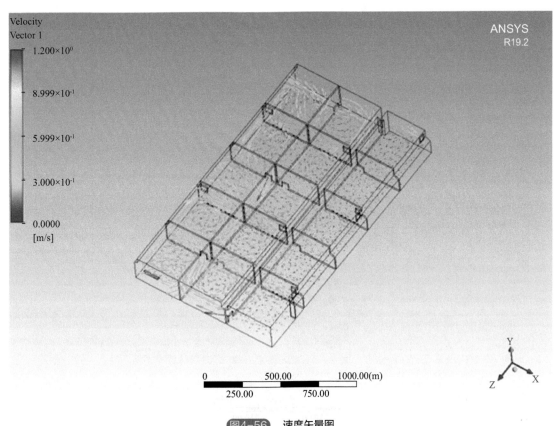

图4-56　速度矢量图

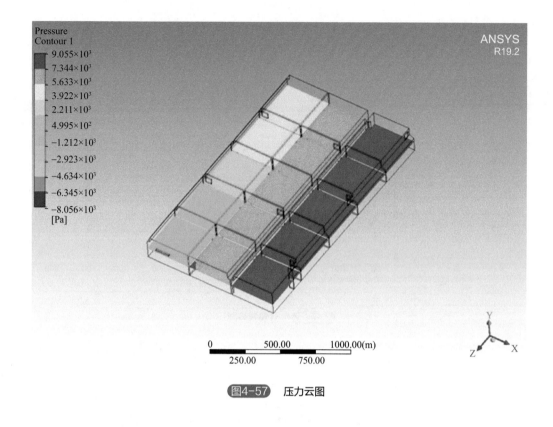

图4-57 压力云图

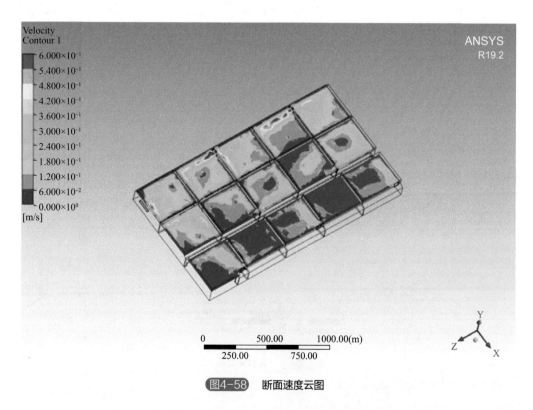

图4-58 断面速度云图

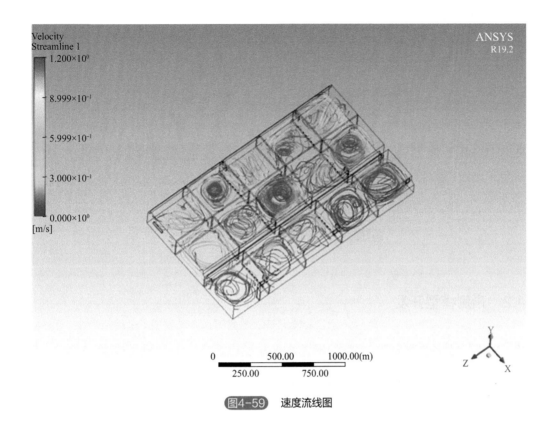

图4-59　速度流线图

（5）能耗和药耗分析

对该污水处理厂单位水量能耗进行统计，结果发现该污水处理厂能耗水平年际变化较大（见表4-17），2017年和2019年能耗偏高。这主要是受处理水量负荷比例影响较大，因为不同水量负荷下，其安装的混合、搅拌、回流等设备仍连续运行，从而导致2017年单位能耗偏高。而随着水量负荷的提高，其单位能耗明显下降。而2019年单位能耗较高，则主要受出水标准提高的影响。该厂从2019年开始逐渐调整工艺参数，为2020年达到排放限制标准打好基础。

表4-17　某污水处理厂单位水量能耗水平比较

指标	2017 年	2018 年	2019 年
处理水量 / 设计水量 /%	67.1	128.84	115.5
单位能耗 /（kW·h/m³ 水）	0.352	0.287	0.353

对该污水处理厂深度处理投药量和投药方式进行分析（图4-60），生物段出水TP大体在0.5左右，其投加铁盐的比例平均为5.8，按照去除TP计算，其投加比例也达到4.5，远高于常用比例1.5~3.0。一方面，污水处理厂为了确保磷稳定达标（如图4-60所示，其出水TP基本低于0.2mg/L），人为提高了投加比例。此外，现有的加药设施仍以人工经验为主，因此难以根据实际需求及时调整投药量。

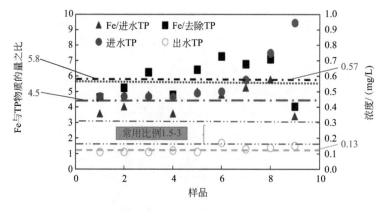

图4-60 某污水处理厂除磷药剂投加比例

4.4.2 预测模型开发

4.4.2.1 基于改良BPNN模型的污水处理厂出水水质实时预测模型

采用该污水处理厂2019年全年的进出水指标、过程参数和控制指标为模型输入数据。全年365d，数据记录频次为1小时一次，其中由于设备故障及检修缺失一部分数据，共有8276行、57列数据。

进出水指标包含AAO工艺进水流量、改进型交替式工艺进水流量、总流量、进水COD、进水pH值、进水氨氮、进水TN、进水TP、出水COD、出水氨氮、出水TN和出水TP 12项指标。

其余45个参数分为过程指标和在线控制运行参数。其中包含13项过程指标：6个DO在线仪表、4个ORP在线仪表和3个MLSS在线仪表。还有32项在线控制运行参数，其中2个内回流阀门、1个风机控制阀、1个风机总阀门、6个混合搅拌机控制器、8个絮凝搅拌机控制器和14个滤池阀门。

（1）数据预处理

由于数据由在线监测仪表直接导出到电子报表，受设备故障或冲击等，存在大量的数据质量问题，经过如图4-61所示的数据预处理操作提高数据质量。

（2）数据标准化

由于数据的分布差异较大，如进水COD的均值与进水总磷的均值相差两个数量级，故需要通过数据标准化（normalization）将数据分布同步在一个水平。数据标准化处理主要包括数据同趋化处理和无量纲化处理两个方面。采用简单便捷、方便计算、不受数据量级影响的Z-score标准化处理方法，使原始数据均转换为无量纲的指标测评值，即各指标值都处于同一个数量级别上，便于进行综合测评分析。

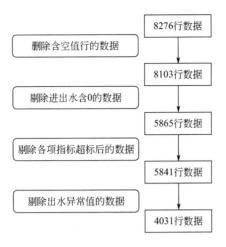

图4-61　数据预处理及效果

（3）训练参数设置

针对COD、氨氮、TN和TP四项指标构建神经网络模型，训练模型得到相应的预测模型。在选择模型参数上使用试错法确定当前的参数。四项指标的预测网络采用相同的参数。具体参数见表4-18。在神经网络的参数基本设定完毕后，选定输入参数。4项出水指标作为神经网络模型的输出数据，45项控制参数和过程指标以及8项进水水质作为输入数据输入神经网络。

表4-18　神经网络参数设置

搭建模型阶段	参数名称	设置值
处理数据阶段	训练集测试集分割比例	0.8
建立模型阶段	第一隐含层节点数	20
	第二隐含层节点数	20
	参数标准化方法	Z-score
	第一隐含层激励函数	Relu
	第二隐含层激励函数	Relu
	优化器	RMSprop
	优化器学习率	0.001
	优化器梯度系数	0.5
	数值稳定性常数 ε	$1 \times e^{-7}$
模型编译阶段	损失函数	MSE
	评价函数	MAE、MSE
模型训练阶段	训练代数	100
	验证比例	0.2
	正则化	—

（4）预测结果

在上述步骤的基础上，针对COD、氨氮、TN和TP四项指标分别进行神经网络的训练、验证和测试。训练和验证使用80%的数据，其中20%的数据用来验证训练权重，余下的20%的数据用于测试。所得到的四项指标的验证误差和预测值与实际值的对比结果如图4-62和图4-63所示。

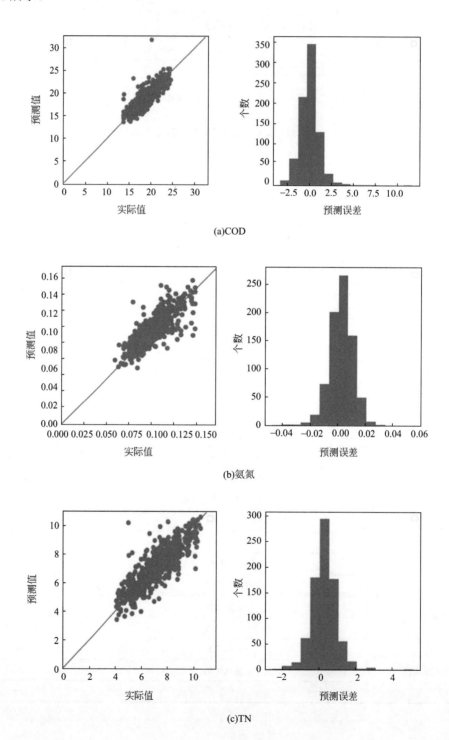

(a)COD

(b)氨氮

(c)TN

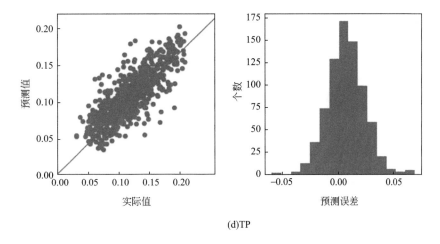

(d)TP

图4-62 四项指标的预测结果散点图（左）和误差直方图（右）

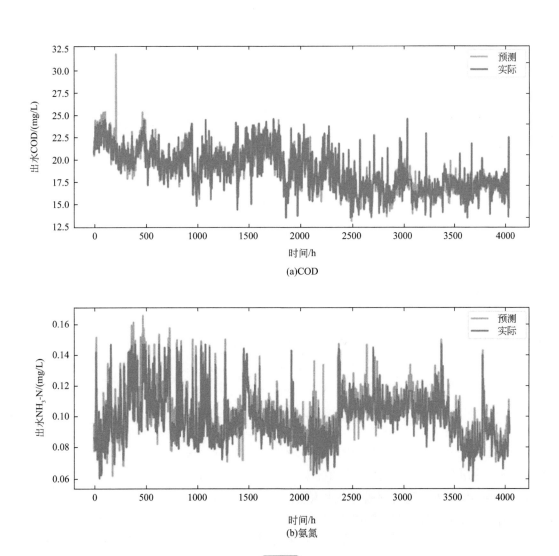

(a)COD

(b)氨氮

图4-63

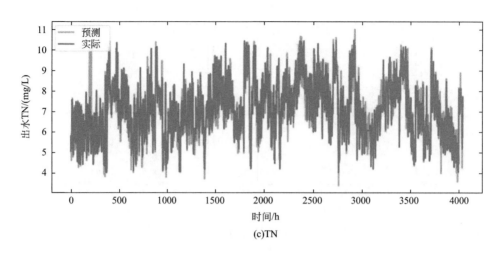

(c)TN

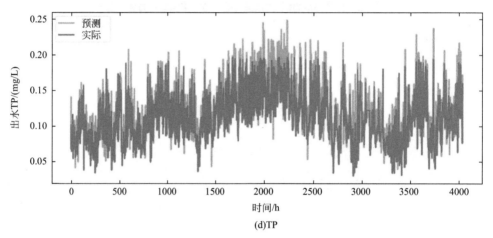

(d)TP

图4-63 四项指标全数据集预测值与实际值对比

利用平均相对误差（mean relative error，MRE）和决定系数（R^2）两个指标来评价神经网络的预测表现。

$$MRE = \sqrt{\sum_{i=1}^{n} \frac{\hat{y}_1}{y_i}} \times 100\% \tag{4-15}$$

$$R^2 = 1 - \frac{\sum_{i=1}^{n} \left(\hat{y}_1 - y_i\right)^2}{\sum_{i=1}^{n} \left(\bar{y} - y_i\right)^2} \tag{4-16}$$

式中　$\bar{y}$——所有历史真实值的平均值；

　　　$\hat{y}_1$——使用神经网络预测的出水水质；

　　　y_i——污水处理厂的实际出水。

通过计算，COD、氨氮、TN和TP的神经网络的MRE分别为6.2%、14.3%、13.9%和30.4%，可以看出传统的BPNN模型对氨氮和TP的预测效果较差。

（5）改进型神经网络模型预测结果对比

根据对污水处理出水的观察和分析，当监测频率为1次/h时，后一个时间点的出水水质将在前一个时间点的上下浮动，可以认为前一时刻的出水水质与后一时刻的具有较强的相关性，故尝试将前一时刻污水处理过程的出水作为模型的输入参数输入模型。由于有四项出水指标待预测，故将前一时刻的这四个指标输入神经网络模型，神经网络模型输入参数由"45+8"更新为"45+8+4"，为区别于原有模型，将该版神经网络模型称为"改良BPNN"。

BPNN和改良BPNN分别在训练验证完成后进行出水水质预测，通过比较测试集测试预测相对误差可以发现，改良BPNN模型的平均相对误差整体低于BPNN模型（图4-64）。

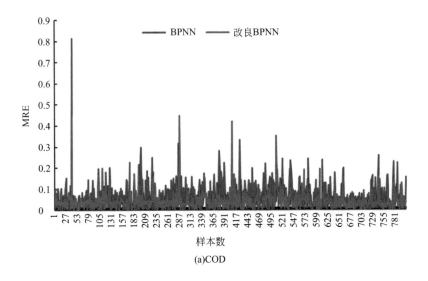

(a)COD

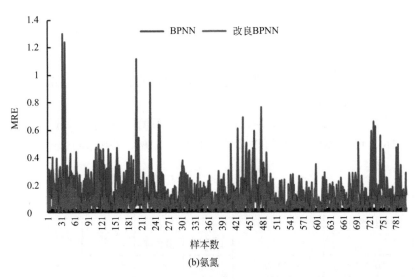

(b)氨氮

图4-64

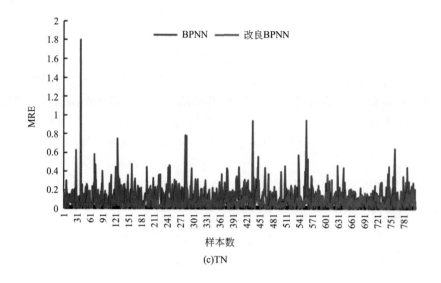

(c)TN

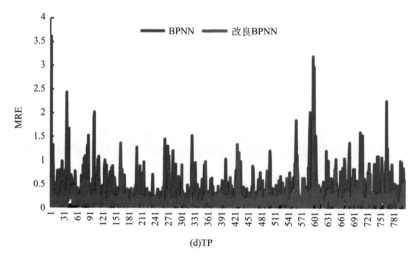

(d)TP

图4-64　四项指标的BPNN和改良BPNN误差折线对比

　　BPNN和改良BPNN的预测性能可以通过MRE和R^2直接判断其优劣，两个评价指标均由测试集上的预测出水指标与历史实际出水计算得出，结果见表4-19。由此可以看出，改良BPNN的神经网络在训练验证完成后，能够更加精确地预测污水处理过程出水水质。预测COD、氨氮、TN、TP的MRE分别可以降低到4.5%、7.5%、7.9%和19.5%。

表4-19　BPNN与改良BPNN的预测性能

指标	网络类型	网络结构	激励函数		训练集		测试集	
			第一隐含层	第二隐含层	MRE	R^2	MRE	R^2
COD	BPNN	87-20-40-1	Relu	Relu	6.3%	0.52	6.2%	0.48
	改良 BPNN	91-20-40-1	Relu	Relu	4.5%	0.68	4.5%	0.71
氨氮	BPNN	87-20-40-1	Relu	Relu	13.5%	− 0.33	14.3%	− 0.28
	改良 BPNN	91-20-40-1	Relu	Relu	7.8%	0.62	7.5%	0.58

续表

指标	网络类型	网络结构	激励函数		训练集		测试集	
			第一隐含层	第二隐含层	MRE	R^2	MRE	R^2
TN	BPNN	87-20-40-1	Relu	Relu	14.2%	0.12	13.9%	0.09
	改良 BPNN	91-20-40-1	Relu	Relu	8.2%	0.69	7.9%	0.72
TP	BPNN	87-20-40-1	Relu	Relu	28.7%	−0.28	30.4%	−0.35
	改良 BPNN	91-20-40-1	Relu	Relu	18.7%	0.42	19.5%	0.45

4.4.2.2 基于主成分分析的污水处理厂出水水质实时预测优化模型

根据对输入和输出参数相关性分析及将不同输入参数组合搭配训练模型的分析可知，发现其中部分参数（如运行控制参数，风机、搅拌机功率等）对实际污水处理出水影响较小，然而在神经网络的训练过程中所有输入模型的参数将与第一隐含层的所有神经元均进行误差的反向传播和计算，理论上大大浪费了计算资源。基于此，保留输入模型的8项出水指标和4项 $t-1$ 时刻的出水指标，将45项指标及参数通过主成分分析法（principal component analysis，PCA）降维到若干个主成分。这几个主成分不代表降维前的任何一项数据，代表这45个参数的超平面的向量。将主成分与12项进出水指标共同输入神经网络的模型进行训练和验证。主成分分析是一种使用最广泛的数据降维算法之一。通过转换坐标空间，使得数据所代表的信息尽可能集中地分布在较少数量的维度上，从而可以只选择占有较多信息的坐标维度，达到数据降维的目的。

将降维算法耦合改进神经网络训练完成后预测出水水质与改进神经网络训练完成后预测出水水质分别与实际出水水质作差，可以直观地观察到两种神经网络能够实现的预测效能。COD、氨氮、TN和TP四项指标的PCA-改良BPNN均优于改良BPNN（图4-65）。将BPNN、PCA-BPNN、改良BPNN、PCA-改良BPNN四种网络结构的预测性能通过MRE和 R^2 来判断模型优劣，两个评价指标由测试集上的预测出水指标与历史实际出水计算得出，结果见表4-20。由此可知，在测试集上预测的出水水质与历史出水水质相比，平均相对误差可以降低到3.4%、6.2%、6.2%和12.4%。

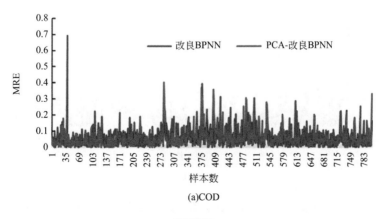

(a)COD

图4-65

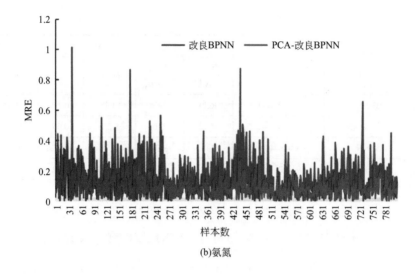

(b)氨氮

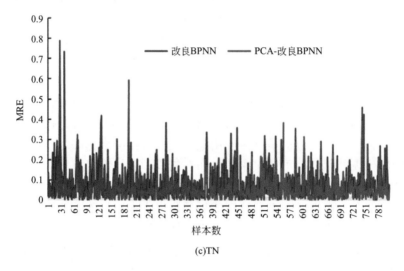

(c)TN

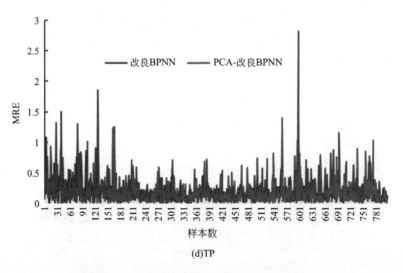

(d)TP

图4-65 四项指标进行PCA前后模型预测的误差对比

表4-20　四种网络模型MRE和R^2对比表

指标	网络类型	网络结构	激励函数		训练集		测试集	
			第一隐含层	第二隐含层	MRE	R^2	MRE	R^2
COD	BPNN	87-20-40-1	Relu	Relu	6.3%	0.52	6.2%	0.48
	PCA-BPNN	12-20-40-1	Relu	Relu	4.5%	0.68	4.5%	0.71
	改良 BPNN	91-20-40-1	Relu	Relu	5.7%	0.39	5.9%	0.40
	PCA- 改良 BPNN	16-20-40-1	Relu	Relu	3.2%	0.82	3.4%	0.81
氨氮	BPNN	87-20-40-1	Relu	Relu	13.5%	− 0.33	14.3%	− 0.28
	PCA-BPNN	12-20-40-1	Relu	Relu	7.8%	0.62	7.5%	0.58
	改良 BPNN	91-20-40-1	Relu	Relu	10.2%	0.09	9.7%	0.12
	PCA- 改良 BPNN	16-20-40-1	Relu	Relu	6.0%	0.79	6.2%	0.76
TN	BPNN	87-20-40-1	Relu	Relu	14.2%	0.12	13.9%	0.09
	PCA-BPNN	12-20-40-1	Relu	Relu	8.2%	0.69	7.9%	0.72
	改良 BPNN	91-20-40-1	Relu	Relu	13.4%	0.3	13.0%	− 0.3
	PCA- 改良 BPNN	16-20-40-1	Relu	Relu	5.9%	0.78	6.2%	0.80
TP	BPNN	87-20-40-1	Relu	Relu	28.7%	− 0.28	30.4%	− 0.35
	PCA-BPNN	12-20-40-1	Relu	Relu	18.7%	0.42	19.5%	0.45
	改良 BPNN	91-20-40-1	Relu	Relu	21.6%	0.09	22.0%	0.12
	PCA- 改良 BPNN	16-20-40-1	Relu	Relu	13.0%	0.70	12.4%	0.69

4.4.2.3　基于主成分分析和遗传算法优化的污水处理厂出水水质实时预测模型

在完成上述探究的基础上，继续沿用输入神经网络的16个参数，分别将COD、氨氮、TN和TP四个参数的寻优采用通用的遗传算法（GA）设计，每一代200个个体，一共迭代20代，变异概率设定为0.001。

将PCA-改良BPNN模型与遗传算法结合，以进一步提高污水处理厂出水水质预测效率。在遗传算法的驱动下，每一代不断更新出更好的网络结构来实现更好的出水水质预测性能。用MRE来评价每一代的预测性能，可以看到，四项指标随着世代的更迭，MRE逐渐减小到较低水平（图4-66）。

运用经过过程参数和控制变量PCA降维的主成分，然后通过GA优化神经网络结构参数后，COD、氨氮、TN和TP每一个出水指标预测神经网络都得到了最优的结构参数，从而实现最优的出水预测。将PCA-BPNN、PCA-改良BPNN、PCA-GA-改良BPNN预测出水水质与实际历史出水分别通过散点图呈现，可以直观地观察到随着神经网络的优化，散点逐步接近于$y=x$这条直线，即预测出水能够越来越接近实际历史出水。COD、氨氮、TN和TP的四项出水指标散点图分别见图4-67。

将历史出水水质与BPNN、改良BPNN、PCA-BPNN、PCA-改良BPNN、PCA-GA-改良BPNN这5种神经网络预测出水通过MRE和R^2的公式进行计算，即可以通过评价指标直

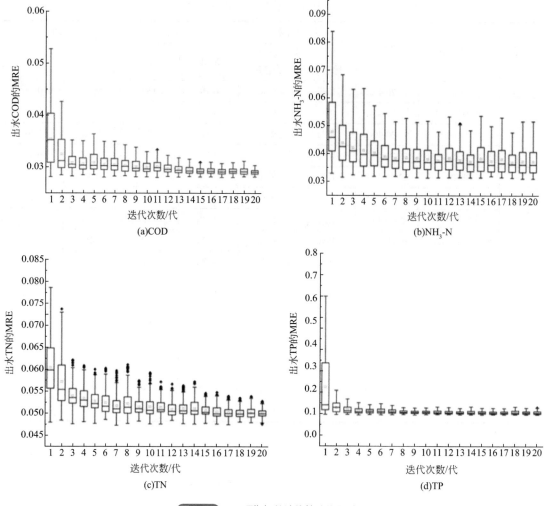

图4-66　四项指标的遗传算法优化过程

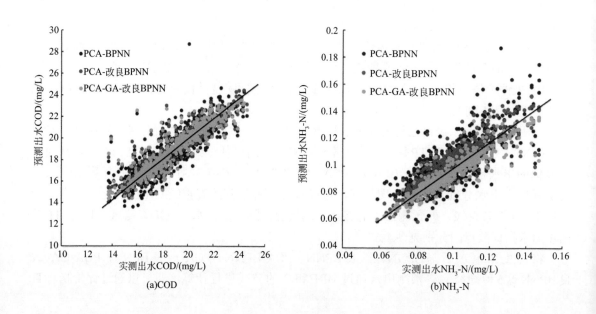

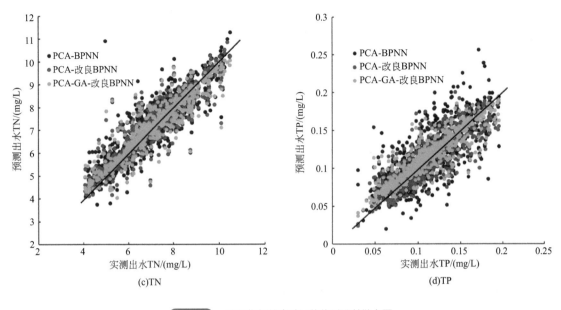

图4-67　四项指标的多种网络绝对误差散点图

接比较各个神经网络模型的优劣。表4-21的结果表明，将遗传算法引入PCA-改良BPNN模型，大大提高了神经网络的预测性能，COD的预测出水MRE从3.4%降低到2.9%，氨氮的预测出水MRE从6.2%降低到5.2%，TN的预测出水MRE从6.2%降低到5.2%，TP的预测出水MRE从12.4%降低到9.7%。

表4-21　神经网络出水水质预测效果汇总

水质指标	神经网络类型	神经网络结构	激励函数		训练集		测试集	
			第一隐含层	第二隐含层	MRE/%	R^2	MRE/%	R^2
COD	BPNN	87-20-40-1	Relu	Relu	6.3	0.52	6.2	0.48
	改良 BPNN	91-20-40-1	Relu	Relu	4.5	0.68	4.5	0.71
	PCA-BPNN	12-20-40-1	Relu	Relu	5.7	0.39	5.9	0.40
	PCA- 改良 BPNN	16-20-40-1	Relu	Relu	3.2	0.82	3.4	0.81
	PCA-GA- 改良 BPNN	16-30-20-1	Sigmoid	Sigmoid	2.9	0.83	2.9	0.83
NH₃-N	BPNN	87-20-40-1	Relu	Relu	13.5	−0.33	14.3	−0.28
	改良 BPNN	91-20-40-1	Relu	Relu	7.8	0.62	7.5	0.58
	PCA-BPNN	12-20-40-1	Relu	Relu	10.2	0.09	9.7	0.12
	PCA- 改良 BPNN	16-20-40-1	Relu	Relu	6.0	0.79	6.2	0.76
	PCA-GA- 改良 BPNN	16-180-200-1	Sigmoid	Relu6	5.5	0.82	5.2	0.84
TN	BPNN	87-20-40-1	Relu	Relu	14.2	0.12	13.9	0.09
	改良 BPNN	91-20-40-1	Relu	Relu	8.2	0.69	7.9	0.72

续表

水质指标	神经网络类型	神经网络结构	激励函数		训练集		测试集	
			第一隐含层	第二隐含层	MRE/%	R^2	MRE/%	R^2
TN	PCA-BPNN	12-20-40-1	Relu	Relu	13.4	0.3	13.0	−0.3
	PCA-改良 BPNN	16-20-40-1	Relu	Relu	5.9	0.78	6.2	0.80
	PCA-GA-改良 BPNN	16-140-200-1	Sigmoid	Sigmoid	5.0	0.83	5.2	0.84
TP	BPNN	87-20-40-1	Relu	Relu	28.7	−0.28	30.4	−0.35
	改良 BPNN	91-20-40-1	Relu	Relu	18.7	0.42	19.5	0.45
	PCA-BPNN	12-20-40-1	Relu	Relu	21.6	0.09	22.0	0.12
	PCA-改良 BPNN	16-20-40-1	Relu	Relu	13.0	0.70	12.4	0.69
	PCA-GA-改良 BPNN	16-120-200-1	Sigmoid	Softplus	10.5	0.74	9.7	0.74

4.4.2.4 神经网络和机理模型的耦合

按照权重法将神经网络模型和机理模型耦合起来获得耦合预测模型，其对 AAO 工艺的 TN、NH_3-N 和 TP 的预测结果见图 4-68，其出水准确度提高了 2%~5%。

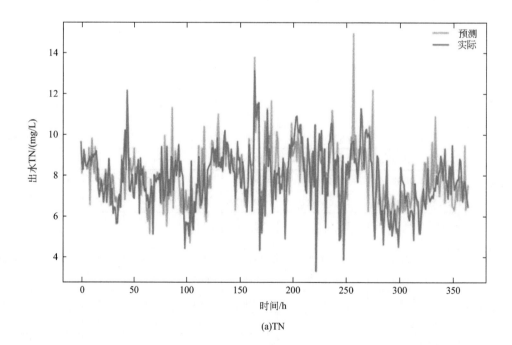

(a)TN

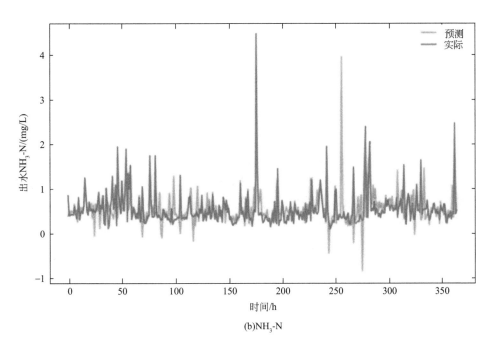

(b)NH$_3$-N

ANN 模拟预测 TP

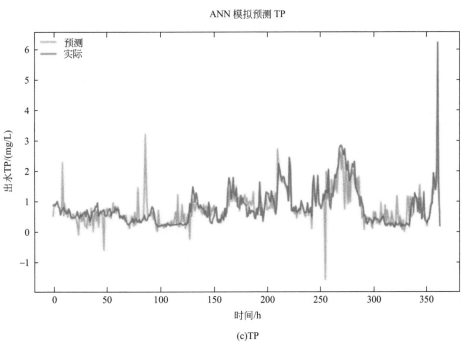

(c)TP

图4-68　模型对AAO工艺的出水预测

4.4.3　工程优化内容

　　根据全过程评估内容，结合上述模型开发，制定以智能控制为核心的效能提升思路，完善数据采集，重点实现曝气和加药等关键环节的优化控制，从而提高运行效能和管理精度。工程在充分利用现有自控系统的基础上重点完成了以下优化内容：生化处理系统数字化、供氧智能化、全过程生物除磷优化控制与化学除磷加药智能化、AAO回流控制智能化。根据优化目标需求，增加了包括精确曝气控制柜、精确加药控制柜以及配套的正磷在线测定仪（3台）、硝酸盐测定仪（2台）、浊度在线测定仪（1台）、铁离子在线测定仪（1台）、加药泵电磁流量计（4台）、呼吸速率测定仪（2台）等配套设施。

通过自主开发的数学模型实时分析污水处理系统现状，动态确定系统稳定高效运行的合理溶解氧浓度，在此基础上通过调节风机和供风管道的阀门，使生化反应区的溶解氧浓度维持在设定的浓度范围。本系统的技术关键是利用活性污泥呼吸速率等作为系统的计算和校核依据，确保按需供氧的同时能够应对强度较大的负荷冲击。

为实现污水处理过程中曝气环节的智能控制，需要及时、详细、准确地了解污水处理过程中的各个参数。在已知的进水水量水质、溶解氧浓度、污泥浓度、氧化还原电位数据之外，仍补充了以下数据：

① 厌氧段的磷酸盐浓度。活性污泥在厌氧条件下释磷，监测厌氧段磷酸盐的浓度作为生物除磷的初始浓度，结合生物处理出水磷酸盐浓度以判断生物除磷的效果。

② 缺氧段的硝酸盐浓度。活性污泥在缺氧条件下进行反硝化除氮，监测硝酸盐浓度作为反硝化除氮的初始浓度，结合生物处理出水硝酸盐浓度以判断缺氧段反硝化除氮的效果。

③ 污泥的活性数据。污水生物处理是通过污泥来完成的，污泥活性的表征非常重要。通过监测活性污泥的呼吸速率来表示污泥的生物活性。

根据新的控制思路，结合原有的曝气控制系统构成智能供氧系统。智能供氧系统如图4-69所示。

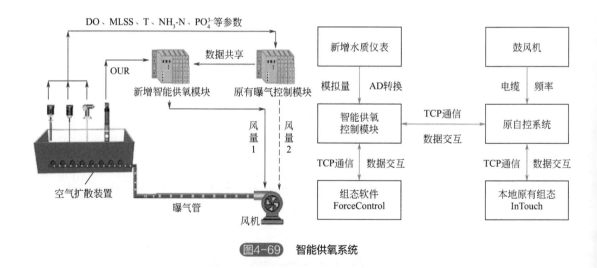

图4-69 智能供氧系统

鉴于该污水处理厂AAO处理工艺有两套平行处理单元，为实现智能供氧，在好氧池末端安装活性污泥呼吸速率测定仪。为节约工程实施成本，只对一组处理单元加装活性污泥呼吸速率测定仪（图4-70），具体实施界面见图4-71。

基于现状，通过改进投加模式和计量方法，提高除磷药剂投加的精度。该技术关键是确定磷酸盐与铁离子之间的关系，以及总磷、磷酸盐和浊度之间的关系，从而实现除磷药剂的精准投加。

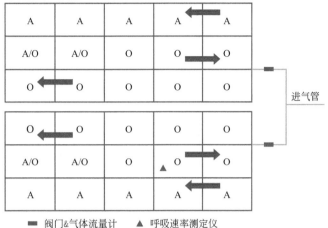

■ 阀门&气体流量计　▲ 呼吸速率测定仪

图4-70　AAO工艺智能供氧布置示意

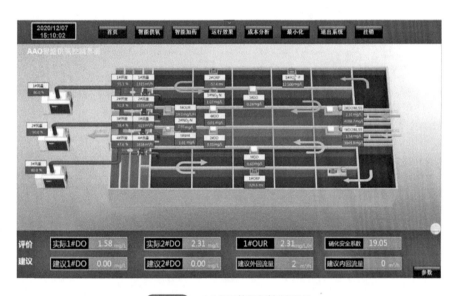

图4-71　AAO工艺曝气控制界面

根据现有设施条件和要求，为实现药剂的精准投加，在原有已知总磷浓度的基础上增加以下数据：

① 加药前磷酸盐浓度。根据加药前磷酸盐的浓度来确定所需聚合硫酸铁的量。

② 加药前进水的浊度。浊度、总磷和磷酸盐之间存在着一定的关系，加强浊度的监测，以防止加药剂量不足而出水总磷超标。

③ 高效沉淀池末端磷酸盐浓度。与加药前磷酸盐浓度进行对比来判断化学除磷效果。

④ 高效沉淀池末端铁离子浓度。监测高效沉淀池末端铁离子浓度以确定高效沉淀池内富余的铁离子的量，防止药剂过量投加。

⑤ 高效沉淀池末端浊度。根据浊度、总磷和磷酸盐之间的关系，防止出水总磷超标。

根据新的控制思路，结合原有的加药控制系统构成智能加药系统。智能加药系统如图4-72所示，实施后界面见图4-73。

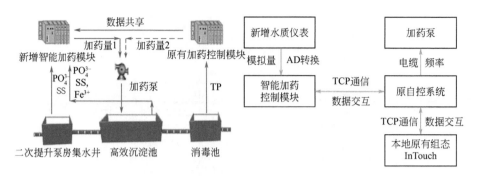

图4-72　某污水处理厂智能加药系统

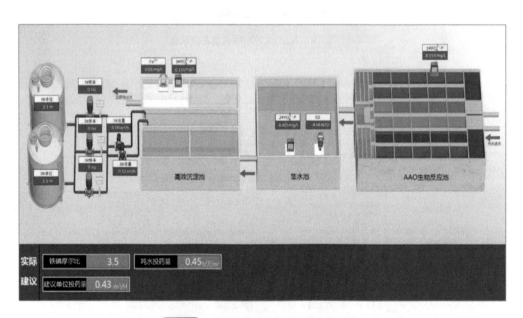

图4-73　某污水处理厂智能加药控制界面

4.4.4　工艺优化运行效果分析

污水厂数字化节能降耗优化工程自2020年1月正式投入运行，经过3个月的试运行后系统稳定。2020年4~11月检测结果表明，该污水处理厂最小日处理水量为$4.6 \times 10^4 m^3/d$（图4-74），平均为$5.9 \times 10^4 m^3/d$。出水水质指标COD、BOD_5、SS、TN、TP和氨氮的最大值分别为20mg/L、3mg/L、7mg/L、9.85mg/L、0.29mg/L和0.94mg/L（图4-75和图4-76），都优于《城镇污水处理厂污染物排放标准》（GB 18918—2002）一级A排放标准，达到当地排放限值要求。

根据该污水处理厂2019年4~11月和2020年同期生产运行台账，通过数据统计分析，该污水处理厂AAO生物处理段对氮磷的去除效果如图4-77所示。由图4-77可以看出2020年4~11月AAO工艺出水TN和TP分别从7.88mg/L和0.83mg/L降低为6.53mg/L和0.43mg/L，总体看2020年脱氮除磷效果要优于2019年同期。

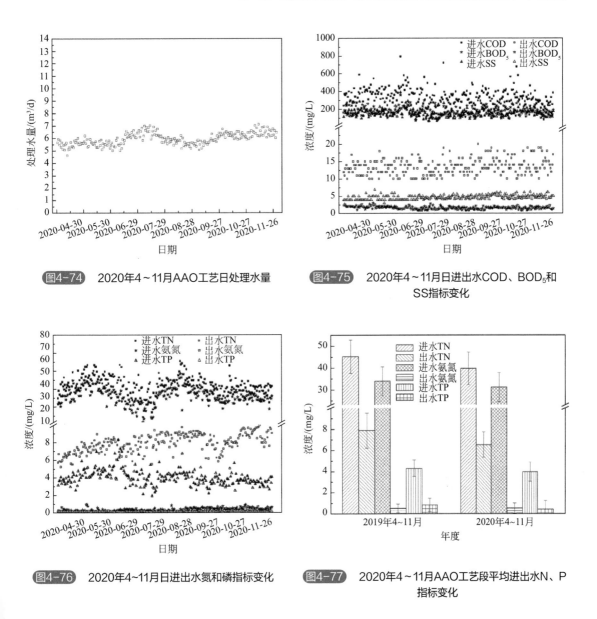

图4-74　2020年4～11月AAO工艺日处理水量

图4-75　2020年4～11月日进出水COD、BOD₅和SS指标变化

图4-76　2020年4～11月日进出水氮和磷指标变化

图4-77　2020年4～11月AAO工艺段平均进出水N、P指标变化

4.4.5　工艺节能降耗效果分析

由于该污水处理厂同时采用了AAO和交替式工艺，因此在进行AAO工艺能耗分析时，其预处理阶段消耗的电量按全厂预处理电耗处理水量与全厂处理水量的比值分配，生物处理阶段所消耗的电量为各自工艺生物处理实际消耗的电量，深度处理阶段所消耗的电量为全厂深度处理电耗按照处理水量与全厂处理水量的比值分配。在能耗分析中，能耗水平以单位耗氧污染物耗电量计量，计算公式见式（4-17）。

$$E_{\text{sodp}} = \frac{E_{\text{总}}}{\left[\left(\text{BOD}_i - \text{BOD}_e\right) \times Q + 3.5 \times \left(\text{氨氮}_i - \text{氨氮}_e\right) \times Q\right] \times 10^{-3}} \tag{4-17}$$

式中　E_{sodp}——单位耗氧污染物耗电量，kW·h/kg；

$E_总$——评估周期内总用电量，kW·h；

BOD_i——每日进水BOD_5浓度，mg/L；

BOD_e——每日出水BOD浓度，mg/L；

Q——日处理水量，m^3；

氨氮$_i$——每日进水氨氮浓度，mg/L；

氨氮$_e$——每日出水氨氮浓度，mg/L。

2020年4~11月，该污水处理厂AAO工艺能耗相关数据如表4-22所列，8个月共处理$1.44532×10^7 m^3$污水，削减耗氧污染物共$3.9153×10^6$kg，共计消耗电能$5.542×10^6$kW·h，平均单位耗氧污染物电耗为1.42kW·h/kg。

表4-22 某污水处理厂AAO能耗统计表

统计时间	天数/d	电量/10^4kW·h	水量/$10^4 m^3$	耗氧污染物总削减量/10^4kg	单位耗氧污染物电耗/(kW·h/kg)
2020-04-30	30	64.96	164.35	48.96	1.33
2020-05-31	31	68.00	172.47	53.19	1.28
2020-06-30	30	65.74	176.51	47.67	1.38
2020-07-31	31	67.54	196.56	44.52	1.52
2020-08-31	31	71.82	175.31	47.49	1.51
2020-09-30	30	71.38	173.07	49.46	1.44
2020-10-31	31	72.75	193.44	53.17	1.37
2020-11-30	30	72.01	193.61	47.07	1.53
合计/平均	244	554.2	1445.32	391.53	1.42

同样，对2019年和2020年同期吨水投加除磷药剂量进行统计分析比较，结果见图4-78。可以看出，2020年4~11月，该污水处理厂除磷铁盐药剂投加量平均值为55.6mg/L，

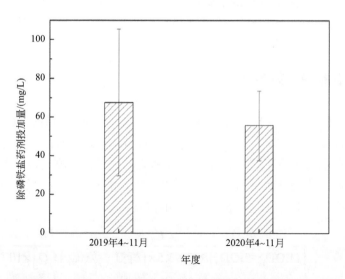

图4-78 2020年4~11月该污水处理厂深度处理除磷铁盐药剂投加量

而同期2019年为67.54mg/L，即2020年度除磷药剂投加量低于2019年同期17.6%。

通过运行效果、能耗分析等结果表明，在不增加处理设施的情况下，通过采用数字化技术对污水处理厂运行进行智能化控制，可以有效提高污水处理厂处理效率，并同时实现节能降耗的目的。

参考文献

[1] Zeng W, Guo Z, Zhang H, et al. Fuzzy inference-based control and decision system for precise aeration of sewage treatment process [J]. Electronics Letters, 2021.

[2] Mircea-vlad M, Elena M P, Roman M D. Research to identify the most effective method of using air lift pumps in sewage plants [J]. Journal of Civil Engineering and Architecture Research, 2015, 2: 1031-1036.

[3] Coats E R, Watkins D L, Brinkman C K, et al. Effect of Anaerobic HRT on Biological Phosphorus Removal and the Enrichment of Phosphorus Accumulating Organisms [J]. Water Environment Research A Research Publication of the Water Environment Federation, 2011, 83: 461-469.

[4] 王辰辰. AAO工艺处理城镇污水的脱氮除磷性能研究[D]. 邯郸: 河北工程大学, 2020.

[5] 张志, 康壮武, 陈松明. 倒置A^2/O脱氮除磷工艺对传统活性污泥法污水厂的改造[J]. 水处理技术, 2006, 32: 83-85.

[6] 尚菊红, 宋美芹. 基于MBBR工艺的污水处理厂生物脱氮除磷特征[J]. 中国给水排水, 2019, 35: 100-105.

[7] 王勇, 欧阳兵, 徐军礼, 等. 延安市污水处理厂提标改造工程设计方案与实施效果[J]. 环境工程学报, 2021,15:3410-3417.

[8] 沈连峰, 宋海军, 胡宗泰, 等. 城市污水脱氮除磷工艺改造的效果研究[J]. 中国给水排水, 2013, 29: 77-80.

[9] 李勇, 彭贵龙, 何强, 等. 大型污水池厂工艺改造与应用对比分析[J]. 给水排水, 2014, 41: 26-29.

[10] 白华清, 贺阳, 袁绍春, 等. 改进型Bardenpho+反硝化滤池用于污水厂提标改造[J]. 工业水处理, 2021, 41: 132-136.

[11] Xavier F A, Alejandro G A, Gumersindo F G, et al. Multiple-objective evaluation of wastewater treatment plant control alternatives [J]. Journal of Environmental Management, 2010, 91:1193-1201.

[12] 魏丽. 基于AHP的模糊灰色耦合理论在污水处理工艺优化设计中的应用研究[D]. 兰州: 兰州理工大学, 2009.

[13] 张自杰. 排水工程（下册）[M]. 5版. 北京：中国建筑工业出版社, 2015.

[14] 肖尧, 施汉昌, 范茏. 基于计算流体力学的辐流式二沉池数值模拟[J]. 中国给水排水, 2006, 22: 100-104.

[15] 许琪. 污水处理厂氧化沟及高效澄清池工艺的数值模拟与优化研究[D]. 武汉: 华中科技大学, 2020.

[16] American Society of Civil Engineers. Standard Guidelines for In-Process Oxygen Transfer Testing [S]. New York: American Society of Civil Engineers, 1997.

[17] American Society of Civil Engineers. Standard Guidelines for Measurement of oxygen transfer in clean water [S]. New York: American Society of Civil Engineers, 2007.

[18] Germen A.V Standards. Messung der Sauerstoffzufuhr von Beltiflungseinrichtungen in Belebungsanlagen in Reinwasser und in belebtem Schlamm [S]. Merkblatt DWA-M 209(2007).

[19] Busch J, Elixmann D, Kühl P, et al. State estimation for large-scale wastewater treatment plants[J]. Water Research, 2013, 47:4774-4787.

[20] Diehl S, Faras S. Control of an ideal activated sludge process in wastewater treatment via an ODE - PDE model[J]. Journal of Process Control, 2013,23: 359-381.

[21] Moral H, Aksoy A, Gokcay C F. Modeling of the activated sludge process by using artificial neural networks with automated architecture screening[J]. Computer & Chemmical Engineering, 2008, 32: 2471-2478.

[22] 彭玉,王建辉,齐高相,等.活性污泥模型(ASMs)研究进展及其发展前景[J].应用化工,2020,49:1288-1292.

[23] 徐丽婕,王志强,施汉昌.污水处理厂全程模型化的软件选择[J].中国给水排水,2004:21-23.

[24] 宋健健.污水处理活性污泥模型及GPS-X软件应用[J].石油化工安全环保技术,2011, 27: 43-47, 60,66.

[25] 揭大林,操家顺,花月,等. WEST仿真软件在污水处理中的应用研究[J].环境工程学报, 2007: 138-141.

[26] 张琛玥. 基于Biowin模拟的AAO-MBR工艺运行优化研究[D]. 哈尔滨:哈尔滨工业大学,2020.

[27] Elawwad A, Zaghloul M, Abdel-Halim H. Simulation of municipal-industrial full scale WWTP in an arid climate by application of ASM3[J]. Journal of Water Reuse and Desalination,2017,7: 37-44.

[28] 杨杰.基于ASM1的污水处理厂计算机模型参数研究[J].天津建设科技,2017,27:80-82.

[29] Long S, Zhao L, Liu H, et al. A Monte Carlo- based integrated model to optimize the cost and pollution reduction in wastewater treatment processes in a typical comprehensive industrial park in China[J]. Science Total Environment, 2019,647: 1-10.

[30] Zhao X, Xu T, Ye Z, et al. A TensorFlow-based new high performance computational framework for CFD[J]. Journal of Hydrodynamics, 2020,32: 735-746.

[31] Zhang W, Tooker N B, Mueller A V. Enabling wastewater treatment process automation: Leveraging innovations in real-time sensing, data analysis, and online controls[J]. Environmental Science: Water Research & Technology, 2020, 6: 2973-2992.

[32] Lin Z A, Td A, Zhi Q, et al. Application of artificial intelligence to wastewater treatment: A bibliometric analysis and systematic review of technology, economy, management, and wastewater reuse[J]. Process Safety and Environmental Protection, 2020, 133:169-182.

[33] Hamedi H, Ehteshami M, Mirbagheri S A, et al. New deter-ministic tools to systematically investigate fouling occurrence in membranebioreactors[J]. Chemical Engineering Research & Design, 2019.144: 334-353.

[34] Zhao Z, Yin H, Xu Z, et al. Pin-pointing groundwater infiltration into urban sewers using chemical tracer in conjunction with physically based optimization model[J]. Water Research, 2020,175: 115689.

[35] Badrnezhad R, Mirza B. Modeling and optimization of cross-flow ultrafiltration using hybrid neural network-genetic algorithm approach[J]. Journal of Industrial and Engineering Chemistry, 2014, 20: 528-543.

[36] Man Y, Hu Y, Ren J. Orecasting COD load in municipal sewage based onARMA and VAR algorithms[J]. Resources, Conservation and Recycling, 2019,144: 56-64.

[37] Asadi M, Guo H, Mcphedran K. Biogas production estimation using data-driven approaches for cold region municipal wastewater anaerobic digestion[J]. Journal of Environmental Management,2020,253.

[38] Kristiansen R, Nguyen H T T, Saunders A M, et al. A metabolic model for members of the genus Tetrasphaera involved in enhanced biological phosphorus removal [J]. International Society for Microbial Ecology, 2013, 7:543-554.

[39] Jin L, Zhang G, Tian H. Current state of sewage treatment in China[J]. Water Research, 2014(66):85-98.

[40] 郭泓利,李鑫玮,任钦毅,等. 全国典型城市污水处理厂进水水质特征分析[J]. 给水排水, 2018(6): 12-15.

[41] Ewelina P K, Jakubaszek A, Myszograj S, et al. COD Fractions in mechanical-biological wastewater treatment plant [J]. Civil and Environmental Engineering Reports, 2017, 24: 207-217.

[42] 徐超, 管祥雄, 刘洪波. 苏州某污水处理厂硝化和反硝化速率特征 [J]. 净水技术, 2018, 37(12): 22-26.

[43] Garrido B M, Asvapathanagul P, Mccarthy G W, et al. Linking biofilm growth to fouling and aeration performance offine-pore diffuser in activated sludge [J]. Water Research, 2015, 90:317-328.

[44] Xue Y M, Wang B, Zhu J G, et al. Improvement of cleaning scheme of microporous aerator and its exe-cution effect [J]. China Water and Wastewater, 2011, 27: 98-100.

[45] 张景炳，范海涛，任争光，等. 污水厂生物处理单元工艺状态下曝气性能测定与评价[J]. 环境工程学报，2018，12:559-565.

[46] 吴媛媛，周小红，施汉昌,等. 污水厂微孔曝气系统工况下充氧性能测试与分析 [J]. 环境科学, 2013, 34: 194-197.

[47] 梁远，王佳伟，李洁，等. 微孔曝气器充氧性能变化对污水处理厂能耗的影响 [J]. 给水排水, 2011, 37(1): 42-45.

第5章

城市排水系统
多设施协同调控技术

城市排水系统是收集、输送、处理、回用和排放城市雨污水的一系列设施单元的组合，是城市基础设施的重要组成部分[1,2]，承担了保障城市卫生条件和水环境质量的重要功能。典型的城市排水系统包括多种设施，如排水管网、泵站、污水厂，以及出水口、检查井等附属构筑物，有时还会存在调蓄池、溢流口等设施[3]。城市排水系统是一个包含多种类型设施、时空变异性大、非线性强、受外部扰动影响大的复杂系统，传统的单元式管理无法达到系统全局最优，因此多设施协同运行的思路应运而生。

城市排水系统多设施协同运行是指基于水环境质量改善目标，充分利用物联网、地理信息技术（GIS）、大数据等手段，突破多设施协同优化和智能调度技术，构建厂网一体化的排水系统智慧化管理模式，从而充分发挥排水管网在整个水系统中的联动链接作用，实现排水系统的全局统筹，促进水环境持续改善。因此，如何充分利用排水系统输送、调蓄及处理能力，挖掘系统溢流削减和污染物减排能力，是城市排水系统优化运行与效能提升的关键。而排水系统的实时控制则为这一问题的解决提供了技术路线。

城市排水系统实时控制是指利用受控系统实时监测数据和系统外部输入数据，根据控制目标，基于控制策略算法，实时计算各个控制设施的控制参数，并通过控制信号对相应设施进行控制的一种技术[4,5]。完整的城市排水系统实时控制流程[6]如图5-1所示。实现可靠的实时控制有以下要点：

① 合理地实时控制系统边界。系统边界决定了控制策略制定的数据范围和策略实施涉及的范围，是建立城市排水系统实时控制的基础。

② 大量监测仪器构成的实时监测系统。针对不同控制设施的特征需要使用特定的监测仪器，同时还需要保证各监测仪器监测数据的实时性。

③ 汇集实时监测数据的中控系统。中控系统还能实现将全系统的控制信号传输至各个控制设施的功能。

④ 建立适合城市排水系统特征的控制目标。控制目标指明了实时控制策略优化的方向，

在实时控制中起到了决定性作用。

⑤ 动态生成控制策略以及具有可靠的过程控制系统和反馈机制，协同调控管网、污水处理厂等设施使系统控制目标最优化。

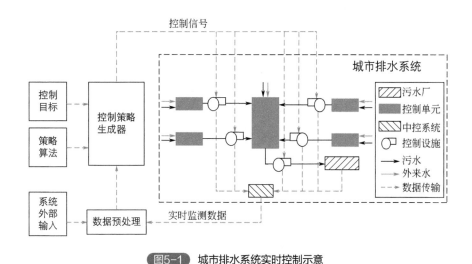

图5-1　城市排水系统实时控制示意

5.1.1　排水系统单元式运行管理存在的问题

排水管网、污水处理厂、河道是城市排水系统主要的组成单元。目前我国大多数城市的排水系统仍以单元式运行为主，即管网、污水处理厂、河道分别划归为不同的部门管理。地方污水处理厂采用委托运营或者社会投资方式的较多，但排水管网由于其收益不确定性较大，大部分都未被纳入运营范围及污水处理厂绩效考核中。管网和污水厂运管对应不同主体单位，有时其考核指标和利益互相冲突。因此，在运行调控的过程中，对其中某个子系统的运行调控策略往往无法兼顾其他子系统的控制目标，对某一单元有利的运行策略并不一定对其他单元有利，从而导致整个排水系统整体功效降低[7]。例如，当系统来水水量增加时（例如受降雨影响），对于污水处理厂子系统，污水厂运营公司认为应该减少污水处理厂进水量以保证生化反应段的稳定运行，而此时恰好处于排水管网运行负载较高的时候，减少污水处理厂进水量将会导致较高的管网漫溢风险，进而使得排入的受纳水体水质变差。并且排水系统通常是在静态条件下设计，并在静态规则下运行，这就造成了传统运行方式在应对复杂多变的环境时，要么设施无法充分发挥作用造成资源浪费[8]，要么设施能力不足导致合流制管网溢流（CSO）和内涝[9]。因此，这类单元式运行管理的措施往往导致整个城市排水系统陷入局部最优，而无法达到全系统最优。因此，亟需找到一种动态的协同管理方式，充分利用现有设施实现溢流污染削减、内涝控制和受纳水体水质改善等目标，为解决城市排水问题提供智能化方案。

5.1.2　多设施雨季协同运行面临的技术挑战

伴随着城市排水系统建设规模的扩张与城市水环境质量的改善，我国大部分城市污水收集与处理系统已经较为完善，但部分城市由于建设时间早，污水管网存在破损渗漏等问题，导致雨水、地下水等外来水大量地入流入渗。尤其是在雨季时期，外来水入流入渗现象尤为严重，导致雨季城镇污水处理厂进水浓度偏低，影响污水处理厂运行效率。与此同时，受污水管网传输和污水厂处理能力限制，在降雨期存在一定的污水无组织漫溢现象。尽管系统漫溢水量比例并不高，但由于水质较差，相应排放的COD等污染物总量及其引起的水环境冲击负荷不容忽视，进一步考虑到不断提高的城市发展强度与频发的极端气候条件带来的叠加效应，雨季减排任务艰巨。我国南方城市降雨相对充沛，雨季时期城市排水系统运行效能差、管网溢流污染问题更为突出，进而带来雨季城市尤其是建成区内水环境质量达标率低的季节性治理难题。针对上述问题，实施排水系统多设施雨季协调运行是一个有效的解决方案。但多设施协同调控运行仍面临以下技术挑战：a.数据多元导致监测不易、整合困难、分析复杂；b.设施拓扑结构复杂导致建模难度剧增；c.多设施协同优化难以寻得最优解，需要使用较为先进的优化算法。

（1）多设施多元数据收集

实现多设施协同运行首先需要收集足够的数据，以支持后续的模型构建和优化算法，进而支撑管理部门作出科学决策。根据多设施协同调控的需求，需要收集的数据包括：排污地块人口、用地类型、降雨、河道及地下水水位等区域基础数据，排水管道空间分布、节点、连接关系等排水系统拓扑结构数据，污水厂、泵站、闸门、可动堰、调蓄池等控制设施信息，污水厂排放限值、单位功耗成本、关键节点流量、液位阈值等控制目标信息，关键节点及水利构筑物的液位、流量、水质等在线监测数据。多元数据的收集目前面临以下困难：

① 监测不易。城市排水系统的收集来源广，干扰信号多，位置边缘，因此难以做到持续精准的监测。

② 整合困难。多元数据往往存在时间步长不同、空间精度不同的问题，在整合不同来源数据时，需要充分考虑后续建模和优化的需求，对时空精度进行降尺度计算以完成多元数据融合，对于排水系统复杂拓扑关系的清晰梳理和概化是建立贴合实际的排水系统模型的关键。

③ 分析复杂。由于城市排水系统的外部干扰性大，数据波动性明显，且监测仪器由于监测环境恶劣，往往存在较大失效的可能性，需要进行数据平滑和异常值剔除等数据处理分析操作。

（2）城市排水系统模型的构建

为了实现多设施协同运行需要构建城市排水系统模型。针对城市排水系统实时控制的需求，根据不同城市排水系统在结构特征、数据特征上的差异，已有研究分别建立了适用的机理模型、简化模型、神经网络模型[10]。城市排水系统机理模型包含大量复杂的物理过程，因此往往参数较多，导致建立机理模型对数据质量的要求较高。简化模型的优势在于保留一定程度机理的基础上，略微降低模型模拟精度以加快模型计算速度。但对于实时控制而言，即便使用简化模型提高计算速度后，计算时间仍旧过长。神经网络模型的优势在于大大降低了模型计算时间，使单个控制时间步长的模拟优化时间缩短到秒级，但其劣势在于神经网络模型中的参数通常会面临所谓"维数灾难"的问题，即随着参数空间的增加，需要大量的训练数据对模型进行训练，且神经网络模型为黑箱模型，对于训练集不包含的情景模拟不确定性较大，因此在一定程度上降低了优化策略的准确性和鲁棒性[11]。三种建模方法应用于实时控制的策略优化时间、控制效果、应用场景如图5-2所示。因此对于大规模的城市排水系统，如需要兼顾计算效率和控制效果，目前的建模方法都不易满足要求。综上所述，如何在兼顾模型准确度的基础上提高模型的计算效率成为了城市排水系统实时控制亟需解决的问题。

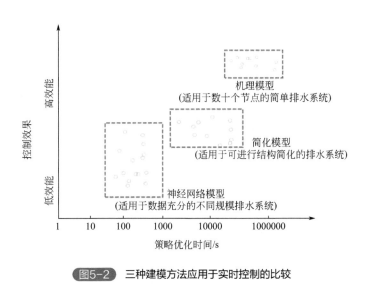

图5-2　三种建模方法应用于实时控制的比较

（3）多设施协同控制优化算法

多设施协同控制是将排水管网与污水处理厂等组成的城市排水系统视作一个整体，从系统排污负荷最小化的目标出发，设计系统的控制策略。目前在实际应用中，多设施协同控制方法仍以静态规则控制为主，即基于预先设定的若干条控制参数计算规则，计算得出控制设施控制参数的控制方法。静态规则控制根据规则涉及的区域范围可分为两类。若单个控制规则涉及的区域仅为城市排水系统中的局部子系统，则该静态规则控制方法属于局部规则控制；若单个控制规则涉及的区域为整个城市排水系统，则该静态规则控制方法属于全局规则控制。由于城市排水系统的动态输入不确定性大，机理过程非线性强，控制目标多维，上述的静态规则控制常常无法应对系统复杂的运行状态以保证系统性能较优，控制效果十分有限[12]。如图5-3所示，静态规则控制虽能够在大部分情景下满足实时控制的要求，但在个别极端降雨情景下存在控制失效的情况，因此静态规则控制应对不同气候条件的适应性较差。随着实时控制理论研究的深入，学界将模型预测控制（model predictive control，MPC）的思想引入城市排水系统以解决静态规则控制在实时控制效果上适应性差的痛点。

模型预测控制的核心为通过模型实现系统动态变化过程的模拟，根据控制目标和系统

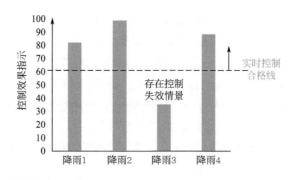

图5-3 静态规则控制方法在不同降雨情景下的控制效果

的特点，可以选用机理模型、简化模型、数据驱动模型来实现系统动态变化过程的模拟，三种方法的比较见表5-1。使用模型预测控制方法能够有效提高实时控制的效果，但对于具有拓扑结构复杂、机理过程非线性强等特点的大型城市排水系统，使用模型对城市排水系统进行实时模拟对计算能力要求较高，所需计算时间较长，这导致了模型预测控制方法无法在较为精细的控制时间步长上实时输出最优控制策略。因此，模型预测控制应用于实际系统的最大难点在于如何保证控制策略的实时性。

表5-1　城市排水系统模型预测控制方法比较

模型预测控制方法	应用效果	应用规模	计算时间
机理模型预测控制	好	结构较为简单的城市排水系统	较慢，数小时
简化模型预测控制	较好	可进行结构简化的城市排水系统	一般为数十分钟
数据驱动模型预测控制	一般	结构简单或复杂的城市排水系统均可	较快，数分钟

5.1.3　多设施协同运行技术进展与发展趋势

近年来以深度学习、神经网络、强化学习为代表的人工智能方法迅速发展，从AlphaGo到AlphaZero、从OpenAI到OpenAI Five、从SC2LE到AlphaStar，大量基于人工智能的动态算法取代传统智能算法成功解决了复杂对象的非线性决策问题，同时也为城市排水系统的实时控制提供了新的契机。随着城市排水系统数字化、智慧化程度的提升，实时控制的系统边界逐渐扩大[13]，相关研究的系统边界随时间的变化过程如图5-4所示。从研究的热点来看，排水管网-污水厂耦合系统的实时控制研究是目前的研究热点。在学术研究中，近几年来有进一步将河道加入排水管网-污水厂耦合系统，组成管网-污水厂-河道耦合系统并进行系统控制的研究[14]。如Meng等[15]以河道水质为优化目标，建立了管网-污水厂-河道耦合模型，对排水管网和污水处理厂中的控制设施实现了实时控制。而在实际操作层面，由于我国大多数城市的排水管网和污水厂大多由不同的公司进行管理，因此难以实现排水管网-污水厂的一体化控制。但以北京、深圳等城市为代表，已经开始探索排水管网-污水厂一体化控制的实践方法，并积累了一定的实践经验[16,17]。

在城市排水系统实时控制领域，以人工神经网络为主的机器学习技术的引入解决了传

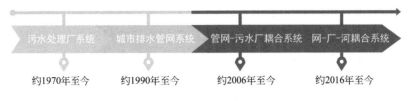

图5-4　城市排水系统实时控制问题的系统边界变化历程

统城市排水管理技术在计算速度、误差容忍性、泛化学习能力上的问题[18]。但城市排水系统实时控制问题由于其非线性强、状态和动作空间高维等特点，通过模型实时模拟在短时间内探索整个排水系统的最优控制策略的方法在实际应用中可行性较低。而深度强化学习将上述计算压力转化为离线学习成本，正是解决具有上述特点问题的一个有效方法，因此近几年开始有学者使用强化学习研究城市排水系统的实时控制。Gupta 等[19]使用深度Q-learning算法，在一个拓扑结构较为简单的系统上实现了基于强化学习的实时控制，控制效果已较人工神经网络控制有10%的提升，并且计算速度达到秒级。Benjamin 等[20]比较了强化学习控制、模型预测控制、静态规则控制在一个小片区排水系统上的控制效果，结果表明，相较于无控制策略情景，使用静态规则控制策略能够削减13%的内涝量，而强化学习控制策略能够削减32%的内涝量，同时强化学习控制能够实现与模型预测控制相当的控制效果，而强化学习控制的离线优化训练的优势能够提高88倍的计算速度。Saliba 等[21]在此基础上研究了不确定性输入数据对强化学习算法的影响，结果表明强化学习控制能够保证一定的鲁棒性，即使降雨预测和监测数据存在误差仍能保证与完美数据条件下相当的控制效果。综上，目前在排水系统实时控制领域，应用强化学习的研究仍较少，相较于其他强化学习应用已较为成熟的领域（如交通系统、电力系统、自动驾驶、机器人控制、对战策略游戏、棋类游戏等），该技术在城市水系统中的应用仍处于技术萌芽期[22,23]（图5-5）。

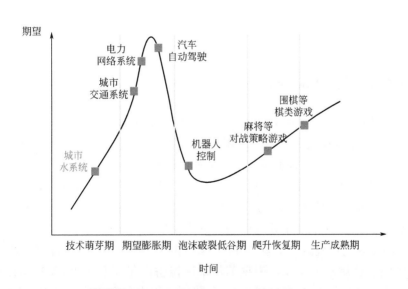

图5-5　城市水系统强化学习技术应用阶段示意

　　上述研究充分证明了强化学习算法在城市排水系统实时控制领域的可用性，但所研究的区域均为拓扑结构较为简单的排水系统，而将深度强化学习算法应用于实际的复杂排水系统时，仍面临以下难点：复杂城市排水系统的系统拓扑结构复杂，通常包含大量的节点和管段，这一特点将导致系统状态非线性强，模拟模型计算时间过长，大幅增加智能体训练时间，降低了算法的实用性；复杂城市排水系统的控制变量多元，通常包含数量众多的控制器，包括泵站、调蓄池、投药设备等，且控制器之间往往存在相互关联相互制约的关系，这一特点导致控制变量空间维度急剧增加，无法通过传统的强化学习控制算法实现[24]；复杂城市排水系统的控制目标多维，在实时控制目标设定时不仅考虑减少漫溢量和环境污染负荷，运行成本及设备安全往往也需要纳入考量范畴，增加了模型训练收敛的难度[25]；复杂城市排水系统的系统状态、控制动作、策略收益之间的响应关系复杂，难以量化，这一特点导致强化学习智能体的奖励函数难以设置。

上述难点制约了强化学习算法在实际的复杂城市排水系统实时控制领域的应用，但学界在深度学习算法领域的相关研究为解决上述难点提供了部分可能的思路。针对复杂城市排水系统拓扑结构复杂，模拟模型计算时间过长的问题，学界主要通过并行训练的方法解决。使用图形处理器（GPU）的并行计算功能实现多线程同时计算，能够大幅缩短模型训练时间[26,27]。针对复杂城市排水系统控制变量多元，控制变量空间维度剧增的问题，学界主要通过多智能体合作学习的方法解决[28]。相较于单智能体优化，该方法在智能体生成策略时，将其他智能体的状态和策略作为额外的输入，这使得智能体能够学习到潜在的合作策略[29-31]。针对复杂城市排水系统控制目标多维的问题，学界主要通过问题转化的方式，利用不同的指标权重比例将多目标问题转化为单目标优化问题解决。针对复杂城市排水系统的系统状态、控制动作、策略收益之间响应关系复杂的问题，可以通过环境交互模型识别排水系统响应关系，通过分阶段设置奖励函数的方法量化策略收益。

5.2　典型高外来水量分流制排水系统特征识别

5.2.1　排水系统概况与降雨条件

本研究的案例区域在苏州市中心城区福星片区，属于典型平原河网地区。区域总面积约46.1km²，常住人口约38万人。该区域用地类型主要为居住用地和公共服务设施用地，无工业用地。该区采用分流制排水系统，污水管线长约600km。污水排入市政管道后，汇集到相应泵站，经多级提升进入污水处理厂，最终汇集到福星污水处理厂。其中福星污水厂设计容量为$1.8×10^5$m³/d，所处理的污水全部为生活污水。研究区域共有17座泵站，本研究划分为18个泵站片区，其中污水处理厂通过进水泵房与污水管网连接，因此污水处理厂及其厂前污水管网片区也可视为一个泵站分区。研究区域泵站片区分布如图5-6所示。

苏州地区降水资源较为丰富，根据苏州市区枫桥雨量监测站点1983~2012年的历史监测数据，30年平均年降雨量约为1150mm，且降雨量年内分布不均，汛期（6~9月份）降雨量较大，一般占全年降雨量的50%以上。根据水文监测数据，2014~2018年降雨量分别达到898mm、1597mm、1982mm、1138mm、1232mm。各年月降雨量的分布如图5-7所示。

根据我国气象部门对降雨强度的划分标准（单位：mm）：24h内降雨量在[0.1, 9.9]范围

图5-6 苏州市福星片区排水系统泵站片区分布示意

内为小雨；在[10, 24.9]之间为中雨；在[25.0, 49.9]之间为大雨；在[50.0, 99.9]之间为暴雨。2014~2018年降雨强度频率分布如图5-8所示。由此可见，苏州地区降雨以小、中雨居多。根据2011年苏州市政府公布的修订后暴雨强度公式[见式（5-1）]，苏州市中心城区一年一遇的降雨强度为0.4356 mm/min（历时120min），即一年一遇的2h暴雨雨量为52.3mm。

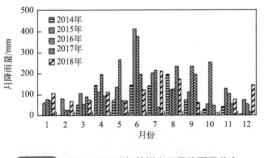

图5-7 2014~2018年苏州市区月降雨量分布

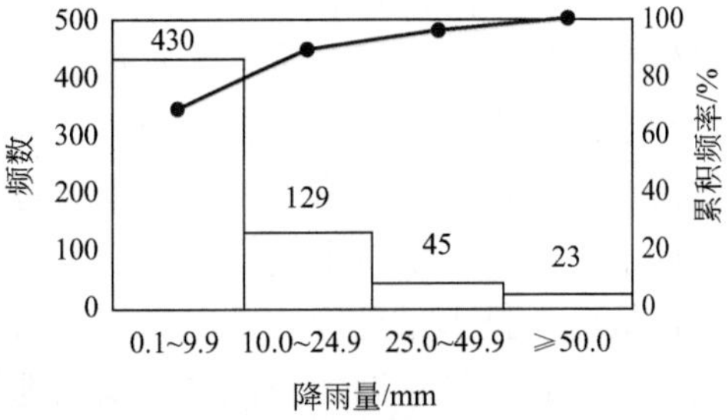

图5-8 2014~2018年各场降雨强度频率累积分布

$$q = \frac{3306.63(1+0.8201\lg P)}{(t+18.99)^{0.7735}} \tag{5-1}$$

式中　　q——暴雨强度，L/(s·hm²)；

　　　　P——重现期，年；

　　　　t——降雨历时，min。

5.2.2　年度与季度尺度入流入渗解析

（1）年度或季度尺度解析方法

为实现年度与季度尺度的管网入流入渗量解析，主要通过三角分析法[32]和基于水量水质平衡原理的特征因子法[33,34]实现旱季地下水入渗量和雨季入流入渗量的解析。前者适用于较长时间尺度和较大空间尺度，能够对排水管网入流入渗的总体水平进行评估，用于年度与季度尺度入流入渗解析；后者能够在更加精细的时空尺度内应用，对典型地块、在典型旱天和降雨条件下开展排水管网外来水入流入渗的规律识别，适用于单日与小时尺度入流入渗解析。

利用三角分析法对污水厂服务片区、泵站服务片区开展年度及旱雨季排水管网入流入渗解析。三角分析法通过绘制某特定时段内排水管网出口流量升序排列曲线，根据外来水入流入渗的特点设置合理的假设条件，据此对曲线与坐标轴围成的图形面积进行分割，将旱雨季入流入渗水量计算简化为图形分割出的不同三角形面积计算，从而得到该段时间内逐日入流入渗的外来水量。根据水量平衡原理，将特定时间段内污水管网出口流量分割为居民生产生活排放的污（废）水流量、地下水入渗流量和雨水入流流量，进而获得该段时间内污水管网中入流入渗的外来水总量。实际计算中，以天为最小计算单位，水量平衡方程如式（5-2）所示：

$$Q_{out}=Q_{base}+Q_{infil}+Q_{inflow} \qquad (5-2)$$

式中　　Q_{out}——排水管网当日收集的总水量，即出口的日出水流量，10^4m³/d；

　　　　Q_{base}——排水管网中由居民当日生产生活排放的污（废）水水量，10^4m³/d；

　　　　Q_{infil}——排水管网中当日入渗的地下水量，10^4m³/d；

　　　　Q_{inflow}——排水管网中当日入流的雨水水量，10^4m³/d。

三角分析法需要的基础数据包括研究时间段（总天数记为n）内排水管网服务片区居民每日生产生活排放的污（废）水水量、每日污水管网出口流量与发生降雨的天数。由于排水管网上游节点数量较多、较为分散，因此一般情况下无法通过直接监测得到居民每日生产生活排放的污（废）水水量，可以通过对社区、工业企业等进行普查统计用水数据，在此基础上，根据当地城市建设水平、人口数和工业企业生产类别等信息确定城市污水排放系数，从而对排水量进行估计。每日污水管网出口流量需要在污水管网下游节点安装在线流量监测设备，对管网出口流量开展长期监测，对于污水厂服务片区和泵站服务片区，排水管网下游节点流量分别为污水厂和泵站进水流量。发生降雨的天数需要在研究区域内布设雨量监测站点，对降雨量开展长期监测。

对排水管网中各部分来水水量的解析需要基于每日污水管网出口流量曲线开展。将管网出口流量由小到大升序排列并从1到n予以编号。绘图时，横坐标为当日编号与n的比值，纵坐标为当日污水管网出口流量，如图5-9所示。

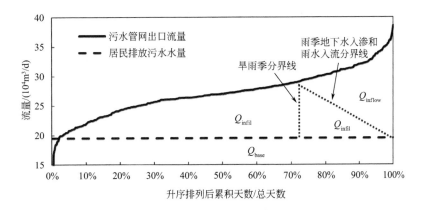

图5-9 三角分析法对入流入渗量解析示意图

对图形的分割基于以下几点假设：a.居民每日生产生活所排放的污（废）水水量为定值；b.雨天的外来水量较旱天大，且在雨天管网出口流量最小日，外来水依然全部为入渗的地下水；c.在管网出口流量最大日，入流的雨水挤占了管道中除污水外的全部剩余空间，即该日的外来水全部为入流雨水。根据假设a，在图中可用水平线表示居民生产生活排放的污（废）水水量 Q_{base}；根据假设b和所选时间段内发生降雨的天数，由横坐标右端起始，发生降雨的天数组成雨季，左边剩余时段为旱季，在旱雨季分界当日，入流的雨水水量 Q_{inflow} 为0；根据假设c，横坐标数值达到100%时，入渗的地下水量 Q_{infil} 为0。由此用直线对管网出口流量曲线与坐标轴围成的图形进行分割，得到若干三角形，通过计算各三角形的面积，可分别得到研究时间段内旱季入渗量、雨季入渗量和雨水入流量，从而实现对该时段外来水量总量的解析，与居民生产生活排放的污（废）水总量进行对比，可对外来水入流入渗的严重程度有整体认识。此外，根据无降雨的天数和发生降雨的天数，可分别得到旱天平均排水管网入渗量和雨天平均入流入渗量，将旱雨天平均外来水量进行对比，可分析降雨对外来水入流入渗产生的影响。

特别需要说明的是，三角分析法定义的雨季、旱季不同于按月划分的汛期、非汛期，而是污水管网出口流量较大的时段组成雨季（天数同降雨天数），其余时段组成旱季。此外，三角分析法认为管网中居民排水、外来水等所有来水均从管网出口流出，未考虑输送中途发生溢流、内涝等产生的水量损失，因此不适用于雨季溢流较为严重的合流制排水系统。

三角分析法解析结果的不确定性主要来自对居民生产生活排放的污（废）水水量的估算。考虑到每日用水量的统计误差、城市污水排放系数取值的不确定性等因素，可针对居民生产生活排放的污（废）水水量选取合理的误差限，分别采用不确定性范围内的极端值重新计算，得到实际外来水量可能的数值范围。

（2）基础数据获取

对于污水管网出口流量数据的获取，可分不同的空间尺度进行考虑：对于整个苏州市中心城区或单个污水厂服务片区，污水管网出口流量为福星、城东和娄江污水处理厂的进水量，该数据由各污水厂的日生产报表得到；对于泵站服务片区，污水管网出口流量为泵站进水流量，该数据由各泵站流量监测设备得到。

对于发生降雨的天数,根据水文观测历史数据得到日降雨数据,雨情观测站点位于福星片区。

对于居民每日排放的生活污水水量,根据用水数据和城市污水排放系数进行估算,并用污水管网出口流量数据进行校核:对于整个苏州市中心城区,根据《苏州统计年鉴》,可得到苏州市中心城区2014~2017年各年人均日生活用水量和常住人口数据,根据《城市排水工程规划规范》(GB 50318—2017),取城市污水排放系数为0.70,从而得到各年居民每日排放的生活污水水量,2014~2017年的结果分别为19.5×10⁴m³/d、20.4×10⁴m³/d、20.1×10⁴m³/d、20.3×10⁴m³/d,对比3座污水厂的日进水量之和,发现各年估算结果均在污水厂进水量的2%~5%范围内,即为污水厂各年的最低进水量水平,故估算结果合理;对于单一污水厂服务片区或泵站服务片区,由于用水数据较难获取,可根据整个片区的日均排水量计算结果和总人口数,得到人均综合生活污水排放量[以2017年为例,约为202L/(d·人)],再根据各片区人口数据得到对应的每日排污总量。

(3)全年入流入渗总量解析

通过收集相关基础数据计算得到的苏州市中心城区2014~2017年各年居民生产生活排放的污水总量、旱季外来水入渗总量和雨季入流入渗总量及各部分占比如图5-10所示。此外,由于居民排水水量估算结果存在一定的不确定性,考虑±20%不确定性范围,则对应各年各部分水量可能的数值范围如表5-2所列。

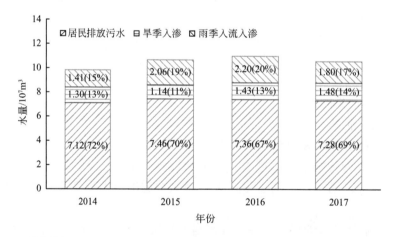

图5-10 2014~2017年苏州市中心城区污水管网收集水量的组成及占比

表5-2 2014~2017年苏州中心城区污水管网收集水量组成　　　　单位:10⁷m³

年份	居民排放污水	旱季入渗	雨季入流入渗
2014	5.69~8.54	0.78~1.82	1.03~1.80
2015	5.97~8.95	0.68~1.60	1.48~2.63
2016	5.90~8.86	0.97~1.88	1.64~2.76
2017	5.53~8.29	1.14~2.08	1.48~2.36

从全年总量来看，2014~2017年苏州中心城区污水管网所收集的水中，大约有70%的水量来自居民生产生活所排放的生活污水，约30%的水量来自入流入渗的外来水。其中旱季入渗的外来水占全年管网收集总水量的11%~14%，雨季入流入渗的外来水占14%~20%。各部分外来水量的比例变化与年降雨量大小有关。随着2014~2016年降雨量逐年增加，入流入渗的外来水总量占比由28%增加到33%，且雨季入流入渗的变化对这一规律有主要贡献；2017年降雨量减少，入流入渗的外来水量占比降至31%，其中雨季入流入渗水量占比介于2014年和2015年、2016年之间，但旱季入渗水量占比为4年中最高水平。由此说明较为丰富的降水资源可能对污水管网的入渗产生持续影响，2015年、2016年降雨量较大，雨水下渗整体抬高了苏州市当地的地下水位，该影响持续到2017年，因此加剧了旱季地下水入渗的问题。

假设城东与福星片区人均综合生活污水量基本一致，根据两大片区常住人口数估算各子片区居民每日排放的生活污水水量。根据各污水厂日生产报表，对城东和福星片区分别应用三角分析法，得到2014~2017年不同片区的雨季入流入渗量。在此基础上，对污水管网服务范围内的雨量和雨天入流入渗量进行回归，可获得显著（$P < 0.05$）的线性统计关系，相关系数R达到0.88，结果如图5-11所示。

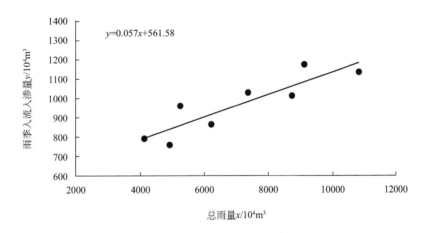

图5-11 区域总雨量与雨季入流入渗量关系示意图

回归方程表明，对于100.8km²的苏州中心城区，降雨量每增加10mm，即整个区域增加$1.008×10^6$m³的总雨量，对应的雨季入流入渗量将增加$5.7×10^4$m³。如果这10mm降雨集中在1h发生（事实上，苏州市一年一遇的1h历时降雨强度为0.67mm/min，总降雨量约40mm），将对中心城区总设计规模为$3.6×10^5$m³/d的3座污水厂造成明显的负荷冲击。

同理，对苏州市中心城区内的福星片区及各主要泵站服务片区分别进行污水管网入流入渗解析，其中居民日均生活污水排放量根据各分区常住人口数估算得到，因此在解析过程中，应注意估算结果的不确定性。考虑日均排水量不确定性范围为±20%，以2017年为例，解析得到各部分水量的范围如表5-3所列。

表5-3 2017年部分泵站排水分区污水管网收集水量组成

区域名称	居民排放污水		旱季入渗		雨季入渗		雨季入流	
	水量 /10^4m³	占比 /%	水量 /10^4m³	占比 /%	水量 /10^4m³	占比 /%	水量 /10^4m³	占比 /%
新庄片区	552.02~724.05	68~90	26.82~115.31	3~14	12.66~54.44	2~7	43.58~85.36	5~11
三元片区	663.77~865.40	65~85	55.65~159.19	5~16	26.36~75.41	3~7	73.54~122.59	7~12
城西片区	299.11~389.81	44~58	163.38~210.32	24~31	48.65~70.53	7~10	72.46~94.34	11~14
城南片区	623.22~762.55	69~85	27.05~121.96	3~14	12.66~57.09	1~6	76.82~121.24	9~13
教育园片区	129.38~171.57	66~88	9.40~31.24	5~16	4.38~14.56	2~7	9.72~19.90	5~10
厂前片区	554.05~831.08	42~61	427.98~521.86	31~40	92.98~137.59	7~10	15.40~104.43	1~8
福星总片区	3011.10~3911.90	58~76	725.38~1191.59	14~23	200.60~417.90	4~8	321.83~539.13	6~10

由表5-3可看出，污水管网入流入渗水平的空间差异性较大，在不考虑计算结果不确定性的情况下，不同片区之间外来水量占比可能相差3倍以上。其中，旱季入渗量占全年污水管网收集水量的比例在8%~35%之间不等，雨季入渗量和雨季入流量占比分别在4%~9%、4%~12%之间不等。这可能是由于受城市建设起步年限不同，排水管道结构条件不同，城市建设开发较早的区域对应的排水管道老化问题较为严重，破损问题和雨污管线混接问题严重，向外来水的进入提供了更多通路，如城西泵站服务片区开发较早，区域内存在大量老旧小区，排水管道管龄较长，小区内部雨污管线混接点较多，其中旱季入渗水量、雨季入渗水量、雨季入流水量分别占全年污水管网总收集水量的28%、9%、12%，旱季入渗和雨季入流入渗程度均相对偏高。此外，还应考虑地势条件，对于下游区域，如靠近福星污水厂的沧浪新城泵站、福星泵站组成的厂前泵站片区，由于地势相对较低，管外地下水液位与管内液位之差更大，驱动地下水入渗的作用更强，因此暴露出较为严重的入渗问题，全年旱季入渗水量、雨季入渗水量、雨季入流水量分别占全年污水管网总收集水量的35%、9%、4%，入渗程度高于其他排水分区。

（4）旱雨季入流入渗日均水量解析

根据三角分析法对苏州市中心城区的逐日解析结果（见图5-12），得到旱、雨天污水管网收集水量和各部分外来水量的范围。根据三角分析法对旱雨季的定义，利用2014~2017年无降雨的天数和发生降雨的天数，分别计算旱雨天外来水量均值、标准差等特征值，结果如表5-4所列。

结果表明，2014~2017年，苏州市中心城区旱天污水管网收集总水量平均为(24.40~26.47)×10^4m³/d，其中地下水入渗量为(4.90~6.33)×10^4m³/d，4年中旱天入渗量分别占污水系统收集总量的20.09%、19.98%、23.81%、25.53%。雨天污水管网收集水量平均为(33.78~35.92)×10^4m³/d，已经接近污水厂的总处理容量36×10^4m³/d，4年中雨天外来水量分别占污水系统收集量的42.27%、41.65%、43.75%、46.40%。其中日均入渗量为(4.84~6.26)×10^4m³/d，基本与旱天相平，说明尽管管外来水入流使得管内液位升高，但污水管外的地下水位同样受降雨影响而同步抬升，管内外液位变化的综合作用使雨天入渗水平与旱天相近；但日均入流水量为$(9.44\sim9.64)\times10^4m^3/d$，是雨天外来水的主要贡献，表明雨污管线的混接问题不可忽视。

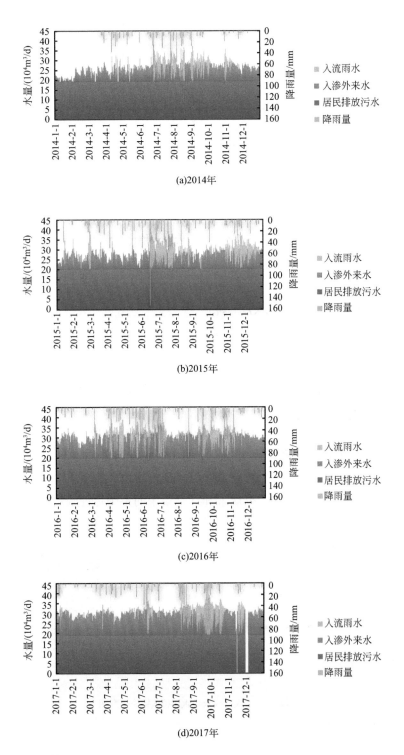

图5-12　2014～2017年苏州中心城区污水管网入流入渗逐日解析结果

表5-4 苏州中心城区旱雨天污水管网收集水量组成解析结果　　单位：$10^4m^3/d$

年份	旱天总流量		旱天入渗量		
	范围	均值	范围	均值	标准差
2014	16.65~29.19	24.40	0.00~9.69	4.90	2.55
2015	19.29~30.55	25.53	0.00~10.12	5.10	2.20
2016	22.55~32.71	26.47	2.38~12.54	6.30	1.72
2017	21.10~32.26	25.85	1.85~13.01	6.60	1.65
年份	雨天总流量		雨天入流入渗量		
	范围	均值	范围	均值	标准差
2014	29.27~38.58	33.78	9.77~19.08	14.28	2.03
2015	30.59~39.65	35.02	10.16~19.22	14.58	2.23
2016	32.72~39.00	35.85	12.55~18.83	15.69	1.42
2017	32.40~39.73	35.92	13.15~20.48	16.66	1.49

5.2.3 单日与小时尺度入流入渗解析

（1）单日或小时尺度解析方法

利用基于水量水质平衡原理的特征因子法对不同空间尺度的区域开展典型旱天或降雨条件下的排水管网外来水入流入渗规律识别。根据水量水质平衡原理，绘制排水管网水量和水质因子浓度输入输出示意图，如图5-13所示。排水管网出水、居民生活排水、外来水之间的水量和水质因子负荷关系如式（5-3）~式（5-6）所示。考虑到数据的不确定性和研究成本等因素，TN、电导率和 ^{18}O、^{2}H 稳定同位素是较为优良的水质特征因子，可在实际应用中同时开展监测，通过比较监测数据质量和计算结果的不确定性确定最优水质因子。

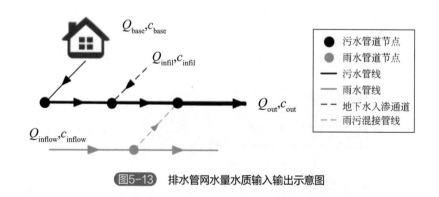

图5-13 排水管网水量水质输入输出示意图

旱天：

$$Q_{out}=Q_{base}+Q_{infil} \tag{5-3}$$

$$Q_{\text{out}}c_{\text{out}}=Q_{\text{base}}c_{\text{base}}+Q_{\text{infil}}c_{\text{infil}} \tag{5-4}$$

降雨条件下：

$$Q_{\text{out}}=Q_{\text{base}}+Q_{\text{infil}}+Q_{\text{inflow}} \tag{5-5}$$

$$Q_{\text{out}}c_{\text{out}}=Q_{\text{base}}c_{\text{base}}+Q_{\text{infil}}c_{\text{infil}}+Q_{\text{inflow}}c_{\text{inflow}} \tag{5-6}$$

式中　c_{out}——排水管网出口的水质因子浓度，单位根据水质因子类别确定，如对于TN等常规污染物，单位mg/L，对于电导率，单位μS/cm，对于^{18}O、^{2}H等稳定同位素的相对丰度，一般用同位素比值相对于标准物质同位素比值的千分差表示，单位‰；

c_{base}——居民生产生活排放的污（废）水水质因子浓度，单位同c_{out}；

c_{infil}——排水管网中入渗的地下水水质因子浓度，单位同c_{out}；

c_{inflow}——排水管网中入流的雨水水质因子浓度，单位同c_{out}；

其余符号含义同上。

定义入渗的外来水量占管道收集总水量的比例为入渗率，降雨情况下入流的外来水量占管道收集总水量的比例为入流率，则根据水量水质平衡公式，能得到入渗率和入渗量、入流率和入流量的计算公式，如式（5-7）~式（5-12）所示。

旱天：

$$X_{\text{infil}}=\frac{Q_{\text{infil}}}{Q_{\text{out}}}=\frac{c_{\text{out}}-c_{\text{base}}}{c_{\text{infil}}-c_{\text{base}}} \tag{5-7}$$

$$Q_{\text{infil}}=X_{\text{infil}}Q_{\text{out}}=\frac{c_{\text{out}}-c_{\text{base}}}{c_{\text{infil}}-c_{\text{base}}}Q_{\text{out}} \tag{5-8}$$

降雨条件下：

$$X_{\text{infil}}=\frac{\left(c_{\text{out,1}}-c_{\text{base,1}}\right)\left(c_{\text{inflow,2}}-c_{\text{base,2}}\right)-\left(c_{\text{out,2}}-c_{\text{base,2}}\right)\left(c_{\text{inflow,1}}-c_{\text{base,1}}\right)}{\left(c_{\text{infil,1}}-c_{\text{base,1}}\right)\left(c_{\text{inflow,2}}-c_{\text{base,2}}\right)-\left(c_{\text{infil,2}}-c_{\text{base,2}}\right)\left(c_{\text{inflow,1}}-c_{\text{base,1}}\right)} \tag{5-9}$$

$$X_{\text{inflow}}=\frac{\left(c_{\text{out,1}}-c_{\text{base,1}}\right)\left(c_{\text{infil,2}}-c_{\text{base,2}}\right)-\left(c_{\text{out,2}}-c_{\text{base,2}}\right)\left(c_{\text{infil,1}}-c_{\text{base,1}}\right)}{\left(c_{\text{inflow,1}}-c_{\text{base,1}}\right)\left(c_{\text{infil,2}}-c_{\text{base,2}}\right)-\left(c_{\text{inflow,2}}-c_{\text{base,2}}\right)\left(c_{\text{infil,1}}-c_{\text{base,1}}\right)} \tag{5-10}$$

$$Q_{\text{infil}}=\frac{\left(c_{\text{out,1}}-c_{\text{base,1}}\right)\left(c_{\text{inflow,2}}-c_{\text{base,2}}\right)-\left(c_{\text{out,2}}-c_{\text{base,2}}\right)\left(c_{\text{inflow,1}}-c_{\text{base,1}}\right)}{\left(c_{\text{infil,1}}-c_{\text{base,1}}\right)\left(c_{\text{inflow,2}}-c_{\text{base,2}}\right)-\left(c_{\text{infil,2}}-c_{\text{base,2}}\right)\left(c_{\text{inflow,1}}-c_{\text{base,1}}\right)}Q_{\text{out}} \tag{5-11}$$

$$Q_{\text{inflow}}=\frac{\left(c_{\text{out,1}}-c_{\text{base,1}}\right)\left(c_{\text{infil,2}}-c_{\text{base,2}}\right)-\left(c_{\text{out,2}}-c_{\text{base,2}}\right)\left(c_{\text{infil,1}}-c_{\text{base,1}}\right)}{\left(c_{\text{inflow,1}}-c_{\text{base,1}}\right)\left(c_{\text{infil,2}}-c_{\text{base,2}}\right)-\left(c_{\text{inflow,2}}-c_{\text{base,2}}\right)\left(c_{\text{infil,1}}-c_{\text{base,1}}\right)}Q_{\text{out}} \tag{5-12}$$

式中　X_{infil}——入渗率，即排水管网入渗水量与管网收集总水量的比值；

X_{inflow}——入流率，即降雨条件下排水管网入流水量与管网收集总水量的比值；

$c_{\text{infil,1}}$，$c_{\text{infil,2}}$——降雨条件下排水管网入渗水中第1种和第2种水质因子浓度，单位根据所选取的水质因子特点而定；

$c_{inflow,1}$，$c_{inflow,2}$——降雨条件下排水管网入流水中第1种和第2种水质因子浓度，单位根据所选取的水质因子特点而定；

其余符号含义同上。

根据式（5-7）~式（5-12），利用水质因子法解析入流入渗需要的基础数据包括排水管网服务片区居民生产生活排放的污（废）水水质、入渗的地下水水质、入流的雨水水质以及不同空间尺度排水管网出口流量和水质，且以上基础数据需要精确到小时尺度，因此需要开展较高频率的监测。

① 对于居民生产生活排放的污（废）水水质数据，需要通过人工采样结合实验室检测的方式得到。考虑到研究区域的用地类型特点，需选取不同类型的地块，在建筑排水管接入地块排水支管的位点开展典型旱天连续24h采样，每个点位每隔1~2h采样一次，每次采集500mL样品分析常规污染物浓度、50mL样品分析稳定同位素相对丰度。为确保检测结果能够准确反映该时刻水质的真实浓度水平，应对样品进行密封、避光、低温保存，并尽快送至实验室进行检测。对于常规污染物指标，应根据国家标准规定的方法进行实验室检测，其中TN的测定需符合《水质 总氮的测定 碱性过硫酸钾消解紫外分光光度法》（HJ 636—2012）规定；对于稳定同位素，对水样进行低温真空抽提，采用光谱法对水分子中的同位素进行分析；对于电导率等受温度影响较大的水质因子，应在采样时携带便携式水质监测仪，对样品的电导率进行现场测定。

② 对于入渗的地下水水质，考虑到排水管道埋深和地下水入渗机理，可对地面以下0~5m的浅层地下水开展人工采样和实验室检测，更深层的地下水由于本身流动性较差且长期处于排水管道下方，基本不可能进入管道内部。选取研究区域内不同位置的地下水井，根据《地下水环境监测技术规范》（HJ/T 164—2004）对地下水井进行抽水洗井操作，在典型旱天的早、中、晚分别采集500mL和50mL样品用于常规污染物浓度和稳定同位素相对丰度的分析，采用便携式电导率仪现场读取电导率。水样的储存和实验室检测方法同上。

③ 对于入流的雨水水质，需要在降雨条件下，对不同下垫面径流水质和地块雨水管水质开展人工采样。对于屋顶下垫面，收集典型住宅或写字楼的雨落管出口雨水；对于道路下垫面，在便于采样的高架桥下接取雨水；对于雨水管，选取较为综合的地块，采集雨水管出水。在产流期间每15min采样一次，每次采集500mL样品分析常规污染物浓度、50mL样品分析稳定同位素相对丰度，同时采用便携式电导率仪对电导率进行现场测试。水样的储存和实验室检测方法同上。

④ 对于排水管网出口水质，需要从上游至下游，分别对典型地块、典型泵站服务片区和污水厂服务片区的排水管网出口开展监测，从而得到排水管网沿程的污水浓度变化情况，确定入流入渗程度可能较为严重的位置。其中泵站和污水厂服务片区的管网出口节点即为泵站和污水厂的进水口。对于地块尺度管网出口水质，采用人工采样结合实验室检测的方式进行，旱天的具体开展方式同居民生活排水水质监测，降雨条件下的采样方式同入流雨水水质监测。对于泵站和污水厂进水，考虑到现场具有通电条件且环境较为封闭，具有在线监测设备的安装条件，因此采用在线监测和人工采样监测相结合的方法，常规污染物和稳定同位素指标通过人工采样和实验室检测方式进行分析，电导率指标通过在泵站和污水厂进水口安装电导率在线监测仪开展监测。

⑤ 对于排水管网出口流量，分别在地块排水管网出口节点、泵站和污水厂进水口安装在线流量监测设备开展监测。

通过上述监测方式完成基础数据的收集，根据式（5-7）~式（5-12）计算各时刻典型地块、典型泵站服务片区、污水厂服务片区的排水管网外来水入渗率和入流率，从而掌握典型旱天和降雨条件下不同空间层级的入流入渗小时变化情况，在更精细的时间尺度上分析降雨对排水管网外来水入流入渗的影响。

基于水量水质平衡原理的特征因子法相比于基于水量平衡的三角分析法，由于涉及的变量更多，因此结果的不确定性更大。一方面，可通过增加监测时长、增加监测点位数量等方式尽可能降低采样误差和实验室检测误差，缩小不确定性范围；另一方面，需要将不确定性纳入计算过程，得到更加可信的计算结果。对于入渗率和入流率，由于其计算过程未采用流量数据，因此计算结果的不确定性来源为 c_{out}、c_{base}、c_{infil} 和 c_{inflow} 监测结果的不确定性；对于入渗量和入流量，还受到 Q_{out} 不确定性的影响。由于各项水质和流量变量相互独立，可根据每项变量的监测方式估计各自可能的误差限，利用各项变量不确定性范围内的极端值进行计算，从而得到入流入渗结果可能的数值范围。

（2）基础数据获取

对于居民生产生活排放的污（废）水水质数据，选取典型居住用地和公共服务设施用地，对地块内排水支管最上游检查井内的污水开展典型旱天连续24h采样，每个点位每隔2h采样一次。本研究在2018年8月和10月选择多个旱天开展监测，居住用地选取城西泵站服务片区内的彩香二村和彩虹新村，公共服务设施用地选择三元泵站服务片区内的西城永捷生活广场。

对于入渗的地下水水质，在城东片区的北园泵站服务片区内打4口5m深的地下水井，其中2口在泵站内部，另外2口分别在河道旁和居民小区内部。本研究在2019年1月选取典型旱天，在早、中、晚分别采样。对于入流的雨水水质，分别在2018年8月17日、8月22日降雨期间，对地块径流开展人工采样。

对于排水管网出口水质，在福星片区内选取不同空间层级的监测点。其中地块层级选择彩香二村、彩虹新村和名仕花园；泵站层级选择劳动路和城西泵站，前者为后者的上游泵站，二者同属于城西泵站服务片区。此外，对福星污水厂进水开展监测，从而得到排水管网沿程的污水浓度变化情况。水质数据均为旱天24h连续数据（时间间隔2h），在雨天集中对彩香二村的排水口开展分钟尺度的采样与检测。

在典型旱天对各类型水质开展24h连续监测，相比于两种稳定同位素指标，电导率在各类型来水中的浓度差异不显著，TN在管网混合污水中的浓度变异系数远大于源头污水，稳定性不足。故电导率和TN均非解析入流入渗的最优指标。而稳定同位素检测报告显示，^{2}H 的仪器测量误差普遍大于 ^{18}O。综上，^{18}O 稳定同位素为解析入流入渗的最优指标。

（3）典型旱天污水管网入渗解析

对于典型旱天，考虑到各类水质数据在现场采样和实验室检测过程中的不确定性，对源头居民生活排水和管网混合污水水质，取±5%不确定性范围，计算每个时刻的入渗率时在对应时刻各变量的不确定性范围内随机采样；对入渗的地下水水质，由于未体现出显著的日内丰度水平变化规律，故计算时在监测所得的浓度范围内随机采样。共采样10000次，得到各空间层级的排水管网入渗率（即排水管网入渗水量与管网收集总水量的比值）在单日内的变化情况，如图5-14所示。取各时刻的平均入渗率，根据相应的空间范围污水管网出口流量数据，得到各时刻总流量和入渗量的关系，如图5-15所示。此外，对各时刻的解析结果进行统计计算，得到监测当日时均入渗结果与时变化系数，如表5-5所列。

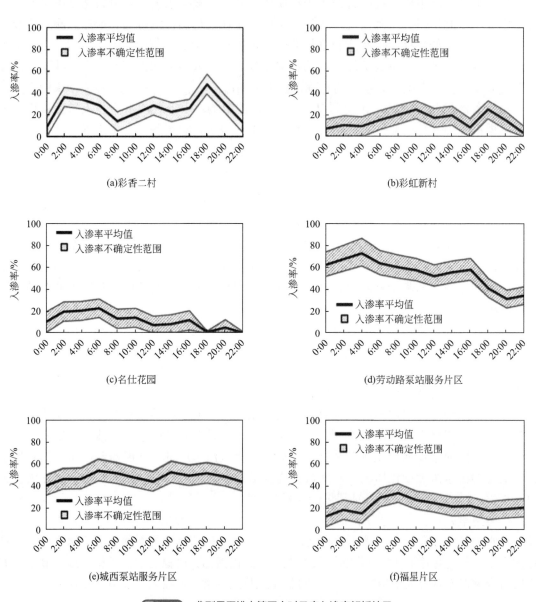

图5-14　典型旱天排水管网小时尺度入渗率解析结果

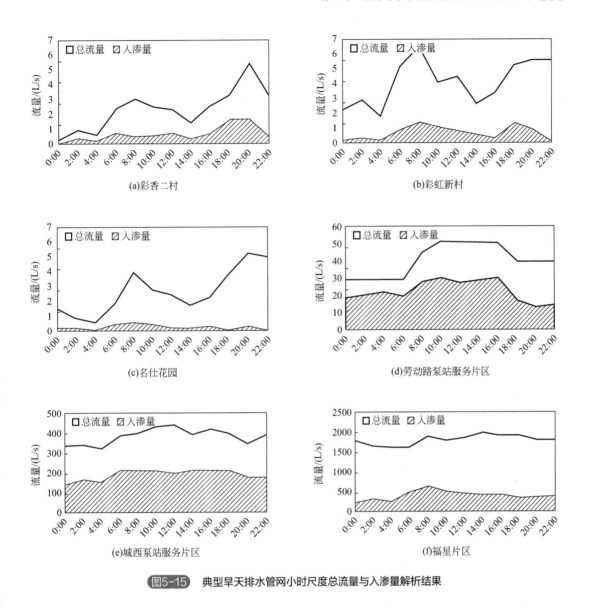

图5-15　典型旱天排水管网小时尺度总流量与入渗量解析结果

表5-5　旱天排水管网小时尺度入渗率统计结果

空间层级	典型地块			泵站服务片区		污水厂服务片区
监测位点	彩香二村	彩虹新村	名仕花园	劳动路泵站	城西泵站	福星污水厂进水口
时均入渗率/%	27	15	8	55	48	22
时均入渗量 / (L/s)	0.63	0.65	0.20	22.14	188.55	415.31
最大时入渗量 / 时均入渗量	2.61	2.05	2.52	1.36	1.13	1.59

（4）典型雨天污水管网入渗解析

对于雨天，本研究分别在2018年8月17日和8月22日对典型地块（彩香二村）的污水管出口进行了分钟级别的水量水质监测。其中8月17日采样期间（约4h）降雨量达到36mm，8月22日采样期间（约3.5h）降雨量为7mm。要实现对入流率和入渗率的解析，需要两类水质特征因子，但监测结果显示，该两场降雨条件下，混合污水的稳定同位素偏低，无法开展解析计算，这可能是由于雨水中同位素丰度偏差较大。故采用电导率和TN指标进行降雨时段入渗率和入流率的计算，结果如图5-16所示。

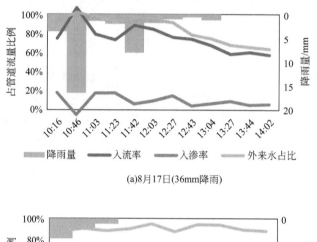

(a)8月17日(36mm降雨)

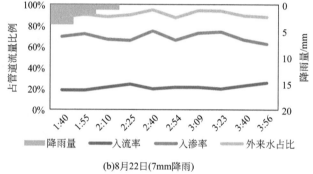

(b)8月22日(7mm降雨)

图5-16 降雨时段排水管网分钟尺度入渗率与入流率解析结果

假设旱天、雨天居民在相同时刻的排水量相同，则计算得到降雨日（24h）外来水占比分别为：8月17日入流和入渗水量分别为居民排放污水量的2.19倍和0.61倍，分别占管道混合污水57.66%、15.98%，外来水量总占比73.64%；8月22日入流和入渗水量分别为居民排放污水量的0.12倍和0.73倍，分别占管道混合污水6.28%、39.39%，外来水量总占比45.67%。

5.2.4 外来水入流入渗高时空精度解析结果

本章针对苏州市中心城区，分别利用三角分析法和水质特征因子法对排水管网入流入渗开展不同时空尺度的解析，主要结论如下。

① 从全年总量来看，2014~2017年苏州中心城区污水管网所收集的水中，大约有70%的水量来自居民生产生活所排放的生活污水，约30%的水量来自入流入渗的外来水，且外来水总量与年降雨量显著相关，对于100.8km²的苏州中心城区，降雨量每增加10mm，对应

的雨季入流入渗量将增加 $5.7×10^4 m^3$，对污水厂造成明显的负荷冲击。入流入渗程度的空间差异性较大，以福星片区为例，旱季入渗量占全年污水管网收集水量的比例在8%~35%之间不等，雨季入渗量和雨季入流量占比分别在4%~9%、4%~12%之间不等，其中污水厂周边厂前泵站片区和城西片区入渗程度较为严重，城西泵站片区雨季入流问题最为突出。

② 从各年度旱雨天的平均水平来看，2014~2017年，苏州市中心城区旱天入渗量约占污水系统收集总量的22%，其中福星片区各泵站分区的旱天入渗量占比在13%~50%之间，厂前片区和城西片区入渗问题突出；中心城区雨天入流入渗量占污水系统收集量的40%以上，其中福星片区各分区雨天外来水量占比在32%~56%之间，城西片区外来水量占比最高，雨污管线的混接问题不可忽视。应重点控制厂前片区和城西片区污水管网外来水量。

③ 选取典型旱天对小时尺度入渗水平变化进行分析，发现单日内地块层级入渗量的时变化系数在[2, 3]区间内，泵站及污水厂服务片区在[1, 2]之间，表明服务面积较小的排水管网入渗水平波动较大。不同地块入渗量占比的时均值在8%~27%之间，入渗程度存在空间差异。此外，监测当日城西片区内上下游两个泵站片区的入渗量占比均在50%左右，大于整个福星片区的计算结果（22%），再次证明城西片区入渗程度较为严重。

此外，根据水质连续监测数据和解析结果，确定采用水质特征因子法时，^{18}O 稳定同位素作为水质特征因子较为合理。

④ 选取典型雨天对地块分钟尺度入流入渗水平进行分析，发现雨天外来水量总占比均在45%以上。大雨时入流和入渗水量分别为居民排放污水量的2.19倍和0.61倍，小雨时分别为0.12倍和0.73倍，表明外来水量占比与降雨量大小有关，且大雨时入流效应显著，小雨时入渗效应更明显。

5.3 面向运行评估的水环境设施机理模型构建

5.3.1 水环境设施机理模型构建方法

排水管网模型是运行效能评估的必要工具，利用模型对排水管网的水力过程进行模拟，得到的模拟结果是各项运行效能评估指标量化的基础。常用的可用于城市排水系统实时模拟的机理模型包括美国环境保护署开发的暴雨洪水管理模型SWMM、丹麦DHI公司开发的MIKE Urban，HR Wallingford公司开发的Infoworks ICM等[35]。其中SWMM以其开源、便于二次开发的特点，在学界受到广泛应用。根据城市排水系统实时控制的需求，本研究需要通过模型进行大规模计算优化控制策略，因此宜选用便于二次开发的开源模型，故本研究采用SWMM软件构建排水管网模拟模型。排水管网SWMM模型建模方法如图5-17所示。

对于排水管网结构的构建，根据用地规划数据抽取地块图层信息，明确各处排水管网的服务范围；根据管道物探资料识别管段之间、管段与排水设施之间的上下游连接关系，梳理出整个排水系统的排水分区以及各分区之间的连接关系。针对梳理过程中发现的逆坡排水、下游管径缩小、数据缺失等异常问题，需要通过实地探测等方式进行排查与补充，修正后的资料应确保排水管网上下游的连通性与完整性。此外，根据排水管网运行效能评

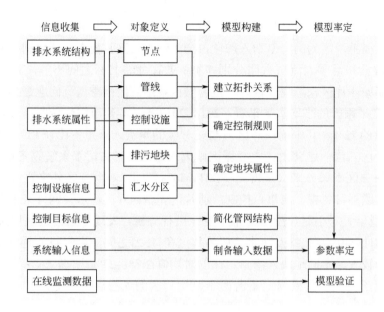

图5-17　排水管网建模方法

估的需求，可适当调整管网的空间尺度，概化时不考虑各地块内部最上游的支管，从而适当地简化管网结构、提高模拟效率。

对于排水管网水力过程的概化，主要是泵站特性曲线的确定。泵站特性曲线需要结合各泵站的调控规则，根据泵站液位和流量的长期实测数据绘制，确保模型的模拟过程符合实际操作曲线。

对于旱季排污特征参数等模型输入数据的制备，需开展地块、泵站和污水厂各层级的水量水质小时尺度的监测，明确不同空间尺度排水水量水质的平均水平和时变化系数，绘制相应的排污特征曲线。由于排水管网服务范围内地块数量较多，无法一一开展监测，可将典型地块的监测结果按照面积或人口折算到其他地块，并根据地块用地类型或人口密度对结果进行修正。

排水管网模型基础资料清单见表5-6。

表5-6　排水管网模型基础资料清单

数据类别	具体条目	用途
社会经济数据	基础设施建设情况和气象、水文等基本信息	了解研究区域概况
	排水片区服务人口数据	计算旱季各入流点水量，辅助制备排水输入数据
城市规划与建设数据	用地现状及规划资料	确定排水分区划分，辅助确定监测点位的选取
	地面高程图	确定雨水汇水区划分
水文水资源数据	城区河道水位数据，地下水水位与水质数据	比较河道水位、地下水位与管道水位的关系，解析外来水入渗水平
气象数据	降雨数据	绘制降雨特征过程线，评估和预测外来水入流水平
排水系统物探资料	雨污水管网空间及属性信息	反映管网的拓扑关系和管道基本信息，辅助确定监测点位的选取

续表

数据类别	具体条目	用途
排水管网水量水质数据	典型地块管网出口水量水质小时数据	明确地块层级排污特征，制备旱季入流点水量水质输入数据
	泵站液位、流量和水质小时数据	绘制泵站特性曲线，解析各泵站服务片区外来水入流入渗水平
	污水厂进水水量水质小时数据	解析全系统外来水入流入渗水平，校核排水管网模型
	雨水管网水质数据	解析降雨条件下外来水入流水平

对于需要实地监测的各类数据，应根据模型构建的需求，在排水管网中布设有代表性的监测点位。基于收集到的基础数据和资料完成模型构建后，根据运行效能的评估时长和时间精度要求设定模拟的时间步长，进行排水管网水力过程的模拟。

5.3.2 基于雷达数据反演的降雨径流排放模式识别

临近降雨预测是指对未来3h以内的降雨进行预测。由于降雨是影响城市排水系统的重要外部因素之一，实时的临近降雨预测对城市排水系统实时控制有着至关重要的作用，准确而及时的降雨预测能够大大提高控制策略的有效性和可靠性。目前研究中已有的临近降雨预测方法已较为成熟，因此可根据案例区域的实际情况经比选后选择适宜的方法加以应用。

临近降雨预测方法主要包括基于雷达回波反演的降雨预测方法和基于红外云图的降雨预测方法。在选用预测方法时，应充分考虑案例区域的数据可得性，即是否能够得到对应的雷达云图数据和红外云图数据，数据的实时性是否能够得到保障。由于可在中国气象台网站（http://www.nmc.cn/publish/radar）获得时间精度为6min的国内各监测站点的实时雷达云图数据，因此从数据可得性的角度，本研究选择采用基于雷达反演的降雨预测方法。

基于雷达回波的反演预测方法主要包括外推预测法、简化机理模型法、外推与模型混合预测法、数据驱动预测法。对于用于城市排水系统实时控制的临近降雨预测方法，由于需要保证控制的实时性，因此降雨预测的计算时间需要短于实时控制时间步长。由于通常实时控制的时间步长为分钟级，因此不宜采用计算时间较长的基于机理模型的方法。基于雷达回波反演预测方法中的简化机理模型法和外推与模型耦合预测法由于需要使用机理模型，因此难以用于城市排水系统实时控制。其余方法由于使用的均为数值方法，在计算时间上通常为秒级，能够满足实时性的要求。考虑到预测的不确定性和误差，宜优先选择预测不确定性和误差较小的方法。也可考虑上述三方面的数据情况，对预测不确定性和误差的要求有所放宽，但通常需要将平均预测误差控制在30%以下。针对城市排水实时控制的实际需求和特点，基于雷达回波反演的外推预测法在本研究中最为适用。

基于外推法的雷达回波反演降雨预测方法分为两个主要步骤：第一步，使用交叉相关跟踪法（tracking of radar echo with correlations，TREC）确定雷达云图各区域的运动矢量；第二步，基于拟合的关系将未来云图反射率因子反算成降雨量。详细的实现步骤见图5-18。

TREC方法具体步骤如下。

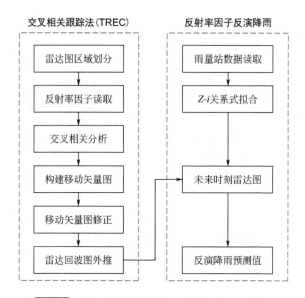

图5-18 基于外推法的雷达回波反演降雨预测流程

① 将雷达图划分为若干正方形区域，每个区域大小相同且包含相同个数的像素点/反射率值。

② 从雷达图中读取每一个时刻每一个区域内所有像素点的反射率值。

③ 计算任意时刻（t_1）的某一个像素点反射率因子与其下一个时刻（$t_2 = t_1 + \Delta t$）的所有像素点反射率因子，做空间交叉相关分析，区域间的相关系数定义如下：

$$\mathrm{Corr}_{t_1 \to t_2, k_1 \to k_2} = \frac{\sum_{i=1}^{N_{\mathrm{pixel}}}[Z_{t_1,k_1}(i) \times Z_{t_2,k_2}(i)] - \dfrac{\sum_{i=1}^{N_{\mathrm{pixel}}}Z_{t_1,k_1}(i)\sum_{i=1}^{N_{\mathrm{pixel}}}Z_{t_2,k_2}(i)}{N_{\mathrm{pixel}}}}{\left\{\left[\sum_{i=1}^{N_{\mathrm{pixel}}}Z_{t_1,k_1}(i) - N_{\mathrm{pixel}}\overline{Z}_{t_1,k_1}\right] \times \left[\sum_{i=1}^{N_{\mathrm{pixel}}}Z_{t_2,k_2}(i) - N_{\mathrm{pixel}}\overline{Z}_{t_2,k_2}\right]\right\}^{1/2}} \quad (5-13)$$

式中　$\mathrm{Corr}_{t_1 \to t_2, k_1 \to k_2}$——$t_1$时刻区域$k_1$对$t_2$时刻区域$k_2$的空间相关系数；

　　　　i——区域内的像素点编号；

　　　　N_{pixel}——像素点数目；

　　　　$Z_{t,k}(i)$——t时刻区域k内像素点i的反射率因子，$\mathrm{mm}^6/\mathrm{m}^3$；

　　　　$\overline{Z}_{t,k}(i)$——t时刻区域k内像素点i的反射率因子平均值，$\mathrm{mm}^6/\mathrm{m}^3$。

④ 对t_1时刻每个区域，找出与其相关系数最大的t_2时刻的区域，分别以这两个区域中心为起点和终点作一条向量。

⑤ 以若干个历史矢量图的平均矢量图为回波移动矢量对现状时刻雷达图进行外推，得到未来雷达图。

完成雷达云图运动趋势的估计后，还需要预测云团的整体降雨量变化，并将各像素点反射率因子转换成各像素点的降雨量。最简单的方法之一是基于垂直累计液态水的概念模型临近降雨预报，该方法通过不同仰角的雷达图计算各区域虚拟柱体的水汽量，并基于TREC方法得到的区域运动矢量得到各个区域虚拟柱体的水汽量源和汇，使用质量守恒方程得到区域虚拟柱体的下一时刻剩余水汽量，并将其转化为降雨量。由于本研究并未得到不同仰角的雷达图，因此假设未来一个小时云团降雨量不发生变化，因此采用由反射率因子转化为降雨量的公式：

$$R_{i,\text{pred}} = AZ_i^B \tag{5-14}$$

式中　Z_i——像素点 i 的反射率因子，mm^6/m^3；

　　$R_{i,\text{pred}}$——像素点 i 的估计降雨量，mm；

　　A，B——待定参数，整个区域使用同一组参数。

5.3.3　水环境设施模型的入流入渗模块开发

入流入渗作为影响排水管网运行状态的重要因素，对其进行模拟预测十分有必要，本研究利用经验模型对排水管网入流入渗进行预测，该方法一般适用于分流制污水管网的雨季入流入渗水量预测。通过对雨量和流量进行长期连续监测，基于水量平衡原理，计算旱雨季流量之差得到雨季入流入渗的外来水量。根据监测数据与外来水量之间的关系，构建经验模型拟合出经验系数，从而实现入流入渗量的计算与预测。

对于模型空间尺度的确定，由于同一污水厂服务片区内，各子片区排水管网结构条件、养护方式等方面存在差异，外来水的入流入渗程度也有所不同，因此，应在模型能够概化且不确定性有所控制的基础上，尽可能细分预测模型的空间尺度，如对污水厂服务片区内的各个独立泵站片区分别构建相应的预测模型，从而更加真实地反映研究区域排水管网的入流入渗情况。

对于入渗预测，采用节点等比例常量模式，用各排水分区旱天平均入渗量作为预测模型中入渗部分。对于每个排水节点，利用三角分析法解析得到的旱天平均入渗量，根据入渗量与居民排放污水水量成正比的假设进行水量分配，在软件平台中开发相应的接口模块，扩展排水管网模型。

对于降雨条件下的入流预测，根据历史降雨条件下各排水分区管网入流量和对应降雨量数据，回归出二者的数学关系，作为预测模型的入流部分。且由于管网外来水入流主要指雨水管中的水流通过雨污错接的节点进入污水管，故入流预测往往针对的是分流制排水系统的污水管网。

在入流预测所需要的基础数据中，排水管网入流量基于水量平衡原理，由排水管网收集的总水量扣除居民生活排水水量和入渗水量得到，涉及的3项基础数据可根据三角分析法对排水管网入流入渗的解析过程得到。对于降雨量，根据实际降雨监测数据得到。但需要注意的是，为避免其他时段降雨对排水管网流量产生的延迟影响，回归时应采用场次降雨对应的雨量和排水管网流量数据，可根据研究区域降雨过程与排水管网流量过程的历史监测数据，判断场次降雨划分的依据，即前期持续多久无降雨可视为单场次降雨。此外，由于降雨引发的入流过程受降雨强度、降雨发生的时间、降雨历时等多方面影响，并且可能存在一定的滞后效应，应根据场次降雨量的大小，将研究时段确定为降雨发生的时段以及结束后 $0\sim48h$，并在回归前将降雨量和排水管网流量平均到研究时段内单位时间对应的数据，从而减小降雨的不确定性对回归结果产生的影响。

对于降雨条件下排水管网入流量和降雨量可能存在的数学关系，可根据管网入流的机理确定约束条件，筛选可能的数学形式。由于排水管网入流由降雨引发，因此降雨量为0的条件下，入流量也应当趋近于0；随着降雨强度增加，单位时间入流量也随之增加，但当降雨强度增加到一定程度后，由于排水管网空间有限，入流量不可能无限增加，而应当逐渐趋于平缓。根据上述约束条件，入流量和降雨量最有可能存在的数学关系为幂函数形式：

$$Q_{inflow} = aR^b \qquad (5\text{-}15)$$

式中　Q_{inflow}——排水管网单位时间入流的外来水量，$10^4 m^3/d$ 或 m^3/s 等；

　　　R——排水管网服务片区降雨强度，mm/d 或 mm/s 等；

　　　a，b——经验公式的参数，其中 $a>0$，$0<b<1$。

对于该预测模型中参数 a、b 的取值，考虑到参数不确定性对预测结果的影响，采用HSY算法进行识别，从而增加参数取值的可信程度。主要步骤为：

① 根据排水管网入流机理确定的约束条件确定 a、b 参数的取值范围及分布状态，本研究中视为均匀分布；

② 确定模拟结果是否可接受对应的判定准则，本研究设定回归得到的幂函数方程对应的决定系数 R^2 临界值，R^2 大于临界值则视为预测结果可接受；

③ 对 a、b 参数在各自的取值范围内进行随机采样，并代入预测模型的公式中进行计算和判断，若计算结果可接受，则保留对应的参数值；

④ 重复采样过程，直到有合理数量的可接受参数。值得注意的是，为确保采样得到的参数在取值范围内能够均匀分布，应采用基于分层抽样原理的拉丁超立方采样进行参数采样。

5.3.4　案例区域水环境设施机理模型构建

（1）排水管网SWMM模型

对于福星片区污水管网模型的构建，首先根据管道物探资料梳理污水管网系统各排水设施之间的连接关系，其中各泵站和污水厂上下游连接关系如图5-19所示。在概化排水管网时，考虑到模型作为排水管网运行效能评估的工具，对于地块内部的支管没有逐一评估的必要，且这些支管数量多、标高等物探资料不全，影响模型的计算效率，因此本研究只对DN300及以上的市政管线进行概化。对于管网水力过程，在排水管网上游节点的输入中完成入流入渗模块构建，根据泵站调控规则和实际监测数据绘制泵站特性曲线。

对于旱季排污特征参数等模型输入数据的制备，对典型地块、泵站和污水厂开展小时尺度的水量水质监测，监测指标包括COD、氨氮、TN、TP等常规污染物指标。通过对监测结果进行分析，得到如下水量水质特征值：居住用地人均生活污水排放系数约为113.65L/(d·人)，公共服务设施用地人均排水系数约为89.26L/(d·人)，故人均综合生活污水排放量约为201.91L/(d·人)；对于水质浓度，以COD为例，排水管网上游居民生活排水的日均COD浓度可达到576mg/L，污水厂进水COD浓度变动幅度较大，2017年每月的日均浓度在270~550mg/L之间，且汛期平均浓度普遍偏低。

通过上述过程得到基于SWMM平台的苏州市中心城区福星片区污水管网模型，如图5-20所示。根据污水厂进水监测数据完成对管道曼宁粗糙系数等水文参数的率定和验证，经检验，旱天污水厂进水量的模拟结果纳什效率系数（NSE）可达到0.8左右，满足水动力学

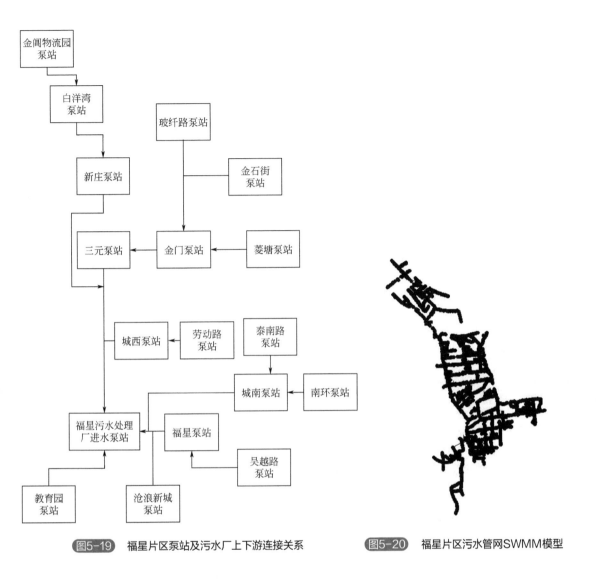

图5-19　福星片区泵站及污水厂上下游连接关系　　图5-20　福星片区污水管网SWMM模型

模型使用要求。

　　该模型中，共计5032个节点、5011根管段、18个泵站片区，可根据泵站连接关系划分为6大独立分区，即新庄片区、三元片区、城西片区、城南片区、教育园片区和厂前片区。

（2）案例区域降雨输入的实时预测

　　案例区域实时降雨预测的输入是从中国气象台网站（http://www.nmc.cn/publish/radar）获得的雷达。研究利用C语言编写的爬虫程序下载了2018年1月至2021年5月包含案例区域的青浦雷达站点雷达回波图，更新时间步长为6min，显示仰角为0.5/1.5/2.4，扫描半径为125~230km。使用MATLAB读取图片像素点，根据每个像素点的红、绿、蓝三个通道的颜色值（RGB值）与右下角色柱图例的对应关系得到各个像素点的dBZ值，再通过换算公式$dBZ=10\lg Z$换算成反射率因子值，最终得到雷达回波图的反射率因子图谱。所获得案例区域雷达回波图的空间分辨率为650m×650m，时间分辨率为6min，可以满足基于外推法的雷达回波反演降雨预测方法的输入数据要求。

根据基于外推法的雷达回波反演降雨预测方法，需要结合案例区域雨量站数据对 Z-i 关系式进行拟合。苏州当地新庄泵站的一个翻斗式雨量计可以提供2018~2021年的历史降雨数据，时间步长为5min，本研究选取该雨量站数据对 Z-i 关系式进行拟合。考虑雷达回波图和降雨监测数据的质量和完整性，以2018年雨季和2019年雨季中的9场典型降雨拟合 Z-i 关系式。上述典型降雨事件中，雷达回波图数据和历史降雨监测数据均较为完整，满足 Z-i 关系式拟合的要求。所使用的9场典型降雨数据如表5-7所列。

表5-7 雷达回波图反演降雨预测所选的9场典型降雨事件特征

降雨事件	降雨开始时间	降雨历时 /h	降雨量 /mm
1	2018 年 7 月 29 日 14:30	1.5	13.4
2	2018 年 8 月 03 日 00:00	3.5	3.2
3	2018 年 8 月 14 日 15:00	4.0	4.2
4	2018 年 8 月 17 日 00:30	12.5	33.2
5	2018 年 8 月 22 日 00:30	4.5	3.8
6	2019 年 8 月 04 日 10:00	6.0	15.8
7	2019 年 8 月 09 日 15:30	38.0	136.8
8	2019 年 8 月 27 日 17:00	4.0	19.6
9	2019 年 9 月 02 日 09:30	10.5	30.2

根据基于外推法的雷达回波反演降雨预测方法，使用历史30min的雷达回波图数据外推预测未来6~30min的雷达回波图。以实际的雷达回波图和预测得到的雷达回波图中案例区域苏州地区所在的像素点反射率因子的平均相对误差MRE评估雷达回波图外推的效果，计算公式如下：

$$\text{MRE} = \frac{1}{n}\sum_{i=1}^{n}|\frac{Z_p(i)-Z_m(i)}{Z_m(i)}| \tag{5-16}$$

式中　n——案例区域的像素点个数；

　　　i——像素点编号；

　$Z_p(i)$——i 号像素点的预测值；

　$Z_m(i)$——i 号像素点的实测值。

由于旱天状态下雷达回波图的反射率因子均为0，无法计算雷达回波移动矢量，因此仅对所选的9场典型降雨事件计算反射率因子预测的平均相对误差，结果见表5-8。从整体上看，随着预测时间的增加，反射率因子的预测平均相对误差随之增大。6min、12min、18min、24min、30min预测时间的反射率因子预测平均相对误差为3.98%、4.51%、4.70%、4.94%、5.31%。因此，基于雷达回波图外推的案例区域反射率因子预测平均相对误差为3.98%~5.31%。

表5-8　案例区域反射率因子预测平均相对误差

降雨事件	对应预测时间的反射率因子预测平均相对误差 /%				
	6min	12min	18min	24min	30min
1	1.16	1.30	1.80	1.48	2.23
2	1.30	1.57	1.85	2.35	2.26
3	10.31	9.51	7.32	7.51	9.51
4	3.88	4.75	4.67	5.02	5.72
5	1.31	1.78	2.09	1.73	1.67
6	1.50	2.21	2.57	2.96	3.12
7	10.38	10.35	11.17	11.78	11.49
8	4.99	7.59	8.67	8.78	8.45
9	0.98	1.55	2.16	2.83	3.37
平均值	3.98	4.51	4.70	4.94	5.31

对所选的9场典型降雨事件，结合雷达回波图数据和雨量计的降雨监测数据，使用式 (5-17)进行 Z-i 关系式的拟合。拟合结果见图5-21，拟合完成的 Z-i 关系式如下。拟合的 R^2 值 为0.61，平均相对误差为18.2%。

$$Z = 147R^{1.43} \tag{5-17}$$

综上所述，同时考虑雷达回波图数据外推预测的平均相对误差和 Z-i 关系式拟合的平均 相对误差，基于外推法的雷达回波反演降雨预测方法在预测未来30min内降雨时的平均相对 误差为22.9%~24.9%。

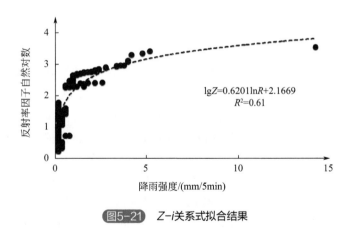

图5-21　Z-i 关系式拟合结果

（3）案例区域入流入渗模型

福星片区内共17座泵站和1座污水厂，其中共有8座泵站跟福星污水厂具有直接的上下游关系，包括新庄、三元、城西、城南、教育园5座大型泵站，以及福星泵站、沧浪新城泵站和厂前泵站3座小型泵站。

对于入渗预测，采用节点等比例常量模式，根据前文中的三角分析法对各主要泵站片区的旱天平均入渗量解析结果，结合18座泵站服务片区内常住人口数据，得到各泵站片区的旱天入渗量。在SWMM模型中，将入渗量作为等比例常量，根据泵站片区内各节点地块信息及对应的居民生活排水量的大小进行流量分配，二者共同组成节点的旱季入流（dry weather flow, DWF）。通过对典型地块出口开展水量连续监测并进行时间序列分析得到典型旱天流量变化过程线（见图5-22），在此基础上得到各节点旱季入流量在旱天24h内的时程分配，从而完成入渗模块的构建。

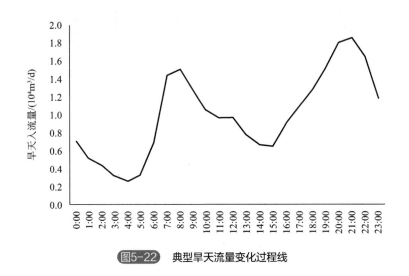

图5-22 典型旱天流量变化过程线

对于入流模块的构建，采用分布式幂函数形式，根据历史降雨条件下排水管网入流量和对应降雨量数据，回归出二者的幂函数关系，从而预测降雨条件下的入流。在构建入流预测模型时，将福星片区细分为6个子分区，包括5座与福星污水厂直接相连的大型泵站片区和其他3座小型泵站片区构成的厂前片区，由于3座小型泵站上游无相连泵站且下游直接与福星污水厂连接，故在降雨期间受人工调控的影响较大，泵站流量数据不能反映泵站服务片区内居民生活排水水量变化的真实水平，因此对这3座小片区构成的范围不进行回归计算。在模型中，依据水量平衡原理，根据其他5大泵站片区和整个福星片区的各时刻入流量之差实现相应的入流量预测。

本研究采用2017年历史数据进行回归计算。在场次降雨划分时，根据福星片区各排水设施的实际运行情况和苏州市水务局发布的《苏州城区污水处理及管网（泵站）运营服务费核拨办法》规定，对于降雨量在25mm以下的小中雨，将研究时段确定为降雨当天及降雨结束后24h，对于降雨量在25mm及以上的大雨和暴雨，将研究时段确定为降雨当天及结束后48h，在修正后的研究时段内计算排水管网平均流量，进一步计算排水管网入流量。在计算入流量的过程中，考虑到居民排水量通过常住人口数与人均综合生活污水量估算所得，估算结果的不确定性较大，故设置±20%的不确定性范围；对于排水管网出口流量，由在线监测设备实测所得，故设置±10%的不确定性范围。由此计算得到每场降雨对应的入流量可能的数值范围，在此基础上进行后续参数识别。

　　入流量和降雨量最有可能存在的数学关系为幂函数形式。在本研究的预测公式中，降雨量单位为mm/d，入流量的单位为$10^4 m^3/d$。对于预测公式中参数a、b的取值，考虑到参数不确定性对预测结果的影响，采用HSY算法进行识别。对于各泵站服务片区，根据流量和降雨量监测数据，确定a的采样区间为[0, 0.5]，对于整个福星片区，确定a的采样区间为[0,3]。受排水管网空间有限这一因素制约，场次降雨量增大到一定程度后入流量逐渐趋于平缓，故无论是服务范围较小的泵站子分区，还是整个福星片区，b的采样区间均为[0,1]。为确保采样得到的参数在各自的取值范围内均匀分布，采用拉丁超立方采样方式，并重复100万次采样过程，根据每次回归方程的计算结果对应的决定系数R^2判断预测结果是否可接受，若可接受则保留对应的参数值。采用HSY算法得到的各排水片区可接受的参数a、b的分布如图5-23所示。可以看出，所有排水片区对应的参数a、b的后验分布均有较为明显的偏离，

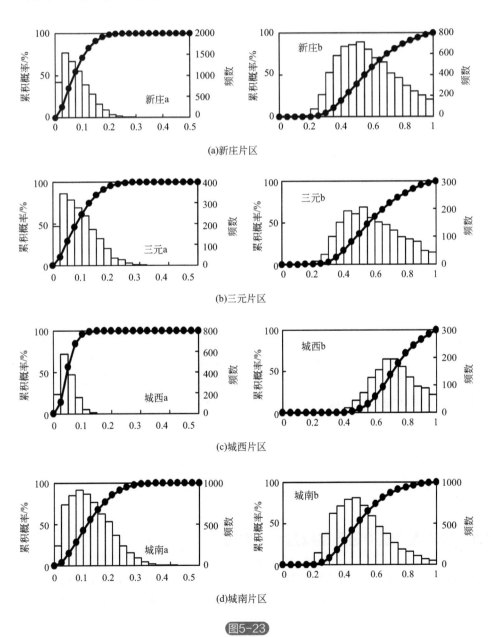

(a)新庄片区

(b)三元片区

(c)城西片区

(d)城南片区

图5-23

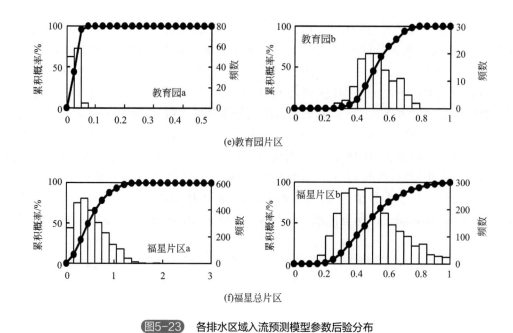

图5-23 各排水区域入流预测模型参数后验分布

可识别性较好。对各排水片区，取决定系数R^2达到最大时对应的一组参数值作为入流预测模型的参数，结果如表5-9所列。由表5-9可知，不同泵站分区配套的幂函数参数相差较大，故采用分布式预测具有一定的合理性。

表5-9　各排水区域入流预测模型参数取值

分区名称	新庄片区	三元片区	城西片区	城南片区	教育园片区	福星总片区
参数a	0.0663	0.0700	0.0463	0.0997	0.0302	0.3948
参数b	0.5490	0.5266	0.6885	0.4722	0.5197	0.4824

在SWMM模型中，入流模块作为上游排水节点的Inflows部分输入，实现模拟平台的扩展。利用降雨时间序列和入流预测公式得到各排水片区相应的入流量时间序列，根据各节点地块信息进行流量分配，从而得到各时刻节点的入流量，将该时间序列输入节点的Inflows信息，完成入流模块的构建。

5.4　面向实时控制的水环境设施神经网络模型构建

5.4.1　水环境设施神经网络模型构建方法

神经网络模型是指大量简单的类神经元处理单元以特定方式互相连接而形成的高度复杂的非线性学习系统。神经网络模型通过模式学习的方式将城市排水系统的机理过程概化为简单的神经元之间的链接关系和对应函数的线性参数，从而能够大幅提高计算速度。常用于城市排水系统建模的神经网络模型有后向传播神经网络模型和循环神经网络模型。

后向传播（back propagation，BP）神经网络模型是指使用误差反向传播算法实现多层神经网络隐含层链接权重学习的神经网络模型，其结构如图 5-24 所示[36]。BP 神经网络在模式识别上的强大能力在液位预测、流量预测、水质预测、降雨径流预测、系统出流预测等城市排水系统状态预测问题上得到充分体现，而上述系统状态预测正是城市排水系统模型预测控制的重要输入，因此 BP 神经网络能够有效支撑城市排水系统的实时控制[37-39]。

循环神经网络是以序列数据为输入，所有循环神经元按链式连接，在序列的演进方向递归的神经网络，其基本结构如图 5-25 所示。根据网络结构的不同，传统的循环神经网络可分为 Jordan 循环神经网络、Elman 循环神经网络、非线性自回归（nonlinear autoregressive exogenous model，NARX）循环神经网络。

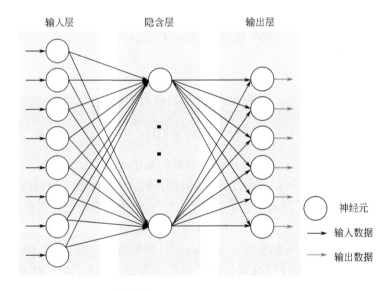

图5-24　后向传播神经网络结构图

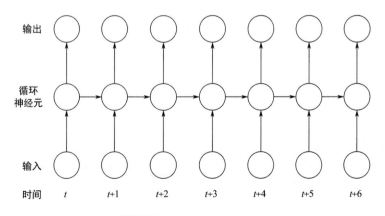

图5-25　循环神经网络结构图

　　本研究使用神经网络长短期记忆（long short-term memory，LSTM）作为预测模型。LSTM是一种特殊的循环神经网络，能够学习长时间尺度的依赖关系。它们由Hochreiter和Schmidhuber引入，并被许多人进行了改进和普及。它们在各种各样的时间序列问题上效果拔群，现在被广泛使用。

　　所有循环神经网络都具有神经网络重复模块链的形式。在标准的循环神经网络结构中，该重复模块具有非常简单的结构，例如单个tanh层。LSTM也具有这种链状结构，但是重复模块则具有不同的结构。与神经网络的简单的一层相比，LSTM有四层，包括输入门、细胞状态、遗忘门、输入门，这四层以下述公式的方式进行交互：

$$F(t) = \text{sigmoid}(W^{\text{T}}_f S_{t-1} + U^{\text{T}}_f X_t + B_f) \tag{5-18}$$

$$C_t = C_{t-1} F(t) \tag{5-19}$$

$$I(t) = \text{sigmoid}(W^{\text{T}}_i S_{t-1} + U^{\text{T}}_i X_t + B_i) \tag{5-20}$$

$$R(t) = \tanh(W^{\text{T}}_r S_{t-1} + U^{\text{T}}_r X_t + B_r) \tag{5-21}$$

$$C_t = C_t + I(t)R(t) \tag{5-22}$$

$$O(t) = \text{sigmoid}(W^{\text{T}}_o S_{t-1} + U^{\text{T}}_o X_t + B_o) \tag{5-23}$$

$$S_t = \tanh(C_t)O(t) \tag{5-24}$$

式中　　　C_t，X_t，S_t——细胞状态、外部输入数据、系统状态；
$F(t)$，$I(t)$，$R(t)$，$O(t)$——遗忘门、输入门sigmoid项、输入门tanh项、输出门；
　　　　　W，U，B——神经网络中的参数项，LSTM神经网络模型通常使用反向传播学习算法对参数W、U、B进行训练学习。

　　LSTM神经网络结构如图5-26所示，由输入门、细胞状态、遗忘门、输入门的神经元连接形成。LSTM神经网络模型使用反向传播学习算法进行参数W、U、B的学习。基于神经网络的排水系统模拟模型结构见图5-27。

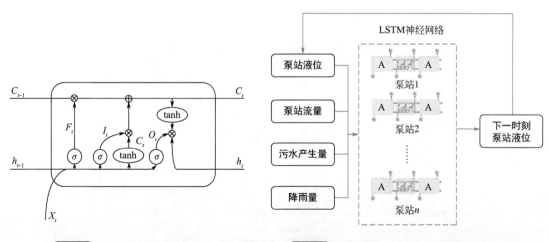

　图5-26　LSTM神经网络结构　　　　　图5-27　基于神经网络的排水系统模拟模型结构

许多因素会间接或直接地影响排水系统。一方面，降雨事件发生前的旱季天数、不透水率、降雨雨量和历时等因素可能对雨水径流量、管道入流入渗产生影响，进而影响污水管网系统的运行状态；另一方面，污水管网系统中闸、泵、调蓄池等控制设施的控制参数可能对污水的转输状态产生影响，从而影响污水管网系统的运行状态。这些因素中，不透水率等因素可以认为是系统固定的特征，短期内不会发生巨大变化，相比之下不同降雨事件的特征因素，系统中闸、泵、调蓄池等控制设施的状态变化幅度较为巨大，对污水管网系统运行状态的影响也更显著。因此，本研究考虑在不同场次降雨条件下，以降雨特征、水泵的控制状态为自变量对污水管网系统关键节点的液位、流量进行预测。

使用降雨事件特征、水泵的控制状态作为自变量，控制步长为5min，具体包括了：前1小时的研究区域平均降雨雨量序列$R(k)(k=1,2,\cdots,12)$，当前污水管网泵站的启停状态、液位$Q_{pump}(k)$、$L_{pump}(k)(k=1,2,\cdots,12)$；使用污水管网泵站未来5min的液位$L_{pump,i}(k)(k=13)$作为因变量。

5.4.2　案例区域水环境设施神经网络模型构建

（1）模型构建基本思路

根据已构建的苏州市福星片区排水系统机理模型，以泵站、污水厂为关键节点，对上述模型利用LSTM神经网络进行简化。对18个控制单元分别构建了一套神经网络模型，每套神经网络模型使用全系统的系统状态作为输入，预测该控制单元出口泵站集水井下一个时间步长的液位值。所构建的18套神经网络结构均相同，根据模拟测试的结果，经多次比选，选取最优的网络结构及参数。所构建的神经网络结构一共可以分为5层，包含2个LSTM层和3个全链接层，具体结构及参数设置如表5-10所列。由于LSTM神经网络的特性，输入数据需包含若干个时间步长的历史数据，本研究构建的神经网络的输入数据为12个时间步长的历史数据，输出为1个时间步长的数据。为保证神经网络的泛化模拟能力，在最后的输出层设置L_1正则化系数，取值为0.01。

表5-10　神经网络结构及参数设置

结构名称	神经元个数	激活函数	正则化系数	输入时间步长	输出时间步长
LSTM 层 1	100	—	0	12	12
LSTM 层 2	100	—	0	12	1
全链接层 1	12	Sigmoid	0	1	1
全链接层 2	12	Relu	0	1	1
全链接层 3	1	Linear	0.01	1	1

（2）训练数据的获取

首先需要对2019年4月1日至6月30日逐5min的历史监测数据进行数据预处理，主要为根据各个数据的物理意义，剔除负值、零值等异常值。特别地，由于泵站流量数据质量较低，因此需要根据泵站中各水泵的电流数据确定各个水泵的启停状态，并通过铭牌流量计算得到泵站流量数据。对预处理完毕的数据，按8:1:1的比例构建训练集、验证集、测试集。完成分配后，训练集共计20736组数据，验证集共计2592组数据，测试集共计2592组数据。所构建的神经网络训练数据集，以降雨量为例，如图5-28所示。

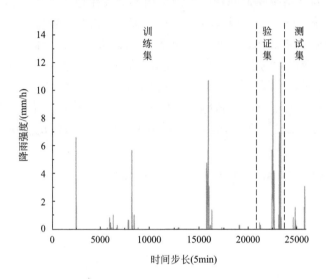

图5-28 降雨时间序列数据及训练集、验证集、测试集划分

为保证神经网络能够均衡地考虑所有输入变量，需要将所有训练数据按最大值最小值归一化方法进行归一化处理，得到神经网络输出结果后再根据式（5-25）反算数据的原始值。

$$x_{\text{norm}} = \frac{x - x_{\text{min}}}{x_{\text{max}} - x_{\text{min}}} \tag{5-25}$$

式中　x_{norm}——归一化后的数据；

　　　x——原始数据；

　　　x_{min}——原始数据的最小值；

　　　x_{max}——原始数据的最大值。

（3）神经网络模型的训练与测试

以多年逐5min的监测数据构建训练验证集，对上述模型进行了训练并验证，训练验证结果见图5-29、图5-30。结果表明，该模型在训练集及验证集上纳什效率系数均>0.5，同时在全部18个泵站监测位点，训练拟合效果较好，见图5-31。所构建的神经网络模型通过测试，在实时监测数据完整的情况下，能够准确地预测系统下一个时间步长上各控制单元泵站集水井的液位，见图5-32。此外，在模拟时长方面，对于所构建的大片区仿真交互模型，每套神经网络的单场1h降雨事件的模拟计算时长约为1s，因此18个泵站控制单元的神经网络模拟时间共计18s，满足环境交互模型生成大量训练数据的时间要求，因此该模型能够作为强化学习智能体的环境交互模型支持智能体的训练。

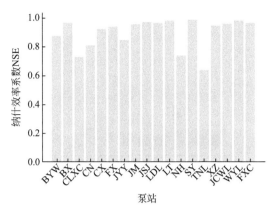

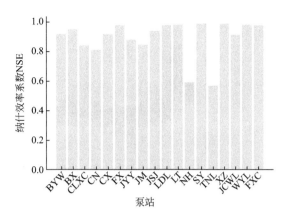

图5-29 基于神经网络的排水系统模拟模型训练集NSE　　图5-30 基于神经网络的排水系统模拟模型测试集NSE

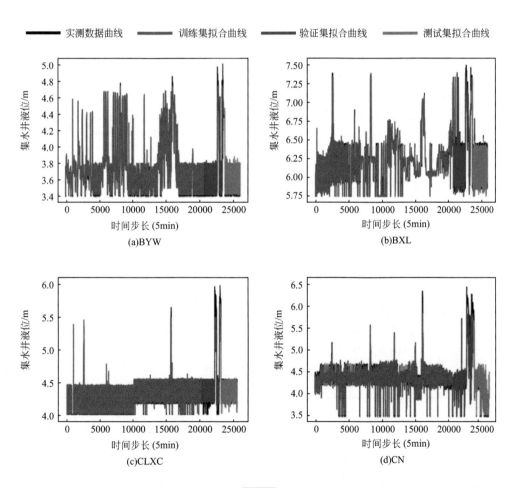

图5-31

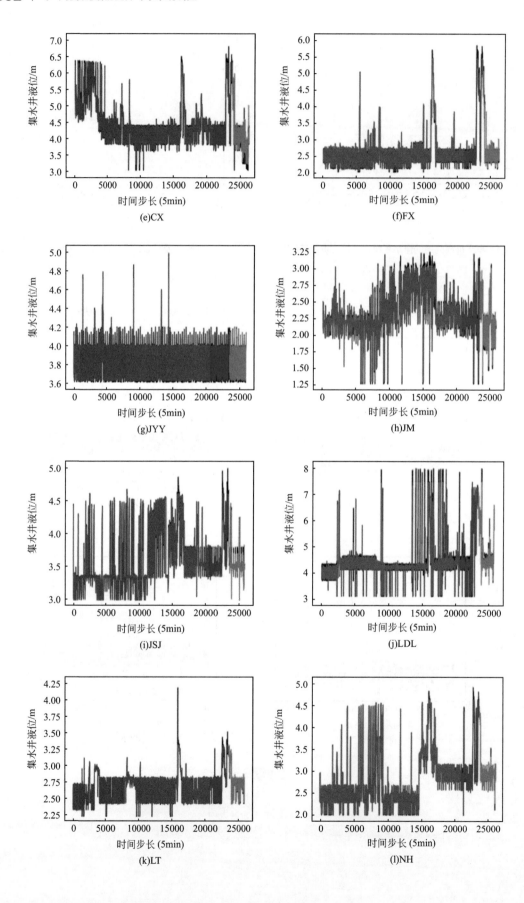

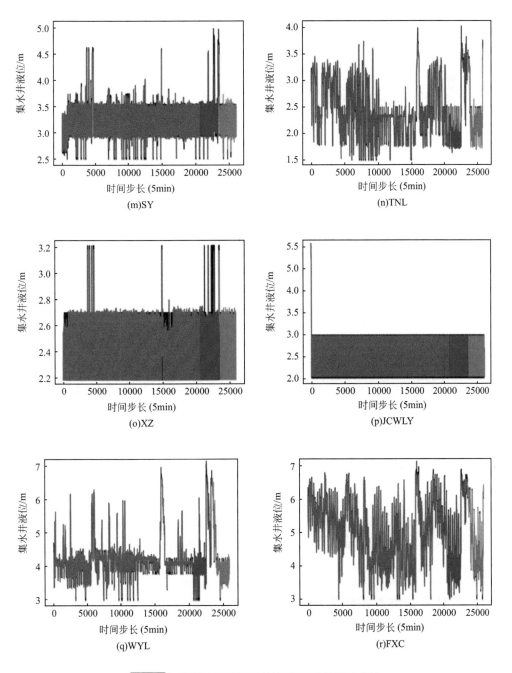

图5-31 福星片区18个泵站片区训练测试集拟合曲线

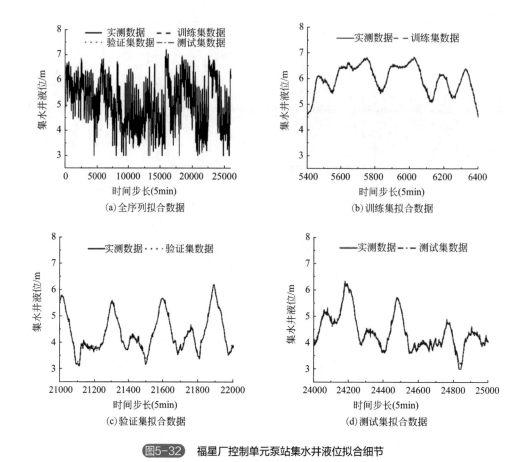

图5-32 福星厂控制单元泵站集水井液位拟合细节

5.5 基于多目标鲁棒优化的设施雨季协同调控技术与应用

5.5.1 水环境设施雨季协同控制问题概化

（1）协同控制目标的确定

城市排水系统实时控制的目标通常可分为环境性能控制目标、经济性能控制目标、安全性能控制目标。在确定控制目标时，应充分考虑受控系统的特征，从上述三类控制目标中选取合适的指标。如对于环境性能控制目标，合流制排水系统宜选用合流制溢流量，而对于分流制排水系统宜选用内涝量；对于经济性能控制目标，以泵站为主要控制设施的排水系统宜选用泵站水泵启停能耗，而对于以调蓄池为主要控制设施的排水系统宜选用调蓄池闸门开关能耗；对于安全性能控制目标，水泵主要考虑水泵启停频繁度，闸门主要考虑开关频繁度。此外，根据实时控制需求制定实时控制目标时，还需要考虑排水系统中控制器（如泵、闸、调蓄池等）的控制能力，即此类控制器的控制对象（如流量、液位、水质）、控制时间步长、控制器生效迟滞时间等，这些控制能力可能对部分控制目标的可实现性产生影响。最后，在制定实时控制目标时还应考虑排水系统的当前状态。如当排水系统濒临失效时，应适当增加环境性能控制目标在多目标控制中的权重，同时可以适当减少经济性能控制目标的权重，以此减少系统失效的风险；当排水系统处于较为稳定的运行状态，且未来一段时间内不会出现极端的外部输入条件时，可适当减少环境性能控制目标在多目标控制中的权重，同时适当增加经济性能控制目标的权重，以进一步降低运行成本。

上述目标需要通过研发基于多目标鲁棒优化的水环境设施雨季协同控制算法实现。该算法以排水系统关键节点液位、流量、水质为系统状态变量，以排水管网及污水厂中泵站、闸门的状态为控制变量，以漫溢量、系统鲁棒性、能耗为优化调控目标，实现了污水厂和排水管网的协同调控，最终实现COD污染负荷削减。

（2）排水系统控制单元概化

完成控制目标定义后，需要识别控制设施与系统的连接关系。污水处理厂的控制设施及其与反应单元的关系较容易识别。但是排水管网系统，控制设施对整个系统的影响十分复杂。对控制设施与系统的连接关系进行概化，能够为后续策略设计提供支持。建议按照以下步骤对排水管网控制单元进行划分。

① 确定系统中控制设施的空间位置及其与排水系统关联的节点，如泵站、调蓄池、污水处理厂的进水点、出水点等；

② 以控制设施与排水系统关联的节点为分割点，将排水管网划分为若干个控制单元，各控制单元根据与控制器的拓扑关系确定控制单元的进水点和出水点；

③ 根据各控制单元与控制器的拓扑关系梳理各控制单元的连接关系，形成全系统的控制单元连接图谱。

图5-33展示了对城市排水管网系统进行控制单元划分的一个示例。

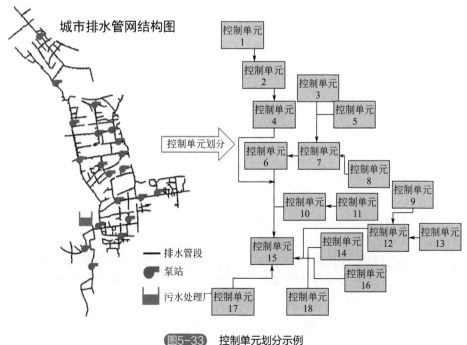

图5-33　控制单元划分示例

（3）协同控制问题的数学表达

本研究主要针对雨季情况下的协同调控，旱季情况按低水位静态规则运行即可达到较好的系统性能。该协同控制问题可以表达为如下的数学规划问题形式。

目标函数：

$$\min J = \text{LOAD}_{\text{uds}} + \text{LOAD}_{\text{wwtp}} = \int_0^H \sum_{i=1}^{N_{\text{pump}}} \boldsymbol{R}_{\text{pump},i}(t) C_{\text{pump},i}(t) \mathrm{d}t + \int_0^H Q_{\text{eff}}(t) C_{\text{eff}}(t) \mathrm{d}t \tag{5-26}$$

动态过程：

$$\frac{\mathrm{d}x_{\text{uds}}(t)}{\mathrm{d}t} = \boldsymbol{f}_{\text{uds}}[\boldsymbol{x}_{\text{uds}}(t), \boldsymbol{u}_{\text{pump}}(t), \boldsymbol{\theta}_{\text{pump}}, t, Q_{\text{wwtpin}}(t)] \tag{5-27}$$

$$\frac{\mathrm{d}\boldsymbol{x}_{\text{wwtp}}(t)}{\mathrm{d}t} = f_{\text{wwtp}}[\boldsymbol{x}_{\text{wwtp}}(t), \boldsymbol{u}_{\text{wwtp}}(t), \boldsymbol{\theta}_{\text{wwtp}}, t, \boldsymbol{C}_{\text{wwtpin}}(t), Q_{\text{wwtpin}}(t)] \tag{5-28}$$

$$R_{\text{pump},i}(t) = R_{\text{pump},i}[\boldsymbol{x}_{\text{uds,pump},i}(t), \boldsymbol{B}] \tag{5-29}$$

$$\boldsymbol{C}_{\text{pump},i}(t) = \boldsymbol{x}_{\text{uds,pump},i}(t) \tag{5-30}$$

$$Q_{\text{eff}}(t) = \boldsymbol{x}_{\text{wwtp},q}(t) \tag{5-31}$$

$$\boldsymbol{C}_{\text{eff}}(t) = \boldsymbol{x}_{\text{wwtp},c}(t) \tag{5-32}$$

决策变量：

$$\boldsymbol{u}(t) = [\boldsymbol{u}_{\text{pump}}(t), \boldsymbol{u}_{\text{wwtp}}(t), Q_{\text{wwtpin}}(t)] \tag{5-33}$$

约束条件：

① 出水水质达标

$$\boldsymbol{C}_{\text{eff}}(t) < \boldsymbol{C}_{\text{limit}} \tag{5-34}$$

② 控制变量约束

$$\boldsymbol{u}_{\text{pump,min}} \leqslant \boldsymbol{u}_{\text{pump}}(t) \leqslant \boldsymbol{u}_{\text{pump,max}} \tag{5-35}$$

$$\boldsymbol{u}_{\text{wwtp,min}} \leqslant \boldsymbol{u}_{\text{wwtp}}(t) \leqslant \boldsymbol{u}_{\text{wwtp,max}} \tag{5-36}$$

③ 处理和存储能力约束

$$Q_{\text{wwtpin,min}} \leqslant Q_{\text{wwtpin}}(t) \leqslant Q_{\text{wwtpin,max}} \tag{5-37}$$

$$0 \leqslant V_{\text{pump},i}(t) \leqslant V_{\text{pump},i,\text{max}} \tag{5-38}$$

式中，t 从 0 到 H 是场次降雨模拟时段；LOAD_{uds} 和 $\text{LOAD}_{\text{wwtp}}$ 是场次降雨模拟时段内的排水管网漫溢负荷和污水处理厂尾水排污当量负荷，t；Q_{wwtpin} 是污水处理厂入流量，m^3/d，其中 $Q_{\text{wwtp,min}}$、$Q_{\text{wwtp,max}}$ 是设计流量的上下界；$R_{\text{pump},i}(t)$ 是排水管网中 i 号泵站的漫溢风险函数，根据 i 号泵站集水井的实时液位、对应的考核液位、该泵站区域的重要性程度计算得到；$\boldsymbol{B}$ 是排水管网中各个泵站集水井的考核液位系数向量，泵站集水井的液位高于考核液位则表明该泵站区域有发生漫溢的风险；$\boldsymbol{C}=[C_{\text{COD}}(t), C_{\text{TSS}}(t), C_{\text{TN}}(t), C_{\text{NH}_3}(t), C_{\text{TP}}(t)]^{\text{T}}$ 是 COD、TSS、

TN、NH$_3$、TP浓度向量，t/m^3；C_{eff}是污水处理厂尾水浓度向量；C_{limit}是污水处理厂尾水浓度限值向量；C_{wwtpin}是污水处理厂入流污染物浓度向量；$C_{pump,i}$是排水管网i号泵站的污染物浓度向量；$u_{pump}(t)$和$u_{wwtp}(t)$是排水管网和污水处理厂控制变量向量；$u_{pump,min}$和$u_{pump,max}$是排水管网控制变量上界和下界向量；$u_{wwtp,min}$和$u_{wwtp,max}$是污水处理厂控制变量上界和下界向量；$V_{pump,i,max}$是i号泵站的集水井的最大存储空间，m^3；x_{uds}和x_{wwtp}分别是排水管网过程和污水处理过程的所有水量水质状态变量；f_{uds}和f_{wwtp}分别是排水管网过程和污水处理过程。

（4）控制参数设置

涉及的漫溢风险函数、能耗、设备安全性等指标需要根据案例区域的实际情况进行设置，具体设置方法如下：

$$R_{pump,i}(t)=a_{pump,i}(w_{pump,i}-B_{pump,i}+|w_{pump,i}-B_{pump,i}|) \tag{5-39}$$

式中　$R_{pump,i}(t)$——t时刻排水管网中i号泵站的漫溢风险函数；

　　　$a_{pump,i}$——i号泵站片区的漫溢风险系数；

　　　$w_{pump,i}$——i号泵站集水井的实时液位；

　　　$B_{pump,i}$——i号泵站的考核液位。

$$E_{pump,i}(t)=e_{pump,i}n_{pump,i}(t) \tag{5-40}$$

式中　$E_{pump,i}(t)$——t时刻排水管网中i号泵站的能耗；

　　　$e_{pump,i}$——i号泵站的能耗系数；

　　　$n_{pump,i}(t)$——t时刻i号泵站的开泵台数。

$$S_{pump,i}(t)=S_{pump,i}|n_{pump,i}(t)-n_{pump,i}(t-1)| \tag{5-41}$$

式中　$S_{pump,i}(t)$——t时刻排水管网中i号泵站的安全性指标；

　　　$S_{pump,i}$——i号泵站的安全性系数；

　　　$n_{pump,i}(t)$——t时刻i号泵站的开泵台数。

依据各个泵站片区的重要性程度（如历史文化保护区、低洼易涝区、居民密集区等），参考当地排水公司意见建议，确定各个泵站片区的漫溢风险系数（$a_{pump,i}$），结果见表5-11。

表5-11　苏州市福星片区各泵站$a_{pump,i}$取值

泵站编号	泵站名称	$a_{pump,i}$（漫溢风险系数）
BYW	白洋湾	1
BXL	玻纤路	1
CLXC	沧浪新城	1
CN	城南	1
CX	城西	2
FX	福星	1
JYY	教育园	1
JM	金门	2

泵站编号	泵站名称	$a_{\text{pump},i}$（漫溢风险系数）
JSJ	金石街	1
LDL	劳动路	1
LT	菱塘	1
NH	南环	1
SY	三元	3
TNL	泰南路	1
XZ	新庄	3
JCWLY	金阊物流园	1
WYL	吴越路	1
FXC	福星污水厂	4

依据各个泵站片区与河道液位之间的相关关系，考虑管道内污水外渗至水环境的风险，参考当地排水公司意见建议，确定各个泵站片区的基准液位（$B_{\text{pump},i}$），结果见表5-12。

表5-12　苏州市福星片区各泵站$B_{\text{pump},i}$取值

泵站编号	泵站名称	$B_{\text{pump},i}$（基准液位）/m
BYW	白洋湾	6.6
BXL	玻纤路	3.3
CLXC	沧浪新城	4.65
CN	城南	4.7
CX	城西	4.7
FX	福星	4.4
JYY	教育园	4.8
JM	金门	2.8
JSJ	金石街	3.9
LDL	劳动路	3
LT	菱塘	3.6
NH	南环	3.75
SY	三元	4.3
TNL	泰南路	2.8
XZ	新庄	4.6
JCWLY	金阊物流园	3.9
WYL	吴越路	3
FXC	福星污水厂	6

能耗的计算方法参照式（5-40），依据各个泵站中水泵的额定功率及对应的电耗，确定

各个泵站片区的能耗系数（$e_{pump,i}$），结果见表5-13。

表5-13　苏州市福星片区各泵站 $e_{pump,i}$ 取值

泵站编号	泵站名称	$e_{pump,i}$/kW·h
BYW	白洋湾	673.2
BXL	玻纤路	252
CLXC	沧浪新城	270
CN	城南	540
CX	城西	601.2
FX	福星	209.88
JYY	教育园	248.4
JM	金门	777.6
JSJ	金石街	370.8
LDL	劳动路	100.08
LT	菱塘	99.72
NH	南环	450
SY	三元	777.6
TNL	泰南路	144
XZ	新庄	500.4
JCWLY	金阊物流园	514.8
WYL	吴越路	17.64
FXC	福星污水厂	7498.8

　　系统安全性的计算方法参照式（5-41），依据各个泵站中水泵的使用年限、设备状态及近期维护记录，参考当地排水公司意见建议，确定各个泵站片区的安全性系数（$s_{pump,i}$），结果见表5-14。

表5-14　苏州市福星片区各泵站 $s_{pump,i}$ 取值

泵站编号	泵站名称	$s_{pump,i}$（安全性系数）
BYW	白洋湾	1
BXL	玻纤路	1
CLXC	沧浪新城	1
CN	城南	1
CX	城西	2
FX	福星	1
JYY	教育园	1
JM	金门	2
JSJ	金石街	1

泵站编号	泵站名称	$s_{\mathrm{pump},i}$（安全性系数）
LDL	劳动路	1
LT	菱塘	1
NH	南环	1
SY	三元	3
TNL	泰南路	1
XZ	新庄	3
JCWLY	金阊物流园	1
WYL	吴越路	1
FXC	福星污水厂	4

案例区域排水系统的潜在控制变量为18个控制单元的泵站流量（污水厂前片区的出口泵站即为污水处理厂入流泵，该泵站的流量即为u_{wwtp}）。根据案例区域的情况，所有17座泵站的$u_{\mathrm{pump,\,min}}$均为0，$u_{\mathrm{pump,\,max}}$根据泵站水泵铭牌流量，取值见表5-15。u_{pump}由于各泵站为工频泵，每台水泵仅有开、关两种状态，因此取值根据泵站水泵的台数和额定功率，取值均为离散值。u_{wwtp}与u_{pump}类似，$u_{\mathrm{wwtp,\,min}}$的取值为0。

表5-15　苏州市福星片区各泵站$u_{\mathrm{pump,\,max}}$取值

泵站编号	泵站名称	$u_{\mathrm{pump,\,max}}$/（m³/h）
BYW	白洋湾	673.2
BXL	玻纤路	252.0
CLXC	沧浪新城	270.0
CN	城南	540.0
CX	城西	601.2
FX	福星	209.88
JYY	教育园	248.4
JM	金门	777.6
JSJ	金石街	370.8
LDL	劳动路	100.08
LT	菱塘	99.72
NH	南环	450.0
SY	三元	777.6
TNL	泰南路	144.0
XZ	新庄	500.4
JCWLY	金阊物流园	514.8
WYL	吴越路	17.64
FXC	福星污水厂	7498.8

$V_{pump,i,max}$ 即各泵站集水井的最大存储空间（m³），该值可由各泵站集水井的底面积和最大高度计算得到，具体取值见表5-16。

表5-16　苏州市福星片区各泵站 $V_{pump,i,max}$ 取值

泵站编号	泵站名称	集水井最大高度 /m	$V_{pump,i,max}/m^3$
BYW	白洋湾	1	533
BXL	玻纤路	1	552
CLXC	沧浪新城	1	410
CN	城南	1	350
CX	城西	2	410
FX	福星	1	440
JYY	教育园	1	420
JM	金门	2	390
JSJ	金石街	1	552
LDL	劳动路	1	380
LT	菱塘	1	250
NH	南环	1	407
SY	三元	3	380
TNL	泰南路	1	410
XZ	新庄	3	495
JCWLY	金阊物流园	1	470
WYL	吴越路	1	430
FXC	福星污水厂	4	250

福星污水处理厂地处苏州市，出水标准执行《苏州特别排放限值标准》，根据该标准，污水处理厂尾水浓度限值向量 $C_{limit}=[30,10,1.5,0.3]^T$。由于本研究主要考虑系统COD污染负荷削减，因此排污负荷当量系数向量 $P=[1,0,0,0]$。

5.5.2　基于模型模拟的调控潜力评估

在进行城市排水系统实时控制策略制定前，需要对研究系统的调控潜力进行简单评估。如果系统不具备控制潜力，则不建议进行后续实时控制研究。

通过SWMM模型对案例区域的调控潜力进行评估，评估结果如图5-34所示，图5-34（a）中突出显示表示控制单元调控潜力较小，图5-34（b）中突出显示表示控制单元调控潜力较大。评估结果（图5-35~图5-38）表明在旱季情景下，管网整体的剩余调控空间占总存储空间的50%以上，其中玻纤路、金门、福星污水处理厂厂前等片区管网压力较大，水力峰值时段管网剩余储存空间 <20%。在多年平均降雨情景下，管网整体的剩余调控空间占总存储空间的30%以上。白洋湾、沧浪新城、福星、金石街、南环、三元、泰南路等泵站调控潜力较大，水力峰值时段剩余管网存蓄空间 >50%。

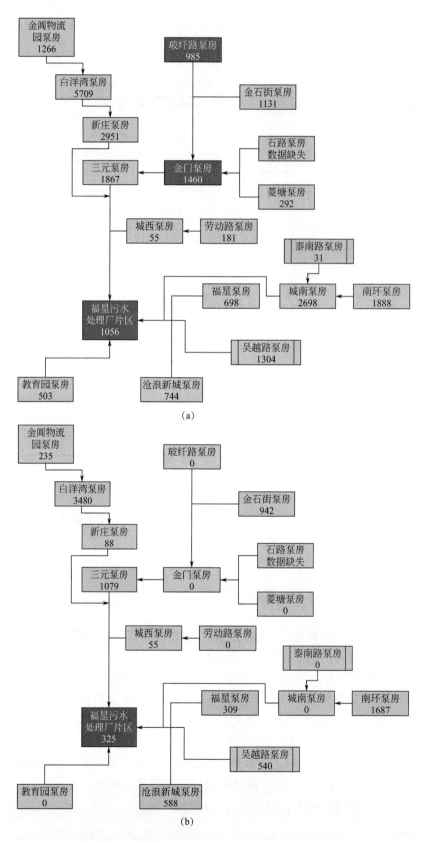

（a）

（b）

图5-34 福星片区各控制单元剩余存储空间（单位：m³）

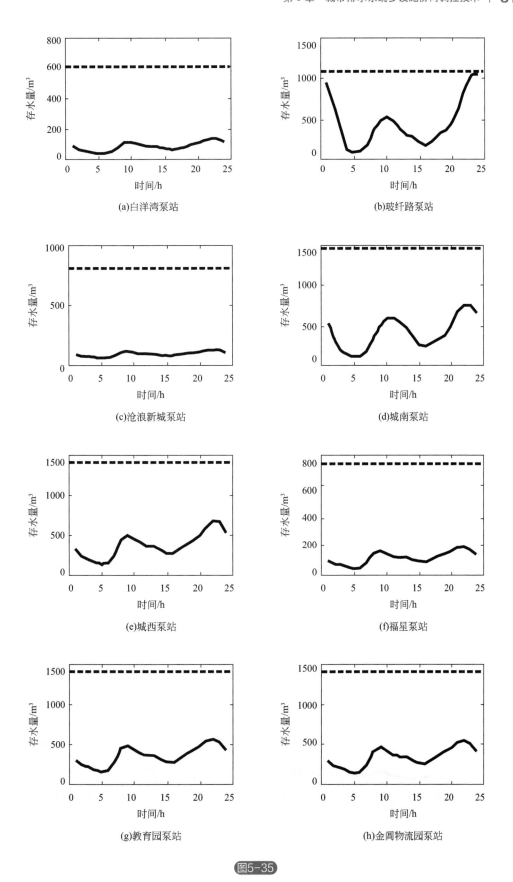

(a)白洋湾泵站

(b)玻纤路泵站

(c)沧浪新城泵站

(d)城南泵站

(e)城西泵站

(f)福星泵站

(g)教育园泵站

(h)金阊物流园泵站

图5-35

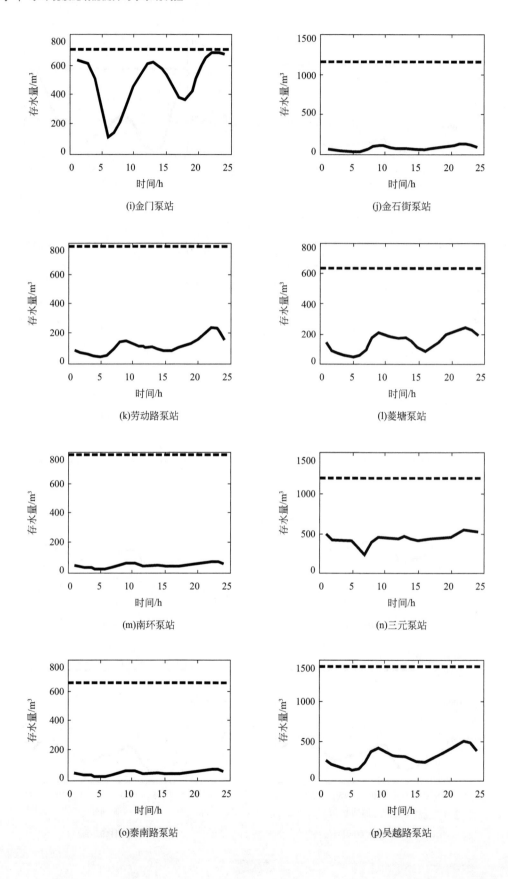

(i)金门泵站

(j)金石街泵站

(k)劳动路泵站

(l)菱塘泵站

(m)南环泵站

(n)三元泵站

(o)泰南路泵站

(p)吴越路泵站

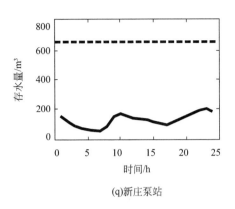

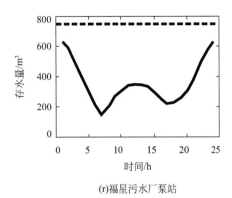

(q)新庄泵站　　　　　　　　(r)福星污水厂泵站

图5-35　各泵站片区旱季调控潜力（实线为存蓄量，虚线为管网总空间）

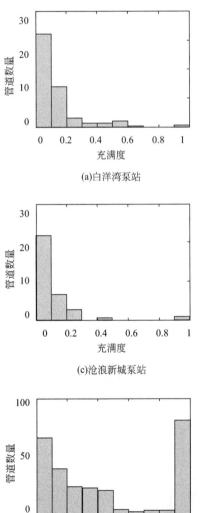

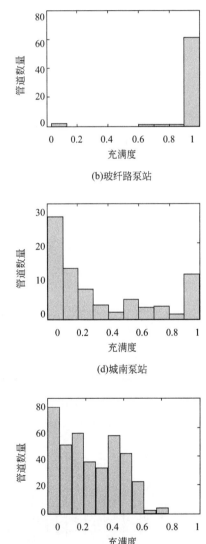

(a)白洋湾泵站　　　　　　　(b)玻纤路泵站

(c)沧浪新城泵站　　　　　　(d)城南泵站

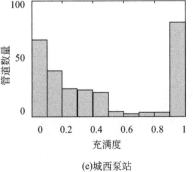

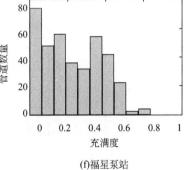

(e)城西泵站　　　　　　　　(f)福星泵站

图5-36

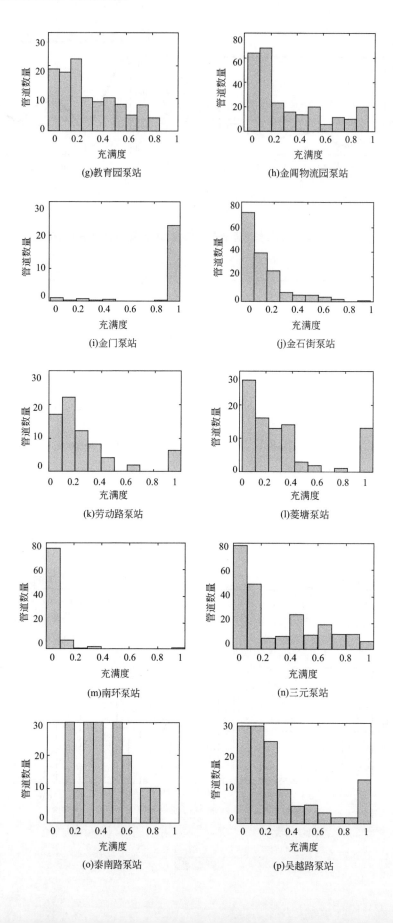

(g)教育园泵站

(h)金阊物流园泵站

(i)金门泵站

(j)金石街泵站

(k)劳动路泵站

(l)菱塘泵站

(m)南环泵站

(n)三元泵站

(o)泰南路泵站

(p)吴越路泵站

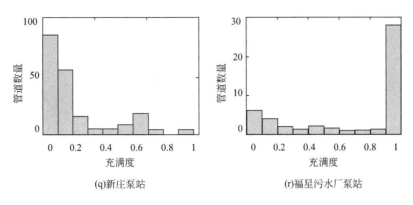

(q)新庄泵站   (r)福星污水厂泵站

图5-36 各泵站片区旱季管道充满度频率分布直方图

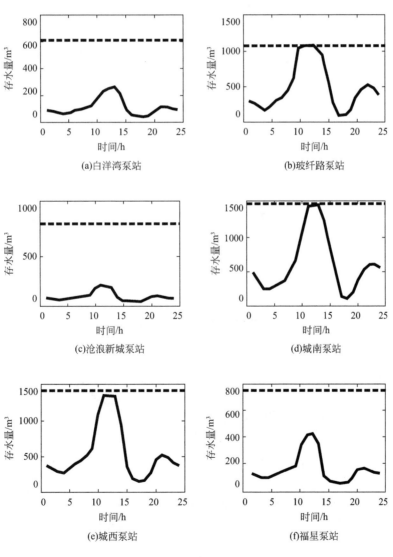

(a)白洋湾泵站   (b)玻纤路泵站

(c)沧浪新城泵站   (d)城南泵站

(e)城西泵站   (f)福星泵站

图5-37

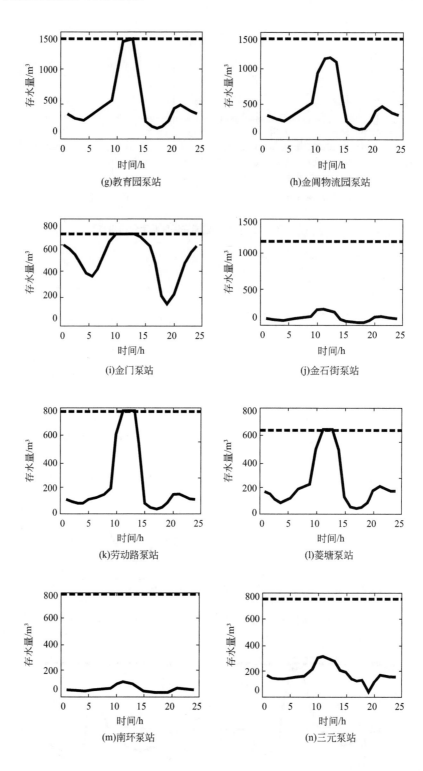

(g)教育园泵站

(h)金阊物流园泵站

(i)金门泵站

(j)金石街泵站

(k)劳动路泵站

(l)菱塘泵站

(m)南环泵站

(n)三元泵站

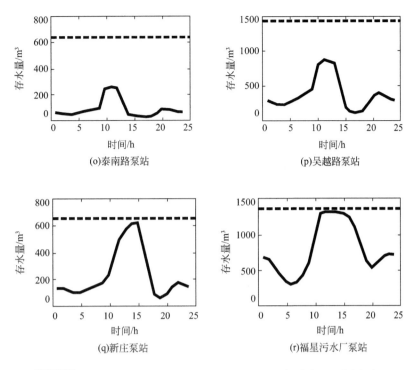

图5-37　各泵站片区雨季调控潜力（实线为存蓄量，虚线为管网总空间）

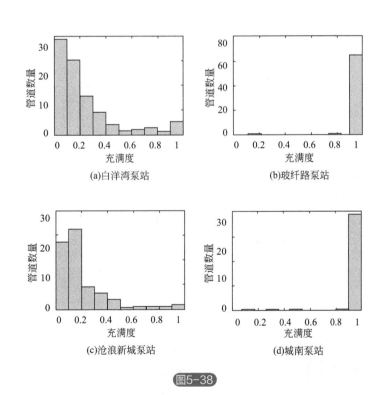

图5-38

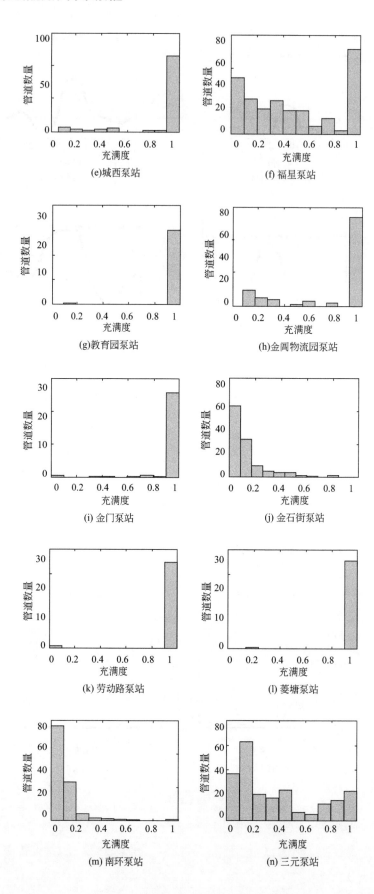

(e)城西泵站

(f) 福星泵站

(g)教育园泵站

(h)金闸物流园泵站

(i) 金门泵站

(j) 金石街泵站

(k) 劳动路泵站

(l) 菱塘泵站

(m) 南环泵站

(n) 三元泵站

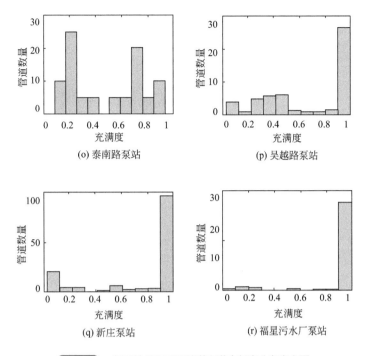

图5-38 各泵站片区雨季管道充满度频率分布直方图

5.5.3　面向协同控制的多目标鲁棒优化方法

（1）排水管网多目标鲁棒优化算法

本研究通过协同控制实现了污水处理厂和排水管网的多目标协同优化，主要包括污水处理厂优化控制模块和排水管网优化控制模块，排水管网优化控制模块的输出为污水处理厂优化控制模块的输入。其中，污水处理厂模块主要采用模糊控制方法，排水管网模块主要采用基于模型预测的多目标鲁棒优化算法。

本研究基于鲁棒优化和模型预测控制原理，设计了一套多目标鲁棒优化控制算法用于多目标鲁棒控制问题，计算流程见图5-39。管网层多目标鲁棒控制算法由神经网络预测模块和启发式优化器模块组成。神经网络预测模块利用已构建的面向控制的水环境设施神经网络模型实时预测未来一段时间内的系统状态，为滚动优化提供前馈信号；启发式优化器模块根据设定的多控制目标，通过启发式优化算法，实时计算最优控制参数并输出至控制器，实现实时控制。在本研究中，启发式优化算法选用NAGA2遗传算法。

在实时控制运行过程中，每隔一个优化控制时域 H_u，计算未来 H_u 时间的系统状态变量，通过优化器计算得到最优控制参数并应用于实际系统。该过程包括：执行一次基于LSTM神经网络的排水系统状态预测，以 H_p 为预测时域进行遗传算法最优化计算，将最优化求解出的最优控制变量曲线在第一个控制时域 H_f 的取值应用于实际系统，并将其中的污水处理厂入流量传递给污水处理厂模拟控制模型。

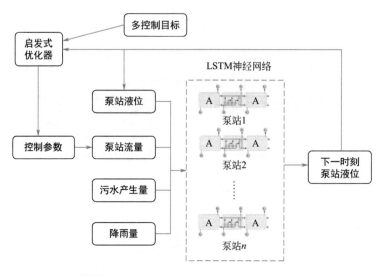

图5-39 多目标鲁棒优化控制算法计算过程示意

（2）污水处理厂模糊控制算法

本研究基于模糊控制算法原理，设计了一套污水处理厂模糊控制算法用于污水厂雨季控制问题。模糊控制算法利用已构建的污水处理厂全流程数字化系统，为滚动优化提供前馈信号，根据设定的控制目标，实时生成最优控制参数并输出至控制器，实现实时控制（图5-40）。

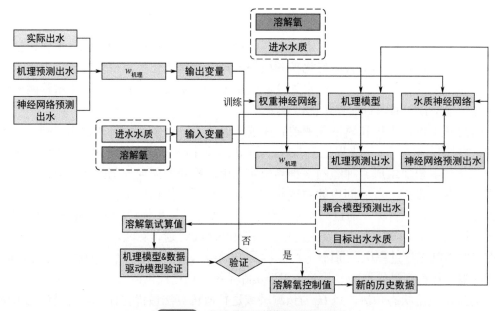

图5-40 污水处理厂模糊控制算法机理

该算法主要通过曝气、回流、加药和排泥等操作环节来实现。在好氧污染物优化控制的基础上，计算理论需氧量；根据进水特征、设施设备效能、处理要求、活性污泥呼吸速率和特殊工艺过程控制要求，动态计算反应区最佳溶解氧浓度范围；实时计算曝气区各段的供风量和风压控制值；调节风机运行参数和供风管道阀门，实现各曝气分区按需供氧。根据进水碳源水平确定系统脱氮除磷模式，再根据脱氮除磷模式确定污泥和硝化液回流控制策略。

5.5.4　案例区域设施协同控制效果

5.5.4.1　典型场次降雨优化结果

在福星片区开展在线模型测试，模拟时长48h，采用一年一遇芝加哥雨型降雨，降雨量22mm，确保优化得到的实时控制策略能达到50%的保证率。通过已构建的基于多目标鲁棒优化的水环境设施雨季协同调控算法，对区域内17个泵站的启停状态进行调控，调控步长为5min。根据管网神经网络模型，以正负10%作为不确定性区间，模拟溢流风险、能耗、安全性，实时调整泵站启停状态，优化结果见图5-41、图5-42。通过优化管网调蓄空间，实现漫溢量控制在（15~55）×10⁴m³，能耗控制在1700~2000kW·h，全系统COD污染负荷相较于现状削减13.6%~38.8%。

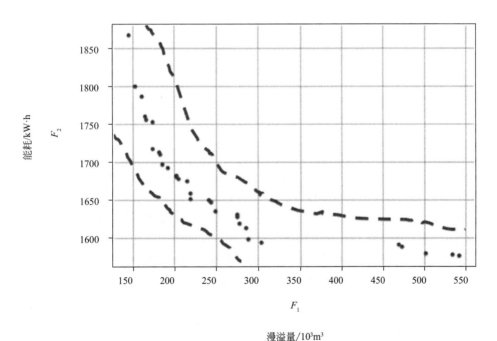

图5-41　厂网一体化协同调控优化结果（双目标）

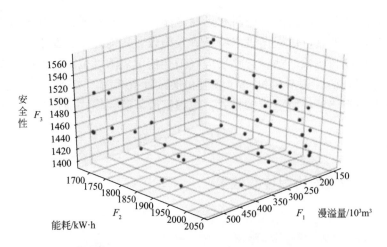

图5-42 厂网一体化协同调控优化结果（三目标）

此外，如表5-17所列，使用本研究开发的基于多目标鲁棒优化的水环境设施雨季协同调控技术（基于神经网络MPC），相较于传统的静态规则控制，能够实现额外10.5%的漫溢量削减；相较于传统的模型预测控制，能够大幅提高计算速度，满足控制的实时性需求。

表5-17 基于神经网络的模型预测控制效果与计算时间对比

项目	静态规则控制	传统模型预测控制	基于神经网络 MPC
漫溢量 $/10^6 m^3$	423	约380	382
单步长计算时间	实时	20min	<1min

5.5.4.2　实际降雨测试结果

（1）评估参考策略概述

目前，在苏州市中心区，污水泵站的调控往往采用自动和手动相结合的方式，并在排水运行管理部门的监控中心内由相关调度工作人员进行统一的远程监视和控制操作。在非降雨条件下，各泵站主要根据泵前液位监测值进行独立的自动控制，其核心机理为基于液位-流量的静态规则控制策略；在降雨条件或其他事件影响下，当管网液位升高时则切换到手动控制模式，通过调度人员的手动操作保证上下游间的协调和管网安全。

各个泵站的液位-流量控制规则见表5-18。2017~2019年间，苏州市福星片区主要采用该控制策略对排水系统进行调控。

表5-18 苏州市福星片区各泵站控制参数设定值

序号	泵站名称	设定值 /m			
1	三元泵站	液位上限设定值	4.5	液位下限设定值	0.8
		开一台泵液位	2.2	一台关一台液位	1.8
		开两台泵液位	2.7	二台关一台液位	2.1

续表

序号	泵站名称	设定值 /m			
1	三元泵站	开三台泵液位	2.9	三台关一台液位	2.4
2	金石街泵站	液位上限设定值	4	液位下限设定值	1
		开一台泵液位	2.5	一台关一台液位	2.3
		开两台泵液位	3	二台关一台液位	2.6
		开三台泵液位	5.1	三台关一台液位	4.1
		开四台泵液位	12	四台关一台液位	11
3	南环泵站	液位上限设定值	4.11	液位下限设定值	0.8
		开一台泵液位	3.15	一台关一台液位	2.55
		开两台泵液位	3.55	二台关一台液位	3.05
		开三台泵液位	10	三台关一台液位	11
4	城南泵站	液位上限设定值	10	液位下限设定值	0.8
		开一台泵液位	3	一台关一台液位	2.5
		开两台泵液位	3.8	二台关一台液位	3.2
		开三台泵液位	4.8	三台关一台液位	4.5
		开四台泵液位	6	四台关一台液位	5
5	福星泵站	液位上限设定值	6.9	液位下限设定值	1.5
		开一台泵液位	2.4	一台关一台液位	2.2
		开两台泵液位	2.6	二台关一台液位	2.4
		开三台泵液位	2.7	三台关一台液位	2.5
		开四台泵液位	2.8	四台关一台液位	2.6
6	金门泵站	液位上限设定值	9.6	液位下限设定值	0.8
		开一台泵液位	1.2	一台关一台液位	0.8
		开两台泵液位	1.6	二台关一台液位	1.2
		开三台泵液位	2	三台关一台液位	1.6
		开四台泵液位	2.4	四台关一台液位	2
		开五台泵液位	4.8	五台关一台液位	4.8
7	菱塘泵站	液位上限设定值	12	液位下限设定值	2
		开一台泵液位	2.2	一台关一台液位	1.7
		开两台泵液位	2.7	二台关一台液位	2
		开三台泵液位	2.9	三台关一台液位	2.2
		开四台泵液位	6.5	四台关一台液位	7.5
8	玻纤路泵站	液位上限设定值	4.6	液位下限设定值	1.5
		开一台泵液位	2.6	一台关一台液位	2.2
		开两台泵液位	3	二台关一台液位	2.4
		开三台泵液位	3.5	三台关一台液位	2.9
		开四台泵液位	12	四台关一台液位	11
9	新庄泵站	液位上限设定值	4.2	液位下限设定值	0.75

续表

序号	泵站名称	设定值 /m			
9	新庄泵站	开一台泵液位	2.4	一台关一台液位	2
		开两台泵液位	2.8	二台关一台液位	2.4
		开三台泵液位	3	三台关一台液位	2.6
		开四台泵液位	5.2	四台关一台液位	4.8
		开五台泵液位	6.7	五台关一台液位	5.4
		开六台泵液位	11.8	六台关一台液位	10.8
10	白洋湾泵站	液位上限设定值	12.4	液位下限设定值	0.5
		开一台泵液位	5	一台关一台液位	4.8
		开两台泵液位	5.5	二台关一台液位	5
		开三台泵液位	6	三台关一台液位	5.5
		开四台泵液位	10	四台关一台液位	6
		开五台泵液位	12	五台关一台液位	6.8
		开六台泵液位	13	六台关一台液位	7.8
11	石路泵站	液位上限设定值	2.2	液位下限设定值	0.4
		开一台泵液位	1.2	一台关一台液位	1
		开两台泵液位	1.4	二台关一台液位	1.2
12	金阊物流园泵站	开一台泵液位	3.5	一台关一台液位	3.2
		开两台泵液位	3.8	二台关一台液位	3.3
		开三台泵液位	4.5	三台关一台液位	3.5
13	沧浪新城泵站	开一台泵液位	4.2	一台关一台液位	3.8
		开两台泵液位	4.6	二台关一台液位	4.2
		开三台泵液位	10	三台关一台液位	9
14	教育园泵站	开一台泵液位	4.4	一台关一台液位	4
		开两台泵液位	4.7	二台关一台液位	4.2
		开三台泵液位	5.3	三台关一台液位	5
15	劳动路泵站	开一台泵液位	2	一台关一台液位	1.3
		开两台泵液位	2.1	二台关一台液位	1.5
		开三台泵液位	2.7	三台关一台液位	2.2
16	泰南路泵站	开一台泵液位	2.1	一台关一台液位	1.6
		开两台泵液位	2.4	二台关一台液位	1.9
		开三台泵液位	2.5	三台关一台液位	2
17	城西泵站	开一台泵液位	2.6	一台关一台液位	2.3
		开两台泵液位	3	二台关一台液位	2.7
		开三台泵液位	3.3	三台关一台液位	3
		开四台泵液位	5	四台关一台液位	4

（2）控制策略性能评估

在苏州市福星片区进行了4场实际降雨的实测验证。第三方监测位点分别为福星污水处理厂进水口和污水厂上游城西、城南、新庄、三元、劳动路泵站。第三方监测频次与指标为COD等5项水质常规指标。其中COD指标的第三方监测结果见图5-43~图5-46。

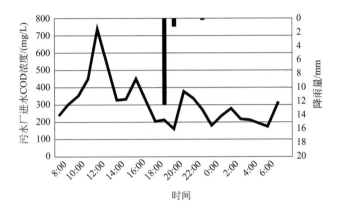

图5-43　2020年7月26~27日第三方监测结果

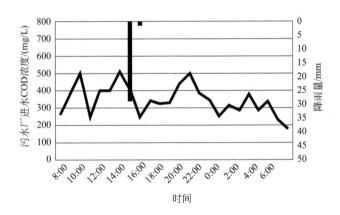

图5-44　2020年7月29~30日第三方监测结果

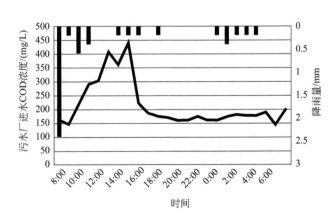

图5-45　2020年8月28~29日第三方监测结果

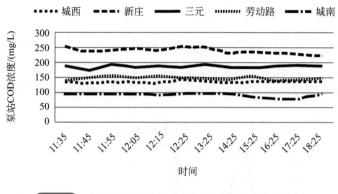

图5-46 2020年9月18~19日第三方监测结果（泵站）

监测结果表明，在2020年7~9月期间实测的4场降雨中，污水厂进水COD浓度比2017~2019年相同降雨条件下进水浓度平均提高18.7%（见图5-47~图5-49），按照2020年7~12月降雨量计算，新增COD削减量达726.3t。

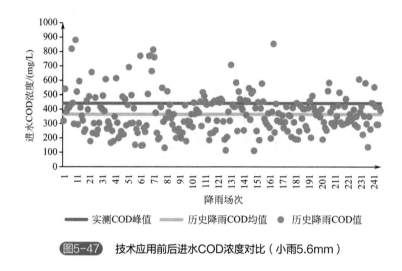

图5-47 技术应用前后进水COD浓度对比（小雨5.6mm）

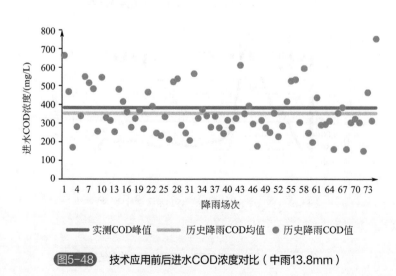

图5-48 技术应用前后进水COD浓度对比（中雨13.8mm）

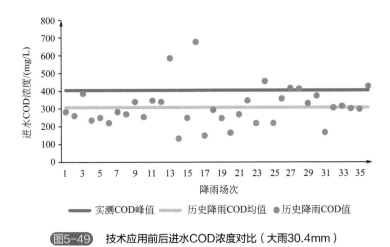

图5-49　技术应用前后进水COD浓度对比（大雨30.4mm）

2020年7~9月期间实测的4场降雨条件下，污水厂进水TN浓度比2017~2019年相同降雨条件下进水浓度平均提高37.4%（见图5-50~图5-52）。按照2020年7~12月降雨量计算，新增TN削减量达290.6t。

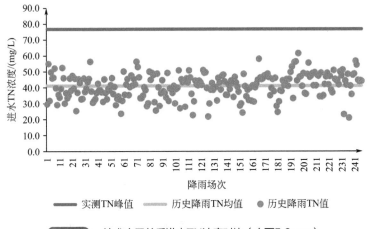

图5-50　技术应用前后进水TN浓度对比（小雨5.6mm）

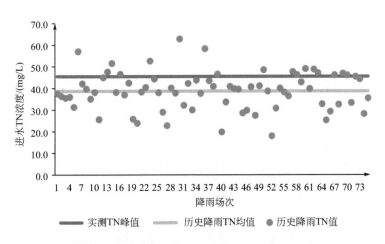

图5-51　技术应用前后进水TN浓度对比（中雨13.8mm）

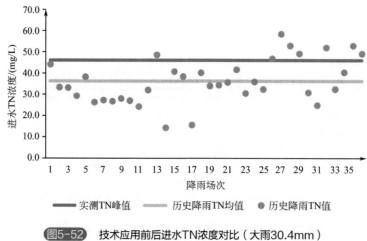

图5-52 技术应用前后进水TN浓度对比（大雨30.4mm）

2020年7~9月期间实测的4场降雨条件下，污水厂进水TP浓度比2017~2019年相同降雨条件下进水浓度平均提高7.4%（见图5-53~图5-55）。按照2020年7~12月降雨量计算，新增TP削减量4.4t。

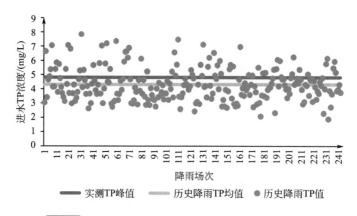

图5-53 技术应用前后进水TP浓度对比（小雨5.6mm）

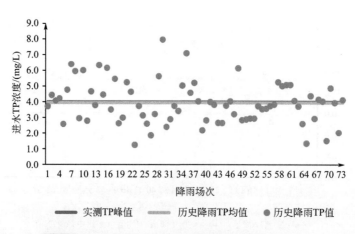

图5-54 技术应用前后进水TP浓度对比（中雨13.8mm）

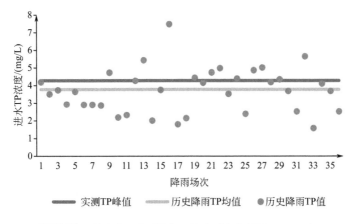

图5-55　技术应用前后进水TP浓度对比（大雨30.4mm）

使用基于多目标鲁棒优化的水环境设施雨季协同调控技术，用一年一遇降雨表征多年平均降雨水平，按照历时120min、芝加哥雨型等不利条件进行模拟调控。经模拟与实测相结合比对验证，如图5-56所示，结果表明应用新技术可实现多年平均降雨条件下福星片区（46.1km²）排入水环境的COD负荷降低11.7%。

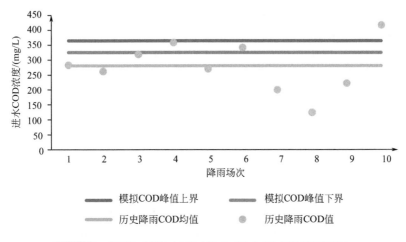

图5-56　模拟与实测COD进水浓度对比（多年平均降雨条件）

参考文献

[1] Pleau M, Colas H, Lavallee P, et al. Global optimal real-time control of the Quebec urban drainage system [J]. Environmental Modelling & Software, 2005, 20(4): 401-413.

[2] Schmitt T G, Thomas M, Ettrich N. Analysis and modeling of flooding in urban drainage systems [J]. Journal of Hydrology, 2004, 299(3-4): 300-311.

[3] 白桦. 不确定条件下分流制城市排水系统优化设计方法研究 [D]. 北京:清华大学, 2016.

[4] 汤海, 李田.城市排水系统实时控制的现状与发展趋势[J].中国给水排水,2009,25(24): 11-14,7.

[5] Creaco E, Campisano A, Fontana N, et al. Real time control of water distribution networks: A state-of-the-art review [J]. Water Res, 2019, 161: 517-530.

[6] Qin S J, Badgwell T A. A survey of industrial model predictive control technology [J]. Control Eng Pract, 2003, 11(7): 733-764.

[7] 董欣, 陈吉宁, 曾思育. 城市排水系统集成模拟研究进展 [J]. 给水排水, 2008 (11): 118-123.

[8] Colas H, Pleau M, Lamarre J, et al. Practical perspective on real-time control [J]. Water Qual Res J Can, 2004, 39(4): 466-478.

[9] 王浩正, 刘智晓, 刘龙志, 等. 流域治理视角下构建弹性城市排水系统实时控制策略[J]. 中国给水排水, 2020, 36(14): 66-75.

[10] Montague P R. Reinforcement learning: An introduction [J]. Trends Cogn Sci, 1999, 3(9): 360.

[11] Puig V, Cembrano G, Romera J, et al. Predictive optimal control of sewer networks using CORAL tool: Application to Riera Blanca catchment in Barcelona [J]. Water Sci Technol, 2009, 60(4): 869-878.

[12] Vanrolleghem P A, Benedetti L, Meirlaen J. Modelling and real-time control of the integrated urban wastewater system [J]. Environmental Modelling & Software, 2005, 20(4): 427-442.

[13] Bach P M, Rauch W, Mikkelsen P S, et al. A critical review of integrated urban water modelling Urban drainage and beyond [J]. Environmental Modelling & Software, 2014, 54: 88-107.

[14] Lund N S V, Falk A K V, Borup M, et al. Model predictive control of urban drainage systems: A review and perspective towards smart real-time water management [J]. Crit Rev Env Sci Tec, 2018, 48(3): 279-339.

[15] Meng F L, Fu G T, Butler D. Water quality permitting: From end-of-pipe to operational strategies [J]. Water Res, 2016, 101: 114-126.

[16] 北京排水集团积极探索 "厂网河一体化综合治理模式" [J]. 北京水务, 2019(2): 64.

[17] 黄俊杰, 汤伟真, 吴亚男. 厂网一体化PPP模式在水务基础设施建设中的应用探讨[J]. 给水排水, 2020, 56(12): 46-49, 55.

[18] Loke E, Warnaars E A, Jacobsen P, et al. Artificial neural networks as a tool in urban storm drainage [J]. Water Sci Technol, 1997, 36(8-9): 101-109.

[19] Gupta J K, Egorov M, Kochenderfer M. Cooperative multi-agent control using deep reinforcement learning, Cham, F, 2017 [C]. Springer International Publishing.

[20] Bowes B D, Tavakoli A, Wang C, et al. Flood mitigation in coastal urban catchments using real-time stormwater infrastructure control and reinforcement learning [J]. J Hydroinform, 2021, 23(3): 529-547.

[21] Saliba S M, Bowes B D, Adams S, et al. Deep reinforcement learning with uncertain data for real-time stormwater system control and flood mitigation [J]. Water-Sui, 2020, 12(11): 3222.

[22] Mullapudi A, Kerkez B. Autonomous control of urban storm water networks using reinforcement learning, F, 2018 [C].

[23] Mullapudi A, Lewis M J, Gruden C L, et al. Deep reinforcement learning for the real time control of stormwater systems [J]. Adv Water Resour, 2020, 140: 103600.

[24] Liu C, Xu X, Hu D. Multiobjective reinforcement learning: A comprehensive overview [J]. IEEE Transactions on Systems Man and Gybemetics:Systems, 2017, 45(3): 385-398.

[25] Babaeizadeh M, Frosio I, Tyree S, et al. Reinforcement learning through asynchronous advantage actor-critic on a GPU [J]. arXiv preprint arXiv: 1611.06256, 2016.

[26] Buoniu L, Babuka R, Schutter B D J S B H. Multi-agent reinforcement learning: An overview [J]. Innovations in multi-agent systems and applications-1, 2010, 310: 183-221.

[27] Kapoor S. Multi-agent reinforcement learning: A report on challenges and approaches [J]. arXiv preprint arXiv:1807.09427, 2018.

[28] Hernandez-Leal P, Kartal B, Taylor M E. A survey and critique of multiagent deep reinforcement learning [J]. Autonomous Agents and Multi-Agent Systems, 2019,33(6):750-797.

[29] Fiorelli D, Schutz G, Klepiszewski K, et al. Optimised real time operation of a sewer network using a multi-goal objective function [J]. Urban Water J, 2013, 10(5): 342-353.

[30] Hu X, Zhang Y C, Liao X L, et al. Dynamic beam hopping method based on multi-objective deep reinforcement learning for next generation satellite broadband systems [J]. Ieee T Broadcast, 2020, 66(3): 630-646.

[31] Mossalam H, Assael Y M, Roijers D M. Multi-objective deep reinforcement learning [J]. arXiv preprint arXiv, 2016, 1610:02707.

[32] Xu Z, Yin H, Li H. Quantification of non-stormwater flow entries into storm drains using a water balance approach [J]. Science of The Total Environment, 2014, 487: 381-388.

[33] Buerge I J, Buser H R, Kahle M, et al. Ubiquitous occurrence of the artificial sweetener acesulfame in the aquatic environment: An ideal chemical marker of domestic wastewater in groundwater [J]. Environ Sci Technol, 2009, 43(12): 4381-4385.

[34] Kurissery S, Kanavillil N, Verenitch S, et al. Caffeine as an anthropogenic marker of domestic waste: A study from Lake Simcoe watershed [J]. Ecological Indicators, 2012, 23: 501-508.

[35] Granata F, Gargano R, de Marinis G. Support vector regression for rainfall-runoff modeling in urban drainage: A comparison with the EPA's Storm Water Management Model [J]. Water-Sui, 2016, 8(3): 35.

[36] Kim K G. Book review: Deep Learning [J]. Healthc Inform Res, 2016, 22(4): 351-354.

[37] Guzman S M, Paz J O, Tagert M L M. The use of NARX neural networks to forecast daily groundwater levels [J]. Water Resour Manag, 2017, 31(5): 1591-1603.

[38] She L, You X Y. A dynamic flow forecast model for urban drainage using the coupled artificial neural network [J]. Water Resour Manag, 2019, 33(9): 3143-3153.

[39] May R J, Dandy G C, Maier H R, et al. Application of partial mutual information variable selection to ANN forecasting of water quality in water distribution systems [J]. Environmental Modelling & Software, 2008, 23(10-11): 1289-1299.

第6章

城市污泥处理对水环境影响的
综合评价技术

6.1 城市污泥处理处置技术应用现状

6.1.1 市政污泥处理处置现状与典型模式

随着我国城镇化水平不断提高,污水处理设施建设高速发展。据统计,2020年我国679个建制市已建成污水处理厂2618座,每日处理能力为$1.9267×10^8m^3/d$,全年处理生活污水$5.5728×10^{10}t$,实现了97.53%城市污水的系统化收集处理[1]。市政污泥是污水处理的产物,随着污水处理量增加,污泥产量也迅速升高,2020年全国污泥总产生量达到$5.13×10^7t$(图6-1)。

图6-1 2010～2020年城镇污水产生量与污泥产生量

市政污泥是城市污水处理过程的必然产物。通常，城市污水处理厂每处理$1×10^4$t生活污水产生含水率80%的市政污泥5~8t。随着我国城镇化和居民生活水平的快速提升，市政管网建设日益完善，污水收集量和处理率也不断提高，导致市政污泥产生量巨大，增速较快[2]。城市污水处理厂的污水来源复杂，处理环节较多，导致市政污泥的组成比较复杂。污水处理厂排放的市政污泥含水率与其质量、体积、热值、营养物质及理化性质等因素密切相关，通常需将含水率降至60%~65%后方可进行后续处理处置或资源化利用。市政污泥是非均质体，除了大量水分之外，其中还含有大量有机物，主要包括碳水化合物、木质素、蛋白质、脂肪及其他小分子有机物等，此外还含有重金属（如镉、锌、铜、铬、镍等）、无机矿物（如K_2O、CaO、SiO_2、MgO和磷酸盐等）和微生物等成分（图6-2）。市政污泥中含有大量可被利用的有机物，挥发分占干基质量的40%~60%，干基低位热值常在10000kJ/kg以上，同时也含有病原体和多氯联苯类、多环芳烃类、重金属等有毒有害物质。市政污泥中含有的有毒有害物质，未经有效处理处置，极易对地下水、土壤等造成二次污染，直接威胁环境安全和公众健康，使污水处理设施的环境效益大大降低。由此可见，市政污泥如果不能妥善处理处置，其污染属性将对自然环境和生态健康带来污染风险；如能采用适当技术加以利用，其资源属性又可提供重要的资源或能源进行回收利用。

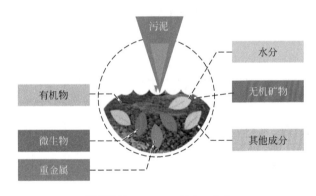

图6-2　市政污泥的主要成分

通常，污泥处理分为预处理、污泥处理和污泥处置三个阶段。污泥预处理包括浓缩和脱水两个阶段：浓缩是通过重力或机械的方式去除污泥中的一部分水分，减小体积；脱水是通过机械的方式将污泥中的部分间隙水分离出来。浓缩污泥的含水率一般可达94%~96%；脱水污泥的含水率在80%左右。污泥处理一般将含水率80%的脱水污泥处理至达到处置标准的60%或以下含水率的干化污泥，处理方式主要有厌氧消化、好氧发酵、污泥能源干化、机械深度脱水、碱稳定法等；污泥处置方式一般采用填埋、土地利用、建材利用和焚烧等[3]。污泥处理处置方式往往受政府政策的引导及周边设施的限制。

污泥处理处置应符合"安全环保、循环利用、节能降耗、因地制宜、稳妥可靠、经济可行"的原则。随着我国环保监管力度不断加大以及排污许可证的推行，污泥处理不断规范化，无害化处置率迅速提高。2018年污泥产生量为$1.26×10^5$t/d，已投入运营的处理能力为$7.18×10^4$t/d，满负荷运行下无害化处置率不足60%。2019年污泥产生量增加到$1.3×10^5$t/d，处理能力为$9×10^4$t/d，无害化处置率接近70%。2020年无害化处置能力突破$1.0×10^5$t/a，超过75%的"十三五"规划目标。

《城镇污水处理厂污泥处理处置技术指南（试行）》中提出了厌氧消化-土地利用、好氧发酵-土地利用、机械热干化-焚烧、工业窑炉协同焚烧、石灰稳定-填埋、深度脱水-直接填埋六种典型的污泥处理处置方案。目前，干化脱水后填埋依然为占比最高的技术，但近年来其占比呈逐步下降趋势。2017年中标/开工的项目中，厌氧消化、好氧发酵的资源化技术占比有所增长。2018年中标/开工的项目中，热干化、机械脱水这种减量化明显且处理效率相对较高的处理方式占比明显增长，与2017年相比增长5%左右，石灰干化由于受到政策及石灰市场价格技术限制等多重压力，2018年未见新增石灰干化项目。2019年新增污泥处理技术构成仍以机械脱水与热干化为主，后端处置方式以协同焚烧或直接焚烧为主。由于水泥窑协同焚烧、燃煤电厂的协同焚烧或垃圾协同焚烧均存在混烧规模限制，且受行业政策和环保标准变化的影响较大，协同焚烧存在一定的运营风险[4]。我国幅员辽阔，不同地区市政污泥处理方式也存在很大差异，本书选取北京市、上海市、昆明市等典型城市污泥处理模式对污泥处理处置技术进行分析。

（1）北京市污泥"热水解-厌氧消化-板框脱水-土地利用"模式：政策强力保障下全程减量、能源回收和土地利用的优化组合

北京市城区污水处理厂日产污泥约6000t（含水率按80%计，下同），市政污泥的主要性质如表6-1所列。

表6-1　北京市市政污泥元素组成及性质

指标	单位	污泥内含量	指标	单位	污泥内含量
含水率（质量分数）	%	82.60	全磷	g/kg	26.50
挥发分（质量分数）	%	60.28	钾	mg/kg	2360
灰分（质量分数）	%	33.88	钙	mg/kg	8370
高位热值	kJ/kg	12090	钠	mg/kg	1350
低位热值	kJ/kg	12080	镁	mg/kg	671
碳	%	33.16	铁	mg/kg	15600
氢	%	5.23	铝	mg/kg	10200
氧	%	25.70	锌	mg/kg	777
氮	%	5.950	铅	mg/kg	<0.2
			铬	mg/kg	24.60

受到北京市政策限制，填埋、建材化、焚烧等不可成为北京市的主要污泥处理处置方式，原有焚烧和干化项目已陆续停产[5]。按照北京市《北京市进一步加快推进城乡水环境治理工作三年行动方案（2019年7月—2022年6月）》的整体布局，本着大厂污泥就近在厂内进行处理，中小厂污泥外运进行集中处理的原则，北京投资建设了5座污泥处理中心，在高碑店、小红门、槐房等大厂内建设污泥处理车间处理本厂污泥，其他厂的污泥外运至高安屯污泥处理中心集中处理，形成北京市中心城区"11座再生水厂+5座污泥处理中心"的布局，5座污泥处理中心全部采用热水解-厌氧消化-板框脱水工艺。

以高安屯污泥处理中心为例[6]。高安屯污泥处理中心位于北京朝阳与通州交界处，临

近朝阳区循环经济产业园。主体工程包括污泥处理厂1座，处理规模1836t/d，为目前国内最大的集中式污泥处理工程。污泥处理工艺流程为"热水解-厌氧消化-板框脱水"，脱水后污泥外运，用于林地绿化等。污泥处理厂的污泥来源有两部分，少量为再生水厂预脱水污泥，通过泥泵送入热水解进泥缓存仓；大量为外厂装车运输来的污泥，卸入污泥接收仓，外厂污泥主要来自北苑、酒仙桥、北小河等再生水厂的带式压滤脱水后污泥。主要工序如下：

① 污泥在接收仓暂存后送入热水解进泥缓存仓；

② 进入热水解系统进行细胞破壁；

③ 经热水解处理的污泥冷却降温后，进入污泥消化池进行厌氧消化；

④ 消化后的污泥在板框脱水机房进行脱水至含水率60%以下；

⑤ 压滤后污泥经过一定的加工过程后，外运用于园林绿化。

消化过程产生的沼气经脱硫处理后，输送至蒸汽锅炉房，作为燃料气源，生产热水解所需的蒸汽。板框脱水滤液经收集后处理，降解滤液中的氨氮、COD等污染物，出水排入再生水进水提升泵房。高安屯污泥处理中心项目自2017年9月运行以来整体运行稳定，处理外接污泥占总处理量的90%以上；热水解预处理系统安全稳定高效，污泥厌氧消化的有机物分解率和沼气产量稳定，实现了集中式污泥处理中心污泥减量化和资源化的功能设置目标[7]。

根据《城镇污水处理厂污泥处理处置技术指南（试行）》要求，经过无害化和稳定化处理后的污泥及污泥产品，以有机肥、基质、腐殖土、营养土等形式可用于农业、林业、园林绿化和土地改良等方面。《土壤污染防治行动计划》中也明确鼓励将处理达标后的污泥用于园林绿化。北京市热水解-厌氧消化-板框脱水工艺处理后外运的脱水污泥根据园林绿化的需求被加工成绿化用基质土，主要用于绿地和林间施肥。例如，将污泥烘干、破碎后添加腐殖酸钾，再造粒筛选，形成高品质园林专用有机营养土。园林专用有机营养土污染物浓度和理化指标均达到《城镇污水处理厂污泥处置 园林绿化用泥质》（GB/T 23486—2009）标准要求（表6-2）。

表6-2　北京市政污泥制园林专用有机营养土产品理化指标

理化指标	单位	园林专用有机营养土产品	GB/T 23486—2009	
			园林绿化用泥质（酸性）	园林绿化用泥质（中性、碱性）
pH 值	无	6.5~7.8	6.5~8.5	5.5~7.8
含水率（质量分数）	%	<40	<40	<40
总养分（质量分数）	%	>5	≥ 3	≥ 3
有机物（质量分数）	%	>40	≥ 25	≥ 25
总砷	mg/kg	15	75	75
总镉	mg/kg	3	5	20
总铬	mg/kg	150	600	1000
总铜	mg/kg	500	800	1500
总汞	mg/kg	15	5	15

续表

理化指标	单位	园林专用有机营养土产品	GB/T 23486—2009	
			园林绿化用泥质（酸性）	园林绿化用泥质（中性、碱性）
总镍	mg/kg	50	100	200
总铅	mg/kg	50	300	1000
总锌	mg/kg	1000	2000	4000
粪大肠菌群菌值	无	>0.01	>0.01	>0.01
蛔虫卵死亡率	%	>95	>95	>95

北京市水务局、生态环境局和园林绿化局联合出台了《关于在本市林地中开展使用处理达标后的城镇生活污泥试点工作的通知》，规范项目申报程序、实施流程、管理流程、监测流程，即市园林局指定地块，地方企业负责实施，三委办局共同监管。同时，还与京津冀地区十余地政府确定开展污泥产品林地、苗圃资源化利用[8]。

北京市市政污泥处理与土地利用工艺流程见图6-3。

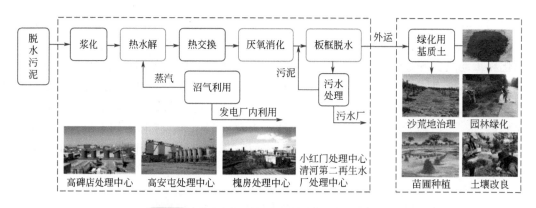

图6-3 北京市市政污泥处理与土地利用工艺流程

目前北京市利用1条主流处理工艺（"热水解-厌氧消化-板框脱水"）、5个污泥处理中心（高碑店、小红门、槐房、高安屯、清河二）、1个主要处置利用方向（土地利用）的"151模式"，已经实现市政污泥的"日产日清"。北京市的污泥处理模式是在政策强力保障下，全程减量、能源回收和土地利用的优化组合模型。

（2）上海市"污泥干化-焚烧"处置模式：经济发达、土地稀缺下的现实选择

按照上海高质量、高水平发展和城市精细化管理的总体要求，目前上海市污水处理系统和污泥处理处置规划在延续石洞口、竹园、白龙港、杭州湾沿岸、嘉定及黄浦江上游、崇明三岛六大区域分片处理格局的基础上，提出"5010"的总体布局，即规划50座城镇污水处理厂、10座污泥处理厂，其中，石洞口、竹园、白龙港和杭州湾沿岸四大区域以集中处理为主，规划11座城镇污水处理厂、5座污泥处理厂；嘉定及黄浦江上游、崇明三岛区域采用属地化相对分散处理，规划39座城镇污水处理厂、5座污泥处理厂。

在污水处理系统的六大区域分片处理布局的基础上，污泥处理处置以"市辖区及周边地区集中处理、郊区属地化集中处理"为原则进行规划布局。市辖区及周边三大区域的污水处理厂污泥处理处置方式以独立焚烧为主、协同焚烧为辅，处理后的污泥作建材利用或统筹利用。原有污泥深度脱水处理设施保留，污泥深度脱水后卫生填埋作为应急保障。郊区污水处理厂污泥处理处置为属地化集中处理，处理方式以干化焚烧为主、好氧发酵后土地利用为辅，卫生填埋作为应急保障。规划干化焚烧设施建设宜与区域生活垃圾焚烧设施用地统筹考虑，处理后的污泥作建材利用或统筹利用；对于泥质良好且达到国家标准要求的污泥可采用好氧发酵后土地利用的处理处置方式，实现有机物还田。同时，在老港综合处理场预留96hm²土地（约812.3万吨库容），用于石洞口、竹园、白龙港区域污泥焚烧后的飞灰、灰渣填埋，污泥处理设施检查维修及事故期间深度脱水污泥的应急填埋处置。

上海市市政污泥干化前后元素组成及性质见表6-3。

表6-3 上海市市政污泥干化前后元素组成及性质

指标	单位	原泥	干泥	指标	单位	原泥	干泥
含水率（质量分数）	%	84.08	23.69	碳（质量分数）	%	34.39	30.42
有机质（质量分数）	%	66.04	61.81	氢（质量分数）	%	5.63	5.21
挥发分（质量分数）	%	66.68	61.73	氧（质量分数）	%	19.58	14.78
灰分（质量分数）	%	23.31	28.27	氮（质量分数）	%	5.51	5.28
高位热值	kJ/kg	14795	13560	硫（质量分数）	%	0.91	0.60
低位热值	kJ/kg	285	10015	氯（质量分数）	%	0.09	0.46

上海石洞口污泥干化焚烧项目是我国运行较早的污泥干化焚烧工程，该项目处理量为180t/d，采用流化床干化系统和流化床焚烧系统相结合的工艺。石洞口城市污水处理厂设计水量为$4.0 \times 10^5 m^3/d$，采用具有脱氮除磷功能的一体化活性污泥法作为污水处理工艺，处理对象为城市混合污水（含有大量以化工废水、制药废水、印染废水为主的工业废水），产生的污泥量为64t/d，经脱水后含水率为70%，污泥体积为213m³/d。在总结已有工程和现有技术的基础上，根据石洞口城市污水处理厂特点，采取对脱水污泥进行低温干化-高温焚烧联合处理的工艺方案。采用流化床干化工艺将脱水污泥含水率从70%左右降至10%左右，焚烧采用循环流化床焚烧炉。该联合工艺可以达到能量的自平衡。

上海市竹园污泥处理工程是世界银行贷款上海市城市环境APL二期项目的子项之一，采用污泥半干化焚烧处理工艺，焚烧炉渣用于制造建筑材料。该项目用地面积5.83hm²，是目前国内已建成投运的最大的污泥干化焚烧工程。竹园污泥处理工程主要针对竹园第一、竹园第二、曲阳和泗塘4座污水处理厂的脱水污泥，近期建设规模为150t DS（干污泥）/d（折合750t/d含水率80%计的湿污泥），年处理脱水污泥达$2.74 \times 10^5 t$，较为彻底地解决了上海市竹园污水片区污泥的出路问题。竹园污泥处理半干化焚烧工艺首先采用桨叶式干化机将湿污泥干化到含固率60%以上，然后再送入鼓泡流化床焚烧炉进行焚烧（图6-4）。主要包括6大系统：a.污泥接受、储存、输送和干化系统；b.焚烧和余热锅炉系统；c.烟气净化系统；d.水蒸气循环系统；e.灰渣处理系统；f.辅助系统等。

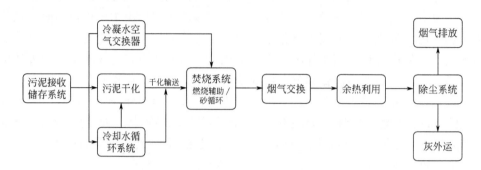

图6-4 上海市竹园市政污泥处理工程工艺流程

值得注意的是，流化床焚烧炉焚烧污泥具有飞灰产生量大的问题。该工程采用静电除尘+布袋除尘+洗涤的多级烟气处理工艺，静电飞灰和布袋飞灰的分段收集，既能满足国家和上海市颁布的排放指标，同时又将产生量很大的静电飞灰按一般废物处置，大大降低了飞灰的处置成本。

结合上海超大型城市的实际情况选择减量化最彻底的干化焚烧工艺，建成投运后运行情况良好，证明在经济发达、土地稀缺的城市，干化焚烧是一种最为行之有效的处理方式。

（3）昆明市"污泥好氧稳定化-磷矿山生态恢复"处置模式：后端土地利用得天独厚条件下形成的产业生态链接模式

从国内外污泥处理处置经验来看，污泥处理技术的选择应"因泥制宜、因地制宜"，否则即使建成了处理设施，也难以长效稳定运行。近年来昆明市污水处理厂采取源头管控、管网调控、工艺优化等多种措施，在源头减量和泥质改善方面取得了明显成效，污泥产量增速远低于预期，有机质和营养物质含量显著提升，重金属含量稳步下降，绝大部分污泥基本具备了土地利用条件。另外，昆明市大型新型干法水泥回转窑技术与管理水平先进，华新、红狮等公司均为国内固体废物水泥窑协同处置领先企业，具备大规模协同处置污泥的条件和经验。

与此同时，由于长期的磷矿开采，昆明市周边地区产生了大量磷矿山废弃地。根据《昆明市滇池流域地区五采区生态修复和采区布点规划》规划范围约为105km²（1.05×10⁴hm²）"五采区"（砂、石、土、砖、矿）需完成100%生态修复。另外，昆明市还有1500万亩林地及待修复林地，按照10%的待修复林地计算有150万亩（1.0×10⁵hm²）待修复。按照《城镇污水处理厂污泥处置 土地改良用泥质》（GB/T 24600—2009）和《城镇污水处理厂污泥处置 林地用泥质》（CJ/T 362—2011）要求测算，矿山生态恢复共需1.5×10⁷t的污泥，以当前昆明市城区产生污泥约3.6×10⁵t/a计，待修复区域需要42年才能修复完毕。

综合考虑昆明市污泥产生量、泥质特征的动态变化、昆明市土地资源及环境背景状况、可利用的社会资源状况、经济社会发展水平、相关产业发展等因素，昆明市经过多年探索，在科技支撑和科学论证基础上，逐步形成了多元化土地利用为主、水泥窑协同建材利用为辅的污泥处置方式。其中核心工艺为污泥槽式覆膜好氧稳定化-矿山生态恢复工艺：以脱水污泥（80%含水率）为原料，以园林绿化废物为辅料，混料后在槽式覆膜发酵仓进行好氧发酵，一次发酵和二次发酵周期均为15d；二次发酵产物进行深度陈化腐熟后筛分，筛下物作为磷矿山废弃地生态恢复基质土，或作为外售产品用于花卉种植、园林绿化或其他废弃地修复；筛上物主要为辅料，返回到一次发酵系统前端，继续作为辅料使用，起到接种剂的作用。

昆明市城区市政污泥典型重金属和有机质含量见表6-4。昆明市污泥好氧发酵-矿山生态恢复产业模式见图6-5。

表6-4　昆明市城区市政污泥典型重金属和有机质含量

指标	单位	污泥	农用污泥控制标准①	土地改良用泥质标准②
有机质（质量分数）	%	43.89	＞20	—
总养分（质量分数）	%	59.96	＞30	—
总砷	mg/kg	28.98	75	75
总镉	mg/kg	6.947	15	5
总铬	mg/kg	103.78	1000	1000
总铜	mg/kg	145.83	1500	1500
总汞	mg/kg	3.519	15	5
总镍	mg/kg	39.11	200	100
总铅	mg/kg	64.65	1000	300
总锌	mg/kg	1352.81	3000	2000

① 参照《农用污泥污染物控制标准》（GB 4284—2018）。
② 参照《城镇污水处理厂污泥处置 土地改良用泥质》（GB/T 24600—2009）。

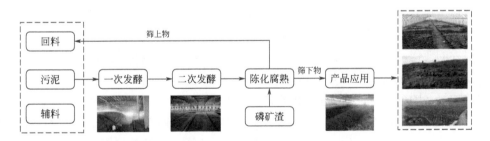

图6-5　昆明市污泥好氧发酵-矿山生态恢复产业模式

根据昆明矿山生态恢复现场试验监测结果，施用污泥发酵产物后，矿山土壤有机质和总氮含量显著增加，土壤表观团粒结构有效改善土壤孔隙率和饱和持水量显著增加，提高了土壤的透气性和保水保肥性能，增加了土壤的酸碱缓冲能力，有效减缓矿山土壤酸化的潜势，促进了植物快速生长，对于矿山生态恢复、面源污染控制、温室气体减排效果显著。

昆明市磷矿山、花卉、园林等产业发达，为污泥好氧发酵稳定化产物作为矿山修复基质土、林业基质土、园林苗木栽植土、花卉园艺腐殖土和矿山废弃地修复基质土的资源化利用提供了得天独厚的产业生态链接、资源循环共生条件。巨大的需求潜力和紧迫的修复需求为昆明市污泥产品提供了可靠的市场空间。因此，昆明市污泥好氧稳定化-磷矿山生态恢复模式是后端土地利用得天独厚条件下形成的产业生态链接模式。

6.1.2　排水管道淤泥处理处置现状与典型案例

目前国内排水管道淤泥清淤技术已较成熟，主要采用机械清淤与人工清淤相结合的方式，基本都可以达到有效清淤的目的[9]。当淤积严重或者管道坡度太小时，通常采用两种方式进行清淤：第一种是水力冲刷；第二种是在检查井内用抽吸罐车吸取泥/水混合物（图6-6）。采用高压水冲刷清淤时需要根据现场实际情况（管径、淤积程度和管道形状等），选择合适的喷头、冲洗压力（70~140bar，1bar=10⁵Pa）和冲洗流速。

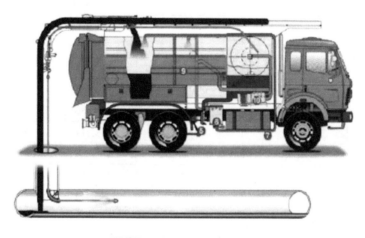

图6-6　一体化管道清淤设施[9]

在管道淤泥处置上，国内常用的方法是淘洗+筛分[10]。该方法利用水力、机械力和重力分选，结合粒度分选，将管道淤泥分离为砂、污泥等相对单一、稳定的成分，不仅性质上发生了很大的变化，而且总量上也得到了大幅度的减少，为其资源化利用创造了条件。2013年，北京引入德国的筛分设备，完成国内第一个采用先进处理工艺，对管道淤泥进行系统化处理的项目（图6-7）。对排水管道淤泥进行淘洗和筛分，高效分离出不同颗粒尺寸的有机物、砂砾和污泥，在减少管网系统进入污水处理厂砂量的同时，回收了可作为建材使用的无机砂粒。之后，类似的工艺又在上海、深圳等地实施。随着对管道淤泥处理要求的不断提升，排放尾水中超细砂的回收问题、大块物料清理问题、淘洗水资源回收问题等先后得到了解决。

以上海市为例，排水管道淤泥采用预处理、回收利用联合处理的方式处理，处理后的淤泥进行填埋或焚烧[11]。管道淤泥处理站优先考虑功能调整的污水处理厂用地、雨污水泵站及现有排水管道淤泥码头或堆场等，用地尽量与垃圾中转站合建。综合考虑运输成本、交通便利等因素，中心城一区一站，郊区原则上每区不少于二站。

上海市长宁区、虹口区管道淤泥处理工程主要以预处理-水力淘洗工艺为主，典型工艺流程如图6-8所示。

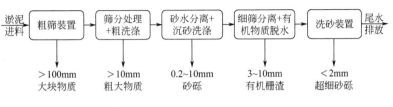

图6-7　管道淤泥处理工艺流程

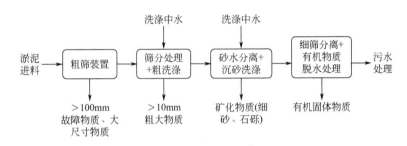

图6-8　管道淤泥的预处理-水力淘洗工艺流程

管道淤泥经运输车卸料至接收槽粗格栅上，去除块石、垃圾等杂物，栅下物进入下部污泥搅拌槽，经过水力淘洗后，出料分为沉砂、污水和沉渣三部分。沉砂经沉砂输送机送至双层转鼓式设备，通过筛滤作用分离粒径大于1mm的轻质浮渣和重质砂石。轻质浮渣与搅拌槽浮渣一同送脱水机脱水后外运处置，重质砂石可直接出料。污水进一步送至砂水分离器，分离出0.2mm以上的砂砾。系统全部污水经收集后纳管排入污水处理厂集中处理。

预处理-水力淘洗工艺作为最早引进开发的管道淤泥处置工艺，可实现排水管道淤泥中块石、垃圾、浮渣和沉砂的分离，具有操作方便、运行费用低廉的特点。但水力淘洗工艺也存在诸如粒径分级不够、清洗设备负荷大且磨损重、未实现砂砾与有机物分离而影响建材化再利用等问题[12]。

上海市浦东新区、闵行区管道淤泥处理工程主要以预处理-回收利用工艺为主，典型工艺流程如图6-9所示。

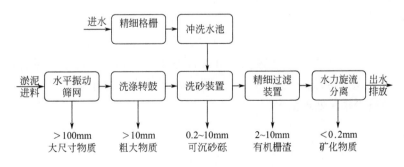

图6-9　管道淤泥的预处理-回收利用工艺流程

管道淤泥经运输车运送至储泥池，经水平振动筛网分离砖块、树枝等杂质。污泥均化后经喂料仓输送至转鼓洗涤装置，分离出粒径大于10mm的粗粒物质。砂水混合物经管道输送至洗砂设备，分离出颗粒粒径在0.2~10.0mm之间的可沉砂砾。洗砂设备通过附壁效应高效分离有机物和矿化物，粒径>0.2mm的砂砾分离效率可达95%。滤液经中间水池，通过水力旋流方法进一步分离10μm以上的细砂。产生的污水经收集后纳管进入污水处理厂集中处理。

预处理-回收利用工艺相对预处理-水力淘洗工艺进一步对颗粒物进行了多级分离，同时有效分离了有机物与无机矿化成分，筛出物的资源化利用价值也较高，可实现管道淤泥的减量化、无害化和资源化，是目前较好的排水管道淤泥处理工艺。

目前，发达国家排水管道淤泥大多采用专门的处理设施进行处理。如日本横滨，排水管道污泥经筛滤、粉碎、磁选、絮凝、沉淀处理后，有机垃圾可用于焚烧，污泥可用于绿化，砂石可用于修路。德国将管道淤泥筛分后进行机械脱水处理，含固率达到20%后，大部分可进行焚烧处置，其余部分在农业或园林中利用。

德国污水处理协会2012年发布的技术规范（M369）建议采用湿机械法处理管道淤泥。采用一体化管道清淤设施配合人工清淤的方式将淤泥抽吸到罐车中。淤泥在处理之前，可将上清液排入污水管道，然后将罐车内的固体沉积物、浆状物输送至湿机械法处理系统的进料接收仓中。进料接收仓安装有分离栅，将一些较大的固体物质分离，固体物质输送到后续的粗物料分离装置。粗筛分装置分离粒径大于22mm的固体物质，采用一体化螺杆筛分装置、洗涤转鼓等。实际工程案例证明，一体化螺杆筛分装置更适用于管道淤泥的处理，可分离粗大物质，同时不断进行物料匀化洗涤。经筛分洗涤后，混合物料进入砂水分离装置，利用不同物质的密度差异，实现砂水分离、无机物质和有机物质的初步分离。分离的无机物质经压榨后输送至砂斗车内，其有机质含量不超过3%，可回收利用。剩余物料经细筛分离装置，可将其中固体物质按粒径大小进一步分成细砂、砂砾和石砾。冲洗水用量因所选工艺流程和设备配置而异，冲洗水排水含溶解性、颗粒性有机物质和泥粉物质，可排入市政污水管道内进入污水处理厂集中处理。

6.1.3　河道底泥处理处置现状与典型案例

河道底泥中含有大量的污染物，特别是病原体、持久性有机物、重金属离子等。这些有害物质经过食物链的累积和扩大效应，将会影响人类的健康，破坏自然环境和生态系统。此外，水体富营养化的问题也与底泥污染密切相关。

水体底泥污染是世界范围内的环境问题，其污染程度加剧主要是人为因素造成的。污染物通过大气沉降、废水排放、雨水淋溶与冲刷进入水体，大量难降解污染物相当一部分通过沉淀、吸附等作用积累在水体底泥中并逐渐富集，累积于底泥中的各种污染物可通过与上层水体交换，重新释放进入水体中，造成二次污染[13]。本书总结了深圳、广州、海口等城市典型河道整治底泥处理情况。

（1）深圳市茅洲河综合整治工程

茅洲河是深圳境内的第一大河，河流域面积398km²，干流总长41.61km，被称为深圳的

"母亲河"。由于早期受工业影响，河水污水横流，污染底泥量达400多万立方米。由中国电力建设集团承担的茅洲河1号底泥处理厂，这是我国首个投产的河湖污泥大规模工业化处理与资源再生利用中心，河湖污泥（水下自然方）年处理能力达$1.0×10^6m^3$，于2016年8月正式运行。茅洲河1号底泥处理厂利用工业自动化与智能分析、实时监测技术，采用河道污染底泥环保疏浚、长距离输泥、垃圾分选、泥沙分离、泥水分离、机械脱水、无害化处置、余水快速处理及碳化制陶等工艺，实现对河湖污染底泥工厂化、无害化、集成化、规模化、自动化高效处理及资源化利用。黑臭底泥处理后形成余水、垃圾、余砂、余土4种产物：余水经过处理后达标还河；垃圾运往填埋场填埋；余砂清洗后资源化利用，成为建筑用砂；余土，一部分用作工程回填土，另一部分制成透水性能良好的各种透水砖，用于茅洲河沿河景观带建设[14]。

（2）广州市峨眉沙岛河涌淤泥无害化处理资源化利用项目

广州市河道底泥受有机物、营养盐、石油类和重金属的污染较为严重。按照《广州市中心城区河涌水系规划》和《广州市中心城区河涌综合整治方案》的要求，广州市在峨眉沙岛建设了河涌淤泥无害化处理与资源化利用项目，采用一体式底泥脱水干化工艺，利用生物除臭、水力旋流（离心）固液分离技术加振荡筛网脱水，经固化后用作填方材料，尾水采用不对称纤维材料作为滤料的快速过滤处理技术处理，解决了广州市约$5.0×10^6m^3$河涌底泥的出路问题[15]。

（3）海口市红城湖清淤整治工程

红城湖位于琼山区府城镇北侧，南临红城湖路，湖水面积约$3.0×10^5m^2$，是海口的主要景观水面和蓄洪湖。

红城湖清淤整治工程包括红城湖水段的河道疏浚、底泥脱水干化及外运等（图6-10）。

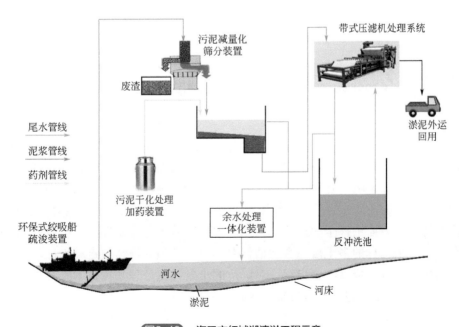

图6-10 海口市红城湖清淤工程示意

采用生态清淤+旋流筛分减量化+带式压滤脱水固结工艺，根据红城湖的环境现状，选择环保绞吸式挖泥船带水作业，通过密闭管道输送直接进入污泥筛分减量化设备。筛分减量化设备分为三级分离系统，将污染底泥按不同粒径进行筛分，去除水中绝大部分的砂粒和部分粉粒、黏粒等，最终得到含水率55%~75%的污泥，筛分不出来的细颗粒物进浓浆沉淀堰浓缩沉淀后，过压滤机进一步脱水处理至含水率为40%~50%，得到的泥饼经堆土处理进一步干燥后由密闭的运输车外运处理，浓浆沉淀堰和压滤余水通过澄清后回排蓄水池。

（4）国内其他典型案例总结

合肥市二十埠河小流域综合治理工程、江苏南通如东县城"三河六岸"河道整治项目和雄安新区安新县府河新区段河道综合治理项目的河道底泥处理案例如表6-5所列。

表6-5　我国部分城市河道底泥处理情况

项目名称	工艺路线	项目概述
合肥市二十埠河小流域综合治理工程	河道底泥带式脱水系统	对合肥市二十埠河干流瑶海区段长10.4km范围进行疏浚，总疏浚量15.78×10⁴m³。采用环保绞吸式疏浚方法，泥浆通过排泥管输送到河道中下游的底泥干化场。采用带式脱水系统对底泥进行脱水固化，泥饼(含水率50%以下)外运，压滤液经处理后达标排放
江苏南通如东县城"三河六岸"河道整治项目	绞吸+分拣+浓缩+调理+压滤	河道底泥经绞吸船输送至储泥池，再经过垃圾分拣设备分拣后，泥浆依次到沉砂池、浓缩池中，去除大颗粒砂砾，浓缩底泥，提高含固率；底泥经提升泵进入调理池，经搅拌将PAM等絮凝剂与泥浆充分混合，提高脱水性能；调理后泥浆经柱塞泵送至压榨机中进行压榨脱水，脱水后的泥饼含水率在40%以下。脱水底泥用作绿化用土及工程回填土；压滤水进入清水池，再由滤布滤池进行处理后排放
雄安新区安新县府河新区段河道综合治理项目	环保疏浚+泥浆高干脱水	项目解决方案为环保绞吸船水下清淤，通过管道输送到岸边淤泥在线处理装置，预处理后打入土工管袋自重脱水。本工程的1号脱水区清淤量约1.6×10⁸m³，脱水后底泥含水率低于50%

6.2 城市污泥处理环境绩效多维度综合评价技术

与其他固体废物不同，污泥作为一种混合型的特殊固体废物，含有大量有机质和微生物，同时也含有重金属和微量污染物，污泥的不当处理处置或直接排放，均会对生态环境造成不同程度的负面影响。各种污泥处理处置技术的实施，也均涉及相应的社会、环境和经济影响。因此，选择最佳的污泥处理技术方案，实现最优的污泥处理效果，需要从社会、环境、技术特性等方面进行全面评估。为此，本研究基于污泥处理的全生命周期过程，建立了一套涵盖八项指标的多维度综合评估体系，包括六项环境绩效定量指标、一项技术成熟度定性指标和一项全成本综合指标，对选定的十条污泥处理处置技术路线进行了综合评估，为我国城市污泥技术选择与发展提供更加全面的科学支撑。

6.2.1　全生命周期物质流分析方法

物质流分析是针对一个系统中物质和能量的输入、迁移、转化、输出进行定量化分析和评价的方法，通过明确各物质的投入、流向、变化与相互关系，为生命周期清单分析提供支持。结合《2018 年中国污泥处理处置行业市场分析报告》，污泥处理工艺自污水厂二沉池浓缩后即已开始，浓缩污泥的处理与资源化技术流程可以分为"预处理、脱水/干化、处理/资源化和最终处置"四个环节。为了对污泥处理技术路线进行全生命周期的系统分析与评估，以二沉池浓缩污泥（含水率＞96%）为技术工艺起点（减量化评估除外），针对污泥预处理、脱水、处理/资源化和处置利用等技术环节，建立包含 TS、VS、C/N/P 等组分参数，含水率参数，各环节固液相分配和转化系数以及能源和材料消耗参数等统一的标准化参数体系和数据库。利用物质流分析工具（STAN）等[16]，构建典型污泥处理与资源化技术路线的物质流系统模型，基于同类技术单元标准化参数的大样本数据统计，揭示不同技术路线平均物质流结果与波动，为多维度综合评估提供系统基础。

6.2.2　评价体系构建与绩效指标选取

与其他固体废物相同，污泥处理的根本目标是减量化、无害化、资源化。而对环境技术的综合评估主要考察包括环境影响、经济成本、社会效益、技术特性在内的多方面指标。因此，从处理目的与流程影响两方面选取能够科学表征污泥处理处置与资源化核心目标的绩效评估指标，是建立污泥处理综合环境绩效评估体系的重要前提。从污泥的减量化、无害化、资源化和全过程影响出发选取的综合绩效评估定量化指标如图 6-11 所示。除此之外，还包括技术成熟度定性指标和全成本综合指标，共同构成污泥处理的多维度综合评价体系。

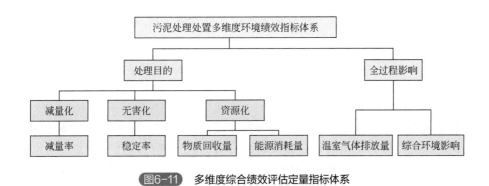

图6-11　多维度综合绩效评估定量指标体系

（1）减量化

随着生活污水处理量逐年增加，市政污泥产生量相应增加，因此市政污泥的源头减量化极难实现，而降低终端设施的处理处置量成为污泥减量化的重点。在污泥的处理过程中，亟需通过脱水、干化等物理手段，或焚烧、热解等化学处理方法，或堆肥、厌氧消化等生物处理方法,减少后续工艺和最终处置的污泥量。因此,减量率作为评估综合绩效的第一项指标,用于评估污泥处理处置技术路线的整体减量化效果。

(2)无害化

无害化是指将污泥内的生物性或化学性的有害物质进行安全处理与处置。由于污泥中含有大量有机质和微生物,各技术路线对污泥中有机物的无害化处理效果十分重要。因此,稳定率作为评估综合绩效的第二项指标,用于表征污泥中有机质与微生物的无害化程度。

(3)资源化

污泥资源化是指采用各种工程技术方法和管理措施,从污泥中回收有价值的物质和能源。污泥中含有的氮、磷等营养元素以及大量有机质都是值得回收利用的资源。营养元素可以通过堆肥等手段回归土地,有机质也可以通过热解气化等形式生成能源产物加以利用,或通过厌氧消化产生沼气、焚烧发电回收电能热能,均是污泥资源和能源回收的重要途径。因此,物质回收量和能源消耗量作为评估综合绩效的第三项和第四项指标,分别用于表征各技术路线对污泥的资源化和能源化程度。

(4)全过程影响

污泥处理处置过程中通过各个工艺流程的气、液、固态污染物排放与可再生、不可再生资源能源消耗,对全球、区域或局部生态环境与人体健康造成潜在环境影响。特别地,碳排放导致的气候变化(全球变暖)是全球共同关注的重要环境问题,也是我国完成碳减排目标、2060年前实现碳中和的重大关切要素。因此,将温室气体排放量(碳排放)作为评估综合绩效的一项独立指标单独进行核算。而酸雨、富营养化、生态毒性、人体毒性、臭氧破坏潜势、电磁辐射等其他环境影响类别,合并为综合环境影响指标(环境影响潜能)用于污泥处理技术方案的综合绩效评估。

6.2.3 定量指标的计算方法

应用生命周期评估理念对不同污泥处理技术路线的全过程进行多维度绩效评估时,首先需明确表征综合绩效评估的各项定量指标的计算方法。具体包括减量率、稳定率、物质回收量、能源消耗量、温室气体排放量和综合环境影响六项指标。

(1)减量率 R_r

污泥的减量化是指通过物理、化学、生物等技术利用或削减污泥质量,使最终处置的污泥或残渣量最小化。本方案中减量率指各处理技术流程中利用或削减的污泥质量与进入该技术流程的污泥质量的比值。减量率 R_r 根据式(6-1)计算。

$$R_r = \left(1 - \frac{m_r}{M}\right) \times 100\% \tag{6-1}$$

式中　M——进入该技术流程的污泥质量；

　　　m_r——得到处理后进入下一处理流程的产物质量，如厌氧消化后的沼渣、焚烧后的飞灰和底渣、堆肥后的堆肥产品等。

（2）稳定率R_s

污泥稳定化是指去除污泥中的有机物或将其中不稳定有机物转化为稳定的物质。广义上，稳定率指通过处理处置技术，削减或固定污泥中有机物的量占原污泥中有机物量的比值，也就是有机物的矿化比例。稳定率R_s根据式（6-2）计算：

$$R_s = \frac{m_{or}}{M_o} \times 100\% \tag{6-2}$$

式中　R_s——稳定率；

　　　m_{or}——污泥中通过处理处置削减或固定的有机物质量；

　　　M_o——原污泥中的有机物质量。

（3）物质回收量R_m

物质回收量在本研究中是指经处理后被重新利用组分的价值。物质回收量R_m根据式（6-3）计算：

$$R_m = M_m P \tag{6-3}$$

式中　R_m——物质回收量，是物质回收货币化价值，元；

　　　M_m——得到回收利用的组分质量；

　　　P——回收组分的价值，根据回收物质的市场价值进行计算。对于城市污泥而言，主要的回收物质包括有机质和氮、磷等营养元素，以发电等能量形式利用的沼气、热解气等产物不计入物质回收量。

技术流程中涉及的产物货币化价值如表6-6所列。

表6-6　技术流程中回收产物价值

技术流程	产物	价值
焚烧底渣磷回收	磷酸盐	32903 元 /t P
堆肥	有机氮肥	15384 元 /t N
	有机磷肥	21667 元 /t P
热解气化	热解炭	300 元 /t

（4）能源消耗量E

能量消耗量是指单位质量的污泥处理处置过程中消耗外部能源的量。

污泥处理处置过程中内部自循环或自利用的能源在计算能源消耗量时需予以扣除，主要包括厌氧消化生成的沼气或填埋过程中生成的填埋气发电和余热、焚烧发电回收的电能和余热、建材利用过程与原始建材生产相比节约的能源等。

污泥处理处置过程中消耗的能量主要包括：脱水或干化过程的电能和热能消耗，焚烧过程中添加的助燃剂，厌氧消化加热和运行的电能消耗，堆肥通风和翻堆的电能消耗，脱除水分、沼液及渗滤液等废水处理的电能和热能消耗，以及其他机械运行的电能和燃料消耗。

能源消耗量 E 根据式（6-4）计算：

$$E = E_u - E_r \tag{6-4}$$

式中　　E——能源消耗量；

　　　　E_u——各步骤消耗能量折算成的电能；

　　　　E_r——各步骤回收或节约能量折算成的电能。

（5）温室气体排放量与综合环境影响

温室气体排放量与综合环境影响两项定量化指标均采用生命周期环境影响评估方法计算获得，因此合并进行描述。生命周期评估（LCA）是一种评估活动环境负荷的方法，能够量化废物管理过程中的潜在环境影响。LCA可以量化整个处理处置过程中每个环节和整个系统的环境影响，进而确定废物管理系统中环境负荷和效益的关键节点。根据国际标准ISO 14040和ISO 14044中概述的要求[17]，LCA包括目标和范围界定、清单分析（life cycle inventory，LCI）、影响评价（life cycle impact assessment，LCIA）和结果解释四个部分。

1）LCA目标

定义LCA研究的目标。例如，本章研究的目标是基于案例区苏州市现有的处理处置工艺，开展污泥处理与资源化生命周期评估，量化不同技术路线的环境影响结果，从环境影响角度为苏州市污泥处理处置工艺提供优化方案。

2）范围界定

① 确定LCA研究的功能单位。LCA中的功能单位是指系统能够提供的服务功能，定义功能单位的作用是确保环境评估基于统一的基础，用于对比的各系统均应实现相同的功能。本研究中的功能单位为处理含有1t干固体的浓缩污泥。在对比的各技术路线中，均以含有1t干固体的浓缩污泥（湿重约30t）为基准，研究各技术路线中污泥经预处理、脱水、处理、干化、处置等全过程处理的环境影响。

② 明确LCA研究的时间范围，通常包括技术有效时间、决策影响时间和环境影响时间。研究所涉及的技术有效时间通常为30年，决策影响时间根据研究目标设定，本研究中案例区苏州市污泥处理处置系统评估的时间范围确定为2015~2035年。该时间范围部分根据《苏州市污水处理专项规划（2020—2035）》（报批稿）中考虑的总体时间框架来定义。时间范围分为3个时期：2015~2019年代表"当前苏州污泥处理处置系统"；2020~2025年代表"近期苏州市污泥处理处置方案"；2026~2035年代表"远期苏州市污泥处理处置方案"，建模将分别处理三个时间段。环境影响的时间范围通常选为100年。这是废物LCA中的常见选择，较长的时间跨度对应较低的特征因子，对于气候变化（温室效应）的影响至关重要。

③ 界定LCA研究的系统边界。例如，污泥处理系统的LCA边界定义是从污泥产生到最

终将其处置或利用为止。污水厂产生污泥的过程或其减少浓缩污泥的产量等不包括在当前研究的系统边界中。上游系统边界包括为实现其功能而导入系统的所有材料和能源，但不包括建筑、车辆、设备和基础设施建设及制造方面的投入与消耗。下游系统边界包括资源化产品的土地利用以及为外部系统提供的能源或资源等。

3）模型工具

LCA 研究可利用 LCA 模型工具辅助计算与评估，特别对于污泥等固体废物的 LCA 研究可以利用专门针对固体废物的 LCA 模型工具。本研究采用丹麦技术大学开发的 EASETECH 模型[18]，该软件是以生命周期评估（LCA）为基础的全面评估固体废物系统中资源能源消耗和综合环境影响的先进模型软件。它以构建固废处理处置系统的物质流为基础，能够模拟和计算每一环节中的能源、物质消耗和污染物释放对环境的潜在影响，并利用国际生命周期基准数据系统（ILCD）推荐的生命周期影响评估方法，进行单一环节或总体方案的生命周期清单、特征化、标准化和权重化的环境影响评估，从而从综合环境影响角度比较不同的固废处理技术、处理方式和管理策略。与其他 LCA 模型相比，EASETECH 模型最突出的特点是其专门针对固体废物的不均质特性，能够处理具有不同物理属性（例如水分含量、热值等）和化学成分（如碳、氮、数十种重金属元素）的物质流。模型的技术组合和参数设置均可由用户定义，具有很大的灵活性。该模型已被国内外研究者广泛应用于生活垃圾、餐厨废物、农业生物质废物和污水厂污泥的 LCA 研究中。

（6）温室气体排放量 G

温室效应潜能（GWP）是指温室气体影响全球气候变暖的能力，以二氧化碳为基准，1 单位二氧化碳使地球变暖的能力为 1，其他温室气体均以其相对数值来表示（见表 6-7）。温室效应潜能会随着时间改变，政府间气候变化专门委员会（IPCC）提议用 100 年的全球变暖潜能作为对照标准[19]。

表6-7　不同气体特定时间跨度的温室效应潜能

气体名称	特定时间跨度的温室效应潜能		
	20 年	100 年	500 年
二氧化碳	1	1	1
甲烷	72	25	7.6
一氧化氮	275	296	156
一氧化二氮	289	298	153
二氯二氟甲烷	11000	10900	5200
二氟一氯甲烷	5160	1810	549
氧化亚氮	275	310	256
六氟化硫	16300	22800	32600
三氟甲烷	9400	12000	10000
四氟乙烷	3300	1300	400

污泥处理与资源化过程中，物质和能量投入产出的温室效应，根据其生产过程的温室

气体排放量计入。温室气体排放量 G 根据式（6-5）计算。

$$G = \sum a_i m_p - \sum \beta_i m_r \qquad\qquad (6\text{-}5)$$

式中　G——温室气体排放量；

α_i——各工艺环节中释放温室气体的二氧化碳当量系数，即相应气体的温室效应潜能；

m_p——各工艺环节中温室气体的排放量；

m_r，β_i——各工艺环节中削减的温室气体排放量及其二氧化碳当量系数。

（7）综合环境影响

综合环境影响评估涉及多项环境影响类别，具体包括温室效应（全球变暖）、臭氧耗竭、酸雨、富营养化（陆域、淡水、海水）、光化学烟雾、生态毒性（淡水）、人体毒性（致癌、非致癌）、大气颗粒污染物、电磁辐射和非生物资源消耗（化石能源、矿物资源）等。鉴于ILCD方法中对不同影响类别评价的推荐水平不同，本研究中环境影响结果以毒性和非毒性两大类分别汇总[20]。

为了在不同环境影响类别之间进行比较，综合环境影响评估结果以标准化形式展示，即归一化为参考年的人均环境影响，单位为人均当量（PE）。表6-8列出了ILCD方法中所有环境影响类别的归一化因子。

表6-8　ILCD方法的环境影响类别归一化因子

ILCD 影响类别	缩写	单位	标准化因子	等级划分[①]
温室效应	GWP	kg CO₂/（PE·a）	8.10×10^3	I
臭氧耗竭	—	kg CFC-11/（PE·a）	4.14×10^{-2}	I
酸雨	AD	mol H⁺/（PE·a）	4.96×10^1	II
富营养化（陆域）	EPt	mol N/（PE·a）	1.15×10^2	II
富营养化（淡水）	EPf	kg P/（PE·a）	6.20×10^{-1}	II
富营养化（海水）	EPm	kg N/（PE·a）	9.38×10^0	II
光化学烟雾	POF	kg NMVOC/（PE·a）	5.67×10^1	II
生态毒性（淡水）	ET	CTUe/（PE·a）	6.65×10^2	II／III
人体毒性（致癌）	HTc	CTUh/（PE·a）	5.42×10^{-5}	II／III
人体毒性（非致癌）	HTnc	CTUh/（PE·a）	1.10×10^{-3}	II／III
大气颗粒污染物	PM	kg PM₂.₅/（PE·a）	2.76×10^0	I／II
电磁辐射	—	kBq U²³⁵(to air)/（PE·a）	1.33×10^3	II

① 推荐等级：I，推荐，可靠度较高；II，推荐，但有待进一步完善；III，推荐，但需谨慎使用。

6.2.4　绩效指标的全成本综合评估方式

减量率、稳定率、物质回收量、能源消耗量、温室气体排放量与综合环境影响评价这六项定量指标，全面表征了污泥处理技术路线的技术、社会和环境绩效，作为隐性成本独立于经济成本之外。全成本比较分析通过采用货币化模型将上述指标进行货币价值换算，形成基于货币化的综合指标全成本评估体系。

（1）货币化方法

根据已有研究，货币化模型主要包括：市场价格、表示支付意愿、假定支付意愿、社会支付意愿、避免/恢复成本5类方法。具体如图6-12所示。

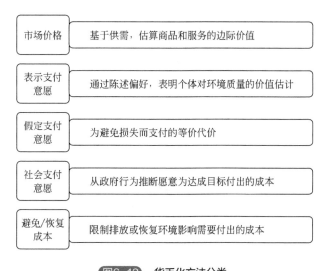

图6-12　货币化方法分类

① 市场价格。是在当前的供需水平上提供商品和服务的边际估值，对于评估不在市场上出售的商品或服务，可通过模拟市场形式，或者由相关市场商品的价格推断出其支付意愿。

② 表示支付意愿。是通过调研相关人群的偏好，以此表征个体对相应指标的价值估计。该方式表征了对象指标的总价值，包括使用价值和非使用价值，但其结果强烈依赖于调研与实验设计。

③ 假定支付意愿。是基于如下假设判断对象指标的价值：如果人们为了取代某项技术而选取了另一项技术或服务，那么新采用的技术或服务，其价值应大于或等于更新技术或服务所付出的代价。

④ 社会支付意愿。是由社会决策与政策来揭示价值偏好的。税收是一种将消费和生产造成的外部性内在化的方式，对污染物排放征收的税收可以反映对造成外部环境影响的政治评估。

⑤ 避免/恢复成本。是将某项环境或社会影响消除所需要实际支付的成本。

（2）指标货币化方式

根据货币化的五种方法，将六项指标分别应用市场价格、社会支付意愿和避免/恢复成本进行货币化赋值，具体如图6-13所示。物质回收量指标的货币化可以直观地将产品换算成等价货币。能源消耗量指标的货币化可以将能源等效成电力，并以电费计算。综合环境影响将通过对各项指标典型污染物的等效环境税计算得到货币化结果。温室气体排放量将参考IWG（The Interagency Working Group on Social Cost of Carbon）制定的方法换算成社会成本。减量率通过假设减量部分进行填埋所产生的土地成本和处置成本进行折算。稳定率通过假设有机物经自然降解达到稳定所产生的环境影响成本、土地成本和处置成本进行折算。

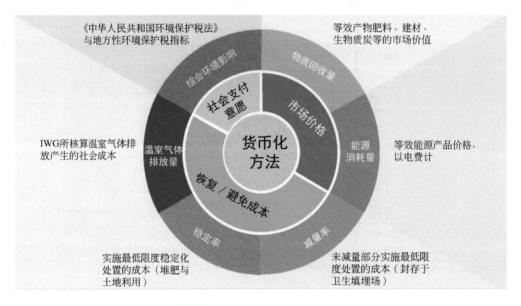

图6-13　指标体系货币化方法示意

6.2.5　绩效指标计算的不确定性分析

用于核算污泥处理处置技术路线多维度综合绩效指标的数据来源于实地调研和文献整理。由于不同文献针对的研究对象特性、实验条件等存在差异，因此最终应用于绩效评估的参数取值存在波动。为了体现不同流程中参数的上下限差距对最终评估结果的影响，在研究中引入不确定性分析。

$$UA_i = \frac{RV_i - IR}{IR}$$

（6-6）

式中　UA_i——代表不确定性的值；

RV_i——部分研究参数变化后的指标计算结果；

IR——按各项参数平均值计算的指标计算初始结果。

UA_i值越大，说明该流程中的参数变化波动幅度对最终计算结果的影响越大，说明是影响计算结果的关键性参数，需要选择更具可靠性的参数来保证计算结果无误；反之，则说明参数变化的幅度对最终计算结果几乎没有影响，参数的重要性较小。

6.3　城市污泥处理技术路线评价与升级优化

6.3.1　污泥处理不同技术路线情景分析

（1）市政污泥

根据前期技术调研，结合《2018年中国污泥处理处置行业市场分析报告》，污泥处理工艺自污水处理厂二沉池浓缩后即已开始，浓缩污泥的处理与资源化技术流程可以分为预处理、脱水/干化、处理/资源化和最终处置四个环节。其中，预处理环节通过破坏污泥内微生物细胞结构，以增加污泥的资源能源回收率或增强脱水性；脱水/干化环节属于常规环节，常见工艺包括机械脱水、热干化和生物干化等，以降低污泥含水率并减小其质量与体积；处理/资源化环节是对污泥中物质和能源进行回收的主要工艺环节，包括焚烧、堆肥和热解气化等；最终处置环节是对污泥处理/资源化的产品进行利用、污染物进行处理排放和残渣进行最终处置的技术环节。针对不同的处理处置目标，可采取不同的技术路线和具体工艺[21]。

根据"减量化""资源化""稳定化"和"无害化"的处理处置原则，基于苏州市当前污泥管理策略，结合国内外先进技术，拟定10条污泥处理与资源化典型技术路线，应用生命周期分析方法对各技术路线进行对比研究，如图6-14所示。其中，单独焚烧（路线A）、垃圾焚烧炉混烧（路线B）、燃煤电厂混烧（路线C）、厌氧消化-沼渣焚烧（路线D）以污泥"减量化"和"能源回收"为主要目标；直接堆肥（路线E）、厌氧消化-沼渣堆肥（路线F）、热水解-堆肥（路线G）以好氧堆肥为核心技术，实现污泥"资源化"和"物质回收"；热解气化（路线H）以热解气化为核心技术，污泥经过热解气化生成焦油、热解气和生物炭等资源化产物，实现污泥"资源化"；厌氧消化-沼渣制砖（路线I）以厌氧消化为核心能源化技术，以建材利用为核心资源化技术，实现污泥的物质和能源双回收。

（2）管道淤泥

苏州市2019年的排水管道清淤量为1739.5t，商业区及居住区等管网密集度高的地区每月清淤1次，管网密集度低的地区2~3个月清淤1次。根据苏州市中心区管道淤泥的产生与处理处置现状调研情况，苏州市中心区管道淤泥总有机碳平均含量8.52%，TN和TP平均含量分别约为0.8%和1%。2018年7月苏州市建成了城市中心区通沟污泥减量化处理工程，该工程目前采用"筛分—洗涤—外运处理处置"的技术路线进行处理处置，其工艺技术路线见图6-15。该工程设计处理量为60t/d，能够完全满足苏州市全年管道清淤污泥的处理需求，因此以该工程的技术路线为管道淤泥处理基础技术路线。

中国工程建设标准化协会颁布的《城镇排水管渠污泥处理技术规程》（T/CECS 700—2020）提出，目前国内管道淤泥处理站的工艺类型主要包括重力脱水、自然干化和综合处理。重力脱水和自然干化工艺可以作为排水管渠污泥中转站的处理工艺，不宜作为排水管渠污泥的最终处理工艺。对于苏州这样经济条件好、环保意识高的地区，应采用综合处理工艺，根据成分可采用建材化或焚烧等方式进行利用或处理，不符合相关要求的应进行卫

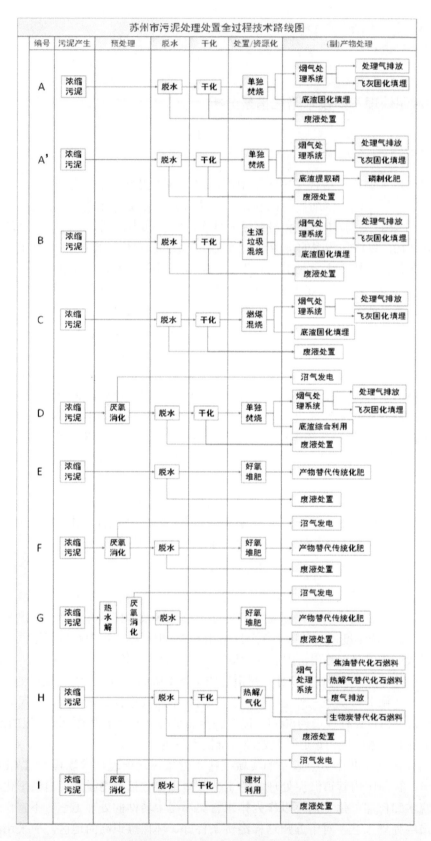

图6-14 污泥处理与资源化典型技术路线

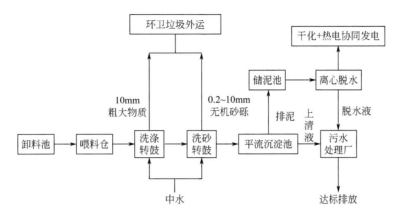

图6-15　苏州市城市中心区管道淤泥处置流程

生填埋处置。

目前苏州市管道淤泥的产生量远低于市政污泥，在筛分去除占比70%~80%的垃圾和占比10%~20%的砂粒后，剩余1%的污泥稀释后进入污水处理环节，最终与市政污泥混合处理处置。因此，我们建议将筛分后剩余的管道淤泥并入市政污泥中，采用相同的技术路线情景统一进行技术评估。

（3）河道底泥

根据苏州市中心区河道底泥的总量与处理处置现状调研情况，苏州市中心区河道底泥总体积约为$2.1\times10^8m^3$；TOC含量在0.2%~6.2%之间，均值为1.3%；TN含量在0.02%~0.31%之间，均值为0.11%；TP含量在0.04%~0.38%之间，均值为0.11%。由于河道底泥含水率较高、砂石等无机质含量高，同时有机质含量很低、营养元素含量低，与市政污泥性质差异较大，因此不宜与市政污泥混合处理，需要单独处理处置。根据苏州市的地理位置和技术条件等实际情况，结合我国河道底泥处理处置技术和资源化利用的现状与案例调研，苏州市河道底泥经过前期脱水处理后可分别采用"水泥窑协同处置""制砖"和"固化填方"三种处理处置方式，不再进行专门的技术评估。

6.3.2　技术工艺分析

苏州市污水处理厂市政污泥处理与资源化技术选择与优化需求更强。因此，本节重点针对市政污泥开展研究，如无特别说明，本节所述"污泥"均指"市政污泥"。为了对污泥处理技术路线进行全生命周期的系统分析与评估，在本节的技术工艺分析、物质能量流分析和综合环境绩效评估中，以二沉池浓缩污泥（含水率>96%）为技术工艺起点（减量化评估除外）。在典型污泥处理与资源化技术路线中，主要包括热水解技术、厌氧消化技术、好氧堆肥技术、脱水技术、干化技术、焚烧技术、热解气化技术和磷回收技术等。

（1）热水解技术

污泥预处理工艺中的热水解技术，通过加热水解过程破坏污泥中的微生物细胞（破壁），以释放细胞组织水和释放污泥结合水（释水），提高污泥的脱水能力。同时，热水解通过破壁，可以释放细胞内有机物，还可促进大分子物质转化为更易被生物降解的小分子物质，增强污泥厌氧消化性能，提高沼气产率。处理过程中污泥的含水率>97%，为可流动态，处理规模通常为0.2~2.1t/h，根据工艺特征运行温度为70~200℃，压力在170~550kPa之间。热水解技术主要工艺参数如表6-9所列。加热方式以电加热或蒸汽间接加热为主，能耗相对较高，对设备的稳定性和安全性要求较高[22-24]。

表6-9　热水解技术主要工艺参数

技术工艺	运行规模①/L	运行温度/℃	加热方式	运行时间②/min	运行压力/kPa
间歇式反应器	实验室：0.5~2 工程：200~2100	70~200	电加热	30~60	170~550
连续式反应器			高温蒸汽加热	持续反应	
搅拌式高压反应器					

① 运行规模指反应器体积，根据实际情况设置。
② 运行时间根据选择的工艺和实际物质量注入情况不同。

（2）厌氧消化技术

污泥厌氧消化技术主要针对含水率90%以上的浓缩污泥，根据厌氧微生物的最适温度不同，可分为高温厌氧消化和中温厌氧消化两种工艺。其中，高温厌氧消化的反应温度保持在（55±2）℃，固体停留时间为10~15d，有机物分解率为35%~45%；中温厌氧消化的反应温度保持在（35±2）℃，固体停留时间超过20d，有机物分解率为35%~45%，去除1kg VSS的产气量为0.75~1.10m³（标）。表6-10中为厌氧消化设施的主要技术参数[25-27]。

表6-10　厌氧消化技术主要工艺参数

技术工艺	运行规模/L	运行温度/℃	运行时间/d	水力停留时间/d	有机负载率/[gCOD/(d·L)]	接种物比例（接种物：污泥）	搅拌速度/(r/min)
半连续反应器	实验室：0.5~20 工程：150~20000	嗜温：35~38 嗜热：55	17~100	10~20	1~3	1/3	15~200
连续式反应器						1	
序批式反应器						2	

厌氧消化过程中产生的沼气可以作为资源或能源物质进一步回收利用，产生的沼渣经过堆肥等无害化处理后，可以形成有机肥或营养土等用于园林绿化或矿山修复等。截至2018年底，我国已建成50座污泥厌氧消化设施，但仅有20座正式运行，主要设置于大中型污水处理厂中。表6-11列出了我国部分厌氧消化设施的主要信息。

表6-11　我国部分厌氧消化设施信息

污水处理厂	温度/℃	处理能力/(t/d)	沼气利用	沼渣处置
北京高碑店	33~35	800	发电	—

续表

污水处理厂	温度 /℃	处理能力 / (t/d)	沼气利用	沼渣处置
天津纪庄子	33~35	1620	发电	—
杭州四堡	35~40	—	发电	—
郑州王新庄	35±1	500	提纯天然气	填埋或堆肥
大连夏家河	35~40	600	提纯天然气	脱水填埋
青岛麦岛	35±2	109	发电	填埋或堆肥
北京小红门	35	800	发电	石灰干化填埋
上海白龙岗	35~40	1020	采暖锅炉	干化外运
襄阳	40	300	采暖 / 压缩天然气	—
乌鲁木齐河东	35	395	发电	填埋或堆肥

（3）好氧堆肥技术

好氧堆肥可处理含水率约为80%的脱水污泥，并通过添加木屑、秸秆、绿化废物等辅料调节含水率、结构和碳氮比，保持堆体含水率在45%~60%，堆肥温度通常为55~60℃，产品可用于园林绿化、农用地修复、盐碱地修复或矿山废弃地修复等[28,29]。

（4）脱水技术

市政污泥常用的脱水方式为机械脱水，主要包括板框压滤脱水、离心脱水和带式压滤脱水三种工艺，主要工艺参数如表6-12所列[30]。板框压滤脱水后污泥含水率可达70%~75%，离心脱水和带式压滤脱水后污泥含水率达75%~80%，板框压滤的脱水效果更好，但耗能也较高。板框压滤和带式压滤技术对滤布的损耗较高，且占地面积较大。离心脱水设备占地面积较小，但单次处理能力受到限制，需同时使用多台脱水设备方可满足一般污泥处理规模的脱水需求。同时，离心脱水对设备要求较高，污泥中的酸性物质对设备的腐蚀损伤也较大，后期维护成本相对较高。

表6-12　脱水技术主要工艺参数

技术工艺	离心力 /g	压力 /MPa	停留时间 /min	滤布目数 / 目
带式压滤脱水		0.1~1.6	100~180	300~500
板框压滤脱水		0.6~2		
离心脱水	2000~3000		10~30	

（5）干化技术

污泥干化技术主要包括自然干化和热干化等两种方式，主要工艺参数如表6-13所列[31-33]。

表6-13　干化技术主要工艺参数

技术工艺	加热方式	产物含水率 /%	反应时间 /min	反应温度 /℃
热干化	直接电加热 间接蒸汽加热 太阳能加热	<30	100~300	80~250

自然干化是指利用自然能源（太阳能、风能等）使污泥中的水分蒸发，显著降低污泥含水率的技术方法。该方法耗时较长，占地面积较大，且可能造成恶臭污染，因此在城市污水处理厂中应用较少，不适合苏州市。该技术主要适用于气候干燥、土地资源充足及环境卫生条件允许的地区。热干化则是通过人工加热使污泥含水率在短时间内显著降低的方法，通常降至含水率10%~30%。热干化的工艺主要包括流化床干化、带式干化、桨叶式干化、转盘式干化、喷雾干化等，干化温度多为100~300℃，加热方式包括直接加热和间接加热两种。其中，直接加热包括电加热或太阳能发电加热，适合小型设备和小规模处理，其耗能较高，对设备的要求也较高；间接加热则利用饱和蒸汽、导热油或高压热水等对污泥进行加热，适合建设在焚烧厂内，利用焚烧烟气余热进行间接加热，在干化污泥的同时实现能源的回收利用。

（6）焚烧技术

污泥的焚烧技术主要包括单独焚烧、水泥窑协同处置、热电厂协同处置、污泥与生活垃圾混烧等形式，主要工艺参数如表6-14所列[34,35]。单独焚烧是以污泥作为原料直接焚烧，焚烧温度通常为850~950℃。单独焚烧工艺对污泥的热值及处理量有一定要求。水泥窑协同处置是以污泥作为添加物加入水泥窑中进行焚烧处置，焚烧温度约为1750℃。含水率在65%~85%的市政污泥可以利用水泥窑进行协同处置。热电厂协同处置是将污泥加入热电厂燃煤锅炉中焚烧处置的工艺，处置污泥的热电厂燃煤锅炉规模应大于35t/h，入炉污泥的掺入量一般不超过燃煤量的8%（多为3%~7%）。目前苏州主要以热电厂协同焚烧形式对干化后的污泥进行处置。而该技术对污泥的处置量相对较低、对外部设施的依赖性较强，较为适合污泥产生量较小的情况。生态环境部正在制定污泥协同焚烧的技术标准，对于燃煤发电厂协同焚烧污泥将会提出更为严格的排放标准要求。

表6-14　焚烧技术主要工艺参数

技术工艺	温度 /℃	反应时间 /min	含水率 /%	气流速度 /(m³/h)	固体停留时间 /s	空气当量比	处理规模 /(t/d)	单位干污泥发电量 /(kW·h/t TS)
流化床焚烧技术	700~1000	50~180	<40	1.0~2.0	>2.5	1.0~1.4	300~2000	200~400

（7）热解气化技术

热解气化技术是指污泥在惰性气氛或缺氧气氛下高温分解生成热解炭、热解油和热解气等从而回收能源和物质的资源化技术，主要工艺参数见表6-15[36,37]。热解气化温度为400~800℃，通入空气、氧气或水蒸气作为气化剂。该技术耗能较高，对设备的稳定性和安全性要求高，产物具有资源和能源价值，但依赖于资源化产品的生产和市场规模，受下游用户影响较大，目前国内尚无规模化推广应用经验。

表6-15　热解气化技术主要工艺参数

技术工艺	温度/℃	反应时间/min	进料率/[kg/(h·m²)]	气化剂流速/(m³/h)	固体停留时间/s	气化剂当量比	处理规模/(t/d)	热效率/%
回转窑 固定床 流化床	400~800	50~180	0.2~800	0.06~3	>2.5	0.05~0.35	300~2000	50~70

（8）磷回收技术

污泥中的污染物在土地利用中的潜在环境影响和生物累积效应备受关注，导致污泥堆肥和土地利用技术的应用受到限制。污泥中含有大量磷资源，通过其他技术处理处置污泥均会造成磷损失，不但可能引起河流或湖泊的富营养化，还导致磷资源的浪费。因此，从污泥焚烧底渣中回收磷等污泥磷回收技术日益受到关注。如前所述，德国对污泥磷回收提出了严格的要求。污泥磷回收工艺主要包括以下技术方法：

① 酸溶法，通过加入硫酸或盐酸，并沉淀去除其他金属元素，从而获得磷酸盐产品；

② 热处理，加入5%~15%的KCl或$MgCl_2$，在900~1000℃下加热[38,39]。

相比于大多数欧洲国家，我国的磷资源储备量较为丰富，因此污泥磷回收技术在国内尚未引起足够关注，鲜见建设应用实例，未来具有一定的技术发展潜力。

6.3.3　物质流和能量流分析

6.3.3.1　物质流分析

以苏州市市政污泥的特性数据为基础，根据技术工艺和数据调研结果，对选定的10条污泥处理技术路线进行物质流分析，以考察污泥在处理过程中的物质分配与转化机制。污泥的物质流分析以含有1t干物质（TS）的污水处理厂浓缩污泥为基准，根据含水率96.6%计算，该浓缩污泥含水28.41t，湿基共计29.41t。需要强调的是，这里的物质流分析是从污水处理厂浓缩污泥作为起点开始的，而不是从含水率为80%的脱水污泥开始。污泥的TS共包括三个组分，即挥发性不溶物（VSS）、挥发性可溶物（VDS）和灰分（Ash），其中VSS和VDS统称为挥发性固体（VS）。在预处理环节，VSS和VDS二者间存在物质转换，VSS可能通过物理化学或生物作用转化为VDS；与VSS相比，VDS更容易被微生物降解和利用。不同技术路线中，污泥TS和水分分配转化的物质流如图6-16所示。

1）脱水与干化

污泥处理的主要目的是实现污泥减量化、资源化和无害化。其中，脱水和干化环节主

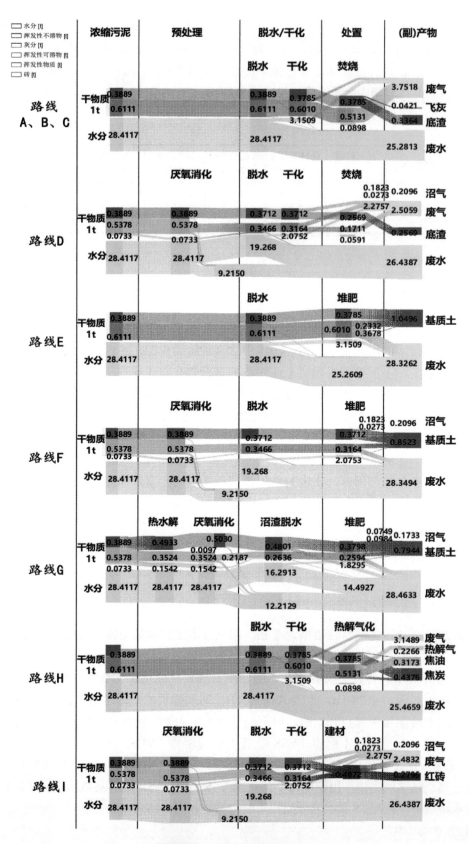

图6-16 路线A~I的全物质流

要脱除了污泥中的大量水分。由物质流分析可知，脱水环节可以去除浓缩污泥中89%的水分，约30t的污泥湿基质量可减少25t，减量率达83%，脱水后污泥含水率约为80%。脱水污泥再经干化环节可进一步去除99%的水分，获得含水率低于10%的干化污泥。污泥脱水和干化两个环节可极大地降低污泥的体积和质量。

2）单独焚烧（路线A）

干化污泥具有较高的热值，可以直接焚烧。污泥焚烧不但可以通过灼烧挥发分减少污泥质量，而且可以利用烟气余热进行热电联产回收能源或回收热量。从污泥直接焚烧的技术路线中可以看出，近30t的浓缩污泥经脱水干化并焚烧后，仅剩余0.37t固体残留物，减量率达到98.8%，极大地减少了污泥体积与质量。污泥中3.2t的水分和0.6t的挥发性固体通过干化和焚烧进入烟气，对烟气处理的技术要求相对较高。

3）垃圾焚烧炉混烧（路线B）和燃煤电厂混烧（路线C）

干化污泥进入生活垃圾焚烧炉或燃煤电厂进行共处置时，污泥本身的物质流与单独焚烧时没有区别，同样可以实现极高的减量率。然而，与生活垃圾或燃煤电厂共处置时的污泥掺比量分别不宜超过15%和8%。目前苏州市生活垃圾产生量约为2.2×10^6t/a，在全量焚烧条件下，每年可以处理干污泥约3.0×10^5t，与苏州市干污泥年产量基本相当。

4）厌氧消化-沼渣焚烧（路线D）

在污泥脱水前增加了厌氧消化工艺，可以在污水处理厂实现污泥的能源化，同时改善污泥后续脱水效果。物质流分析表明，约30t的浓缩污泥中1t干物质经过厌氧消化可以生成0.21t沼气，其中甲烷约0.14t，是可用于发电的重要能源物质，余热还可用于加热厌氧消化池。厌氧消化过程约产生9.2t废水流出污泥体系。由于厌氧消化降解和转化了部分有机物，同时部分干物质随液相进入废水，使得消化后污泥再经脱水干化焚烧仅产生0.26t固态残渣，另有2.1t水和0.4t干物质转化为烟气，减小了后期气态污染物和固态污染物的处理压力。

5）直接堆肥（路线E）和厌氧消化-沼渣堆肥（路线F）

以堆肥为导向的技术路线中，约30t的浓缩污泥脱水后进行堆肥，可以产生1.05t的基质土和约28t的废水。在脱水前增设厌氧消化工艺，可以通过有机质降解产生0.2t沼气，并进一步通过堆肥获得0.85t基质土，从而实现能量物质双回收。增设厌氧消化作为预处理，不但可以产生沼气回收能量用于维持设备自身运行，而且可以使有机质在后续堆肥过程中的固液分配比从38.8%增加到48.34%，提高了营养物质进入肥料的比例。

6）热水解-堆肥（路线G）

在脱水污泥堆肥前同时增设热水解和厌氧消化工艺，可以产生0.10~0.37t的沼气（平均0.17t）和0.54~1.04t的基质土（平均0.79t），平均值低于直接厌氧消化后堆肥路线的资源物质产量。这是由于目前热水解衔接厌氧消化的技术路线具有不完善性，工艺稳定度较低，虽然部分研究取得了较高的沼气和基质土产率，但多数研究结果波动较大。热水解工艺通过破坏污泥中细胞结构，使大量有机物溶解于液相，厌氧消化的工况不稳定时则会导致有机物随沼液或液相流失。因此，在厌氧消化前增设热水解预处理的工艺路线，工艺与设备的高效稳定运行是获得高物质回收率的关键。

7）热解气化（路线H）

通过干化后热解实现污泥资源化，生成热解炭、热解油和热解气三种产物，约30t浓缩污泥中1t干固体可以生成0.44t热解炭、0.32t热解油和0.14t热解气。相关研究表明，热解气化的工艺条件不同，热解炭、热解油和热解气三种资源化产品的分配比例存在较大波动。

污泥热解气化所获得的产物中,热解气和热解油可以用作燃料发电,热解炭具有大量微孔结构,是良好的污染物吸附剂,可以作为化工产品用于其他行业生产。然而,目前热解气化技术路线工艺尚不成熟,工艺稳定度较低,产物品质较低,难以有效替代相应的化工产品来取得相应经济效益。

8)厌氧消化-沼渣制砖(路线I)

浓缩污泥经过厌氧消化后,沼渣脱水干化送入制砖厂再利用。污泥沼渣含有大量挥发分且SiO_2含量较低,不能单独用于制砖,需通过替代部分制砖原料或掺杂在制砖材料中得以再利用。沼渣制砖中污泥掺比不超过30%,一般掺比为14%~20%。添加污泥沼渣后,制砖过程中的烧失率将有所增加。污泥中1t干固体经过混烧制砖后可以替代0.3t的制砖原材料。

综上,污泥焚烧处理减量化效果显著,30t浓缩污泥中,1t干固体经直接焚烧后仅剩余0.37t残渣,减量率达到98.8%。污泥堆肥可通过园林绿化或生态修复等方式实现较高的物质回收率,1t干固体经堆肥后可产生0.6t的基质土,资源物质产率为60%。厌氧消化作为预处理技术能够通过沼气回收能源,焚烧前增设厌氧消化,则可以产生0.2t沼气和0.26t残渣,资源物质产率为20%,并可提高减量率达99.13%;堆肥前增设厌氧消化后1t干固体可以产生0.2t沼气和0.52t基质土,污泥的资源物质产率可提高至72%。热解气化和建材化技术也可实现一定程度的能源和物质回收,污泥1t干固体经过热解气化处理资源物质产率为90%,而厌氧产沼后沼渣建材利用时,污泥的资源物质产率约为50%。

6.3.3.2 能量流分析

污泥的能量流分析也以30t浓缩污泥中的1t干固体为基准,以苏州市政污泥的特性数据为基础,结合实际调研和文献数据补充,核算每个工艺环节的能量投入和产出,列入表6-16中。为便于比较,将所有耗能或产能单位归一化为$kW \cdot h$。

表6-16 各个环节的能量投入产出值(以污泥中含1t干固体计) 单位:$kW \cdot h$

环节	能量投入产出	单独焚烧(路线A)	产沼-焚烧(路线D)	直接堆肥(路线E)	产沼-堆肥(路线F)	热水解-堆肥(路线G)	热解气化(路线H)	产沼-制砖(路线I)
热水解	耗能	—	—	—	—	4.55	—	—
	产能	—	—	—	—	0.00	—	—
厌氧消化	耗能	—	650.00	—	650.00	650.00	—	650.00
	产能	—	750.00	—	750.00	750.00	—	750.00
脱水	耗能	125.00	87.47	125.00	87.47	90.76	125.00	87.47
	产能	0.00	0.00	0.00	0.00	0.00	0.00	0.00
转运	耗能	122.68	82.06	126.44	82.06	73.32	122.68	82.06
干化	耗能	220.39	154.71	—	—	—	220.39	108.79
	产能	0.00	0.00	—	—	—	0.00	0.00
焚烧	耗能	5.53	1.79					
	产能	114.30	37.08					

续表

环节	能量投入产出	单独焚烧（路线A）	产沼-焚烧（路线D）	直接堆肥（路线E）	产沼-堆肥（路线F）	热水解-堆肥（路线G）	热解气化（路线H）	产沼-制砖（路线I）
堆肥	耗能	—	—	151.82	106.58	99.06	—	—
	产能	—	—	0.00	0.00	0.00	—	—
热解气化	耗能	—	—	—	—	—	487.78	—
	产能	—	—	—	—	—	266.70	—
净能耗（含转运）		359.29	188.96	403.26	176.11	167.69	689.14	178.32
净能耗[①]		236.61	106.90	276.82	94.05	94.37	566.47	96.26

①净能耗=总耗能-总产能。

1）转运

在污泥处理的全部流程中，转运过程消耗了大量能量，占净能耗的20%~40%，具体能耗主要取决于转运污泥的体积和运输距离。污水处理厂外运污泥的含水率越低，其体积越小，耗能也就越少。因此污泥宜尽可能就近处理处置，以减少转运过程的能源消耗。

2）脱水与干化

在全部处理流程中，污泥脱水和干化是耗能最高的工艺环节，含水率96%的浓缩污泥（含1t干固体）直接脱水而后干化，脱水和干化将分别耗能125.00kW·h和220.39kW·h。在脱水环节前增设厌氧消化过程，能够减少进入脱水环节的干固体质量，污泥脱水和干化的耗能分别可以降低约30%，至87.47kW·h和154.71kW·h。同时，厌氧消化产生的沼气经过热电联产机组可以产生热能和电能，用于厌氧消化时对污泥的加热，或脱水及其他设备的用电，从而减少污泥处理工艺的净能耗。然而，增设热水解工艺，在一定程度上破坏了污泥的絮凝能力，从而降低了污泥的脱水性能，导致污泥脱水耗能小幅增加至90.76kW·h。

3）单独焚烧（路线A）、垃圾焚烧炉混烧（路线B）、燃煤电厂混烧（路线C）和厌氧消化-沼渣焚烧（路线D）

苏州市市政污泥的热值为11900kJ/kg TS，相比于垃圾或者燃煤焚烧可回收的能源相对较低，在运营中需依据实际处理量补充少量助燃物，以维持焚烧炉正常运行。含1t干固体的浓缩污泥（约30t），干化后直接焚烧可以产生137kW·h的能量，增设厌氧消化环节时，大量有机质通过厌氧反应生成沼气得以回收，使得焚烧过程仅能产生37kW·h的能量，余热可用于污泥干化。结合干化和焚烧工艺，可以有效提高能源利用率，减少能源转换过程中的损耗。

4）直接堆肥（路线E）、厌氧消化-沼渣堆肥（路线F）和热水解-堆肥（路线G）

污泥堆肥过程中利用微生物降解有机物实现升温，工艺能源消耗主要集中在翻堆或者通风过程。含有1t干物质的脱水污泥（含水率80%）直接堆肥时能耗将达到151.82kW·h；增设厌氧消化后，含水率为75%的沼渣进入堆肥，其耗能降低至106.58kW·h；增设热水解和厌氧消化环节后，沼渣产量略有降低，堆肥耗能也相应降低至99.06kW·h。

5）热解气化（路线H）

污泥的热解气化过程为高耗能过程，主要消耗柴油和电能，随着温度的升高，电能消耗量也随之增加。热解气化常见工艺温度为750℃，相应热解气化含有1t干固体的污泥时耗能为487.78kW·h。热解气化的产物为热解气、热解油和热解炭，根据其热值折算为电能单位共计为266.70kW·h。但上述产物如全部用于发电则需计入发电效率，以30%计其可回收的电能仅为88.90kW·h。热解气化可将污泥中的能源固定在产物中，通过多元化物质回收实现能源回收，烟气余热也可用于污泥干化。

6）厌氧消化-沼渣制砖（路线I）

将沼渣用于替代制砖的部分原料，而建材加工的耗能无法归因于特定质量的污泥。

6.3.4 污泥处理技术的综合环境绩效评估

（1）减量化评估

由于脱水环节对浓缩污泥的减量化贡献极大，对浓缩污泥进行减量化评估难以反映其他技术环节的差异。为了更充分地对比各技术路线中不同技术环节对污泥的减量化效果，在减量化估算中，以含有1t干固体的脱水污泥（平均含水率76%）为对象，对10条技术路线（路线A，路线A'，路线B~路线I）的每一环节进行了污泥减量化评估，以对比各技术环节对脱水污泥的减量化效果。评估结果如图6-17所示。

由于污泥具有高含水率的特性，干化环节对污泥减量贡献最大，可达到70%的减量率。以焚烧与热解气化为主要工艺的热处理过程，减量率超过90%，但占污泥干重38%的灰渣无法降解或燃烧而成为固态残留物，仍需要通过填埋进一步处置，无法实现对污泥的完全减量。污泥堆肥技术以基质土为目标产物，可用于园林绿化或矿山、土地修复，因此以堆肥为核心的技术路线对污泥的减量率主要取决于产物的实际土地利用率。以建材利用为资源化工艺的技术路线中，污泥可以替代部分原料用于建材生产，从而实现污泥的完全减量，但其对接纳污泥的建材单位有强烈依赖。对比各技术路线可以看出，除建材利用路线外，其他技术路线中均可以实现90%以上的污泥减量率，其中由于污泥中较高的灰分含量，五条焚烧技术路线和热解气化技术路线的减量率相对略低。

（2）稳定化评估

针对污泥处理全部技术路线各工艺环节的有机物削减或固定量开展定量评估，考察各技术路线的污泥稳定化效果，结果如图6-18所示。

污泥焚烧过程中，几乎全部有机物均通过燃烧分解，极少未分解部分进入底渣或经烟气处理装置捕集并进入飞灰。因此，焚烧环节对污泥稳定化的贡献高达98.23%。类似的，热解气化技术可以在高温作用下几乎将全部有机物稳定化，而建材利用过程可将少量未分解有机物在建材加工中得到固定和利用，均可实现较高的稳定率。热水解预处理中，约5%的有机物被分解成稳定的小分子化合物；厌氧消化过程中，约48%的有机物在微生物作用下降解为甲烷和二氧化碳，剩余部分留存在沼渣中进入下一处理环节。

对比各技术路线，产沼-制砖技术路线由于对污泥残渣的烧制及固化，可以实现100%的稳定化。焚烧和热解气化等六条包含热处理的技术路线，通过炉膛内高温和燃烧使绝大部分有机物得到完全分解，均可实现90%以上的稳定率。而厌氧消化可使接近50%的有机碳转化为沼气中的甲烷和二氧化碳实现稳定化；以堆肥为核心的技术路线通常可减少污泥中64%以上的VS，其余有机物保留在污泥中（腐熟堆肥中的有机物已转化为相对稳定的腐

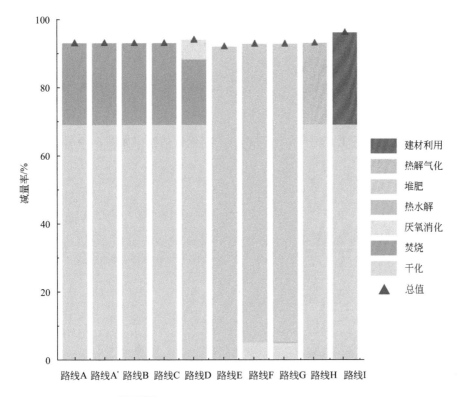

图6-17　技术路线A~I各个环节的减量化贡献率

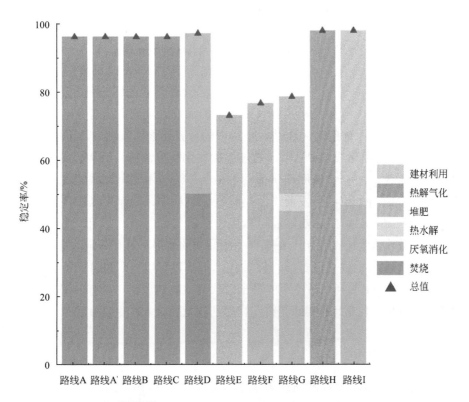

图6-18　技术路线A~I各个环节的稳定化贡献率

殖质物质），从有机物矿化程度的角度考虑稳定化，堆肥的稳定率相对较低。如果堆肥能够得到土地利用，则其中的腐殖质是对土壤和植物有益的物质，这时以矿化率表示的稳定化指标不作为评价污泥处理技术路线优劣的指标。

（3）物质回收量评估

对于10条技术路线各工艺环节物质回收量的定量评估结果如图6-19所示。

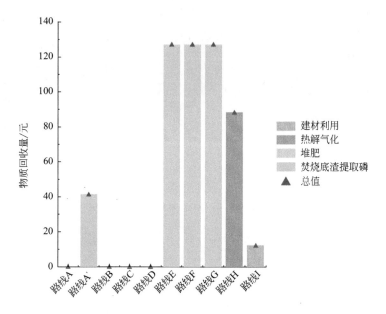

图6-19 技术路线A～I各个环节的物质回收贡献率

污泥堆肥后进行土地利用，对污泥中氮、磷等营养元素的回收量较高，3条以堆肥为核心的技术路线可实现36%氮元素和90%磷元素的回收。堆肥产品可在一定程度上替代常规化肥的使用，含1t干固体的污泥通过堆肥实现的营养元素回收利用，可折合人民币126.7元。在焚烧-磷回收技术路线（A'）中，通过添加氯化镁等辅料，可从焚烧底渣中提取回收污泥中70%的磷元素，折合含磷肥料价值约41.6元。该技术既可以减轻底渣处置压力，又可以回收磷资源，具有一定的开发前景。热解气化过程中，污泥可以产生热解气、热解油和热解炭等资源产品，热解气、热解油可以用于热解气化的能源回用，热解炭可以根据热解工艺和实际参数作为吸附剂使用，在确保炼制品质的前提下具有一定的资源价值。含有1t干固体的污泥所产生的上述资源产品，按替代率折算后可以实现88.4元的物质回收量。产沼-制砖技术路线中，主要利用污泥中的黏土替代其他制砖原料，含有1t干固体的污泥处理后，在混烧制砖时可替代0.2t的制砖原料，物质回收量折合人民币12.3元。

（4）能源消耗量评估

针对污泥处理全部10条技术路线各工艺环节的能源消耗量的定量评估结果显示（图6-20），焚烧和厌氧消化工艺可以将污泥热值或有机物产生的沼气转化为电能以回收大量能源，抵消工艺过程中的能源消耗，因此其净能源消耗量为负值。其他技术路线各工艺环节的净能源消耗均为正值，其中热解气化环节的能源消耗量最大，为221kW·h。干化环节主要采用热干化工艺，通过加热脱去污泥中的水分，消耗能源量较大，根据干化去除水分的量，能源消耗量为108~220kW·h。脱水、转运对于各条技术路线均为必要环节，也均消耗一定能源，但根据脱水量或转运量不同而有所差异。

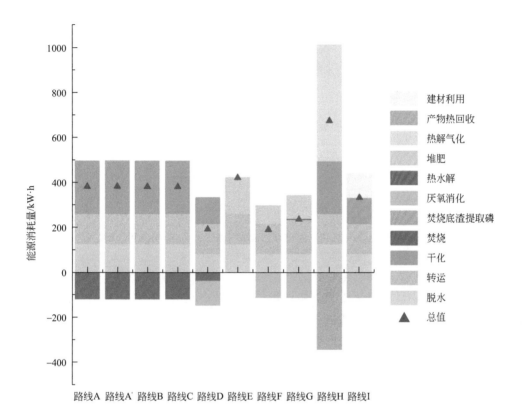

图6-20　路线A~I各个环节的能源消耗量

对比各技术路线，热解气化（路线H）是消耗能源最多的技术路线，虽然热解气等能源化产品可以实现一定的能源回收，但仍难以弥补热解过程所需消耗的能源量。路线D、F、G、I这四条以厌氧消化为预处理技术的路线总能源消耗量最少，主要得益于厌氧消化可以通过较少的能源消耗实现有机质产沼从而回收能源。且厌氧消化后污泥的干固体明显减少，使原本能源消耗量占比较大的脱水和干化环节消耗的能源也相应减少。以焚烧技术为核心的技术路线A~C，在焚烧含有1t干固体的污泥时总能源消耗量为365kW·h，虽然通过热电联产可以对污泥焚烧产生的能源进行回收利用，但脱水干化和转运环节对整个技术路线的能源消耗贡献较大。以堆肥为核心的技术路线E，由于不涉及能源回收的工艺形式，各环节均仅消耗能源，因此净能源消耗量也相对较高，达到403kW·h。

（5）温室效应评估

图6-21展示了处理30t浓缩污泥（含1t干固体）时全部路线各技术环节的温室效应环境影响（人均当量）。其中污泥与垃圾或燃煤混烧的技术路线，对污泥部分焚烧产生的温室效

应与直接焚烧没有本质区别，可参考直接焚烧工艺的评估结果，因此未在图6-21中展示。

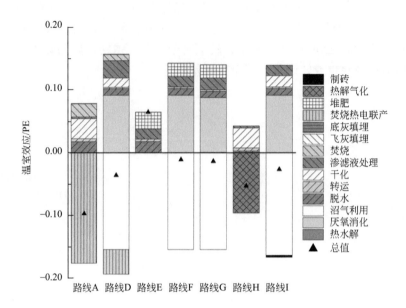

图6-21　技术路线A～I各环节温室效应贡献率（路线B、C未展示，可参考路线A）

厌氧消化、焚烧、热解气化和制砖四个技术环节可以显著减少温室气体的排放，从而减缓温室效应。其中，厌氧消化和焚烧过程均为降解有机物、释放温室气体的过程，但沼气利用和热电联产环节通过电热能源的回收，可以替代以煤炭等化石能源为基础的常规电能和热能，对全球气候变化带来积极的环境效益，其中沼气利用率和发电效率是关键影响参数。含有1t干固体的污泥直接焚烧的温室效应影响值约为–0.1PE（人均当量）。增加厌氧消化环节后，虽然通过沼气回收与利用可以减缓一定的温室效应，但同时也减少了后续沼渣焚烧发电的环境效益，加之厌氧消化过程中能源消耗和沼气泄漏造成的温室效应，导致技术路线整体温室效应影响值增至–0.03PE。因此，在焚烧工艺前增设厌氧消化工艺，并未对整个技术路线带来显著的温室效应减排作用，有赖于通过设备运行能耗、沼气回收利用效率等因素的优化进一步改进其温室气体减排效益。

热解气化和制砖过程取得的温室气体减排效益主要得益于产物的替代。污泥热解产生的热解炭可以作为活性炭替代硬煤等化石能源物质生产活性炭的过程，热解气和热解油由于难以回收可以选择在炉体内直接焚烧产生热能，从而减少维持污泥热解气化过程所需的能源。污泥在制砖过程中可以替代由高岭土、石英等物质组成的黏土，减少了制砖原材料的消耗，从而取得相应的温室气体减排效益。

温室效应环境影响指标分析结果表明，在全部污泥处理与资源化技术路线中，直接焚烧路线的温室气体减排效果最大，主要贡献环节为热电联产。热解气化的温室气体减排效果良好，但受产物品质影响较大。而直接堆肥技术路线对温室效应的贡献明显，增设厌氧消化后的各技术路线碳减排效益分别有一定程度的降低。

（6）综合环境影响评估

根据生命周期评价标准化方法，将污泥处理技术路线对不同环境影响类别的特征化影响潜能归一化至人均当量（将不同类别的环境影响潜能，除以参考年人均释放造成的环境影响值，获得标准化结果，以人均当量 PE 为单位），以获得其综合环境影响结果并进行对比（图 6-22）。

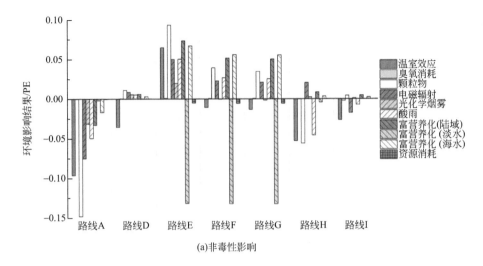

(a)非毒性影响

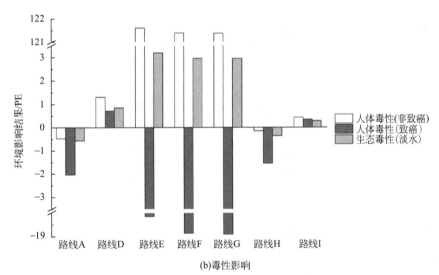

(b)毒性影响

图6-22　技术路线A～I环境影响评估结果（路线B和C未展示，可参考路线A）

同样地，污泥与垃圾或燃煤混烧的技术路线，对污泥部分焚烧产生的综合环境影响与直接焚烧没有本质区别，可参考直接焚烧工艺的评估结果。

1）焚烧路线

以焚烧为核心的技术路线整体环境效益明显，对颗粒物、酸雨、富营养化和生态毒性、人体毒性等各项环境影响类别均表现出不同程度的环境效益，这主要是由于焚烧技术回收电热等能量从而替代常规能源的生产和使用。污泥单独焚烧和与垃圾、燃煤混烧在仅考虑污泥部分产生的环境影响时并无明显差别，但针对污泥的污染物特性，随着环保要求的趋严和相关政策的变化，混烧技术可能涉及烟气处理系统和底渣处置路线的调整改进，从而避免污泥中的各种污染物因处置不当超标释放至大气、水体或土壤环境中。

2）堆肥路线

与以焚烧为核心的技术路线相比，以堆肥为核心的技术路线在综合环境影响方面存在显著差异。堆肥技术不但不能回收能源，而且需要通风等故消耗一定能源，NH_3、$VOCs$等部分污染物会在堆肥过程中挥发进入大气环境。虽然堆肥产物在土地利用时能够在一定程度上替代化肥或土壤改良剂，避免相应产品的生产和使用，但堆肥产物在土地利用过程中污染物对土壤和地表水体的影响仍不能忽视。以堆肥为核心的技术路线需通过二次污染控制工艺优化和土地利用方式优化，改善其对不同环境类别的综合影响。

3）热解路线

热解气化技术路线的综合环境影响仅次于直接焚烧，这主要是由于热解气化产物替代相应资源或能源取得一定的环境效益。其中，热解气和热解油可以直接送入二级燃烧室燃烧，为下一轮热解气化提供能量；热解炭可以替代传统硬煤生产的吸附剂，从而减少了相应生产过程的能耗与污染，取得了良好的综合环境效益。但热解气化技术的环境效益受产物产率和品质的影响较大，稳定性仍然较低。

4）厌氧路线

厌氧消化-沼渣制砖技术路线对非毒性类的环境影响表现出一定的环境效益。制砖过程中在二氧化硅替代制砖原料的同时，通过固化反应将污泥中的污染物固定在砖块中，相比于直接填埋或土地利用，可有效减少重金属在环境中的释放。但相比于直接使用黏土，在污泥处理与制砖过程中仍对环境造成潜在影响，需优化制砖过程中的污染控制系统。

从综合环境影响角度而言，以焚烧为核心的处理技术路线，由于能源回收对各类环境影响类别均有明显的环境效益；厌氧消化-沼渣焚烧技术路线的综合环境效益低于直接焚烧，技术存在一定的优化潜力。以堆肥为核心的处理技术路线，由于处理过程的能耗和堆肥产品的土地利用，综合环境影响相对较高，园林绿化和矿区生态修复等多元化堆肥产品利用途径可以在一定程度上降低整个技术路线的环境影响。热解气化技术的环境效益受产物产率与品质的影响较大，具有较高的不确定性；厌氧消化-沼渣制砖技术也取得了一定的综合环境效益，均为污泥多元化处置的技术选择。

（7）全成本分析

对10条技术路线的六项指标进行货币化核算，以评估除了建设、运行成本以外的环境治理技术隐性成本，表征其在技术、社会和环境绩效上的综合水平。各条技术路线隐性成本的计算结果如图6-23所示。其中，为避免货币化过程的重复计算，能源消耗相关成本不再同时纳入温室气体排放量指标，而温室气体排放量指标的相关成本也不再同时纳入综合环境影响指标的成本计算。

在整条技术路线上，厌氧消化-沼渣焚烧（路线D）的隐性成本最低。得益于厌氧消化产生的沼气以及焚烧过程中热电联产带来的能源回收，整条技术路线的能源消耗量较低，且热处理带来了较高的减量率与稳定率，是对综合环境绩效比较友好的技术路线。厌氧消化-沼渣制砖（路线I）的隐性成本处于中等水平，由于热处理的特性，该路线在稳定率、温室气体排放量和综合环境影响三项指标中均表现较好，且由于将灰分加以建材利用，减量率也优于直接焚烧和混烧。

单独焚烧（路线A）、垃圾混烧（路线B）、燃煤混烧（路线C）的隐性成本相近，热

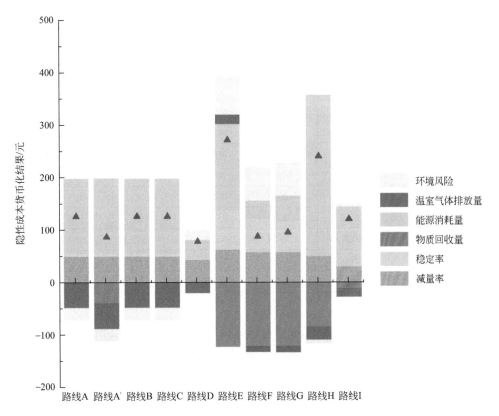

图6-23　指标体系隐性成本货币化结果

处理技术在稳定率、温室气体排放量和综合环境影响三项指标中表现较好，而能源消耗量则较大，减量率由于污泥中较高的灰分含量也和其他技术路线相比没有优势。路线A'的后端增加了底渣磷回收，可以实现一部分磷资源的回收利用，产生较好的环境效益，隐性成本低。

直接堆肥（路线E）所产生的综合环境绩效隐性成本远高于其他技术路线，这是由于整体处理效果不如其他热处理工艺，而且缺乏能源回收手段。在堆肥工艺前端增加厌氧消化技术可以较好地降低隐性成本，这是由于厌氧消化技术带来了更高的稳定率和更低的能源消耗量。厌氧消化-沼渣堆肥（路线F）、热水解-堆肥（路线G）由于应用厌氧消化技术，污泥体积的减少降低了后端运输所带来的环境影响，同时兼顾了厌氧消化的能源回收与堆肥的物质回收，综合隐性成本低。

热解气化（路线H）的综合环境绩效隐性成本较高，意味着热解气化技术路线作为新兴技术，虽然污染物质排放量较少，但由于其较高的能源消耗以及不稳定的产物品质，尚未能带来良好的社会效益和环境效益。

各条技术路线的隐性成本如表6-17所列，其中能源消耗量和物质回收量两项指标的隐性成本差异最为明显。热解气化路线的能源消耗量隐性成本最高，直接堆肥和厌氧消化-沼渣制砖和以焚烧为核心的3条路线也由于未经前端厌氧消化减量，在运输过程中具有较高的能源消耗量隐性成本。

表6-17　指标体系隐性成本货币化结果　　　　　　单位：元/t干基

技术路线	各指标货币化结果						隐性全成本
	减量率	稳定率	物质回收量	能源消耗量	温室气体排放量	综合环境影响	
路线 A	51.53	5.39	0.00	147.22	−50.54	−23.27	130.33
路线 A'	51.33	5.39	−41.60	148.02	−50.54	−23.27	89.33
路线 B	51.33	5.39	0.00	147.22	−50.54	−23.27	130.13
路线 C	51.33	5.39	0.00	147.22	−50.54	−23.27	130.13
路线 D	44.80	2.35	0.00	36.53	−20.61	17.71	80.78
路线 E	64.58	77.42	−126.74	170.90	18.24	76.55	280.95
路线 F	59.60	66.27	−126.74	35.56	−10.23	65.64	90.11
路线 G	59.33	60.27	−126.74	51.69	−11.02	65.07	98.61
路线 H	51.33	0.00	−88.44	317.53	−25.71	−6.28	248.42
路线 I	30.74	0.00	−12.32	118.15	−16.84	4.91	124.64

其余技术路线通过引入厌氧消化技术，回收能源的同时减少了运输干化的能源消耗量，降低了该部分的隐性成本。综合环境影响和温室气体排放量两项指标在各技术路线之间的差异较小，对整体隐性成本的影响程度低。污泥焚烧和热解气化的环境风险货币化结果为负值，即出于能源回收、物质利用、污染物控制等因素，这几条技术路线对环境产生了正面效应。但是从工程角度来说，热处理工艺需要加强对于烟气的处理、底渣飞灰固化的投入和管理，以保证实际运行过程中产生的环境绩效与理论接近。厌氧消化和堆肥路线的综合环境影响货币化结果为正值，意味着会对环境造成一定的影响，主要是由于技术过程中需要投入资源，以及发生难以避免的污染物挥发和泄漏造成污染物回归到环境当中，从而产生一定的环境影响。

（8）不确定性分析

生命周期分析的过程中，实际监测、文献调研等各种来源的数据均可能存在波动或偏差，且不同的应用场景或操作条件也可能带来各项参数的变化。因此，对各技术环节中关键参数对隐性成本指标的影响进行了不确定性分析，以表征参数波动对最终结果的影响程度，结果如图6-24所示。

在减量率指标中，堆肥技术的产品产率波动较大，其对减量化结果有一定的影响，而其他环节的参数波动范围较为稳定，参数的误差对指标核算值影响很小。对于稳定率指标，厌氧消化和堆肥过程中有机物的削减量参数波动对该指标核算影响较大，其他环节的参数尤其是热处理环节的参数波动范围极小，不是稳定率指标的关键影响因素。对于物质回收量指标，焚烧底渣提取磷、堆肥氮磷元素回收、热解气化产物等涉及物质回收量的环节均存在一定的参数波动，对指标计算结果均产生影响。对于能源消耗量指标，厌氧消化过程的能耗与沼气回收发电两个环节的参数存在最为显著的上下限差异，其他环节如转运、脱水干化、热处理的耗能参数也均存在一定的波动。对于温室气体排放量指标，因为已将能源相关环节扣除，相应关键参数主要包括药剂添加量和逸散污染物等，其中，堆肥过程的

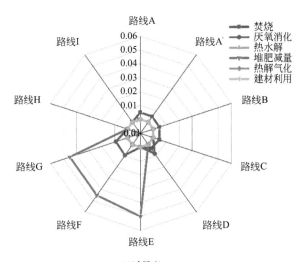

(a)减量率

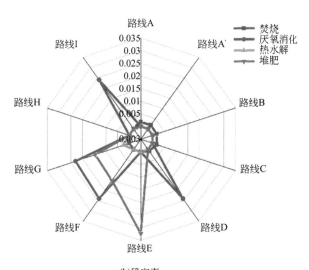

(b)稳定率

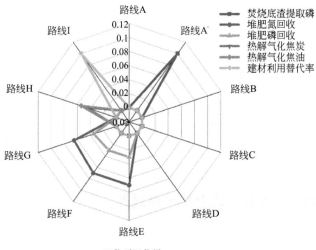

(c)物质回收量

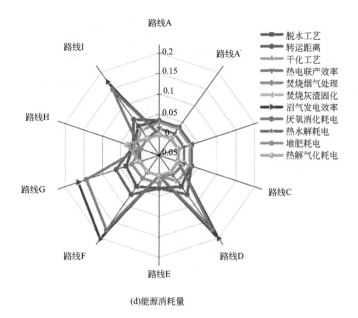

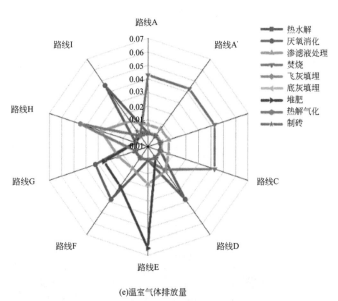

图6-24 各流程参数不确定性对指标结果的影响程度

污染物排放量是温室气体排放量指标的关键参数,焚烧烟气及飞灰底渣处理过程的化学药剂投加参数也存在较大的波动和影响。

6.3.5 案例城市污泥处理现有技术路线评价

(1)物质流分析

根据污泥调研结果,苏州市市辖六个行政区2019年的市政污泥产生总量达51.98×10⁴t,

其中城市中心区的福星、娄江和城东等3座污水处理厂市政污泥总量约7.8×10⁴t。污泥含水率约为80%，干基挥发分质量约占60%，总有机碳（TOC）平均值30.8%，总氮（TN）5.4%，总磷（TP）2.2%，平均干基低位热值为11910kJ/kg。目前，所有污水处理厂均未独立建设污泥处理设施，污水处理厂二沉池的浓缩污泥（含水率>96%）直接脱水后运至污泥处理厂，主要处理工艺包括脱水（部分干化）后进入燃煤电厂混烧、脱水后堆肥处理，以及少量水泥窑协同处置。

苏州市市辖六个行政区所有污水处理厂产生的浓缩污泥均经过脱水后转运至污泥处理厂处理，各行政区的污泥处理路线较为接近。其中，姑苏区技术路线相对多样，30%的脱水污泥直接送入热电厂，51%的脱水污泥送入干化厂后就近送入热电厂与燃煤混烧，7.7%的污泥送入堆肥厂进行堆肥。高新区脱水污泥的工艺选择与姑苏区基本一致，仅各路线处理的比例有所不同。工业园区和相城区的污泥则全部送至干化厂处理后就近在热电厂混烧。吴中区85%的污泥送入干化厂干化后送热电厂混烧，10%的污泥则进行板框压滤深度脱水后再送入电厂混烧。吴江区90%的脱水污泥直接送至电厂焚烧，8%的污泥送水泥窑处置，2%的污泥经过二次脱水后送水泥窑处置。

综合全市污泥处理技术现状可以看出，全部市政污泥中有69.7%采用了脱水干化后混烧的技术路线，12.5%经脱水后直接混烧，2.6%的污泥采用了二次脱水后混烧的路线，2.4%采用了脱水后堆肥处理的路线，0.4%采用了水泥窑协同处置的路线。总体而言，当前苏州市污泥处理方案以焚烧或混烧为核心技术，该技术对污泥的减量率可达98.7%，极大地减少了污泥的填埋量。同时，少量污泥采用堆肥或水泥窑协同处置的方式，经核算，水泥窑协同处置过程中可以替代2063.26t水泥原材料的使用，制成284.18t水泥，堆肥可以产生3595.2t基质土，污泥资源物质产率仅占0.69%，对污泥的资源化利用率相对较低。目前，苏州市污泥没有采用热水解、厌氧消化、热解气化等技术进行处理的实例。

苏州市目前污泥处理方案的物质流分析结果如图6-25所示。

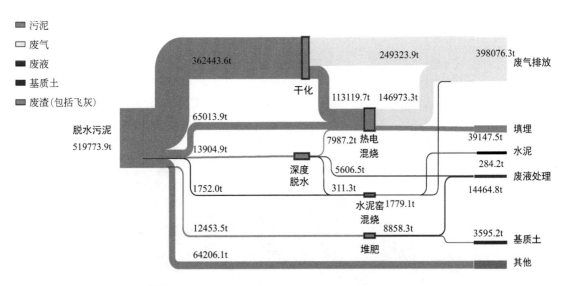

图6-25　苏州市市辖区污泥处理现有技术路线的物质流分析结果

苏州市市辖区产生的脱水污泥中，84.83%由以热电厂混烧为导向的处置路线承担。其中 36.24×10⁴t 经过干化处理形成 11.31×10⁴t 含水率 30% 的污泥，进入热电厂混烧体系，其余 24.93×10⁴t 的物质以废气形式排放，减量率达 68.79%。1.39×10⁴t 经过二次脱水后有 0.80×10⁴t 深度脱水污泥进入混烧体系，0.56×10⁴t 物质进入废水处理系统，减量率 59.68%。最终热电厂共处置 18.61×10⁴t 污泥（11.31×10⁴t 干化污泥、0.80×10⁴t 深度脱水污泥和 6.50×10⁴t 脱水污泥），以废气形式排放 14.70×10⁴t 物质，以废渣形式填埋 3.91×10⁴t 物质，减量率 21%。0.4% 的污泥（0.21×10⁴t）进入水泥窑体系，替代部分制作水泥的原材料，通过水泥窑污泥转化率核算可生成 284.18t 水泥，回收率为 13.77%，减量率为 86.23%。2.4% 的污泥（1.24×10⁴t）经过堆肥形成 0.36×10⁴t 基质土，剩余 0.88×10⁴t 物质进入废水处理系统，回收率为 29.03%，减量率为 70.97%。另有 12.4% 的污泥（6.42×10⁴t）由于数据缺失，未能明确处理处置去向，计入其他路线，根据苏州市当前污泥处理方案，在后续综合环境绩效分析时以焚烧技术路线处理。

（2）综合绩效评估

对于减量率指标 [图6-26（a）]，苏州市 51.98×10⁴t 脱水污泥中，69.7% 采用了干化技术进行处理，其贡献了 47.9% 的总减量率，而焚烧环节贡献了 40.32% 的总减量率，其他技术环节处理量较少，对总体减量效果贡献较小。对于稳定率指标 [图6-26（b）]，焚烧环节贡献了 95.45%，使脱水污泥中的绝大部分有机物实现了分解和稳定。对于物质回收量指标 [图6-26（c）]，2.4% 的污泥通过堆肥生产基质土，是回收污泥中营养物质和元素的主要途径。对于能源消耗量指标 [图6-26（d）]，焚烧环节的热电联产是对能源的主要回收利用方式，而污泥处理整体方案中最大的能源消耗来自脱水、干化和转运环节。

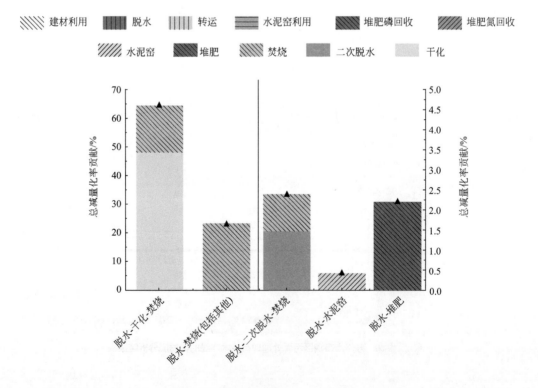

(a)减量率

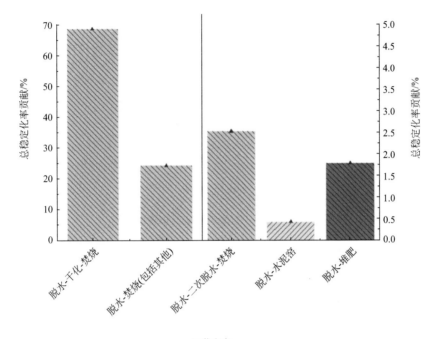

(b)稳定率

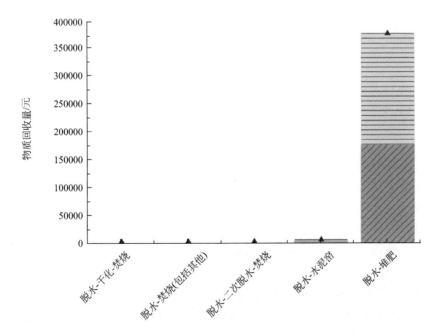

(c)物质回收量

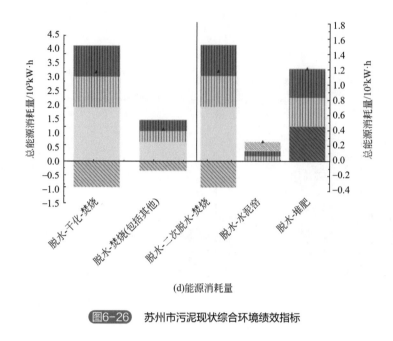

(d)能源消耗量

图6-26 苏州市污泥现状综合环境绩效指标

对于温室效应（温室气体排放量）指标[图6-27（a）]，苏州市在处理51.98×10⁴t脱水污泥的全过程中，可减少1.68×10⁴t的CO_2当量的温室气体排放，其中焚烧发电对温室气体减排做出了最主要的贡献。废水处理、干化和焚烧过程是造成温室气体排放的主要工艺环节。对于综合环境影响指标[图6-27（b）]，当前污泥处理的整体方案对人体毒性（致癌和非致癌）和生态毒性的影响均较大，该影响的主要来源是堆肥产品的土地利用，但对于温室效应、颗粒物排放、电离辐射和淡水富营养化等4方面的环境影响类别，苏州市当前的处理方案具有一定的积极效益，其主要原因仍是焚烧发电的能源替代。

6.3.6 案例城市污泥处理技术路线优化方案

6.3.6.1 基于综合环境绩效评价的技术路线优化

在苏州市现有污泥处理技术方案中，脱水后与煤混烧为核心技术。根据前文对于直接焚烧和混烧技术路线（路线A~C）的综合环境绩效指标评价结果，苏州市现有污泥处理整体减量率较高，未减量部分集中于焚烧底渣和飞灰。污泥的稳定率极高，几乎全部有机物都在焚烧过程中分解，极少未分解部分进入底渣或飞灰。此外，焚烧过程的热电联产可以通过替代煤炭等化石能源，减少温室气体排放量，减轻对温室效应的影响。与其他技术路线相比，直接焚烧和混烧技术路线对综合环境影响相对较优，在颗粒物、酸雨、富营养化和生态毒性、人体毒性等各项环境影响类别中均表现良好。

然而，现有污泥处理技术路线在物质回收方面相对较弱，且污泥缺乏原位减量设施，分散式运输中的能源消耗也较高。污水处理厂产生的污泥经直接脱水后即外运处置，根据涵盖减量率、稳定率、物质回收量、能源消耗量、温室效应、综合环境影响六个指标的综合环境绩效评价，存在一定的优化潜力。

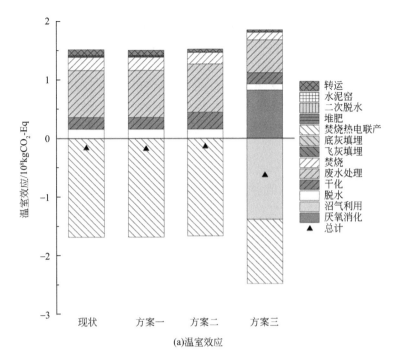

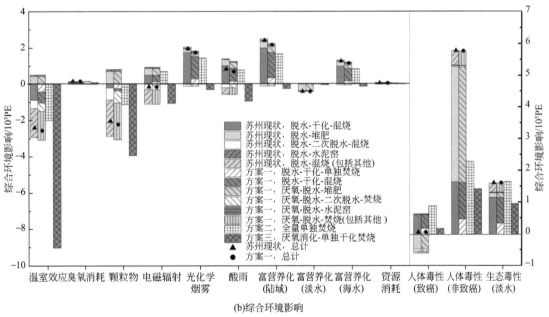

图6-27　苏州市目前污泥处理技术综合环境绩效指标

　　苏州市目前尚无专门针对污泥的集中处理处置中心，大量污泥依赖外部工艺技术，以与燃煤混合焚烧为主。从污泥减量化角度分析，污泥在不同处理设施进行干化焚烧或水泥窑处置等分散处理，涉及不同处置设施和技术路线，均增加了污泥的运输成本和污染风险。特别是在当前污泥处理技术方案中，污泥运输环节的能源消耗量和环境影响均占据较大比例，存在明显的优化潜力。热电厂燃煤混烧在污泥储存、烟气处理和底渣飞灰处理方面还需要进一步优化。从资源化利用角度考虑，现有污泥处理技术方案的物质回收量较低，热电混烧厂无法实现对污泥中有用组分如磷的回收。从能源消耗量角度来看，干化是能源消耗的主要环节，在能耗和二次污染控制方面均有一定的优化潜力。

此外，综合研究表明，在污泥产出地进行厌氧消化是回收能源物质、实现污泥减量、降低运输能耗的有效技术途径。对条件允许的污水处理厂进行改建，增设厌氧消化处理设施，通过厌氧消化产生沼气，实现对污泥中能源的回收和部分稳定化，厌氧消化后再将污泥脱水，能有效降低外运能耗和成本，在此基础上进一步处理处置也是对苏州市当前污泥处理技术方案的优化方向之一。

6.3.6.2 基于综合环境绩效评价的处理技术优选方案

根据优化潜力分析，在苏州市现有污泥处理技术方案中，由于污水处理厂产生的浓缩污泥仅在原位进行脱水后外运，污泥质量大、运距远，污泥运输环节的能耗、环境影响和成本均较为突出。苏州市污泥的处理大幅依赖外部技术设施，存在一定的技术风险，各项环境绩效成本均存在一定的优化潜力。根据前文的研究结果，厌氧消化能够有效降解稳定污泥中的有机物，在回收沼气等能源产物的同时，可有效减少后续处理的污泥量，降低外运成本和能耗。对此，基于对当前污泥处理技术方案的分析，综合环境影响和全成本等各项指标，对苏州市污泥处理技术方案提出如下三组备选方案。

（1）方案一：增设单独焚烧设施

基于苏州市现有污泥处理方案，保留多元化的处理技术路线，提出新建一座独立的污泥焚烧厂（设计处理能力300t/d），以缓解污泥处理对外部技术的依赖性。工艺路线：浓缩污泥→脱水→混烧（76.1%）+单独焚烧（21.5%）+堆肥（2.4%）。该技术方案需在适宜位置建设一座专门的污泥焚烧厂，主要处理中心区及周边水厂的市政污泥，减少污泥的远距离外运处置量。方案一+P：在方案一的基础上，增加磷回收工序。由于增设了单独焚烧设施，在技术成熟度允许的情况下，焚烧底渣还可引入磷回收技术，实现对污泥中磷资源的利用。

（2）方案二：集中焚烧为主

考虑到苏州市污泥处理能力需求较大，建议逐步增设独立的污泥焚烧厂等专门的污泥处理处置设施，最终消除对其他外部技术的依赖，即形成以污泥单独焚烧处理为主的集中式污泥处理处置中心。主要工艺路线：浓缩污泥→脱水→干化→单独焚烧。在考虑技术多元化对污泥处置安全性的重要作用时，可以适当比例地引入好氧堆肥等其他专门处理工艺。方案二+P：在方案二的基础上，增加磷回收工序。

（3）方案三：厌氧消化+集中焚烧

在对全部污泥采用专门的处理处置设施的基础上，增设浓缩污泥厌氧消化，厌氧消化后的污泥脱水干化后单独焚烧。工艺路线：浓缩污泥→厌氧消化→脱水→干化→单独焚烧。该技术方案需在建设集中式污泥处理处置中心基础上，在污水处理厂增设厌氧消化设施。同样的，在考虑技术多元化时可以适当比例地引入好氧堆肥等其他专门处理工艺。在技术成熟度允许的情况下焚烧底渣引入磷回收技术，实现对污泥中磷资源的利用，称为方案三 +P。

三项备选方案的污泥物质流计算结果如图6-28所示。

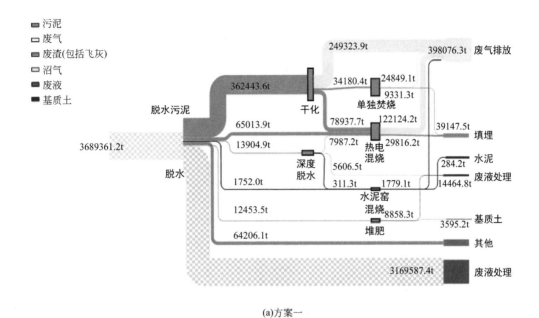

(a)方案一

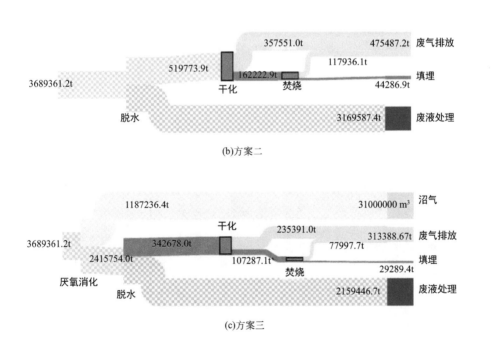

(b)方案二

(c)方案三

图6-28　苏州市污泥处理优化方案的物质流分析结果

方案一中，苏州市每年产生的$3.6894×10^6$t浓缩污泥（含水率96.55%，合$51.98×10^4$t脱水污泥），经由单独焚烧或混烧，物质流分配结果与现状处理方案没有明显区别。方案二中，全部污泥经脱水干化后进行单独焚烧，以废液形式减量$3.1696×10^6$t，以废气形式减量$47.55×10^4$t，残渣填埋量仅为$4.43×10^4$t。方案三中，全部浓缩污泥进行厌氧消化后可以产生

$3.1×10^7m^3$的沼气，可减少焚烧烟气排放$8.47×10^4t$，减少底渣填埋$0.98×10^4t$，并减少废液处理$1.01×10^6t$。

图6-29为备选方案的温室效应和综合环境影响对比结果。方案一中，新建一座污泥焚烧厂，虽然在焚烧环节与混烧区别不明显，但避免了中心区污泥的远距离运输，可减排$0.11×10^4tCO_2$当量的温室气体，温室效应减排量提高了6.5%。对于综合环境影响指标，方案一的各类环境影响均有小幅改善。综合环境绩效的隐性全成本分析表明，相比于现状技术方案，方案一的隐性全成本降低了约10%，其主要得益于就近焚烧减少了远距离运输的能耗（图6-30）。

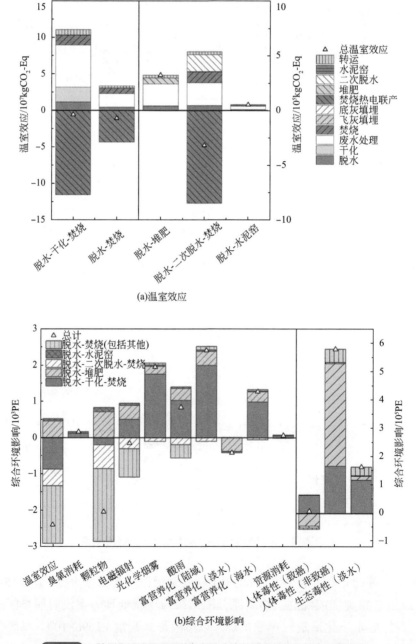

(a)温室效应

(b)综合环境影响

图6-29 苏州市污泥处理现状和备选方案的温室效应和综合环境影响

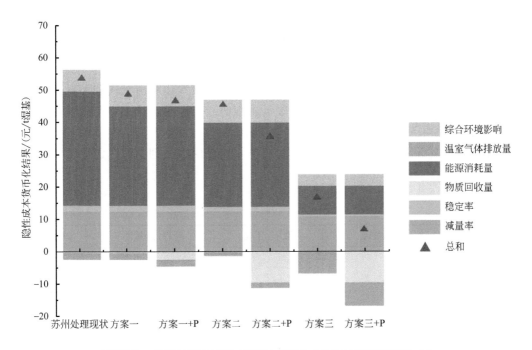

图6-30　苏州市污泥处理技术当前和备选方案的综合环境绩效隐性成本

与方案一相比，方案二在温室效应和综合环境影响方面并未取得优势。这主要是由于方案二对全部脱水污泥采用干化后单独焚烧的方法，与方案一中部分污泥未经干化而进行堆肥处理相比能耗更高，能源消耗导致的温室气体排放量和综合环境影响更加明显。然而综合环境绩效的隐性全成本分析表明，与方案一相比，方案二的隐性全成本有进一步的小幅降低，这主要得益于运输距离的进一步减小。此外，随着热电厂烟气排放标准的不断提高，污泥混烧的烟气处理难度可能进一步增加，污泥单独焚烧是满足苏州市未来污泥处理量增长需求、减少污泥焚烧污染物排放量、降低污泥处理对外部技术的依赖和风险的重要措施。在引入底渣磷回收技术后，方案二+P的隐性全成本可以通过磷元素回收利用进一步降低。

方案三因引入浓缩污泥的厌氧消化工艺，温室气体减排量比现有技术提高了近2.5倍，其他各类环境影响均有显著改善，酸雨、富营养化等类别甚至由环境负担转变为环境效益，隐性全成本也降低至现状技术方案和方案一、方案二的40%以下。这主要得益于厌氧消化的能源回收及其减量作用为后续污泥运输带来的能耗降低。在引入底渣磷回收技术后，方案三+P的隐性全成本同样可以进一步降低。

综合以上分析，建议案例市对现有污泥处理技术方案进行优化升级，依次采取如下优化措施：

① 逐步建设污泥处理与资源化综合处置中心，以污泥单独焚烧为核心，辅以好氧堆肥，同时包含污泥干化、焚烧和底渣利用等技术，焚烧产生的余热用于污泥干化，产生的电能用于干化、底渣利用以及飞灰处理，剩余电能可以上网。

② 在有条件的污水处理厂增设厌氧消化设施，将浓缩污泥先消化产沼，沼气可用于发热发电供污水处理厂内部使用，或进行沼气提纯制取天然气并网，厌氧消化后污泥沼渣进行脱水，运输至综合处置中心进行处理与资源化。

③ 在污泥独立焚烧设施中，焚烧底渣未来可试用磷回收技术，实现对污泥中磷元素的资源化利用，进一步取得物质回收和环境效益、经济效益。

上述技术方案综合了污泥处理技术的可靠性、污泥减量、能耗、环境影响和综合绩效，在综合处置中心实现能源和物质双循环，增加了污泥的减量化和资源化利用率，减少了运输成本与环境污染风险，也便于对污泥处置过程中的二次污染进行集中控制和管理，是苏州市污泥处理综合可行的技术优选方案。

总结苏州市城市污泥处理最佳可行技术清单，如表6-18所列，其综合环境绩效隐形成本如表6-19所列。

表6-18　苏州市城市污泥处理最佳可行技术清单

技术方案	预处理	脱水 / 干化	处理 / 处置	产物利用
方案一	—	原位脱水，外运干化	混烧；单独焚烧；堆肥	热电联产； 基质土利用
方案二	—	原位脱水，集中干化①	单独焚烧①；好氧堆肥	热电联产； 底渣利用（磷回收）①
方案三	厌氧消化	原位脱水，集中干化①	单独焚烧①；好氧堆肥	沼气利用；热电联产； 底渣利用（磷回收）①

①集中干化、单独焚烧与沼渣利用宜合建于污泥处理与资源化综合处置中心。

表6-19　苏州市污泥处理技术和最佳可行技术方案的综合环境绩效隐性成本　单位：元/t干基

技术方案	各指标货币化结果						隐性全成本
	减量率	稳定率	物质回收量	能源消耗量	温室气体 排放量	综合 环境影响	
现状	12.38	1.70	−0.74	35.44	−1.87	6.63	53.55
方案一	12.38	1.70	−0.74	30.76	−1.99	6.53	48.64
方案一 +P	12.38	1.70	−2.85	30.76	−1.99	6.53	46.54
方案二	12.37	1.29	0.00	26.08	−1.55	7.09	45.27
方案二 +P	12.37	1.29	−9.98	26.08	−1.55	7.09	35.29
方案三	10.75	0.56	0.00	8.77	−7.03	3.46	16.51
方案三 +P	10.75	0.56	−9.98	8.77	−7.03	3.46	6.53

6.4　案例城市污泥处理整体解决方案

城市污泥环境无害化管理是苏州市水环境质量全面提升和生态安全保障的重要内容。在贯彻落实新修订的《固体废物污染环境防治法》《水污染防治行动计划》《土壤污染防治行动计划》和《长江保护修复攻坚战行动计划》中强化污泥管理的相关要求，亟需形成与苏州市城市定位、经济社会发展水平和环境质量要求相适应的市政污泥、管道淤泥、河道底泥等城市污泥处理整体解决方案。

6.4.1　污泥产生处理现状与未来增量

（1）市政污泥

苏州市现有污水处理厂近90座，服务于苏州市城市中心区的污水处理厂有3座，分别为福星污水处理厂、城东污水处理厂和娄江污水处理厂，均由苏州市排水有限公司运行，总设计处理规模为 $3.6 \times 10^5 m^3/d$。

福星污水处理厂采用 A^2/O 加改良交替式活性污泥法及深度处理工艺，建设规模为 $1.8 \times 10^5 m^3/d$，2019年污水处理量为 $5.84746 \times 10^7 m^3$，日处理量为 $1.602 \times 10^5 m^3$，主要处理城南地区和城西地区的污水，总服务面积 $46.6 km^2$，包括金阊新城、沧浪新城、国际教育园北区及姑苏区西南部分地区。娄江污水处理厂采用UNITANK加改良交替式活性污泥法及深度处理工艺，建设规模为 $1.4 \times 10^5 m^3/d$，2019年实际日处理量约为 $1.362 \times 10^5 m^3$，主要收集处理平江新城、平江新城以北地区、虎丘湿地公园和苏州工业园部分地块污水。城东污水处理厂采用 A^2/O 加微絮凝过滤工艺，建设规模为 $40000 m^3/d$，2019年实际日处理量约为 $40000 m^3$，主要接纳处理苏州市护城河范围内及护城河东侧部分区域内的生活污水，服务范围约 $19.2 km^2$。苏州市城市中心区污水处理厂典型工艺如图6-31所示。污泥处理典型工艺如图6-32所示。

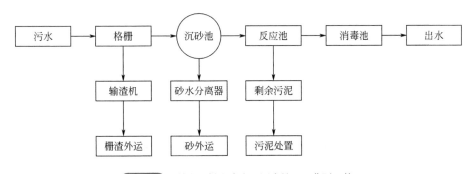

图6-31　苏州市城市中心区污水处理厂典型工艺

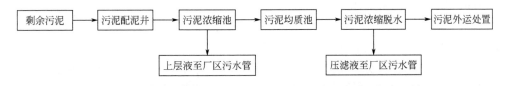

图6-32　苏州市城市中心区污水处理厂污泥处理典型工艺

目前，苏州市全域市政污泥产量约 $51.98 \times 10^4 t/a$，出厂污泥含水率可降至不高于80%，符合技术要求。2015~2019年，苏州市城市中心区3个污水处理厂的市政污泥产量见表6-20，年产量约为 $7.8 \times 10^4 t$，占全市总产量的1/7。苏州市城市中心区市政污泥产量年际变化较小，

2015年达到最大值（8.22×10⁴t），2019年达到最大值（7.75×10⁴t），主要差异在于出产污泥含水率波动。随着污水处理工艺的改进和污泥脱水工艺的稳定运行，脱水污泥的含水率将保持稳定。未来市政污泥产量的波动主要由污水处理量的变化引起：苏州市拟在中心区建设白洋湾污水厂，一期污水处理能力60000m³/d，二期建成后总处理能力达到1.2×10⁵m³/d。

表6-20 苏州市中心区污水处理厂2015～2019年市政污泥产生量

年份	污水处理厂	福星	娄江	城东	合计
2015	月均产生量 /t	3704.1	2439.2	703.9	6847.2
	全年产生量 /t	44449.2	29270.8	8446.7	82166.7
	含水率 /%	78.8	80.0	80.0	79.6
2016	月均产生量 /t	3820.8	2378.2	502.1	6701.1
	全年产生量 /t	45849.3	28538.0	6025.0	80412.3
	含水率 /%	78.4	77.9	78.3	78.2
2017	月均产生量 /t	3556.7	2623.5	296.1	6476.3
	全年产生量 /t	42680.9	31481.4	3553.5	77715.8
	含水率 /%	78.3	77.6	78.9	78.0
2018	月均产生量 /t	3615.8	2465.8	384.2	6465.8
	全年产生量 /t	43389.2	29589.5	4610.0	77588.7
	含水率 /%	78.5	77.8	79.5	78.3
2019	月均产生量 /t	3564.9	2642.6	338.5	6546.0
	全年产生量 /t	42778.4	31711.2	4061.9	78551.5
	含水率 /%	78.5	77.8	79.9	78.3

设计典型情景预测到2030年时的苏州中心区3个污水厂市政污泥产量（按含水率约80%计）。

情景1：白洋湾污水厂未建成；居民数量稳定持平，生活质量提高，人均日用水量将小幅增长（5%以内）。预计到2030年可产生（7.9~8.2）×10⁴t市政污泥。

情景2：白洋湾污水厂未建成；古城区域旅游业发展迅速，部分居民迁出，房屋改为商服、娱乐用途，总排水量一定幅度增加（约10%）。预计2030年可产生8.4×10⁴t市政污泥。

情景3：白洋湾污水厂一期建成，处理能力60000m³/d，按10000m³污水产生7.5t市政污泥计，2030年可产生约9.5×10⁴t市政污泥。

情景4：白洋湾污水厂一期建成，总处理能力1.2×10⁵m³/d，按10000m³污水产生7.5t市政污泥计，2030年可产生约1.11×10⁵t市政污泥。

总体上，如白洋湾污水厂未建成，未来十年内，中心区市政污泥产量保持稳定趋势，2030年市政污泥产量超过8.5×10⁴t的可能性较小；如白洋湾污水厂建成投产，中心区市政污泥的产量增幅较大，值得关注（图6-33）。

苏州中心区3个污水处理厂的出厂污泥样品主要理化性质分析结果见表6-21。市政污泥含水率约为80%，干基挥发分质量占比约60%，有机物含量略高于对比的其他污水处理厂市政污泥，总氮和总磷分别占干基质量的5%和2%以上，营养元素具有一定的资源化潜力，

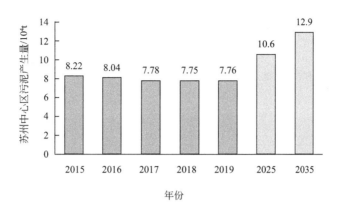

图6-33　苏州中心区市政污泥产生量与预测

重金属浓度均符合《城镇污水处理厂污泥泥质》（GB 24188—2009）等标准要求。总体上，苏州市中心区污水处理产生市政污泥的主要理化性质指标达到了《城镇污水处理厂污泥泥质》（GB 24188—2009）要求，可以出厂处置。苏州中心区市政污泥的干基低位热值超过10000kJ/kg（约合2400kcal/kg），远大于《城镇污水处理厂污泥处置 单独焚烧用泥质》（GB/T 24602—2009）干化焚烧（>3500kJ/kg）、助燃焚烧（>3500kJ/kg）和自持焚烧（>5000kJ/kg）的标准要求，可以单独焚烧或混烧处理，但需降低干化成本，可考虑利用廉价热源干化后焚烧（包括与其他固体废物协同焚烧）。3座污水处理厂污泥的总有机碳质量分数分别为29.1%、30.1%和33.3%，总氮和总磷分别占干基质量的5%和2%，有机物含量和总养分含量均较高，满足《城镇污水处理厂污泥处置 土地改良用泥质》（GB/T 24600—2009）、《城镇污水处理厂污泥处置 园林绿化用泥质》（GB/T 23486—2009）、《城镇污水处理厂污泥处置 制砖用泥质》（GB/T 25031—2010）等对有机物和总养分的要求。污泥中重金属的含量均低于各类标准中对重金属的含量要求，表明污泥经适当处理（脱水）后可以进行土地利用和建材化利用。从资源化的角度看，苏州中心区市政污泥可用作土地改良、制砖、水泥熟料生产、园林绿化等用途，重金属含量低，环境风险小；总养分超过5%，很适合土地改良和园林绿化。尽管80%的含水率在进一步利用时仍较高，但通过适当的干化技术处理，可以控制干化的成本（尤其是与其他热源协同时），因此现有的出厂含水率并不影响后续资源化利用。

表6-21　苏州市中心区和我国其他城市污水处理厂污泥品质

市政污泥品质指标	苏州中心区污水厂			其他城市污水厂		
	福星	娄江	城东	北京	湖南长沙	云南昆明
含水率（质量分数）/%	79.2	79.3	81.4	82.6	85.88	79.1
挥发分（质量分数）/%	59.39	57.13	62.21	60.28	58.1	40.98
灰分（质量分数）/%	39.59	39.93	33.21	33.88	40.77	54.53

续表

市政污泥品质指标	苏州中心区污水厂			其他城市污水厂		
	福星	娄江	城东	北京	湖南长沙	云南昆明
固定碳（质量分数）/%	1.34	2.94	4.58	5.84	1.13	3.96
干基低位热值 /（kJ/kg）	10960	11600	13170	12080	12320	9010
碳（质量分数）/%	29.97	29.97	34.25	33.16	28.66	25.69
氢（质量分数）/%	4.84	4.9	5.14	5.23	4.83	3.97
氧（质量分数）/%	27.69	23.93	23.46	25.7	24.5	17.17
氮（质量分数）/%	5.36	5.48	6.39	5.95	5.24	2.24
总有机碳（质量分数）/%	29.1	30.1	33.3	32.3	32.1	20.4
总氮 /（mg/kg）	51800	56500	53100	53000	44800	42000
总磷 /（mg/kg）	21200	25200	72400	26500	36100	36200
总镉 /（mg/kg）	1.1	1.3	1.2	1.1	1	2.1
总铅 /（mg/kg）	59.8	60.7	71.9	49.3	50.4	21.5
总铬 /（mg/kg）	47.6	71.1	49.5	24.6	54.2	104
总镍 /（mg/kg）	36.7	41.2	37.9	33.3	36.5	50.1
总锌 /（mg/kg）	741	839	744	777	573	1030
总铜 /（mg/kg）	156	204	181	124	167	264
总锡 /（mg/kg）	19.5	30.1	23.4	18.2	15.1	22.2
总锰 /（mg/kg）	325	792	467	538	488	752

苏州市中心区污水处理厂主要接收居民生活污水，少量进厂工业污水的水质也与生活污水相近，总体进厂水质变化不大，污水处理工艺运行平稳，因此排泥泥质也较稳定。鉴于未来降雨初期径流不断截流，中心城区城市功能区划大幅调整的可能性小，上游污水排放源类型和数量较稳定，预计未来15年中心城区污水处理厂排泥泥质不会有显著变化，有机物、养分含量仍较高，有机物含量保持在55%以上，重金属风险不会显著提高。

苏州市中心区3座污水处理厂与北京、长沙、昆明污水厂污泥的有机组分含量对比得出，苏州市中心区污泥主要有机组分是蛋白质（26.2%~33.0%）、半纤维素（14.1%~15.3%）和脂肪（10.9%~11.7%），纤维素和木质素含量较少。其中，蛋白质和脂肪是致油弱产氢物质，如果采用热解技术对污泥进行处理，一方面热解产气产氢量较少，另一方面热解过程中会产生大量生物油，还会阻碍热解系统的传热传质和长期稳定运行，因此从有机质组成上看，污泥并不是好的热解原料。污泥中含有的大量碳水化合物、脂肪和蛋白质都是厌氧消化和好氧堆肥的良好原料，燃烧产热效率高，因此苏州市中心区的市政污泥适合厌氧消化产沼气、堆肥化土地利用和干化耦合焚烧处理。

结合国内外研究热点，本研究还对市政污泥中的微塑料进行了检测。微塑料通常指直径小于5mm的人造聚合物碎片，呈现出多种形态，可作为各种有机物质和无机物质的载体，被人类和生物摄入造成物理和化学伤害。近年来，微塑料作为一种新兴污染物在环境领域研究中受到广泛关注，研究组检测了苏州中心区市政污泥中的微塑料。

污水处理过程可以有效去除污水中的微塑料，但这些微塑料会积累在污泥中。苏州市中心区 3 座污水处理厂的市政污泥中均检出了微塑料。其中，福星厂污泥中的微塑料丰度最低，娄江厂的丰度最高。各水厂所测出的微塑料主要形态均为纤维状微塑料，其次是碎片。纤维状微塑料主要来自洗涤废水，与 3 座污水处理厂进水为生活污水吻合。福星厂中的泡沫状微塑料比例明显高于其他两厂，主要来自包装材料，可能与服务范围内第三产业占比较高有关。娄江厂中的塑料微珠占比较高，主要来自个人护理品添加物。城东厂中的薄膜状微塑料丰度较高，主要由塑料袋等塑料垃圾破碎后形成，与服务区内居民的购物行为有关。

市政污泥中的微塑料丰度既与当地经济社会发展水平相关，又取决于当地塑料垃圾的管理水平。与国内其他地区市政污泥微塑料丰度相比（表 6-22），苏州市政污泥中微塑料丰度与上海市相当，较浙江省和广东省略高，低于安徽省的污染水平。与文献中报道的其他国家市政污泥中微塑料的丰度相比，苏州市市政污泥中微塑料丰度较高。未来苏州市在推动经济高质量发展的同时应进一步提高塑料污染控制水平。

表6-22　苏州中心区市政污泥微塑料丰度与国内其他地区和其他国家的对比

苏州污水厂	微塑料丰度 /(10^3 个 /kg 干污泥)	省份	微塑料丰度 /(10^3 个 /kg 干污泥)	国家	微塑料丰度 /(10^3 个 /kg 干污泥)
福星	19.10	安徽	25.20	德国	12.50
城东	25.50	浙江	22.70	荷兰	9.50
娄江	27.70	上海	24.20	瑞典	16.70
平均	24.10	广东	15.67		

由于微塑料的大量存在，在污泥处理处置技术的选择上应考虑其对微塑料迁移、转化、归趋的影响。污泥中的微塑料可以通过土地利用重新参与生物圈循环，因此从生态环境角度考虑应谨慎使用填埋和土地利用的处理处置方式，焚烧对微塑料的消除效果最好。

苏州市市政污泥的处理处置已经基本形成了较为规范的技术体系和管理体系。截至2020 年 8 月，全市共有 26 家污泥处理处置企业，承担了全市 88 家污水处理厂市政污泥的处置工作，主要企业的污泥处理处置方式如表 6-23 所列，其中的主导处理处置技术是干化+焚烧（混烧）。

表6-23　苏州市部分市政污泥处理处置单位和方式

市政污泥处理处置单位	市政污泥处理处置方式
苏州市江远热电有限责任公司	干化焚烧
苏州中法环境技术有限公司	干化焚烧
苏州东吴热电有限公司	干化焚烧
苏州太湖中法环境技术有限公司	干化焚烧
华能太仓发电有限责任公司	干化混烧
苏州高新静脉产业园开发有限公司	干化焚烧
张家港沙洲电力有限公司	混烧
太仓绿丰农业资源开发有限公司	堆肥

"十二五"期间，苏州市市政污泥的规范处置率已达到97%，主要处理工艺包括脱水、好氧堆肥、焚烧（混烧）、制砖等。污泥堆肥在苏州市的污泥处理中占有一定比例，例如位于常熟市的田娘公司就承担了苏州市中心区的污泥处理工作，污泥处理规模为150t/d，采用条垛式机械翻堆堆肥工艺。但由于堆肥占地面积较大，恶臭污染问题没有得到很好的解决，堆肥产品的销路也存在困难，在环境保护要求逐渐严格的背景下，堆肥技术的占比逐渐下降。

"十三五"期间，苏州市主要采用干化后送入热电厂与燃煤混烧和堆肥处理等方式进行污泥的处理处置。全市市政污泥中，69.7%的市政污泥脱水干化后进行燃煤混烧，12.5%经脱水后直接混烧，2.6%进行二次脱水后混烧，2.4%采用了脱水后堆肥处理，0.4%采用了水泥窑协同处置。

苏州市中心区3座污水处理厂的市政污泥均直接外送处理处置（表6-24）。2019年，福星污水处理厂53.1%的脱水污泥由热电厂混烧处理，46.9%经干化后由热电厂混烧；城东污水处理厂85.0%的脱水污泥由热电厂混烧处理，15.0%经干化后由热电厂混烧；娄江污水处理厂29.9%的脱水污泥由热电厂混烧处理，19.8%采用堆肥处理，50.3%经干化后由热电厂混烧。

表6-24　2019年苏州市中心区市政污泥处理处置情况

污泥处理处置单位	污泥来源	处理处置技术	处理处置量 /t
苏州东吴 热电有限公司	福星	混烧	8021.64
	娄江		4520.73
	城东		3113.86
苏州工业园区 中法环境技术有限公司	福星	干化后混烧	12531.15
	娄江		8579.56
苏州太湖 中法环境技术有限公司	福星	干化后混烧	4148.82
	娄江		6722.44
	城东		607.94
苏州市江远 热电有限公司	福星	干化后混烧	7323.99
	娄江		98.23
	城东		340.05
张家港沙洲 电力有限公司	福星	混烧	959.72
	娄江		4463.22
华能太仓 发电有限责任公司	福星	混烧	2596.85
太仓绿丰 农业资源开发有限公司	娄江	堆肥	6034.11

苏州市污泥的处理费用在水费中统一从用户处收取，水费收取后根据处理量由政府与各污泥处置企业结算。市政污泥的干化过程政府补贴550元/t。苏州市中心区3座污水处理厂的技术经济参数如表6-25所列。

表6-25　苏州市中心区污水处理厂污泥处理处置技术经济参数

污水处理厂	总投资 / 万元	人员工资 / 万元	总脱水机耗电量 /kW·h	经营成本 /[元/(m³·d)]	可变成本 /(元/m³)
福星	16810.00	870	3 台，32443	0.78	0.56
娄江	13920.74	795	3 台，31343.75	无数据	无数据
城东	9936.29	630	1 台，8068	1.18	0.60

（2）管道淤泥

随着苏州市城市经济水平的高速发展，市政排水管网日臻完善，管线铺设长度不断增加，管网淤泥产生量迅速增加。管道淤泥是一种由水、无机细颗粒物质、有机质（10%~30%）及各种胶体物质组成的多组分分散体系，既富含氮、磷等营养物质，又含有重金属等污染物。管网淤泥具有含水率高、塑性指数大和颗粒粒径粗细不一等特点，不易干化，也不适用于制砖等建材化利用。

通常，管道淤泥来自污水管道泥沙、雨水携带物、人为排入的污物和建筑物泥浆等渠道。其中大多数有机固体组分来自市政污水，而建筑工地和工厂企业等排出的污水中经常含有大量无机固体物质，未经过预处理直接排入污水管道也可形成淤积；道路上的泥土、砂砾、垃圾、枯枝败叶等进入市政排水管网后，也可成为管道淤泥的一部分。

市政管道淤泥的产生量受管道坡度、管网形状、排水体制、区域环境和季节等因素的影响，具有季节波动性。项目组调研了苏州市中心区管道淤泥的产生、处理情况。中心区现有及规划管网长度约2100km，主干管道淤泥年均产生量约为8t/km，雨水管道和污水支网约为1.5t/km。市中心区年产生淤泥量5750t，日均产生15.8t。鉴于清淤安排动态调整，预计中心区的淤泥年产生量为5000~7000t，管道淤泥的产生量远小于市政污泥。

苏州市管道淤泥采用水力冲刷和检查井内抽吸等方法清除，在各排水干支管段轮流作业清理管道淤泥。除护城河内一年三次清淤外，其他管道均一年清淤两次。

苏州市排水有限公司对苏州市中心区管网淤泥的长期监测结果显示：中心区管道淤泥以无机灰分为主，约占淤泥总质量的83%；有机物含量较低，约为淤泥总质量的17%。管道淤泥的有机质含量较市政污泥低，无机组分含量高。

本研究组采集了苏州市中心区9个点位的管道淤泥样品，泥质分析结果见表6-26。

表6-26　苏州市中心区管道淤泥采样点泥质分析结果

采样点	1	2	3	4	5	6	7	8	9	均值
总有机碳（质量分数）/%	3.4	1.6	19.9	2.1	3.5	5.2	1.8	12.6	26.6	8.5
总磷 /(mg/kg)	1260	10000	6100	6230	4540	10600	1390	20600	32800	10391
总氮 /(mg/kg)	2510	2970	16700	3580	3440	4660	1280	14200	25800	8348
汞 /(mg/kg)	0.29	0.34	2.31	0.30	0.26	1.94	0.13	2.04	0.41	0.89
镉 /(mg/kg)	0.8	0.2	1.6	0.4	0.4	0.5	0.2	0.7	0.8	0.6
铜 /(mg/kg)	64.2	211	160	46.8	91.2	127	42.9	347	74.5	129.4

采样点	1	2	3	4	5	6	7	8	9	均值
铬 / (mg/kg)	51.0	35.9	39.4	227	57.3	49.8	21.8	200	27.7	78.8
锡 / (mg/kg)	7.8	4.6	15.7	8.1	4.2	7.3	5.3	9.2	5.9	7.6
锰 / (mg/kg)	295	224	3.6	424	213	34	240	405	274	234
镍 / (mg/kg)	32.8	21.0	32.0	34.8	31.6	29.5	11.6	55.9	13.5	29.2
铅 / (mg/kg)	119	64.4	62.0	291	28.9	85.6	31.4	118	26.1	91.8
锌 / (mg/kg)	330	332	1050	226	295	411	102	1020	413	464

总氮和总磷含量波动较大，部分点位的总养分已满足《城镇污水处理厂污泥处置 土地改良用泥质》（GB/T 24600—2009）要求（总养分≥1%）。整体上，考虑到中心区以居民区为主，雨水多但时间分布较为均匀分散，导致养分和有机质排放量较小且不稳定。苏州市中心区游客较多，绿化品质要求较高，不适宜采用散发恶臭气味较严重的就近绿地施肥处置。

管道淤泥中重金属浓度均满足《城镇污水处理厂污泥泥质》（GB 24188—2009）的要求，但总有机碳含量低且样本间波动较大，为1.6%~26.6%，无机物质较多。实地调研分析结果显示，管道淤泥中含有70%~80%的生活垃圾、10%~20%的砂石颗粒和1%左右的泥状物质。在淤泥的处理过程中需要分离无机组分和有机质，分别处理处置。

目前，苏州市中心区的管道淤泥采用"筛分—洗涤—外运处理处置"的技术方案处理处置，如图6-34所示。管道淤泥经排水检修人员收集后，全部运送至位于娄江污水处理厂的处理设施，经两段物理筛分后，将稀释污水注入娄江污水处理厂调节池与生活污水协同处理，残余无机组分与污水处理厂浓缩污泥混合脱水后外运进行干化联合焚烧发电。

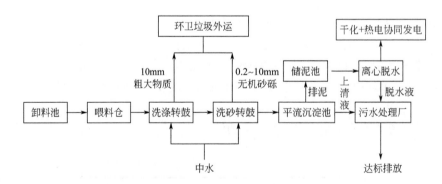

图6-34 苏州市城市中心区管道淤泥处置流程

两段物理筛分均使用洗涤转鼓（图6-35），第一段筛分粒径为10~1000mm，首先混匀输入物料，分离生活垃圾，洗涤转鼓分离装置的筛下物即为含有颗粒直径小于10mm的细砂和砂砾的混合物料；第二段筛分粒径为0.2~10mm，控制表面负荷小于0.5mm/h，沉淀粒径小于0.2mm的细砂及有机污泥，进入污泥处理工艺流程中。污水上清液通过出水堰排入厂区污水管，进入厂内污水处理系统处理。筛分后的稀释污水中COD浓度约3000mg/L，氨氮浓度为几百毫克每升，淤泥处理用水量约16m³/t。

图6-35　苏州市管道淤泥洗涤转鼓照片

苏州市管道淤泥设施采用集散结合的布局方式，优先结合污水处理厂和泵站协同建设，鼓励有条件的区域对污水、雨水管道淤泥进行分质处理。据统计，2019年苏州市中心区管道淤泥处置量为1739t，电费4.87万元，无机颗粒处置费11.95万元，脱水焚烧费34.08万元，运输费5.21万元，人工费24万元，合计80.11万元。

（3）河道底泥

苏州属于河网城市，河道底泥的清淤工作是保障水生态、水安全、水环境和水资源的有效手段。河道底泥主要由河水中的颗粒物和有机物沉积而成，是大量微生物生存和底栖动植物生长的环境，既是河水污染物的汇，在河水扰动的情况下又可能成为重要的水质污染源。因此，及时清理河道底泥，是改善河水水质的重要措施。

由于河道疏浚底泥含水率高，力学性能差，不宜直接作为建筑材料使用。底泥中还含有多种重金属、有机污染物、病原微生物和寄生虫卵等污染物，需要在污泥的处理与利用中充分考虑。近年来，随着河道管护的持续强化，日常清淤轮浚的体制机制日益健全，寻找高效、经济、绿色处理处置河道底泥的技术路线成为城市管理和水环境治理急需解决的问题之一，对改善环境、建立美丽城市具有重要意义。

本研究组在2018年4月至2020年5月期间，分5次（2018年4月和9月各7d、2019年1月份中15d、2019年4~6月中36d、2020年5月份中15d）测量了苏州市中心区的河道底泥厚度，在93个采样点采集了河道底泥和河水样品。采样点分布如图6-36所示。

苏州市中心区河道底泥厚度分布如图6-37所示。河道底泥厚度范围为2~252cm，平均厚度为41cm。古城区内河道污泥厚度为2.2~102.5cm，平均厚度为26.6cm，古城区南部河道底泥厚度明显高于北部。南部河道较宽，水流缓慢，在干将河和东环城河交叉口处河道底泥厚度最大，可能与入河口河道变宽、水流变缓有关，造成大量有机碎屑沉积。该点底泥的有机物含量也是最高的。古城区外的河道底泥厚度为2~252cm，平均厚度为44cm。底泥淤积厚度在100~200cm范围的河道主要分布在东南部；淤积厚度76~100cm的河道主要分布在东部和北部。中心区河道总长约272km，根据采样点的底泥厚度、河流长度和河宽，估算2019年春季时，苏州市中心区河道底泥总体积约为$2.1×10^8m^3$。中心区河道底泥量的分布具有不均匀性，无明显规律。

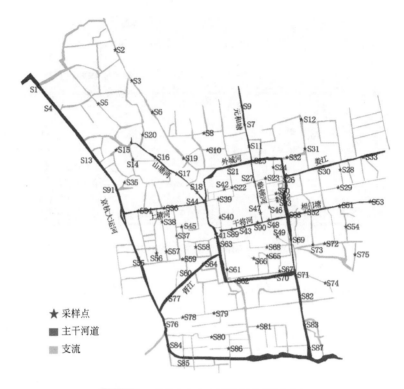

图6-36 苏州市中心区河道底泥采样点分布

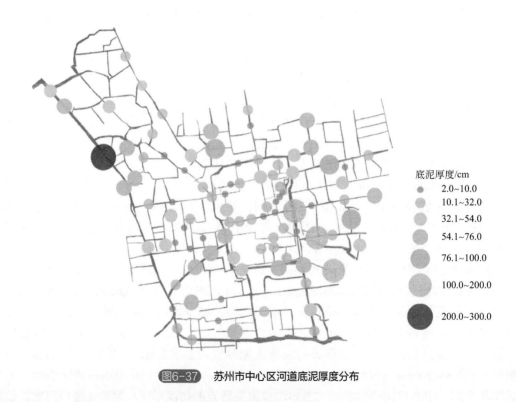

图6-37 苏州市中心区河道底泥厚度分布

1）河道底泥中有机碳、氮和磷的分布特征

苏州市中心区主干河道底泥总量、总有机碳（TOC）、总氮（TN）、总磷（TP）含量如

表6-27所列，河道底泥中有机碳和营养盐的分布如图6-38所示。

表6-27　主干河道底泥总量、总有机碳（TOC）、总氮（TN）、总磷（TP）含量

河道	域内长度/km	域内底泥总量/t 干基	底泥污染物总量			底泥污染物平均含量		
			TOC/t	TN/t	TP/t	TOC /(t/km)	TN /(t/km)	TP /(t/km)
京杭大运河	20.3	40301.8	344.4	33.4	35.8	17.0	1.6	1.8
山塘河	4	61.5	1.7	0.09	0.07	0.4	0.02	0.02
上塘河	3.4	125.0	2.6	0.01	0.02	0.8	0.003	0.006
胥江	3.4	2319.6	18.6	1.6	2.5	5.5	0.5	0.7
相门塘	4	697.6	2.9	0.3	0.4	0.7	0.1	0.1
干将河	3	2708.9	42.3	2.8	3.6	14.1	0.9	1.2
临顿河	2.4	394.4	22.5	1.8	0.8	9.4	0.8	0.3
北外城河	3	13368.4	160.4	19.7	14.3	53.5	6.6	4.8
东环城河	4	169563.7	17905.0	446.0	139.8	4476.3	111.5	35.0
南环城河	3	198709.4	996.1	101.3	140.4	332.0	33.8	46.8
西环城河	5	110997.9	5954.0	179.3	179.0	1190.8	35.9	35.8
娄江	5.3	2950.9	6.8	1.1	2.1	1.3	0.2	0.4
元和塘	4.3	445.2	1.9	0.3	0.3	0.4	0.3	0.3
平江河	1.5	282.8	7.6	0.5	0.5	5.1	0.3	0.3
道前河	3	786.5	55.1	2.8	1.0	18.4	0.9	0.3
十字洋河	8	78587.4	744.2	60.4	53.6	93.0	7.6	6.7
九曲港	3.5	1191.5	2.4	0.6	0.7	0.7	0.2	0.2
仙人大港	5.8	13267.4	296.7	32.5	25.8	51.2	5.6	4.4
北干河	4.7	7119.7	199.4	21.6	13.9	42.4	4.6	3.0
盘门内城河	2	5421.6	92.2	3.5	19.3	46.1	1.8	9.7

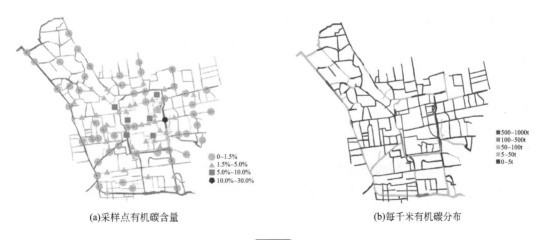

(a)采样点有机碳含量　　　　　　　(b)每千米有机碳分布

图6-38

(c)采样点TN含量　　　　　　　　　　(d)每千米TN分布

(e)采样点TP含量　　　　　　　　　　(f)每千米TP分布

图6-38 苏州市中心区河道底泥中有机碳和营养盐分布

河道底泥总有机碳含量在0.2%~6.2%之间，均值为1.3%。底泥有机碳浓度范围较广，空间差异性更大（差异系数为74%）。古城区内河道底泥有机碳浓度高于古城区外河道，对于每公里河道总有机碳而言，京杭大运河北部和苏州古城区外城河与相门塘河交汇处河道底泥总有机碳较高，达到500~1000t/km，这可能与该河道较宽，水流速度较慢，大量有机物沉降堆积有关。若不及时疏浚，10年后可达到550~1100t/km。

氮是底泥中主要的营养元素之一，能够反映河道富营养化状况及受污染程度。苏州市中心区河道底泥TN浓度为198~3120mg/kg，均值为1082mg/kg。从分布上看，TN主要分布在十大主干河道的底泥中，沿程含量范围为0.003~49.7t/km，均值为5.413t/km。

磷是导致水体富营养化的重要营养物质之一。苏州市中心区河道底泥TP浓度范围为448~3820mg/kg，均值为1149mg/kg。TP的分布与TN情况相似，在古城区较高。从每公里河道TP量看，TP同样主要分布在十大主干河道上，含量范围为0.006~31.6t/km，均值为3.643t/km。

2）河道底泥中重金属的分布特征

苏州市中心区93个采样点中底泥重金属的分布和含量如图6-39和表6-28所示，可见典型重金属含量波动范围较大。

(a)总镉(mg/kg)

(b)总铅(mg/kg)

(c)总铜(mg/kg)

(d)总镍(mg/kg)

(e)总锌(mg/kg)

(f)总铬(mg/kg)

图6-39

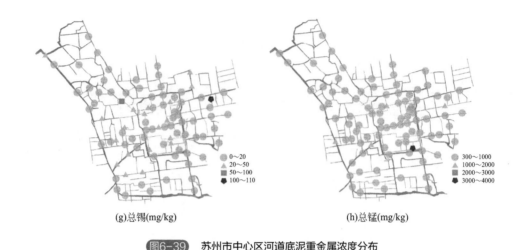

(g)总锡(mg/kg)　　　　　　　　(h)总锰(mg/kg)

图6-39　苏州市中心区河道底泥重金属浓度分布

表6-28　苏州市中心区河道底泥重金属含量与标准对比

重金属	测量值 / (mg/kg)	平均值 / (mg/kg)	建设用地[①] / (mg/kg)	农用地[②] / (mg/kg)
总镉	0.1~26.5	1.3	< 65	< 0.6
总铅	15.8~1050	156.7	< 800	< 170
总镍	21.2~121	54.2	< 900	< 190
总锌	62.8~2990	357.9	—	< 300
总铜	14.9~1280	130.7	< 18000	< 100
总铬	26.5~395	84.7		< 250
总汞	0.05~17.40	1.15	< 38	< 3.4
总锡	7.7~109	18.0	—	—
总锰	308~4000	697	—	—

①《土壤环境质量 建设用地土壤污染风险管控标准（试行）》（GB 36600—2018）。
②《土壤环境质量 农用地土壤污染风险管控标准（试行）》（GB 15618—2018）。

根据表6-28中典型重金属（总镉、总铅、总铬、总镍、总锌、总铜、总汞）含量与《土壤环境质量 建设用地土壤污染风险管控标准（试行）》（GB 36600—2018）规定限值之间的比较可知，河道底泥中仅铅存在1个超标点位，位于古城区域北部的中市河，其他河道的底泥均满足建设用地土壤污染风险管控标准，可以在建设用地中使用。与《土壤环境质量 农用地土壤污染风险管控标准（试行）》（GB 15618—2018）规定限值比较可知，除镍和没有标准限制的锡、锰之外，其他金属的最大检出值均大于标准限值。镉、锌、铜的平均值也都高于限值。慎重起见，河道的疏浚底泥不应直接用于农田。

建材化利用技术的优点是无害化程度高，对重金属含量高的污泥具有较好的适应性。以标准《城镇污水处理厂污泥处置 制砖用泥质》（GB/T 25031—2010）为参考，除个别点位重金属铅存在超标现象外，其余重金属的含量能够满足制砖用泥要求。

河道底泥中污染物既是河水的"汇"，又是河水的"源"。当底泥中污染物浓度高于河水时，底泥向河水释放污染物成为源；当底泥中污染物浓度低于河水时，或固态污染物的容重大于河水时，污染物向底泥沉积成为汇。苏州市城市中心区河道底泥的疏浚和后续处理处置日益得到重视，目前采用的主要技术路线是"疏浚→运输→资源化利用→处置"。常用的处理处置技术包括水热固化制砖、脱水干化-水热制砖、制作填方材料等，可实现河道底泥内源污染控制，底泥减量化、资源化、无害化利用，达到了太湖流域水环境综合治理和保护要求。

河道底泥疏浚一般采用机械方法清挖。在控制河道水质时，由于疏浚技术具有经济性好、处理彻底、操作简单和见效快速等优势，通常在大规模河道治理中采用轮浚作业，河道污染事故的应急处置或污染较为严重的情况优先疏浚。

自2017年起，苏州市在城市中心区实施了"清水工程——清淤贯通工程项目"，清淤河道48条。第一阶段完成了清水通道清淤工作，包括以下4个部分：a.外塘河及外塘河支浜，河道总长2.82km，清淤疏浚工程量为$9.71\times10^4 m^3$，外塘河护岸局部缺失段及破损段新建驳岸1013.9m；b.主要过水河道和重要河道清淤，包括凤凰泾、白莲浜、彩香浜、桐泾河、黄石桥河、硕房庄河等19条河道，河道总长31.87km，清淤疏浚工程量为$38.19\times10^4 m^3$；c.古城内阊门内城河、干将河等4条河道清淤，河道长5.08km，清淤$1.81\times10^4 m^3$；d.应急清淤项目，主要涉及外城河局部河段清淤及淤泥外运，总长1440m，清淤土方$7.32\times10^4 m^3$。第二阶段针对平江河、临顿河等24条环古城河内河道和6条外围河道进行清淤，清淤河道长度为33.21km，清淤疏浚工程量为$48.73\times10^4 m^3$。

河道底泥清淤后，主要进行固化处理，作为建筑材料和覆土材料使用。通常，底泥需要进行化学固化处理才能转化为工程材料，主要采用无机类固化剂和有机类固化剂进行固化。无机固化剂包括水泥、生石灰、粉煤灰、石膏等，能和底泥中的水发生一系列物理化学反应，生成$Ca(OH)_2$、$CaCO_3$以及水合硅酸钙等混合物，从而增加颗粒联结度，提高底泥的机械强度。无机固化剂的掺入量通常较大，处理效率低，固化材料养护时间长，固化成本高。有机类固化剂分液体状态和固体状态两种，主要有沥青、胶结剂、纤维、环氧树脂等，通过离子交换和化学聚合反应等作用，减少底泥颗粒孔隙及表面张力所引起的吸水作用，通过振动实化，提高底泥的密实度，形成新固化结构。有机类固化剂虽然用量较少，施工方便，但固化后材料强度相对较低，固化时间较长，长期稳定性不及无机固化剂。

6.4.2　市政污泥处理务实型技术方案

苏州市市政污泥的处理处置已经基本形成了较为规范的技术体系和管理体系。全市共有26家污泥处理处置企业，承担了全市88家污水处理厂市政污泥的处置工作，其中的主导处理处置技术是干化+焚烧（燃煤电厂混烧）。

苏州市现阶段以燃煤混烧和单独焚烧为核心的污泥处理处置技术路线如图6-40所示。根据对苏州市现有污泥技术方案的综合环境绩效指标评价结果，苏州市现有污泥处理整体减量率超过90%，未减量部分集中于焚烧底渣和飞灰。污泥的稳定率达到98%，几乎全部有机物都在焚烧过程中分解，极少未分解部分进入底渣或飞灰中。苏州市现有污泥处理方案处理每吨脱水污泥可以减少0.03t CO_2当量的温室气体排放，焚烧过程的热电联产可以通过替代煤炭等化石能源为温室气体减排做贡献。从综合环境影响角度分析，苏州市现阶段方案相对较优，在颗粒物、酸雨、富营养化和生态毒性、人体毒性等各项环境影响类别中均表现良好。

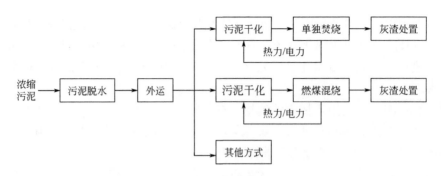

图6-40 苏州市污泥处理处置现状技术路线

苏州市市辖区污水处理厂市政污泥主要采用燃煤电厂混烧处理的技术路线，在我国污泥工业窑炉协同焚烧处理方面具有一定的代表性。综合考虑各方面因素，作为务实型技术方案，提出现阶段苏州市已有污泥处理处置技术路线保留并进一步优化完善的方案。该方案基本结构为：基于苏州市现有污泥处理方案，保留多元化的处理技术路线，完善管理系统，建立应急预案，进行技术储备，应对政策变化。需要进一步开展的工作包括如下几个方面。

（1）进一步完善工业窑炉协同处置污泥的管理系统

① 打破当前污泥处理过于分散的局面，集中高效处理污泥。目前苏州市共有26家污泥处理处置企业，分散于苏州市各地，存在过于分散的问题。部分污水处理厂将污泥送往多个燃煤电厂处理，而一家电厂又处理多个污水处理厂的污泥，存在交叉运输与交叉处理的问题。因此，需要在苏州市的层面上规划污泥处理的组织形式，根据污水处理厂的分布、燃煤电厂的分布和电厂的处理能力，适当集中，优选电厂，优化污泥产生、运输、处理处置的关系，打破目前过于分散的局面。通过经济和政策手段，引导污泥处理行业的发展，实现相对集中式的污泥处理处置。

② 加强台账系统建设，实行数字化管理。苏州市现有技术路线对外部设施的燃煤电厂的依赖性强，多家外部企业承担污泥处理任务。由于行业管理部门与重点不同，因此需要加强污泥产生企业和处理企业的台账系统建设，明确市政污泥的产生、运输、处理责任。结合大数据和互联网技术，建立包含污泥产生企业、运输企业、处理处置企业、管理部门在内的数字化管理系统，实施全时段数字化管理。

③ 适时调整污泥协同处理企业的污染物排放标准，以适应政策发展需求。生态环境部正在制定更为严格的固体废物在工业窑炉中协同处置的排放标准，接收市政污泥的燃煤电厂未来需要对炉膛与烟气处理设施进行相应的升级改造，以确保其符合国家和地方的大气污染控制标准。

④ 原位减量，进一步降低能耗。污泥干化和运输是目前能源消耗的主要环节，占比近70%，因此有必要实施污泥原位减量，进一步降低能耗。现有污泥处理技术路线因缺乏原位减量设施，高含水率（80%）的污泥分散运输能源消耗较高，应考虑在污水处理厂增加污泥脱水强度，降低含水率，减少运输负担和能耗。

（2）开展污泥处理技术储备研究，应对国家和地方政策变化

作为城市的重要大气污染源，燃煤发电烟气排放备受关注。北京等城市已经关闭了所有城市附近的燃煤热电厂。苏州是我国高度发达的城市，且濒临上海，大气污染控制是社会发展的重要方面。苏州市政污泥主要依靠燃煤电厂协同处理，存在电厂关闭或外迁造成污泥不能得到无害化处理处置的风险。未雨绸缪，需要开展污泥处理技术储备研究，以应对国家和地方的政策变化。

① 开展污泥单独焚烧的可行性和工程示范研究。苏州市作为经济高度发达、人口密集、土地资源紧缺的现代化城市，污泥焚烧不可能长期依赖于在燃煤电厂以混烧为主的技术路线。结合上海等城市的经验，市政污泥单独焚烧是苏州市需要重点考虑的技术路线。应论证具备建设条件的较大型污水处理厂（如福星厂、娄江厂）在厂内建设专门的污泥干化焚烧设施的可行性，并开展工程示范，增加现有技术路线的韧性，主动应对国家和地方政策可能的变化。

② 水热改性。水热改性在国内污泥处理中应用较为广泛，是否在苏州污泥处理中采用，需要综合考虑。在北京市政污泥的处理系统中，水热工序放置在厌氧消化工序之前，主要目的是提高厌氧消化工序的产气率并杀灭病原体。然而由于水热过程并没有污泥减量化的作用，该工序所增加产气量的效益远不能抵消其支出，整体效益为负。北京市污泥处理产物出路主要为土地利用，水热具有杀灭病原体的作用，而苏州市污泥处理以焚烧为主，不需要增加水热工序来杀灭病原体。此外，污泥水热处理后如果进行厌氧消化，则沼渣的脱水性能并不会提高，有时还略有降低。因此，把水热过程放在厌氧消化之前产生的是负效益，是不合理的工艺路线。

市政污泥的脱水较难，是制约其处理与资源化的关键环节。污泥脱水困难的关键是其中的结合水（包括微生物细胞组织水）难以在常温下机械脱出。北京的实践经验表明，仅污泥脱水工序一项，其费用就占整个处理费用的60%以上。水热法通过高温（如180℃，60min）高压使污泥中的结合水变成自由水，破坏微生物细胞，释放组织水。污泥经过水热处理后，其脱水性能显著提升，采用板框压滤方式，可以直接将污泥含水率降到60%以下。因此，如果需要在污泥处理过程中增加水热工序，应该置于消化工序之后，脱水工序之前，以提高污泥的脱水性能。增加水热工序的经济前提是：水热+脱水的费用 < 直接脱水的费用，至少在运行成本上应满足这一条件。

③ 堆肥土地利用。污泥堆肥或稳定化后土地利用，如用于园林绿化，也是市政污泥重要的处置方式，在国内外都有大量实践。北京市市政污泥用于园林绿化，昆明市市政污泥用于修复磷矿山，都是成功案例。污泥源于土地，理应回归土地，实现其自然循环。苏州市中心区3个污水处理厂的污水均为市政污水，没有工业废水混入，污泥各项指标均满足土地利用的要求。

污泥堆肥化/稳定化后土地利用技术路线是否可行的关键是园林绿化部门能否接受并使用污泥堆肥产品，这需要强有力的政策支撑。北京市在2017年时稳定化污泥还堆积如山，到2018年就实现了"日产日清"，原因是北京市园林绿化局、北京市水务局、北京市生态环保局联合发文，保证了合格的稳定化污泥能够直接应用于园林绿化。苏州市的城市绿地比例较大，具有大量利用堆肥化/稳定化污泥的能力，但在保障性政策出台之前，不宜大规模推动污泥土地利用技术路线的实施。因此在方案中，污泥堆肥土地利用技术是作为辅助技术路线推荐，以保证整体污泥处理技术路线的可缓冲性。

④ 垃圾焚烧厂协同焚烧。污泥在生活垃圾焚烧炉系统中协同焚烧是新兴的市政污泥处理技术路线。苏州市七子山生活垃圾焚烧发电厂由光大环保能源（苏州）有限公司建设运行，生活垃圾处理规模7000t/d，协同处置市政污泥的能力较强。生活垃圾源头分类使进入焚烧厂的垃圾热值不断提高，例如上海垃圾分类后，进入焚烧厂的其他垃圾的热值上升约30%。苏州市已经全面推行垃圾分类，垃圾热值相应地也会出现显著上升。七子山垃圾焚烧电厂的焚烧炉是按中温中压设计的，设计的垃圾热值小于7500kJ/kg。热值过高，将使焚烧量减少，企业得到的政府补贴减少。此外，炉膛温度过高还会造成结焦加重等不利影响。在这种情况下，协同处置热值略低的干化污泥，甚至直接掺烧含水率80%的污泥，整体入炉废物热值也可满足要求。已有实验室研究结果显示，在污泥掺烧量小于10%的情况下不会影响焚烧炉的燃烧工况，尾气的污染物浓度略有提高，但仍能满足《生活垃圾焚烧污染控制标准》（GB 18485—2014）要求。然而，也有焚烧炉实际混烧污泥研究结果表明不宜在生活垃圾焚烧炉中协同处置污泥。

污泥与生活垃圾协同焚烧，主要存在以下问题：a.污泥颗粒细小，在焚烧中很容易进入烟气系统，可明显增加垃圾焚烧厂的飞灰量；b.七子山焚烧厂采用的是炉排炉，其炉箅间距较大，颗粒细小的污泥在焚烧炉中很容易在没有完全烧尽的情况下从炉箅间掉下，形成炉渣，从而使炉渣的灼烧减率变差，或不达标，协同焚烧污泥更为适宜的焚烧炉类型是流化床焚烧炉；c.污泥的氯离子含量偏高，有报道称焚烧污泥对焚烧系统有腐蚀。综上，生活垃圾焚烧炉协同处置市政污泥的技术路线尚在探索阶段，目前还缺少规模化成功案例的支持，因此在方案中暂不作为优先推荐方案，但可以作为缓冲技术路线使用，例如应急情况等。

（3）建立应急预案

市政污泥不宜长期堆存，必须及时处理。考虑到苏州市主要依靠燃煤电厂处理污泥，受企业经营情况和政策影响而存在不确定性和运输过程中发生污染的风险，需要建立市政污泥的应急处置预案，以应对突发情况。

① 应对感染性污泥预案。在出现疫情时，市政污泥中可能存在疫情传播源。例如，2020年春季在武汉发生的新冠病毒（新型冠状病毒）疫情，在水处理污泥中就检测出了新冠病毒。2003年香港特别行政区淘大花园爆发的"SARS"病毒通过下水道地漏粪口传播，教训惨痛。苏州市多数污水处理厂建设在市区，人口较为密集。为了避免处理处置过程中病菌病毒的气流传播及操作人员的接触携带，疫情期间，污泥必须进行全密闭管理。

在污泥热干化过程中，必须使污泥本体温度达到80℃以上，或采用巴氏杀菌法，将污泥加热到70℃，并维持30min以上。苏州市污泥处理的核心技术是高温焚烧，可以彻底销毁病原体，因此疫情期间应主要采取焚烧方式进行污泥处理，关闭污泥堆肥和土地利用路线。污泥可采用单独焚烧方式处理，如焚烧能力不足，也可在苏州市七子山生活垃圾焚烧发电厂与生活垃圾混烧。在与生活垃圾混烧时应采用单独密闭式进料通道输送污泥入炉。

② 事故与其他自然灾害应急预案。苏州市污泥处理的主体技术路线是焚烧，辅助路线是堆肥化。在整个污泥焚烧系统不能正常运行时，可单独或同时采取以下应急措施：在污

泥堆肥厂进行堆肥处理；在生活垃圾焚烧发电厂应急焚烧；在卫生填埋场临时填埋。在污泥堆肥系统不能正常运行时，因其处理比例较小，可以通过增加污泥焚烧处理量来解决，也可在卫生填埋场临时填埋。

综合上述分析，在国家及地方污泥处理及燃煤电厂运行相关政策、标准未发生变化的前提下，推荐以燃煤电厂混烧为特色的务实型方案作为苏州市污泥处理的基本方案。

6.4.3　市政污泥处理引领型技术方案

随着国家和江苏省、苏州市实现碳中和任务的分解，燃煤电厂作为重要的碳排放源，其持续运行存在一定的不确定性，给依赖外部设施的污泥处理带来一定的运营风险，不符合韧性城市建设的要求。虽然苏州市目前对于市政污泥的处理处置已经形成了成熟完善的体系，但考虑到苏州市在环太湖、长江三角洲角和长江经济带乃至全国都居于重要位置，肩负着在全面推进经济、社会、环境协调发展方面发挥示范引领作用的重要使命。此外，国家《第十四个五年规划和2035年远景目标纲要》（2021.03）明确要求，"推广污泥集中焚烧无害化处理，城市污泥无害化处置率达到90%"，以污泥集中焚烧为核心的无害化处理技术必然得到推广，苏州在我国非省会城市中具有示范性和引领性。因此，在现有务实型技术方案的基础上，针对苏州市污泥特性与社会经济条件，提出面向未来的引领型的污泥处理整体解决方案，作为应对未来政策变化的备选方案。

基于苏州市污泥处理现状方案与可能的优化方案，采用多维度环境绩效综合评估方法，定量识别了可能的优化方案在各个指标与综合绩效方面的增量，明确了苏州市污泥处理技术提升与优化基本路径如下。

① 分步建设污泥处理与资源化综合处置中心，以污泥单独焚烧为核心技术，以好氧堆肥等为辅助技术，同时包含污泥干化、焚烧和底渣利用等技术工艺，焚烧产生的余热用于污泥干化，产生的电能用于干化、底渣利用以及飞灰处理，剩余电能可以上网。

② 进一步扩大污泥单独焚烧规模，巩固以单独焚烧为核心，堆肥为辅助的多元化处理技术格局，并选择有条件的污水处理厂增设厌氧消化设施，将浓缩污泥先进行厌氧消化，回收沼气等能源物质，沼气可用于发热发电供污水处理厂内部使用，或进行沼气提纯制取天然气并网，厌氧消化后污泥沼渣进行脱水，运输至综合处置中心进行处理与资源化。

③ 在污泥独立焚烧设施中，焚烧底渣未来可试用磷回收技术，实现对污泥中磷元素的资源化利用，进一步取得物质回收效益和环境效益、经济效益。

基于上述提升与优化基本路径，根据苏州市经济发达、产业活跃、人口密集、土地稀缺的城市特点，考虑新建或改建设施的成本与难度，综合污泥处理各条技术路线及组合方案在污泥减量化、稳定化、物质回收、能源回收、温室气体减排、环境影响、技术成熟度、全成本等指标与综合绩效方面的比较优势，借鉴国内外污泥处理先进城市经验，顺应国际国内污泥处理技术发展趋势，按照"因地制宜，循序渐进，统筹优化，分步实施"的原则，对苏州市污泥处理技术方案按照近期、远期两种情景提出处理系统提升与优化方案。

（1）近期（2021~2025）：在现有处理系统基础上增加单独干化焚烧设施

① 中心区。2025年苏州市中心区市政污泥日产生量290.43t，年产生量$1.06×10^5$t。首

先针对中心区污泥处理系统能力提升与结构优化，立足于苏州市中心区当前污泥处理现状，保留多元化的处理技术路线，新建一座独立的150t/d污泥焚烧厂，以缓解污泥处理对外部技术的依赖性，整体处理能力达到300t/d。技术路线（图6-41）和处理能力分配如下：

浓缩污泥 → 脱水 → 干化 → 燃煤电厂/垃圾焚烧厂协同焚烧（100 t/d）+ 单独干化焚烧（150t/d）+ 好氧堆肥（50t/d）

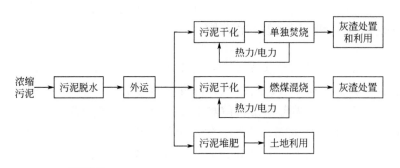

图6-41 苏州市中心区近期市政污泥处理推荐技术路线

为减少污泥的远距离外运处置，建议尽可能在具备建设条件的大型污水处理厂（福星、娄江）内选址建设专门的污泥干化焚烧设施，处理中心区市政污泥。

② 市辖区。2025年苏州市市辖区市政污泥日产生量2260.3t，年产生量$8.25×10^5$t。与中心区市政污泥处理技术路线升级优化的思路保持一致，市辖区市政污泥同样立足于现有处理系统，在保留多元化处理技术路线的基础上，重点发展集中单独干化焚烧能力，2025年形成1000t/d的单独干化焚烧处理能力，整体处理能力达到2500t/d，留有一定的安全余量。技术路线和处理能力分配如下：

浓缩污泥 → 脱水 → 干化 → 燃煤电厂/垃圾焚烧厂协同焚烧（1300t/d）+ 单独焚烧（1000t/d）+ 好氧堆肥（200t/d）

（2）远期（2026 ~ 2035）：以干化焚烧为核心的集中处理系统

1）中心区

2035年苏州市中心区市政污泥日产生量约为353.4t，年产生量约为$1.29×10^5$t。为进一步提升中心区市政污泥处理系统安全性和独立性，对标国际国内同类城市污泥处理的先进水平并具有示范意义，继续扩大污泥干化焚烧能力至300t/d，燃煤电厂和垃圾焚烧厂不再接受污泥混烧，保留污泥好氧堆肥100t/d，形成400t/d污泥处理能力。技术路线和处理能力分配如下：

浓缩污泥 → 脱水 → 干化 → 单独焚烧（300t/d）+ 好氧堆肥（100t/d）

由于市政污泥中磷含量较高，建议在科技支撑基础上，增加焚烧底渣磷回收工序，提高污泥焚烧资源循环价值和环境效益。

2）市辖区

2035年苏州市市辖区市政污泥日产生量约为3643.8t，年产生量约为$1.33×10^6$t。与中心区市政污泥处理技术路线升级优化的思路保持一致，市辖区市政污泥同样以扩大单独干化焚烧能力为重点，单独干化焚烧能力提升至3500t/d，燃煤电厂和垃圾焚烧厂不再接受污泥混烧，适当保留污泥高温堆肥能力500t/d。技术路线（图6-42）和处理能力分配如下：

浓缩污泥 → 脱水 → 干化 → 单独焚烧（3500t/d）+ 好氧堆肥（500t/d）

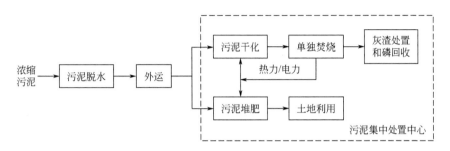

图6-42　苏州市中心区远期市政污泥处理推荐技术路线

同样地，根据底渣中磷含量与回收价值，可增加焚烧底渣磷回收工序。

（3）具备条件的污水处理厂在厂内增加厌氧消化和焚烧设施

在上述方案中，新建污泥独立的焚烧设施是核心。具备条件的较为大型的污水处理厂（如污水处理能力 ≥ $1.5×10^5$t/d，含水率80%的污泥产生量 ≥ 100t/d）建议在厂内配套建设浓缩污泥厌氧消化设施与污泥焚烧处理设施，以降低运输成本，提高系统整体效益和经济效益。技术路线如图6-43所示。

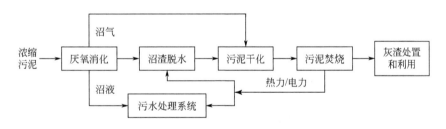

图6-43　大型污水处理厂污泥处理处置技术路线

对于市中心区，这一技术路线可以在苏州市的福星污水处理厂和娄江污水处理厂实施。与污泥外运处理处置相比，该技术路线的优点是：a.浓缩污泥直接进行厌氧消化，减少了污泥外源的脱水环节；b.在污水处理厂内进行消化产沼，沼液直接排入污水处理厂的污水处理系统，无需单独建立污水处理系统；c.从污水处理厂外运的只有焚烧灰渣，外运量减少90%以上；d.灰渣可以建材化利用，也可在填埋场暂存，以备之后进行磷回收。

污水处理厂规模较小时，在厂内建设污泥焚烧设施不具备经济性，如果具备建设浓缩污泥厌氧消化设施的条件，建设在污水处理厂内增建浓缩污泥厌氧消化装置，经厌氧消化的污泥脱水后，再外运至集中干化焚烧厂焚烧处理，技术路线如图6-44所示。为降低运输成本，应在污水处理厂将污泥脱水至含水率50%~60%后外运。

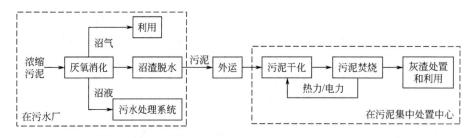

图6-44　小型污水处理厂污泥集中处理处置技术路线

（4）研究污水-污泥统一管理模式

受历史原因影响，我国的大部分城市，污水和污泥是分开管理的，在污水处理厂污泥脱水外运后，污水处理厂就完成了污泥的管理责任，交由城市市政、城建或水务部门管理。这一管理模式不利于发挥污水处理厂在厂内主动处理污泥的积极性。发达国家的经验显示，在污水处理厂尤其是大型污水处理厂实施污水-污泥统一管理是既经济又环保的管理模式。苏州作为我国的发达城市，有条件开展污水-污泥统一管理模式的探索。例如，污泥需要厌氧产沼，就不必像现在分开管理模式那样，先脱水外运，后注水产沼，可以用二沉池的浓缩污泥直接厌氧产沼，沼液可以直接进入污水处理系统处理，同时也减少了污泥外运的成本和可能的环境污染风险。

（5）建立应急预案

类似于务实型技术方案，污泥处理引领型技术方案也要建立应急预案。在出现疫情、发生事故和自然灾害时的应急预案与务实型方案相同。

6.4.4　管道淤泥处理推荐技术路线

苏州市城市中心区2019年的排水管道清淤量为1739.5t，产生量较小，单独建设管道淤泥处理设施的技术经济性较差。目前采取的处理方式为：经排水检修人员收集后，全部运送至娄江污水处理厂，两段物理筛分后，将稀释污水与生活污水协同处理，剩余部分与污水处理厂污泥混合脱水后外运处置。

在管道淤泥的处理方案上，推荐在淤泥预处理的基础上，与市政污泥协同焚烧处理，技术路线如图6-45所示，不再单独论述。

6.4.5　河道底泥处理推荐技术路线

（1）主干河道疏浚方案

苏州市中心区有主干河道10条，分别为京杭大运河（苏州段）、山塘河、上塘河、胥江、相门塘、干将河、临顿河、外城河、娄江和元和塘，其底泥污染物总量见表6-29。

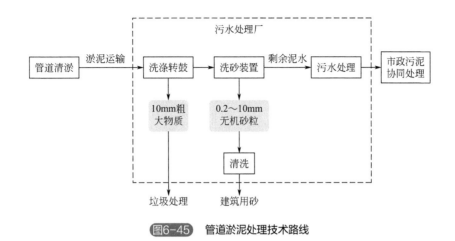

图6-45 管道淤泥处理技术路线

表6-29 苏州市中心区主干河道底泥清淤疏浚顺序和疏浚量

疏浚批次	河道	域内长度 /km	底泥疏浚量 /t 干基	污染物削减量 /t		
				TOC	TN	TP
第一批	外城河	15	246319.75	12507.7	373.1	236.8
	京杭大运河	20.3	20150.9	172.2	16.7	17.9
	干将河	3	1354.45	21.2	1.4	1.8
	合计	38.3	267825.1	12701.1	391.2	256.5
第二批	临顿河	2.4	197.2	11.3	0.9	0.4
	胥江	3.4	1159.8	9.3	0.8	1.2
	娄江	5.3	1475.5	3.4	0.6	1.1
	合计	11.1	2832.5	24.0	2.3	2.7
第三批	相门塘	4	348.8	1.5	0.15	0.2
	元和塘	4.3	222.6	0.9	0.15	0.15
	上塘河	3.4	62.5	1.3	0.005	0.01
	山塘河	4	30.8	0.9	0.05	0.04
	合计	15.7	664.7	4.6	0.355	0.4

外城河呈环状，长约15km，底泥中污染物总量最高，建议优先疏浚。按照底泥中污染物平均沿程含量，推荐疏浚优先级为：外城河 > 京杭大运河 > 干将河 > 临顿河 > 胥江 > 娄江 > 相门塘 > 上塘河 > 元和塘 > 山塘河。

在苏州市中心区，京杭大运河平均水深约10m，山塘河、上塘河、胥江、相门塘、娄江和元和塘的平均水深约6m，外城河、干将河和临顿河平均水深约3.5m。主干河道通常污染物总量较高，从保护河道两岸安全角度考虑，可按当前底泥量1:1清淤，即底泥疏浚深度等于当前底泥厚度的1/2。

建议分三批进行河道疏浚（表6-29）。第一批：疏浚河道为外城河、京杭大运河和干将河，底泥疏浚量为267825.1t，削减TOC量约12701.1t、TN约391.2t、TP约256.5t。第二批：疏浚河道为临顿河、胥江和娄江，底泥疏浚量为2832.5t，削减TOC量24.0t、TN 2.3t和TP

2.7t。第三批：疏浚河道为相门塘、上塘河、元和塘和山塘河，底泥疏浚量为664.7t，削减TOC量4.6t、TN 0.355t和TP 0.4t。

（2）各区域河道疏浚方案

按照区域划分苏州中心区为古城区域、东北区域、东南区域、西南区域和西北区域，如图6-46所示，各区污染物总量见表6-30。底泥总量由高到低的顺序为西北区域、东北区域、古城区域、东南区域和西南区域，且西北区域、东北区域和古城区域的污染物总量相对较高，应优先疏浚。

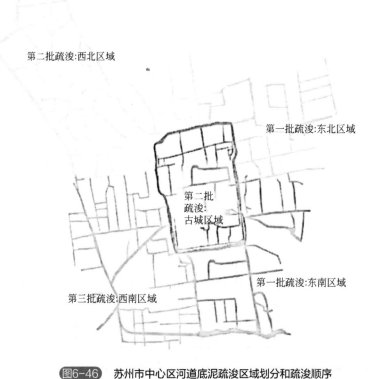

第二批疏浚:西北区域

第一批疏浚:东北区域

第二批
疏浚:
古城区域

第三批疏浚:西南区域

第一批疏浚:东南区域

图6-46 苏州市中心区河道底泥疏浚区域划分和疏浚顺序

表6-30 苏州市中心区河道底泥分区建议疏浚量和污染物总量

疏浚顺序	区域	域内长度 /km	底泥疏浚量 /t 干基	污染物削减量 /t		
				TOC	TN	TP
第一批	东南	29	4816	48.8	4.7	3.7
	东北	37	5738.5	46.3	5.3	5.5
	合计	66	10554.5	95.1	10.0	9.2
第二批	西北	64	6975.5	75.2	7.2	8.2
	古城	47	5327	44.4	3.8	5.9

续表

疏浚顺序	区域	域内长度 /km	底泥疏浚量 /t 干基	污染物削减量 /t		
				TOC	TN	TP
第二批	合计	111	12302.5	119.6	11.0	14.1
第三批	西南	40	2141.5	22.8	0.8	3.8

计算各区域河道沿程污染物可削减总量分布结果如下。

西北区域：TOC = 1.2t/km，TN = 0.1t/km，TP = 0.13t/km。

东北区域：TOC = 1.3t/km，TN = 0.2t/km，TP = 0.15t/km。

古城区域：TOC = 0.9t/km，TN = 0.1t/km，TP = 0.13t/km。

东南区域：TOC = 1.7t/km，TN = 0.2t/km，TP = 0.13t/km。

西南区域：TOC = 0.6t/km，TN = 0.02t/km，TP = 0.1t/km。

从疏浚效率考虑，优先疏浚的区是东南区域。

建议分三批进行区域底泥疏浚。第一批：疏浚区域为东南区域和东北区域，河道底泥疏浚量为10554.5t，削减 TOC 量为95.1t，削减 TN 为10.0t，削减 TP 为9.2t。第二批：疏浚区域为西北区域和古城区域，底泥疏浚量为12302.5t，削减 TOC 量119.6t、TN 11.0t、TP 14.1t。第三批：疏浚区域为西南区域，底泥疏浚量为2141.5t，削减 TOC 量22.8t、TN 0.8t、TP 3.8t。

（3）古城区疏浚方案

苏州古城区域主要分布环城河及其主支流系统，河道周边建筑密集，水流缓慢。在外源输入和内源释放的共同作用下，TOC、TN、TP 的污染负荷较高，蓝藻水华偶有发生，古城区域作为苏州市中心区的重点旅游区域，水体治理仍有进一步深化的空间。

古城区域河道沉积淤泥总量约为 5.2×10^5t，河道沿程沉积淤泥量约为 1.1×10^4t/km，可清淤底泥量约为沉积淤泥量的 1/2，约为5500t/km。将古城区域分为环城河、古城区域北部河流、干将河和古城区域南部河流，沿程平均负荷量的计算结果见表6-31。

表6-31　古城区域河道底泥疏浚污染物削减量

疏浚顺序	区域	污染物削减量 /t		
		TOC	TN	TP
1	环城河	12513	373	237
2	古城区域北部河流	302.5	16.5	31.5
3	干将河	21	1.5	2
4	古城区域南部河流	61	5	3.5
合计		12897.5	396	274

与古城区域内河道相比，环城河沿程污染物总量更高，平均负荷量是最高的；其次为古城区域北部和干将河。古城区域南部河道 TOC、TN 和 TP 的平均负荷量最小，故推荐古城区域的疏浚顺序为：

环城河 > 古城区域北部 > 干将河 > 古城区域南部

按此疏浚方案，环城河道底泥疏浚可削减TOC量约12513t、TN约373t、TP约237t；古城区域北部河道底泥疏浚可削减TOC量302.5t、TN 16.5t、TP 31.5t；干将河河道底泥疏浚可削减TOC量21t、TN 1.5t、TP 2t；古城区域南部河道底泥疏浚可削减TOC量61t、TN 5t、TP 3.5t。整体上，古城区河道底泥疏浚可削减TOC量12897.5t、TN 396t、TP 274t。

河道底泥的疏浚方式主要有两种：一是排水疏浚，即将河水排干后进行底泥疏浚，适合于水量小且相对封闭的河道；二是带水疏浚，使用挖泥船带水作业疏浚。例如，环保型绞吸式挖泥船可将河道底泥通过绞吸式挖泥设备在封闭空间绞吸制浆，通过泥泵系统抽吸上来，通过密闭管道输送直接进入污泥筛分减量化设备，是解决较为宽阔河流疏浚问题的可用设备。但苏州市的大多数河道宽度较小、横跨桥梁较多，挖泥船很难入河作业。因此，建议苏州市开发或引进车载式吸泥与泥水分离一体化底泥疏浚设备，提高底泥疏浚效率，减少疏浚对河水和岸边环境的影响。

（4）河道底泥处理推荐技术路线

考虑到苏州市水系密布，河道布局复杂，常与居民住宅、工业用地紧密相连的城市特点，结合新建和改建设施的成本与难度，综合评估环境影响和成本等各项指标，对苏州市河道底泥处理技术方案提出如下两步优化方案。

① 近期（2021~2025年），立足于苏州市中心区河道底泥疏浚与处理现状，保留原有处理技术路线，继续利用河道底泥进行填方和建材化利用；建议在适宜位置新建一座独立的河道底泥处理厂，采用泥水分离技术，将河道底泥的水分与泥砂分离。分离的污水进入市政污水处理系统处理；脱水后的泥砂作为建筑材料或填方土料使用。该厂主要处理中心区及周边的河道底泥，减少底泥运输距离，实现对河道底泥长期稳定处理。泥砂作为建筑材料可烧制环保砖、水泥熟料、陶粒等。清淤底泥中含有与黏土相似的矿物成分，可以代替原材料用作黏土，在高温下制备时底泥中的有机污染物完全分解，重金属可以被固定稳定，且底泥中的污染物不会影响建筑材料的质量和效果。

② 远期（2026~2035年）。为进一步提升苏州市中心区河道底泥处理系统的韧性，对标国内外大型城市河道底泥处理的先进水平，提升河道底泥运输、分质和处理处置的精细化与智能化水平，在建设独立的河道底泥处理厂的基础上，引入河道沉积物实时监测与智能分析技术。在泥水分离的基础上，进一步进行泥沙分离和垃圾分离，实现河道底泥的分质分离，分成水、砂、土、垃圾四类物质，建议它们的处理处置方式如下：水进入市政管网在污水处理厂按一般生活污水处理；砂可进行资源化利用，清洗后作为建筑材料使用；土可作为建设工程回填土使用，也可用作建筑材料，如用于制陶粒或制砖等；垃圾进入生活垃圾流进行处理处置。

综上所述，关于苏州市河道底泥处理，推荐的技术路线如图6-47所示。该技术方案具有精细化和资源化的优点，代表了经济发达、水系密布、土地紧张的城市河道底泥处理的技术发展趋势。

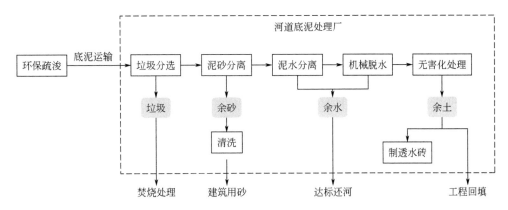

图6-47　河道清淤底泥处理处置推荐技术路线

参考文献

[1] 节能环保清洁产业统计分类(2021)[J]. 中华人民共和国国务院公报, 2021(31): 63-100.

[2] 谢昆, 尹静, 陈星. 中国城市污水处理工程污泥处置技术研究进展[J]. 工业水处理, 2020,40(7): 18-23.

[3] 戴晓虎. 国内外污泥处理处置技术比较[J]. 水工业市场, 2012(4): 15-17.

[4] 陈阶亮. 大型城市污水处理厂污泥热干化和协同焚烧无害化的理论和应用研究[D]. 杭州: 浙江大学, 2017.

[5] 杨向平. 北京市污泥处置的现状和思路[J]. 给水排水动态, 2010(4): 17-18.

[6] 宋晓雅. 北京高安屯污泥处理中心项目调试与运行分析[J]. 给水排水, 2018,44(11): 31-35.

[7] 韩玉伟. 北京城市污泥热水解—厌氧消化组合工艺效能研究[D]. 北京: 北京工业大学, 2016.

[8] 刘洪涛, 黄卫东. 北京地区污泥无害化处理与安全土地利用的现状与建议: 《环境工程》2019年全国学术年会[C], 中国北京, 2019.

[9] 王继行, 高颖. 市政通沟污泥处理工艺研究[J]. 建设科技, 2018(23): 81-83.

[10] 徐晓军, 韦韬, 魏艳平. 通沟污泥处理技术的发展[J]. 环境生态学, 2020,2(8): 82-88.

[11] 罗梦洋. 基于BIM技术的通沟污泥处理工程建设管理研究——以上海市某污水厂内通沟污泥处理项目为例[J]. 建设监理, 2019(9): 11-13.

[12] 石稳民, 黄文海, 罗金学, 等. 通沟污泥处置技术研究进展[J]. 工业用水与废水, 2020,51(3): 6-11.

[13] 胡灵杰, 曹玉姣, 陈再. 清淤河道底泥资源化利用的研究进展[J]. 广州化工, 2019,47(16): 36-38.

[14] 黄为. 河道治理中清淤及淤泥处理技术探讨——以茅洲河为例[J]. 珠江水运, 2018(23): 56-57.

[15] 万金柱. 2种河涌淤泥无害化处理技术在广州的应用[J]. 中国市政工程, 2011(1): 31-33.

[16] Cencic O, Rechberger H. Material flow analysis with software STAN[J]. J Environ Eng Manage, 2008, 18: 3-7.

[17] International Standards Organisation (ISO). ISO 14040, environmental management - life cycle assessment - principles and framework[R]. International Standards Organization 2006. Geneva, Switzerland. ISO 14040: 2006(E).

[18] Clavreul J, Baumeister H, Christensen T H, et al. An environmental assessment system for environmental technologies[J]. Environ Modell Software 2014, 60:18-30.

[19] IPCC Working Group I. Climate Change 2013: The physical science basis. IPCC working group I contribution to IPCC's fifth assessment report. IPCC Working Group I Contribution to IPCC's Fifth Assessment Report[R]. http://climatechange2013.org/; 2013.

[20] Hauschild M Z, Goedkoop M, Guinée J, et al. Identifying best existing practice for characterization modeling in life cycle impact assessment[J]. Int J Life Cycle Assess, 2013, 18: 683−697.

[21] Raheem A, Sikarwar V S, He J, et al. Opportunities and challenges in sustainable treatment and resource reuse of sewage sludge: A review[J]. Chemical Engineering Journal, 2018, 337: 616−641.

[22] Zhen G, Lu X, Kato H, et al. Overview of pretreatment strategies for enhancing sewage sludge disintegration and subsequent anaerobic digestion: Current advances, full−scale application and future perspectives[J]. Renewable and Sustainable Energy Reviews, 2017, 69: 559−577.

[23] Park M, Kim N, Lee S, et al. A study of solubilization of sewage sludge by hydrothermal treatment[J]. Journal of Environmental Management, 2019, 250.

[24] Yu L, Zhang W, Liu H, et al. Evaluation of volatile fatty acids production and dewaterability of waste activated sludge with different thermo−chemical pretreatments[J]. International Biodeterioration & Biodegradation, 2018, 129: 170−178.

[25] Zubrowska−Sudol M, Podedworna J, Sytek−Szmeichel K, et al. The effects of mechanical sludge disintegration to enhance full−scale anaerobic digestion of municipal sludge[J]. Thermal Science and Engineering Progress, 2018, 5: 289−295.

[26] Wang X, Andrade N, Shekarchi J, et al. Full scale study of Class A biosolids produced by thermal hydrolysis pretreatment and anaerobic digestion[J]. Waste Management, 2018, 78: 43−50.

[27] Sarwar R, Elbeshbishy E, Parker W. Codigestion of high pressure thermal hydrolysis−treated thickened waste activated sludge with primary sludge in two−stage anaerobic digestion[J]. Environmental Progress & Sustainable Energy, 2018, 37: 425−433.

[28] Wang K, Mao H, Li X. Functional characteristics and influence factors of microbial community in sewage sludge composting with inorganic bulking agent[J]. Bioresource Technology, 2018, 249: 527−535.

[29] Toledo M, Gutierrez M C, Siles J A, et al. Full−scale composting of sewage sludge and market waste: Stability monitoring and odor dispersion modeling[J]. Environ Res, 2018, 167: 739−750.

[30] Wu B, Dai X, Chai X. Critical review on dewatering of sewage sludge: Influential mechanism, conditioning technologies and implications to sludge re−utilizations[J]. Water Res, 2020, 180: 115912.

[31] Fraia S D, Figaj R D, Massarotti N, et al. An integrated system for sewage sludge drying through solar energy and a combined heat and power unit fuelled by biogas[J]. Energy Conversion and Management, 2018, 171: 587−603.

[32] Mawioo P M, Garcia H A, Hooijmans C M, et al. A pilot−scale microwave technology for sludge sanitization and drying[J]. Sci Total Environ, 2017, 601−602: 1437−1448.

[33] Liu H T, Wang Y W, Liu X J, et al. Reduction in greenhouse gas emissions from sludge biodrying instead of heat drying combined with mono−incineration in China[J]. J Air Waste Manag Assoc, 2017, 67: 212−218.

[34] Hao X, Chen Q, van Loosdrecht M C M, et al. Sustainable disposal of excess sludge: Incineration without anaerobic digestion[J]. Water Res, 2020, 170: 115298.

[35] Wang Z, Hong C, Xing Y, et al. Combustion behaviors and kinetics of sewage sludge blended with pulverized coal: With and without catalysts[J]. Waste Management, 2018, 74: 288−296.

[36] Pecchi M, Baratieri M. Coupling anaerobic digestion with gasification, pyrolysis or hydrothermal carbonization: A review[J]. Renewable & Sustainable Energy Reviews,2019, 105: 462–475.

[37] Watson J, Zhang Y, Si B, et al. Gasification of biowaste: A critical review and outlooks[J]. Renewable and Sustainable Energy Reviews,2018, 83: 1–17.

[38] Yang Z, Wang C, Wang J, et al. Investigation of formation mechanism of particulate matter in a laboratory-scale simulated cement kiln co-processing municipal sewage sludge[J]. Journal of Cleaner Production,2019, 234: 822–831.

[39] Zhao Y, Ren Q, Na Y. Phosphorus transformation from municipal sewage sludge incineration with biomass: formation of apatite phosphorus with high bioavailability[J]. Energy & Fuels,2018, 32: 10951–10955.

第7章

水环境设施效能动态评估与管理平台建设

7.1 区域水环境设施智慧化管理需求

　　城市排水系统是城市水环境基础设施的重要组成。随着城市道路新建、改造及城区发展，城市排水管网资产在不断累积更新。但由于排水管网处于地下，范围广，建设年代不一，建设单位及运维单位多样，各城市普遍缺少准确度高、时效性强的管网数据系统，静态资产底数不清。再加上有些水环境设施建设年代较为久远，管理水平与手段不足，城市水基础设施总体处于相对粗放的人工管理模式。随着信息化技术与物联网技术的发展，对城市基础设施的信息化与智慧化管理方式已经成了明确的发展目标和国家要求，如在住建部和国家发改委于2017年5月发布的《全国城市市政基础设施建设"十三五"规划》中即提出，应"在全国656个城市全面开展城市市政基础设施调查，开展市政基础设施信息化、智慧化建设与改造，建立全国城市市政基础设施数据库"。近年来，多地的水环境设施管理水平已在逐步提高，如苏州市中心区等地已有一定的水环境设施信息化基础，但其管理平台的结构和功能设计还存在不足，对现有基础数据和实时监测数据的利用尚不充分，未能以更高效的方式辅助有关部门对水环境设施的日常管理工作。随着物联网、大数据时代的到来，"互联网+"在水环境基础设施管理领域的应用势在必行，建设区域水环境设施一体化管理平台是提升城市水系统智慧化、信息化、精细化、科学化管理的迫切需求。

　　实现水环境设施智能化管理的关键环节是通过相关数据和方法，对水环境设施进行效能动态评估，以发现系统存在的不足及改进的空间。绩效评估从20世纪初出现以来，针对排水系统的运行，国内外已探索出不同的绩效评估方法，建立了相应的绩效评估体系。IWA建立了污水服务绩效评估体系，共分6类一级指标，46类二级指标，181个具体指标，其中一级指标分别为环境、人事、物理、运行、服务质量和财务指标[1,2]。加拿大管道资产管理部门建立了基于标杆管理法的标准绩效评估方法，其评估指标体系分基础设施、社会、经济三方面，体现战略目标、政策杠杆、可持续性和生命周期方面的内容，其中基础设施相关指标包括供水量、管道漏损量、入流入渗量等变量[3]。比利时学者建立了一套评估方法，能够对水环境设施系统进行彻底全面的评估分析，评估客体包括汇水区、排水管、污水厂和受纳水体，评价指标涵盖了水量水质、能耗效率、经济效率各方面[4]。我国污水处理行业绩效评估方法的构建主要有基于标杆管理法的评价指标体系，一般包括处理质量与环境影响、服务质量、运行管理、成本与收入、投资与财务效率5类一级指标，对这些指标的计算，根据实际经验或文献调研结果确定的标准值，对各指标进行定量计算[5]。但我国污水处理行业针对排水管道部分开展的综合评估较少，主要进行的是系统内涝风险或管道容量风险等单方面的评估[6-8]，此外也有研究构建了包括管道基础属性、管道服务属性和政策管理等驱动属性在内的评估指标体系[9]，但此类指标只能较为宏观地反映管网运行情况，其主要意义在于为政府决策提供依据，在技术层面对排水系统运行的优化调度起到的支撑作用十分有限。

本研究基于云计算、物联网、大数据、人工智能、GIS等技术，形成了设施排水生态安全性评价技术、工业废水处理设施排水生态安全性监测技术、城市污泥及其处理的环境影响评价技术、多设施多指标效能动态评价技术，形成了一套水设施一体化和规范化管理技术，并依托该技术建成苏州市中心区供排水设施一体化管理平台，为苏州市水环境质量的持续提升提供技术支撑，同时也为我国城市水环境设施系统的优化运行建立示范样本。

7.2　水环境设施效能动态评估方法

7.2.1　评估目的与原则

针对排水管网开展效能评估的最终目的是促进排水管网运行效能不断提升。从评估对象和评估维度角度出发，应遵循综合性的原则。由于管网是排水系统的一部分，与污水厂、受纳水体等其他子系统息息相关，因此在考虑管网效能时，不能将管网与其他子系统割裂开，而应该综合考虑。此外，运行效能涉及系统运行的方方面面，既有运行过程中的水力性能，又有排水系统与外部环境交互时产生的环境影响。因此，无论是评估对象的确定还是评估维度的筛选都应遵循综合性的原则。

从排水管网管理需求的角度出发，应遵循多尺度的原则。不同尺度的评估结果响应不同的管理需求，一方面，需要准实时、准动态的结果表征管网在各时刻的运行情况，服务于排水设施的调度和在线控制，这一点在雨季尤其重要；另一方面，需要在较长时间尺度如月度、年度等，对管网的整体运行性能进行评估，从而制定合理的管道修复、排水系统规划等方案。因此，从不同的管理目标和管理需求来考虑，排水管网的效能评估应遵循多尺度的原则。

从评估方法和评估工具的角度出发应遵循动态性的原则。多尺度评估分析的基础在于掌握各时刻各排水设施的运行状态，以此作为多时空尺度计算的基础，尽管随着排水物联网系统的完善，排水监测数据在一定程度上能够反映排水管网局部的运行情况，但由于在线监测技术尚未完全成熟、监测设备安装数量有限、部分数据（如漫溢量等）无法通过实测手段获得等，依靠监测数据无法完整地开展运行效能评估指标的计算，因此，应以排水管网模型为工具，模拟水力过程的变化，通过读取液位、流量、水质等关键过程变量的模拟结果进行评估指标的计算，既确保了评估的完整性也能够实现评估的动态性。

从效能评估的意义出发，应遵循引领性的原则。效能评估的最终目的是促进排水管网效能的提升，因此在设计指标算法的过程中应设计合理的标准值，使其作为标杆，激励和引领排水管网运行效能的持续改进。

综上所述，对排水管网的运行效能开展评估需遵循综合性、多尺度、动态性和引领性4项原则，确立包含各项子系统效能的评估维度，确立物理含义明确的评估指标，围绕管道流量、液位、节点漫溢量等水力过程变量定义评估指标，根据其物理含义确定不同时空尺度的定量计算方法，从而明确反映系统运行效能的水平。

遵循上述原则，构建基于排水管网模型的运行效能评估方法，该方法的框架如图7-1所示。在明确评估目标与原则的基础上，构建排水管网模型作为效能评估的工具。根据排水管网入流入渗引发的问题明确评估维度，并在每个维度下筛选出具有明确物理意义的评估指标；对于评估指标涉及的物理量的标准值，根据国家或行业标准规定、文献或实际经验确定；对于该物理量在排水系统运行过程中的数值，根据排水管网模型模拟得到；将标准值和运行数值代入设计的指标打分规则中，分别得到各项指标的评估结果。最后对单一指标的分值变化情况进行分析，得到该指标表征的效能水平存在的问题。此外，对各项指标设置权重，将不同指标结果进行集成，分析排水管网的某一维度或综合效能水平；综合单一指标、单一维度和排水管网综合效能的评估结果，明确排水管网运行效能存在的问题，作为下一步改进工作的基础。

7.2.2　评估指标体系

排水管网的运行对污水厂、受纳水体等其他子系统均会产生影响，具体来讲，包括外来水的入流入渗挤占管道空间、增加漫溢风险、引发污水处理厂进水水量水质波动，最终对水环境质量造成不良影响等。针对上述问题，考虑综合性原则，相应地从水力性能、环境性能、协调性能维度开展排水管网运行效能计算，各维度下包含的评估指标根据涉及的关键过程变量确定，设计指标打分规则时兼顾指标的物理意义和过程变量的定量计算手段。

水力性能通过外来水的进入量以及对管道输送能力产生的直接冲击来表征。外来水的进入量包括入渗水量和降雨条件下的入流水量，根据排水管网模型中的入流入渗模块实现指标量化，标准值通过设置特定情景进行模拟得到，据此设置相应的打分规则。外来水对管道输送能力产生的冲击体现在充满度的变化和过载情况是否发生，涉及的关键水利过程变量为管道液位。对同一管段，进入的外来水越多管内液位越高，管道充满度越大，当液位升至管顶后管道就会过载。但由于满管的情况下，管道液位不再变化，无法通过管道液位判断是否过载，故考虑用管段上下游节点的液位均值表征管道液位。由于充满度和是否过载这两项性能均取决于液位变量，因此，将其整合为管道空间指数这一项指标，在进行指标结果的归一化处理时，兼顾指标的物理意义和《室外排水设计规范》等文件规定的充满度标准值，设计相应的打分规则。

环境性能通过外来水的进入引发的漫溢问题来表征。对于分流制排水管网，在降雨情况下，由于存在雨污管线混接、排水管道堵塞等功能性缺陷，排水能力设计不合理等问题，部分节点存在管道过载达到一定程度后污水从检查井漫溢至地面的现象。对于漫溢水量设置单项指标，通过水力模型模拟获取漫溢水量数值，对于指标归一化所需要的标准值，通过设置特定情景进行模拟和计算。由于漫溢污水未经任何处理，其中含有大量的COD、NH_3-N等污染物，直接通过检查井漫溢至路面会严重影响地表水环境质量，并危害居民生命财产安全，因此有必要针对漫溢水质设置单项指标，通过水力模型模拟完成漫溢水质指数的量化，指标归一化需要的标准值根据《城镇污水处理厂污染物排放标准》等规范的规定设置。

协调性能通过外来水进入对排水管网和污水厂之间的协调性产生的冲击来表征。入流入渗等外来水进入排水管网，使得管网中污水的水量水质均产生一定波动，若排水系统的协调性较弱，不足以应对这一波动，则系统整体的运行效率将受到影响，表现之一即为污水厂进水受到冲击，进而影响污水厂运行效率。因此，通过考量污水厂进水水量水质所受冲击程度的大小，可对排水系统的协调性能进行评估。设置污水厂进水水量和水质指数，其中污水厂进水水量、水质通过排水管网模型模拟得到，标准值根据污水厂设计文件和历史运营经验确定，从而实现指标的归一化处理。

综上，确定排水管网运行效能评估指标体系包含的指标项如图7-2所示。

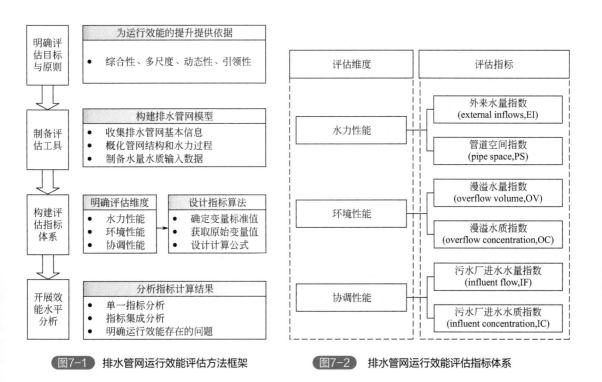

图7-1　排水管网运行效能评估方法框架　　　**图7-2**　排水管网运行效能评估指标体系

7.2.3　评估指标计算方法

针对单一管段或节点，在分钟或小时尺度上开展的高时空精度评估指标计算既是其他时空尺度评估的基础，也是实现动态评估，从而对降雨等不利情景快速响应的关键。管网尺度的评估通过对单一管段或节点的评估结果进行空间统计得到，日尺度或更长时间尺度的评估可以通过对分钟或小时尺度的评估进行时间平均计算得到。此外，计算得到每一根管段、每一个排水节点或任意范围的管网在任意时刻的效能水平，既可以分析该时刻的重点控制区域，也可以分析任意评估对象在运行过程中的关键控制时段。

为便于指标的集成，通过离差标准化、设置分段函数等手段将指标计算数值设定在[0,1]范围内，且指标表征的运行效能水平越高，对应的数值越大。具体指标算法如下。

7.2.3.1　外来水量指数（external inflows, EI）

外来水量指数表征进入排水管网的外来水量的大小。

对于分流制排水管网，管网入流入渗的外来水中，地下水的入渗程度取决于管道结构状态和地下水液位，故一般较为平稳、波动较小，但在降雨情况下，入流的雨水水量在降雨开始时迅速增加，且由于初期冲刷效应携带大量污染负荷，之后水量水质快速衰减，因此，入流过程的波动性较强，对排水管网运行的冲击较为明显，故对外来水量的分钟或小时尺度的评估主要针对雨季入流开展。该部分水量无法通过实测得到，只能根据排水管网模型中的入流入渗模块实现指标量化。

定义标准值$Q_{EI,max}$，表示外来水入流量的上限，从而确定外来水量指数的得分。标准值通过设置特定情景进行模拟得到，参考研究区域多年降雨统计数据和排水防涝规划文件等资料，设计最不利极端降雨情景进行模拟，取该情景下入流外来水量的峰值作为标准最劣值。当实际情况下入流外来水量达到该情景下的峰值水平时，外来水量指数为0；入流的外来水量介于0和最劣值之间时，相应的外来水量指数得分通过线性内插得到。

$$EI = \begin{cases} \dfrac{Q_{EI,max} - Q_{EI}}{Q_{EI,max}}, & 0 \leqslant Q_{EI} \leqslant Q_{EI,max} \\ 0, & Q_{EI,max} < Q_{EI} \end{cases} \tag{7-1}$$

式中　Q_{EI}——管网外来水量，m³/s；

　　　$Q_{EI,max}$——最不利极端情景下外来水量峰值，m³/s。

7.2.3.2　管道空间指数（pipe space, PS）

管道空间指数表征管网空间的利用程度。涉及的关键变量为管道及节点液位，尽管液位指标可以利用监测设备直接获得监测数据，但对整个管网系统，考虑到采购和维护成本，对每根管段或节点的液位均开展监测并不可行，因此要开展高时空精度的管道空间指数计算，需利用排水管网模型进行水力过程模拟。

（1）对于单一管段

定义参数r表征管道空间大小，见式（7-2）。当$r<1$时，表示管道充满度，此时管道尚有部分剩余空间；当$r>1$时，管道已发生过载，管道空间被全部利用。

$$r = \frac{H}{D} \tag{7-2}$$

式中　H——管道上下游节点液位均值，若管道连接方式非管底平接，而是在检查井中有跌落，则计算时节点液位应减去管底与井底的距离作为 H 进行计算，m；

　　D——管道内径，m。

单一管段的管道空间指数大小取决于 r 的数值。当 r 小于最大设计充满度时，得最高分 1 分；当 r 为 1 时，得 0.6 分；当 r 的数值对应管道过载与漫溢的临界情况时，得 0 分。其余 r 值对应的管道空间指数得分通过线性内插得到。

因此，对于单一管道空间指数 PS 的计算公式见式（7-3）：

$$PS = \begin{cases} 1, & 0 < r \leq r_s \\[2mm] 0.4\dfrac{1-r}{1-r_s} + 0.6, & r_s < r \leq 1 \\[2mm] 0.6\dfrac{1-r}{r_{max}-1} + 0.6, & 1 < r \leq r_{max} \end{cases} \qquad (7\text{-}3)$$

式中　r_s——《室外排水设计标准》（GB 50014—2021）规定的最大设计充满度，具体取值如表 7-1 所列；

　　　　r_{max}——管道过载与漫溢临界情况下的 r 值，$r_{max} = (H_{ground} - H_{bot})/D$，其中 H_{ground}、H_{bot} 分别为管道节点处的地面和管底标高；

其余符号含义同上。

表 7-1　排水管道最大设计充满度规定

管径或渠高 /mm	最大设计充满度
200~300	0.55
350~450	0.65
500~900	0.70
≥1000	0.75

（2）对于某片区排水管网

从该片区的平均管道空间（即振幅维度 amplitude，用 a 表示）和未发生过载的范围（即范围维度 scope，用 s 表示）两个方面评估管网空间。a_{PS} 通过对所有管道空间指数进行管道容积加权平均得到，s_{PS} 定义为未发生过载的管道长度与管网中管道总长度的比值。通过计算两个维度的平方平均值（PS_{sys}）得到管网层级的管道空间指数结果。则当 PS_{sys} 为 1 时，表明整个管网系统中的管段均处于低水位运行状态，管道液位低于设计充满度。

$$a_{PS} = \frac{\sum\limits_i PS_i L_i D_i^2}{\sum\limits_i L_i D_i^2} \qquad (7\text{-}4)$$

$$s_{PS} = \frac{\sum\limits_i L_{i,0.6 \leq PS_i \leq 1}}{\sum\limits_i L_i} \qquad (7\text{-}5)$$

$$PS_{sys} = \sqrt{\frac{a_{PS}^2 + s_{PS}^2}{2}}$$ （7-6）

式中　L_i——管网中第i根管道的长度，m；

D_i——管网中第i根管道的内径，m；

$L_{i,0.6 \leqslant PS_i \leqslant 1}$——管网中管道空间指数在[0.6,1]范围内的第$i$根管道的长度，m；

其余符号含义同上。

7.2.3.3　漫溢水量指数（overflow volume, OV）

漫溢水量指数表征降雨情况下污水管网发生漫溢的程度大小。由于漫溢发生的随机性和波动性，其水量无法通过直接监测得到，需利用排水管网模型进行水力过程模拟。

（1）对于单一节点

漫溢水量的理想值为0，此时漫溢水量指数为1；最劣值根据研究区域多年降雨统计资料、参考排水防涝文件等设计最不利极端情景，并代入排水管网模型中进行模拟，取该情景下漫溢水量的峰值作为最劣值。当节点漫溢水量达到该情景下的峰值水平时，漫溢水量指数为0；漫溢水量介于0和最劣值之间时，相应的漫溢水量指数得分通过线性内插得到。

$$OV = \begin{cases} \dfrac{Q_{OV,max} - Q_{OV}}{Q_{OV,max}}, & 0 \leqslant Q_{OV} \leqslant Q_{OV,max} \\ 0, & Q_{OV,max} < Q_{OV} \end{cases}$$ （7-7）

式中　Q_{OV}——节点漫溢水量，m³/s；

$Q_{OV,max}$——最不利极端情景下各节点漫溢水量峰值，m³/s。

（2）对于某片区排水管网

类似于管道空间指数评估，从该片区的节点平均漫溢程度a_{OV}和发生漫溢的范围s_{OV}两个方面评估管网漫溢。a_{OV}通过对管网各节点的漫溢水量进行求和，与最不利极端情景下漫溢总水量的峰值进行对比得到；对于发生漫溢的范围s_{OV}，通过统计各时刻漫溢水量指数为1的节点数，与最不利极端情景下未发生漫溢的节点总数最小值对比得到。二者的平方平均值（OV_{sys}）作为管网层级漫溢水量指数的结果。

$$a_{OV} = \begin{cases} \dfrac{\max\left\{\sum\limits_j Q_{OV,max,j}\right\} - \sum\limits_j Q_{OV,j}}{\max\left\{\sum\limits_j Q_{OV,max,j}\right\}}, & 0 \leqslant \sum\limits_j Q_{OV,j} \leqslant \max\left\{\sum\limits_j Q_{OV,max,j}\right\} \\ 0, & \max\left\{\sum\limits_j Q_{OV,max,j}\right\} < \sum\limits_j Q_{OV,j} \end{cases}$$ （7-8）

$$s_{\mathrm{OV}} = \begin{cases} \dfrac{N_{\mathrm{OV}_j=1} - \min\left\{N_{Q_{\mathrm{OV,max},j}=0}\right\}}{N_{\mathrm{total}} - \min\left\{N_{Q_{\mathrm{OV,max},j}=0}\right\}}, & \min\left\{N_{Q_{\mathrm{OV,max},j}=0}\right\} \leqslant N_{\mathrm{OV}_j=1} \leqslant N_{\mathrm{total}} \\ 0, & N_{\mathrm{OV}_j=1} < \min\left\{N_{Q_{\mathrm{OV,max},j}=0}\right\} \end{cases} \quad （7\text{-}9）$$

$$\mathrm{OV}_{\mathrm{sys}} = \sqrt{\dfrac{a_{\mathrm{OV}}^2 + s_{\mathrm{OV}}^2}{2}} \quad （7\text{-}10）$$

式中　$\max\left\{\displaystyle\sum_j Q_{\mathrm{OV,max},j}\right\}$——最不利极端情景下管网漫溢总水量的峰值，m³/s；

　　　$\min\left\{N_{Q_{\mathrm{OV,max},j}=0}\right\}$——最不利极端情景下未发生漫溢的节点总数的最小值；

　　　　　　$N_{\mathrm{OV}_j=1}$——管网中漫溢水量指数为1的节点个数，即未发生漫溢的节点个数；

　　　　　　N_{total}——管网中节点总数；

其余符号含义同上。

7.2.3.4　漫溢水质指数（overflow concentration, OC）

漫溢水质指数表征单位流量漫溢污水的污染程度大小。类似于漫溢水量指数，该指标计算需利用排水管网模型进行水力过程模拟。

（1）对于单一漫溢节点

定义水质标准值 $c_{\mathrm{OC,min}}$、$c_{\mathrm{OC,max}}$，分别表示该节点漫溢污染物浓度的下限和上限。可参考当地污水厂运营管理考核标准确定具体数值，或依据《城镇污水处理厂污染物排放标准》（GB 18918—2002）确定，其中，$c_{\mathrm{OC,min}}$ 参考一级A标准，$c_{\mathrm{OC,max}}$ 参考三级标准。若需要评估单一类别污染物随漫溢发生对水环境造成的影响，则直接将标准规定的最优值和最劣值代入计算即可；若要评估多种污染物的综合环境影响，则需对各类污染物设置相应的权重，从而得到综合污染物浓度值。根据已有研究，不同污染物的权重确定主要有两种方法：一是根据单位排污费确定；二是根据耗氧潜力确定。其中第一种方法涉及的污染物更常见、实用性更强，已被应用于国际水协IWA开发的水质评估模型中。

当未发生漫溢或 $c_{\mathrm{OC}} \leqslant c_{\mathrm{OC,min}}$ 时，表示无漫溢发生或即使有漫溢但水质较好，不会对水环境质量造成不良影响，此时漫溢水质指数得最高分1分；当 $c_{\mathrm{OC}} > c_{\mathrm{OC,max}}$ 时，得0分。其余 c_{OC} 值对应的漫溢水质指数得分通过线性内插得到。

$$\mathrm{OC} = \begin{cases} 1, & 0 \leqslant c_{\mathrm{OC}} < c_{\mathrm{OC,min}} \\ \dfrac{c_{\mathrm{OC,max}} - c_{\mathrm{OC}}}{c_{\mathrm{OC,max}} - c_{\mathrm{OC,min}}}, & c_{\mathrm{OC,min}} < c_{\mathrm{OC}} \leqslant c_{\mathrm{OC,max}} \\ 0, & c_{\mathrm{OC,max}} < c_{\mathrm{OC}} \end{cases} \quad （7\text{-}11）$$

式中 c_{OC}，$c_{OC,min}$，$c_{OC,max}$——漫溢水中污染物浓度数值、标准最优值和标准最劣值，mg/L，对于COD指标，$c_{OC,min}$、$c_{OC,max}$分别对应50mg/L和120mg/L。

（2）对于某片区排水管网

对排水管网中漫溢节点污染物浓度求漫溢量的加权平均，评估管网漫溢水质情况，水质指数的计算方法类似于针对单一节点的算法。

$$OC_{sys} = \begin{cases} 1, & 0 \leqslant \dfrac{\sum\limits_j c_{OC,j}Q_{OV,j}}{\sum\limits_j Q_{OV,j}} < c_{OC,min} \\[4mm] \dfrac{c_{OC,max} - \dfrac{\sum\limits_j c_{OC,j}Q_{OV,j}}{\sum\limits_j Q_{OV,j}}}{c_{OC,max} - c_{OC,min}}, & c_{OC,min} < \dfrac{\sum\limits_j c_{OC,j}Q_{OV,j}}{\sum\limits_j Q_{OV,j}} \leqslant c_{OC,max} \\[4mm] 0, & c_{OC,max} < \dfrac{\sum\limits_j c_{OC,j}Q_{OV,j}}{\sum\limits_j Q_{OV,j}} \end{cases} \tag{7-12}$$

式中，各符号含义同上。

7.2.3.5 污水厂进水水量指数（influent flow, IF）

污水厂进水水量指数表征污水厂进水量的波动大小，用于衡量排水系统的水力冲击程度。一般情况下污水处理厂都具备进出水水量在线监测条件，因此可利用进水量实测数据计算污水厂进水水量指数，但在监测频率不满足时间精度、数据质量较差或需要对特定情境下效能开展预测的情况下，监测数据无法满足评估要求，需利用排水管网模型模拟水力过程来实现指标量化。

根据污水厂设计资料或实际运行情况，确定污水厂设计进水水量或旱天进水量均值为标准值。污水厂进水水量指数取决于实际进水量与标准值的差异。可接受的变化系数参考《室外排水设计标准》（GB 50014—2021）规定的综合生活污水量总变化系数取值（见表7-2）。

表7-2 综合生活污水量总变化系数[10]

平均日流量 /(L/s)	5	15	40	70	100	200	500	≥ 1000
总变化系数	2.7	2.4	2.1	2.0	1.9	1.8	1.6	1.5

根据最新的《室外排水设计规范》，对于设计进水水量在1m³/s（即8.64×10⁴m³/d）及以上的城镇污水处理厂，水量总变化系数为1.5，考虑研究区域实际生活污水量变化情况，本研究取1.3。因此，若实际进水量与标准值的相对偏差为30%，则对污水厂进水水量指数赋值为0.6；若实际进水量与标准值相等，则对指数赋值为1。据此采用线性插值法，当实际

进水量与标准值相对偏差达到75%及以上时，认为进水水量波动过大，对进水水量指数赋值为0。

$$IF = \begin{cases} 1 - \dfrac{|Q_{IF} - Q_{IF,s}|}{0.75Q_{IF,s}}, & 0.25Q_{IF,s} \leqslant Q_{IF} \leqslant 1.75Q_{IF,s} \\ 0, & Q_{IF} < 0.25Q_{IF,s} \,\|\, 1.75Q_{IF,s} < Q_{IF} \end{cases} \tag{7-13}$$

式中　Q_{IF}——污水厂实际进水水量，m^3/s；

　　　$Q_{IF,s}$——污水厂设计进水水量或旱天进水量均值，m^3/s。

7.2.3.6　污水厂进水水质指数（influent concentration, IC）

污水厂进水水质指数表征污水厂进水水质的波动大小，用于衡量排水系统的污染物负荷冲击程度。类似于污水厂进水水量指数，可利用进水水质实测数据计算指标，在监测频率不满足时间精度、数据质量较差或需要对特定情境下效能开展预测的情况下，利用排水管网模型模拟水力过程来实现指标量化。

类似于污水厂进水水量指数标准值的确定方法，确定污水厂设计进水水质或旱天进水污染物浓度均值为标准值。对于多种类型的污染物，类似于漫溢水质指数的处理，根据单位排污费或耗氧潜力确定各类污染物权重大小，计算得到该时刻综合污染物浓度值。某一时刻污水厂进水水质指数取决于该时刻实际进水污染物浓度与标准值的差异。对于可接受的水质日变化系数尚无标准规定，可根据当地污水厂的实际运行情况确定合理的临界值，计算进水水质指数的最小值，其余情况下的指数分值根据线性内插得到。假设进水水质与标准值的相对偏差达到x及以上时对进水水质指数赋值为0（一般情况下$x \leqslant 1$），则有：

$$IC = \begin{cases} 1 - \dfrac{|c_{IC} - c_{IC,s}|}{xc_{IC,s}}, & (1-x)c_{IC,s} \leqslant c_{IC} \leqslant (1+x)c_{IC,s} \\ 0, & c_{IC} < (1-x)c_{IC,s} \,\|\, (1+x)c_{IC,s} < c_{IC} \end{cases} \tag{7-14}$$

式中　c_{IC}——污水厂进水污染物浓度，mg/L；

　　　$c_{IC,s}$——污水厂设计进水水质或旱天进水污染物浓度均值，mg/L。

7.2.4　效能水平综合分析方法

在分钟或小时尺度，对任意排水设施开展各方面的效能评估能得到丰富的信息，为排水设施的运行控制人员提供高效的参考。但对于排水管网的管理和考核，有时需要在较长时间尺度上判断系统效能的变化趋势，故需要对各项指标的高时间精度评估结果进行时间平均计算，减弱个别时刻的异常值对判断造成的干扰，此外还需要将各项指标进行集成，从而更便捷地判断总体效能水平的变化情况。

（1）单一指标的时间平均计算方法

在高时间精度评估指标计算的基础上，对各项指标值进行时间平均计算，得到单日、月度或年度尺度的评估结果。

对于外来水量指数，长时间尺度的外来水量除了考虑降雨时段的入流量外，还应考虑波动较小的入渗量。二者均需根据排水管网模型中的入流入渗模块实现量化。类似于分钟或小时尺度的评估，入流量标准值通过设置特定情景进行模拟，计算入流量的24h均值作为标准最劣值 $Q_{\text{Inflow,max,daily}}$。对于入渗外来水，定义两个标准值 $X_{\text{Infil,min}}$、$X_{\text{Infil,max}}$，分别表示排水管网入渗量与管网中居民生活排水水量之比的理想值和上限，其中理想值 $X_{\text{Infil,min}}$ 根据当地排水系统设计文件中对外来水量的设计占比得到，对上限 $X_{\text{Infil,max}}$ 的取值，由于我国排水设计规范中尚无相关规定，因此可参考德国、美国、日本等已有国家标准，再结合研究区域排水管网实际工况确定。据此通过线性内插法得到不同入流或入渗水平对应的分数，外来水量指数的得分通过计算入流指数 $EI_{\text{inflow,}}$ 和入渗指数 EI_{infil} 的平方平均数得到。

$$EI_{\text{inflow}} = \begin{cases} \dfrac{Q_{\text{inflow,max,daily}} - Q_{\text{inflow}}}{Q_{\text{inflow,max,daily}}}, & 0 \leqslant Q_{\text{inflow}} \leqslant Q_{\text{inflow,max,daily}} \\ 0, & Q_{\text{inflow,max,daily}} < Q_{\text{inflow}} \end{cases} \quad (7\text{-}15)$$

$$EI_{\text{infil}} = \begin{cases} 1, & 0 \leqslant \dfrac{Q_{\text{infil}}}{Q_{\text{base}}} < X_{\text{Infil,min}} \\[3mm] \dfrac{X_{\text{Infil,max}} - \dfrac{Q_{\text{infil}}}{Q_{\text{base}}}}{X_{\text{Infil,max}} - X_{\text{Infil,min}}}, & X_{\text{Infil,min}} < \dfrac{Q_{\text{infil}}}{Q_{\text{base}}} \leqslant X_{\text{Infil,max}} \\[3mm] 0, & X_{\text{Infil,max}} < \dfrac{Q_{\text{infil}}}{Q_{\text{base}}} \end{cases} \quad (7\text{-}16)$$

$$EI = \sqrt{\dfrac{EI_{\text{inflow}}^2 + EI_{\text{infil}}^2}{2}} \quad (7\text{-}17)$$

式中　$Q_{\text{Inflow,max,daily}}$ ——最不利极端情景下入流外来水量的24h均值流量，m³/s；

$\quad\quad\quad X_{\text{Infil,min}}$ ——排水管网入渗水量与居民生活排水量之比的理想值，无量纲；

$\quad\quad\quad X_{\text{Infil,max}}$ ——排水管网入渗水量与居民生活排水量之比的最劣值，无量纲；

其余符号含义同上（对于流量变量单位均取 m³/s）。

对于管道空间指数、漫溢水量指数等其他评估指标，无论是对单一管段或单一节点还是某片区排水管网，通过对分钟或小时尺度评估结果进行时间平均计算，可得到相应的时段评估结果。

$$\text{Index} = \dfrac{\int \text{Index}(t)\mathrm{d}t}{\int \mathrm{d}t} \quad (7\text{-}18)$$

式中　Index(t)——统计时段内单位时间各评估指标计算结果，适用该公式的评估指标包括管道空间指数PS、漫溢水量指数OV、漫溢水质指数OC、污水厂进水水量指数IF、污水厂进水水质指数IC。

根据上述方法，在不同空间尺度对各项指标的时段评估结果进行分析。通过对排水管网中各管段或节点在时段内的指标平均水平进行空间对比，可得到该时段入流入渗或管网调控的重点控制区域。通过绘制排水管网在整段时间内效能指标变化曲线，可分析效能水平的变化规律或发现效能的影响因子。

（2）各项指标与维度的集成方法

对各项指标和维度的集成是为了将分散的评估结果进行整合，从而对评估对象的总体效能水平有整体认识。

对同一维度下各项指标的集成需考虑指标的物理含义。对于水力性能维度，由于排水管网中外来水的进入是引发管网空间不足的原因之一，二者存在因果关系，因此水力性能维度下用管道空间指数直接代表该维度的评估结果[如式（7-19）所列]。对于环境性能维度，需兼顾漫溢水量和水质指标，由于二者乘积为漫溢负荷，因此采用漫溢水量水质指数的开方作为环境性能维度的评估结果[如式（7-20）所列]。对于协调性能维度，由于污水厂进水水量和水质的波动均会对污水厂运行产生不良影响，因此对这两项评估指标赋予等权重，求二者均值进行集成[如式（7-21）所列]。

$$p_{hyd}=PS \tag{7-19}$$

$$p_{env} = \sqrt{OV \times OC} \tag{7-20}$$

$$p_{coo}=0.5(IF + IC) \tag{7-21}$$

式中　p_{hyd}，p_{env}，p_{coo}——水力性能、环境性能和协调性能维度的效能评估结果；
其余符号含义同上。

对于排水管网的综合效能评估，可根据实际需求，利用层次分析法等手段确定各维度的权重，加权平均得到评估对象的综合效能评估结果。

$$p_{total} = a_{hyd}p_{hyd} + a_{env}p_{env} + a_{coo}p_{coo} \tag{7-22}$$

式中　a_{hyd}，a_{env}，a_{coo}——水力性能、环境性能和协调性能维度的权重，均在[0, 1]范围内且三者之和为1；
其余符号含义同上。

7.3　案例区排水管网运行效能评估

7.3.1　排水管网运行效能评估结果

7.3.1.1　单指标分钟或小时尺度计算

针对苏州市中心城区福星片区，对其在2018年8~10月的排水管网运行效能开展评估。利用排水管网模型和污水厂监测数据，计算单一管段或节点以及排水管网的单项指标评估结果。

根据福星污水厂雨量监测站点数据，2018年8~10月总降雨量共311.4mm，其中8~9月处于汛期，降雨量共299.6mm。根据我国气象部门对降雨强度的划分标准，小雨、中雨、大雨、暴雨的场次及累积频率分布如图7-3所示。由此可见，2018年8~10月降雨以小雨、中雨居多，同时也有大雨和暴雨。

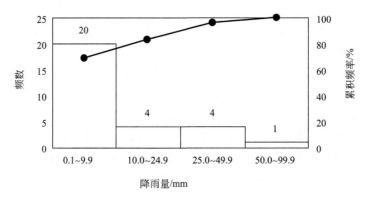

图7-3 2018年8~10月场次降雨量分布

（1）外来水量指数计算

根据《苏州市城市中心区排水（雨水）防涝综合规划》，苏州市中心城区内涝防治标准为有效应对50年一遇24小时设计暴雨，因此确定该情景为最不利极端降雨情景，根据苏州市设计暴雨雨型研究已有成果，得到五十年一遇24小时雨量时程分配如表7-3所列。

表7-3 苏州市中心区50年一遇24小时雨量时程分配

时间	0:00	1:00	2:00	3:00	4:00	5:00	6:00	7:00
雨量/mm	0	0	0	0	5	5	5.7	5.7
时间	8:00	9:00	10:00	11:00	12:00	13:00	14:00	15:00
雨量/mm	5.7	5.7	6.4	6.4	6.4	9.1	9.1	9.1
时间	16:00	17:00	18:00	19:00	20:00	21:00	22:00	23:00
雨量/mm	18.2	103	11.4	6.4	6.4	6.4	0	0

将该降雨时间序列代入各泵站分区排水管网模型的入流入渗模块，得到对应各时刻的入流外来水量，选取峰值流量作为标准值$Q_{EI,max}$，则每个泵站分区的标准值分别如表7-4所列。

表7-4 最不利极端情景下各泵站分区排水管网入流水量峰值

分区名称	新庄片区	三元片区	城西片区	城南片区	教育园片区	全系统
$Q_{EI,max}/(m^3/s)$	4.39	4.30	4.82	5.14	1.82	21.02

由于旱天不存在外来水入流现象，因此对各泵站片区外来水量指数的分析针对雨天进行。以2018年8月31日小雨（7.6mm）、9月2日中雨（18.8mm）、8月6日大雨（25.4mm）、

8月17日暴雨（79.2mm）情景为例，各雨天降雨时段内各主要泵站片区排水管网的外来水量指数如图7-4所示。整个福星片区在各雨天降雨时段内外来水量指数的统计特征值如表7-5所列。

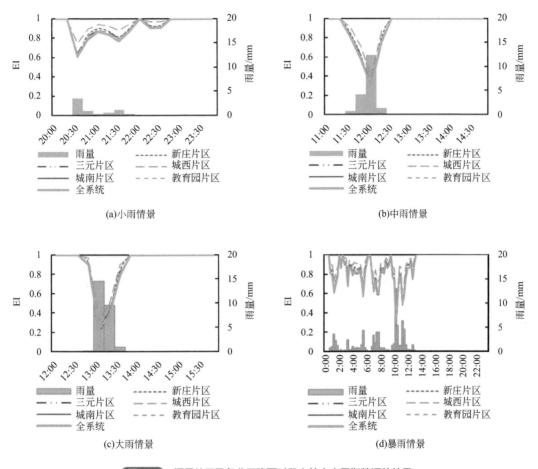

(a)小雨情景　　　　　　　　　　　　　(b)中雨情景

(c)大雨情景　　　　　　　　　　　　　(d)暴雨情景

图7-4　福星片区及各分区降雨时段内外来水量指数评估结果

表7-5　福星片区降雨时段内分钟尺度外来水量指数统计结果

情景	EI_{sys} 均值	$EI_{sys,max}$	$EI_{sys,min}$	标准差
小雨（7.6mm）	0.84	1.00	0.61	0.10
中雨（18.8mm）	0.61	0.81	0.30	0.20
大雨（25.4mm）	0.58	0.90	0.24	0.28
暴雨（79.2mm）	0.79	1.00	0.28	0.14

　　由此可见，由于入流对降雨的快速响应，受雨型和降雨强度瞬时值影响，即使总降雨量较小也可能在部分时刻出现外来水量指数偏低的情况。外来水入流对排水管网运行产生的冲击程度在一定程度上取决于降雨的峰值强度，故对管网关键控制时段的把握需要基于对降雨过程的预测。

（2）管道空间指数计算

① 对于单一管段：对于福星片区污水管网中各管段，利用排水管网模型，以15min为时间步长进行水力过程模拟。以2018年8月31日小雨（7.6mm）、9月2日中雨（18.8mm）、8月6日大雨（25.4mm）、8月17日暴雨（79.2mm）情景为例，福星片区污水管网在当天降雨强度峰值出现的时刻，各管段已用空间和各节点液位分别如图7-5、图7-6所示。

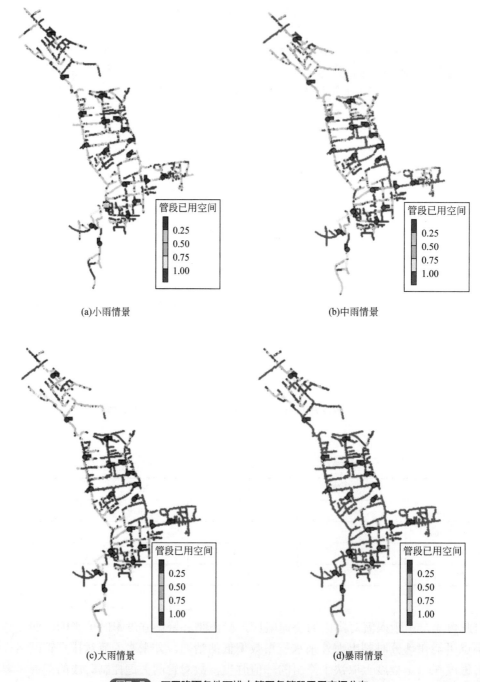

(a)小雨情景   (b)中雨情景

(c)大雨情景   (d)暴雨情景

图7-5 不同降雨条件下排水管网各管段已用空间分布

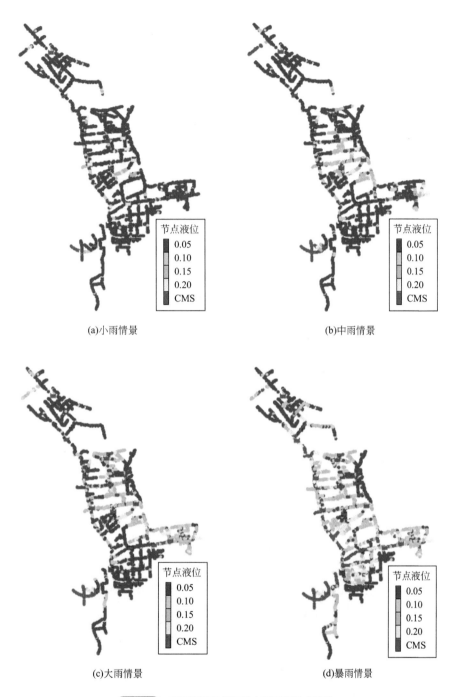

图7-6　不同降雨条件下排水管网各节点液位

　　根据管道上下游节点液位数据和管道属性信息，以15min为间隔计算分钟尺度各管段管道空间指数。以与污水厂直接相连的各主要泵站和污水厂进水管段为例，计算得到典型旱天（2018年10月7日）和上述4场典型降雨条件下管道空间指数变化情况如图7-7所示（降雨日从降雨最先发生的时刻算起，共24h）。选取新庄泵站和福星厂进水管段，分别代表福星片区污水管网的上游和下游管段，在各情景下管道空间指数时间序列的统计特征值如表7-6所列。

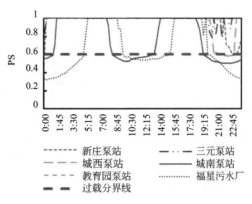

(a)典型旱天

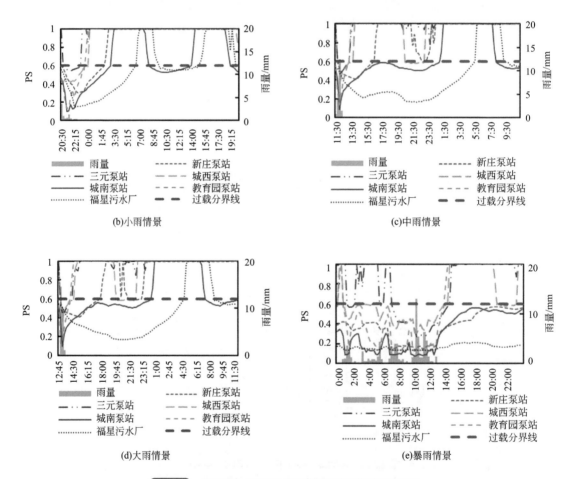

(b)小雨情景

(c)中雨情景

(d)大雨情景

(e)暴雨情景

图7-7 各泵站进水管段分钟尺度管道空间指数评估结果

表7-6 各泵站进水管段分钟尺度管道空间指数统计结果

情景	管段	$PS_{均值}$	PS_{max}	PS_{min}	标准差
旱天	新庄泵站	0.96	1.00	0.60	0.10
	福星污水厂	0.67	1.00	0.33	0.25

情景	管段	PS$_{均值}$	PS$_{max}$	PS$_{min}$	标准差
小雨（7.6mm）	新庄泵站	0.91	1.00	0.30	0.21
	福星污水厂	0.64	1.00	0.14	0.28
中雨（18.8mm）	新庄泵站	0.83	1.00	0.41	0.22
	福星污水厂	0.41	1.00	0.17	0.26
大雨（25.4mm）	新庄泵站	0.83	1.00	0.41	0.23
	福星污水厂	0.47	1.00	0.17	0.28
暴雨（79.2mm）	新庄泵站	0.37	0.57	0.13	0.14
	福星污水厂	0.16	0.21	0.13	0.03

② 对于排水管网：对于整个福星片区，对各管段的评估结果进行空间统计。典型旱天（以10月7日为例）及典型降雨情景下全系统分钟尺度管道空间指数评估结果如图7-8所示。全系统管道空间指数在24h内时间序列的特征值如表7-7所列。

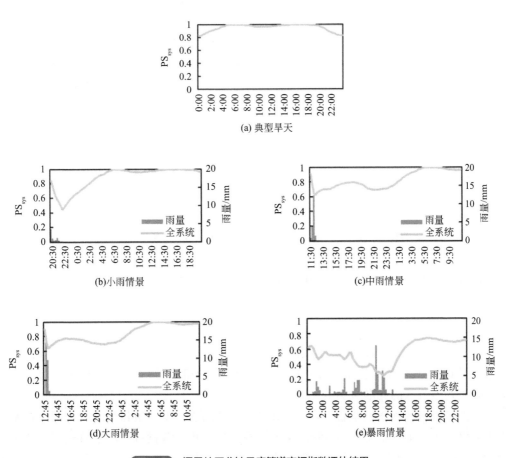

图7-8　福星片区分钟尺度管道空间指数评估结果

表7-7　福星片区分钟尺度管道空间指数统计结果

情景	PS$_{sys,均值}$	PS$_{sys,max}$	PS$_{sys,min}$	标准差
旱天	0.95	1.00	0.82	0.05
小雨（7.6mm）	0.88	1.00	0.45	0.16
中雨（18.8mm）	0.83	1.00	0.63	0.12
大雨（25.4mm）	0.84	1.00	0.65	0.12
暴雨（79.2mm）	0.55	0.74	0.26	0.15

由此可归纳出以下结论：

① 对排水管网中不同位置的管段，上游管段一般有更充足的管道空间。旱天上游各管段的管道空间指数分值基本接近于1，证明大部分时段管道液位在设计充满度以下，其中在2:00~6:00和14:00~18:00时段，受排水管网服务范围内居民生产生活方式和排水习惯的影响，该时段集中式大量排水较少，故上游管段的管道空间指数一直保持在最高水平。但旱天下游福星厂进水管的管道空间指数均值仅为0.67，一天内几乎有1/2时间在满管运行，且受污水在管内输送时长的影响，污水厂进水管非满管流出现的时段有所延迟、持续时间也更短。

② 上游污水管段在降雨条件下的水力过程变化更剧烈且恢复时间更短。在降雨条件下，所有管段均存在管道空间指数小于0.6的时刻，即出现过载现象，其中上游管段的管道空间指数随着降雨开始而迅速减小到0.6以下，但也随着降雨强度的减弱而快速回升，逐渐恢复至正常水平。但下游管段的管道空间指数在降雨发生后缓慢下降，且之后较长时段内均处于较低水平，即持续过载状态，在降雨结束后8h甚至更长时间之后才能恢复至正常水平。

③ 对整个福星片区，全系统管道空间指数在24h内的变化情况与降雨条件有关，存在雨水进入污水系统挤占管道空间的问题。旱天管道空间指数在0.8以上且较为稳定，且存在部分时段指数为1，即排水管网所有管道液位均在设计充满度以下的低水位状态，说明旱天管网有较为充足的剩余调蓄空间。降雨条件下，降雨量越大，管道空间指数的均值越低，但指数的最值和波动情况与降雨发生的时段和雨型有关，以8月31日小雨为例，尽管降雨量最小，但由于降雨发生在20:30左右，该时刻旱天原本管网空间较小，因此管道空间指数的最小值可能比中雨和大雨更小，24h内指数的波动程度更大。

（3）漫溢水量指数计算

① 对于单一节点：漫溢水量指数的标准最劣值需要通过模拟最不利极端情景得到。极端情景的设置同外来水量指数，确定为五十年一遇24小时设计暴雨。节点在该情景下漫溢水量的峰值为该节点的标准最劣值。

对于福星片区污水管网中各节点，利用排水管网模型，以15min为时间步长进行水力过程模拟。仍以上述4种降雨情景为例，排水管网中各节点在降雨强度峰值时刻对应的漫溢情况如图7-9所示。根据各节点漫溢量模拟值和标准值，以15min为间隔计算分钟尺度各节点漫溢水量指数。

根据漫溢水量指数计算结果，福星片区内排水管网漫溢情况并不严重。整个区域的市政管道节点数共约5032个，其中4714个节点在评估时段从未发生漫溢现象，占总数的94%。

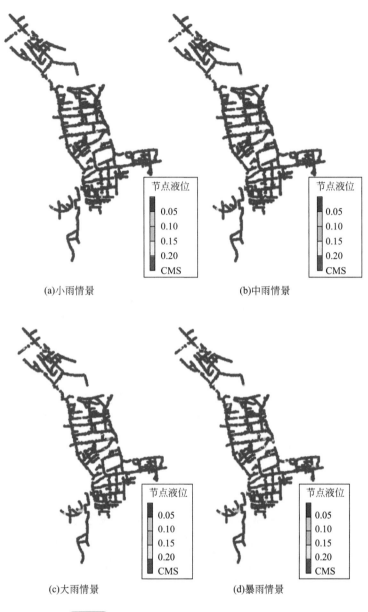

(a)小雨情景 　　　　　　　　　　　　　　(b)中雨情景

(c)大雨情景 　　　　　　　　　　　　　　(d)暴雨情景

图7-9　不同降雨条件下排水管网漫溢节点分布

② 对于排水管网：对于整个福星片区，最不利极端情景下全系统排水管网漫溢总量最大值为75.77m³/s，未发生漫溢的节点总数最小值为4527。通过对比管网各节点的漫溢总水量与75.77m³/s，评估管网在各时刻的平均漫溢程度；通过对比各时刻漫溢水量指数为1的节点数与4527，评估管网发生漫溢的范围。计算二者的平方平均值，得到15min间隔的管网层级漫溢水量指数结果。

仍以上述4场典型降雨情景为例，全系统分钟尺度漫溢水量指数评估结果如图7-10所示。全系统漫溢水量指数在24h内时间序列的特征值如表7-8所列。

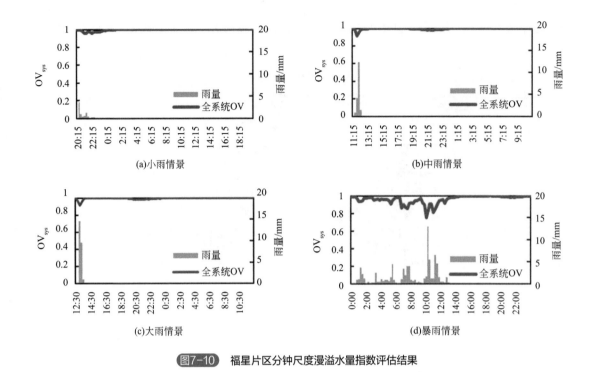

图7-10 福星片区分钟尺度漫溢水量指数评估结果

表7-8 福星片区分钟尺度漫溢水量指数统计结果

情景	$OV_{sys, 均值}$	$OV_{sys,max}$	$OV_{sys,min}$	标准差
小雨（7.6mm）	1.00	1.00	0.95	0.01
中雨（18.8mm）	1.00	1.00	0.91	0.01
大雨（25.4mm）	0.99	1.00	0.91	0.01
暴雨（79.2mm）	0.96	1.00	0.75	0.05

由此可知，对于福星片区污水管网，无论从平均漫溢程度来看还是从漫溢空间范围来看均未暴露出较为严重的漫溢问题。结合全系统管道空间的评估结果，发现尽管排水管网空间有限，雨天一般存在过载问题，但尚未造成大面积的漫溢现象。

（4）漫溢水质指数计算

本研究选取COD作为代表污染物计算漫溢水质指数。根据福星污水处理厂设计文件的规定，福星厂出水水质需达到《城镇污水处理厂污染物排放标准》（GB 18918—2002）中一级A标准。因此漫溢水质标准值$c_{OC,min}$、$c_{OC,max}$均根据国家标准确定，对于COD指标分别取50mg/L和120mg/L。

计算结果表明，无论是对于单一漫溢节点，还是对于某片区排水管网，一旦发生漫溢，漫溢水质指数均为0，即所有漫溢节点在任意时刻的漫溢COD浓度均高于120mg/L。结合漫溢水量指数的评估结果，尽管漫溢水量较少，但一旦发生，由于其中的污染物浓度较高，依然可能对漫溢节点周边局部区域造成污染。

（5）污水厂进水水量指数

福星污水处理厂已具备进水水量的在线监测条件，且监测频率可达到小时尺度，因此采用污水厂进水量实测值进行指标计算。根据污水厂2018年实际运行情况，旱天进水量平均约为$1.52×10^5 m^3/d$，即$1.76 m^3/s$。以该数值作为污水厂进水水量的标准值进行评估指标的计算。小时尺度评估结果如图7-11所示。对各时刻计算结果的特征值统计如表7-9所列。

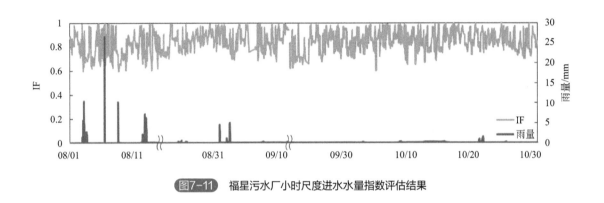

图7-11　福星污水厂小时尺度进水水量指数评估结果

表7-9　福星污水厂小时尺度进水水量指数统计结果

统计量	IF$_{均值}$	IF$_{max}$	IF$_{min}$	标准差
数值	0.83	1.00	0.59	0.09

计算结果表明，评估时段内，小时尺度福星污水厂进水水量指数平均为0.83，即污水厂小时进水量与旱天平均进水量相对偏差平均为13%左右。其中，8月降雨情况较多的情况下，污水厂进水水量指数整体水平偏低，9月次之，10月基本无降雨，对应的指数水平相对较高，表明降雨对污水厂进水存在水量冲击作用。此外，任意一段时间内进水水量指数均一直上下波动，但任意时刻指数值均在[0.59,1]范围内，意味着污水厂进水量与旱天平均进水量相对偏差未超过30%。

（6）污水厂进水水质指数

类似于污水厂进水水量指数的评估，采用污水厂进水COD浓度实测数据进行指标计算。根据污水厂2018年实际运行情况，旱天进水COD浓度平均约为244mg/L，以该数值作为污水厂进水COD浓度的标准值，当进水COD浓度与标准值相差1倍及以上时认为污水厂进水水质波动过大，相应的指标值取0。由此计算污水厂进水水质指数，小时尺度计算结果如图7-12所示。对各时刻计算结果的特征值统计如表7-10所列。

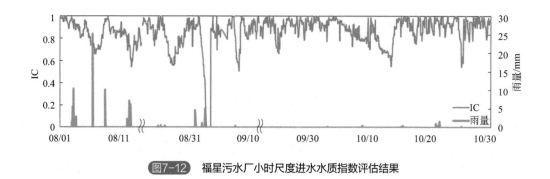

图7-12 福星污水厂小时尺度进水水质指数评估结果

表7-10　福星污水厂小时尺度进水水质指数统计结果

统计量	$IC_{均值}$	IC_{max}	IC_{min}	标准差
数值	0.86	1.00	0.00	0.14

计算结果表明，相比于污水厂进水水量指数，水质指数的离散程度更高，进水水质波动情况更复杂。大部分时刻福星污水厂进水水质指数在[0.6, 1]范围内，其中在连续旱天可维持在0.7及以上的水平，表明旱天单日内各时刻进水COD浓度较为稳定，与旱天平均浓度的相对偏差在30%以内。但存在部分旱天时段及部分场次降雨发生和结束后一段时间内，进水COD浓度出现较大幅度波动，甚至可能与旱天平均浓度相差1倍以上，表明雨水入流或其他污染物组成与污水相差较大的外来水进入排水管网使污水厂进水水质发生了较大波动，此外，对于个别异常值可能是由水质在线监测设备的测量误差所致。

7.3.1.2　单指标时间平均计算与多指标集成

根据上述计算方法，可得到各项指标分钟或小时尺度的计算结果，各指标的时空精度和数据量如表7-11所列。

表7-11　效能评估指标计算结果时空精度及数据量示意表

指标名称	时间精度	空间精度	数据量
外来水量指数	15min	泵站片区	8734×6 = 52416
管道空间指数	15min	单一管段	8734×5011 = 43776096
漫溢水量指数	15min	单一节点	8734×5032 = 43959552
漫溢水质指数	15min	单一节点	8734×5032 = 43959552
污水厂进水水量指数	1h	—	8736
污水厂进水水质指数	1h	—	8736

对于外来水量指数的时间平均计算，长时间尺度的外来水量同时考虑排水管网入流量和波动较小的入渗量。入流量的标准值根据上述最不利极端情景对应的入流量24h均值得到，各泵站分区的入流外来水量标准值分别如表7-12所列。

表7-12 最不利极端情景下各泵站分区排水管网入流水量24h均值

分区名称	新庄片区	三元片区	城西片区	城南片区	教育园片区	厂前片区	全系统
$Q_{\text{Inflow,max,daily}}/(\text{m}^3/\text{s})$	0.91	0.94	0.76	1.25	0.40	0.77	5.02

对于入渗外来水标准理想值 $X_{\text{Infil,min}}$，根据苏州市区排水系统设计文件，设计中地下水的入渗量按计算污水量（生活污水量与工业废水量之和）的10%考虑，故 $X_{\text{Infil,min}}$ 为0.1。对于入渗外来水标准最劣值 $X_{\text{Infil,max}}$，参考三角分析法解析过程确定：根据三角分析法的假设，旱雨季交界日管网中的地下水入渗量达到最大值，对于苏州中心城区，2014~2017年旱雨季交界日对应的入渗量平均为 $11.11×10^4\text{m}^3/\text{d}$，源头污水排放量平均为 $19.84×10^4\text{m}^3/\text{d}$，考虑到不同子分区排水管网入渗程度不同，取空间变化系数为1.5，则 $X_{\text{Infil,max}}$ 为0.8。

在标准值确定的基础上，根据排水管网模型的入流入渗模块分别得到各泵站分区及全系统在各雨天的时均入流量和旱天入渗率，其中各泵站分区旱天入渗率的大小关系为：城南片区 > 新庄片区 > 教育园片区 > 三元片区 > 城西片区 > 厂前片区。分别计算入流指数 $\text{EI}_{\text{inflow}}$ 和入渗指数 EI_{infil}，得到日尺度的外来水量指数。其与日降雨量的关系如图7-13所示，二者相关系数 R 如表7-13所列，回归统计的 P 值（拒绝原假设的值）均在0.01以下。

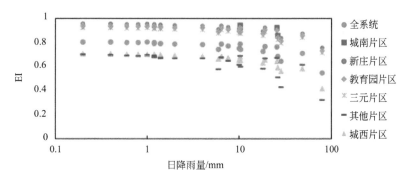

图7-13 日尺度外来水量指数与日降雨量关系

表7-13 日尺度外来水量指数与日降雨量相关系数

分区名称	新庄片区	三元片区	城西片区	城南片区	教育园片区	厂前片区	全系统
相关系数 R	−0.95	−0.94	−0.97	−0.93	−0.94	−0.86	−0.93

由此可归纳出以下结论：各泵站分区的外来水量指数相对大小关系由各自的入渗程度决定。入渗程度较为严重的排水片区，在相同降雨条件下外来水量指数也最小。对同一片区，外来水量指数与降雨量有显著的负相关关系。

对于其他指标的时间平均计算，根据前面章节均为精细时间尺度的计算结果平均得到，由于未引入新的标准值或其他变量，此处不再进行赘述。

对于多指标集成计算，根据前面章节得到各维度评估结果，出于简化计算的考虑，在进行维度集成时对各维度赋予等权重。

7.3.2 排水管网运行效能水平综合分析

基于上述计算结果，分别对总体效能和各维度效能水平的日变化曲线及平均水平进行分析，评估降雨及其引发的入流入渗对运行效能产生的负面效应；通过计算不同排水片区效能评估指标在整个时段内的平均水平，分析运行效能水平的空间分布差异。

（1）总体运行效能水平分析

对于福星片区污水管网，2018年8~10月日尺度总体效能的变化情况如图7-14所示。日评估结果与日外来水量指数的相关系数 R 为0.81，回归统计的 P 值满足 $P<0.01$。月度和全时段统计特征值如表7-14所列。

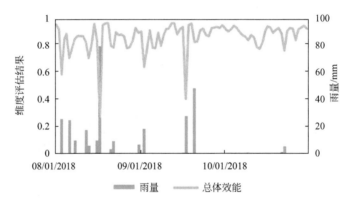

图7-14 2018年8~10月福星片区日尺度总体效能

表7-14 福星片区日尺度总体效能评估结果统计特征值

月份	均值	最大值	最小值	标准差
8月	0.83	0.96	0.28	0.13
9月	0.87	0.96	0.41	0.11
10月	0.89	0.94	0.76	0.05
全时段	0.86	0.96	0.28	0.11

总体效能水平的日变化曲线体现出明显的旱雨天差异性，因此对旱雨天效能水平分别进行统计，结果如表7-15所列。

表7-15 福星片区旱雨天总体效能评估结果统计特征值

时间	均值	最大值	最小值	标准差
旱天	0.89	0.96	0.77	0.06
雨天	0.81	0.96	0.28	0.16

综上所述，2018年8~10月福星片区污水管网运行效能总体水平平均为0.86，日尺度效能取值范围在[0.28,0.96]区间。从8月到10月，总体效能水平在日尺度上持续波动，但随着月累计降雨量的减小，入流现象有所缓解，效能平均水平由0.83逐月上升至0.89，提升幅度达7.2%，且波动程度逐渐减小。通过对旱雨天分别统计，得到旱雨天均值分别为0.89和0.81，相差接近10%。通过对总体效能水平与外来水量指数进行回归分析，发现P值满足$P<0.01$，二者显著相关，相关系数R高达0.81。由此说明，福星片区污水管网运行效能水平受降雨期间入流影响显著。

（2）各维度效能水平分析

对于福星片区污水管网，2018年8~10月日尺度水力性能、环境性能、协调性能的变化情况如图7-15所示。各维度效能按月统计特征值如表7-16所列。

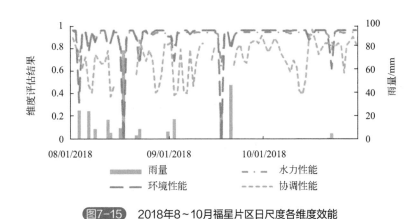

图7-15　2018年8～10月福星片区日尺度各维度效能

表7-16　福星片区日尺度各维度效能评估结果统计特征值

维度名称	月份	均值	最大值	最小值	标准差
水力性能	8 月	0.91	0.97	0.55	0.09
	9 月	0.93	0.95	0.64	0.06
	10 月	0.94	0.95	0.78	0.03
	全时段	0.93	0.97	0.55	0.07
环境性能	8 月	0.88	0.97	0.00	0.20
	9 月	0.91	0.97	0.00	0.18
	10 月	0.95	0.97	0.63	0.06
	全时段	0.91	0.97	0.00	0.16
协调性能	8 月	0.67	0.91	0.39	0.16
	9 月	0.72	0.92	0.40	0.17
	10 月	0.77	0.98	0.40	0.14
	全时段	0.72	0.98	0.39	0.16

对旱雨天各维度效能水平分别进行统计，结果如表7-17所列。

表7-17 福星片区旱雨天各维度效能评估结果统计特征值

维度名称	月份	均值	最大值	最小值	标准差
水力性能	旱天	0.95	0.97	0.94	0.005
	雨天	0.87	0.95	0.55	0.10
环境性能	旱天	0.97	0.97	0.95	0.01
	雨天	0.80	0.97	0.00	0.25
协调性能	旱天	0.72	0.92	0.40	0.16
	雨天	0.73	0.98	0.39	0.16

综上所述，2018年8~10月福星片区污水管网水力性能、环境性能、协调性能维度的运行效能水平均值分别为0.93、0.91、0.72，日尺度效能水平所在的区间范围分别为[0.55, 0.97]、[0, 0.97]、[0.39, 0.98]。从按月统计数据来看，各维度效能水平均受降雨条件下入流入渗的影响，从8月至10月，随着汛期结束，月度降雨量减少，入流效应减弱，水力性能、环境性能、协调性能各维度运行效能水平分别提升3.3%、8.0%、14.9%，且波动程度逐渐减小。由旱雨天统计结果可知，评估期旱天水力性能和环境性能稳定在较高水平（0.9以上），旱天均值分别比雨天高9.2%、21.3%，表明旱天尚有相对充足的剩余空间且基本无漫溢风险，雨天受到外来水入流入渗的负面影响，剩余空间被挤占且系统发生漫溢。协调性能在旱雨天未体现出明显分化，但结合平均水平和月度变化的分析结果，表明尽管通过排水设施的调控，外来水入流对污水厂进水产生的冲击能够得到缓解或延迟，使得旱雨天协调性能未体现出明显分化，但冲击效应依然不可忽视，从长时间尺度来看，降雨条件下外来水入流入渗对协调性能产生的影响最大，故评估期入流入渗的负面效应以冲击污水厂运行为主、输水能力挤占和漫溢风险加剧为辅。

鉴于此，对协调性能进行重点分析，分别评估入流入渗对污水厂进水水量和水质波动的影响。分别对污水厂进水水量指数、水质指数与<外来水量指数进行统计检验，结果发现进行污水厂进水水量指数与外来水量指数分析时，$P < 0.01$，表明污水厂进水水量波动程度与外来水量显著相关，而分析污水厂进水水质指数时对应P值大于0.05。两项指标按月统计结果如表7-18所列。

表7-18 福星污水厂日尺度进水水量和水质指数评估结果统计特征值

指标名称	月份	均值	最大值	最小值	标准差
污水厂进水水量指数	8月	0.82	0.94	0.69	0.06
	9月	0.83	0.98	0.70	0.07
	10月	0.88	1.00	0.76	0.05
	全时段	0.85	1.00	0.69	0.06
污水厂进水水质指数	8月	0.52	0.97	0.00	0.31
	9月	0.59	0.97	0.00	0.34
	10月	0.67	1.00	0.00	0.27

续表

指标名称	月份	均值	最大值	最小值	标准差
污水厂进水水质指数	全时段	0.60	1.00	0.00	0.31

综上所述，在协调性能维度下，2018年8~10月日尺度福星污水厂进水水量和水质指数均值分别为0.85、0.60，日尺度效能水平所在的区间范围分别为[0.69,1]、[0,1]，表明评估期日均污水厂进水水量与旱天平均进水量的相对偏差平均为11%左右，日均进水COD浓度与旱天平均浓度的相对偏差为40%左右，甚至在某几天相对偏差达到100%，水量与水质波动并不同步且后者波动程度显然高于前者。从按月统计数据来看，污水厂进水水量和水质指数均受降雨条件下入流入渗的影响，从8月至10月，随着入流效应减弱，两项指标分别提升7.3%、28.8%。由此表明，降雨条件下外来水入流入渗对污水厂进水水量和水质均有较强的冲击效应，其中水质变化过程比水量更加复杂。影响污水厂进水水质变化的因素可能包括以下几方面：a.污水在管道贮存和输送阶段可能发生生化反应，造成COD浓度的损耗；b.降雨过程的不确定性造成入流外来水水质变化的波动，加剧了管内水质浓度变化的复杂性。

（3）效能水平空间差异分析

将福星片区细分为6个子分区，包括5座与福星污水厂直接相连的大型泵站片区和剩余3座小型泵站片区构成的厂前片区。分别对各片区内各管段或各节点的外来水量指数、管道空间指数、漫溢水量和水质指数评估结果进行空间统计和时间平均计算，得到2018年8~10月各片区排水管网运行效能平均水平分布，水力性能、环境性能及其二者的集成评估值空间分布结果如表7-19所列。

表7-19 2018年8～10月福星片区各泵站分区排水管网运行效能平均值

效能维度	新庄片区	三元片区	城西片区	城南片区	教育园片区	厂前片区
水力性能	0.99	0.95	0.96	0.96	0.98	0.87
环境性能	1.00	0.94	0.99	0.99	0.99	0.95
水力性能与环境性能集成	0.99	0.95	0.98	0.98	0.99	0.91

根据计算结果，2018年8~10月福星片区污水管网水力性能与环境性能集成评估值由高至低依次为：新庄片区≈教育园片区>城西片区≈城南片区>三元片区>厂前片区，6个片区效能水平标准差为0.03。从单一维度分别进行比较，发现水力性能的高低顺序同二者集成结果，且城西与城南片区水平相当，6个片区水力性能标准差为0.04。环境性能由高至低依次为：新庄片区>城西片区≈城南片区≈教育园片区>厂前片区>三元片区，6个片区的标准差为0.02。

由此可知，对于福星片区污水管网，水力性能较差的片区依次为福星污水厂进水管线及其上游区域、三元片区及城西和城南片区。通过对各管段管道空间指数进行时间平均计算，发现对于福星污水厂厂前片区，存在较大范围内污水管段的管道空间指数整体偏低，管道空间不足的问题最为突出，结合入流入渗解析结果，应考虑采取管道修复措施控制外来水入渗量，同时兼顾上游泵站的调控方式优化，从而有效扩大管道容量。对于三元片区、城西片区和城南片区，关注每个泵站服务片区内各管段的管道空间指数分布，结果如图7-16所示。对于三元片区，管道空间不足的管段主要集中在金门泵站服务片区；对于城西片区和城南片区，尽管二者整体水力性能相当，但由图7-16可知，城西泵站服务片区集中存在管道空间严重不足的管段，拉低了城西片区的整体水力性能。综上，应重点关注金门泵站和城西泵站服务片区存在的水力性能问题，采取工程措施改善管网输水能力和管道利用空间，结合外来水量解析结果，城西泵站片区外来水入流问题突出，应优先考虑进行地块尺度的入流入渗评估和管道检测，对混错接的雨污管线连接方式进行修正，对质量较次的检查井井盖进行更换等。

福星片区污水管网中环境性能欠佳的片区依次为三元片区、厂前片区、教育园片区、城西片区和城南片区。通过对各节点漫溢水量和水质指数进行时间平均计算，发现厂前片区内较易发生漫溢的节点集中在沧浪新城泵站下游，该泵站和教育园泵站虽然漫溢风险较大，但由于泵站服务范围较小且位于管网系统的最上游，此处漫溢可能是出于泵站调控作用，为确保下游面积较大、人口较多的区域无漫溢风险而做的牺牲。对于三元片区、城西片区和城南片区，关注每个泵站服务片区内各节点的漫溢水量指数分布，结果如图7-17所示。结果发现，三元片区内，最易发生漫溢的节点集中在金门泵站上游留园路附近；城西片区和城南片区内，城西泵站下游存在漫溢风险较大的节点。故应重点关注金门泵站上游和城西泵站下游管段存在的漫溢风险，将其作为排水管网环境性能提升的重点控制区域。

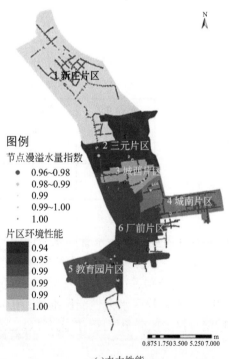

(a)水力性能

(b)环境性能

(c)水力性能与环境性能集成

图7-16 福星片区污水管网运行效能空间分布

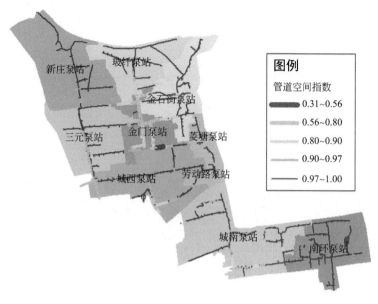

(a)管道空间指数

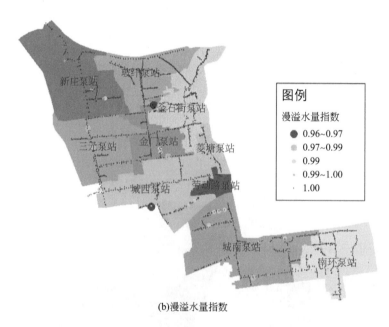

(b)漫溢水量指数

图7-17　三元片区、城西片区和城南片区污水管网单项指标分布

　　综上所述，福星片区污水管网运行效能水平存在空间差异，其中城西片区和厂前片区外来水入流入渗问题严重，城西泵站服务片区内管段水力性能较差、泵站下游节点漫溢风险较大，金门泵站服务片区内部分管段空间不足、泵站上游部分节点漫溢风险较大，故需重点控制城西片区和厂前片区外来水量，改善金门泵站和城西泵站服务片区管网输水能力和管道利用空间。

7.4　水设施一体化管理平台建设

7.4.1　平台的系统架构

水设施一体化管理平台建设管理的服务区面积100.8km²，示范地点为苏州市中心区污水厂及其配套管网服务区，示范关键技术为设施排放安全性评价监测与一体化管理技术，所示范的关键技术是集成了设施排水生态安全性评价技术、工业废水处理设施排水生态安全性监测技术、城市污泥及其处理的环境影响评价技术、多设施多指标效能动态评价技术，形成的一套水设施一体化和规范化管理技术。平台具备设施基础信息管理、数据查询分析、效能动态评估、设施调控和运维管理等功能，采用一体化管理技术后可提高中心区3座污水厂及配套排水管网运行效能评估的系统性和时效性，评估周期由过去的月度评估（>30d）提升为逐日（24h）评估。

为了实现依托平台开展技术集成和实现多设施一体化管理功能的要求，平台设计了四层结构，分别是感知层、传输层、数据层、应用层（图7-18）。

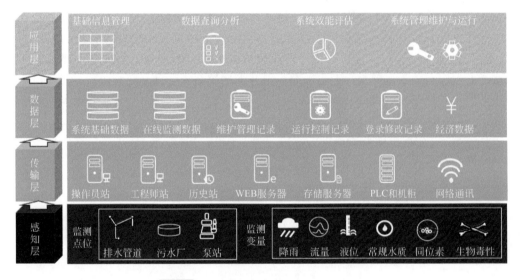

图7-18　水设施一体化管理平台软硬件结构

① 感知层统筹了设施管理业务所要求的所有在线监测仪表、离线人工采样检测和现场巡查。其中，排水管网和污水处理厂的水量水质数据大部分是通过在线仪表获得的；而水设施生态安全性评价、水系统污泥特性分析评价、排水管网与污水处理厂的运维管理事件，则是通过人工采样检测或现场巡查提供的。该层将会明确在线监测仪表的采购/维护/更新标准、离线人工采样监测和现场巡查的工作开展频率和记录内容。

② 传输层需要将在线仪表监测数据实时传入数据库，将离线人工采样检测和现场巡查

的结果录入数据库。该层将会明确在线数据远程传输的硬件设施和传输协议，并明确离线数据录入的软件平台和单位责任。

③ 数据层管理所有供排水设施基础信息以及监测和仪表层存入的所有数据。该层将会明确数据准入、准出、日常管理的标准和规范，以及不同用户的管理责任和管理权限。此外，还保存该区域的设施系统水动力水质数学模型等计算工具，可被应用层调用。

④ 应用层提供一套人机操作界面，实现相应的平台功能，包括设施基础信息管理、数据查询分析、系统效能评估、设施调控和运行维护管理等功能。

7.4.2 基础信息管理功能

设施基础信息管理功能包括供水管网设施、排水管网设施、污水处理设施等的GIS展示、空间查询、属性查看及属性统计等操作。可以在地图上使用全图、测距、标点、全屏工具，还可以切换地图类型为影像图、地形图、电子地图和无底图。

（1）排水系统基础信息管理

排水系统基础信息管理功能包括排水系统基础信息和排水系统属性统计两个部分。排水系统基础信息覆盖了排水管线、泵站、污水厂和检查井等设施。

以管线为例，鼠标移入某具体管线并点击后，气泡中将显示出相应管线的编号、所在位置、管长、管径、管材、接口形式、所属泵站、坡度、本点号、上点号、埋设年代、本点标高、上点标高、本点埋深、上点埋深、组分类型等多元信息（图7-19）。

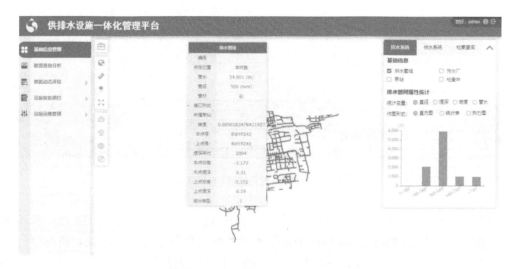

图7-19 基础信息管理——排水管线管理

以泵站为例，鼠标移入泵站图标时，气泡中显示相应泵站的名称、所在地、水泵台数、铭牌流量、建成日期、所属区域和所辖区域等信息（图7-20）。

图7-20　基础信息管理——排水泵站管理

以污水处理厂为例，鼠标移入污水厂图标时，气泡中显示相应污水厂的名称、处理能力和工艺类型等信息（图7-21）。

图7-21　基础信息管理——污水厂管理

以检查井为例，鼠标移入检查井图标时，气泡中显示相应检查井的地面标高、所在位置、井底标高、类型、井盖材质、井盖尺寸、井框材质、井框尺寸、材质、口径、埋深、本点号、点类型、埋深日期、连接线数和组分类型等信息（图7-22）。

图7-22　基础信息管理——排水检查井管理

　　排水系统属性统计中，针对排水管网，可以选择直径、埋深、坡度和管长四个统计变量，分别作直方图、统计表和热力图展示统计结果（图7-23）。直方图和统计表是根据相应的数据范围，统计在该范围内的排水管线的个数和占比情况，而热力图则是将统计变量划分为五个区间，在地图上用五种不同的颜色来渲染管线。

图7-23　基础信息管理——排水信息统计

　　（2）供水管网基础信息管理

　　供水管网基础信息管理功能包括供水管网基础信息和供水管网属性统计两个部分，供水管网基础信息包括供水管线及其附属设施等。

以供水管线为例，鼠标移入供水管线图标并点击后，气泡中显示相应管线的本点号、上点号、口径、所在位置、管材、管长、埋深、类型和建设年代的信息（图7-24）。

图7-24　基础信息管理——供水管线管理

对于附属设施的信息管理，当鼠标移入附属设施图标后，气泡中显示相应附属设施的点类型、地面标高、埋深、口径、规格、建设年代、所在位置、本点号、组分类型、开关状态、目前状况、横坐标和纵坐标的信息（图7-25）。

图7-25　基础信息管理——供水附属设施管理

供水管网属性统计中，可以选择口径、埋深和管长三种统计变量，作直方图、统计表和热力图展示统计结果（图7-26）。直方图和统计表是根据相应的数据范围，统计在该范围内的供水管段的个数和占比情况，而热力图则是将统计变量划分为五个区间，在地图上用五种不同的颜色来渲染管线。

图7-26 基础信息管理——供水信息统计

（3）信息检索查询

用户可选择排水设施和供水设施中不同的图层、相应图层的有关属性，输入关键字来检索查询相关的信息。点击结果列表中的某项，地图会自动定位到相应的设施（图7-27）。

图7-27 基础信息管理——信息检索

7.4.3　数据查询分析功能

排水管网方面，目前可供查询分析的变量和数据包括：窨井液位、泵井（小型泵站）液位、泵站液位和每一个单体泵启停状态及相应的数据更新时间。污水处理厂方面，可查询分析福星污水处理厂、娄江污水处理厂、城东污水处理厂的相关数据，具体包括进水泵房液位、进水瞬时流量和累计流量、进水 COD、进水 NH₃-N、进水 TN、进水 TP、进水单体泵启停状态、出水瞬时流量和累计流量、出水 COD、出水 NH₃-N、出水 TN、出水 TP 以及相应的数据更新时间。

（1）管网监测数据

鼠标移入管网监测点位后，气泡中显示该监测点位实时的液位数据。单击后，弹出弹窗显示液位变化趋势，用户可自定义时间范围来查询相应的液位情况（图7-28）。

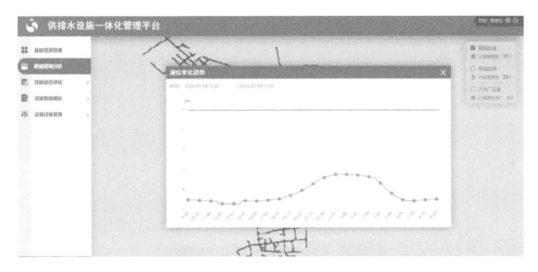

图7-28　数据查询分析——管网液位监测数据

（2）泵站监测数据

鼠标移入泵站监测点位后，气泡中显示该监测点位实时的液位、流量和电导率数据（图7-29）。

单击泵站监测图标后，弹出弹窗显示液位、流量和电导率的变化趋势，用户可自定义时间范围来查询相应的液位、流量和电导率的情况（图7-30）。

（3）污水厂监测数据

鼠标移入污水厂监测点位后，气泡中显示该监测点位实时的进水流量、出水流量、液位、出水 COD、出水 NH₃-N、出水 TP 和出水 TN 数据（图7-31）。

图7-29　数据查询分析——泵站实时监测数据

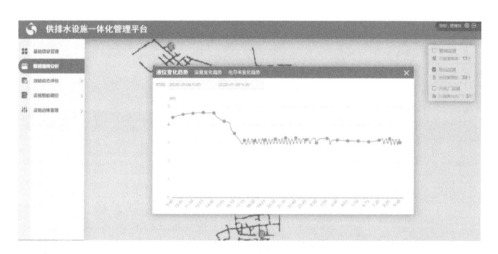

图7-30　数据查询分析——泵站历史监测数据

图7-31　数据查询分析——污水厂实时监测数据

单击污水厂监测图标后，弹出弹窗显示各个监测指标的变化趋势。用户可自定义时间范围来查询相应进水流量、出水流量、液位、出水COD、出水NH_3-N、出水TP和出水TN的情况（图7-32）。

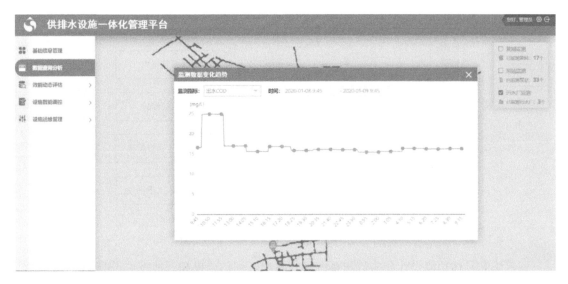

图7-32　数据查询分析——污水厂历史监测数据

7.4.4　效能动态评估功能

根据平台已有基础数据、实时监测数据、相关实验数据、统计数据资料等，对苏州市中心区排水系统效能从多方面进行评估，并在一体化平台中进行结果展示。效能动态评估的内容共分为排水管网效能评估、污水厂效能评估、设施排水生态安全性评估、"三泥"环境影响评估4个方面，下面进行具体介绍。

7.4.4.1　排水管网效能评估

基于研究构建的苏州中心区排水管网SWMM模型，以过去一天时间内的雨量监测曲线和泵站操作曲线为模型输入，在线（实时）模拟SWMM模型，并根据模型模拟结果计算排水管网过去一天在充满度、存储空间、过载程度、漫溢水量、漫溢负荷等方面的表现。如果雨量监测曲线和泵站操作曲线无法传输或记录有误，则根据SWMM模型离线模拟结果，根据过去一天管网系统液位监测值推算排水管网在过去一天的上述效能表现。

平台上集成的排水管网效能评估指标包括如图7-33所示内容。

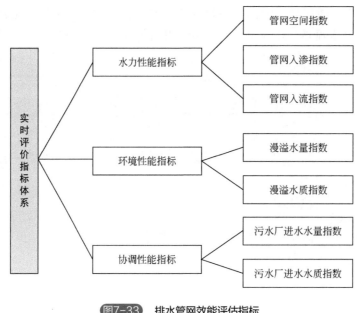

图7-33　排水管网效能评估指标

该模块的具体功能设计分为管网系统运行状况、评估结果和评估技术说明3部分。

（1）管网系统运行状况

用户可选择不同的对象、指标和时间尺度来计算管网系统的运行状况，结果以热力图的形式展示（图7-34）。对象包含管段、泵站片区和污水厂服务区；指标包含总输送水量、污水产生量、外来水量、充满度、过载程度、剩余存储空间、运行液位、泵的运行能耗和泵的开停次数；时间尺度包含实时、日总量、日平均和日占比。

计算后，鼠标移入相应的管段、泵站片区或污水厂片区后，气泡中会显示相应的管段编号、泵站片区名称、污水厂片区名称和所计算的指标数值。鼠标单击后，弹出弹窗显示计算指标近24小时的变化趋势，用户可以选择折线图或柱状图的方式来显示。热力图右侧的柱状图和饼图是对所选运行指标的统计分析，将计算的指标结果划分为五个区间，分别统计在各个区间内的对象个数和占比情况（图7-35）。

（2）评估结果

用户选择评估对象（管段、泵站片区或污水厂片区）和评估时间范围，分水力性能、环境性能和协调性能3个维度分别计算，计算结果以热力图的形式展示在下面，在热力图右下角有3个标签，用户可以切换查看不同指标的热力图。鼠标移入对象上后，气泡中显示管段编号、泵站片区名称、污水厂片区名称，以及水力性能、环境性能和协调性能的分数。热力图右侧是对整个排水系统从水力性能、环境性能、协调性能三个维度进行评估的结果（图7-36）。

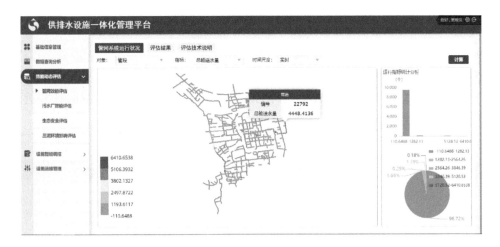

图7-34　效能动态评估——管网系统实时运行状况

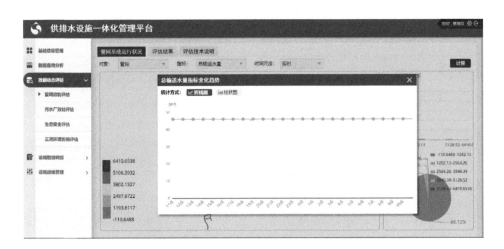

图7-35　效能动态评估——管网系统长期运行状况

图7-36　效能动态评估——管网系统运行评估

（3）评估技术说明

说明水力性能指标、环境性能指标和协调性能指标三个评估维度对应的六个评估指标，包括外来水量指数、管道空间指数、满溢水量指数、漫溢水质指数、污水厂进水水量指数、污水厂进水水质指数。单击各个评估指标后会在右侧显示各个指标详细的计算公式（图7-37）。

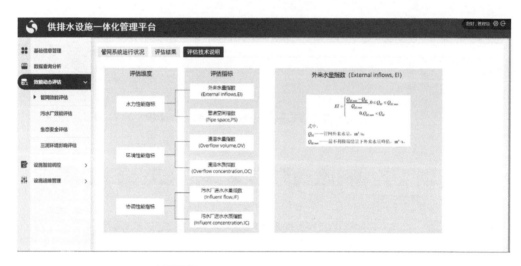

图7-37 效能动态评估——评估技术说明

7.4.4.2 污水厂效能评估

污水处理厂效能评估指标如图7-38所示。

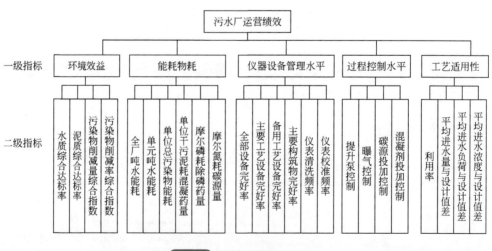

图7-38 污水厂效能评估指标

污水厂效能评估模块的功能设计分为实时信息、加药控制和曝气控制3个方面（图7-39）。

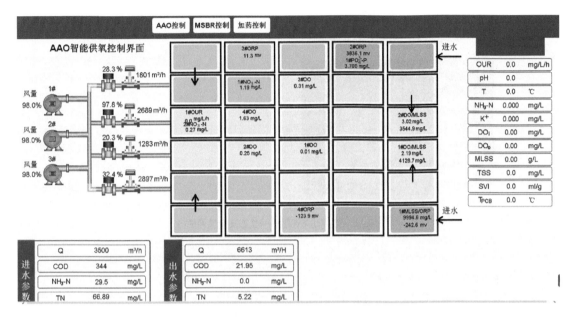

图7-39　污水厂效能评估内容

7.4.4.3　设施排水生态安全性评估

生态安全性评估模块的功能设计分为监测预警系统MimeticS、生态安全性评价监测、评价结果和评估技术说明4个方面。

（1）监测预警系统MimeticS

监测预警系统MimeticS实现对模拟水生态系统多生态位水生生物的毒性效应（急性/慢性）和水质的实时监视，推测排放工业废水生态安全性。模拟水生态系统安装在盛泽某印染污水处理厂。模拟水生态系统安装有在线多参数水质监测仪表，实现pH值、温度、溶解氧、氨氮的实时监测，用户在水设施一体化管理平台上能够看到实时传输回来的水质监测数据的动态过程。如果在线水质监测数据出现了不合理的浓度水平，系统发出警报，提示管理人员注意印染污水处理厂尾水的水质安全情况。模拟水生态系统还安装有急性毒性反应池的视频监视系统，根据鱼类行为和状态，系统能够评估鱼类的急性毒性和慢性毒性效应并反馈给管理人员。用户在水设施一体化管理平台上能够看到实时传输回来的鱼类图像监控视频和相应评估结果（图7-40）。

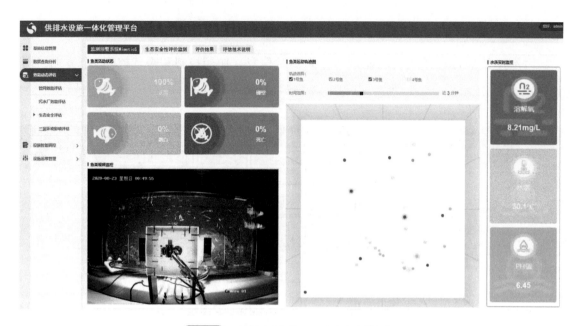

图7-40　效能动态评估——生态安全性评估

（2）生态安全性评价监测

可以查看监测评价对象（包括雨水管网出水点、市政水处理设施出水点和工业水处理设施出水点）在地图上的位置。鼠标移入市政出水点和工业出水点的图标后，气泡显示该监测点的总氮、总磷和化学需氧量指标监测结果（图7-41）。

点击雨水管网出水点图标后，弹出弹窗显示该监测点位各个指标的监测值，包含降雨量、降雨强度、前期晴天数、COD、NH_3-N、SS、TN、TP、Cu、Pb和Zn，并可选择查看历史监测数据（图7-42）。

图7-41　效能动态评估——生态安全性当前监测结果

图7-42　效能动态评估——生态安全性监测历史数据

点击市政出水点的图标后，弹窗显示该监测点位各个指标的监测值，所有指标覆盖了药物及个人护理品、内分泌干扰物、重金属、常规污染物和感官指标五类（图7-43）。

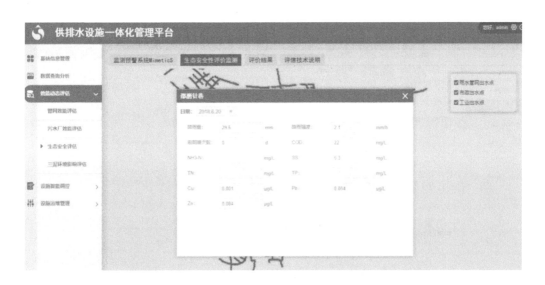

图7-43　效能动态评估——市政出水生态安全性评价监测历史数据

点击工业出水点的图标后，弹出弹窗显示该监测点位各个指标的监测值，所有指标覆盖了常规污染物、重金属、有机污染物、氯苯类、酚类和多环芳烃类六类（图7-44）。

（3）评价结果

评价结果按照雨水管网出水点、市政出水点和工业出水点三类不同对象予以展示。

1）雨水管网出水点

评价的是不同重金属在各采样点的风险评价码（RAC）分布和不同重金属在各采样

点的生态有效风险商评价（RQ_E）分布。用户可切换结果展示方式为雷达图或柱形图（图7-45）。

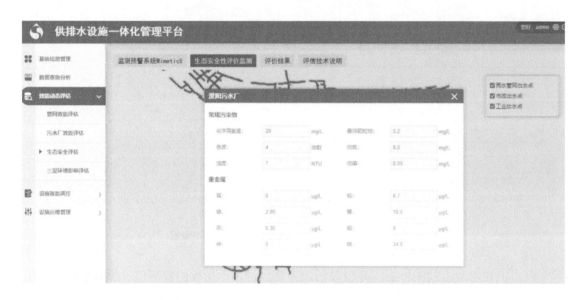

图7-44　效能动态评估——工业出水生态安全性评价监测数据

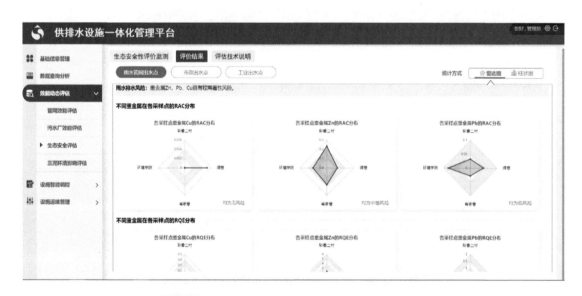

图7-45　效能动态评估——雨水管网出水点评价结果展示

2）市政出水点

评价的是各个监测点的PPCPs藻类风险、PPCPs鱼类风险、PPCPs大型溞风险、内分泌干扰性、重金属生态风险、富营养化风险、感官风险。用户可切换结果展示方式为雷达图或柱形图（图7-46）。

3）工业出水点

评价的是各个监测点的感官风险，富营养化风险，重金属生态风险，邻苯二甲酸酯类、苯胺类、氯苯类、苯酚类、多环酚烃类毒性水平。用户可切换展示方式为雷达图或柱形图（图7-47）。

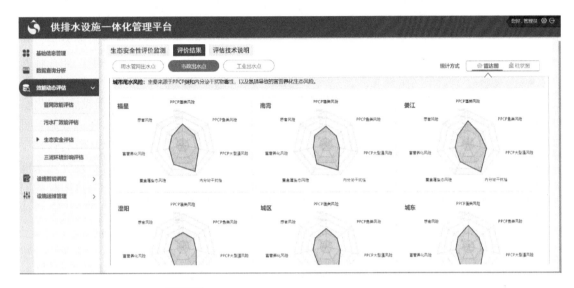

图7-46　效能动态评估——市政出水点评价结果展示

图7-47　效能动态评估——工业出水点评价结果展示

（4）评估技术说明

该页面展示的是生态安全性评估的技术图，从风险源识别到危害评价，再到风险表征。风险源识别包含对工业废水、生活污水和雨水中有机污染物、重金属、药品和内分泌干扰物的识别。危害评价包含风险源的预测环境浓度（PEC）和风险源的预测无效应浓度

（PNEC）。风险表征包含风险商的计算和风险评价（图7-48）。

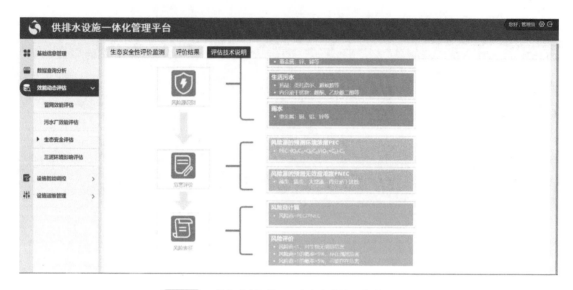

图7-48 效能动态评估——生态安全性评估技术说明

7.4.4.4 三泥环境影响评估

"三泥"（污水处理污泥、管道清理淤泥、河道清淤底泥）环境影响评估模块的功能设计分为城市污泥特性识别、城市污泥处理环境绩效综合评估和评估技术说明3个方面。用户通过城市污泥处理环境绩效多维度综合评价模块，可以了解苏州市污水厂污泥的6个处理处置情景、两种状态河道底泥的3个处置情景、排水管道淤泥的一种处理处置情景，在8个环境指标方面的表现。

（1）城市污泥特性识别

可在地图上显示河道监测数据、管道淤泥监测数据和污水厂污泥监测数据。此外，右上角的浮窗中显示已监测河道点数量、已监测管道淤泥点数量和已监测污水厂淤泥点数量。并可显示各个采样点的详细监测数据，河道监测数据分为上覆水和间隙水两类，管道淤泥监测数据有水分、总磷、总氮等，污水厂污泥监测数据分为EA/ED（物理性指标和聚集性指标）、无机（物理及复合参数测试）、无机（非金属组分的分析）、单环芳香烃（MAH）、含氧化合物、含硫化合物、挥发性有机物（熏蒸剂）等（图7-49）。

（2）城市污泥处理环境绩效综合评估

该页面展示城市污泥处理环境绩效综合评估的评估结果，通过表格、雷达图、柱状堆叠图多种统计方式来展示评估结果。最终的评估结论为：在污泥处置的6个预设场景中，水泥窑协同处置的综合环境绩效得分最高，电厂混合焚烧和热解气化的得分也较高。在河道底泥处置的3个预设场景中，水泥窑协同处置的综合环境绩效得分最高（图7-50）。

图7-49 效能动态评估——城市污泥特性识别

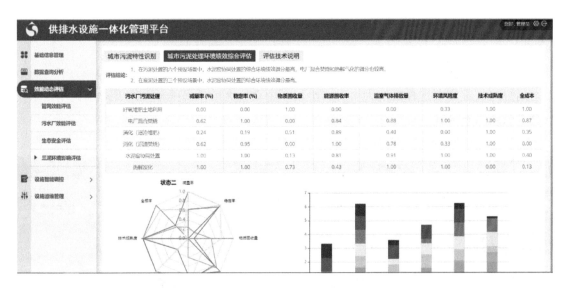

图7-50 效能动态评估——城市污泥处理环境绩效综合评估

（3）评估技术说明

用树状图的形式展示污泥和底泥处理技术综合性评价指标，分为处理目的和影响流程两个方向。处理目的又分为减量、无害和资源，影响流程又分为环境、经济和技术（图7-51）。

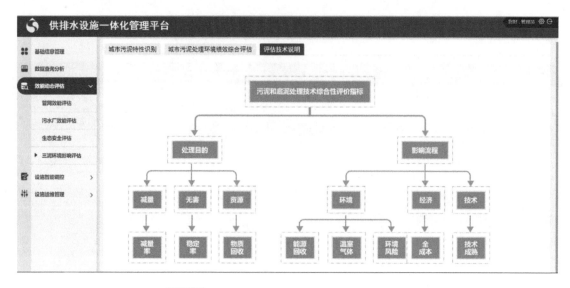

图7-51　效能动态评估——城市三泥评估技术说明

7.4.5　设施智能调控功能

设施调控智能决策系统的功能设计分为控制预案和模拟预测两个方面。

（1）控制预案

用户可根据需要选择雨情为实时、小雨、中雨、大雨或暴雨。系统针对不同雨情给出控制预案（图7-52）。

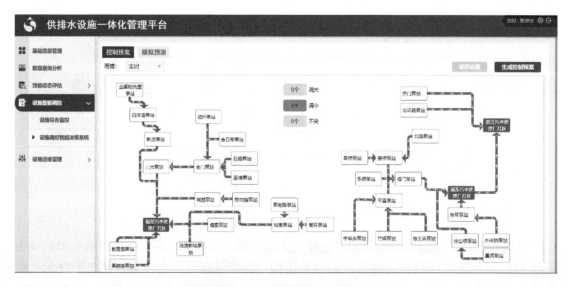

图7-52　设施智能调控——控制预案

生成控制预案后，系统会自动统计流量调大、调小和保持不变的泵站数（图7-53）。

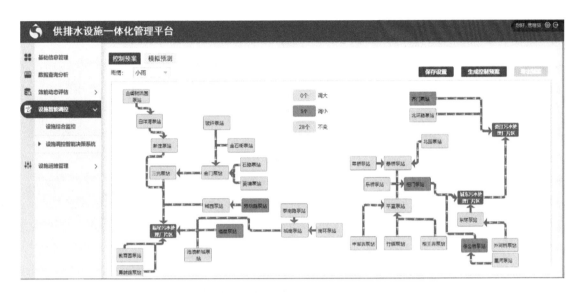

图7-53 设施智能调控——控制预案运行

单击泵站后，弹窗显示相应泵站的控制预案详情。左侧显示的是该泵站的名称和自动开关泵液位设置详情。右侧分为控制预案和历史预案两个标签页。控制预案中，每次生成的控制预案是对未来半小时的控制预案，以开关信号图的形式展示，其中线段绿色代表自动，线段橙色代表中控。鼠标移入后，气泡中显示该时间段泵的开关情况，并显示是自动还是中控，同时"历史预案"页面显示近24小时的历史预案（图7-54和图7-55）。

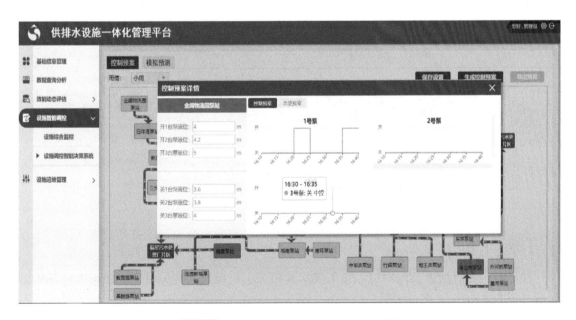

图7-54 设施智能调控——泵站控制预案详情

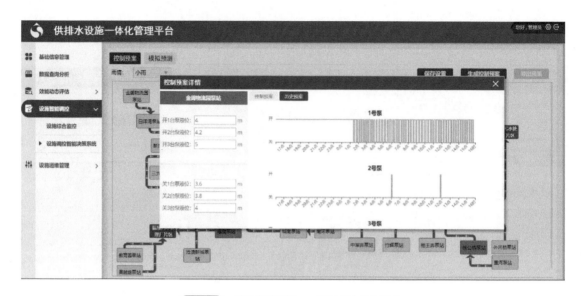

图7-55 设施智能调控——泵站历史控制预案

点击"保存设置"按钮，弹出弹窗，用户输入设置名称后点击"确定"即可保存所生成的预案，保存好的设置可在"模拟预测"页打开（图7-56）。

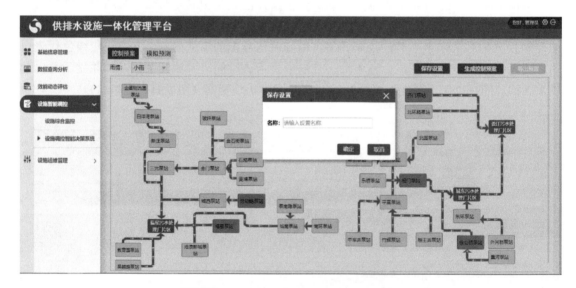

图7-56 设施智能调控——泵站控制预案保存

（2）模拟预测

在模拟预测页面中，用户可以输入模拟时长，选择模拟的初始时间，还可以打开历史设置（图7-57）。

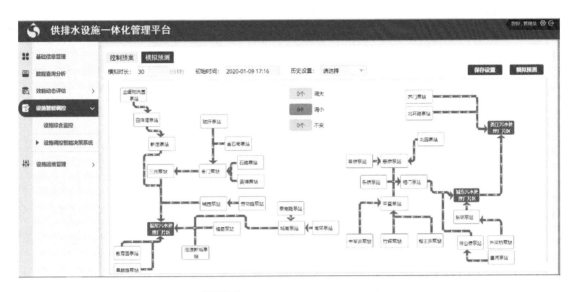

图7-57　设施智能调控——模拟预测

点击泵站后弹出弹窗，用户可以自行设置各个泵为中控或是自动。通过弹窗左侧的自动设置，可以调整自动开关泵的液位。通过右侧中控设置，可以调整模拟时长内每个泵每5min的开关状况（图7-58）。

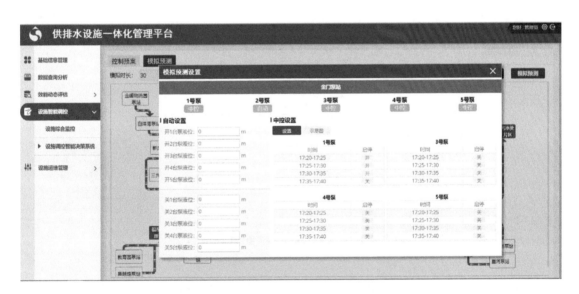

图7-58　设施智能调控——模拟预测泵站自动设置

点击"示意图"标签，可以查看设置完的各个泵的开关信号图（图7-59）。

设置好后，点击"模拟预测"按钮，系统开始执行模拟预测和基于预测结果的评估。因此，预测结果包括对未来管网系统运行状况的预测描述和运行效能的预测评估（图7-60）。

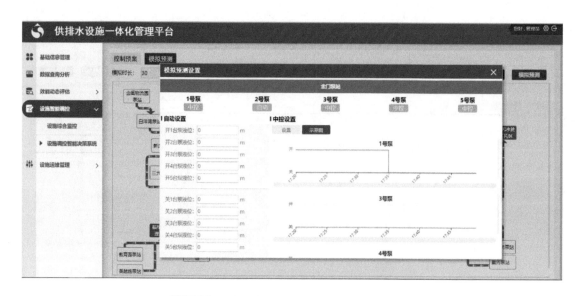

图7-59 设施智能调控——模拟预测泵站中控设置

图7-60 设施智能调控——模拟预测评估结果

7.4.6 设施运维管理功能

（1）设备管理

设备管理分为设备维修处理情况和维修工单流转情况两部分（图7-61）。

设备维修处理情况模块对设备维修的类别予以统计，包含管网机械类、管网电子类、运控机械类、运控电子类、保障机械类、保障电子类、机修机械类和机修电子类，用户可切换统计时间为当月或全部。

维修工单流转情况模块则实现按维修工单的处理时间进行统计，分为1d、2d、3d、4d、5d及以上，用户可切换统计时间为当月或全部。

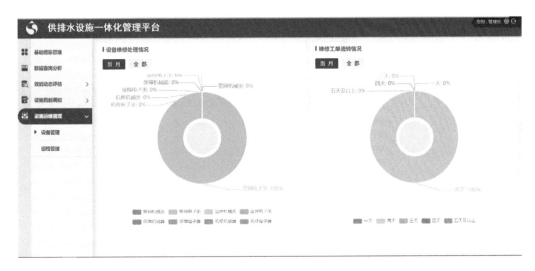

图7-61　设施运维管理——设备管理

（2）巡检管理

巡检管理分为今日巡检信息统计和今日巡检情况两个部分（图7-62）。

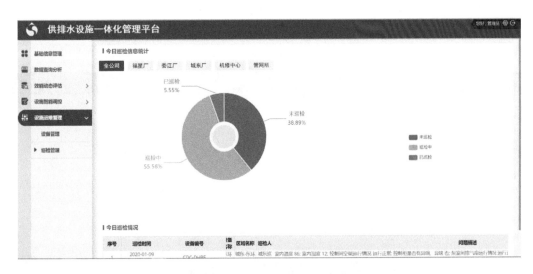

图7-62　设施运维管理——巡检管理

今日巡检信息统计是按未巡检、巡检中和已巡检来分类巡检事件，用户可以选择统计范围为全公司、福星厂、娄江厂、城东厂、机修中心或管网所。

今日巡检情况显示的是各个巡检事件的详情，包含巡检事件、设备编号、设备名称、区域名称、巡检人和问题描述。

7.4.7 用户权限管理功能

（1）用户管理

可根据用户名称检索用户（图7-63）。

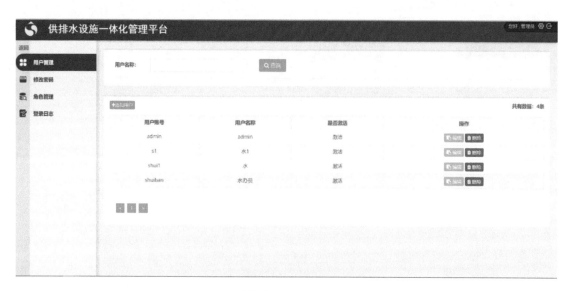

图7-63 用户管理

点击"添加用户"按钮，进入添加用户界面。依次输入用户账号、用户名称、用户角色、是否激活、电话和邮件。其中，前4项为必填项，点击确定后创建完毕（图7-64）。

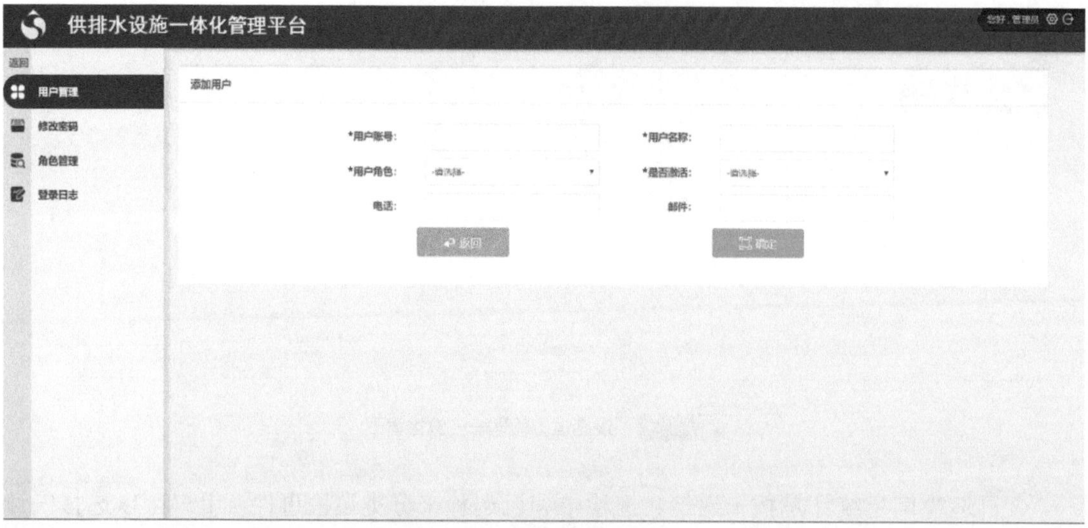

图7-64 用户管理——添加用户

（2）修改密码

修改密码时，需要输入原密码、新密码和确认新密码后，点击确定按钮即可修改密码（图7-65）。

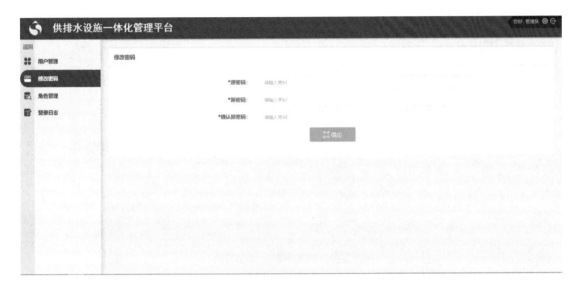

图7-65　修改密码

（3）角色管理

可对角色添加、编辑和删除（图7-66）。

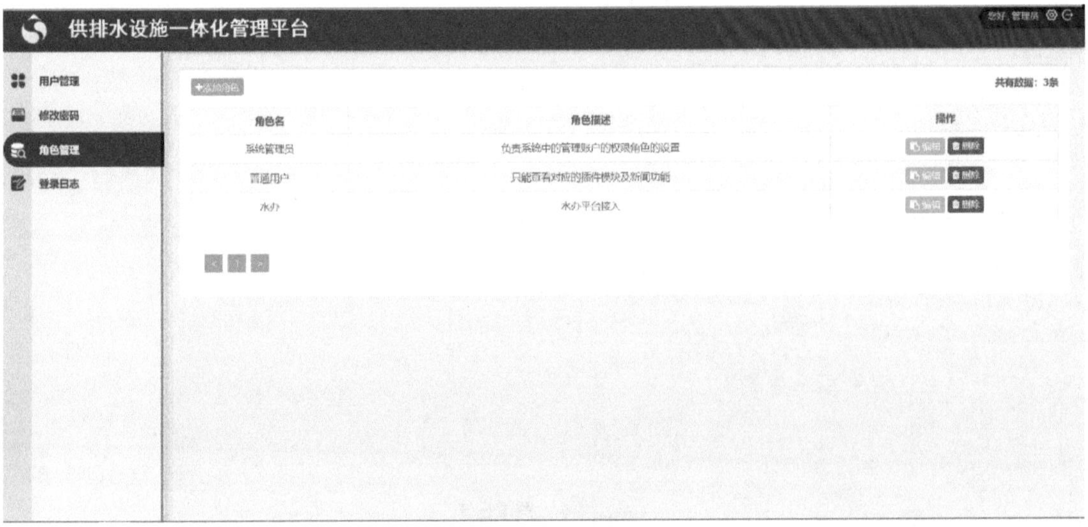

图7-66　角色管理

单击"添加角色"按钮后,弹出弹窗,输入角色名和角色描述,并选择权限后,点击保存即可添加新的角色(图7-67)。

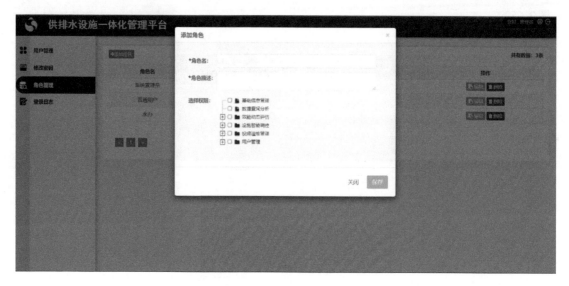

图7-67　角色管理——添加角色

(4)登录日志

登录日志可以查看登录系统的用户和登录时间。图7-68展示的是系统上线测试时的登录日志。

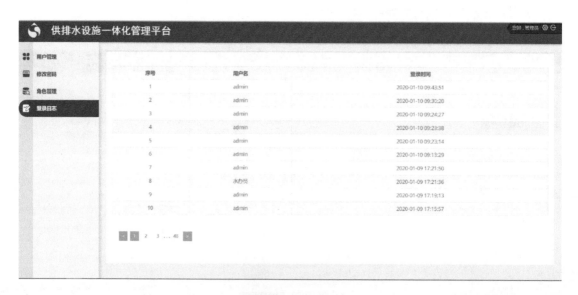

图7-68　登录日志

参考文献

[1] Karpf C, Krebs P. Quantification of groundwater infiltration and surface water inflows in urban sewer networks based on a multiple model approach [J]. Water Res, 2011, 45(10): 3129-3136.

[2] Matos R, Cardoso A, Ashley R, et al. Performance indicators for wastewater services [M]. London: IWA Publishing, 2015.

[3] Rita B, Maria A, Maria C, et al. Approach to assess undue inflows into sewers [R]. Vienna, 2017.

[4] Ganjidoost A, Knight M A, Unger A J A, et al. Benchmark performance indicators for utility water and wastewater pipelines infrastructure [J]. Water Resources Planning and Management, 2018, 144(3).

[5] Geerse J M U, Lobbrecht A H. Assessing the performance of urban drainage systems: 'General approach' applied to the city of Rotterdam [J]. Urban Water, 2002, 4(2): 199-209.

[6] CJJ/T 228—2014.

[7] 董磊.南方某特大城市主城区排水防涝能力评估研究[J].城市道桥与防洪,2016(3): 79-81,92.

[8] 朱呈浩,夏军强,陈倩,等.基于SWMM模型的城市洪涝过程模拟及风险评估[J].灾害学,2018,33(2): 224-230.

[9] 夏静.杭州市污水系统管道容量风险分析及改善措施研究[J].给水排水,2015(12): 101-103.

[10] Beck M B. Water-quality modeling – a review of the analysis of uncertainty [J]. Water Resour Res, 1987, 23(8): 1393-442.